그린 자동차 공학

김지순, 김진천, 남궁규완, 원성필 지음

UUP

Green Car EngineeringⅠ
그린자동차공학Ⅰ

■

- 2013년 9월 05일 초판 인쇄
- 2013년 9월 11일 초판 발행
- 지은이 김지순, 김진천, 남궁규완, 원성필
- 펴낸이 이철
- 펴낸곳 UUP (울산대학교출판부) 680-749 울산광역시 남구 대학로 93(무거동) 울산대학교 출판부
- 전화 (052)259-2488 팩스 (052)277-3011 ▪ 홈페이지 http://uup.ulsan.ac.kr
- 출판등록 제370-1996-000001호(1996.3.13)
- ₩ 20,000

ISBN 978.89.7868.241.1 (93550)

머리말

현대의 자동차는 지상에서의 유용한 운반 및 이동장치의 역할 외에 이동 가능한 생활공간으로도 취급하고 있으므로 인간생활에 밀착된 도구로 인정되고 있다. 그러나 세계적으로 자동차의 생산량이 증가되어 배기가스로 인한 대기오염이 심각한 상황이며, 또한 석유소비량의 증가로 금세기 내에 석유자원의 고갈현상도 예측되고 있다. 이에 대한 대응책으로, 미래 자동차는 현재에 비하여 성능과 안전도도 많이 향상되겠지만, 환경규제 강화와 소비자 인식변화에 있어서도 현재보다 훨씬 친환경적인 자동차가 될 것이다. 친환경적이란 환경에 최대한 영향을 주지 않는다는 의미로서, 연료소비 또는 전기에너지의 소비가 적고, 재료의 재활용 비율이 높아 철금속 및 비철재료 등의 자원소비가 적으며, 또한 이산화탄소 및 대기오염물질로 인한 자연환경에 주는 부담이 적은 차를 의미한다.

친환경자동차 기술의 궁극적 목표는, 전기자동차 또는 연료전지자동차와 같은 완전 무공해 자동차의 개발에 있지만, 아직 해결되어야 할 과제들이 많이 있으므로, 장기계획으로 진행되고 있다. 그 중간 과정인 클린디젤차 및 하이브리드차를 비롯한 플러그인 하이브리드차 등은, 지금까지 발전된 기존 내연기관 기술이 포함되어 접근이 비교적 용이하므로, 단기 및 중기계획으로 진행되어 현재 일부 제작회사에서 생산된 제품들이 시판되고 있는 실정이다.

이와 같이 자동차의 동력장치 및 에너지원 등을 전반적으로 재검토하여 미래 자동차의 개발 방향을 설정해야 하는 현재와 같은 전환기에, 공학계의 학생들에게 자동차공학과 관련되는 교과의 강좌를 어떤 형태로 구성할 것인가는 논의 대상이 될 수 있다. 그러나 학습자에게 기존 자동차공학을 근거한 친환경자동차 기술에 관련된 지식을 전달하고, 이와 연관한 공학분야 응용기술에 대한 이해를 심어 주는 것은 모두가 동의할 것으로 기대한다.

이러한 견지에서 본 교재는 4년제 대학 공학계열 학생을 위한 자동차공학 교재 또는 실용적으로 자동차공학 지식을 필요로 하는 기술자나 친환경자동차 관계자들의 참고도서가 되도록 집필했으며, 수록된 내용의 수준에 따라 2권(그린자동차공학 I, II)으로 편집했다.

본 교재인 "그린자동차 I"에서 다룬 내용은 크게 기계분야와 소재분야로 구분할 수 있다. 우선 1장에서 4장까지는 자동차에 대한 일반적인 배경 사항과 공통적으로 적용 가능한 기초 이론적 지식을 다루었으며, 주요 내용으로는 1장의 서론에서 제원과 구조, 생산/개발과정 등을 소개했고 2장의 자동차 원동기에서는 기존의 내연기관과 친환경차 원동기기술을 포함했으며, 3장에서는 기존 내연기관 원동기에 대한 열역학적 기초이론과 열공학적 비교 등을 언급했고 4장에서는 자동차 주행저항과 구동력 간의 관계 및 제동, 조향성능 등을 포함하는 자동차 주행성능을 다루었다. 5장에서 7장까지는 자동차 주요장치를 기능별로 구분하여, 5장에서는 원동기로부터 구동차륜까지의 동력전달과정에 포함된 장치들의 구조 및 특성들을 소개했고, 6장에서는 차체를 지지해주는 현가장치와 이와 연관되어 설치된 조향장치에 대하여 언급했으며, 7장은 속도제어와 주정차 기능을 담당하는 제동장치를 다루었다.

8장에서 12장까지는 자동차 소재공학에 대한 사항들로서, 8장에서는 재료구분과 첨단소재 소개 등을 포함하는 재료공학의 기초, 9장에서는 재료의 원자구조, 결정구조, 재료결함 등과 관련된 재료의 미세구조, 10장에서는 미세구조의 강도와 강화기구, 파괴 등을 언급했다. 11장과 12장은 자동차 소재로 적용되는 응용재료에 대한 내용으로서, 11장에서는 철 및 비철소재, 12장에서는 세라믹 및 복합소재 등에 대하여 소개했다.

저자들은, 기존의 우수한 자동차공학 관련 교재가 이미 충분할 정도로 많이 존재하고 있음을 인정하고 있지만, 그래도 자동차 산업의 추세와 기술 발전에 따라 갈 수 있는 최신의 기술정보들을 최대한 활용하고자 하는 욕구에서 집필했다. 집필 과정에서 많은 저서, 보고서 및 논문, 관련 웹사이트정보 등을 참고자료로 인용하였으나 일일이 이해를 구하지 못한 점을 이 자리에서 양해를 구하며, 깊은 사의를 표하는 바이다. 또한 저자들은 나름대로 최선을 다하였으나 부족한 점들은 아직 많을 것으로 생각하므로, 앞으로 꾸준히 본 교재에 대한 사용자들의 반응과 의견을 경청하여 개정과 보완작업에 게으르지 않을 것을 약속한다.

끝으로 본 교재는 2011년도에 울산대학교 그린카인재양성센터의 지원을 받아 집필된 것을 밝히며, 교재 개발비를 지원해 주신 관계자 여러분에게 깊은 감사의 말씀을 드린다.

2011년 12월
저자 일동

차 례

제 1 장
자동차 일반

자동차의 우선적인 목적은, 그 자체에 장착된 원동기와 동력원을 사용하여 도로 또는 지상 위를 임의로 이동할 수 있는 것이므로, 자동차 개발 초기에는 원동기가 최고의 성능을 발휘하는데 중점을 두고 우선적으로 기관에 큰 비중을 부여했으며 그 다음에 기관을 탑재할 섀시 및 차체를 설계하는 것이 기획 및 설계의 순서로 인정했었다. 그러나 현재와 같이 원동기 설계에 대한 이론과 기술적 분야 모두가 고도로 발전된 상황에서는, 먼저 설계하려는 자동차의 용도나 목적을 명확히 설정하여 기관과 섀시, 차체의 최적 조합을 얻고자하는 사고, 즉 자동차 전체를 하나의 시스템으로 생각하여 목표치와 설계함수를 충분히 검토하고 최상의 제품이 되도록 전체로서의 균형이 취해진 설계법을 모색하려는 노력이 요구된다.

최근의 자동차는 급속한 전자화 추세에 있으며, 이러한 전자화는 3원 촉매변환기의 최적 정화효율에 해당하는 적정 공연비를 얻기 위하여 시작되었지만, 근래에는 승차감과 성능향상, 주행 안전장치 등에 전자장치가 확대되는 추세에 있다.

자동차 전자화의 특색은 차량 전반적 기능을 제어하는 ECU(electronic control unit)를 사용한다는 것이며, ECU는 기관 작동상태를 감시하는 각종 센서들로부터 입력된 신호를 근거로 최적 연료량 분사와 점화시기 등을 마이크로프로세서로 제어하여 최적의 주행과 안전성능을 발휘하도록 하는 통합관리시스템을 의미한다.

자동차 전자기술은 수요의 고급화, 다양화에 대응하여 그동안 동력전달장치와 주변기기, 소양, 현가장치 등의 단위부품에 응용되어 왔으나, 앞으로 전자 제어되는 단위부품들을 통합하여 제어하는 시스템기술로 발전하는 추세이며, 이러한 통합화가 이루어지면 부품 간의 상호작용으로 승차감과 주행성능, 제동성능 등이 크게 개선될 수 있고 경량화에도 기여할 수 있으리라 기대된다.

1. 자동차의 발달과정 및 정의

자동차에 의한 대기오염, 지구온난화, 화석연료 고갈 등의 문제들은 환경 보존에 대한 관심도를 증대시켜 각 국가에서의 환경규제 강화를 본격화했고, 고성능 기관 탑재에 의하여 인간의 안전성이 더욱 위협받을 수 있으므로 각 국가별 승객 안전규제의 강화가 추진되고 있다. 이러한 현실에서 수요자는 자동차를 단순한 이동장치 보다는 삶의 공간으로 인식하는 경향이 있으므로 운전 중의 편의성 향상과 안전운전을 위한 주위의 정보제공에 대한 정보통신 기술도 높은 비중을 차지하고 있다. 따라서 환경 친화적이고 안전도 및 편의성이 극대화된 미래의 자동차는 친환경기술 외에 안전 시스템과 편의성 향상 기술이 포함되며, 안전 시스템과 편의성 기술은 향후 통합되어 운전자 종합지원시스템을 구성할 것이므로 정보통신기술과 전장품관련 반도체 기술 등의 융합기술이 지배적 역할을 담당할 것이다.

1) 자동차의 발달과정

인류가 육상에서 이동하거나 또는 물건을 운반하는 수단으로 인력이나 동물의 힘 또는 풍력과 같은 자연적 에너지를 대신하여 사용되는 원동기는, 1765년 제임스 와트(James Watt)의 증기기관 발명에 의하여 시작되었다. 수증기를 사용하는 증기기관(외연기관)은 4년 후 최초로 차량에 탑재하여 사용되었고, 약 1900년 초기까지 증기 자동차의 황금기가 지속되었으나 우마차와의 사고, 도로파손, 검은 연기 등의 문제로 인하여 내연기관 자동차가 개발되면서 점차 사라지게 되었다. 그러나 1825년 스티븐슨(G. Stephenson)의 증기기관차는 증기선박과 함께 계속적 발전을 유지하여 19세기 내내 근대 산업혁명과 교통혁명의 주역이 되었다.

(1) 내연기관 차량의 발달과정

현재 우리가 일상생활에 사용하는 크랭크식 4행정 내연기관 원동기는 1876년 니콜라스 오토(N. A. Otto)에 의해 완성되었고, 2륜 자동차(모터사이클)에 탑재한 세계 최초의 가솔린기관은 1883년 다임러(G. Daimler)가 발명했지만, 1885년 독일의 벤츠(F. Karl Benz)에 의하여 최초의 가솔린 3륜 자동차가 특허를 얻었으므로, 벤즈의 3륜차를 근대 자동차의 효시로 언급한다. 약 10년 후인 1892년에는 역시 독일의 디젤(Rudolf Diesel)이 압축점화 기관인 디젤기관을 제안했고, 1897년에는 이미 3호기를 제작하여 18마력에 경이적으로 양호한 열효율 38%을 얻었고, 1921년 다임러사에 의하여 최초로 자동차에 탑재되어 실용화 되었다. 풍력자동차가 등장한 이후 최초의 가솔린 자동차기 등장할 때까지 역사적인 주요 발명들은 [표 1.1]과 같다.

[표 1.1] 초기의 자동차 발달사

연도	인명(또는 회사)	내용
1600	시몬 스네빈(네)	풍력자동차 등장
1769	니콜라스 조셉 퀴노(프)	3륜 증기자동차 시작
1801	리차드 크레비딕(영)	세계 최초 실용적인 증기자동차 제작
1827	월터 핸콕(영)	변속기 발명
1833	리차드 로버트(영)	자동기어 장치 발명
1839	찰스 굿이어(영)	고무타이어 발명
1860	르노와르(프)	전기점화 무압축 가스기관 발명
1862	보드 로샤(프)	4사이클 기관의 원리 제창
1876	니콜라스 오토 (독)	4사이클 내연기관 완성
1883	골트립 다임러(독)	2륜 자동차(모터사이클) 발명
1885	칼벤츠(독)	3륜 가솔린 자동차 발명
1886	골트립 다임러(독)	4륜 가솔린 자동차 발명
1891	르바소 & 파나르(프)	4륜 자동차 생산
1893	루돌프 디젤(독)	압축 착화 기관(디젤기관) 발명
1895	에드워드 미쉐린(프)	자동차용 공기타이어 발명

자동차 제작기술이 미국으로 전파되면서 1896년 헨리 포드(Henry Ford)가 4륜차를 제작했으며, 1901년에는 포드사를 설립했고 1908년에는 T-Model을 1913년부터는 컨베이어에 의한 대량생산 시스템으로 생산하기 시작했다. 이와 같이 현재의 내연기관 자동차는 출현된 후 지금까지 우수한 연구자 및 발명가에 의하여 꾸준히 발전되어 왔으

며, 대량생산 이후의 개략적 발달사는 다음과 같다.

① 1920년대 : 생활에서의 편리성과 즐거움을 느끼기 시작한 시기로 장거리 여행 등에 자동차 사용이 일반화되었고 여행자를 위한 서비스 장소도 제공되었다.

② 1930년대 : 미국 자동차 회사들(Ford, GM, Chrysler)의 대량생산 방법이 정착되는 시기로, 자동차 대중화가 시작되어 1930년 중반기에 미국 가구의 약 54%가 승용차를 보유하게 되었고, 유럽에서는 공황의 영향으로 소형차 생산이 가속되었다. 또한 자동차 외형도 유선형 스타일이 등장했고 외관장식이 유행되었다.

③ 1940년대 : 2차 세계대전에 의한 군수산업의 발달로 자동차 기술도 크게 발전했다. 미국에서는 기관 및 차체의 대형화, 기관 고성능화, 공기저항 감소 등이 이루어졌다. 또한 세계대전 중 미국에서는 지프(Jeep), 독일에서는 비틀(Beetle)이 개발되어 이들의 후속 모델들이 지금까지 생산된다. 특히 비틀은 2000만대 이상의 생산량으로 단일 차종으로는 세계 최고의 생산을 기록하고 있다.

④ 1950년대 : 화려한 외관과 유선형 구조가 최고 절정을 이룬 시대로, 1950년대에는 년 생산량이 1천만대, 1956년에는 세계 자동차 보유 대수가 1억 이상을 돌파했다. 또한 자동차 변화 주기의 단축으로 매년 새로운 모델이 발표되면서 디자인의 중요성이 큰 비중을 갖게 되었다. 기술의 진보도 급속히 이루어져 모노코크 차체, OHC 기관 등이 출현하여 차체 경량화와 기관 고성능화가 이루어졌다.

⑤ 1960년대 : 자동차를 일상생활의 소비제품으로 인식하기 시작했으므로, 소비자 취향에 적합하도록 디자인을 변화했고, 속도 분야에서 많은 향상이 있었다. 또한 자동차의 일상 생활화로 안전성과 대기 공해성 등이 사회적 문제로 출현되었으며, 일본 자동차 공장에서 생산된 소형차들이 세계시장에 최초로 출현했다.

⑥ 1970년대 : 2회의 석유파동으로 에너지원, 안전성, 공해 등의 문제들이 더욱 심각해져 자동차 기술의 급진적 변화가 모색되었다. 자동차 소형화 추세와 함께 전기자동차를 비롯한 대체에너지 차량 개발이 시작되었고, 소형화와 저연비의 장점을 갖는 일본차들이 미국시장에서 인기를 얻기 시작했다. 우리나라는 현대자동차가 1975년 포니를 처음 생산하여 자동차 대국으로의 성장 계기를 이루었다.

⑦ 1980년대 : 차체는 70년대의 각진 형식에서 부드러운 라운드 형식으로 변화했고, 저연비, 저공해, 고출력 등을 위하여 신소재 개발과 경량 및 소형화, 전자화가 이루어졌으며 설계로부터 생산, 실험에 이르기 까지 전산기의 응용이 적극

적으로 활용되어 CAD와 CAM이 전 분야에 도입되었다. 또한 장시간의 운전과 레저용에 적합하고 실내공간이 넓은 미니밴과 SUV 등의 모델이 등장했다.

⑧ 1990년대 : 자동차의 성숙기인 동시에 포화시기로서 안전성을 위한 에어백, ABS (Anti-Brake System) 등의 안전장치 장착이 의무화되었고 위성통신에 의한 GPS, 내비게이션(navigation system)의 적용이 확대되었다. 또한 생산에서도 자동 조립식, 무인 생산 등으로 품질 고급화와 균질화가 이루어졌고 소품종 다량생선에서 다품종 소량생산으로의 변환 경향이 나타났다.

⑨ 2000년대 : 자동차 생산기술이 보편화되면서 자동차회사가 갖고 있던 독자성이 희박해지고, 전자 정보기술의 발달로 자동차 모든 분야에 전자제어 시스템의 장착이 일반화되었다. 특히 자동차의 지능화와 안전성, 친환경성 등의 분야에서 두드러진 발전이 이루어졌고, 미래 자동차 원동기로는 기존 내연기관 보다는 새로운 동력원의 개발을 위하여 각국의 자동차 제조회사에서 경쟁적인 개발이 시도되고 있다.

(2) 전기자동차의 발달과정

가솔린기관이 자동차의 원동기로 지위를 확정하기 전에는 증기기관과 전기모터가 많이 보급되고 있었다. 1939년에 R.데이비드슨이라는 스코틀랜드 사람이 충전할 수 없는 전지로 자동차를 움직였다는 기록이 있으나, 급속히 보급된 것은 1865년 G.플랑테가 축전지를 발명한 후 부터이다. 전기 자동차가 많아 보급된 곳은 미국인데, 그 까닭은 G.B.셀덴이 1895년에 가솔린자동차의 근본에 대한 특허를 얻었기 때문이라 한다.(이 특허는 1911년 포드 등에 의해 분쇄되었다) 미국에서는 그 후에도 악취나 연기가 없고 운전과 조작이 쉽다는 이유로 주로 여성용으로서 1920년경까지 제작 되었다. 그 후 가솔린기관에 밀려 일단 소멸하였으나, 가솔린자의 배기가스에 의한 대기오염이 문제화된 1950년대 말경부터 다시 클로즈업 되었고, 1980년 이후 다시 자취를 감추었다가 1990년대에 다시 언급되어 1996년에 새로운 전기자동차가 등장했다. 1997년도에는 내연기관과 함께 동력을 공급할 수 있는 하이브리드 승용차의 판매가 시작되었고, 현재에는 차세대 자동차 원동기로서의 가장 적합하다는 기대로 인하여, 세계의 자동차 메이커 및 전력회사, 연구소, 대학 등에서 집중적으로 활발한 연구가 진행되고 있다.

2) 차량의 개념과 자동차의 정의

(1) 차량의 개념

육상에서 어떤 목적에 의하여 적당한 기능을 갖고 사람이나 물건을 수송하거나 멀리 떨어진 위치까지 이동하는 데 사용되는 특수 목적의 이동장치를 차량(vehicle)이라 하며, 이 중에는 자동차에 속할 수 없는 레일 위를 주행하는 철도차량과 특수 주행장치가 장착된 건설차량, 농업차량, 하역기계 등이 포함된다. 차량은, [그림 1.1]과 같이 주행장치의 형태에 따라 장륜차량(wheeled vehicle), 궤도차량(caterpillar vehicle), 설상에서 사용할 수 있는 스키식 차량(ski-type vehicle), 동결된 빙판 위에서 운전하는 나사식차량(screw drive vehicle), 수면 또는 늪지대 등에서 부상한 상태로 이동하는 공기부상 수륙양용차량(Hovercraft, 호버크래프트) 등으로 구분한다. 이들 중, 정비된 도로 또는 지면 위에서만 사용되는 차량을 일반적으로 자동차라 할 수 있다.

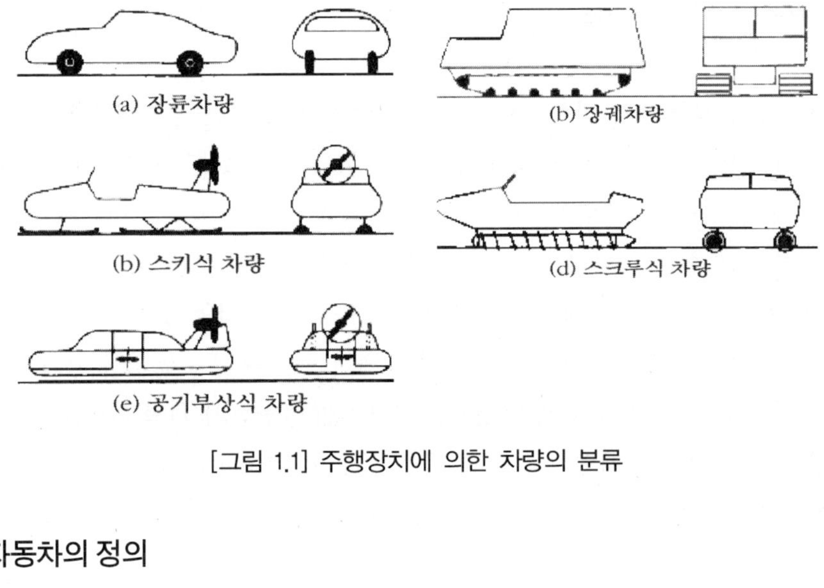

[그림 1.1] 주행장치에 의한 차량의 분류

(2) 자동차의 정의

자동차(automobile, motor car)란 차량 자체에 장착된 원동기와 동력원을 사용하여 철도차량처럼 레일이나 가선을 사용하지 않고 정비된 도로 위 또는 도로 외의 지면을 자유로이 주행할 수 있는 차량으로 정의된다. 다만 트레일러(trailer)트럭이나 버스와 같이 견인되는 차량은 일반적으로 자동차에 포함되지 않는다.

자동차는 그 용도에 따라 여러 종류가 있고 구조도 다양하므로 각 국가에서는 행정과 사법 목적상의 관련 법규에 따라 자동차의 정의와 범위를 약간씩 다르게 지정하고 있다. 현재 우리나라에서는 자동차관리법, 도로운송 차량법, 한국산업규격 등에서 해당기관의 목적에 적합하도록 정의하고 있지만, 한국산업규격과 국제표준화기구(ISO)의 정의만 인용하면 다음과 같다.

① 한국산업규격(KS R 0011) : "자동차란 원동기와 조향장치를 구비하고 그것을 이용하여 지상을 주행할 수 있는 차량"으로 정의하고 있다. 따라서 자동차의 범위는 도로상의 차량은 물론 도로 외에서도 사용할 수 있는 산업차량, 건설차량, 농업차량, 레커차, 제설차량 등도 포함하므로 범위가 매우 넓으며, 외부 동력원으로 가선에 의해 주행하는 트롤리 버스(trolley bus)는 포함하지만 궤도차량은 포함하지 않는다.

② 국제표준화기구(ISO 3833-1977E) : "도로차량(road vehicles)이란 원동기를 구비하고 도로 위를 주행하는 차량으로 2개 또는 4개 이상의 바퀴를 가지며 레일에 의하지 않고 사람이나 화물을 운반, 견인하는 차량을 말하며, 특별한 용도로 사용하는 트롤리 버스, 차량의 무게가 400kg 이상의 3륜차도 자동차에 포함 된다"고 정의하고 있다. 따라서 현재 사용되는 원동기로서 내연기관이 설치된 대부분의 차량이 이에 속하며, 이 경우 탑재 동력원으로는 가솔린, 디젤 등의 연료를 사용한다.

2. 자동차의 분류

자동차의 분류는 기술적 목적에 의한 한국산업규격에 의한 분류, 차량관리에 따른 분류, 형식승인과 과세표준 등의 목적을 위한 분류 등의 각종 법규에 의한 분류 외에 국내 자동차 시장 및 외국에서의 승용차 분류 등 여러 방법들이 있다. 이들 중 산업규격에 의한 분류가 가장 기술적 개념들이 포함된 분류법이므로 여기서는 이에 대하여 언급하겠다. 우리나라의 산업기술 규격을 규정한 한국 산업규격(KS R 0011)에서는, 자동차를 사용하는 장소, 구조, 원동기 종류와 그 외의 기타 방법으로 분류하고 있으며 상세 내용은 다음과 같다.

1) 사용하는 장소에 따른 분류

(1) 도로상에서 사용하는 차량

도로상에서 사용하도록 설계 및 장비화된 도로 차량(road vehicle)은 모터 비이클, 트레일러, 연결차량, 모페드, 모터사이클 등이 있다.

① 모터 비이클(motor vehicles)

4륜 이상의 차륜으로 사람 및(또는) 화물을 수송, 수송에 사용되는 차량을 견인, 특수 작업에 사용되는 노상 주행차로 정의하며, 승용차, 버스, 트럭, 특별차, 특별 용도차, 특별 장비차 등이 포함되고 구체적 내용은 다음과 같다.

- 승용차(passenger car) : 주로 사람과 화물 및(또는) 화물의 수송이 목적이며 이용할 수 있는 좌석은 운전자 포함하여 10석 이하의 모터 비이클이다.

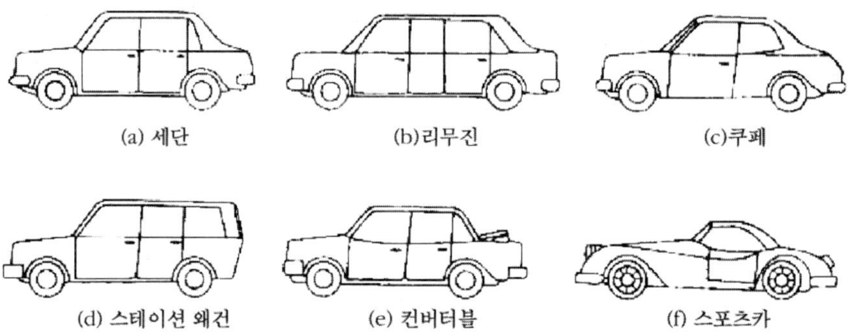

[그림 1.2] 승용차의 종류

- 사롱(saloon) - 일명 세단(sedan)이라 하며, 상자형 차체로서 측면 창에 중간 기둥이 없는 것은 하드톱(hardtop) 또는 코치(coach)라 한다. 좌석은 최소 2열로 4석 이상이며 문짝은 측면에 2개 또는 4개이고 뒷면도 개방 가능하며, 측면 2개의 창은 중간 기둥에 의하여 분리되어 있다.
- 스테이션 왜건(station wagon) - 상자형 차체로서 트렁크 부분이 승객실의 확장된 공간으로 설계되었다. 좌석온 최소 2열로 4석 이상이며 1열 또는 복수열은 화물실 바닥면 확보를 위하여 떼어내든지 접을수 있고, 문짝은 측면에 2개 또는 4개 후면

에 1개, 창문은 측면에 4개 이상이 설치된다.

- 쿠페(coupe) - 상자형 차체로서 좌석은 최소 1열 합계 2석 이상으로 후부 좌석열 공간은 매우 작다. 창문은 측면에 2개 이상, 문짝은 측면에 2개 이다.
- 컨버터블(convertible) - 차체 지붕은 개방 가능하므로 최소 2개의 형태를 갖는다. 일명 로드 스타(roadster)라고 하며, 문짝은 측면에 2개 또는 4개, 좌석은 최소 1열로 합계 2석 이상, 창문은 측면에 2개 이상 설치되어 있다.
- 다목적 승용차(multipurpose passenger car) - 상자형, 개방형 또는 개방 가능형 차체로서 다용도 사용을 목적으로 설계했으며 좌석은 1석 이상이다.
- 전방조정 승용차(forward control passenger car) - 조향 휠(steering wheel) 중심에서 차량 첨단까지 거리가 차량 전장의 1/4 이내인 차를 의미한다.

● 버스(bus) : 사람 및 화물 수송을 목적으로 설계 및 장비되었으며, 운전자 포함 승객 인원 11명 이상의 모터 비이클을 의미한다.

- 보닛 버스(bonnet bus) - 기관실 덮개가 운전실 앞쪽으로 돌출된 버스.
- 시내버스(urban bus or city bus) - 주로 시내에서의 사용을 위하여 입석과 좌석이 준비되며, 빈번한 정차와 승객 이동 등을 고려하여 설계된 버스이다.
- 중거리 버스(interurban bus) - 도시를 기점으로 근교 소도시와의 수송을 위하여 설계된 버스로, 별도의 입석공간은 없지만 통로를 사용할 수 있다.
- 연결버스(articulated bus) - 흔히 쌍둥이 버스라 하며, 한 개의 버스 뒤쪽에 견고한 관절 이음장치로 연결한 다른 한 개의 버스로 구성된 버스.
- 마이크로버스(microbus) - 승차정원이 17명 미만의 버스를 마이크로 버스라하며, 정원이 30명 미만의 중형 버스를 라이트 버스(light bus)라 한다.

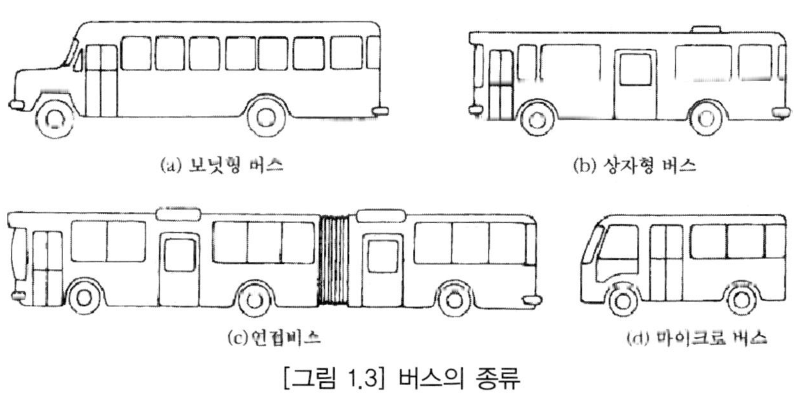

[그림 1.3] 버스의 종류

• 트럭(commercial vehicle or motor truck) : 화물수송이 목적인 차량.

- 보닛트럭(bonnet truck) - 기관실을 덮고 있는 보닛의 후방에 운전석이 위치하므로 차체 전방에 기관실이 돌출된 트럭을 의미한다.
- 캡 오버 트럭(cab over truck) - [그림 1.4]와 같이 기관의 일부 또는 대부분이 운전석 밑에 위치한 트럭을 의미한다.
- 픽업(pickup) - 지붕이 없는 화물실을 운전실 후방에 설치한 소형 트럭.
- 패널 밴(panel van) - 운전실과 화물실이 일체로 되어있고 화물실도 고정된 지붕이 설치된 상자형 트럭을 의미한다.
- 소형 밴(light van) - 소형 패널 밴으로 취급되며, 중량이 $400 \sim 500\ kg$ 의 가벼운 화물이나 상품 수송에 사용되고 2~5인의 승차 정원을 갖는다.

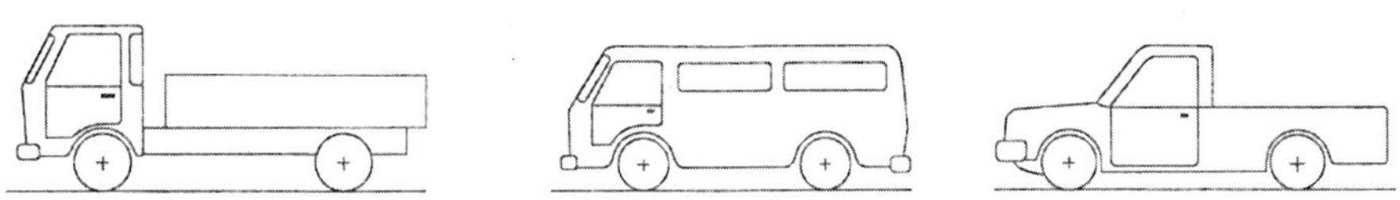

(a) 캡 오버 트럭 (b) 패널 밴 (c) 픽업

[그림 1.4] 트럭의 종류

• 특별 용도차(특용차) : 특별한 목적을 위하여 차체를 특수하게 제작하거나 특별한 기구가 설치된 트럭으로 선전차, 구급차, 냉장차 등이 있다.

• 특별 장비차(특장차) : 자동차 원동기로 구동할 수 있는 특별한 기계가 설치된 트럭으로, 탱크로리, 덤프트럭, 믹서차, 소방차, 레커차 등이 있다.

• 특수차(special vehicle) : 특별 물품 수송 전용 또는 특수 작업 전용 및 두 가지 모두를 겸용하기 위해 제작된 차량으로 [그림 1.5]와 같은 것들이 있다.

② 트레일러(towed vehicle)

자체 동력원 없이 트랙터 트럭으로 견인하며, 사람 또는 화물 수송을 목적으로 설계되며, 장착된 도로 상을 주행하는 차량으로 다음과 같은 종류가 있다.

• 도울리(dolly) : 세미 트레일러와 결합하여 풀 트레일러 기능을 발휘할 수 있는 견인 기구를 보유한 연결 장비.

• 범용 풀 트레일러(general purpose trailer) : 적재한 화물의 총 중량을 설치된 도울리

차륜축과 트레일러 후륜축에 부과하는 구조의 트레일러.

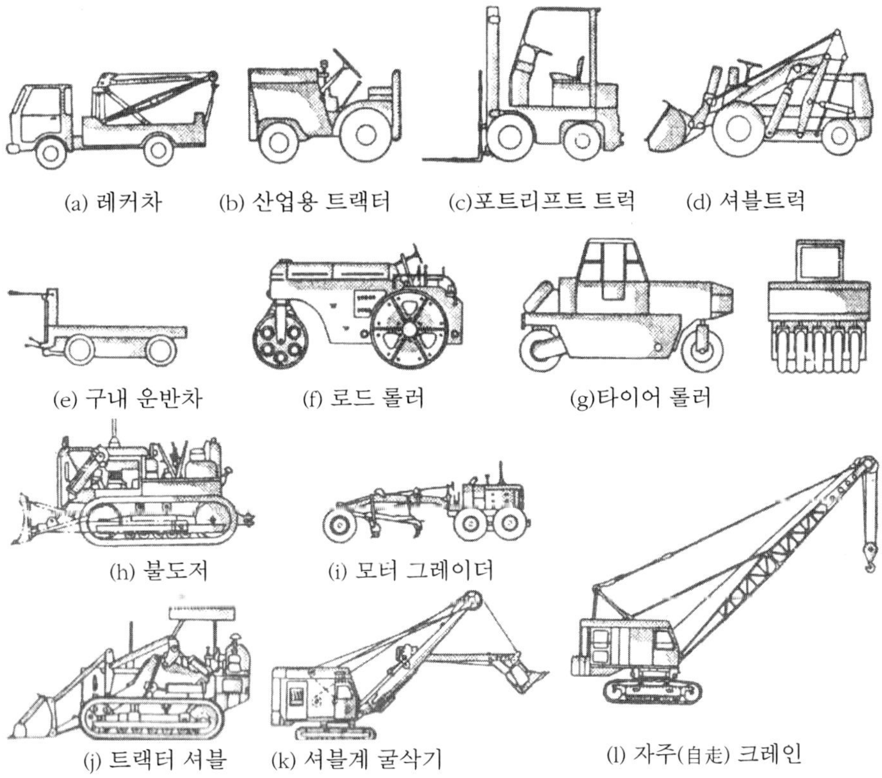

[그림 1.5] 특수차의 종류

- 세미 트레일러(semi-trailer) : 후륜 차축만 존재하는 트레일러를 의미하며, 적재 화물의 하중은 세미 트레일러 트랙터 후륜축과 분담한다.
- 캐러밴(caravan) : 이동 거주 공간이 준비 및 장착되었고, 도로상에서 이동 가능하게 설계된 풀 트레일러.

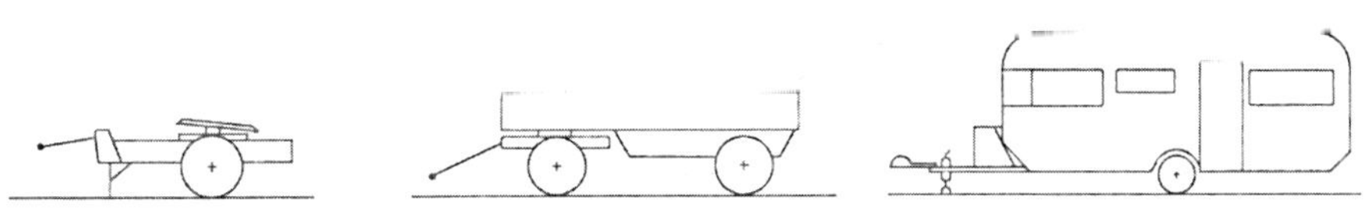

[그림 1.6] 트레일러의 종류

③ 연결차(combination of vehicle)

한 대의 트랙터에 1개 이상의 트레일러를 결합시킨 것으로 다음 종류가 있다.

- 풀 트레일러식 연결차(road train) : 한 대의 트럭 또는 1대의 트랙터(tractor)와 1대 또는 그 이상의 풀 트레일러가 연결된 차량.
- 승객용 풀 트레일러 연결차(passenger road train) : 1대의 버스와 그 이상의 독립된 풀 트레일러를 트랙터에 연결한 승객 및 화물 수송용 차량.

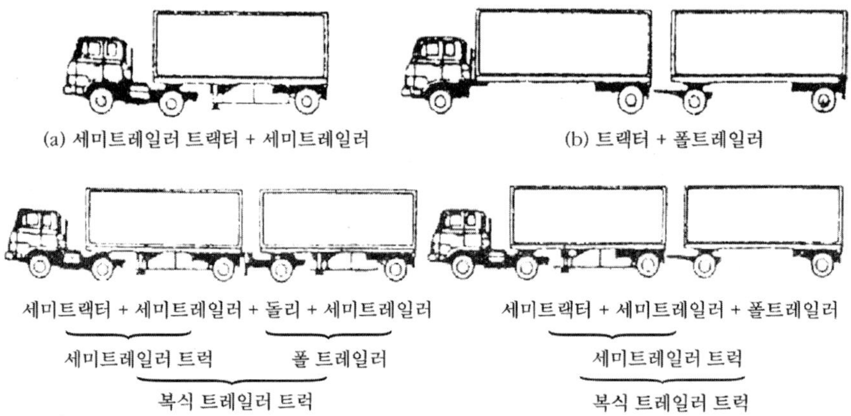

[그림 1.7] 트랙터와 트레일러의 연결 형식

- 세미 트레일러 연결차(articulated road train) : 세미 트레일러 트랙터(트레일러 전방 하중을 지지하는 트랙터)에 1대의 세미 트레일러를 연결한 차량.
- 더블 트레일러 연결차(double road train) : 1대의 세미트레일러 트랙터와 1대의 세미 트레일러 외에 풀 트레일러도 연결된 차량.

④ 모피드(moped)

최고속도가 50 km/hr 이하로 설계된 2륜 또는 3륜 자동차이며, 열기관을 사용하는 경우, 총 배기량이 50cm^{3}이하로 제한한다.

⑤ 모터 사이클(motorcycle)

2륜 또는 3륜차로서, 3륜의 경우 공차 하중이 400 kg_f (3.92 kN) 이하로 제한하며, 모피드를 제외한다.

(2) 도로 이외에서 사용되는 차량

도로 외에서 사용되는 노상 외의 차량(off road vehicle)은 산업차량, 건설차량, 농업차량, 설상차 레커차 등이 있으며, 종류는 다음과 같다.

① 산업차량(industrial vehicle)

작업장에서 각종 운반과 하역 작업에 사용되는 자륜장착 자동차를 의미한다.

- 산업용 트럭(industrial truck) : 차체 뒤쪽에 트레일러 연결 장치가 있어 주로 구내에서 트레일러 적재 화물을 운반하고 견인하는 산업 차량.
- 포크 리프트(fork lift truck) : 차체에 포크와 포크를 상하 이동시키는 시스템이 설치되어 있어 화물 하역작업 등에 적용할 수 있는 차량.
- 쇼벨 로더(shovel loader) : 차체 앞쪽에 장착된 쇼벨을 리프트 암에 의하여 상하 이동이 가능하므로 산적화물의 하역 작업 등에 적용하는 차량.

② 건설차량(construction vehicle)

주로 토목건설 현장에서 토건작업에 투입되는 캐터필러 또는 차륜식 차량.

- 로드 롤러(road roller) : 주철, 강판제 등의 평활한 표면의 원통형 차륜을 장착하고 노면을 평판하게 다지는데 사용하는 건설차량.
- 트랙터 쇼벨(tractor shovel or loader) : 차체 전면부에 버킷 및 관련 장비들이 장착되어 토사 등을 이동시키거나 밀어내는 작업이 가능한 건설차량.
- 오프로드 자주 크레인(mobile crane) : 차륜 또는 캐터필러에 의하여 도로 외의 지면에서 스스로 이동하며 하중을 들어 올리거나 이동할 수 있는 차량.
- 건설용 트랙터(tractor) : 자체 설치된 중장비에 의하여 노면을 평탄하게 하고 다지며, 또는 밀어냄 등의 중부하(heavy load) 토건 작업이 가능한 차량.

③ 농업차량 (agricultural vehicle)

단지 농작업에 사용되는 차륜 또는 캐터필러식 차량으로 각종 농작업 기계와 조합해서 사용되는 농업용 트랙터(agricultural tractor) 등이 있다.

④ 설상차(snow vehicle)

눈 위를 주행하는 캐터필러 또는 세미 캐터필러식 차량으로, 좌석이 있고 스키로 조향이 가능한 세미 캐터필러식의 스노우 모빌(snow mobile)이 있다.

⑤ 레저카(leisure car)

운전을 즐기거나 오락에 사용되는 자동차로 여기서는 경주용 자동차(racing car)와 주로 1인용의 소형 오락용 고카트(gocart)를 의미한다.

2) 구조에 따른 분류

(1) 주행 방식에 의한 분류

① 차륜자동차(wheeled vehicle) : 주행 장치로서 원형 차륜이 장착된 차량.
② 캐터필러 자동차(crawler vehicle) : 캐터필러 주행 장치가 장착된 차량.
③ 반 캐터필러 자동차 : 주행은 캐터필러, 조향은 전차륜을 사용하는 차량.

(2) 차축 및 차륜 수에 의한 분류

① 차륜 : 2륜 자동차, 3륜 자동차, 4륜 자동차, 6륜 자동차, 다륜 자동차 등
② 차축 : 2축 자동차, 3축 자동차, 다축 자동차 등

(3) 구동륜 또는 원동기 위치에 의한 분류

① 구동륜 : 전륜구동 또는 후륜구동 자동차, 전륜(all wheel)구동 자동차.
② 기관위치 : 전방기관, 후방기관, 상하(underfloor)기관 자동차.
③ 기관위치와 구동륜 : 전기관 전륜구동(FF, front engine front drive), 전기관 후륜구동(FR, front engine rear drive), 후기관 후륜구동(RR), 상하기관 전륜구동(UF, underfloor engine front drive), 상하기관 후륜구동(UR) 등

(4) 프레임(frame) 존재 여부에 의한 분류

① 프레임 구조(separate frame construction, 분리식 구조) : 주행기능의 섀시가 프레임(뼈대)에 고정되고, 그 위에 차체(body)가 결합되는 형식의 차량
② 프레임리스 구조(frameless construction, monocoque, 단체구조 : 프레임 없이 차체와 섀시가 일체로 결합되어 경량화한 차량

3) 원동기에 의한 분류

현재 자동차 원동기의 대부분이 연료 열에너지를 일에너지로 변환하는 열기관(heat engine)을 사용하며, 작동기구는 직선운동을 회전운동으로 변환시키는 피스톤-실린더(piston-cylinder)기관을 사용한다. 그러나 화석연료 고갈과 환경 오염물질의 배기는 심각한 사회적 문제를 일으키므로, 하이브리드 및 전기차 등의 새로운 동력원 및 원동기를 개발하려는 시도가 경쟁적으로 진행되고 있다.

(1) 내연기관 자동차(ICEV, internal combustion engine vehicle)

연소가스가 직접 에너지를 변환하고 전달하는 열기관이며, 체적이 작으므로 수송장치 원동기로 흔히 사용되어 왔으나 사회적 문제로 대체 원동기가 요구된다.
① 가솔린 자동차 : 가솔린을 연료로 사용하며 불꽃점화에 의해 폭발한다.
② 디젤 자동차 : 연료는 경유를 사용하며 압축열에 의하여 폭발한다.
③ 가스자동차 : 액화석유가스(LPG), 천연가스(CNG, LNG)를 사용하는 차량.
④ 가스터빈차 : 자동차 원동기로 가스터빈이 설치된 차량.

(2) 전기 자동차(EV, electric vehicle)

동력원으로 전기에너지를 사용하며 전동기에 의하여 추진하는 무공해 자동차
① 트롤리 버스(trolley bus) : 동력원인 전기에너지를 가선을 통하여 외부로부터 공급받으며 자체 장착된 전동기에 의하여 주행하는 버스
② 배터리차 : 주기적 충전이 가능한 축전지와 전동기를 자체 장착한 자동차.

③ 플러그 인(plug in) 전기 자동차 : 가정에서 쉽게 충전할 수 있는 자동차.

④ 연료전지 자동차 : 연료의 화학에너지를 직접 전기에너지로 변환하는 연료전지에 의하여 축전지를 충전하고, 이를 전원으로 전동기를 구동하는 자동차.

(3) 하이브리드 자동차(HEV, hybride electric vehicle)

두 종류의 원동기가 장착되어 최선의 조건에서 운전하도록 설계된 자동차.

① 가솔린 하이브리드 자동차 : 가솔린 기관과 전기 모터가 장착된 자동차.

② 디젤 하이브리드 자동차 : 디젤기관과 전기 모터가 장착된 자동차.

③ LPG 하이브리드 자동차 : LPG 기관과 전기모터가 장착된 자동차.

4) 기타 방법에 의한 분류

산업규격에 의하면 대형차는 도로교통법, 보통차와 소형차, 경차는 도로운송차량법에 따른 분류와 동일하며, 특수 자동차와 원동기 부착 자전거는 제외한다.

① 상용차 : 상공업 활동에 연관되어 수송이 주목적인 도로 상을 주행하는 자동차를 언급하지만, 자가용, 구급차, 소방차, 우편차 등의 특수 자동차는 제외.

② 영업차 : 타인의 수요에 대응하여 화물 또는 승객을 운송하기 위해 도로에서 주행하는 자동차를 언급하나, 트롤리 버스는 제외하고 설상차는 포함된다.

③ 자가용차 : 영업용차 이외의 자동차.

④ 대형차 : 자동차 총하중이 8000 kg_f $(78.4\ kN)$ 또는 최대 적재하중이 5000 kg_f $(49.0\ kN)$ 혹은 승차 정원이 11인 이상의 자동차를 의미하지만, 2륜차는 제외.

⑤ 보통차 : 소형차, 경자동차, 대형차 외의 자동차

⑥ 소형차 : 총 길이가 4.7 m 이하, 총 나비가 1.7 m 이하, 총 높이가 2.0 m 이하로서 내연기관인 경우 배기량이 2000 cm^3 이하인 4륜, 3륜 또는 2륜 자동차.

⑦ 경자동차 : 총 길이가 3.2 m 이하, 총 나비가 1.4 m 이하, 총 높이가 2.0 m 이하로서 내연기관인 경우 배기량이 550 cm^3 이하인 2륜차 이외의 자동차. 2륜 자동차의 경우 총 길이가 2.5 m 이하, 총 나비가 1.3 m 이하, 총 높이가 2.0 m 이하로서 내연기관인 경우 배기량이 250 cm^3 이하의 차량이 해당된다.

3. 자동차의 제원

사용상의 기능 정도를 추정하기 위하여 자동차 치수, 질량, 성능 등 주요 특성을 선택하여 자동차의 설명서나 규격서 등에 제원으로 표시하고 있다. 주요 제원은 다음과 같으며, 예로서 국내 생산 자동차의 제원을 [표 1.2]에 표시했다.

[표 1.2] 국산 자동차의 제원

		승용차					AERO	트럭
		마티즈	NEWEF 소나타	뉴테어맨 CM600S	에쿠스 VS450	테라칸	고급 좌석 LS CNG	뉴파워트랙 19톤초장축 카고
전장(mm)		3,495	4,745	5,135	5,065	4,710	11,600	12,630
전폭(mm)		1,495	1,820	1,825	1,870	1,860	2,490	2,495
전고(mm)		1,485	1,420	1,465	1,465	1,795	3,235	3,140
실내 내측 치수	장(mm)	1,729	1,970	2,020		2,510	10,670	10,100
	폭(mm)	1,270	1,480	1,495		1,500	2,340	2,340
	고(mm)	1,238	1,165	1,185		1,245	1,937	450
축간 거리	1축(mm)	2,340	2,700	2,900	2,750	2,750		1,700
	2축(mm)						6,050	4,850
	3축(mm)							1,300
윤간 거리	전륜(mm)	1,315	1,540	1,550	1,530	1,530	2,050	2,040
	후륜(mm)	1,280	1,530	1,540	1,530	1,530	1,860	18,50
최저지상고(mm)		150	165	180	155	205		
최소회전반경(m)		4.5	5.4	5.4		5.7	10.1	11.7
차량 중량(kg)		760	1,460	1,785	1,975		11,940	12,655
차량 총중량(kg)		1,085					14,475	31,785
차량 적재량(kg)								19,000
승차 인원							38+1	2
엔진 형식(모델)		0.8L SOHC	14 DOHC	직렬6기통	V8MPI	인터쿨러 터보디젤	C6AB	파워텍410
배기량(cc)		796	1,997	3,199	4,498	2,476	11,145	12,300
최대출력(ps/rpm)		52/6,000	138/6,000	200/6,000	270/5,500	103/3,800	310	410
최대토크 (kgf · m/rpm)		7.3/3,500	18.4/4,500	32.0/3,800	38.0/4,500	24/2,000	125	188
최대 속도(km/h)		144				143	134	136
등판 능력(tan θ)		0.42					0.37	0.523
연료 뱅크(l)		35	65	80	80	75	950	380
연료		휘발유	휘발유	휘발유	휘발유	경유	천연가스	경유
변속기		SMT	SMT/4AT	5AT	5AT	5MT/4AT		
조향장치		랙&피니언	파워/틸트	웜형 볼&너트	파워/틸트	파워/틸트		
제동장치	전	솔리드디스크	벤틸레이티드디스크	벤틸레이티드디스크	벤틸레이티드디스크	디스크	Full Air	Full Air
	후	드럼	드럼	디스크		디스크		
현가장치	전	맥퍼슨스트럿	더블위시본	댐퍼스트럿	맥퍼슨스트럿	더블위시본		
	후	독립 트레일링 링크	멀티링크	멀티링크	멀티링크	5링크 고일스프링		
타이어	전 후	155/65R13	205/65HR15	215/60R16	225/60VR16	255/70R15	11R22.5-10PR	12R22.5-16PR
연비(km/l)		20.9	14.1/12.3	7.7	7.7	9.7/9.2		

1) 치수

(1) 총 길이(overall length), 총 너비(overall width), 총 높이

① 총 길이(전장) : 자동차 중심면 및 접지면에 평행하게 측정했을 때, 범퍼 및 미등 등의 부속물을 포함하는 자동차의 최전단에서 최후단까지의 거리.

② 총 너비(전폭) : 자동차 중심면에서 직각으로 측정하여, 부속품을 포함하여 가장 넓은 폭. 단, 하대와 환기장치는 닫힌 상태이고 백미러는 포함 안한다.

③ 총 높이(전고) : 접지면에서 최정상부까지의 높이로 안테나는 접은 상태.

(2) 최저 지상높이(ground clearance)

접지면에서, 자동차 중앙영역 내의, 제일 밑에 존재하는 부분까지의 거리이며, 중앙영역은 좌우 차륜 안쪽 거리의 중앙 80% 범위를 의미한다.

(3) 실내치수(interior dimensions)

승용차, 버스, 캡오버형 차량 등의 실내치수는 승객의 거주성, 운전자의 운전 조작성 등이 관련되어 이들을 대표적으로 표현하는 치수는 비교적 복잡하다. 그러나 일반적으로 다음과 같은 방법들에 의하여 내부 공간을 표현하고 있다.

① 길이 : 계기판에서 최후단 좌석의 등받이까지의 길이

② 너비 : 승객실 중앙부분에서 최대 폭

③ 높이 : 차량 중심선 부근의 바닥면에서 천정까지의 연직 최대거리

2) 차륜, 차축의 위치

(1) 축간 거리(wheel base)

앞뒤 차축 중심 간의 거리로서 3차축 차량에서는 전차축과 중간축 간의 거리를 제 1

축간 거리, 중간축에서 후차축 간을 제 2 축간 거리라 한다. 4차축 차량은 제 3 축간 거리가 있으며, 전차축과 후차축 간의 거리가 최대 축간 거리 이다.

(2) 륜간 거리(wheel tread)

좌우 차륜 접지면 중심 간의 거리로서 복륜인 경우 복륜 간격 중심 간의 거리.

(3) 오버행(over hang)

앞바퀴 차륜 차축 중심을 지나는 횡 수직면에서 자동차 앞쪽 최전단부까지의 수평거리를 [그림 1.8(g)]과 같이 앞 오버행(front over hang), lf라 하며 범퍼와 훅(hook) 등 고착부분도 포함된다. 전차축 중심에서, 범퍼와 그 부속물은 제외하고, 그릴은 포함한 차체 최전단까지 거리는 앞차체 오버행(front body over hang), $l'f$이라 한다. 같은 방법으로 후륜 차축 중심을 지나는 횡 수직면에서 범퍼와 훅 등의 고착물을 포함한 후방 최후단부까지의 거리를 뒤 오버행(rear over hang), lr이라 하고, 그릴 최후단부까지의 거리는 후차체 오버행(rear body over hang)이라 한다.

(4) 오버행 각(approach angle and departure angle)

전륜 접지점과 차량 전단부 하면을 연결한 직선과 노면이 이루는 각도를 어프로치 각이라 하며 [그림 1.8(g)]와 같이 α_f로 표현하고, 후륜 접지점과 차량 후단부 밑면을 연장한 직선과 노면이 이루는 각을 디파처 각, α_r이라 한다.

(5) 램프각(lamp angle)

전후 타이어 외부 원주에 접하는 두 직선 교차점에서 교차각의 최소 보각을 의미하며 [그림 1.8(g)]에서 β에 해당하며, 연결 차량은 [그림 1.8(h)]와 같다.

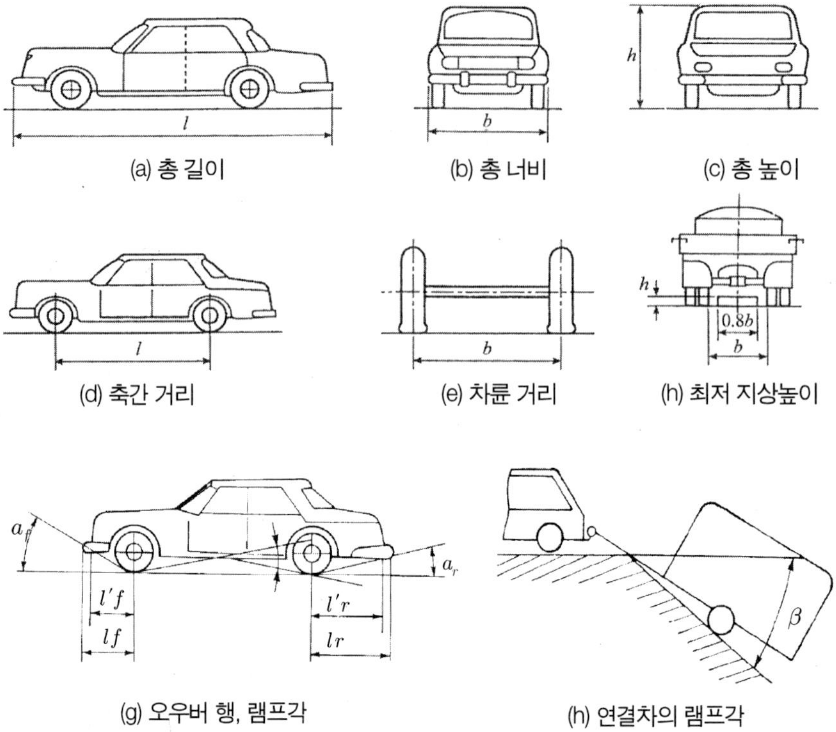

[그림 1.8] 자동차 치수와 위치에 대한 제원.

3) 질량에 대한 제원

(1) 공차질량

화물 적재 없이 연료, 냉각수, 윤활유 등은 가득 채우고 운행에 필요한 장비를 갖춘 상태에서의 자동차 질량

(2) 최대 적재량

트럭에 허용된 최대 적재질량으로, 자동차 총질량에서 공차질량을 뺀 값으로 정의한다. 그러나 ISO 7237-1981은 중력 가속도를 곱하여 적재량을 표시한다.

(3) 자동차 총질량, 연결 총질량

최대 적재상태의 자동차 질량이 자동차 총질량이며, 트랙터 및 트레일러 모두 최대 적재상태에서 연결되었을 때 합계질량이 연결 총질량이다.

(4) 차륜 하중

자동차의 1개 차륜을 통하여 접지면에 전달되는 연직하중을 의미한다.

(5) 축하중

차륜을 통하여 접지면에 전달되는 각 차축당의 하중을 의미한다.

(6) 하중 분배비

각 차륜축에 부여되는 자동차 하중의 분배비를 %로 표현한 값을 의미한다.

4) 주행성능에 대한 제원

자동차의 기본적 기능인 주행능력, 즉 주행저항력(동력)과 구동력(동력)을 종합적으로 관찰할 수 있는 것으로, [그림 1.9]와 같은 주행 성능선도가 제원표와 병행하여 사용되는 수가 많다. 이 선도는 주행속도를 횡축에 표시했고, 각 속도에서의 저항력(동력)과 구동력(동력), 기관 회전수 등은 종축에 표시했다.

구동력 선도는 기관 최대 부하시의 토크에서 소음기, 촉매 반응기 등에 의한 손실을 제외한 값으로부터 계산하며, 접지면에서 구동력은 다음 식으로 산출할 수 있다.

$$F = \frac{(T_E - T_L)\, i\, \eta_t}{r_t} \qquad (1.1)$$

여기서 F: 구동력(kg_f 또는 kN), T_E : 기관 토크($kg_f\,m$ 또는 $kN\,m$), T_L : 손실 토크, i: 총 감속비, η_t : 전달효율, r_t : 타이어 유효반경(m) 이다.

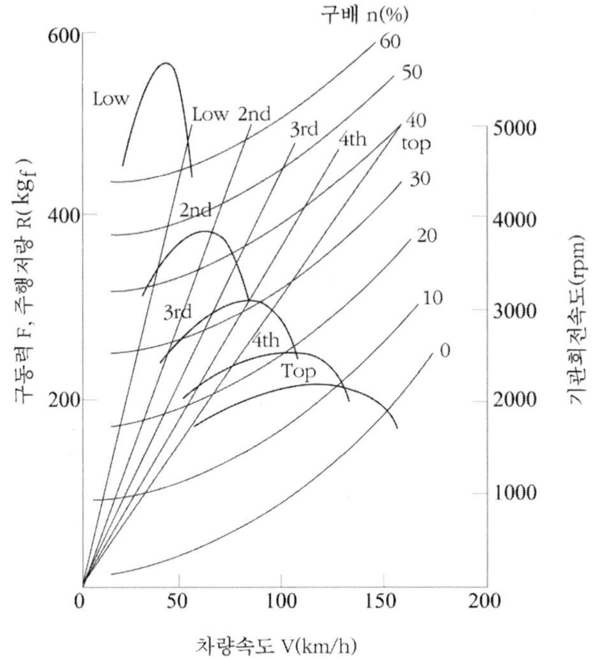

[그림 1.9] 자동차 주행 성능곡선

주행 저항력은 자동차가 직진 주행할 때 부여되는 저항력을 도로 경사도에 따라 해당 차속에 대하여 도시했으며, 일반적으로 아래의 식으로 계산된다.

$$R = W\sin\theta + \mu_r\ W + \mu_a\ A\ V^2 \tag{1.2}$$

여기서 R: 주행 저항력(kg_f or kN), W: 차량 총중량(kg_f or kN), θ : 노면 경사각, μ_r : 구름저항계수, μ_a : 공기저항계수, A : 전방 투상면적(m^2), V: 차속(km/hr) 이고, 식의 오른쪽 1번째 항은 노면 경사로 인한 구배저항력, 2번째 항은 속도에 관계없이 타이어와 노면 변형의 마찰에만 관계하는 구름저항력, 3번째 항은 공기 유속에 관계하는 공기 저항력으로 차속의 자승에 비례하여 증가한다.

또한 기관 회전속도(크랑크축 또는 전동기 회전속도)와 차속은 일정 감속비에서 비례관계가 있으며, 다음 식과 같은 관계가 있다.

$$V = \frac{2\pi r_t}{1000} \times \frac{60n}{i} \tag{1.3}$$

여기서 V : 차량 속도(km/hr), r_t : 타이어 유효반경(m), n : 기관 회전속도(rpm), i : 총감속비를 의미한다.

위와 같은 주행성능선도에서, 구동력과 주행저항력 간의 차이가 여유구동력이며 이것으로 가속 또는 견인, 등반에 사용되는 힘이다. 또한 최고단의 변속비에서 구동력 곡선과 구배 0%의 저항력 곡선의 교차점이 평지에서의 최고속도 이다.

5) 기타 성능에 대한 제원

규격서에서의 성능에 대한 사항들 중, 주요항목들은 다음과 같은 것이 있다.

(1) 연료소비율

연료 소비율의 표시 방법은 다음의 2가지 방법이 있다.

① 단위 주행거리당 또는 단위 시간당 소비 연료량(l/km, l/hr) : 규격서에 표시되는 단위 체적당 주행거리(km/l)는, 흔히 일정속도 주행 중의 연료 소비율과 유사한 주행모드(예로서 10 모드)에서 연료 소비율을 표시한다.

② 기관 연료소비율(SFC, specific fuel consumption) : 기관의 단위 출력(kW)당 1시간 동안 소비된 연료량으로 표시하며, 일반적인 가솔린기관의 최소값은 약 $270\,g/kW{\cdot}h$, 디젤에서는 약 $180\,g/kW{\cdot}h$이고, $g/ps{\cdot}h$ 또는 $g/kW{\cdot}h$의 단위로 표시한다.

(2) 제동거리

주행 중 운전사가 전방 장애물 발견하여 페달을 누르는 힘이 가속 페달에서 브레이크 페달로 이동된 후부터 자동차가 정지할 때까지의 주행거리 이다.

(3) 등반능력

최대 적재상태에서 경사도로를 등반할 수 있는 능력이며, 도로의 경사각은 일반적으로 탄젠트(tangent) 값으로 표현한다.

(4) 최소 선회 반지름

조향 휠을 최대로 회전하고 서행했을 때 타이어 접지중심이 그리는 원의 반경.

① 외측차륜 최소 회전반경과 내측차륜 최소 회전반경이 있으나, 규격서에는 흔히 외측차륜의 최소 회전반경을 표시한다.

② 차륜궤적 외에 차체부분의 궤적에 의한 것으로, 역시 외측차체 최소 회전반경과 내측차체 최소 회전반경으로 구분한다.

(5) 가속 능력

가속성능을 나타내는 능력은 다음 2가지가 존재한다.

① 발진 가속능력 : 자동차가 정지 상태에서 출발하여 변속에 의하여 급가속하며 일정거리($200\,m$, $400\,m$)를 주행하는데 걸린 시간.

② 추월 가속능력 : 어느 초기 속도에서 변속에 의하지 않고 가속 페달만을 조작하여 급가속하며 일정속도까지 도달하는데 걸린 시간.

4. 자동차의 기본구조

각종 부품으로 구성된 자동차의 구조를 기능적으로 구분하면 주행에 필요한 장치를 구비한 섀시(chassis)와 사람 및 화물의 탑재되는 공간을 형성하는 차체(body, 또는 차대)로 구성되며, 차체의 형태는 승용차, 버스, 트럭 등과 같이 용도에 따라 변화된다. 구조적 관점에서, 승용차와 버스 등은 섀시와 차체를 일체화하여 구조적 또는 강도상으로 분리되지 않는 단체구조(monocoque)가 흔히 적용되고, 트럭과 같이 적재량이 큰 차들은 노면 반력을 지탱하고 차량의 뼈대 역할을 하는 프레임이 있으며 여기에 섀시가 설치되고 그 위에 차체가 고정되는 분리구조(separate frame costruction) 또는 프레임식(frame type) 구조가 있다.

1) 차체(body)

차체는 그 내부에 사람이나 화물을 수용하고 있는 공간을 형성하므로, 승용차의 경우, 사람이 타는 부분이 주체로서 여기에 도어, 펜더 등의 외장부분과 시트 등의 내장부분, 기타 내부 부품 등으로 구성된다. 구조에 따라 골격외피와 응력외피 구조로 분류되며, 골계외피는 먼저 골격(frame)을 제작하고 그 위에 외판을 용접이나 리베팅하여 차체를 제작하는 기술이고, 응력외피는 골격을 지양하고 외판 자체를 강도부재로 사용하는 기술로서 항공기 산업에서 발달된 기술을 자동차에 적용한 것이다.

(1) 프레임식 구조(separate frame construction, 골격형 구조)

주행기능을 갖춘 섀시의 프레임 위에 완전히 독립된 구조를 갖는 차체를 결합시킨 형식으로, 주행 중에 작용하는 하중이나 반력 등은 기본적으로 프레임만으로 지탱할 수 있도록 설계되어 있다. 섀시와 차체의 독립적 관계는 여러 형식의 차체에 동일한 섀시 시스템의 적용을 허용하므로, 넓은 범위의 다른 계열 차종 생산이 비교적 용이하다. 그러나 프레임식으로 생산된 과거의 승용차 및 버스 등은 적재물이나 노면 반력 등의 외력을 높은 강도의 골격에 의존한다는 장점이 있지만, 양산에 적합지 못하고 무게가 상당히 증가한다는 단점이 있으므로, 현재는 주로 대형 트럭 등과 같이 큰 부하의 차량에만 사용된다.

(2) 단체구조(monocoque bodt or frameless construction, 응력형 구조)

단체구조에서는, 강도는 높지만 무게를 증가시키는 프레임은 사용하지 않고, 강판을 프레스 가공하여 보강한 차체를 제작하여 여기에 직접 섀시를 결합시킨 구조를 가지므로, 차체 자체가 부과되는 외력에 견디며 섀시의 역할도 담당하고 있다. 이와 같은 구조는 [그림 1.10]와 같은 보강 방법에 의하여, 과거의 골격구조에 비교할만한 높은 강성과 강도를 가지며, 섀시와의 결합으로 차체 굽힘 및 비틀림 하중을 충분히 완화 시킬 수 있다. 결과적으로 차체의 강화와 경량화가 가능하고 바닥면을 낮게 설계할 수 있는 이점이 있으나, 노면이나 기관으로부터의 진동 소음이 객실 내로 전파될 수 있고 파손되었을 때 국부적 수리가 곤란한 단점이 있다. 따라서 현재는 비교적 중형이하의 경제적 차종이나 진동 또는 소음이 지나치게 발생하지 않는 버스 등에 널리 사용되고 있다.

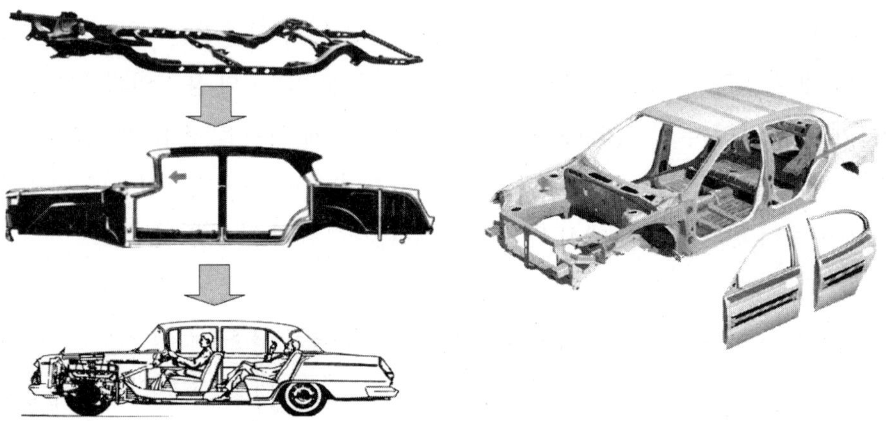

[그림 1.10] 차체 구조의 형식

2) 섀시(chassis)

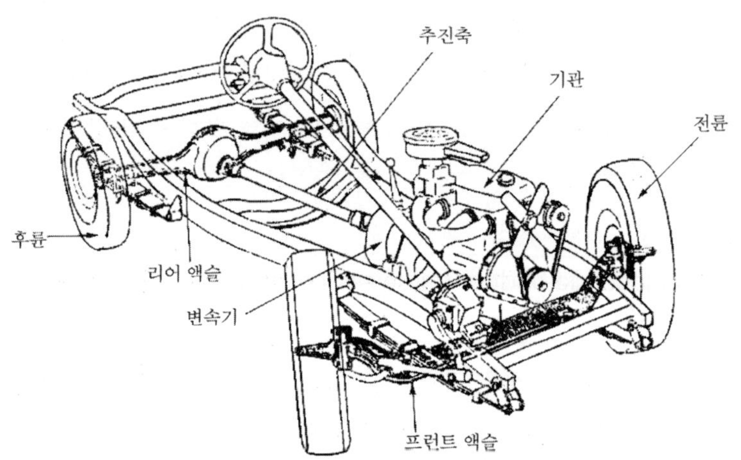

[그림 1.11] 섀시의 기본구조(전기관 후륜구동)

앞에서 언급한 바와 같이 섀시는 그 자체가 자동차로서 주행 가능한 능력을 가진 부분으로 친환경차량에서도 동일한 의미로 적용된다. 따라서 섀시 각 부분의 요소를 기능적으로 체계화시키는 것은 주행기계로서의 자동차를 이해하는데 의미가 있다고 할 수 있다. 본 단원에서는 기존 내연기관을 근거로 다루겠으며 기본 기능요소는 [그림 1.11]과 같다.

(1) 동력발생장치

자동차에 필요한 동력을 발생시키는 장치로서, 동력발생장치는 기관 본체와 이에 관련되어 설치된 부속장치들로 구성되어 있다.

그린자동차에서는 동력원이 2개 이상의 원동기로 구성되거나, 배터리 또는 연료전지와 전기모터 등으로 구성되며, 상세 내용은 3장의 그린자동차 동력원에서 언급하겠다. 동력원과 직접적으로 연관되는 부속장치는 윤활 및 냉각장치, 연료장치, 흡배기장치, 점화와 충전장치 등이 있다.

① 기관본체(engine)

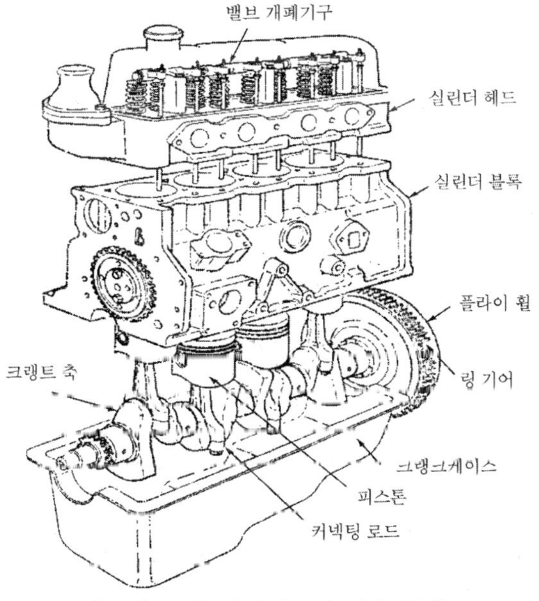

[그림 1.12] 내연기관의 기관 본체

기관본체는 [그림 1.12]와 같이 크게 실린더헤드, 실린더블록, 크랭크케이스의 3 가지 주요부분으로 나누며, 그 내부에 피스톤, 커넥팅로드, 플라이휠, 밸브장치 등의 주요부품으로 구성되어 있다. 현재 많이 사용하고 있는 피스톤-실린더 기관은 실린더 내에서 왕복 운동하는 피스톤이 진동의 주요 원인이 되고 있으므로, 기관 본체와 차체 또는 본체와 프레임과의 고정부분은 고무 등의 방진 흡수재를 중간에 삽입하여 설치함으로 기관 진동이 차체에 전달되는 것을 방지한다.

② 냉각장치(cooling system)

기관이 작동할 때는 고온의 연소가스의 영향으로 기관 각부의 온도가 상승한다. 특히 실린더 벽과 피스톤은 연소가스에 직접 노출되어 있기 때문에 고착될 우려가 있다. 따라서 기관 작동 시 기관의 각부를 계속적으로 냉각하여 과열을 방지하는 것이 필요하다. 냉각장치에는 공랭식(air cooling type)과 수냉식(water cooling type)이 있으며, 수냉식 기관에서는 실린더 헤드나 실린더 블록 주위에 냉각수 통로(water jacket)를 가공하여, 냉각수를 물펌프(water pump)를 거쳐 라디에이터(radiator)로 보내 순환시킴에 의하여 냉각한다. 이때 라디에이터에 보내진 냉각수는 팬(fan) 또는 자동차 주행에 의하여 강제냉각 된다. 기관 본체와 라디에이터 사이에는 냉각수를 적정온도로 유지시키기 위한 서모서탯(thermstat)이 통로를 개폐하고 있다. 공랭식 기관의 경우에는 실린더나 실린더 헤드에 표면적을 넓히기 위한 냉각핀(cooling fin)을 설치하여 주행 시의 공기유동이 직접 실린더를 강제냉각하거나 또는 자연냉각 한다.

③ 시동장치(starting system)

내연기관은 최초 가동 시 자력 시동이 불가능하므로, 기관이 자력으로 회전할 때까지 외부의 힘에 의하여 기관을 회전시켜주는 것이 필요하다. 이를 위한 시동장치는 시동전동기(starting motor), 점화스위치(ignition switch), 축전지(battery) 등으로 구성되며, 시동장치는 축전지 전원에서 전류를 공급하여 시동 전동기를 회전시킴에 따라 전동기의 피니언 기어와 기관 본체의 링기어가 맞물려 기관을 구동한다.

④ 연료장치(fuel system)

연료장치는 기관에 필요한 연료를 공급하기 위한 장치로서, 기화기를 사용하는 가솔린기관에서는 연료탱크, 연료파이프, 연료 펌프, 기화기(공기과 혼합), 흡기매니폴드를 거쳐 실린더 내에 연료가 공급된다. 최근에 사용되는 전자제어 연료분사기관에서는 기화기 대신에 인젝터(injector)를 사용하여, 연료탱크 내에 설치된 연료펌프에 의하여 연료를 압송시키며 압송된 연료는 연료필터(fuel filter), 연료공급파이프, 인젝터를 거쳐 실린더내로 유입된다. 이 때 전자제어장치(ECU, electronic control unit)에 의하여 공급되는 연료의 양을 조절한다. 디젤기관에서는 실린더 내로 흡입된 공기에 연료분사펌프에 의하여 고압의 연료를 인젝터를 통하여 실린더 내에 직접 분사한다.

⑤ 점화장치(ignition system)

가솔린기관에서 실린더 내에 공급된 혼합가스를 점화하기 위한 장치로서 혼합기를 점화하여 연소 및 팽창시킴에 의하여 동력을 얻는다. 점화장치의 전원은 축전지이며, 점화코일(ignition coil), 배전기(distributor), 고압케이블, 점화플러그(spark plug) 등으로 구성된다. 점화방법은 축전지식과 자석 발전기식이 있으며, 흔히 사용하는 축전지식은 "점화 스위치 → 점화코일 → 배전기 → 점화 플러그" 계통으로 점화가 이루어진다. 그러나 발전기식은 점화코일 대신 영구자석을 사용한 교류발전기로 고전압을 발생시킨다. 디젤기관에서는 압축점화방식을 사용하기 때문에 가솔린기관과 같은 점화장치가 필요 없지만, 기관이 냉각된 경우의 시동을 위하여 시동보조용 예열 플러그(glow plug) 등으로 가열하여 기관시동을 보장한다.

⑥ 흡배기 장치(intake and exhaust system)

흡배기장치는 흡기장치(intake and system)와 배기장치(exhaust system)로 구성된다. 흡기장치는 공기 속에 있는 먼지나 이물질을 제거하기 위한 공기청정기(air cleaner)와 기화기에서 만들어지는 혼합기를 각 실린더에 분배하기 위한 흡기매니폴드(intake manifold)로 구성된다. 또한 배기장치는 각 실린더에서 배출되는 배기가스를 배기매니폴드(exhaust manifold)로 배출하며, 이를 배기관을 통하여 대기 중에 방출한다. 배기관 측에는 공해가스를 제거하는 촉매변환기(catalytic converter)와 배기소음을 감쇠시키는 소음기(muffler)가 설치된다.

⑦ 충전장치(charging system)

축전지에서 자동차에 필요한 전기를 지속적으로 공급하기 위해서는 충전장치가 필요하다. 충전장치는 발전기(generator), 발전기 조정기(regulator) 등으로 구성된다. 발전기는 일반적으로 기관의 크랭크축 풀리에 연결된 밸트에 의하여 구동되며, 기관의 회전속도가 변화됨에 따라 발전기의 발생전압도 변화되므로 일정한 전압을 유지하기 위하여 발전기 전압조정기를 사용하고 있다.

(2) 동력전달장치

기관의 동력을 구동 차륜까지 전달하는 장치를 동력전달장치라 하며, 후륜구동 4륜 자동차의 경우, [그림 1.13]과 같이, 클러치(clutch), 변속기(transmission), 추진축(propeller shaft), 유니버설조인트, 차동기어 등으로 구성된다.

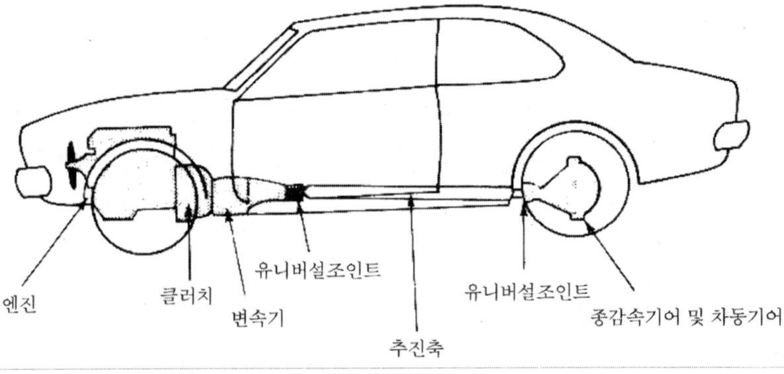

[그림 1.13] 후륜구동 자동차의 동력전달장치

① 클러치(clutch)

클러치는 기관과 변속기 사이에 있으며, 클러치 페달의 조작에 의해 기관의 동력을 변속기로 전달하거나 차단하는 역할을 하는 장치이다. 또한 충격적인 기관 회전운동을 완만하게 흡수하여 구동륜에 동력을 원활하게 전달하는 역할도 하고 있다.

② 변속기(transmission)

변속기는 클러치와 추진축 사이에 설치되어 있다. 변속기는 주행조건에 따라 기관과 차륜과의 회전 속도비를 여러 조건으로 변환시키거나 후진시킬 때에 사용된다. 변속기는 기어본체, 케이스, 조작기구로 구성되며, 조작의 자동화 여부에 따라 수동변속기와 자동변속기로 구분된다.

③ 추진축과 유니버설조인트

추진축은 변속기 출력단에서 후륜 구동축의 종감속기어로 동력을 전달하며, 무게는 가볍고 비틀림 강도는 높게 하기 위하여 중공축을 사용한다. 또한 변속기와 후차축의 높이 차이가 있어도 회전력을 원활하게 전달하기 위하여 추진축 양단에 유니버설 조인트(universal joint)를 설치하고, 차륜 상하운동으로 인한 축 길이 변화가 동력전달에 지장 없게 하기 위하여 스플라인 축이음이 연결된다.

④ 종감속치차와 차동기어

종감속치차(final gear)는 구동 피니언기어와 링기어로 구성되어 있으며, 최종감속장치로서의 역할을 한다. 차동기어(differential gear)는, 자동차 선회시나 불량한 도로 조건에서 좌우 차륜의 회전수가 다르게 되는 경우에도 종감속 기어에서 입력되는 동력을 후차축을 거쳐 차륜에 원활하게 전달하는 역할을 한다. 이때 좌우 차륜이 하나의 구동축에 고정되어 있다면 한 쪽 차륜에 미끄럼이 발생하게 되고, 조향 휠 조작에도 어려움이 따르게 되므로, 이러한 문제점들을 방지하기 위하여 차축을 2개로 나누고 좌우의 차축은 차동기어에 의하여 별도로 구동되는 구조로 조립된다.

(3) 주행장치

주행장치(running gear system)는 자동차가 도로를 주행시 차량의 안전성과 승차감을 증대시키기 위한 장치이다. 주행장치는 전후 차축과 차륜으로 구성된다.

① 차축(axle)

차축에는 전차축(front axle)과 후차축(rear axle)이 있으며, 하중 지지상태, 조향 여부, 구동 여부 등에 의하여 각각 해당되는 구조를 갖는다.

② 차륜(wheel)

차륜(wheel)은 차량의 하중을 떠받치며 지면으로부터의 충격을 완화하는 역할을 한다. 타이어는, 여러 장의 섬유조직 고무판들을 겹쳐서 구성된 카커스(carcuss)가 주 형상과 뼈대를 이루고 있으며, 타이어 공기압을 여기서 유지하고 있다. 타이어에는 튜브타이어(tire inner tube)와 튜브 없이 타이어 내면에 특수 가공을 하고 림(rim)과의 접촉에 기밀을 유지한 튜브레스 타이어(tubeless tire)가 있다.

③ 현가장치(suspension system)

노면에서의 충격을 완화하고 승차감을 향상시키기 위하여 프레임과 차축 또는 차체와 차축 사이에 현가장치가 설치된다. 현가장치는 스프링(spring), 충격흡수기(shock absorber), 좌우 진동방지기(stabilizer) 등으로 구성되며, 진동완화를 위하여 사용되는 현가 스프링(suspension spring)은 판스프링, 코일스프링, 비틀림 스프링, 고무스프링 및 공기스프링 등이 있다. 스프링은 노면 충격에 의하여 변형된 다음 원래의 상태로 되돌아가기 위하여 상하진동이 발생하며, 이러한 진동을 흡수하기 위하여 차축과 프레임 사이에 충격흡수기를 설치한다. 좌우 진동방지기는 자동차가 급커브를 돌 때, 원심력으로 인하여 옆으로 기울어져 가로 흔들림(rolling)이 생기는 것을 억제하기 위해 사용되며, 흔히 막대 모양의 토션바 스프링(torsion bar spring) 좌우를 서스펜션 암에 연결하여 설치한다.

(4) 조종장치

차량을 운전자의 의사대로 자유롭게 조정 및 주행을 시키기 위한 장치를 조종장치(control system)라고 한다. 조종장치는 조향장치, 제동장치 및 가속장치의 3가지가 존재하며 각각 독립된 제어기능을 포함하고 있다.

① 조향장치(steering system)

조향장치는 차량 진행방향 변경이나 유지를 위한 장치로서 조작이 가벼워야 하며 노면에서의 충격이 조향 휠(핸들)까지 전달되기 않는 구조이어야 한다. 조향 휠에 적용된 힘이 조향 차륜까지 전달되는 과정은 조향 축(steering shaft) → 조향치차(steering gear) → 피트만암(pitman arm) 요동 → 드래그링크(drag rink) → 너클암(knuckle arm) → 너클스핀들(knuckle spindle) → 차륜의 순서로 진행된다.

② 제동장치(braking system)

제동장치는 자동차의 속도를 제어하기 위한 장치로서, 상용브레이크인 풋브레이크(foot brake)와 주차브레이크로 사용하는 핸드브레이크(hand brake)가 있다. 풋브레이크는 차량 주행 시 속도를 저하시키거나 정지시킬 때 일상적으로 사용하며, 핸드브레이크는 주차 시 자동차가 스스로 이동하는 것을 방지하기 위하여 사용한다.

제동 방법은 마찰재에 의한 마찰력이 주로 사용되며, 내부 확장식 드럼브레이크와 외부 수축식 드럼브레이크 및 디스크 브레이크가 있다. 그린자동차에서는 제동 에너지의 일부를 회수하여 축전지 충전에 사용할 수 있는 회생제동시스템도 구비된다.

③ 가속장치(speed control mechanism)

가속장치는 기관출력의 제어를 위한 장치로서 가속페달, 가속케이블 및 가속레버로 이루어져 있다.

(5) 부속장치

운전자의 편의성과 안전 운전을 위하여 등화, 공조 및 각종 장치와 게이지 등이 필요하다.

① 등화장치

자동차 안전운행을 위한 등화장치에는, 야간 주행 시 운전자 전방시야 확보를 위한 등으로 전조등(head light) 외에 자동차 후방의 미등(tail light), 주행 중에 제동중임을 알리기 위한 제동등을 비롯하여 후진등, 번호등, 방향지시등, 주차등 및 비상점멸 표시등이 설치되어 있다.

② 게이지(gauge)

각종 게이지는 자동차 운전자에게 자동차의 상태를 주지하기 위하여 설치되어 있다. 자동차의 게이지에는 연료계(fuel gauge), 냉각수온 게이지(water temperature gauge), 오일압력 게이지(oil pressure gauge), 속도계(speedometer) 등이 있다.

③ 보안신호장치

다른 자동차나 보행자에게 주의를 주고자 할 때 사용되는 보안 신호장치로서 혼(horn)을 사용한다. 혼의 종류에는 전기식과 공기식이 있다.

3) 프레임(frame)의 종류

프레임(frame)은 섀시를 구성하는 각 장치나 차체에서 전달되는 하중과 차축의 반력을 지지하는 중요한 부분이다. 따라서 프레임은 자동차가 주행 중에 받는 노면에서의 충격이나 하중에 의한 굽힘, 비틀림, 진동 등에 충분히 견딜 수 있는 강도와 강성이 요구되며, 동시에 경량이고 가격이 저렴해야 한다. 일반적으로 사용되는 프레임 재료는 0.15 ~ 0.3%의 저탄소강이 주류이며, 자동차의 종류, 용도, 구동방식 및 현가방식에 따라 여러 가지 종류가 있다. 프레임 종류는 일반프레임(H형, X형 프레임, 플랫폼형)과 특수프레임(배골형 등)으로 구분하며, 다음과 같은 특징이 있다.

(1) H형 프레임

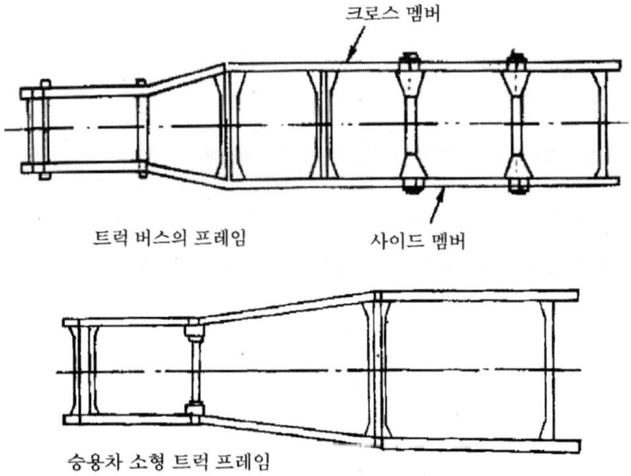

[그림 1.14] H형 프레임

H형 프레임은 보통프레임의 일종으로 [그림 1.14]에 도시된 것과 같이 2개의 사이드 멤버(side member)와 여러 개의 크로스 멤버(cross member)를 리벳 결합이나 또는 전기 용접으로 결합시킨 구조이다. 사이드 멤버는 강판 단면을 'ㄷ자'형으로 성형하여 개구부를 안쪽으로 향하게 하고 크로스 멤버와 결합한 것이다. H형 프레임은 가공이 용이하고 굽힘에 강하기 때문에 트럭, 버스, 승용차 등에 널리 사용되나 비틀림 강성이 약하다는 결점이 있다.

(2) X형 프레임

X형 프레임은 보통프레임의 일종으로 [그림 1.15]에 나타낸 바와 같이 사이드 멤버의 중앙부의 간격을 좁혀 'X형'으로 만든 것이다. X형 프레임은 프레임에 비틀림을 받을 때 X형재가 굽힘을 받기 때문에 프레임 전체의 비틀림 강성을 높일 수 있다는 장점이 있지만, 제작이 복잡하고 새시 각 부품의 설치가 어려운 결점도 있다.

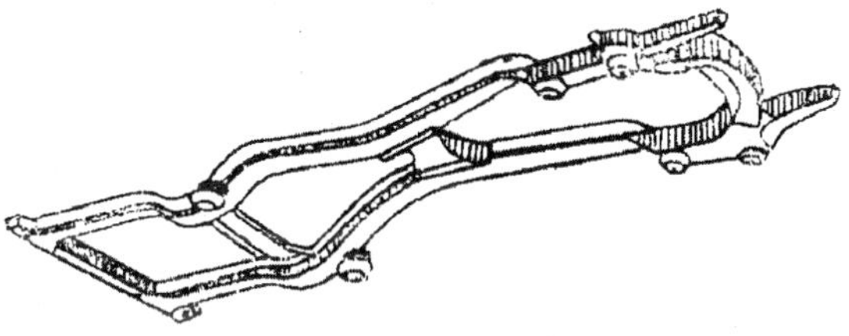

[그림 1.15] X형 프레임

(3) 배골형 프레임(back born type)

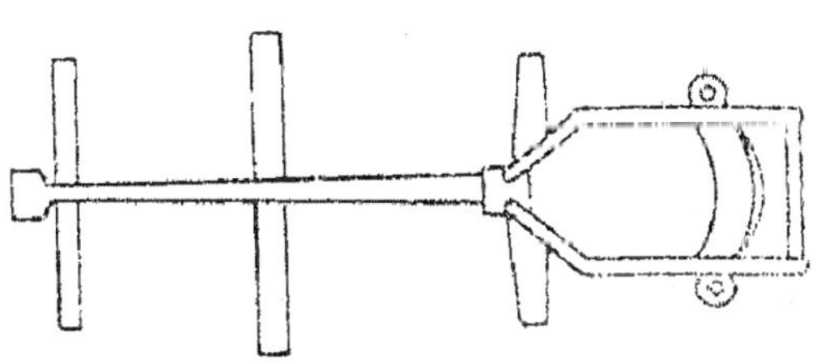

[그림 1.16] 배골형 프레임

배골형 프레임은 특수프레임의 일종으로 H형 프레임에 있는 2개의 사이드 멤버 대신에 [그림 1.16]와 같이 1개의 굵은 원관형의 부재를 배골(등뼈)로 하고 여기에 기관이 나 차체 등을 장치하기 위하여 횡방향으로 뼈대를 고정한 것이다. 이 프레임을 사용하면 사이드 멤버가 없으므로 바닥을 낮게 할 수 있고, 무게 중심의 높이가 낮아지기 때문에 주로 승용차에 이용된다.

(4) 플랫폼형 프레임(platform type frame)

플랫폼형 프레임은 특수프레임의 일종으로, [그림 1.17]과 같이 프레임과 차체 바닥면과를 일체구조로 하여 강도를 증가시킨 것이다. H형 프레임과 별 차이가 없는 것과 같이 보이지만, 차체와의 결합이 여러 개의 볼트에 의해 결합되었으므로, 강도상 차체와 플랫폼이 일체가 된 큰 상자형 단면을 형성하고 있다. 따라서 차체와 함께 외력을 지지하기 때문에 비틀림과 굽힘에 대하여 큰 강도와 강성을 갖는다.

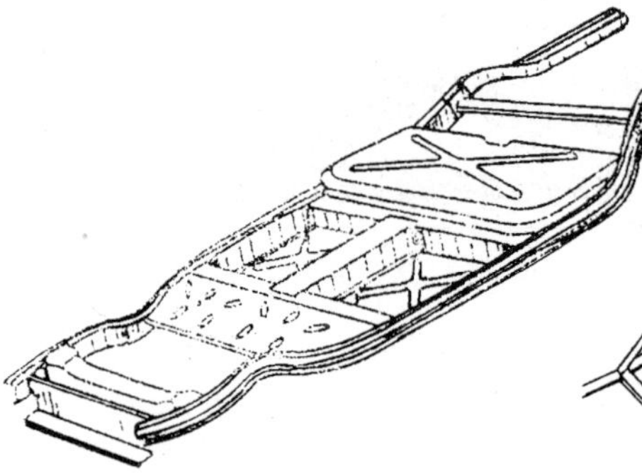

[그림 1.17] 플렛폼형 프레임

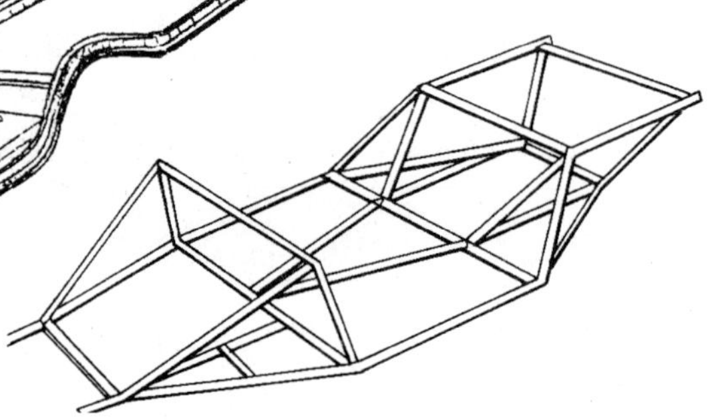

[그림 1.18] 트러스형 프레임

(5) 트러스형 프레임(truss type frame)

트러스형 프레임은 스페이스 프레임(space frame)이라고도 하며, [그림 1.18]과 같이 강관을 용접하여 트러스 구조로 제작하여 프레임으로 사용하는 것이다. 일반적으로 지름이 20 ~ 30mm정도의 강관을 사용하며, 강성이 풍부하고 중량을 가볍게 할 수 있지만 대량생산에는 부적합하기 때문에 스포츠카, 경주용 차 등의 고성능 소량생산을 요구하는 자동차에 주로 사용된다.

5. 자동차의 개발과정과 생산

신형 자동차의 개발은 기획에서 시작되며, 설계, 시험을 거쳐 생산, 판매까지는 수백억 또는 수천억이라는 막대한 비용이 소요된다. 이 비용을 회수하고 이윤을 얻기 위해서는 대량생산 및 대량판매가 가능한 자동차이어야 하며, 기획단계에서의 우선적인 전제 조건이다. 대량생산이 성립되기 위하여 자동차 시장에서는 많은 고객에게 매도되어야 하므로, 사용자의 수요를 정확하게 파악하는 것이 기획의 출발점이기도 하다. 따라서 신차의 개발은 사회 경제성장율, 개인소득의 추세, 소비자의 생활양식이나 선호경향의 변화, 형식별 판매 대수의 변동, 경쟁사의 판매 동향 및 관련 기술 변화 등에 대한 충분한 검토 및 분석된 결과들을 근거로 착수되어야 한다.

생산부문에서는 기획 내용을 토대로 양산화 실시 계획을 설정하고 대량생산을 위하여 양산설비들이 준비하며, 주로 대상이 되는 공장은 주조, 단조, 프레스, 수지성형, 기계가공, 도장, 검사 등의 설비들이 있다. 자동차 제작회사는 모든 부품들의 자체생산이 불가능하므로, 어느 부분을 어디에서 생산하고 요구되는 규모가 공장건설 수준인지 또는 치공구 보완 수준인지 등의 설비투자에 대한 검토 외에 제품의 합리적 목표가격을 위하여 생산성 검토 및 목표 품질을 확보하기위한 관리체제 등도 검토 되어야 한다.

1) 자동차의 개발

(1) 자동차 모델

자동차 모델(Model)이란 어느 한 제품이 다른 제품과 다른 것을 의미한다. 따라서 차체의 모습(Silhouette)이 바뀌었다든지, 도어의 수(2, 3, 4, 5개 등)가 다르다든지, 차체의 뒷부분을 바꾼 스테이션 웨곤, 노치백 세단, 해치백 세단 등의 파생 차종(Variation Model)이나 버전(Version)은 하나의 모델로 간주한다. 모델의 수는 차체(Body Style), 엔진, 변속기, 선택사양, 탑재장비, 의장수준, 판매지역별 특별사양과 인증 요건 등으로 매우 다양하고 여기에 도장사양과 철판소재까지 조합하면 한 가지 차종이 수십 수백 가지의 변형모델로 존재할 수 있다. 세계 자동차 산업에서 모델의 교체주기는 고급차는 길고 양산차는 짧으며, 양산차에서도 지역적으로 일본은 유럽과 미국에 비해 짧은 경향이 있다. 일본 메이커의 양산차의 모델 교체는 4년에 1회, 그 중간 연도에 부분 교체 1회를 실시하는 것이 보통이며, 미국과 유럽에서는 양산차는 6년 이상이며 고급차는 8~10년 이상의 주기를 유지하고 있다.

(2) 자동차 개발의 내용과 종류

자동차 산업은 기술적 혁신이 매우 중요한 산업으로 신차 개발력이 기업경쟁력의 원천이 되며 이러한 제품개발에는 기초연구부터 생산기술에 이르기까지 다양한 기술력이 뒷받침 되어야 한다. 자동차 신제품 및 사양 개발은 기존 차종의 유무와 개발 내용 및 개발 규모에 따라 다음과 같이 크게 6개로 분류할 수 있다.

① 신형차

새로운 시장과 새로운 수요 창출을 목적으로 기존 모델과 전혀 다른 신규 계열차종(product line up)을 탄생시킬 때 그 모델을 뉴 시리즈 모델 또는 신형차라고 부른다. 기본적으로 축거와 윤거가 바뀌게 되고,이로 인하여 차 형상의 골격을 이루는 언더보디와 프레임이 변화되므로 신형차라고 할 수 있다.

② 신모델

기존 모델을 대체하거나 후속시키기 위해 보디 스타일(외관)은 물론 엔진으로부터 파워트레인까지 전면적인 변경을 하여 아주 새롭게 보이도록 하는 것을 신규모델 차종(new model)이라고 부른다.

③ 풀 모델 체인지

기존 차종에 대해 3~6년 주기로 전면적으로 외관만을 변경시킬 때 이를 풀 모델 체인지(full change)라고 한다. 따라서 풀 모델 체인지는 차체나 내외장의 장식적 부분과 시트나 계기판 등 눈에 보이는 변경이 주로 많고 이때 기관이나 섀시부품의 일부를 변경할 때도 있다.

④ 마이너 모델 체인지

풀 모델 체인지 기간 중간에는 수요 유지를 위해 차체나 메커니즘의 일부를 약간 변형하거나 변형모델을 추가하기도 하는데 이를 소규모 모델 개조(minor change)라고 한다.

⑤ 페이스 리프트

신선한 이미지를 유지하고 모델 수명을 연장하기 위해 1~2년 주기로 소규모 변경을 하는데 이를 소규모 모델 개조(face lift)라고 한다. 문자 그대로 얼굴에 상당하는 전방

범퍼, 라디에이터 그릴, 헤드라이트, 테일 램프 등의 스타일을 약간 바꾸는 것으로 매년 한 번씩 바꾸는 경우가 많아 연도모델(model year change)로 취급하기도 한다.

⑥ 사양변경

품질 개선, 원가절감, 성능향상, 국산화, 공정개선, 고객욕구 반영 등을 목적으로 필요에 따라 부품 또는 일부 사양을 변경하는 경우가 모델 당 매년 수백 건에 이르고 있으며, 이를 사양변경(engineering change) 또는 런닝 체인지라고 부른다. 이런 사양변경은 필요한 목적과 시기에 맞추어 소화시킴으로써 끊임없이 그 모델의 품질을 향상시키고 모델 수명을 연장시켜 갈 수 있다.

(3) 신차 개발과정

일반적으로 신형차나 신모델이 개발되기까지에는 기획단계, 설계단계, 시작단계, 시험단계, 양산 시작단계를 거쳐야 하며 3~4년의 개발기간이 소요된다. [그림 1.19]에 신차 개발과정 업무진행을 약 4년 동안의 기간을 근거로 도시했다.

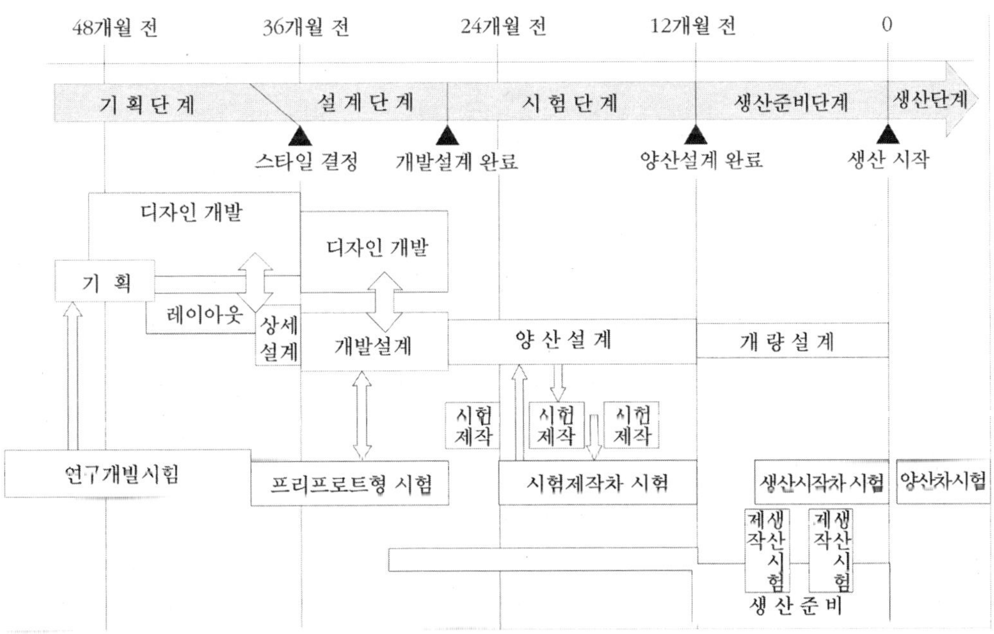

[그림 1.19] 개발과정 중의 업무 진행도

① 기획단계

새 차를 만들려면 적어도 10년 이상의 기간, 즉 신차 개발기간 3~4년을 포함하여, 양산 후 단종 및 폐차되기까지의 기간 동안 자동차의 디자인은 물론 성능까지 시장과 고객에게 받아들여지도록 기획되어야 한다. 이를 위하여 시장동향(품질, 경쟁력, 고객의 요구사항 등), 사내의 개발능력, 경쟁사의 동향과 세계적 수준의 기술 동향 등을 조사하여 냉정하게 평가, 분석하여 구체적인 개발목표를 수립해야 한다. 신제품 개발방침이 결정되면 연구소로 업무가 넘어가 디자인팀과 설계팀이 본격적으로 작업에 들어간다. 그 외 원가 부문 평가 팀에서 신차에 대한 투자비 계산, 제품원가 계산 및 원가 절감 계획을 추진하게 된다.

② 디자인 부문

디자인팀은 신차 개발 방침이 정해지면 곧바로 외형 디자인 작업을 시작한다. 먼저 경쟁차를 분석하고 도화지에 이미지 스케치를 하면서 차량의 컨셉을 결정한다. 차량 컨셉이 결정되면 이미지 스케치에서 세부적인 스케치를 그린 후 전체적인 외형과 기본적인 제원을 결정하고 모형제작(mock up)에 들어간다.

(a) 이미지 결정을 위한 스케치

(b) 실치수 드로잉

(c) 실치수 클레이 모델

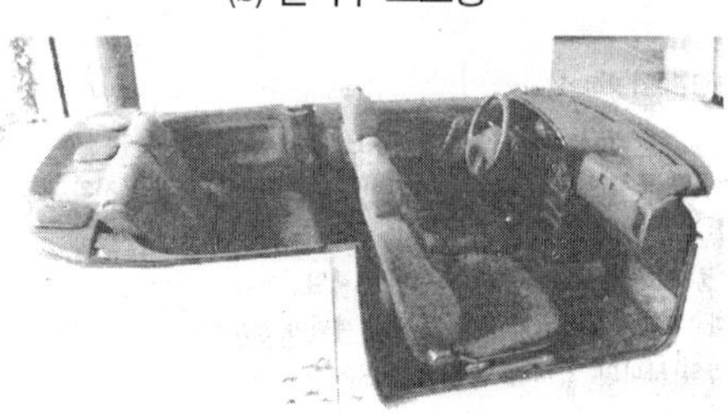

(d) 실내 디자인 검토

[그림 1.20] 디자인 결정(자동차 외형)을 위한 검토자료

다음은 프레젠테이션 단계로 모형 제품의 디자인의 컨셉을 확인하고 제작과정(설계부문)에서의 기술적인 요구와 기준을 검증한다. 이 과정에서 렌더링(rendering, 실물의

완성된 상태를 표현하는 기능), 1/1 테이프 드로잉, 1/1 클레이 모델을 만들고 최고위층의 승인을 받아 사양을 확정한다. 그리고 자동차로서 최종모델 구현을 위한 필요조건을 소화하면서 입체로 조형하고 이와 병행하여 실내 모형제작이 완성되고 레이아웃확인, 수정, 실내 디자인 검토가 이루어진다. 최종 모델 차체의 형상을 3차원 측정기로 선도(skin fairing)를 함으로써 디자인이 끝나고 설계와 시작품 제작이 본격적으로 이루어지게 된다(그림 1.20 참고).

③ 설계부문

디자인팀이 모델 디자인을 확정하고, 원가평가 팀의 원가 절감계획안 등을 고려하여 목표 원가, 목표 중량, 목표 성능 등을 달성하기 위한 구체적인 활동을 하는 것이 설계단계이다. 먼저 시작(시험제작)차 시작도면으로 시작차를 만들고, 다시 양산차의 정식도면을 만들어 이를 수정 보완하여 최종적인 양산도면과 사양을 확정한다. 설계는 크게 차체설계, 의장설계, 섀시설계, 전자설계로 나누어지며 처음부터 컴퓨터에 의하여 설계, 해석, 제도(CAE, CAD/CAM)등이 이루어진다.

④ 시작단계

시작이란, 미완성된 설계도면 및 사양을 완성하기 위하여 최단 시일 내에 양산에 준하는 품질로 제작하고, 그 제품으로 성능, 내구, 기능 등을 확인하여, 추후 생산 및 A/S에서 발생할 수 있는 문제점들을 사전에 확인해서 설계부서를 비롯한 관련 부서에 피드 백 하는 제반 업무를 말한다. 시작의 종류로는 신차 설계품질을 양산 전에 확인하는 시작차, 장기간 소요되는 부품을 선행 개발하기 위한 시험차(T-Car, Test Car), 시스템 연구 개발을 위한 용도차(mechanical prototype car) 외에 유닛 제작과 최신 제조공법 개발 및 적용 연구 등이 있다.

⑤ 시험단계

자동차는 매우 많은 종류의 각종 시험과정을 거친다. 시험은 개발단계에 따라 선행시험, 시작차 시험, 파일럿 카(Pilot car)시험, 생산차 시험이 있고, 항목들은 진동, 소음, 충돌, 방청, 가속, 내구성, 성능시험 등이 있다.

⑥ 생산 준비단계

최종설계 도면이 확정되면 생산 공정 계획에 따라 외제는 부품조달업체에서, 내제는 생산기술부에서 설비, 치구, 게이지 등의 세부사항을 결정하여 발주, 설계, 제작, 설치 등이 이루어진다. 양산에 필요한 공정설비가 완료되면 작업자를 배치하여 정규의 상태에 준하여 선행양산(pilot production)을 보통 3~5단계로 나누어 수백 대를 시험 생산하고 종합품질을 확인하며, 설비와 부품의 각종 미비점을 수정 보완하고 작업표준서와 요령서, 품질검사서 등의 매뉴얼을 정비한다.

⑦ 양산단계

선행양산 문제점을 수정 보완하여 양산 1호차가 생산 개시되면 모든 개발과정이 종료된다. 그러나 양산 시점(SOP : Start Of Production) 후에도 생산과 품질의 조기 안정을 위해 비상체제로 운영하여 완전한 양산체제를 정착시킨다.

(4) 시험평가와 인증

① 시험업무 종류와 내용

자동차는 많은 부품과 장치로 구성되고, 그 성능과 기능은 복잡하게 연계되어 있어 시험으로부터 반드시 그 필요한 정보를 얻어 평가하고 있다. 개발시험은 자동차의 사용조건이 고온다습인 경우에서부터 저온의 상태까지 광범위하므로 가능한 한 많은 조건에서 다양한 시뮬레이션을 행하고 있다. 시험은 개발단계에 따라 선행시험, 부품시험, 시작차 시험, 파일럿 카 시험, 인증시험, 생산차 시험으로 나누어지며, 기본 시험 항목은 각종 성능(출력, 속도, 등판능력 등)시험, 실차 충돌 시험(Crash Test), 수밀도 시험, 풍동시험(Wind Tunnel Test), 부식시험, 영하 50℃ 이하의 혹한시험, 진동시험, 연속 16만㎞ 주행 내구성 시험, 소음시험, 브레이크 시험, 연비시험, 냉각성능시험, 조종안전시험, 공기조화시험, 승차감시험 등 약 200여종으로 구성된다.

일반도로와 다양한 자연조건에서 실시하는 로드테스트는 스칸디나비아 반도나 캐나다 북부의 혹한지역과 미국 아리조나 사막과 같은 혹서지역 등의 가혹한 조건에서 실시한다. 이 외에 시험장비와 테스트 드라이버가 동원되어, 실제 운전 중의 각 분야별 이상 유무와 제품 완성도를 최종적으로 평가하는 제동, 핸들링, 소음, 배기가스, 연비, 내구성 등 각종 성능 평가시험이 시행된다. 그 중, 차량 상품성 평가는 시험장비 없이 감각으로 평가하며 주로 비전문가나 고객이 참가하여 평가한다.

② 인증시험

자동차가 시장에 나오면 반드시 인증을 거쳐야 한다. 기본 차종은 물론 변경차종의 경우에도 국내는 물론 해외 해당국 법규에서 요구하는 인증을 받아야 한다. 우리나라의 법규 테스트는 양산차의 형식 승인제도로 구조기준, 안전기준, 내구시험, 성능시험과 환경관련 법규에서 정하는 배기가스와 소음의 시험인증이 있다.

인증(certification)이란 자동차를 제작 · 조립 또는 수입하는 자가 국가에서 정한 차량의 안전, 배출가스, 소음 등의 제반법규에 일치한다는 것을 서류승인, 내구 및 성능시험, 확인검사, 인증검사(소음/배출) 등으로써 입증하는 행위를 말한다.

2) 자동차 생산

자동차 생산 공장은 거대한 공장규모와 현대식 설비, 고도의 집중성, 세분화된 분업구조, 대규모의 동질화된 노동력 등으로 일관된 조립 생산을 수행하는 특징을 갖는다. 자동차의 부품은 크게는 바닥 판재(floor panel)부터 작게는 볼트까지 2만여 종에 이르지만, 대체로 기관, 변속기, 액슬, 보디 등의 주요 부품은 자동차 메이커에서 자체 제작되고, 타이어, 유리 등 내외장품 등은 전문 부품메이커에서 조달한다. 따라서 자동차 공장은 서로 다른 생산 공정을 갖는 다수의 부품들을 결합하여 조립하는 장소라 할 수 있다. 자동차 생산 공정은, 승용차를 기준으로 공정 순으로 나열하면, 크게 프레스(철판 절단 및 압축 성형)공정, 차체(프레스철판의 용접, 조립)공정, 도장(차체의 방음, 방진, 방청 처리 및 색 도장)공정, 의장(차체의 내외장), 섀시조립공정 및 최종 테스트와 핵심부품 공정인 엔진공장으로 [그림 1.21]과 같이 구성되며, 주요부품인 기관과 변속기 등은 주조, 단조, 소결, 처리, 기계가공, 조립공정 등이 구비된다.

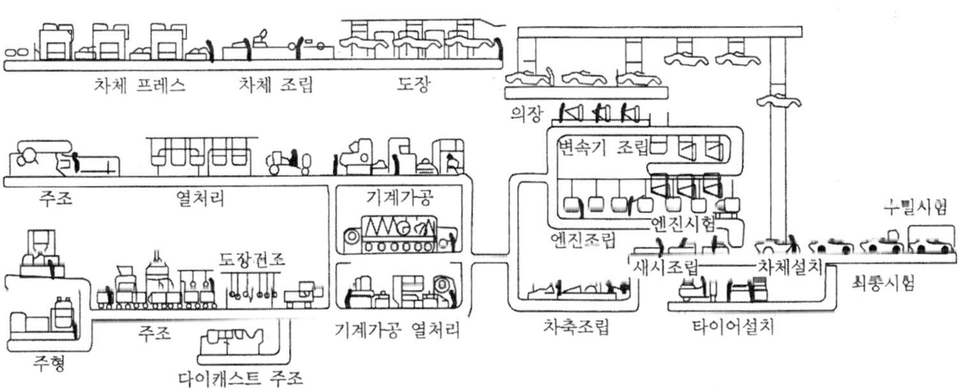

[그림 1.21] 자동차 조립공정의 흐름도

(1) 엔진 공장

엔진 공장은 주조, 단조, 조립공정으로 이어지면서 하나의 흐름 생산체계를 구성하고 있다. 그 외 소결공정과 플라스틱가공 공정을 함께 설명한다.

① 주조공정

자동차의 심장부인 기관이나 치차 등의 주요 기계부품은 거의 주물로 만들어진다. 자동차 소재의 약 11%~16%가 주철이며, 알루미늄 합금이 3~5%, 그 외 비철금속이 1~2%로서, 이들을 모두 합치면 15~23% 정도가 주조물로 만들어진다. 주물을 만들려면 우선 그 주물의 외측형상(mould)과 내부공간을 형성하는 코어(core)가 요구되며, 외형과 코어로 구성된 주형에 용해된 금속을 부어 냉각하면 주물이 제작된다. 주조는 크게 주철주조와 경합금주조로 나누어지는데, 주철주조는 엔진과 섀시 부품, 경합금주조는 엔진과 변속기의 필수 알루미늄 부품을 생산한다.

② 단조공정

단조(forging)란 금속재료를 소성 유동하기 쉬운 상태에서 압축력 또는 충격력을 가하여 단련하는 것이다. 철강 주조품은 조직이 균일하지 못하기 때문에 이것을 가열하거나 내부조직을 기계적으로 파괴시켜 조직을 균일화 시키는 작업이 필요하며, 조건에 따라 열간단조방식, 냉간단조방식, 특수단조방식이 있다.

자동차 기관과 트랜스미션, 동력전달장치에 사용되는 각종 기초 소재와 가혹한 조건에서 작동되는 부품들은 대부분 강(鋼)을 단련시킨 단조품으로서, 여기에는 크랭크축, 커넥팅로드, 각종 기어류, 등속 조인트, 후륜차축 등이 있다.

③ 열처리공정

자동차를 구성하는 각종 부품 중 강도와 내구성 및 고도 정밀성이 요구되는 기어류, 볼트 류, 너트 류, 샤프트 종류 등에 필요한 공정이다. 이 열처리는 강도와 내구성을 높이고 고도의 정밀도를 높여 기계가공을 용이하게 하는 동시에 열간 단조품의 조직 균일화와 절삭성 및 표면처리의 안정을 기할 수 있고, 냉간 단조품의 연화처리 등을 가능하게 한다.

④ 기계가공 공정

소재를 가공하여 필요한 형상으로 만드는 데에는 소성가공과 기계가공(또는 절삭가공)이 있다. 소성가공이란 단조, 압출, 인발, 프레스 가공 등 일정한 재료에 외부의 힘을 가하여 내부의 응력상태를 변형시키는 가공 형태이고, 기계 가공은 불필요한 부분을 절삭공구를 사용하여 제거함으로써 요구하는 치수와 형상 또는 표면성질을 얻는 선삭작업, 드릴링작업, 연삭작업 등을 말하는 것이다.

기계가공 부품으로는 실린더 블록, 실린더 헤드, 크랭크샤프트 등의 기관 부품, 미션케이스, 메인 기어, 메인 샤프트 등의 트랜스미션 부품, 조향기어 하우징과 같은 조향장치 부품 등과 차륜축 부품 등 자동차의 주요 기능 부품을 들 수 있다. 기계가공 설비는 메카트로닉스기기의 도입에 따라 공장자동화(FA)가 급속히 이루어지고 있고, 가공라인은 공작기계, 계측기, 부대설비, 공정관리장치로 구성되며, 장비는 범용장비, 전용장비, FMS(Flexible Manufacturing System,)장비, 트랜스퍼 머신(transfer machine)으로 분류된다.

⑤ 엔진 조립공정

엔진은 전체 작업 공정 가운데 가장 많은 부품(약3천종)이 조립되어 하나의 부품으로 형성된다. 엔진이 완성되기까지는 대략 소재 입고, 기계가공, 단품 조립, 워싱(Washing), 엔진조립 등의 5가지 공정을 거치게 된다. 즉 실린더 블록을 포함한 각종 소재를 자체 제작품(MIP : Made in Plant) 혹은 외주품(LP : Local Plant)을 조달하는 소재 입고 과정, 기관 정밀도를 위해 첨단기술로 가공하는 과정, 기관을 구성하는 부분 조립품들을 조립하는 과정, 각 공정에서 부품에 묻은 이물질이나 먼지를 세척하는 과정 그리고 엔진 조립공정으로 이루어진다.

⑥ 소결공정

소결(sintering)이란 금속분말과 접착제 혼합물을 금형으로 압축 성형한 후 가마에서 가열시켜 소정의 강도와 형상을 갖는 부품을 획득하는 기술로서 분말야금(Power metallurgy)이라고도 한다. 자동차의 소결부품으로는 소결 특유의 다공성을 이용한 베어링(bearing)류, 부시(bush)류와 일반 기계부품이 있다. 양적으로는 승용차 1대당 평균 10kg 미만이지만 향후 원료분말 제조기술이나 소결관계 기술이 진보하면서 용도가 증가할 전망이고 또 비금속분말(세라믹, 플라스틱 등)과의 혼합에 의한 복합재료의 제조기술도 유망한 것으로 보인다.

⑦ 플라스틱 가공공정

플라스틱은 자유롭게 디자인할 수 있고 일체화로 부품 수가 줄어들며 경량화, 방청, 법규제의 대응, 소비자 욕구의 다양화 등에 장점이 많아 사용 비중이 증가하고 있다. 플라스틱 가공공정은 원료에 자색세, 촉매, 강화제 등을 혼합하여 이를 1차 가공 즉 성형공정에 보낸다. 1차 공정의 첫 번째는 재료의 가소화로서 가열의 의해 유동성을 부여하고, 두 번째는 가소화 물질을 주입·압출하는 과정으로 스크류나 피스톤으로 형틀이나 다이(die) 등에 재료를 넣어 성형하고, 세 번째는 냉각 또는 가열에 의해 형상을 고정하는 3개의 공정으로 구성된다. 1차 성형이 끝나면 2차 가공공정으로 도장, 광택 등의 표면가공 또는 절삭, 압입, 접착, 봉제 등의 작업에 의하여 최종적 제품으로 완성시킨다.

(2) 프레스 가공공정

자동차에 있어 프레임, 보디, 브라켓 등의 무게는 자동차 총 중량의 50% 이상으로, 이것들은 모두 강판을 프레스 가공으로 제작하고 있다. 자동차의 대량생산은 프레스 설비의 발달에 의해 이루어진 결과들이므로, 프레스 가공은 자동차 산업에 있어 매우 중요한 분야이고 광범위한 관련분야를 갖는다. 프레스 가공이란 상하 왕복 운동하는 프레스기계(press machine) 사이에 자동차 차체 부품형상의 금형(die)을 장착시킨 후 강판을 소성 변형시켜 소정의 패널을 제작하는 것이다. 프레스공정은 소재생산 공정과 패널생산 공정으로 구분하며, 소재공정은 입고된 강판코일을 가공 전에 세척한 후 블랭킹(Blanking : 코일 형태로 입고된 철판을 금형으로 필요한 크기와 형상으로 절단하는 작업)하여 2차원적인 최적형태의 평면철판을 생산하는 라인이며, 패널(pannel)공정은 2차원 블랭크 판재를 수천톤 용량의 프레스로 이송하여 금형사이에 위치시켜 3차원적으로 완성된 패널을 생산하는 라인을 의미한다.

(3) 차체 용접공정

프레스 공장에서 생산된 패널들은 차체 용접공장으로 이송되어 용접 조립된다. 용접(welding)은 접합부분을 용융(熔融) 또는 반용융 상태로 가열하여 접속하고자 하는 두 개 이상의 물체나 재료를 직접 접합시키거나 혹은 용가제(filler metal)를 첨가하여 간접적으로 접합시키는 작업을 말한다. 용접가공은 자동차 조립에서 차지하는 비중이 대단히 높고, 자동차에 요구되는 안전성과 내구성 때문에 용접부위의 강도, 내식기밀성, 외관상의 품질, 양산에 따른 경제성 등 많은 사항들이 요구된다.

자동차 차체조립 용접에는 복잡한 형상의 부품을 접합시키기 위한 치공구(治工具,

jig & fixture) 등이 필요하며 또한 차체의 조립순서와 단위, 조립방식, 조립공수, 레이아웃, 공정수 등 전반에 걸친 개념들이 고려된 공정설계가 이루어져야한다. 치공구란 제품생산의 보조수단으로써 가공물의 신속·정확한 위치를 결정하여 고정시키고, 공구(tool)를 안내할 수 있는 장치를 포함한 일체의 장비들을 의미한다.

(4) 차체 조립공정

차체 조립은 공정 중에서 가장 정밀도가 요구되므로, 주요설비 대부분이 전용기이고, 따라서 모델 변경 시에는 대부분의 설비가 변경된다. 이 공정은 차체 각 부분 패널의 용접을 비롯하여 실러, 납땜, 볼트, 마무리 작업으로 조립해 차의 모양을 만들어 내는 과정이다. 조립공장은 차 1대당 보통 450여 개의 크고 작은 프레스 가공품을 거의 6,000점에 용접 결합하기 위하여 자동화된 로봇 시스템으로 운용된다.

차체 조립공정은 차체 기초를 조립하는 플로어 메인공정, 차체 벽면의 주요 부품들을 결합하는 바디 사이드공정, 기초가 되는 플로어에 벽면인 사이드, 루프, 리어 패널 등을 붙이는 바디 메인공정, 메인공정에 공급되는 중간 조립품을 조립하는 메인 서브공정, 메인 바디에 도어, 후드를 붙이는 메탈라인, 메탈라인에 공급하는 도어, 후드 등 부품을 조립하는 메탈 서브공정 등으로 구성된다.

(5) 도장공정

자동차 도장은 녹이나 부식으로부터 소재를 보호하고 아름다운 색채로 외관을 향상시키며 다른 차와 구별하는 식별기능을 가지고 있다. 특히 자동차는 세계 각지의 다양한 기후와 환경조건 속에 오랜 기간 사용되기 때문에 도장공정은 높은 수준의 품질과 기술이 요구된다. 이 때문에 자동차 도장은 일반 도장과는 비교할 수 없을 정도로 복잡한 공정을 가지며, 요구 성능의 내구성은 10년 이상이 보장되어야 한다.

승용차의 도장공정은 전처리(pre-treatment : 방청이 주목적으로 차체 표면을 피막처리), 하도(electro deposition : 전착도료에 침적하여 균일하게 방청성을 향상시키고 패널이 겹치는 부분은 틈새를 밀봉함), 중도(surface : 하도와 상도 간의 접착성과 밀착성 향상을 위해 자동 정전기 도장을 하고 표면 마무리), 상도(finish or top coating : 광택 및 신명성, 내구도 등을 향상)의 기본 4개 공정에 특수공정으로 수밀처리(水密處理), 방음·방진처리 등이 있고, 트럭·버스는 중도를 생략하기도 하며 차축 등도 전처리나 하도만 하여 방청성을 높이기도 한다.

(6) 차량 조립공정

조립공정은 도장된 차체에 3천여 종에 이르는 내장, 계기판, 창유리, 전장품 등 실내외 의장 전장부품과 엔진, 트랜스미션, 차축 등의 단위 장치들을 조립 장착한 후 배선 배관 작업을 하여 완성된 차량으로 조립하고, 품질확인을 하여 상품으로서 마무리를 하는 최종공정이다. 또한 테스트라인은 최종적으로 시험과 확인 및 수정을 위한 과정이다. 대표적으로는 차륜정렬(wheel alignment) 검사, 헤드램프 조향각도 조정, 엔진룸 검사, 제동기 검사, 배기검사, 수밀(water-proof) 검사, 각종 부품 장착상태 확인과 기능 검사 및 수정작업을 하게 된다. 이 공정의 작업 사이클은 컨베이어의 흐름속도에 따라 달라지는데 이는 생산차종과 경기 변동에 따라 변화된다. 또한 차량의 생산방식은 생산차종이나 대수에 따라 다르며 하나의 라인에서 2~3개의 차종을 혼합 생산하는 혼류 생산방식을 채택하여 수요의 불균형에 탄력적으로 대응할 수도 있다.

연습문제

1. 차량(vehicle)의 정의와 종류를 열거하고, 한국 산업규격(KS)에서 명시한 자동차의 정의와 국제 표준화기구(ISO)에서 명시한 자동차의 정의를 기술하라.

2. 한국산업규격에 의한 자동차 분류방법에 존재하는 분류주제들을 열거하라.

3. 증기기관 자동차와 내연기관 자동차, 전기자동차의 발달사에 대하여 기술하라.

4. 자동차 구조에 따른 세부분류와 원동기에 따른 세부분류를 예를 들어 기술하라.

5. 자동차의 치수, 위치, 질량 및 주행성능에 대한 제원에 대하여 기술하라.

6. 자동차의 기본구조에 대하여 설명하라.

7. 기존 내연기관의 후륜구동 자동차에서 동력전달과정을 순서대로 설명하라.

8. 신제품의 자동차 개발 내용 및 규모에 따른 분류를 열거하고, 그 내용에 대하여 언급하라.

9. 신형 자동차 또는 신모델 자동차가 개발되어 양산되기까지의 과정을 단계별로 기술하라.

10. 자동차 생산 공장을 주요 공정별로 구분하여 설명하라.

11. 자동차 개발과정에서 거치는 시험의 종류와 인증시험에 대하여 기술하라.

12. 다음에 대하여 설명하라

(1) 륜거, 축거, 오버행
(2) 기관토크와 구동력 간의 관계
(3) 주행성능곡선
(4) 기관 회전수와 차속 간의 관계
(5) monocoque body
(6) chassis의 구성
(7) 프레임의 종류
(8) 마이너 모델체인지
(9) 선행양산
(10) 외형 디자인
(11) 다음 공장에서의 주요 공정을 열거하고 설명하라
① 엔진공장 ② 프레스공장 ③차체 조립공장 ④도장공장

제 2 장

자동차 원동기

원동기는 사용 동력원 형태에 따라 구분되며, 현재 대부분의 원동기는 탄화수소계 연료 연소에 의해 발생한 열에너지로 작동유체를 팽창시켜 축을 회전시키거나 유체를 분출하여 동력을 얻는 열기관(heat engine)을 사용한다. 열기관 중 내연기관은 크기에 비하여 출력이 비교적 높으므로 거의 100년 이상을 자동차 원동기로 사용하고 있다. 그러나 최근에는 자동차 원동기에 의한 공해, 특히 배출가스에 의한 대기오염과 지구 온난화에 영향 미치는 탄산가스 배출이 문제화되어 공해가스와 CO_2 배출량에 대한 규제가 어느 때보다 가장 엄격한 실정이므로, 현재의 내연기관 또는 에너지원을 대체할 수 있는 친환경차의 개발이 시급한 상황이다. 현재 개발된 친환경차는, 기존 내연기관의 연소과정과 연소실, 열역학적 사이클, 배기장치 등을 개선하여 연비와 배기성능 등을 현저하게 향상시킨 내연기관 친환경차와, 새로운 동력원으로 전기에너지를 사용하여 기관 자체를 대체한 친환경차가 존재한다. 여기서는 기존 자동차 및 친환경 자동차의 동력원과 원동기의 작동원리, 성능 등을 언급하겠다.

1. 일반 자동차의 내연기관 기술

열기관은 내연기관(internal combustion engine)과 외연기관(external combustion engine)

으로 분류한다. 내연기관은 연소가 기관 내부에서 행해지는 것으로 사용연료를 연소실(combustion chamber)내에서 연소시켜 연소가스 압력을 상승시키고 팽창에 의하여 피스톤을 이동시켜 동력을 발생하는 장치이다. 이에 반해 외연기관은 기관 외부에 따로 설치된 연소장치에 의하여 작동유체를 가열시켜 발생한 증기를 팽창시켜 동력을 발생시킨다. 자동차 원동기로는 단위 질량당 출력이 높은 내연기관이 주로 사용되며, 형식은 피스톤의 직선 왕복운동을 회전운동으로 변환하여 유효일을 산출하는 피스톤 실린더기관이 주류이고, 극히 일부 차량에서 연소가스를 분출 또는 팽창하여 직접 회전운동을 발생하는 로터리기관이나 가스터빈을 사용한다. 실린더기관에서 사용하는 연료의 대부분이 가솔린과 경유이며, 자동차 원동기로서 내연기관에 요구되는 조건은, 높은 열효율과 출력 당 낮은 중량, 출력변화에 대한 양호한 응답성, 낮은 연료 소비율, 낮은 진동과 저소음으로 안정적이고 정숙한 운전, 배기의 높은 정화율, 저렴한 유지비 및 장수명 등이다.

1) 내연기관 일반

(1) 내연기관의 분류

차량 내연기관의 대부분 피스톤 실린더기관이며, 일반적인 분류는 다음과 같다.

① 연소방식에 의한 분류

- 정적사이클 기관 : 오토(Otto)사이클이라 하며, 실제 전기적으로 점화(SI)하는 가솔린, LPG 기관을 이상화한 사이클로, 정적과정에서 열의 공급이 진행된다고 가정한 사이클이다.
- 정압사이클 기관 : 디젤(Diesel)사이클이라 하며, 압축열로 점화(CI)하는 박용 저속 디젤기관을 이상화한 사이클로, 정압 하에서 열공급이 진행된다고 가정했다.
- 혼합사이클 : 사바테(Sabathe)사이클이라 하며, 고속 디젤기관을 이상화한 사이클로 공급열의 일부는 정적, 나머지는 정압에서 받는다고 가정한 사이클이다.

② 점화방식에 의한 분류

- 전기점화기관 : 점화플러그에 의해 불꽃점화(SI)하며 가솔린기관 등이 있다.

- 압축점화기관 : 공기만을 흡입하여 고온·고압으로 압축한 후, 고압의 연료를 분무하여 압축열로 자기점화(CI) 시키는 기관으로 디젤기관이 여기에 속한다.
- 열구점화기관 : 실린더 헤드의 열구(hot bulb)를 가열하고 여기에 연료를 분사하여 점화시키는 기관으로, 현재 수소자동차(수소를 연소)가 이 방법을 채용했다.

③ 냉각방식에 의한 분류

- 공랭식 기관(air cooled type engine) : 실린더 헤드와 블록에 냉각핀을 설치하여 공기가 직접 실린더를 냉각시키는 방식이다.
- 수냉식 기관(water cooled type engine) : 실린더 주위에 냉각수 통로인 물재킷(water jacket)을 설치하여 기관 주위를 냉각수가 순환하며 냉각하는 방식이다.

④ 연료 공급방법에 의한 분류

- 분사식 기관 : 연료 분사펌프에 의하여 연료를 실린더 또는 흡기관 내에 분사하는 방법으로, 현재의 디젤기관 또는 최근의 일부 가솔린 기관(GDI)은 실린더 내에 직접 분사하고, 분사식 가솔린 기관은 흡기관 내로 연료를 분사한다.
- 기화기식 기관 : 기화기에서 연료를 혼합하여 공급하는 가솔린 기관.

⑤ 작동방식에 의한 분류

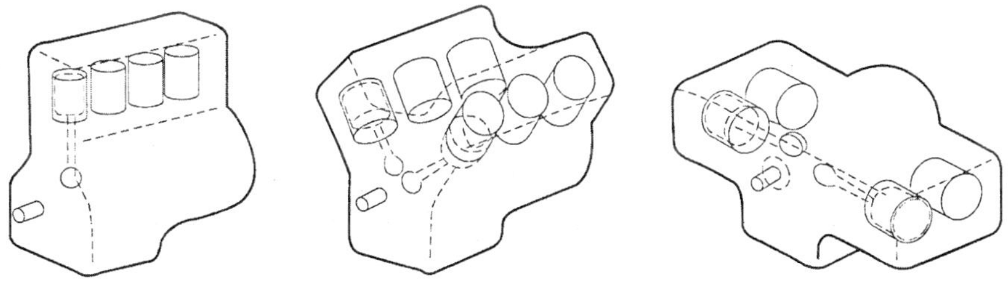

(a) 직렬형 (b) V형 (c)수평대향형

[그림 2.1] 실린더 배열에 의한 분류

- 4행정 사이클 기관 : 한 사이클이 4개 행정(흡입, 압축, 팽창, 배기)으로 구성되므로 크랭크축 2회전에 1개의 사이클이 완료되며, 대부분 기관에 적용된다.
- 2행정 사이클 기관 : 한 사이클이 2개 행정(팽창 및 소기, 압축)으로 구성되어 크랭

크축 1회전으로 1개의 사이클이 완료되는 기관으로 오토바이 등에 적용된다.

⑥ 실린더 배열에 의한 분류

- 직렬형 : 실린더가 일렬로 배치된 것으로 2기통 기관, 4기통 직렬기관, 6기통 직렬기관이 가장 많이 사용되고 있으며, 실린더가 일렬로 되어 있어 구조가 간단하고 값이 저렴하고 수냉식을 채용하기가 적합하나 기관의 길이가 긴 결점이 있다.
- V형 : 실린더가 2열인 V형으로 배열이 된 것으로서 V-6기관, V-8기관 등이 주로 사용되고 있다. 직렬형보다 부피 및 무게가 낮고 혼합기가 균일하며 회전에 대한 밸런스가 양호하여 실린더수가 6개 이상의 기관에 흔히 채용된다.
- 대향형 : 실린더가 일렬로 마주보고 있는 형태로서, 공랭식을 채택하기가 적합하며 기관의 높이를 낮게할 수 있어 제한된 공간에 설치하기가 용이하다. 이외에도 연소실의 모양에 따라 I헤드형, L헤드형, F헤드형, T헤드형 등으로 분류하기도 하며, 기관속도에 따라 고속기관·중속기관·저속기관 등으로 분류하기도 한다.

(2) 내연기관의 작용원리

대부분의 자동차 기관으로 채용되는 피스톤 실린더기관은, 실린더 내에서 연료를 연소시켜 팽창가스로 피스톤을 밀어내고 크랭크 기구에 의하여 기계적 일에너지를 생산하는 원동기로서, 현재 사용되는 연료는 주로 가솔린과 경유이고, 이들 외에 공해 배기가스를 저하하기 위한 가스연료 및 바이오 연료 등이 있다.

① 피스톤 실린더 기구와 행정

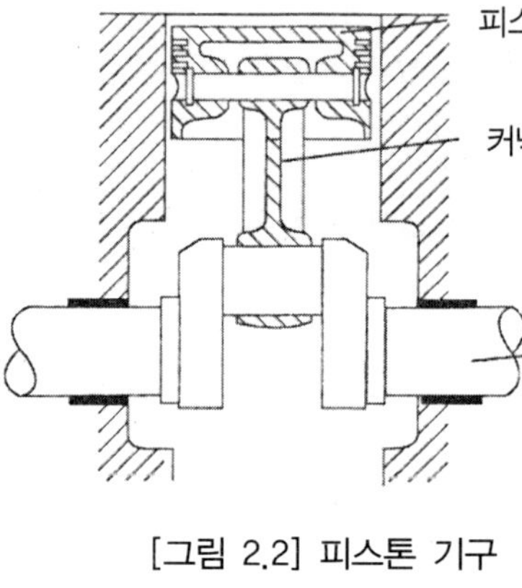

[그림 2.2] 피스톤 기구

● 피스톤 실린더(piston cylinder) 기구 : 실린더 내 혼합기의 연소 폭발로 팽창한 고온 고압의 가스가 피스톤을 밀어 내어 왕복운동 시키고, 왕복운동은 커넥팅로드(connecting rod)에 의하여 [그림 2.2]와 같이 크랭크 회전운동으로 변환된다.

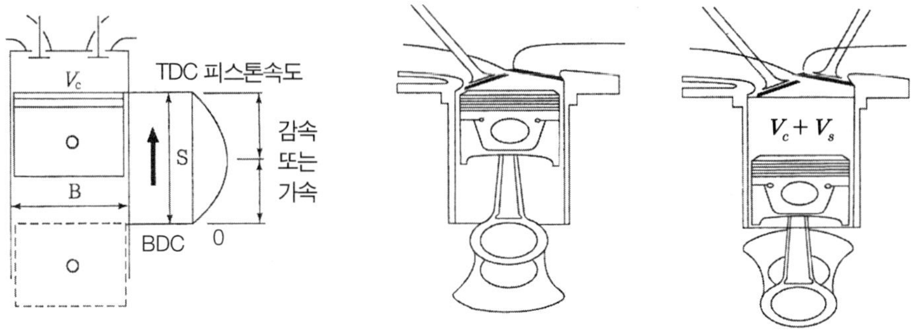

[그림 2.3] 사점과 극간체적

● 피스톤 행정 : 피스톤이 실린더 내에서 왕복운동을 하는 과정 중, 방향이 변환되어 속도가 "0"이 되는 위치를 사점(dead center)이라 하며. 실린더 체적이 가장 적어지는 위치를 상사점(TDC, Top Dead Center), 체적이 가장 커지는 피스톤 위치를 하사점(BDC, Bottom Dead Center), 상사점과 하사점 사이의 거리는 행정(S, Stroke)이라 한다. 행정은 크랭크 핀이 그리는 원의 직경과 동일하며, 이 거리(S)를 피스톤이 왕복운동 한다(그림 2.3 참조). 따라서 피스톤의 평균속도 v_m 은, 기관 회전수를 $n(rpm)$ 으로 표시하면 아래식과 같이 계산한다.

$$v_m = 2 \times S \times n \,/\, 60 \ (m/s) \tag{2.1}$$

실린더 직경은 보어(B, bore)이고, 내경에 대한 행정의 비율(S/D)이 1인 기관은 스퀘어 기관(square engine), 1보다 큰 기관은 장행정 기관(long stroke engine), 1보다 작은 기관은 단행정 기관(short stroke engine) 또는 오버스퀘어 기관(over square engine)이라 한다. 일반적으로 단행정 기관은 장행정보다 토크는 작으나 회전수의 증가가 용이하며 저속회전에서 토크 발생이 크다.

● 압축비 : 피스톤이 상사점에 있을 때, 피스톤과 실린더에 의하여 둘러싸인 공간을 연소실, 체적은 여유체적(V_c : clearance volume)이라 한다. 또한 피스톤이 1행정 중

에 배제하는 기체의 체적을 행정체적(V_s : stroke volume)이라 한다.

압축비는 피스톤이 하사점에 있을 때 실린더 체적($V_{\max}$)과 피스톤이 상사점에 있을 때의 체적($V_{\min} = V_c$)과의 비로 다음 식으로 계산한다.

$$\epsilon = \frac{V_{\max}}{V_{\min}} = \frac{V_c + V_s}{V_c} = 1 + \frac{V_s}{V_c} \tag{2.2}$$

따라서 압축비는 극간체적이 작을수록 또는 행정체적에 클수록 커진다. 일반적으로 압축비가 높을수록 폭발압력이 커지므로 높은 출력과 큰 토크를 얻을 수 있지만, 가솔린기관에서의 지나친 압축비는 혼합기의 점화시기에 관계없이 자연 착화되는 노킹(knocking)의 원인이 된다. 현재의 일반적인 압축비는 가솔린기관에서 9~11, 디젤기관에서는 16~23 정도이다.

- 배기량 : 배기량(V)은 일반적으로 기관의 크기를 나타내는 척도로, 한 개 실린더의 행적체적에 실린더의 수(Z)를 곱하여 아래 식과 같이 계산한다.

$$V = \pi \times B^2 \times S \times Z \,/\, 4 \tag{2.3}$$

② 기관의 작동 사이클

기관에서는 작동유체인 공기, 연료, 연소가스 등의 혼합물이 몇 개의 열역학적 과정들(흡입-압축-팽창-배기)을 거친 후에 다시 원래의 상태로 되돌아오며 이러한 과정을 사이클이라 한다. 기관이 장기간 동안 연속적으로 출력을 산출하기 위하여 사이클이 반복적으로 수행되어야 하며, 한 사이클 동안의 피스톤 행정 수에 따라 4행정 사이클 기관과 2행정 사이클 기관으로 구분된다.

- 4행정 사이클 기관 : 4행정 사이클 기관은 크랭크축의 2회전으로 1사이클을 완성하는 기관으로서 흡입행정, 압축행정, 폭발행정 및 배기행정의 4개의 행정으로 이루어져 있다. 이들 행정의 각각을 살펴보면 다음과 같다.

- 흡입행정(intake stroke : suction stroke) - 피스톤이 상사점에서 하사점으로 하강하며, 사이클의 첫 번째 행정으로서 흡기밸브는 열려 있고 배기밸브가 닫힌 가운데 혼합기를 흡입하는 행정이다. 일반적으로 흡기밸브는 상사전전 크랭크 회전가 10° ~ 20°정도에서 열리고 하사점 후 40° ~ 50°정도에서 닫힌다. 흡입은 피스톤이 하

강함에 의하여 실린더 내에 부압이 발생하여 가스가 유입되며, 가솔린기관에서 연료와 공기 혼합기가 흡입되고 디젤기관에서는 공기만이 흡입된다.

- 압축행정(compression stroke) - 피스톤이 하사점에서 상사점으로 상승하며, 흡기밸브와 배기밸브는 닫혀 있다. 가솔린기관의 경우 압축비는 10 내외이며 압축압력은 약 12kg/cm^2 정도까지 상승하고 상사점전 크랭크 회전각 약 10°~20°정도에서 전기점화 한다. 디젤기관에서는 공기만을 압축하여 온도를 연료 착화온도 이상으로 가열한 후, 상사점 전 10°~20°에서 연료를 고압으로 분사하여 점화시킨다.
- 폭발행정(동력행정 : power stroke) - 고온 고압의 혼합기가 스파크 플러그(spark plug)에 의한 전기점화 또는 압축열에 의하여 연소되면, 순간적으로 실린더내의 온도와 압력이 급격히 상승하며 폭발적으로 연소압력이 약 30~40 kg/cm^2 정도 상승하여(가솔린 기관) 피스톤을 상사점에서 하사점으로 밀어낸다. 이 때 피스톤이 이동하면서 크랭크축을 회전시켜 축의 회전일이 발생되므로 동력행정이라 한다.
- 배기행정(exhaust stroke) - 배기밸브가 열리면서 폭발행정에서 일을 수행한 연소가스를, 하사점에서 상사점으로 이동하는 피스톤에 의하여, 실린더 밖으로 배출하는 행정이다. 연소가스의 배기압력(배압)은 약 2~3 kg/cm^{2}이며, 배기행정이 끝나면 크랭크축은 720° 회전하여 사이클이 완료되고, 새로운 흡입행정을 준비한다.

이상의 4행정 사이클 기관의 각 행정에 대한 과정을 [그림 2.4]에 도시했다.

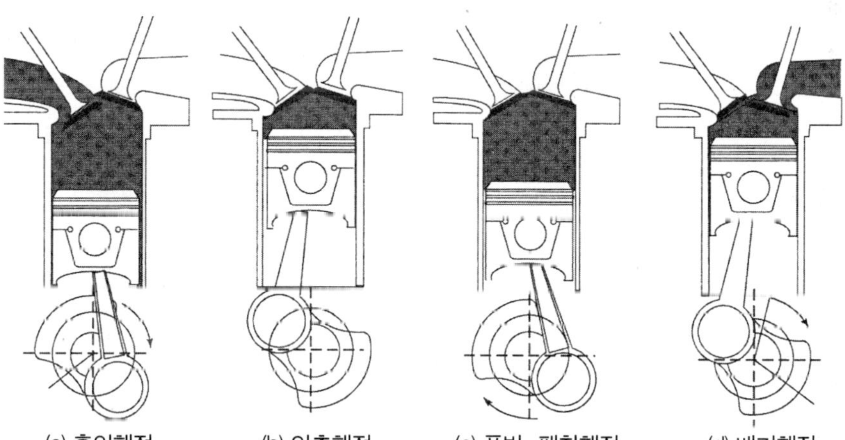

(a) 흡입행정 (b) 압축행정 (c) 폭발 · 팽창행정 (d) 배기행정

[그림 2.4] 4행정 사이클 기관의 각 행정

• 2행정 사이클 기관 - 2사이클 기관은 4사이클 기관과는 달리 크랭크 1회전에 사이클 1개가 완료하므로 매회전마다 1회의 동력이 발생된다. 따라서 1행정에 2개 과정을 수행시키기 위하여 흡·배기밸브 없이 벽면에 소기공(scavenge port), 배기공(exhaust port), 흡기공(induction port)만을 가공하여 피스톤 운동이 밸브와 같은 역할을 수행하게 하였다. 기관의 작동은, 압축과 폭발과정이 4사이클 기관과 동일하고 흡기 및 배기과정이 다르며, 가솔린 기관인 경우 연료낭비가 심하고 유해 배출가스 문제가 존재하므로 주로 오토바이 기관에만 채용된다.

- 흡입 및 압축 행정 – 피스톤이 하사점에서 상승하기 시작하면 소기공과 배기공은 닫히고 하부의 크랭크실은 진공이 형성되어 흡기공이 열리면서 신기가 크랭크 실로 흡입되기 시작한다(흡입과정). 피스톤이 더욱 상승하면 실린더 내의 기체는 더욱 압축되며 이와 동시에 크랭크 실에서는 신기가 계속 유입한다(압축행정).
- 팽창 및 배기, 소기행정 – 실린더의 고온, 고압기체가 점화되면 피스톤을 밀어내기 시작하여 피스톤이 하강하며, 이 때 흡기공은 닫히고 크랭크실의 신기는 압축된다(팽창과정). 피스톤이 더욱 하강하면 배기공이 먼저 열려 실린더 내의 연소가스가 배출되기 시작하며(배기과정), 더욱 하강하면 소기공도 개방되어 크랭크실의 압축된 신기가 실린더로 유입되며 실린더 내에 남아있는 연소가스를 밀어내면서 신기가 실린더를 채운다(소기과정). [그림 2.5]에 2사이클 기관의 과정들을 도시했다.

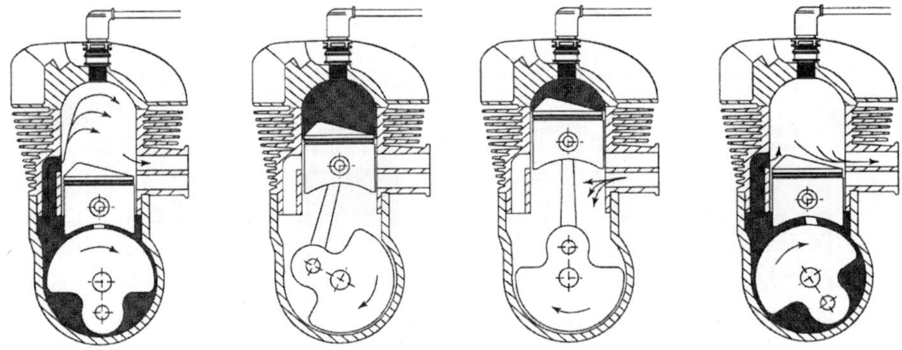
(a) 소기과정 (b) 흡입 · 압축과정 (c)폭발 · 팽창과정 (d) 배기과정

[그림 2.5] 2행정 사이클 기관의 각 행정

• 4사이클 기관과 2사이클 기관의 비교 : 같은 크기의 실린더를 가지고 있는 기관의 경우, 2사이클 기관은 이론적으로 4사이클 기관보다 2배의 출력이 얻어질 것으로

기대되나 실제는 그렇지 않다. 그 이유는 2사이클 기관의 흡배기과정이 4사이클 기관과 같이 흡기/배기밸브에 의하여 수행되는 것이 아니고 소기공과 배기공에 의하여 가스의 전환이 이루어지므로, 흡기공이 닫히고 배기공도 닫힐 때까지 연소실에 흡입된 신기가 배기공으로 배출되기 때문에 실제 출력은 1.5배 내외이다.

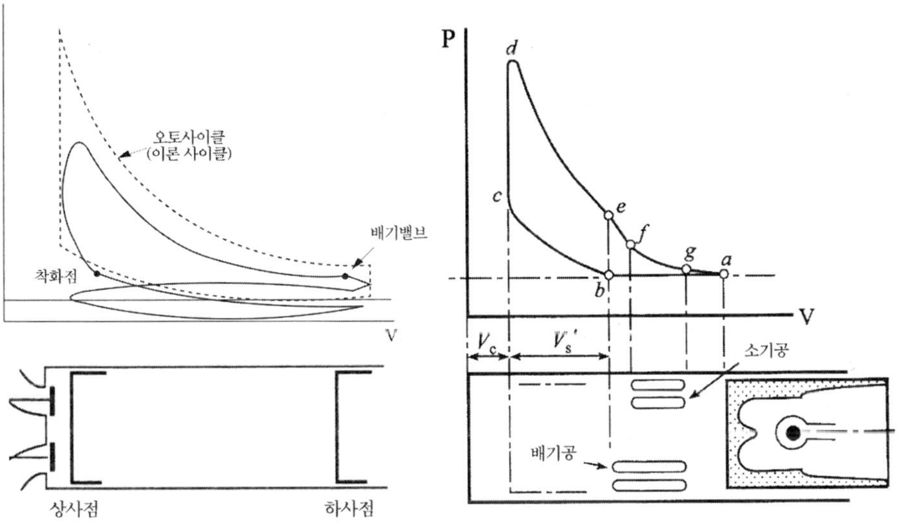

(a) 4사이클 기관의 지압선도 (b) 2사이클 기관의 지압선도

[그림 2.6] 4사이클 기관과 2사이클 기관의 지압선도 비교

그러나 2사이클 기관은 폭발회수가 4사이클에 비하여 2배나 많기 때문에, 실린더 수가 적은 기관이라고 해도 기관 진동이 적으므로 플라이휠의 중량을 가볍게 할 수 있다. 또한 밸브기구가 없으므로 부품수가 적고 가벼우며 값이 저렴하다는 장점 외에 밸브 개폐기구의 충격음이 없고 고장의 염려가 없다.

단점은, 매 사이클마다 동력행정을 가지고 있기 때문에 4사이클 기관에 비하여 열부하가 크고 혼합가스가 실린더내로 흡입되는 것과 동시에 연소가스의 배출이 이루어지므로, 혼합가스의 일부가 배기공으로 손실되어 연료 소비량이 증가할 수 있으며, 이것은 배기 중의 탄화수소계 공해가스(HC)의 배출을 높이는 원인이 되기도 한다. 또한 2사이클 기관은 실린더 안에 잔류가스가 많아 균일한 연소가 되지 않으므로 저속과 경부하시에 운전이 불안정하다. 따라서 부하와 회전수 범위가 넓고 운전이 안정되어 있는 4사이클 기관을 보통의 승용차나 소형트럭에 많이 사용한다. [그림 2.6]은 두 기관의 지압선도를 비교한 것으로, 4사이클 기관에서 이론적 오토(Otto) 사이클을 점선으로 함께 표시한 결과, 실제 사이클에서는 여러 손실 등으로 사이클이 그리는 면적, 즉 한 사이클 당의 일전달이 훨씬 줄어들었음을 알 수 있고, 흡배기과정에서의 일전달이 별도로 반시계 방향의 밀폐면적(부의 일전달)을 형성하고 있다. 2사이클 지압선도에서는 피스톤의 하사점 근처 e-f-g-a-b 과정에서 소기와 배기가 완료하므로 별도의 흡배기 과정이 필요 없지만, 피스톤이 하사점에서 상사점으로의 이동 초기 a-b 과정 중에는 실린더 내의 혼합기가 유출할 수 있으며 실제의 압력 상승은 배기공이 닫힌 후, b점 이후부터 시작한다. 따라서 유효압축비 ϵ_e 는

$$\epsilon_e = \frac{V_c + V_s'}{V_c} \tag{2.4}$$

이고, 여기서 V_s'은 소기공과 배기공이 모두 닫힌 후의 피스톤 행정체적을 의미한다.

- 밸브개폐시기 : 흡배기 밸브 개폐(SO, SC, EO, EC) 및 점화플러그에 의한 점화 또는 연료분사 등이 크랭크축 회전각과 어떤 관계가 있는가를 표시하는 선도를 밸브개폐시기 선도(valve timing diagram)라하며, [그림 2.7]과 같다.

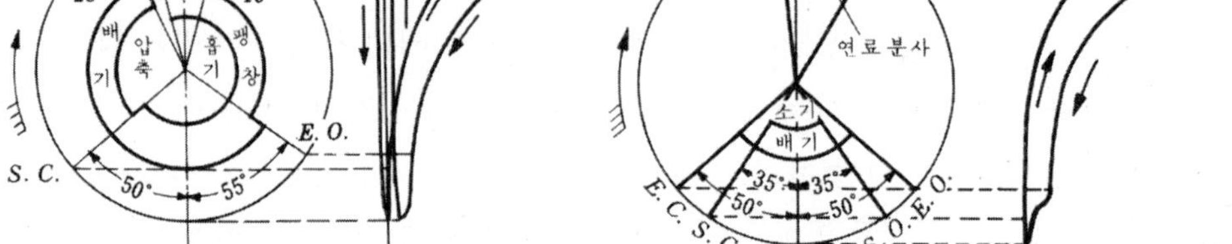

(a) 4사이클 기관 (b) 2사이클 기관

[그림 2.7] 4사이클 기관과 2사이클 기관의 밸브개폐 선도

앞의 4사이클 기관 작동원리를 언급하며, 흡입밸브와 배기밸브는 상사점이나 하사점에서 각각 개폐되는 것처럼 설명했으나, 실제는 이와 달리 기관 특유의 개폐시기에 의한다. 즉, 흡입밸브는 실제로 흡입밸브로 들어오는 공기의 관성 때문에, 흡입밸브가 열린다 해도 즉시 공기가 들어오지 않고 어느 정도의 시간지연이 존재한다. 따라서 흡

기밸브는 피스톤이 상사점에 도달하기 전에 개방(SO)하고, 닫히는 시기(SC)도 하사점이 아니고 피스톤이 하사점을 지나 상승하기 시작하면서 닫히게 된다. 배기밸브의 열림시기(EO)도 연소가스의 관성효과를 고려하여 하사점 전에서 이루어지며, 일반적으로 기관의 회전속도가 증가할수록 열림시기도 빨라지는 경향이 있다. 여기서 흡배기밸브를 사점(dead center) 전에 열어 주는 것을 리드(lead)라고 하며, 흡기 열림시기는 상사점 전 10°~25°이고, 배기밸브의 열림시기는 하사점 전 45°~70°정도이다. 또한 흡배기밸브를 사점 후에 닫아 주는 것을 래그(lag)라고 하며, 흡기밸브의 닫힘시기는 하사점 후 50°~80°, 배기밸브의 닫힘시기는 상사점 후 10°~30°정도이다. 이때 [그림 2.7]에 나타낸 바와 같이 상사점 부근에서 매 사이클이 끝날 무렵 흡기밸브와 배기밸브가 동시에 열려 있는 기간이 존재하게 되며, 이와 같이 흡기밸브와 배기밸브가 동시에 열려 있는 기간을 밸브오버랩(valve over lap)이라 한다.

[그림 2.7(b)]은 2사이클 기관의 밸브개폐시기 선도로서, 그림에서 보는 바와 같이 피스톤의 하강행정에서 배기공 열림(EO)과 소기공 열림(SO)이 나타나게 되며, 배기공은 하사점 전 약 50°에서 열려 배기를 불어내고 소기공은 하사점 전 약 35°에서 열려 공기를 유입한다. 또한 피스톤의 상승행정에서는, 대칭소기의 경우, 하사점을 기준으로 대칭적인 위치에서 소기공 및 배기공이 닫힌다.

2) 가솔린과 디젤기관의 연소와 연료계통

자동차 연료는 가솔린, 경유, LPG와 천연가스 등이 존재하지만, 여기서는 가솔린, 경유의 연소과정과 이들을 사용하는 기관에 대하여 기술하겠다. 자동차 연료의 사용조건은 주위 대기 온도가 -30℃ ~ 40℃, 압력은 $0.5 \sim 1atm$ 정도이며, 이와 같이 넓은 범위에서 차량 성능을 충분히 발휘하기 위해서는 연료 품질이 매우 중요하다.

(1) 가솔린기관

자동차용 가솔린기관은 실린더 내로 연료와 공기 혼합기를 흡입하여, 압축행정 말기에 스파크 플러그에 의한 전기적 불꽃으로 점화하며, 이 때 발생한 가스 압력에 의하여 동력을 얻는 기관이다. 따라서 점화를 위한 고전압 장치가 필요하며, 출력을 흡기

공기량에 의하여 제어할 수 있도록 흡기관측에 교축밸브가 설치된다.

① 가솔린 분사장치

과거에 흔히 사용되던 기화기(carburettor)식 연료장치는 정비가 용이한 장점에도 불구하고, 전자기술의 발달과 배기 규제강화 법규를 만족하지 못하여 1980년 중반부터 가솔린 분사장치로 대체되어 현재까지 많은 기능들이 발전되어 왔다. 전자제어 가솔린 분사장치의 장점은, 연료의 미립화 공급, 기관 회전수에 따라 연료량 조절에 의하여 일정 공연비를 유지하며 출력 증가, 배기가스 저감 등이 있다. 가솔린 분사장치는 제어방식에 따라 기계식과 전자식, 분사방법에 따라 연속분사와 정기분사, 연료 조절방법에 따라 흡입공기량 직접측정과 간접측정, 연료 공급방식에 따라 SPI(single point injection)과 MPI(multi point injection) 등으로 구분한다.

- 기계식 연료분사장치 : [그림 2.8(a)]는 Bosch의 특허에 의한 기계식 연속분사(Bosch K-jetronic)장치로서, 연속적으로 연료가 분사되고 분사량의 제어는 질량유동 방식의 에어 플로우(air flow)센서와 연료 분배기로 수행된다.

그림에서 흡기통로의 센서판은 흡입공기 충격에 의하여 작동하여 컨트롤 플런저를 이동시키며, 이로 인하여 인젝터로 통하는 연료 통로 면적을 변화시켜 연료 분사량을 제어한다. 냉간 시동시의 공연비 보정은 컨트롤 플런저 윗부분에 작용하는 보정압력을 난기제어밸브(warm up regulator)로 저하시키면 플런저의 이동량이 증가하여 흡입공기통로가 넓어진다. 이 시스템의 연료배관 기준압력은 5.0 kg/cm^{2}이고, 분사량의 제어는 공기유량 센서(plate)가 공기유량을 감지하면 레버의 회전력에 의해 연료 분배기의 컨트롤 플런저가 이동하고 이로 인하여 연료 통로 면적이 변화되므로 흡기 공기량에 적합한 연료를 공급할 수 있다. 이와 같은 기계적 연료 분사시스템은 냉간시동, 공회전, 저속운전, 가속 등 여러 부하상태에 적절한 혼합기 공급을 위하여 공기량 측정기구가 설치되며 특히 저온 시동을 위한 추가 장치가 요구된다.

- 전자제어 연료분사장치 : [그림 2.8(b)]는 대부분의 승용차에 적용되는 MPI식 가솔린 전자제어 분사장치의 기본계통을 도시한 것으로, 공급되는 공기량이 교축밸브개도 센서에 의하여 간접적으로 결정되는 스피드-덴시티 방식을 채용했다.

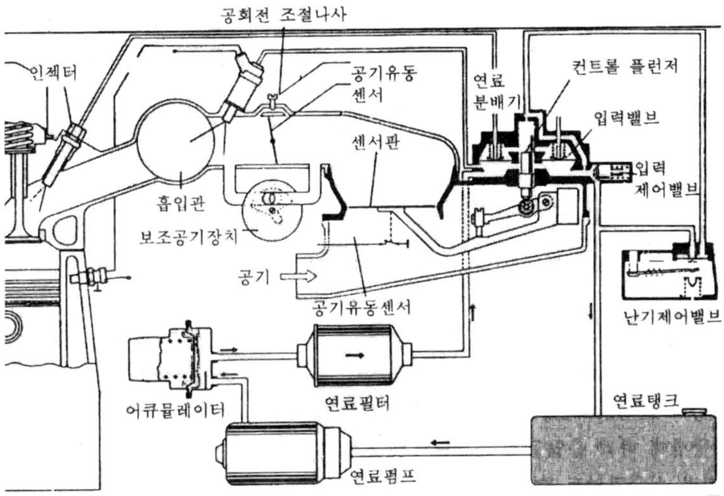

(a) 기계식 연료분사장치 개략도

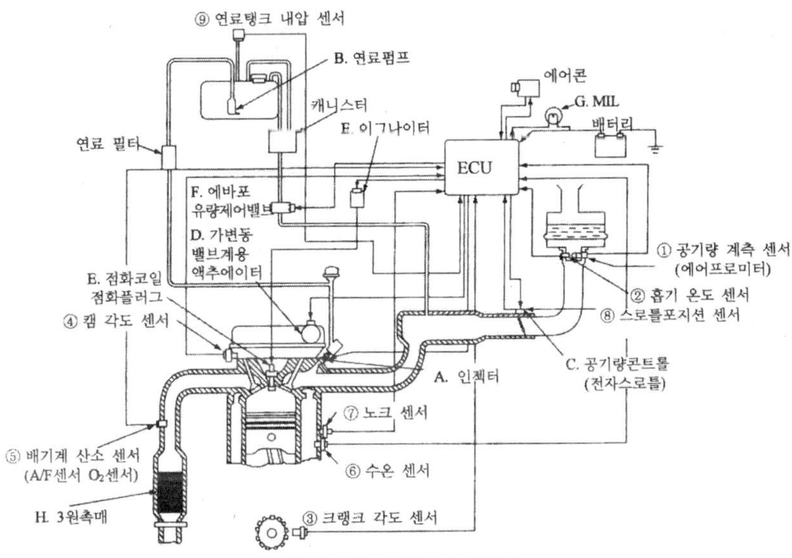

(b) 전자식 연료분사 개략도

[그림 2.8] 가솔린 연료분사 장치 개략도

공기량은 스피드 - 덴시티(speed density)식 외에 베인(vane), 칼만와류, 열선 등의 유량센서를 사용하여 직접 계측하는 매스플로우(mass flow)방식도 있다.

연료 분사는 간헐분사방식이며, 일정압력의 연료를 흡기관 내로 분사하는 방식이 일반적이므로, 분사량의 제어는 연료 인젝터를 매 사이클당 흡입 공기량에 대하여 필요한 시간만큼 개방하는 방법으로 제어한다. 기본 분사량은 흡입 공기량과 크랭크 회전수에 따라 결정되고 각종 센서들이 기관의 작동상태를 감지하여 ECU가 보정함으로 항상 최적상태로 연료가 공급되며, 전자제어 분사계의 구성은 [표 2.1]과 같다.

[표 2.1] 전자식제어의 입출력 신호와 액추에이터

입력 신호(input)	제어항목(ECU)	액추에이터(out put)
① 공기유량 센서(AFS) ② 흡기 온도 센서(ATS) ③ 크랭트 각도 센서(CAS) ④ 캠 각도 센서 ⑤ 배기계 O_2 농도 센서(HO2S) ⑥ 냉각수 온도 센서(WTS) ⑦ 노크 센서(KS) ⑧ 스로틀포지션 센서(TPS) ⑨ 연료탱크 압력 센서(FTPS) ⑩ 차속 센서	• 연료 분사량 • 증발가스제어 • 점화시기제어 • 공기량제어 • 자기진단제어 • 밸브타이밍제어 • 흡기통로제어 • EGR제어	A. 인젝터 B. 연료펌프 C. 공회전 스피트 컨트롤 액추에이터 D. 가변동밸브계용 액추에이터 E. 전화기(igniter) F. 퍼지컨트롤(에바포) 밸브(PCSV) G. 고장표시램프(MIL) H. 3원촉매, NO_X 촉매 I. 크랭크케이스 벤틸레이션 조정 밸브 J. 자기진단 경고

② 가솔린기관 연소실

실린더 헤드의 밑면과 피스톤 윗면으로 둘러싸인 공간으로 형상은 밸브배치, 개폐기구에 따라 다르며, 현재 대부분의 기관은 밸브가 실린더 헤드에 장착된 오버헤드(OHV, OHC, DOHC 등)기구가 적용되고 있다. 오버헤드식 기관은 연소실 상부가 밸브기구로 인하여 복잡해지는 경향이 있지만, 연소실이 컴팩트하고 흡기밸브 단면을 크게 하여 흡기효율을 높일 수 있고 압축비도 증가되어 효율이 상승되는 강점이 있다. 연소실 종류는 실린더헤드 밑면 형상에 따라 다음과 같이 분류할 수 있다.

- 쐐기형

  스퀴시 부분이 압축할 때 강한 와류를 생성하고 혼합기를 냉각시켜 노킹이 억제되고, 화염전파 거리도 짧으므로 연료의 요구 옥탄가가 낮아 압축비를 크게 할 수 있다. 또한 큰 밸브 사용은 곤란하나 실린더 헤드 경사면에 흡배기밸브가 설치되어 가스 흐름이 좋고 점화 플러그 배치가 용이하다. 그러나 밸브 경사가 크기 때문에 직렬 실린더에서의 밸브기구 배치가 곤란하므로, 실린더 내경에 대한 행정비(S/B)가 낮은 단행정기관 V형 배열의 기관에 흔히 적용된다.

- 반구형

  구형을 절반으로 자른 형태이므로 연소실 체적 당 표면적이 작고 점화 플러그를 중앙에 배치할 수 있어 화염 전파거리도 균일하게 작아지므로 흡기효율 및 연소효율이 양호하다. 또한 큰 밸브 사용이 가능하고 흡배기의 원활한 유동을 얻으므로 고성능을 기대할 수 있으나, 압축 시에 강한 와류를 얻기 어렵다. 우리나라에서 생산되는 가솔린기관은 이 형식을 많이 선택하고 있다.

- 욕조형

  서양식 욕조와 유사한 형식을 가지며 OHV에 흔히 채택된다. 와류 정도 및 요구 옥탄가는 반구형과 쐐기형의 중간 정도로서, 역시 점화 플러그 배치가 용이한 장점이 있으나, 흡배기관의 곡률반경이 작으므로 고성능은 기대할 수 없다.

이상의 3가지가 가솔린기관의 대표적인 연소실이며 이 외에 다음 것들이 있다.

- 다구형

  실린더 형상이 한 개 이상의 구면을 형성하는 연소실로서, 유동 형상이 복잡한 스퀴시(squish)를 얻기 위하여 설계된 연소실이다. 스퀴시란 연소실 내부에 형성된 틈새 부분으로부터의 분출류로, 스퀴시 영역이 많을수록 피스톤 상승 시에 이 틈새에서 밀어내는 분출류가 혼합기 교반을 더욱 강하게 하여 연소속도가 증가하므로 연소 효율이 향상된디.

- 밴트 루프형

  연소실 상부가 지붕형태로서 DOHC 기관에 흔히 적용되며, 표면적/체적 비가 작고 평면으로 구성되어 제작이 용이하고 스퀴시 발생도 많다.

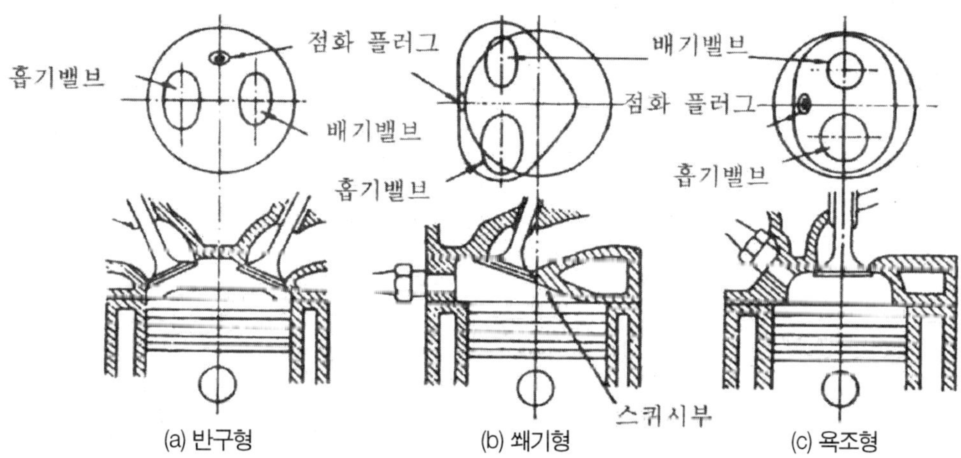

[그림 2.9] 가솔린 기관의 연소실

③ 가솔린기관의 연소

가솔린기관의 정상연소는 스파크 플러그에서의 점화에 의하여 순차적으로 혼합기 전체가 연소되는 것이다. 정상적인 연소가 끝나기 전에 미연의 혼합기가 자발화하는 현상을 노킹(knocking)이라 한다. 또한 연소실 일부가 고온으로 되어 이 부분에서 혼합기가 가열 자발화하면 표면점화로 되고 이러한 표면점화가 스파크 플러그에 의한 점화 이전에 발생하면 조기점화로 취급되며 노킹의 원인이 된다. 이러한 비정상 연소의 억제를 위하여 연소실 내에 와류를 발생시키며, 와류의 종류는 대표적으로 스월(swirl : 흡입 포트에 의해 생성되는 선회류)과 스퀴시(squish : 상사점 부근에서 연소실 벽과 피스톤 윗면 간의 틈새 와류)이 있다.

- 가솔린 연료

  가솔린은 동계의 양호한 시동성을 위하여 기화성이 좋아야하고 여름철의 베이퍼록(vapor lock) 방지를 위하여 지나치게 높은 기화성도 안된다. 따라서 가솔린은의 구비조건은, 적당한 휘발성과 고발열량, 높은 반노크성과 연소 퇴적물이 없어야 하며, 무부식성과 배기 정화장치에 악영향이 없어야 한다.

  기관 비정상연소의 영향인자는 압축비, 연소실 형상 등 여러 가지가 있으나, 그 중 노크를 일으키기 어려운 성질을 나타내는 연료의 반노크성(anti-knock)이 가장 영향이 크다. 가솔린 연료의 옥탄가는 반노크성을 나타내는 척도로 사용되며, 반노크성이 가장 큰 이소옥탄 ($C_5H_9(CH_3)_3$)을 100으로 하고 노킹을 가장 잘 일으키는 노말헵탄 (C_3H_{16})을 0으로 하여 두 연료를 혼합한 임의 옥탄가 표준연료를 제조하고, 이것과 시험연료와의 노크 발생 수준과 특성이 거의 유사한 경우 아래의 식을 시험연료에 적용하여 시험연료의 옥탄가를 결정한다.

$$\text{옥탄가} = \frac{\text{이소옥탄(체적)}}{\text{이소옥탄(체적)} + \text{노말헵탄(체적)}} \times 100\%$$

현재 가솔린 기관의 압축비는 9 ~ 11정도이고 이에 적합한 옥탄가는 91 ~ 94이다. 기관 압축비를 1 정도 올리려면 옥탄가는 5 ~ 6 높여야 노킹을 피할 수 있다.

• 정상연소

흡입된 혼합기는 압축열에 의해 약 400℃로 가열되어 기화하며 전기스파크로 점화하면 약간의 지연기간을 거친 후 화염이 발생한다. 연소 최고압력은 상사점 후 약 15~20° 부근에서 얻을 수 있어야 기관 출력이 증가하므로, 점화시기도 이러한 지점에서 최대압력이 나타나도록 조정을 하여야 하며, 기관회전수가 증가하면 점화시기도 앞당겨 충분한 연소가 되도록 하여야 한다.

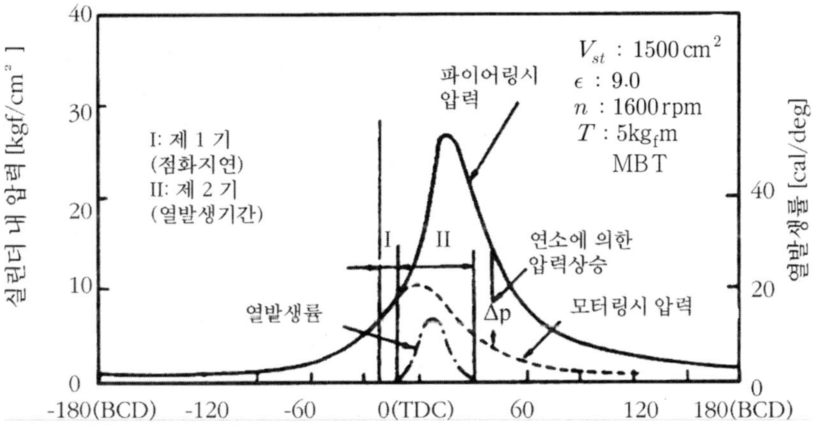

[그림 2.10] 실린더 내의 압력 및 열발생률

정상연소에서 연소속도는 20~25m/sec이고, 연소과정은 아래와 같이 2개 기간으로 구분되며, 압력상승과 열발생율은 [그림 2.10]과 같다.

- 제1기 점화지연 기간 - 스스로 전파하기 위한 화염핵 형성기간으로 압력상승과 열발생 지연기간이다.
- 제2기 열발생 기간 - 연소에 의해 압력상승이 시작되고 연소열이 발생한다.

• 비정상연소

가솔린기관에서 압축비를 증가시키면 실린더 내에서 급격한 연소가 일어나 일종의 굉음이 발생하게 된다. 이것을 노킹(knocking)이라고 한다. 노크가 일어나는 경우를 정상연소의 경우와 비교하면, 연소 초기에는 양자 간에 상이점이 크게 발견되지 않으나, 노크가 나타나는 경우에는 화염전파 말단부의 미연소가스가 고압으로 압축되어 일순간에 연소한다. 이때의 화염속도는 300~2000 m/sec 에 도달하며, 압력도 급격히 상승하여 디토네이션(detonation wave)이라는 충격파를 발생하고 노킹의 원인이 된다. 충격파 에너지는 급속히 열에너지로 변환되므로 실린더 헤드, 피스톤 등의 온도가 상승하여 실린더 과열의 원인이 되며, 압축비가 증가할수록 노크 강도 및 빈도가 점점 증가하게 된다. 노크가 심하게 되면 연소실벽, 배기밸브 등이 과열되어 표면착화현상이 일어나며, 정상점화보다 먼저 진행하는 조기점화 등으로 인하여 피스톤 소손을 초래한다. 이러한 실린더 과열은 노크의 가장 큰 원인이고, 또한 노크가 일어나면 출력 및 효율이 저하한다. 노크 발생 직후 출력저하를 초래하는 것은 아니지만, 시간이 경과될수록 실린더 과열로 노크가 점차 심하고 냉각손실이 증가되어 출력 저하가 현저하며 효율도 저하한다. 또한 노크로 인하여 각 부분의 응력이 증가되어 균열이 발생되고 날카로운 금속성 소음도 수반한다.

노크는, 일정연료의 혼합비에 대해 말단가스의 온도와 압력이 한계점 이상을 유지하고 있을 때 발생하므로, 이를 방지하기 위해서는 다음의 사항을 고려하여야 한다.

- 연료의 옥탄가(octane number)를 높게 한다.
- 화염전파 속도를 증가 하거나 화염전파 거리를 짧게 하여 미연가스가 고온에 접촉하는 시간을 단축시키고, 냉각수 온도를 내려 말단가스의 온도를 저감한다.
- 혼합비를 조정하여 과농, 희박 혼합비를 사용하면 반노크성이 증가된다.
- 운전조건과 설계 변화에 의하여 말단가스의 온도와 압력을 저하시킨다.
- 난류 강도가 높은 연소실을 사용하면 화염속도가 증가되고 미연가스의 열방출이 양호하여 노크가 경감되며, 점화시기를 지연하거나 흡기온도를 저하시킨다.

2) 디젤기관

디젤기관은 흡입행정 동안 공기만을 흡입하고 이것을 압축하여 고온, 고압으로 만들고 여기에 연료를 분사시켜 자기 착화시키는 것을 특징으로 한다. 따라서 디젤기관은 압축비와 폭발압력이 가솔린에 비해 두 배 이상 높으며, 높은 폭발압력을 견디기 위해 운동계의 질량이 무겁고 소음과 진동이 심하다. 그러나 압축비가 높고 펌프 손실도 작아 열효율과 연비 특성이 우수하여 버스 트럭이나 선박 등의 대출력과 큰 토크가 요구되는 차량이 흔히 적용되었고, 최근에는 전자제어 디젤기관의 개발로 가솔린기관 못지않은 승차감을 얻을 수 있으므로, 승용차에도 흔히 적용되고 있다. 우리나라에서는 2005년 디젤 프라이드를 시작으로 10여종이 판매되고 있으며, RV차량은 대부분이 VGT가 장착된 커먼레일 직접분사식(CRDi)의 채용이 일반화되었다.

(1) 디젤의 연료분사 계통

① 연료분사 조건

연료가 실린더에서 양호하게 연소되기 위해서는 연료입자가 안개처럼 미세하게 미립(분무)화 되어야 하고, 연료와 공기가 실린더 내의 와류로 균일하게 혼합되어 양호한 분포가 형성되어야 하며, 입자가 연소하며 계속 새로운 공기와 접촉하기 위하여 우수한 관통력을 가져야 한다. 이 조건들을 연료분사의 3대 조건이라 하며, 관통력과 미립화는 상반된 조건이므로 적절한 조화가 필요하다.

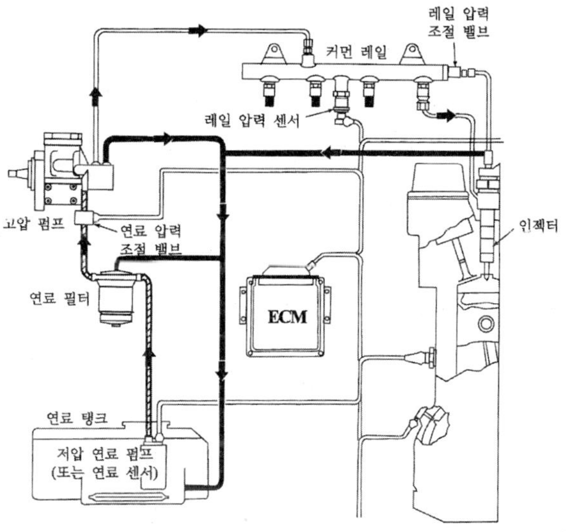

[그림 2.11] 커먼레일 연료분사계통의 개략도

② 연료분사 계통

연료와 공기의 양호한 혼합을 위하여 많은 연료분사장치가 개발되어 있고, 최근에는 전자제어, 고압분사 등의 신기술 개발이 진행되고 있다. 연료분사장치는 적정한 시기에 적정한 양의 연료를 고압으로 미립화하여 연소실 내로 연료를 분사하는 역할을 하고 있다. [그림 2.11]은 국산 디젤자동차에 일반적으로 적용하는 커먼레일(common rail) 연료계통을 도시한 것으로, 연료탱크에서 고압(분사)펌프까지 연료를 이송하는 저압라인과, 고압펌프에서 인젝터(injector)까지의 고압라인, 인젝터 및 전자제어라인 등으로 구성된다.

연료분사계통은 연료의 분배방식에 따라 열형 펌프식, 분배형 펌프식, 유니트 인젝터(unit injector)식으로 구분하며, 분사펌프로서 플런저로 연료를 압송하는 저크식 분사장치가 많이 채용된다.

- 열형 펌프식 - 플런저와 배럴로 구성된 플런저 분사펌프를 각 실린더마다 설치하여 조립한 펌프 본체로부터 해당하는 실린더의 인젝터로 연료를 공급하며, 중·대형 차량 디젤기관에 널리 사용된다. 저크식 펌프 시스템으로 알려져 있다.
- 분배형 펌프 - 한 개의 플런저로 연료를 각 기통에 분배하는 구조로서 부품수가 적고, 경량이기 때문에 소형 엔진에 널리 사용되고 있다.
- 유니트 인젝터 - 분사 파이프가 없고 분사펌프와 노즐의 기능을 일체화한 구조로서 엔진의 각 실린더마다 실린더 헤드에 부착된다. 고압 분사에 유리하며 분사지연이 없고 분사 파이프 내의 잔압 및 압력파의 거동에 의한 이상 분사가 없는 것이 특징이다. 구동방식에 따라 캠구동식과 커먼레일식이 있으며 전자제어에 의한다.

② 디젤기관 연소실

디젤기관은 연료분사 직후 공기와 잘 혼합되어야 하며, 이를 위하여 여러 형상의 연소실이 존재한다. 연소실은 크게 직접분사식과 간접분사식(부실식)로 대별된다.

- 직접분사식(DI, direct injection)

  단실식으로 연소실을 피스톤 헤드에 설치하고, 연소실 거의 중앙에 다공 노즐을 배치한다. 공기 유동으로는 흡기포트에 의해 주어지는 적당한 와류(스월)와 압축과정 상사점 부근에서 주어지는 압입와류가 있다. 연소실이 한 개이므로 열효율이 높고 구조가 간단하며 열변형과 냉각손실이 가장 적지만, NOX의 배출이 많다. 이 방식에서는 연료 분무와 공기의 혼합 여하가 연소성능을 좌우하므로 분사밸브 기능과 연소실 내의 유동이 중요한 역할을 한다.
- 간접분사식(IDI, indirect injection)

  기관이 소형/고속화하면 혼합기 형성과 연소에 허용되는 시간이 짧아지고, 강한 공기유동의 도움을 필요로 한다. 강한 공기유동을 발생하기 위해서 부실이라 불리는 연소실을 주연소실과는 별도로 실린더 헤드에 설치하는 방식이며, 부실은 예연소실, 와류실 및 공기실 등으로 분류된다.

- 예연소실식 - 연료는 예연소실에 분사하고, 분사된 연료 일부가 예연소실에서 연소한다. 이 때 발생된 압력차로 미연성분들을 주연소실에 분출시키는 연소와류에 의해 공기와 혼합시키는 것이다. 예열플러그와 교축 또는 핀틀 노즐을 사용한다. 장점으로 노킹이 적고 연료에 둔감하여 선택 범위가 넓으며, 분사압력이 단실식에 비해 낮고 수명이 비교적 길다.
- 와류실식 - 압축과정에서 접선 방향으로 와류실에 유입되는 공기에 의해 와류를 발생시켜 연소촉진을 도모한다. 공기 이용율이 직접분사식보다 높으며 교축 또는 핀틀 노즐을 사용하고 출력이 높다. 장점으로는 평균압력이 디젤기관 중 가장 높고 연료소비율이 예연소실보다 낮으며 분사압력도 단실식에 비해 비교적 낮다.
- 공기실식 - 공기실은 실린더 헤드와 피스톤 헤드 사이에 설치하고 연료는 주연소실에 분사한다. 압력상승과 최고압력이 낮고 작동이 조용하며 기동이 용이하다.

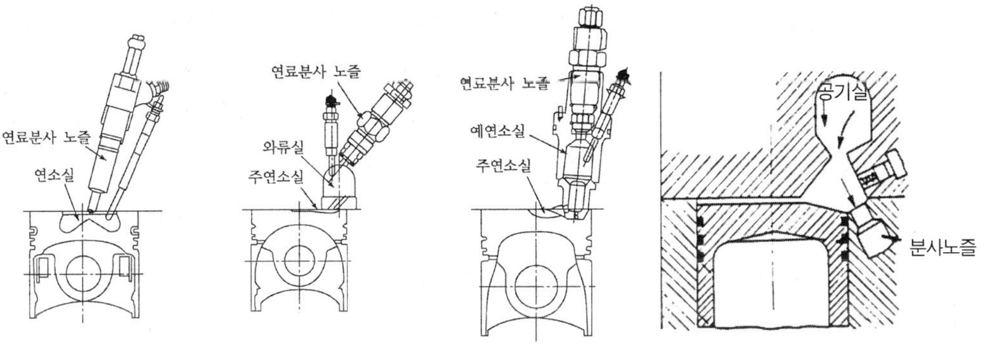

[그림 2.12] 디젤기관의 연소실

③ 디젤기관의 연소

디젤기관의 흡입공기는 교축(throttling)없이 실린더 내로 흡입되므로 흡기량은 거의 일정하고, 출력제어는 실린더 내에 분사하는 연료의 분사량에 의해 수행된다. 가솔린기관의 점화시기에 해당되는 것은 연료분사 개시시기이고, 압축비는 16~23으로 가솔린기관보다 훨씬 높아 압축말기의 온도는 700℃ 정도로 높아진다. 여기에 자발화온도가 약 300℃ 정도의 경유를 분무하면 연료는 자연발화가 일어난다.

- 디젤연료

디젤기관 연료는, 트럭, 버스 등의 고속기관에서는 경유, 선박 등의 대형 저속기관에서는 중유를 사용한다. 디젤기관은 연료를 실린더 내에 직접 분사하여 압축착화 시키므로 착화성과 점도가 주요 인자로 취급된다.

디젤의 착화성을 나타내는 척도는 세탄가(setane number)이다. 세탄가는 착화하기 쉬운 세탄($C_{16}H_{34}$)을 100으로 하고 착화성이 나쁜 $\alpha-$메틸 나프타린($C_{11}H_{10}$)을 0으로 하여 임의 세탄가 표준연료를 만들고, 이것과 시험연료의 노크 방생 결과를 비교하여 시험연료의 세탄가를, 아래의 식으로, 결정한다.

$$\text{세탄가} = \frac{\text{세탄(체적)}}{\text{세탄(체적)} + \alpha \text{ 메틸나프타란(체적)}} \times 100\%$$

세탄가가 낮으면 저온 시동성이 불량하고 웜업 시 하얀 연기의 발생 원인이 되며, 착화지연 기간이 길어져 디젤노크가 발생하기 쉽다. 세탄가가 높을수록 옥탄가는 저하되므로, 디젤연료는 세탄가로 가솔린은 옥탄가로 연료의 우수성을 판단한다.

디젤연료의 점도는 분무특성과 밀접한 관계를 가지므로 기관성능에 큰 영향을 미친다. 점도가 너무 높으면 분사된 연료의 무화 및 분산도가 나쁘고 점도가 너무 낮으면 펌프 누설이나 마모를 촉진시킨다. 국내에서는 보통 자동차 경유의 경우 40℃ 에서 1.9 mm^2/s 이상 5.5 mm^2/s 이하의 범위가 되도록 규정하고 있다.

- 정상연소

  혼합가스의 부분적인 자기착화로 시작된 연소가 화염전파로 전달되어 연료입자 표면의 확산 연소로 완료되며, 연소과정은 [그림 2.13]과 같이, 다음 4단계로 구분된다.

- 연소1단계(착화지연기간) - 분사 개시된 후, 자연발화에 의한 연소가 시작되어 실린더 내 압력이 높아지기 시작할 때까지의 1 ~ 6 ms시간 동안의 기간이다.
- 연소2단계(급격연소기간) - 온도의 상승으로 연료가 연쇄 반응적으로 급격하게 연소하여 압력이 급상승하는 기간이며, 주로 착화지연기간 동안 분사된 연료가 착화점을 형성하여 짧은 시간동안 동시에 연소하는 기간이다.
- 연소3단계(제어연소기간) - 연료가 착화하여 화염이 실린더 내에 확산되면 연소실 내의 기체는 전체적으로 고온이 유지되므로, 이때에 분사되는 연료는 분사와 동시에 기화하여 연소하는 기간이다. 연료 분사율에 의하여 연소 제어가 가능하다.

- 연소4단계(후연소기간) - 연료분사는 상사점 후 약 20°~30°에서 완료되며, 연료 분사가 종료되어도 연소되지 못한 연료가 연소를 계속하는 기간이다.

- 비정상연소(디젤노킹, diesel knocking)

  디젤기관은 착화지연(ignition delay)이 길수록 자연착화 이전에 분사되는 연료량이 증가되어 급격연소기간 중의 압력상승은 커지게 되고, 기관은 그 충격력으로 진동이 심해지고 금속성 소음 발생, 출력저하 등 가솔린 노킹현상과 유사한 현상이 나타난다. 이를 디젤노킹이라 하며, 원인은 가솔린 노크와 상이하지만 결과적인 현상은 유사하다.

방지방법으로, 우수한 발화성과 고세탄가 연료의 사용으로 착화지연 단축, 높은 관통력을 부여하고 입자를 무화하여 양호한 분포도 형성, 와류를 형성하여 높은 연소반응 촉진, 고압축비 적용, 실린더 및 흡기온도를 높게 유지, 기관 회전수 저하, 점화시기를 상사점 전후로 지연 등이 있다. 가솔린노킹과 디젤노킹의 경감방법을 [표 2.2]에서 비교하여 표시했으며, 서로 상반되는 관계를 갖고 있음을 알 수 있다.

[표 2.2] 가솔린기관과 디젤기관의 노킹경감 방법

구분	압축압력	흡기압력	흡기온도	실린더벽 온도	회전속도	착화온도	연료 착화온도	실린더 체적
가솔린기관	저	저	저	저	고	고	장	소
디젤기관	고	고	고	고	저	저	단	대

3) 내연기관의 성능

기관성능은 주로 배기량이나 압축비에 의하여 좌우된다. 기관 배기량이 크다는 것은 실린더 내로 흡입되는 공기량이 많아지고, 또한 압축비가 높다는 것은 폭발력이 높아져서 기관 회전력이 증가하고 큰 출력을 발휘할 수 있어 성능이 증가하기 때문이다. 기관 성능에는 일반적으로 동력성능과 기관의 효율 등을 언급한다.

(1) 출력성능

① 실제의 지압선도

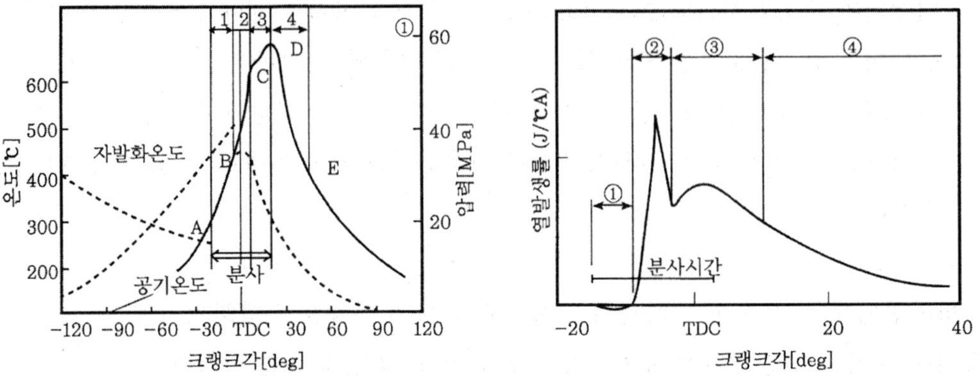

점A : 연료분사 개시점　점C : 연소 최고압력
점B : 착화 개시점　점E : 연소 종료점

①착화지연기간　③제어연소기간
②급격연소기간　④후기연소기간

[그림 2.13] 디젤기관 연소과정 중의 온도 및 압력과 열발생률

실제 기관의 성능파악은 지압선도를 많이 이용하며, 실제의 지압선도는 이론적 지압선도와, [그림 2.14]과 같이 매우 큰 차이를 갖는다. 그 원인은 다음과 같은 손실이 존재하기 때문이고, 결과적으로 실제 사이클 일이 이론 사이클보다 작다.

- 냉각손실 : 고온의 연소가스가 실린더 벽을 통하여 냉각수로 전달되는 손실.
- 시간손실 : 연소는 이론대로 정압 또는 정적에서 일어나지 않고, 시간적으로 지연이 있기 때문에 최고압력은 낮아지고 팽창 중에도 열이 공급된다. 따라서 일로 변환될 수 있는 에너지의 일부가 배기가스로 손실되는 열량이 증가한다.
- 불완전 연소손실 : 연료와 공기의 불완전 혼합에 의한 손실로, 연소가스 중에 가연성 혼합물이 남아있는 상태에서 대기 중에 배출된다.
- 가스교환손실 : 이론적인 가스교환은 정적과정에서 수행된다고 가정하지만, 실제에서는 하사점 이전에 배기밸브를 개방하여 팽창일의 일부가 손실된다. 또한 이론 사이클에서 유동저항은 없지만, 실제로는 흡배기 마찰, 밸브 교축손실이 있다.
- 펌프손실 : 흡기를 실린더 내로 유입하고 연소가스를 배출하기 위한 손실.
- 마찰손실 : 피스톤, 베어링 등에서의 기계적 마찰손실이다.

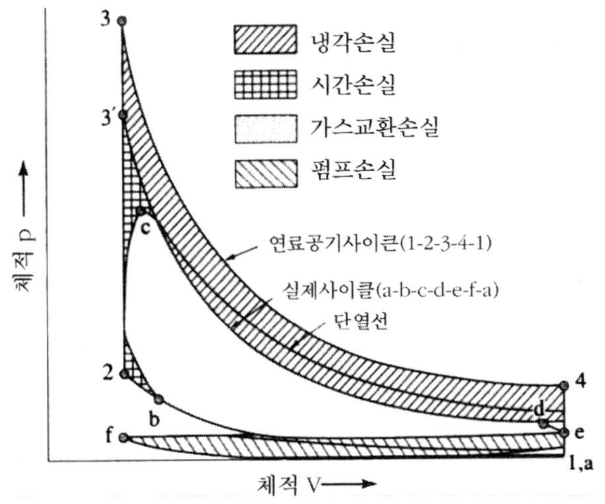

[그림 2.14] 이론사이클과 실제사이클 비교

② 평균유효압력, P_{me} (mean effective pressure)

평균유효압력, P_{me} 은 한 사이클 동안에 행하여진 일을 행정체적으로 나눈 값으로, 사이클 중 실린더 내부 가스압력의 평균을 의미한다. 이론적 지압선도 [그림 2.15]에서 한 사이클 동안의 유효일은 면적 1-2-3-4-1에 해당하며, 행정구간을 가로의 길이로 하여 동일한 면적의 직사각형을 그리면 면적 0-2a-4a-1-0의 빗금친 사각형을 얻는다. 이 직사각형의 높이 0-2a로 표시되는 압력을 평균유효압력(mean effective pressure)이라고 하며, 그림과 같이 이론 사이클인 경우의 평균유효압력을 이론 평균유효압력, P_{mt} 이라 하고, 실제 사이클의 지압선도로부터 얻은 평균유효압력을 도시 평균유효압력은 P_{mi}, 구동차륜의 제동일로부터 얻은 평균유효압력을 제동 평균유효압력은 P_{mb}라하고 다음 식으로 계산한다.

$$P_{mb} = \frac{\text{제동일}}{\text{변위체적}} = \frac{W_b}{V_0} = \frac{\text{제동출력}(\dot{W}_b)}{\text{시간당 사이클수} \times V_s} \tag{2.5}$$

제동일은, 실린더 내에서 원초적으로 발생된 일에서 보조기기 구동 및 기타 마찰 등의 기계손실을 제외하고, 순전히 차륜 구동에만 사용된 일이며, 행정체적으로 나눈 제동 평균유효압력은, 크기에 관계없이, 기관의 종합적인 성능을 의미한다.

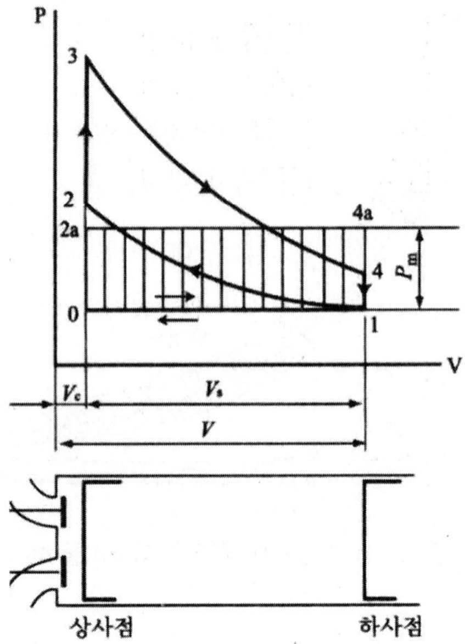

[그림 2.15] 이론 평균유효압력

③ 동력(power)

동력은 단위시간 당의 일전달로서 출력(output)으로도 언급하며, kW 또는 마력(ps)의 단위를 갖는다. 1마력은 $75\,kg_f\,m/\mathrm{sec}$ 로서, 1초당 $75\,kg_f$ 의 힘으로 $1\,m$를 이동할 수 있는 에너지이다. 실린더 단면적이 A, 평균유효압력이 P_{me}라면 폭발력 F는 $F = P_{me} \times A$ 이고, 한 사이클 당 일전달 W는 $W = P_{me} \times A \times S = P_{me} \times V_s$이다. 이 기관의 회전속도가 $n(rpm)$이고 실린더가 Z개 있으면 기관의 출력 $\dot{W}$는,

$$\dot{W} = P_{me} \times V_s \times Z \times \text{단위 시간당 사이클수} = \frac{P_{me} \times V_s \times Z \times n}{60 \times a} \tag{2.6}$$

이고, 위의 식에서 4행정기관인 경우 $a = 2$ 이고, 2행정기관에서 $a = 1$ 이다.

④ 토크(torque)

자동차 기관의 성능은 출력과 함께 크랭크축의 회전력(torque)으로도 표현한다. 토크는 기관 운전조건에 따라 다르므로 보통 최대 토크가 사용된다. 토크는 크랭크축을 회전시키려는 능력으로 $T(N{\cdot}m)$ 로 표기하며, 회전축의 중심에서 R 만큼 떨어진 거

리에서 작용한 힘과 거리 R의 곱으로 주어진다. 기관에서 발생한 토크는 피스톤을 미는 연소가스 폭발력과 크랭크 암의 길이에 의하여 결정되며, 폭발력을 F, 암의 길이를 R로 표현하면 토크 $T = F \times R$이고, 크랭크 1회전에서 일전달 $W = F \times 2\pi \times R = T \times 2\pi$ 이다. 따라서 기관이 $n(rpm)$ 회전할 경우의 출력 $\dot{W}$는,

$$\dot{W} = \frac{T \times 2\pi \times n}{60} = \frac{T \times \omega}{60} \tag{2.7}$$

이며, 여기서 ω는 각속도이다. 식 (2.6)과 (2.7)은 동일한 값이어야 하므로,

$$T = \frac{P_{me} \times V_s \times Z}{2\pi \times a} \tag{2.8}$$

의 관계를 얻는다. 기관의 축 토크는 구동륜에 전달되어 차량을 견인할 수 있는 회전력을 차륜에 공급해야 하므로 토크가 크다는 것은 자동차 성능이 우수하다는 것을 의미한다. 일반적으로 기관 토크는 중속에서 최대값, 저속 및 고속에서 작아진다.

⑤ 출력의 명칭에 따른 정의

- 최대출력(maximum power) : 자동차용 기관은 동력의 변화가 시간이나 도로환경의 변화에 따라 다양하게 요구된다. 따라서 부하변동이 심하고 최대출력으로 작업의 빈도가 높은 기관의 경우에는 출력용량의 호칭으로 그 기관이 낼 수 있는 최대출력을 사용한다. 또한 선박용 기관에는 연속적으로 장기간 연속운전을 보증할 수 있는 연속최대출력(continuos maximum power)으로 나타내기도 한다.
- 정격출력(rated power) : 일반적으로 일정속도에서 사용되는 정치기관에 주로 사용되는 출력으로, 정해진 정격 회전속도에서 연속적 운전이 가능한 출력이다.
- 리터마력(liter horse power) : 제동마력을 총배기량으로 나눈 것으로 기관행정체적 1리터당의 출력을 말한다. 따라서 엄밀한 의미에서는 기관의 출력용량을 의미하는 것이 아니라, 성능을 의미하며 다음과 같이 표시한다.

$$\text{비출력(리터출력)} = \frac{\dot{W}}{V_s} \quad (kW/l) \tag{2.9}$$

- 중량마력(weight horse power) : 중량마력은 제동마력을 기관 총중량으로 나눈 값으로 정의되며, 기관 성능 비교 척도로서 기관 $1kg$ 당 마력을 의미한다.

(2) 기관의 효율

① 체적효율과 충전효율

기관의 평균 유효압력은 한 사이클 당 흡입한 공기 질량에 비례하며, 흡입되는 공기는 항상 동일한 행정체적에 유입되지만, 질량은 공기 청정기, 흡기 다지관, 교축밸브 등의 저항으로 일정치 않다. 따라서 실제 흡입되는 공기 질량을 평가하는 방법으로 체적효율과 충전효율의 두가지 방법이 있다.

체적효율 η_v 는 외기의 온도와 압력을 고려한 행정체적에 대한 공기의 질량과 실제 흡입한 공기 질량의 비로서 다음 식으로 계산된다.

$$\eta_v = \frac{\text{실제 흡입 공기량} \times 100\%}{\text{외기상태에서 행정체적을 채우는 공기량}} = \frac{\rho_a V_a}{\rho_a V_s} \times 100\% \tag{2.10}$$

단, ρ_a 는 대기상태 공기밀도, V_a 는 실제 흡입 공기 체적, V_s 는 행정체적이다. 최근 기관의 η_v 는 80 ~ 90%정도이고 과급기 설치차량에서는 100% 이상을 얻는다.

그러나 외기상태가 다른 고지대와 저지대에서는 체적효율이 동일해도 기관 출력이 다르며, 이 경우는 기준을 표준 대기상태($760\,mmHg$, 온도 20^oC, 상대습도 65%)로 적용한 충전효율 η_c 로 아래 식과 같이 계산하여 표시한다.

$$\eta_c = \frac{\text{실제 흡입 공기량} \times 100\%}{\text{표준상태에서 행정체적을 채우는 공기량}} = \frac{\rho'_a V_a}{\rho_o V_s} \times 100\% \tag{2.11}$$

여기서 ρ'_a 는 건조공기의 밀도, ρ_o 는 표준상태에서 공기밀도를 의미한다.

② 연료 소비율

기관의 비연료소비율(SFC, specific fuel consumption)은 단위 시간당 단위 출력당 소비되는 연료량을 의미하고, 단위는 $g/kW{\cdot}h$ 또는 $g/ps{\cdot}h$으로 표시한다. 기관의 SFC는 운전조건에 따라 크게 변하지만, 현재 4행정 가솔린기관에서 최소값은 약 270 $g/kW \cdot h$ 정도이고 디젤기관에서는 최소값이 약 180 $g/kW \cdot h$ 수준으로 가솔린보다 연비가 훨씬 양호하다. 따라서 요즘같이 고유가 시대에는 디젤이 매우 유리하다.

③ 열정산(heat balance)

열정산이란 연료가 갖고 있는 에너지의 사용영역을 정확히 산정하는 것으로, 일반적으로 연료가 완전 연소하여 발생하는 에너지 중, 유효일(제동일)에 소모되는 비율은 약 25 ~ 40%이고 나머지는 불가피한 이유로 손실된다. 열정산에 포함되는 항목들은 유효일, 배기손실, 냉각수 또는 냉각공기로의 냉각손실, 펌프손실, 보조장치 구동과 베어링 등의 손실을 포함하는 기계손실 등의 5가지가 있다. [그림 2.16]은 가솔린기관과 디젤기관의 열정산을 나타낸 것으로 열정산 비율은 동일한 기관이라도 배기량, 회전수, 부하 등에 따라 약간씩 달라진다.

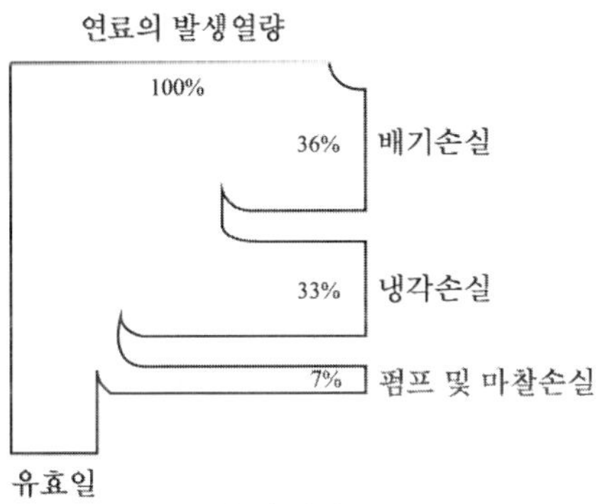

(a) 가솔린 엔진

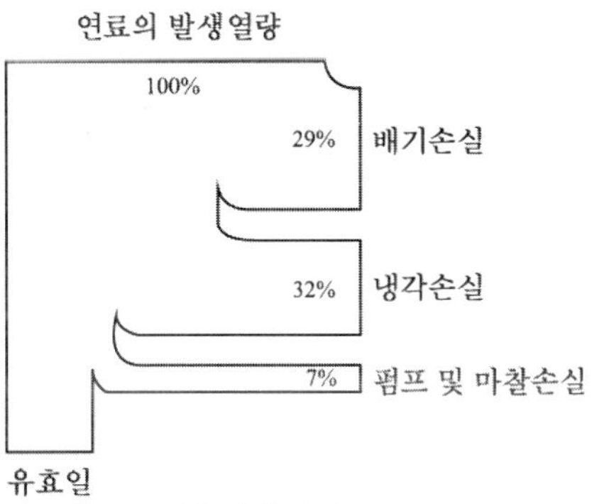

(b) 디젤 엔진

[그림 2.16] 열정산 선도의 예

(3) 기관의 성능곡선

기관의 성능곡선은 [그림 2.17]에 나타낸 바와 같이 횡축에 기관회전수, 종축에 토크(torque), 출력, 연료소비율로서 나타낸다. 이러한 성능곡선에서 출력은 동력계를 사용하여 실험기관의 크랭크축에서 나오는 토크를 측정하고, 동시에 측정된 기관회전수와의 관계로부터 계산에 의하여 구하며, 이러한 성능곡선으로부터 기관의 유전 범위에서의 토크, 출력, 연료소비율의 관계를 알 수 있다. 축 토크는 식 (2.7)에 의하면, 출력에 비례하고 회전속도에 반비례하지만 실제로는 중속에서 최대이며 저속과 고속에서는 감소한다. 그 원인은, 기관이 저속운전 시에는 흡기행정에서 공기의 유입관성 효과가 적기 때문에 체적효율이 저하되어 출력 및 토크가 작으나, 점차적으로 기관 회전수가 증가함에 따라 흡기기간 중의 공기 유입 관성효과가 증대되기 때문에 체적효율이 점차 증대되며, 따라서 토크 및 출력이 증대하게 된다.

기관 회전수를 더욱 증가시켜 고속영역에 들어서면 흡기기간이 짧아져 체적효율이 저하되며 중속에 비해 토크가 저하된다. 그러나 출력은 계속 증가하여 최고출력에 도달하고, 최고출력 회전수보다 더 고속으로 운전하면 연소속도가 피스톤 속도를 따라갈 수 없으므로 실린더내의 압력이 저하되며 출력이 떨어진다. 최고출력 이상의 고속 운전 영역에서는 마찰손실이 급격히 증가되는 현상도 출력저하 원인이 되며, 그림은 가솔린기관에 대한 것이지만, 디젤기관도 유사한 경향을 갖는다.

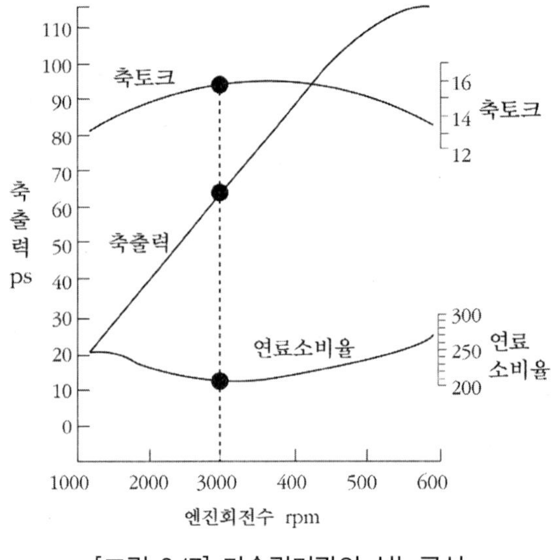

[그림 2.17] 가솔린기관의 성능곡선

4) 내연기관의 주요 부품

현재 기관 연료계통의 상당한 부분이 전자화가 이루어졌어도, 기관 본래의 구조는 변경되지 않았으며, 주요부로서 실린더헤드, 실린더블록, 크랭크케이스, 밸브기구, 크랭크기구 및 베어링 등의 기본 설계구조와 기능이 바탕이 되어야 한다.

(1) 실린더헤드(cylinder head)

실린더헤드(cylinder head)는 실린더블록 위를 덮는 부분으로, 가스나 물이 새는 것을 방지하기 위해 개스킷을 대고 볼트로 조여 블록과 결합된다([그림 2.18] 참조).

통상 단일 주조물로서 재질은 주로 보통주철이나 알루미늄 합금을 사용한다. 알루미늄 합금은 주철에 비해 열전도성이 매우 양호하기 때문에 연소실 온도를 저하시킬 수 있는 장점이 있는 반면에 열팽창 계수가 커서 변형이 생기기 쉽고 강도도 낮은 결점이 있으므로, 밸브 가이드와 시트는 별도의 특수강으로 제작 삽입하여 사용한다. 또한 강도나 경도, 열전도율 등을 증가하기 위하여 니켈-크롬 주철재료를 사용하기도 한다. 헤드의 내면은 피스톤 및 실린더와 함께 연소실을 형성하며, 헤드의 위쪽은 캠축과 밸브 및 밸브 개폐기구가 설치되고, 그 외부에는 흡배기 다지관 및 점화플러그 또는 연료분사기 등이 부착되며, 냉각수 통로가 가공되어 있다. 연소실은, 가능한 한 화염전파 거리가 짧고, 열손실을 줄이기 위하여 표면적/체적의 비가 작으며, 흡배기 밸브구멍의 충분한 면적과 적절한 강도의 와류가 형성되도록 설계되어야 한다

(2) 실린더블록(cylinder block)

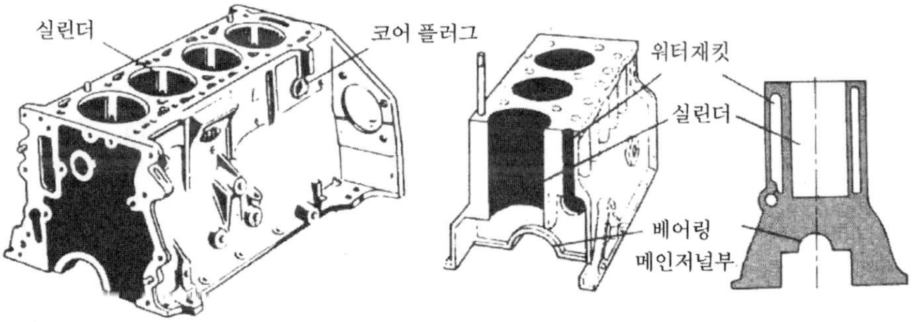

[그림 2.18] 실린더 블록

실린더블록은 기관의 기본 구조물로서 자동차 기관에서는 보통 4~12개의 실린더가 있다. 실린더는 피스톤이 왕복운동을 하는 부분으로 피스톤 행정의 약 2배 길이이고 원통으로 가공되어 있으며, 실린더 직경과 행정 길이에 따라 기관 배기량이 달라진다. 실린더 주위에는 연소가스로부터의 열을 외부로 방출하기 위한 워터재킷(water jacket)

과 운동부분의 윤활을 위한 오일 순환통로가 가공된다. 블록 내외면에 설치되는 주요 부품들은, 블록 상부에 부착되는 것으로 헤드개스킷, 실린더헤드 및 록 커버 등이 있고, 내부에는 실린더 라이너와 피스톤기구가 설치되며, 블록 하부에는 크랭크축을 수용하는 크랭크실과 윤활유 순환을 위한 오일 팬 등이 있다.

특히 실린더는 고온 고압의 가스에 노출되기 때문에 충분한 강도와 일정한 온도(300~400℃)에서 작동할 수 있도록 열전도율이 양호하고, 평균속도 $10 \sim 20m/s$의 피스톤 왕복운동에 충분히 견딜 수 있는 내마모성이 우수한 재질을 사용해야 한다. 따라서 실린더 내면은 정밀하게 연마되어져야 하며, 실린더 내면의 마멸을 적게 하기 위하여 크롬 도금을 하여 사용하기도 한다. 블록의 재질은 보통 펄라이트 주철이나 특수주철 등이 사용되며, 일부 기관에서는 알루미늄 합금 주물을 서용한다.

실린더 라이너(cylinder liner)는, 실린더 내면이 마멸되었을 때, 신품라이너와 용이하게 교환하기 위하여 블록 내면에 두께 1~3mm정도의 원통을 삽입하는 것으로, 진원으로 연마 가공한 것을 삽입한다. 가솔린 기관의 실린더는 [그림 2.19]와 같이 냉각수 통로를 블록 내에 일체형으로 주조하여 사용하며, 디젤기관에서는 소형의 경우 건식 라이너를 사용하고 대형디젤에서는 습식 라이너를 선호한다.

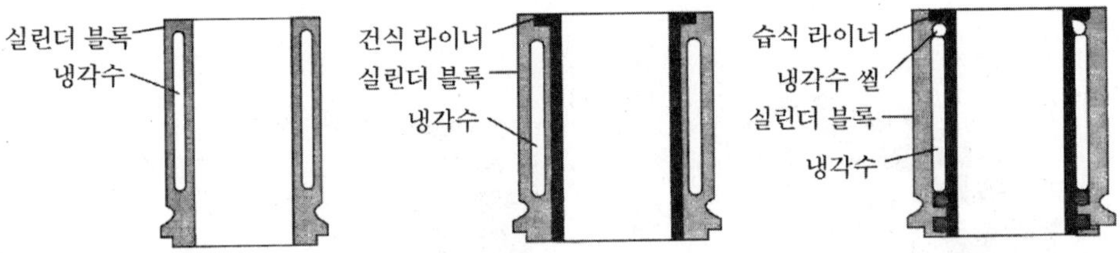

(a) 일체형　(b) 건식 라이너　(c) 습식 라이너

[그림 2.19] 실린더라이너의 종류

(3) 피스톤과 커넥팅로드(piston and connecting rod)

① 피스톤(piston)

피스톤은 실린더 내를 왕복운동하며, 동력행정에서는 고온고압의 연소가스의 압력을 커넥팅로드를 통하여 크랭크축에 회전력을 발생시킨다. 그러나 흡입, 압축, 배기행정에서는 그와 반대로 크랭크축으로부터 동력을 받아 작용된다. 이러한 피스톤은 고온고압을 받으며 고속으로 실린더 내를 왕복운동하기 때문에 일반적으로 특수주철을 사용하지만, 중량의 경감과 열전도율 증가를 위하여 알루미늄합금 또는 마그네슘합금을 사용하고 있다. 피스톤은 마찰을 피하고 원활한 윤활을 위하여 실린더 내면과 적당한 간극을 유지하며, 고온에서도 고강도 및 양호한 열전도성을 보유해야 한다. 또한 관성력으로 인한 동력손실을 줄이기 위하여 가능한 한 경량으로 제작하고 각 실린더에는 동일한 무게의 피스톤을 설치해야 한다. [그림 2.20]에 피스톤과 커넥팅로드의 부품들을 도시했으며, 피스톤은 다음과 같은 부분으로 구성된다.

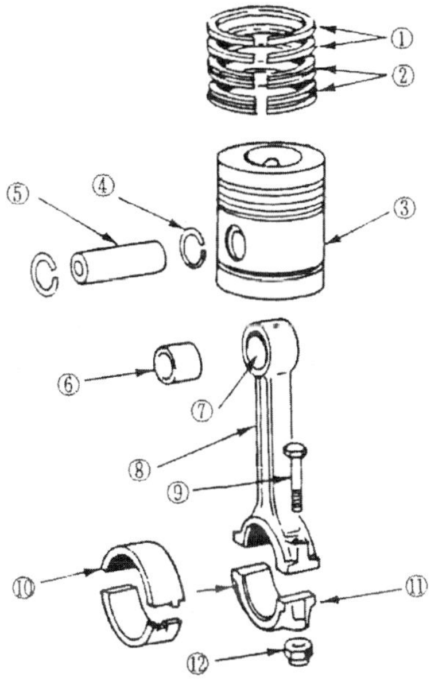

[그림 2.20] 피스톤과 커넥팅로드의 구성

- 피스톤 헤드 - 피스톤 상부로서 연소가스의 압력과 열에 견디어야 하며, 연소실구성의 한 면을 차지하는 부분으로, 피스톤에서 가장 높은 온도가 유지된다.
- 링부(ring belt) - 피스톤링을 끼우는 링홈(ring groove)과 링랜드(ring land)가 있으며, 피스톤으로 전달된 열량은 설치된 링을 거쳐 실린더로 전달된다.
- 스커트부(skirt section) - 피스톤이 왕복운동을 할 때 측압을 받는 부분이다. 이 부분은 피스톤 설계 시 각 부분의 온도가 달라 열팽창의 차이가 있는 점을 고려하여 스커트부의 직경이 헤드부의 직경보다 조금 크게 설계된다.
- 피스톤 보스부(piston boss) - 피스톤 보스는 피스톤핀을 지지하는 부분으로 비교

적 두껍게 되어 있으며, 이곳에서 피스톤 핀과 커넥팅로드 소단부가 연결된다.

② 피스톤 핀

피스톤 핀은 피스톤 보스에 삽입되어 피스톤과 커넥팅로드의 소단부를 연결하는 기능을 한다. 재질로는 저탄소강이나 니켈크롬강을 주로 사용하며, 표면에만 내마멸성을 높이기 위하여 경화시키고, 내부는 그대로 두어 인성을 유지하게 한다.

피스톤 핀의 설치하는 방법은 다음 3가지로 구분한다.

- 고정식(stationary type) - 핀 양단은 피스톤 보스에 고정되고 핀 중간부분의 외주에는 소단부가 상대운동 할 수 있게 조립되며, 주로 중·대형기관에 사용된다.
- 반 부동식 - 고정식과는 반대로 컨로드 소단부에 피스톤 핀을 끼워 고정하며, 핀 양단 외주는 피스톤 보스 양측에서 자유로이 회전할 수 있도록 조립된다.
- 부동식(full-floating type) - 피스톤 핀이 피스톤과 커넥팅로드의 어느 쪽에도 고정되지 않고 자유로 회전할 수 있도록 한 것이다. 피스톤 핀이 피스톤 밖으로 빠져나오지 못하게 하기 위하여 양 끝에 스냅링(snap ring)이나 엔드와셔(end washer)를 삽입하며, 중·소형 고속기관에 흔히 적용된다.

③ 피스톤 링(piston ring)

피스톤 링은 피스톤과 실린더 사이의 틈새로 인한 혼합가스의 누출을 방지하는 기밀작용과 실린더 벽에 뿌려진 오일을 긁어내려 오일이 연소실내로 유입되는 것을 방지하는 오일 제거작용, 피스톤 헤드가 받는 열을 실린더 벽으로 전달하는 열전도작용 등의 기능이 있다. 이러한 기능을 발휘하기 위하여, 고온 고압에서 적당한 장력 및 탄성을 유지하여 실린더 벽에 균등한 압력으로 밀착되어야 하며, 낮은 마찰계수와 충분한 내마모성 및 낮은 열팽창률을 보유하고, 열전도 성능도 우수해야한다.

피스톤 링의 재질은, 실린더 벽에 균일하게 접촉할 수 있는 장력과 고온 고압에 견딜 수 있는 충분한 내마모성 및 열전도성을 가져야 하므로, 주로 조직이 세밀한 고급주철을 사용한다. 또한 고속기관에서는 크롬 도금 피스톤링이 사용되기도 한다.

피스톤 링은 사용목적에 따라 압축링과 오일링이 있으며, 절개부의 모양에 따라 버트 이음(butt joint or vertical joint), 랩 조인트(lap joint or step joint), 각 조인트(angle joint) 등이 있다.

④ 커넥팅로드(connecting rod)

커넥팅로드는 피스톤과 크랭크축을 연결하는 막대로서 피스톤 핀에 연결되는 소단부(small end)와 크랭크축 핀에 연결되는 대단부(big end), 양단을 연결하는 로드(rod)로 구성된다. 커넥팅로드는 운전 중에 압축력, 인장력 및 굽힘력 등의 하중을 반복적으로 받고 있기 때문에 이러한 하중에 충분히 견딜 수 있는 강도와 강성이 있어야 한다. 따라서 커넥팅로드의 재질은 니켈크롬강, 크롬강, 몰리브덴강 등의 특수강이 사용되며, I형 H형의 단면으로 형단조(drop forging)에 의하여 제작된다. 피스톤 핀과 연결되는 커넥팅로드의 소단부는 청동 부시를 끼우고 크랭크축과 연결되는 대단부에는 화이트메탈, 켈멧합금 또는 알루미늄합금 베어링 재료를 사용하여 제작한 분할형 평면베어링(slit type journal bearing)을 삽입한다.

커넥팅로드에 작용하는 힘은, 실린더 축 방향으로 작용하는 가스폭발력 F_g 와 커넥팅로드 소단부의 관성력 F_r 과의 합성력이다. 여기서 F_r 은 F_g 에 비하여 작으므로 가스폭발력 F_g 에 견딜 수 있는 커넥팅로드의 단면적 $A(mm^2)$ 는 다음과 같다.

$$A = F_g / \sigma \tag{2.12}$$

단, 위의 식에서 σ 는 재료의 허용 압축응력이다. 또한 압축력에 의하여 커넥팅로드는 굴곡을 일으킬 수 있으므로, 압축력 F_g 에 대한 안전율을 검토할 필요가 있다. 커넥팅로드를 양단 자유의 긴 기둥으로 고려하면 오일러(Euler) 식에서 압축력과 안전율 사이의 관계는 다음 식으로 표시된다.

$$F_g = \frac{\pi^2 E I}{S l^2} \tag{2.13}$$

여기서, E 는 종탄성계수(탄소강의 경우 $E = 2.1 \times 10^4\ kg_f/mm^2$, I 는 커넥팅로드의 단면 관성모멘트, S 는 안전율, l 은 커넥팅로드 길이 이다. 커넥팅로드 설계에서 안전율은 일반적으로 3~10 정도이지만, 실제기관에서는 대부분 20 이상이므로, 좌굴에 대하여 문제가 되지 않는다.

(4) 크랭크축(crank shaft)

크랭크축은 기관의 주축으로서 폭발행정 시 피스톤의 직선운동을 회전운동으로 변화시켜 기관의 동력을 얻게 하는 역할을 한다. 크랭크축은 커넥팅로드의 대단부와 연결되는 크랭크 핀 부분, 메인베어링에 지지되는 크랭크 저널부분, 저널과 핀의 양단을 연결하는 크랭크 암(arm)의 3부분으로 되어 있고, 저널부분과 크랭크 핀 부분의 윤활을 위하여 오일이 순환될 수 있는 오일 통로가 가공되어 있다. 크랭크축은 큰 하중을 받으면서 고속회전을 하므로 회전의 밸런스를 유지하기 위하여 크랭크 암에 밸런스 위이트가 일체 또는 별도로 제작하여 체결되어 있으며, 회전하는 중심선 상에 크랭크 주축이 있고 이 부분을 크랭크 저널이 지지하고 있다. 크랭크축의 모양은 실린더 수, 실린더 배열, 크랭크 저널 수, 점화순서 등에 따라 다르나, 차량 전방 쪽은 캠축을 구동하기 위한 타이밍기어, 오일펌프, 발전기, 물펌프 등을 구동하는 크랭크 풀리(pulley)가 장착되어 있고, 반대측은 플라이휠을 장착하기 위한 플랜지가 있다. 크랭크축의 재질로는 보통 고탄소강, 크롬몰리브강, 니켈크롬감 등이 사용되며, 형단조로서 가공한다. 크랭크축의 배열은 회전력을 가능한 한 균일하게 하기 위하여 등간격으로 하여야 하며, 크랭크축에 비틀림진동이 나타나지 않도록 하고, 또한 인접한 실린더가 연이어 폭발이 일어나지 않도록 설계하여야 한다.

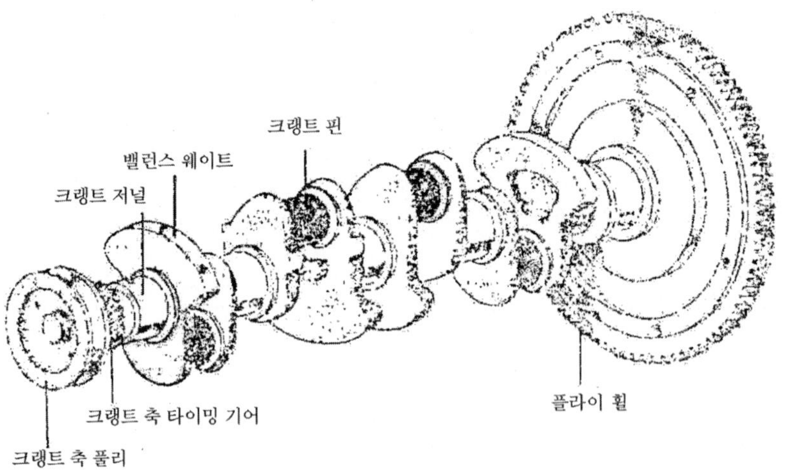

[그림 2.21] 크랭크 축

(5) 밸브와 밸브기구(valve and mechanism)

① 밸브

밸브는 혼합기의 흡입 또는 연소가스의 배기작용을 하는 부분으로, 자동차용 기관에는 주로 포핏밸브(poppet valve)가 사용되고, 구조는 [그림 2.22]와 같다.

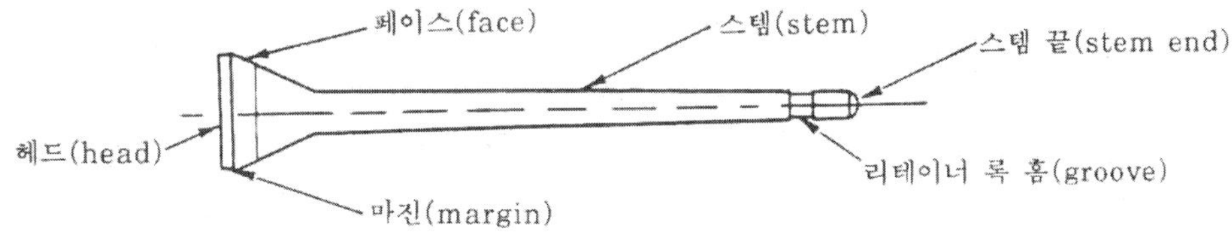

[그림 2.22] 포핏밸브의 구조 및 명칭

일부 고속기관의 배기밸브는 밸브 스템(valve stem)의 약 40~60% 정도를 중공으로 만들고 그 속에 액체 나트륨을 삽입하여 냉각효과를 높인 중공 나트륨 밸브를 사용하며, 이 경우 밸브헤드의 온도를 약 100℃ 정도 저하시킬 수 있다.

연소실 고온가스에 직접 노출되는 밸브헤드로부터의 열전도에 의하여 밸브는 전체적으로 과열되고, 밸브 페이스는 상당한 가속도를 가지고 밸브시트에 의해 강한 충격을 받으므로, 밸브 재질은 내열성이 높고 기계적 강도도 우수한 재료를 선택해야하며 흔히 흡입밸브에는 Si-Cr강, 배기밸브에는 Ni-Cr강을 사용한다. 특히 밸브 페이스와 접촉하는 밸브 시트(valve seat)는 열적변형 및 부식성이 크기 때문에 시트 링(seat ring)을 만들어 실린더헤드 밸브자리에 강한 힘으로 삽입하는 경우가 많다.

밸브의 구비조건은, 큰 하중에 견디고 변형이 없어야 하고, 경량으로 관성력이 작은 구조, 밸브헤드의 우수한 열전도성과 내열성, 가스의 유동저항이 적은 통로를 형성하는 구조 등이 있다.

② 밸브기구

밸브기구는 흡·배기밸브를 정확한 시기에 개폐할 일련의 장치를 의미하며, 작동방법 및 구성요소는 밸브 개폐기구에 따라 다르다.

- L헤드밸브기구(L-head valve train)

과거의 내연기관에 많이 적용되었던 형식으로, 캠축이 크랭크 케이스 위쪽에 설치되어 있으며, 밸브 리프터를 통하여 밸브를 개폐한다. 이 형식은 실린더 블록 위쪽에 밸브가 위치하므로 밸브기구가 간단하다는 장점이 있으나 밸브양정에 한계가 있어 흡배기효율이 좋지 않으며, 연소실이 편평하게 되어 노킹이 일어나기 쉽고, 압축비 증가에 한계가 있다.

- 오버헤드 밸브기구(over head valve train)

이 형식은 [그림 2.23(a)]와 같이 밸브가 실린더 헤드에 설치되어 있으며, 밸브와 캠축 사이에 밸브리프터, 푸시로드, 로커암 어셈블리가 밸브기구를 형성하고 있다. 오버헤드 밸브기구는 흡배기의 흐름에 대한 저항을 줄일 수 있고, 밸브의 크기와 양정을 크게 설계할 수가 있어 흡배기의 효율이 좋으며, 연소실을 간단한 형식으로 설계할 수 있다는 장점이 있으나 밸브기구가 복잡하다는 점과 밸브기구의 소음과 관성력이 크다는 단점이 있다.

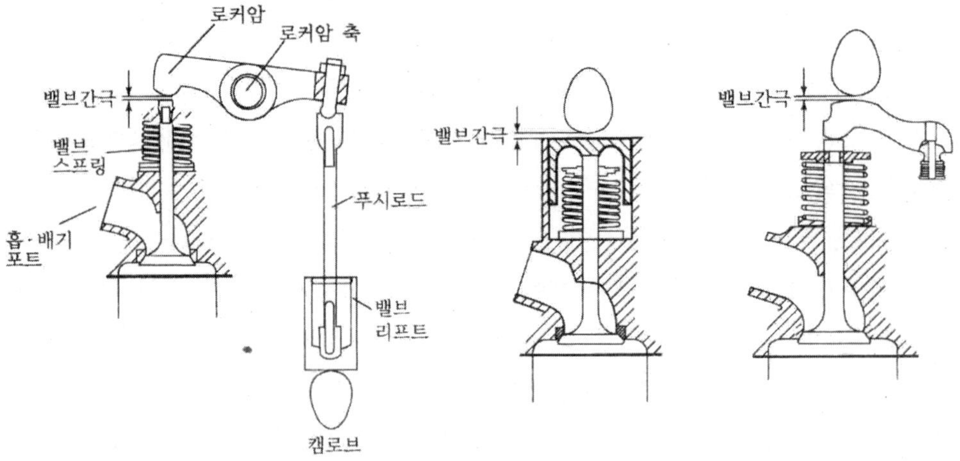

(a) OHV Type (b) OHC(직접구동식) (C) OHC(간접구동식)

[그림 2.23] 밸브의 오버헤드 기구

- 오버헤드캠 밸브기구(over head camshaft train)

이 형식은 오버헤드 밸브기구에서 캠축을 실린더 헤드 위에 설치한 것으로, 캠축 기어는 크랭크축 기어로부터 벨트나 체인에 의하여 동력이 전달되며, [그림 2.23(b)]와 같이 밸브가 캠과 직접 접촉하여 작동되는 형식과 [그림 2.23(c)]와 같이 캠과 밸브 사이에 설치된 로커암(rocker arm)에 의하여 작동되는 형식이 있다. 오버헤드 캠축밸브기구는 밸브기구의 관성력이 작기 때문에 가속을 크게 할 수가 있으며, 고속에서도 밸브의 개폐가 안정되어 고속성능이 향상된다. 현재의 자동차들은 기관의 고속화로 흡기밸브와 배기밸브가 모두 연소실 상부에 위치한 오버헤드캠 기구를 선호하고 있다.

밸브간극(valve clearance)은 밸브가 열을 받아 열팽창이 발생하면 밸브 길이가 길어져 밸브의 완전 개폐가 불가능하게 되며, 이를 방지하기 위하여 약간의 간극을 [그림 2.23]과 같이 부여한다. 이 간극이 너무 크면 밸브가 열릴 때, 밸브스템 끝단에서의 강한 접촉에 따른 소음이 발생하고 완전한 개방이 어려워진다. 너무 작으면 기관온도 상승으로 인한 열팽창이 발생하므로 늘어난 길이 때문에 밸브를 완전히 닫을수 없으며 가스 누설이 일어난다. 일반적인 간극은 흡기밸브에서 $0.15 \sim 0.4\,mm$이고 배기밸브에서는 $0.2 \sim 0.45\,mm$이다.

③ 캠(cam)

캠은 회진운동을 왕복운동으로 바꾸는 기구로서 접선캠, 원호캠 및 오목캠으로 구분하며, 캠의 구동방식은 기어구동식, 체인구동식 및 벨트구동식이 있다.

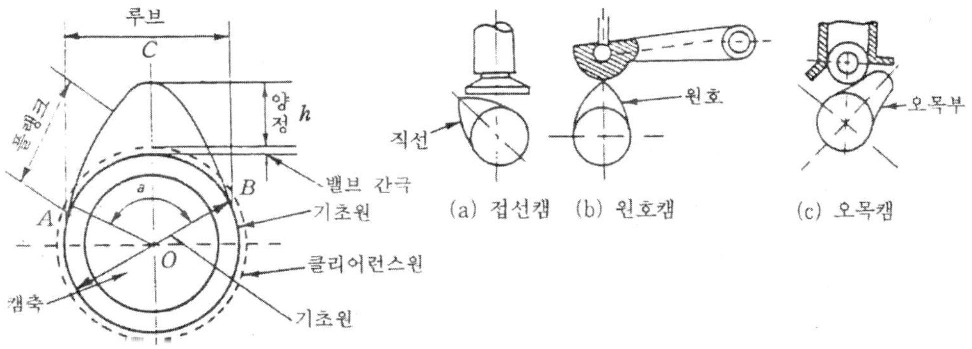

[그림 2.24] 캠의 명칭과 형상

- 접선캠(tangential cam) : [그림 2.24(a)]와 같이 플랭크(flank)가 기초원에 대하여 접선을 이루는 캠이다. 모양이 간단하여 제작이 쉽고, 밸브 양정이 커서 흡배기 효율이 좋으나, 가속도 변화가 너무 크므로 고속기관에는 부적합하다.
- 원호캠(convex cam) : [그림 2.24(b)]에 나타낸 바와 같이 플랭크의 형상이 볼록하여 밸브의 열림이 빠르고 흡입효율이 좋다.

• 오목캠(concave cam) : [그림 2.24(c)]와 같이 플랭크의 형상이 오목하게 된 것이며, 롤러 태핏과의 조합으로 사용된다. 이 캠은 밸브의 가속도를 일정하게 할 수 있어 일정가속도 캠(constant acceleration cam)이라고도 한다.

④ 밸브서징(valve surging)

밸브스프링의 고유진동수와 스프링에 가해지는 충격적인 외력의 주기가 일치하여 공진현상을 나타내는 것을 밸브서징(valve surging)이라고 한다. 밸브서징현상이 나타나게 되면 밸브 개폐가 불규칙하며 밸브스프링 파손이 초래된다.

밸브서징은, 스프링 고유진동수를 높이거나 원추형 스프링으로 교환 또는 2중 스프링의 설치 등으로 예방할 수 있다.

⑤ 기관 베어링(bearing)

기관베어링은 보통 평면베어링(journal bearing)이 사용되며, 평면베어링은 분할형과 부시형으로 구분된다. 기관베어링은 강이나 동합금의 셀(shell)에 베어링 합금을 녹여 붙여 제작하며, 일반적인 베어링의 두께는 $1 \sim 3mm$이다.

• 배빗메탈(babbit metal) : 배빗메탈은 주석(Sn) 80 ~ 90%, 안티몬(Sb) 3 ~ 12%, 구리(Cu) 3 ~ 7%의 합금이며 이외에 납(Pb)이나 아연(Zn)을 포함하기도 한다. 배빗메탈은 경도가 비교적 작기 때문에 크랭크축과의 친화력이 좋고, 국부적인 하중에 대하여 변형이 적으며, 유막유지가 용이하다는 특성을 가지고 있다.
• 켈밋합금(kelmet metal) : 켈밋합금은 구리(Cu) 60 ~ 70%, 납(Pb) 30 ~ 40%를 주성분으로 하는 합금이다. 켈밋합금의 베어링은 열전도가 우수하여 온도상승이 적기 때문에 고속·고부하 기관에 많이 사용된다.
• 트리메탈(tri-metal) : 강(또는 동)재질의 셀에 켈밋합금을 중간재료로 하고 그 위에 0.02 ~ 0.03㎜ 정도의 배빗메탈을 코팅한 합금으로, 베어링 표면에 이물질의 매몰현상을 방지하기 위하여 사용되며, 고속 · 고부하 기관에 적당하다.

베어링의 구비조건은, 고온에서도 하중부담능력이 있고, 내구력이 크며, 불순물들을 베어링 자체 내에 파묻을 수 있는 매입성이 있어야 한다. 또한 내식성 및 내마멸성이 크고, 저널 변형에 대하여 맞추어 가는 추종 유동성이 있으며, 열전도율이 높아 축에 융착되지 않고, 길들임성이 양호해야 한다.

2. 친환경차의 원동기 기술

기관성능의 개발은 놀라운 추진력과 기동력을 보이며 자동차의 발전을 초래했지만, 기관으로부터의 공해배출로 인한 대기오염이 심해지는 한편 연료로 사용되는 화석자원의 고갈이 예측됨에 따라, 기존기관 개선과 새로운 개념의 기관에 대한 요구가 발생되었다. 특히 1990년대에 들어서 대기오염의 심각성으로 유해가스 배출에 대한 규제가 심각하게 강화되어 그 규제치는 현행 기술의 극한값에 도달할 정도이다.

배기관에서 배출하는 유해가스는 CO, HC, NO_x와 입자 공해물질(PM : particulate matters) 등을 대상으로 규제했으나, 1992년 6월에 채택된 지구 기후변화협약 이후, 지표면 온도를 상승시키는 CO_2규제가 국제적으로 본격화되어, EU에서는 1998년 10월 룩셈브르크에서 개최한 EU 환경이사회에서 2008년까지 신규 자동차의 CO_2배출량을 140 g/km 로 규제하는 새로운 배출제한 협약을 승인하여 제작사의 자발적 협약에 의한 규제를 시행하고 있으며, 2012년부터는 130 g/km 을 적용할 예정이다.

이와 같은 자동차 CO_2기준은 자동차 무역의 새로운 장벽이며 향후 자동차 시장에 새로운 질서를 가져올 매우 중요한 변수로서 미국과 유럽, 일본 등 선진국에서는 국가적 차원으로 저CO_2, 초저연비 그린카 자동차 기술개발을 지원하고 있다. 특히 전기차(넓은 의미의 전기차 : HEV/PHEV/EV/FCEV)의 경우, 주요 국가들의 육성정책과 글로벌 기업들의 투자 확대로 핵심소재와 부품에 대한 기술개발 속도가 가속화되며 미래 1세기 동안의 자동차 역사를 시작하고 있다. 이는 1997년 첫 출시 이후 누적 판매량 300만대를 돌파한 도요타의 Prius에 이어 2009년 미쓰비시의 I MiEV, 2010년 닛산의 Leaf와 GM의 Volt, 2011년 다수의 양산용 전기차가 출시되며, 이러한 추세는 1908년 Ford의 양산 자동차로부터 시작된 100년 역사의 가솔린 디젤 내연기관을 전기차가 본격적으로 대체하려는 징조를 보이고 있다.

그린카에 대한 우리의 기술수준은 선진국 대비 기술격차가 존재하는 실정이므로, 정부에서도 이를 감안하여 기술개발이 시급한 그린카의 8대 주요부품(7개 핵심부품+경량화 부품)을 [표 2.3]과 같이 지정하고 2011년부터 2015년 까지 1단계 목표를 설정하여 지원할 계획이다. 현재의 그린카 개발 기술은, 기존 내연기관의 연소과정 또는 흡기기계통을 개조하거나 대체 연료를 사용하여 공해 및 연비를 향상시키는 방법과 기존 내연기관 원동기 자체를 대체한 전기 자동차를 목표로 접근하는 방법으로 구분할 수 있다. 후자의 경우, 연료전지차를 궁극적 목표로 설정하고, 그 중간 과정에서 하이브리드차와 플러그인 하이브리드차, 전기차 등을 개발하려는 계획이 있다.

[표 2.3] 그린카 부품개발 계획 및 세부 관련 기술

분야	부품							부품기술
			2011	2012	2013	2014	2015	
전기차 (EV)	구동모터	출력(kW/ℓ) 효율(%)	2.9 85.0	2.9 86.5	3.0 88.0	3.1 90.0	3.2 92.0	최적제어, 경량화 호율향상, 모커/인버터 일체형
	공조	냉난방손실(%)	30.0	22.5	15.0	12.5	10.0	진동식 압축기, PTC 히터 대체 난방열 체열회수, 진동펌프, 설계
	경량화	차제(%) 편의부품(%)	100 100	95 100	90 90	85 85	80 80	공조부품 모듈화 플랫폼(알루미늄), 샤시 섬유강화플라스틱(FRP)차제
	배터리	주행거리(km) 가격($/kWh)	140 1,000	140 900	150 800	180 600	200 500	에너지밀도 향상, 제어 충전효율 향상, 팩 냉각 팩 구조물 최적화, 부품공용화
	충전기	완속충전(시간) 급속충전(분)	6 25.0	6 23.5	5 22.0	4 21.0	3 20.0	충전/교환 인터페이스 설계 전력변환장치 호율 및 출력 증대, 운행 모니터링 스탠드 가격저감
하이브리드차 (PHEV/HEV)	동력전달 장치	호율(%)	80	83	85	86	87	고효율 엔진/발전, 멀티 변속기 모터엔진 동력분배, 고효율 회생제동
연료전지차 (FCEV)	스택	국산화(%) 내구성(시간)	60 2,000	70 2,500	80 3,000	90 4,000	100 5,000	수송용 MEA, GDL 극산화 스택 양산화설계, 체계 자동화 내구성 확보용 가속화 가변압 스택 및 제어
클린디젤차 (CDV)	전후처리 시스템	국산화(%) 분사압력(bar)	75 1,600	85 1,600	90 1,800	95 1,800	100 2,000	예혼합 압축착화/과급, 고압 연료분사 배기가스 재순환 듀얼 클러치/자동변속, 후처리 체적제어

이러한 개발과정에서 석유 및 바이오 연료의 에너지원은 개선된 내연기관에서 연비 10～15%가 절감되고, 하이브리드차에서는 2～4배 연비가 개선되어 플러그인 하이브리드 시대까지 사용되며, 전기 에너지원은 하이브리드차에서는 부분적으로 사용되다가 전기차(리튬이온 축전지) 및 연료전지 자동차에서는 석유를 완전 대체하여 100% 전기 에너지만을 사용한다. 현재까지 개발되어 적용되는 그린카 원동기 관련 주요 기술들은 다음 단원에서 계속될 것이다.

1) 기존 가솔린과 디젤 내연기관

(1) 기관의 저공해 기술

대부분의 자동차 원동기에 적용되는 가솔린기관 기술은 내연기관 중 기술적 성숙도가 가장 높고 1980년대 중반부터 3원 촉매 적용에 의하여 CO, HC, NO_x 등을 모두 80% 이상 저감하여 저공해 기술의 선도역할을 해 왔으나, 비출력이 높다는 장점에도 불구하고 연료 소비율이 높아서 CO_2 배출을 줄이는데 한계가 존재한다.

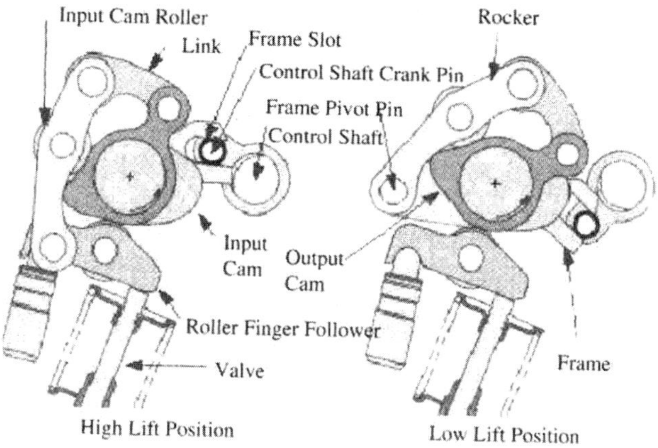

[그림 2.25] 가변 밸브기술 예(히타치)

공해와 CO_2 배출 및 연비를 줄이기 위하여 개선할 분야는 아직 많이 남아 있으며, 대표적인 예는 흡/배기관에서 유동분포를 균일화하고 연소실 내의 틈새체적을 줄이고 윤활유 소비를 감소시키며, 연소온도를 낮추어 NO_x 를 저감시키기는 배기가스 재순환(EGR)에 전자식 방법을 적용하여 보다 정밀하게 제어할 수 있다. 이 외에도 연소실 내의 유동을 개선하여 연소속도 및 연소효율을 향상시키고 희박연소를 구현하거나 촉매 활성화 시간과 효율을 높이며 연료 분사와 흡기계 개선에 의하여 연비와 대공해 성능을 향상시킨 수 있다. 이 때 기관 내의 모든 부품과 운전상태를 전자적으로 감지, 제어하여 공기와 연료의 혼합비를 정확하게 조절하는 전자기술을 활용한다. 또한 냉시동 시의 연비저감 및 공해 배출물 저감을 위한 연료 분무의 미립화, 기화특성 개선 및 점화시기, [그림 2.25]와 같은 밸브개폐 시기와 양정 등의 능동적 제어에 의한 가변 밸브구동(VVA, variable valve actuation)기술 등이 개발되고 있다. 이 중에서 밸브개폐 시기와 밸브 양정을 제어하는 방식을 적용하면, 밸브 정지 기능을 통한 가변 실린더 수의 제어도 가능하고 리프트 타이밍의 제어에 대한 자유도가 대폭 커지므로 연비 향상은 15% 전후로 상승할 것이라 예상하고 있다.

디젤기관은 가솔린기관에 비하여 희박연소가 가능하기 때문에 CO, CO_2, HC 배출은 적은 장점이 있으나 PM과 NOx 배출이 문제가 되고 있으므로 연료 및 기관의 개선과 후처리 기술 등을 이용하여 배출가스를 저감한다. 연료 개선으로는 황 함유량 감소나 방향족 탄화수소 함유량 저하, 세탄가 향상 등을 들 수 있고, 기관 개량기술로는 직접 분사식을 전제로 하는 연소실의 개량, 터보과급/중간 냉각기(TC/IC) 등 흡기계통 개선, 4-밸브, [그림 2.26]의 커먼레일(common rail), 유닛 인젝터 등을 활용한 연료 고압분사의 고도화 등이 이루어졌으며, 후처리 기술로는 PM 등을 줄이기 위한 입자상 물질 여과장치(DPF), 디젤 산화 촉매장치(DOC), 선택형 촉매 감소장치(SCR)가 있다. 실제 선진국의 배기규제에 대응할 수 있는 구체적 기술들을 살펴보면 연료분사시기 조정, 공기 과잉률 조정, 흡기 온도 최적화, 압축비 최적화 및 고압축비화, 엔진의 전자제어, 고압 연료분사, EGR-TC/IC 도입의 확대 등이 있다.

[그림 2.26] 디젤기관 카먼레일 시스템

(2) 저공해 기관의 연소기술 – 직접 분사식 기관

연소실 입구에서 연료를 분사하는 기존의 가솔린기관 대신, 연소실에 연료 직접분사에 의한 성층화 연소로 저연비를 얻을 수 있는 직접분사식 가솔린기관(GDI : Gasoline Direct Injection 또는 DISI : Direct-Injection Spark Ignition)이 일본과 유럽회사를 중심으로 개발되었다. 직접분사식 가솔린기관은 연료소비 저감으로 CO_2 배출이 감소되는 장점이 있지만, 삼원 촉매의 변환효율 저하로 질소산화물(Nitric Oxides : NOX)의 높은 배출량, 모드 전환의 어려움, 분사기에 침적물 생성, 저부하시 높은 탄화수소(Hydrocarbon : HC) 생성량, PM 발생 등의 문제가 존재할 수 있다. 이들을 해결하기 위하여, 희박 NOx 촉매(Lean NOx catalyst)의 개발이 활발히 이루어지고 있으며, 아울러 과급기(srpercharger)에 의한 기관 배기량의 다운사이징(downsizing) 및 VVA 기술들이 접목되어 개발되고 있다.

가솔린 GDI보다 연비에서 20% 이상 우수한 것이 직접분사식 디젤기관이며 승용차에 적용되는 소형 디젤엔진을 HSDI(High-Speed Direct-Injection) 디젤기관이라 하고 커먼레일(common rail) 분사기술을 접목시켜 우수한 성능을 갖으며, NOx 및 PM 배출저감을 위한 연료분무 및 연소최적화 기술이 필수적이다. 이 디젤기관은 유럽을 중심으로 활발히 개발되며 우리나라도 승용차와 SUV에 성공적으로 적용하여 내수와 수출시장을 넓히고 있다. 향후 CO_2 규제에 대한 디젤자동차의 증가는 확실한 추세이나, 디젤자동차에서 가장 문제가 되고 있는 입자상 물질(PM)의 근본적 해결 없이는 디젤기관의 지속적 발전은 보장하기 어렵다. 따라서 PM을 85% 이상 저감할 수 있는 것으로 알려진 입자상 물질 여과장치(DPT : Diesel Particulate Trap)에 대한 연구가 활발히 진행되고 있으며, 이러한 DPF 기술은 경유자동차의 장래와 직결되는 매우 중요한 위치에 있다.

가솔린기관의 비출력과 디젤기관의 고효율을 접합한 이상적인 기관 연소개념으로 예혼합 압축착화(HCCI : Homogeneous charge Compression Ignition) 연소에 대한 여러 기술이 소개되고 연구되고 있다. HCCI 기관의 장점으로는 같은 기관에 대하여 최소한의 변경으로 경유, 가솔린, 가스에 이르기까지 다양한 종류의 연료 사용이 가능하고, 초희박 연소가 가능하여 저온연소를 실현함으로써 배기가스 배출물 중 특히 질소산화물과 입자상물질의 양을 획기적으로 감소시킬 수 있으며, 기존의 희박연소(lcan burn) 기관에 비해 상대적으로 더욱 희박한 혼합기를 연소시킬 수 있는 가능성 등을 들 수 있다. 하지만, 점화와 연소 과정이 혼합기 화학적 특성에 좌우되는 특징 때문에 다양한 엔진 운전 조건에 따라 HCCI 연소 과정을 직접적으로 제어하기 어려우며, 고부하의 경우 연소 속도가 빠르고 연소 압력이 높아서 소음 진동이 크고 엔진의 내구성 문제가 발생할 수 있는 문제점도 있다. 배기가스 및 연비규제에 대응하기 위한 세계적인 노력은 각국의 기술 집약적 노력 하에서 이루어지고 있으며, 직접분사식 기술은 대체연료 기관이나 하이브리드 기관, 연료전지 기관의 개발에 앞서 진행되고 있다.

(3) 클린 디젤자동차

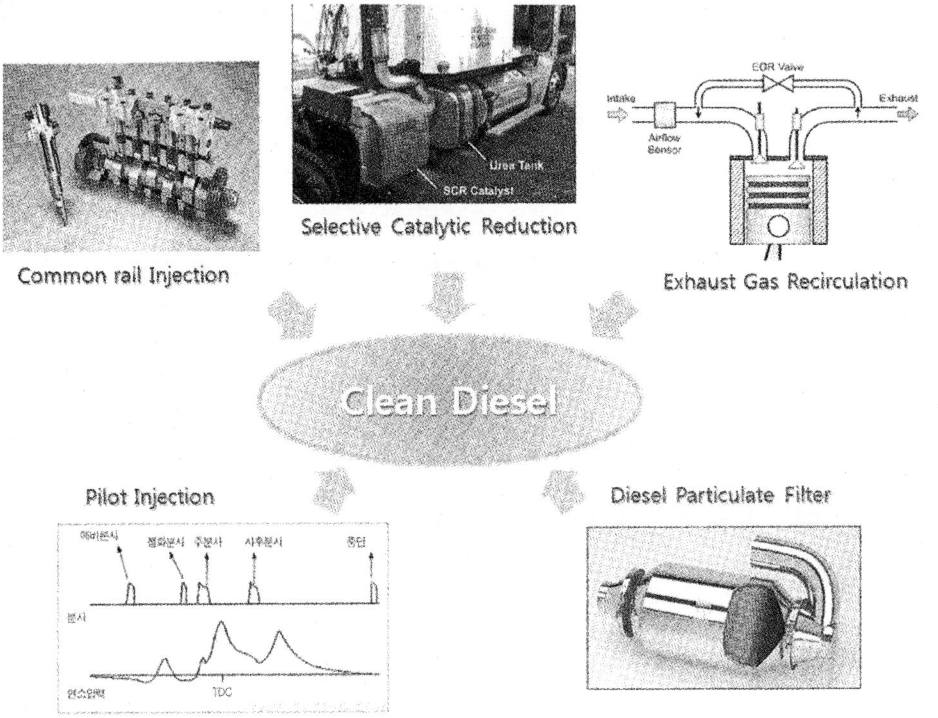

[그림 2.27] 클린디젤 적용기술

클린디젤자동차란, [그림 2.27]과 같이, 기존 디젤엔진에 신연소 기술과 신부품 기술을 적용하여 연비를 향상시키고, 지구온난화 가스인 CO_2 배출량을 감소시키며, 배출가스를 원천적으로 저감하는 후처리 기술을 적용한 디젤자동차를 의미한다. 따라서 크린 디젤자동차의 핵심기술은 크게 엔진기술과 후처리기술로 나눌 수 있다.

엔진기술 중, 신연소 기술은 세부적인 적용방식에서는 차이가 있으나 일종의 저온연소로서, 기본적으로 종래 디젤기관에서는 피할 수 없었던 NO_x 와 PM(입자상 물질)

발생 관계를 어느 정도의 타협에 의하여 극복하고자 하는 연소기술과, 압축비를 낮출 때의 흡배기 손실과 마찰손실을 저감시킨 연비개선 효과와, 배기가스 저감을 위해 압축비를 낮추는 저압축비 적용기술이 있다. 또한 엔진 자체에서 NO_x를 저감하는 방법으로 비교적 비용이 적게 들고 제어가 용이해 현재 가장 많이 이용되고 있는 EGR기술, 연료 분사시기와 압력 및 질량 등을 운전조건에 최적화하여 출력하는 ECU(Electronic Control Unit) 제어기술, 연료펌프에서 배송된 연료를 고압의 상태로 저장하는 커먼레일과 여기에 저장된 초고압(1,350bar 이상) 연료를 연소실에 직접 분사하는 커먼레일 직접분사 시스템기술, 압축과정에서 상사점에 도달하기 전(BTDC) 연료를 예비분사한 후 일반 디젤엔진과 동일하게 상사점 부근에서 연료를 주분사하는 분할 분사기술 등이 있다. 분할 분사기술은 실린더 내에 연료를 2회 이상 나누어 분사하는 기술이며, 배기가스 규제를 만족할 뿐만 아니라 차량진동 감소, 연료의 혼합율 증가로 인한 연비 및 출력증대도 초래할 수 있다.

후처리 기술로는 크게, 매연 여과장치인 DPF(Diesel Particulate Filter)와 촉매로 배기가스를 환원하여 감소시키는 SCR(Selective Catalytic Reduction)법이 있다.

DPF는 배기가스가 발생한 뒤 이것을 배출하지 않고 차 내에서 처리할 수 있도록 하는 장치로서 주로 필터를 설치해 분진을 걸러주는데, 이 DPF의 구조는 입구와 출구의 채널이 서로 엇갈리게 막혀 있어서 배기가스 중의 입자는 공극이 있는 벽에 의해 걸러지고 가스는 통과되어 배기관으로 나가는 구조를 하고 있다. 현재 입자상물질의 저감기술로는 매연여과장치라고도 불리는 DPF가 가장 효과적이라는 평을 듣고 있으며, 시판차량 및 기존차량(Retrofit)에까지 장착을 의무화하도록 하고 있다.

SCR은 환원제로 어떤 것을 사용하느냐에 따라 Urea 또는 Hydrocarbon 형식으로 구분하며, 촉매반응을 이용하여 배기가스중의 NOx를 저감시킨다. Urea-SCR의 문제점으로는 Urea의 유통망과, Urea의 결빙문제 등이 있지만 향후 Euro5~6의 배기규제를 쉽게 대응할 수 있으며, 연비 · 출력 · 냉각성능 · 엔진내구성이 타 시스템보다 우세하다는 점을 장점으로 꼽을 수 있다. HC-SCR은 Urea 대신 환원제로 디젤연료를 사용하는 방식으로, 별도의 탱크를 설치하여 주입하지 않아도 된다는 간편함이 큰 장점이다. 하지만 낮은 효율로 인하여 이 기술은 현재 많은 연구 중에 있다.

2) 대체연료 기관기술

석유 대체연료 자동차라고 하면, 액화석유가스(LPG), 천연가스, 메탄올, 수소, 디메틸에테르(DME) 등을 이용하는 자동차를 의미하며, 장점은 탄소수가 적어 CO, CO_2, HC 배출이 적다는 점이다. 연료 특성에 따라 항속거리, 연료공급 체계, 차량가격, 연료가격 등의 복합적인 문제를 갖고 있으나, 사용자 목적이나 지역적 조건에 만족할 경우, 충분한 공급이 가능하며 차량 연료의 다양한 측면에서도 매우 중요하다.

석유 생산과 동시에 산출되는 액화석유가스(LPG)의 활용은 필연적이며, 액상 분사를 통한 연소 최적화 및 저공해화는 아직도 개발의 여지를 많이 제공하고 있으며, 희박연소를 통한 연비 저감의 가능성 또한 높다. 우리나라의 경우, 과거에는 대부분의 LPG 자동차가 믹서를 사용하여 공연비를 제어했으므로 배기저감 효과가 그리 높지 않은 실정이었지만, 최근에는 LPG 연료를 가압하여 액상상태로 펌핑한 후 이를 흡기포트에 분사하는 액상분사방식(LPLI : Liquid Phase LPG Injection)이 개발되어 일부 상용차와 승용차에 적용되며 가솔린과 동급의 출력과 저배기특성을 갖고 있다.

천연가스(Natural Gas) 연료는 매장량이 풍부하고 LPG와 유사한 청정연료로서 취급과 조절이 용이하고, 옥탄가가 높아 압축비를 높일 수 있는 장점을 가지고 있으며, 대형 디젤엔진에도 사용이 가능한 특징을 가지고 있다. 특히 액화천연가스(LNG :Liquified Natural Gas)는 충분한 연료 저장능력으로 장거리 자동차 연료로 사용 가능하나, -162℃로 유지하여야 하기 때문에, 이를 보관할 수 있는 저렴한 단열용기 개발이 미비하여 현재는 대부분 압축천연가스(CNG : Compressed Naural Gas) 상태로 사용되고 있다. 그러나 짧은 주행거리 및 연료탱크의 중량 문제가 있고, 가솔린기관에 비교하여 출력저하가 있기 때문에 고압축비화, 과급, 흡기포트 및 밸브계의 개선 등이 연구되고 있다. 이 외에도 열효율 개선을 위한 다양한 연소 방식들이 연구되고 있으며, 액화천연가스(LNG)를 가압하여 주변 열에 의해 기화를 시키면서 고압가스를 얻는 방식 등이 개발되고 있다. 천연가스는 경유를 대체하는 저렴한 연료로서 유망할 뿐만 아니라, 전기자동차에 필적하는 저공해성의 잠재력을 갖고 있어 우리나라도 월드컵기간을 기점으로 CNG 버스가 대도시에 전파되어 사용되고 있다.

가장 분자구조가 간단한 에테르인 디메틸에테르(DME)는 최근에 천연가스 또는 석탄으로부터 직접 제조하는 공정이 개발되어 경유만큼 저렴한 연료로 생산 가능성이 있고 청정연소가 가능함에 다라 많은 관심을 모으고 있다. DME가 장래의 연료로서 유망할 것으로 기대되는 점은 천연가스나 석탄으로부터는 물론 바이오매스나 폐기 플라스틱 등에 의해서도 제조가 가능하며 사용처도 발전용, 민생용, 자동차용 등 광범위하게 걸쳐 있어서, 가히 다자원 다목적(multi source-multi purpose) 연료라는 것이다. 특히 경유자동차에 적용하는 경우, 디젤기관의 큰 장점인 고효율을 그대로 유지하면서 가장 큰 단점인 PM을 제거할 수 있고, 배기가스 재순환기술(EGR)을 적용하여 NOx도 대폭 저감할 수 있으며, LPG와 유사하게 상온 약 6기압에서 액화가 가능하므로 기존의 LPG 인프라를 그대로 활용할 수 있는 것도 하나의 장점이다. 이미 각국에서 소규모 가스전을 활용한 DME의 상용화를 추진하고 있어 2006년경부터 양산이 가능했으며, 초기에는 대량소비가 가능한 발전용으로 사용되다가 최근에는 경유 자동차 연료로의 적용 기술이 활발하게 진행되어 추후 경유 대체연료로의 잠재성이 충분한 것으로 발표되었다. 해외에서는 이미 AVL을 중심으로 Amoco, Navistar, HTAS에서 차량 탑재 수준까지 연구되었고, 볼보와 Haldir Topsoe사, 버스회사 등을 중심으로 실용성 검증을 위한 시범운행사업이 수행되었다.

수소기관(hydrogen engine)은 가솔린 대신 수소를 연료로 하는 기관으로, 수소(H_2)는 물(H_2O)을 분해하여 얻을 수 있으며, 산소(O_2)와 화합하여 완전 연소할 수 있는 무공해 연료로 주목 받고 있다. 석유계 연료는 유해가스로 CO, HC, NOx, 매연 등이 발생하고 이들이 환경을 오염시키는 주된 유해물질인 반면에, 수소연료의 배기는 주성분이 수증기로서, 공기 중의 질소가 산화된 NOx 외에는 다른 유해물질이 없는 청정연료이다. 현재 수소자동차 기술은 BMW가 주도적인 역할을 하고 있으며 2002년 2월에 발표된 수소자동차는 액화수소를 이용한 포트분사식 기관으로 수소와 가솔린의 두 가지 모드로 구동된다. Mazda는 자신들만의 독특한 기관형식인 로터리 기관(Wankel Engine)에 압축수소를 공급하는 방식을 스포차카에 적용했다. BMW는 2004년에 수소를 이용한 레이싱 자동차 H2R을 개발했으며, 이 차량은 6리터, 12기통 엔진을 탑재하여 최대 출력은 285마력을 얻었고, 수소자동차 최초로 최고 속도 300㎞/h를 돌파하는 쾌거를 이루었다.

3) 기존 내연기관을 대체한 전기자동차 기술

완전 무공해 원동기는, 전기 에너지원을 사용하는 전기모터에 의하여 차량을 견인하는 전기자동차가 가장 유망하며, 넓은 의미의 전기자동차는 다른 원동기와 함께 설치되는 하이브리드차와 순전히 전기 에너지만으로 추진하는 전기자동차(좁은 의미의 전기차) 및 연료전지로 발전된 전기를 동력원으로 사용하는 연료전지차를 포함한다. 앞의 [표 2.3]과 같이 전기차의 요소기술은 모터, 배터리, 인버터, 공조시스템, 동력전달장치, 연료전지 스택 등으로 구분할 수 있고, 이들은 [그림 2.28]와 같이 전기차들 간의 요소기술들을 서로 공유할 수 있다.

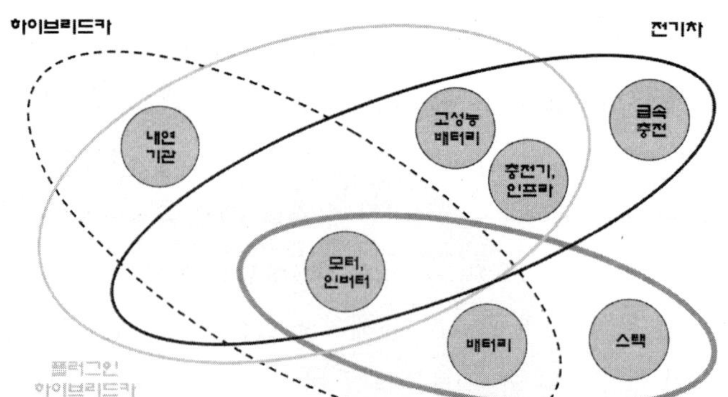

[그림 2.28] 전기자동차 간의 요소기술 공유 현황

(1) 전기자동차(EV : Electric Vehicle)

좁은 의미에서의 전기자동차는 배터리에 축전되어있는 화학에너지가 전기에너지로 방전될 때, 전기에너지를 인버터로 보내면 인버터에서 모터(감속기)를 구동시키고 이와 연결된 차륜축이 차륜을 회전시켜 차량을 견인한다.

따라서 전기차의 핵심 부품은 구동시스템(구동모터와 제어기)과 배터리 시스템으로 양분할 수 있으며, 이들 외에 차체 및 공동 핵심 부품들이 [그림 2.29]와 같이 구성된다. 이 중 전기 동력시스템의 원가를 결정하는 3대 분야는 배터리팩(47%), 인버터(23%), 구동모터(20%)로 배터리 팩의 원가비중이 가장 높다.

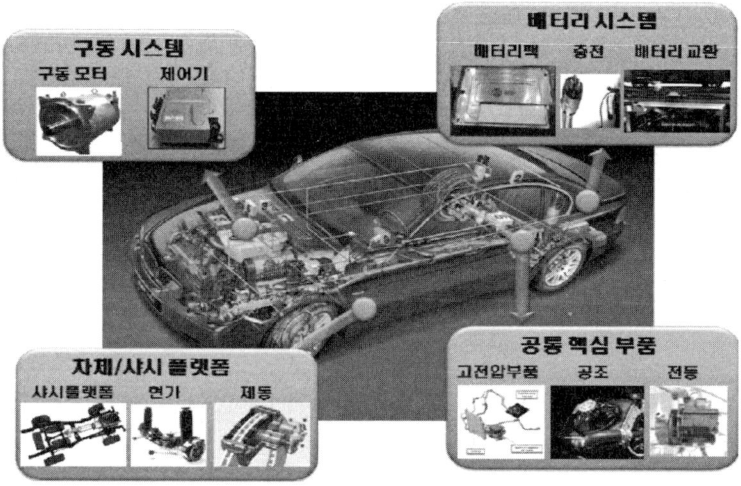

[그림 2.29] 전기차의 주요 부품 구성

① 축전지(Battery)

자동차 동력원으로서의 배터리는 1980년도부터 개발된 니켈-수소(NiMH) 배터리가 도요다의 프리우스 (Prius) 등에서 사용되고 있지만, 최근에는 가볍고 저장성이 높으며 전기적 특성이 [표 2.4]와 같이 우수한 리튬 배터리(LiB)로 대세가 굳어지는 상황이므로, 모바일 기기용 2차전지의 대부분을 차지하고 있다.

[표 2.4] 니켈전지와 리튬전지의 특성 비교

특성	에너지밀도(Wh/kg)	수명	급속충전시간	전압	제조단가(USD/Cell)	안전성	Cost
니켈수소(NiMH)	60~120	5년	2~4	1.2	0.5	○	○
리튬이온(Li-ion)	150~190	10년	1.5~3	3.7	1.67	△	△

리튬이온(Li-ion) 전지는 금속 중에서 가장 가벼운 리튬을 이용하여 에너지 밀도(160 Wh/kg)와 기전력(3.6V)을 얻을 수 있는 2차전지로서, 방전시(사용시)에는 리튬이온이 음극에서 양극으로 이동하고 충전시에는 양극에서 음극으로 다시 이동하여 제자리를 찾는 전지로, 구성요소와 작동원리는 [그림 2.30]에 도시했고 각 구성요소의 기능들은 [표 2.5]와 같다. 현대자동차의 블루온(BlueOn)은 국내에서 개발한 리튬이온 배터리를 장착하고 시속 130km/h로 운행 가능하고 1회 충전으로 140km를 수행하며, 일반 가정용 220V에서는 6시간에 90% 충전하고 380V에서는 25분 내에 80%의 충전이 가능하다.

미쓰비시의 아이미브(i MiEV)의 경우([그림 2.31] 참조), 리튬이온 배터리는 구동용으로 개발된 3.7V/50Ah의 셀을 기본으로, 4개 셀을 직렬 접속해 1개의 모듈을 구성한다([그림 2.30] 참조). 이렇게 구성된 22개의 모듈을 직렬 접속함으로써 총전압 330V, 총용량 16kWh의 고성능 에너지 전지 팩을 구성할 수 있고, 충전시간은 가정용 전압 100V, 200V에서 각각 14시간, 7시간 요구되나 급속 충전기를 사용하면 30분 동안 약 80% 충전 가능하다.

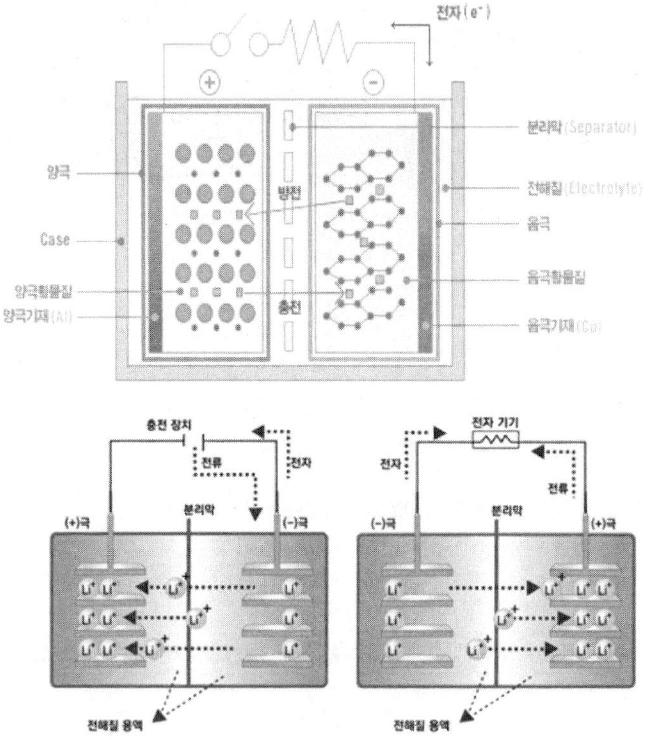

[그림 2.30] 리튬전지의 구성과 작동원리

[표 2.5] 리튬전지 구성요소와 기능

구성요소		가능 및 소재
양극	(Cathode)	외부 도선으로부터 전자를 받아 양극활물질(LCO, NMC 등)이 환원되는 전극(AL foil)
음극	(Anode)	음극활물질(Carbon)이 산화되면서 도선으로 전자를 방출하는 전극(Cu foil)
분리막	(Sepatator)	양극과 음극의 전기전 접촉을 막는 다공막(폴리에틸렌, 폴리프로필렌)
전해물질	(Electrolyte)	양극과 음극간의 이온 이동을 가능케하는 중간 매개체(액체, 젤, 고체 형태의 화합물)

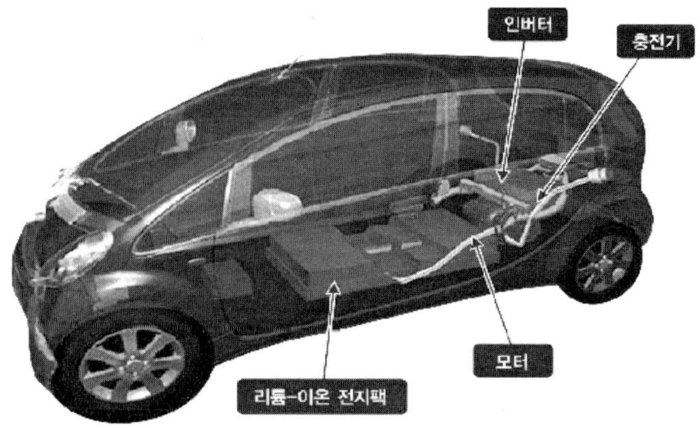

[그림 2.31] 아이미브의 내부구조

최고출력은 아이미브의 베이스인 'i'의 터보차와 같은 64ps지만 최대 토크는 약 2배인 18.3kg·m다. 전기자동차는 모터에서 구동차륜 축으로 직접 구동력을 전달하기 때문에 변속기가 필요 없으며, 단지 전/후진만 가능하도록 무단변속기가 사용된다.

② 구동용 모터

전기차 구동 시스템의 핵심 부품인 구동 모터는 차량 성능 및 주행 성능을 결정하며, 이러한 모터는 일반적인 성능과 함께 넓은 속도 범위와 우수한 출력, 기동성이 큰 토크, 고효율, 유지보수의 편리성과 고신뢰성, 소형/경량 패키지 특성을 요구하고, 특히 제한된 공간에서 열악한 열적 조건을 만족해야 하는 어려움이 있다.

모터는, 직류전원을 사용하는 브러시 DC모터와 브러시 없는 DC모터(BLDC)가 있고, 교류를 사용하는 AC모터 등 3가지로 구분된다. 우선 DC모터는 지금까지 가장 광범위하게 사용되었지만 전력을 공급하는 카본막대의 브러시가 있어 마찰열이 발생하고 1~2년에 한 번씩 브러시를 교환해줘야 하는 불편함이 있다. 또한 에너지를 열로 빼앗기기 때문에 효율이 떨어지는 단점이 있으나, 장점은 정격 출력 2배 이상 힘을 낼 수 있고 구조가 간단해 개발이 용이하고 가격이 저렴하다는 점이다. 이러한 DC모터의 단점을 보완해 만든 모터가 BLDC이며, 부품교환이나 A/S 없이 긴 수명을 보장할 수 있고 마찰열이 없어 효율이 높은 장점을 가지고 있다. 따라서 최근 개발되는 일부 전기차에 적용되고 있고 다양한 출력의 모터가 개발되고 있지만, 단점은 가격이 높고 정격출력의 1.2배를 넘기지 못하므로 정격출력이 최고 출력과 거의 같고, 가열되면 모터 힘이 떨어지는 단점이 있어 냉각장치가 추가되며, 정격범위 내에서만 가동되도록 제어장치가 고정되므로 운전영역이 제한될 수 있다. 최근에는 브러시가 없는 교류모터(BLAC)가 BLDC에 비해 간단한 구조이고 저렴하며, 정격출력의 3배까지도 순간적으로 사용할 수 있고 효율 또한 BLDC 못지않게 높으므로 고속용으로 개발하여 자동차 원동기로 가장 많이 사용하고 있다. 단점으로는 크기가 비교적 큰 편이며, 직류를 교류로 변환하고 모터 속도를 조절하는 인버터 가격이 고가이므로 현실적인 가격으로 저렴하게 낮추는 것이 문제이다.

[표 2.6] 자동차에 적용 가능한 모터 종류와 특징

구분	SPM	IPM	SynRM	SRM	IM
형상	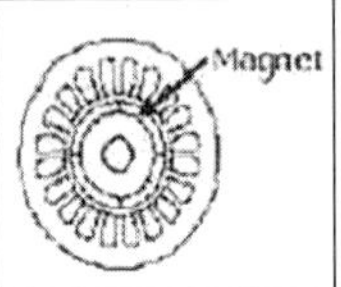	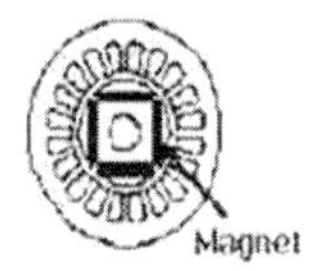			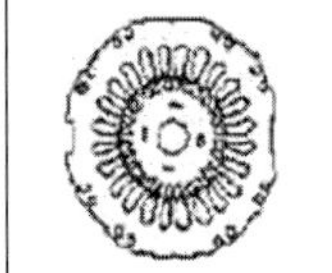
효율	◎	◎	△	△	×
회전수	△	◎	○	◎	○
고토크	◎	◎	○	◎	×
가격	×	△	◎	◎	◎
토크리플	◎	○	○	×	◎
발생 토크	Magnet Torque ← Increasing Magnet Flux		Increasing Saliency → Reluctance Torque		Magnetically Induced Torque
개발 방향	·Cost Down ·High Speed	PM/Reluctance Hybrid Motor ▼ 인버터(제어기) 구동시스템에 최적		·High Efficiency ·High Power Density (Weight / Volume)	

최근의 전기자동차 구동모터는 주로 영구자석 동기모터와 유도모터가 대표적으로 적용되며, 그 외에 동기 리럭탄스모터, 스위치드 릴럭탄스모터를 일부 적용하여 연구가 진행되고, 특히 고효율 고출력밀도를 위해서 다양한 형태의 회전자를 갖는 내부 영구자석 동기모터(IPMSM, Interior Permanent Magnet Synchronous Motor)가 주로 일본 하이브리드차를 중심으로 적용되고 있다. 또한 효율과 출력밀도 측면에서는 영구자석 동기모터에 비해 불리하지만 가격과 신뢰성 면에서 유리한 유도모터는 유럽의 전기차를 중심으로 적용되고, 최근 중국의 희토류 수출 억제 정책으로 전기차에도 적용이 증가하는 추세이며, [표 2.6]에 자동차에 적용 가능한 모터 종류 및 특징을 표시했다. 현재

구동모터의 개발방향이 다각도로 검토되고 있지만 가장 중요한 것은 요소기술 개발로서 새로운 소재, 재료분야가 핵심적으로 육성되어야 하고 이를 통해 기존 한계를 넘을 수 있는 모터개발이 시급하다. 또한 구동모터는 넓은 속도와 토크 범위에서 고효율화의 필요가 요구되므로, 자동차에 적용된 사례는 없지만 과거 학계에서 제안된, 가변자속 모터에 대한 검토가 필요하다. 가변자속 모터는 운전 속도에 따라 영구자석의 자속량 조절이 가능하므로 저속에서는 큰 자속량으로 운전하고, 고속에서는 적은 자속량을 이용하므로 고속/고효율 운전이 가능한 모터이다.

[표 2.7] 모터 핵심기술 분야/적용기술 및 회사별 전기자동차 모터의 종류/특성

(a) 모터의 핵심기술 분야와 적용기술

<table>
<tr><th colspan="2">분류</th><th>기술분야</th><th>적용기술</th><th>최신기술</th></tr>
<tr><td rowspan="5">핵
심
기
술</td><td rowspan="3">구동
모터</td><td>Electro magnetics</td><td>- 모터 설계 및 해석 기술
- 모델링 기술</td><td rowspan="3">고밀도 고출력
일체형
구동부품

3D 해석 기술
(연, 진동)

신소재 기술</td></tr>
<tr><td>Thermal</td><td>- 열 해석기술
- 열 평가기술</td></tr>
<tr><td>Mechanical</td><td>- Packaging 기술
- 내진동 저소음 설계기술</td></tr>
<tr><td rowspan="2">모터용 Sensor
및 재료</td><td>Sensor Interface</td><td>- 모터 위치
센서 설계기술</td><td rowspan="2">고정밀
위치센서

신소재
자성재료개발

박막 필름
소재개발</td></tr>
<tr><td>Material</td><td>- 고효율 자성 재료설계기술
- 고온, 고전압 절연 기술
- 내환경, 신뢰성 확보</td></tr>
</table>

(b) 회사별 전기자동차 모터 종류와 특성

구분 \ 회사	현대	Toyota	Nissan	Honda	GM	Ford	Chrysler
차종	Bule On	RAV4LV EV	R'nessa EV	EV Plus	EV1	Ranger EV	Epic
모터 종류	유도 모터	동기 모터	동기 모터	동기 모터	유도 모터	유도 모터	유도 모터
최대 출력(kW)	61	50	62	49	102	66	74
최고 속도(km/h)	130	125	120	130	128	120	129

구동 모터의 기술적 특징은 모터 설계기술, 구조 설계기술, 방열기술, 센서기술, 새료적용 및 소자기술 등을 포함한 융합적 기술분야의 특징을 갖는다. [표 2.7]에 구동모터의 핵심 기술분야, 적용기술 및 최신기술에 대하여 기술했으며, 아울러 전기자동차

의 주요 부품인 구동모터의 각 회사별 실적용 사례를 나타냈다.

③ 전기자동차의 장점과 단점

전기자동차의 장점으로는 다음과 같은 것들이 존재한다.

- 축전지가 탑재된 경우, 가선 설치비와 집전장치가 불필요하다.
- CO_2나 NO_x를 배출하지 않는다. 소형 전기자동차 충전용 전기를 발전하는 경우, $40gr/km$의 CO_2가 발생하며 소형 가솔린기관은 $170gr/km$이다.
- 변속기 등의 부품 수가 하이브리드카를 포함하여 현재까지 개발된 어떠한 구조의 차량보다 적게 존재하며, 시스템의 단순화가 가능하므로 고장 리스크 범위도 줄일 수 있다. 또한 차량 부품 수가 적음으로 인하여 차량 디자인 및 부품배치 자유도가 크다. 기술적 혁신에서 축전지(battery)의 코스트가 줄어들면 플러그 인 하이브리드 자동차 보다 단가가 저렴해질 가능성이 있다.
- 전기차는, 전기 모터로만 구동할 경우, 다른 구조의 차량보다 운행비용이 가장 저렴하며 값싼 심야 전기를 이용할 경우 비용을 더 낮출 수 있다.
- 화석연료를 사용하지 않으므로 가장 친환경적이다. 또한 소음/진동이 낮아 차량 수명이 상대적으로 길어지고 이로 인한 피해도 감소할 수 있다.
- 고효율의 다양한 에너지원 이용이 가능하고, 폭발 위험성 낮다.
- 충전기가 설치되어 있을 경우 자택에서 배터리 충전이 가능하고, 전력 이용의 시간대별 평준화가 가능하다.
- 전기자동차는 무단변속기를 사용하기 때문에 운전 중에 기어를 바꿔줄 필요가 없어 운전조작이 간편하며 동력전달 효율이 우수하다.
- 최대토크는 자동차 주행속도에 적합하고, 최대출력은 모터의 운전영역 전 회전수 구간에서 균일하게 발생되므로 발진 및 가속 능력이 탁월하다.

한편 전기자동차의 단점은 다음과 같다.

- 발휘할 수 있는 에너지 당 중량이 석유 계 연료에 비해서 매우 크다. 예로서 차량 총중량이 20t의 트럭인 경우, 현재 기술로는 축전지만 5t정도로 차량 총중량에 대한 축전지의 중량 비율이 높으므로 대형차에는 적합하지 못한 실정이다.
- 핵심적 부품인 축전지의 원가는 여전히 상용화가 어려울 정도로 비싸다. 사실상

전기자동차 상용화의 가장 큰 걸림돌은 축전지의 생산단가이다.

- 자동차 수명보다 축전지의 수명이 짧고, 축전지 교환이 불가피하다.
- 일반 가솔린차에 비해 속도가 낮고, 축전지 1회 충전으로 주행할 수 있는 거리(항속거리)가 200 km 정도로 비교적 짧으며, 긴 충전 시간을 요구한다.
- 현재의 상황에서 차량 가격이 비싸지만, 기술 개발을 통해 축전지 생산단가를 절감하면 향후 가격 경쟁력에서 충분히 승산이 있다는 분석도 있다.
- 별도의 충전 시설을 위한 인프라 구축이 선행되어야 하므로, 정부와 진력공급 기관·업체들의 적극적인 지원이 필요하다.
- 전기자동차 충전용 전기를 생산하기 위하여 별도의 에너지 변환과정이 필요하므로 전반적인 열역학적 효율은 저하된다.

(2) 하이브리드 자동차(HEV : Hybrid Electric Vehicle)

하이브리드(Hybrid) 기관이란 서로 다른 에너지원을 사용하는 두 종류의 동력시스템이 설치되어 출력을 발생하는 기관을 의미하며, 대표적으로 플라이 휠, 배터리, 캐패시터 등의 전기 시스템과 기존 가솔린기관, 디젤기관, 가스터빈, 연료전지 등 엔진 시스템이 조합된 구동시스템으로서 현재의 내연기관에 비해 배기가스 및 연비를 크게 향상시킬 수 있다. 이는 무공해 차량으로 떠오르던 전기자동차가 배터리 충전시간과 항속거리, 폐기 및 관리 시 오염 문제, 경제성 등의 문제로 개발 한계에 도달함에 따라 상용화 시기가 상당히 지연될 것으로 전망되었다. 그러나 전기차가 공해의 해결책이라는 데는 대부분 공감하고 개발노력도 지속될 것으로 예상되기 때문에, 지금까지 개발되어온 축전지 기술도 활용하고 동시에 개발을 지속하면서, 전기차가 실용되기 전까지, 공해문제를 개선할 수 있는 방안으로 하이브리드 자동차 기술이 제시되었으며, 전기차와 하이브리드차의 구동개념은 [그림 2.32]과 같다. 하이브리드 기관은 다양한 연료를 사용할 수 있고, 기관 종류도 가솔린이나 디젤기관 외에 가스연료기관, 연료전지(Fuel Cell), 가스터빈 등이 설치될 수 있으며, 에너지 저장장치도 전기에너지를 저장하는 축전지와 축전기 이외에 회전력을 저장하는 플라이휠(flywheel), 유체 압력을 저장하는 축압실(accumulator), 압력 실린더(Pressure cylinder) 등으로 다양하고 태양에너지 이용도 용이하다. 그러나 하이브리드 자동차 실용화를 위해서는 두 개 이상의 동력원을 사용하는 데 따른 구조의 복잡성 때문에 중량과 차량가격이 상승되는 문제점을 해결하여야 한다.

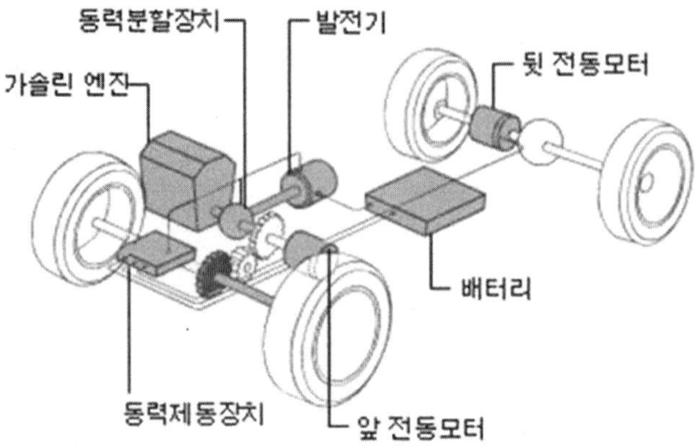

[그림 2.32] 하이브리드 자동차(HEV)의 구조(THS)

하이브리드 자동차의 대표적 차종으로 일본 도요타의 프리우스(Prius)와 혼다의 인사이트(Insight)가 있으며, 프리우스는 1997년 세계 최초로 양산화에 성공했다. 이들은 가솔린기관과 전기모터의 장점만을 결합해 운전하므로 연료 효율이 높고, 주행조건에 적합하도록 자동으로 가솔린기관과 전기모터로의 변환이 가능하다. 혼다의 인사이트는 차체를 알루미늄으로 만들어 기존의 차량보다 40% 정도 무게가 가볍고, 세계 최경량인 1리터 린번(lean burn)기관을 사용하여 기관 연비를 향상했고 공기역학적 설계로 공기저항을 획기적으로 줄임에 의하여, 무급유로 1423.3㎞의 주행기록을 세웠고 1리터당 32㎞라는 연비 성능을 입증함으로써 프리우스와 함께 차세대 친환경 자동차로 자리 잡았다. GM은 전기자동차와 하이브리드 자동차의 중간 성격을 갖는 시보레 볼트를 발표했으며, 플러그인 하이브리드 자동차(PHEV)라고 할 수 있다. 도요타는 프리우스에서 멈추지 않고 렉서스 LS600h에까지 하이브리드 시스템을 탑재했다. 한편, 국내에서도 2009년 현대자동차의 아반떼 LPI 하이브리드와 기아자동차의 포르테 LPI 하이브리드가 출시되었고, 현대자동차는 도요타, 혼다의 선진 하이브리드 기술과 바로 맞설 수 없다는 판단에서 LPG를 연료로 하는 LPI기관을 하이브리드 시스템에 결합한 LPI 하이브리드 자동차를 세계 최초로 출시하였다.

① 구동원리

하이브리드 자동차는 전기모터의 보조운전으로 기관에 걸리는 부하가 적고 작동조건이 개선되며 기관 배기가스가 크게 줄어들어 차량의 사용 가능 기간이 늘어나는 것은 물론 환경오염물질 배출 절감과 도시 소음을 줄이는데 효과가 크다.

[그림 2.32]은 도요다의 하이브리드 시스템(THS)을 근거로 HEV의 구조를 도시한 것으로 기관, 전기모터와 발전기, 배터리, 변속기 외에 동력분할장치 등으로 구성되었음을 알 수 있다. 구성요소 중 연료를 연소하여 동력을 얻는 기관은, 기존 기관에서는 토크가 낮을수록 교축밸브 개도가 좁아지므로 열효율이 감소되지만, 하이브리드 기관에서는 주행조건에 따라 가능하면 높은 토크 영역에서 사용하도록 전기모터의 분담량을 제어하고, 기관 운전영역은 가장 연비효율이 양호한 기관 회전수 영역 범위 내에서만 유지하도록 자동제어 됨에 의하여 초고연비의 실현이 가능했다. 또한 연소과정 개선과 후처리 기술로 청정도를 향상하여 유해 배기가스를 감소시켰으며, 알루미늄 실린더와 블록 무게를 경량화 하여 제작했다.

기관의 보조동력원이 되는 전기모터는 작고 가벼워야 하기 때문에 보통 높은 효율의 교류동기 전동기를 적용한다. 이 모터는 차량 제동 시, 동력제동장치에 의하여, 차량의 운동에너지를 전기에너지로 변환하여 배터리에 충전하는 교류동기 발전기 역할도 하므로, 배터리 충전과 모터를 움직이는 전력을 발전하고 충전량을 조절한다.

축전지는 전기 에너지를 필요할 때의 사용을 위하여 전기를 저장하는 역할을 하므로, 단위질량 당 충분한 출력과 저장용량을 보장하고 소형화 되어야 한다. 발전기와 모터에 의해 충전 및 방전 제어가 주행 중에도 이루어지고 일정한 충전상태가 자동적으로 조절될 수 있는 기능도 가져야 한다. 과거에는 니켈수소(Ni-MH) 배터리를 흔히 사용했으나, 질량당 출력이 높고 안전한 리튬 배터리(LiB)가 실용화되고 있다.

토요다 하이브리드 자동차(직병렬 복합형)를 근거로 주행조건에 따른 동력 분담을 도시하면 [그림 2.33]와 같다. 우선 출발할 때와 저저속 주행 또는 완만한 비탈길을 내려갈 때 낮은 기관의 저회전수로 효율이 저하되므로, 모터로만 기관을 시동하며, 주행중인 경우, 연료 공급을 중단하고 배터리 전력으로 모터를 구동하여 차륜을 회전시킨다(그림 a). 일반 주행에서는 기관의 동력이 두 개의 경로로 분할되어, 하나는 차륜을 직접 구동하고, 다른 하나는 발전기를 돌려서 발전시킨 전력으로 모터를 구동함으로서 차륜의 구동력을 보조한다. 이러한 두 경로로의 분할은 최고의 효율을 유지하도록 컴퓨터가 제어하며, 가속 시는 일반 주행상태의 차륜 회전력에 축전지 전력에 의한 모터 회전력이 추가(그림 b)되어 구동력을 증가시킨다. 감속 또는 제동시에는 반대로 차륜이 모터를 구동하게 되며, 모터는 발전기로서의 기능을 하여 제동 에너지의 회생발전이 이루어지고, 회수된 전기에너지는 인버터를 거쳐 직류 축전지에 저장(그림 c)된다. 차량 정지 시에는, 그림(d)와 같이, 자동적으로 기관과 모터가 정지하여 연료 소비에서 낭비요소를 제거하고 있다.

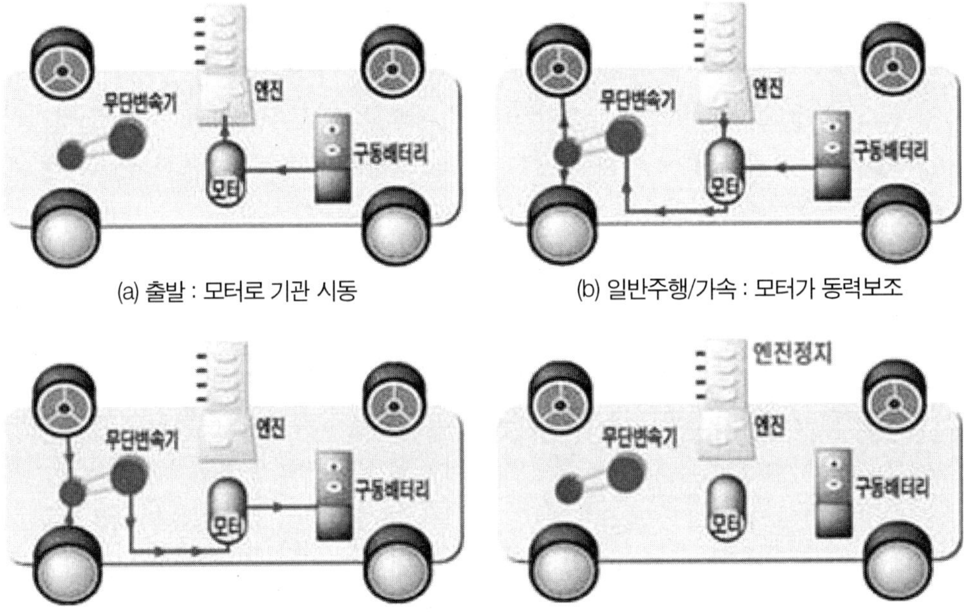

(a) 출발 : 모터로 기관 시동　　(b) 일반주행/가속 : 모터가 동력보조

(c) 감속 : 운동 에너지 저장　　(d) 정차 : 기관 및 모터 정지

[그림 2.33] 하이브리드 자동차의 주행조건에 따른 동력 분배

② 하이브리드 자동차의 종류

하이브리드 자동차의 분류는 자체 탑재한 발전기에 의한 구동력 전달과정에 의한 방법과 외부전원에 의한 배터리의 충전 방법에 따라 몇 가지 종류로 구분된다.

• 구동력 전달과정에 의한 분류

하이브리드차는 기관, 모터, 배터리팩 등으로부터 차륜 구동장치로 동력이 전달되는 과정에 따라, [그림 2.34]와 같이, 크게 직렬식, 병렬식, 복합식으로 구분되며, 각각에 대하여도 구동 및 제어 방법에 따라 여러 가지가 존재할 수 있다.

직렬형 하이브리드 차량은 기관과 항상 결합되어 있는 발전기를 통해 얻어진 전기가 배터리 시스템과 전동기에 공급되고, 차량은 전동기에서 발생되는 동력만을 이용하여 주행하는 구조로 이루어져 있다. 따라서 차륜과 기관과는 기계적인 연결이 되어 있지 않으며 모든 구동 동력은 전동기를 통한 전기에너지에 의한다는 특징을 갖고 있다. 한편 병렬형 하이브리드 차량은 기존 차량과 같이 차륜이 기관뿐만 아니라 전동기와도 기계적으로 연결되어 있으므로, 차륜은 기관 구동력 외에, 필요에 따라, 전기 모터에서도 구동력을 보조 받을 수 있다. 복합형 하이브리드는 직렬형과 병렬형의 장점을 수용할 수 있는 구조로서, 유성치차로 구성된 동력 분할장치(power split device)에 의하여, 기관 동력이 발전기로 모두 전달(직렬형)되거나 또는 적당한 비율로 나뉘어 외부는 발전기로 전달되고, 나머지는 차륜에 전달(병렬형)되거나할 수 있으므로, 주행조건에 따라 직렬 또는 병렬형으로 운전할 수 있다.

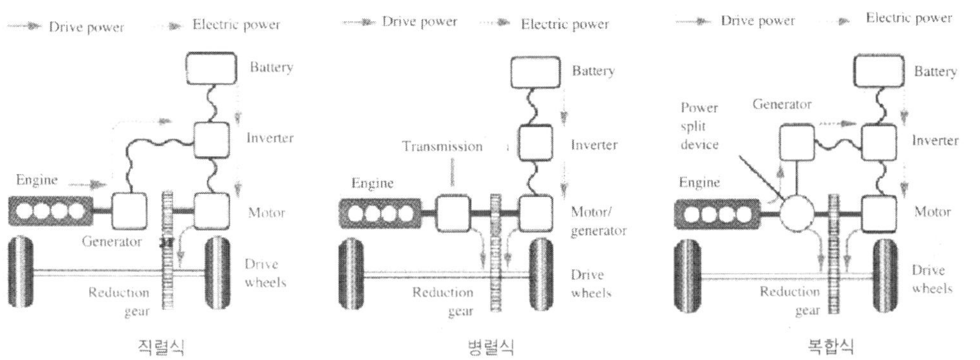

[그림 2.34] 동력 전달과정에 따른 하이브리드 자동차의 구분

직렬형의 장점은 기관의 정속회전이 가능하므로 배기가스 저감이 용이하고, 동력원인 모터의 기관에 대한 제어가 독립적이기 때문에 차량의 원활한 주행을 위한 운전 제어모드가 비교적 간단하다. 또한 단거리 및 저속 영역에서는 병렬형에 비교하여 시스템 효율이 떨어지지 않지만 장거리 및 고속에서의 효율은 낮으므로 시내 주행용의 소형 차량에 적당하다. 단점으로 모터 자체에서는 정격출력 외에 순간 가속에 필요한 최대출력도 요구되므로 모터 성능이 주행성능에 미치는 영향이 크고, 현 기술수준으로 대형차에 적용할 경우 모터와 제어기 중량으로 인한 손실이 상당한 비중을 차지하며

에너지 전환 효율이 현저하게 저하되는 경향이 있다. 하지만 직렬형 차량은 기존 전기자동차 개발기술을 활용할 수 있으며 또한 직렬형 하이브리드 개발에서 얻어진 기술도 연료전지 자동차 개발에 그대로 적용될 수 있다는 장점이 있으므로 그 연구 개발을 소홀히 할 수는 없겠다.

병렬형은 전동기 출력 및 배터리 용량이 비교적 작아도 기관으로부터 충분한 성능이 발휘되며 에너지 변환이 직렬형보다 적으므로 효율이 향상될 수 있다. 그러나 시스템 제어방식 및 구조가 직렬형에 비해 복잡하고 배기 저감효과도 상대적으로 낮다. 특히 기관 동력에 의한 차륜 구동으로 변속기가 필요하며, 유단 변속기를 사용할 경우 주행 시의 속도 요구조건과 기관의 운전조건이 연동이 되므로 엔진의 최고 효율점에서 작동시키기 어렵다는 단점이 있다. 그러나 무단 변속기(CVT)를 병렬형 하이브리드 자동차에 장착하면 기관과 주행 시 속도 조건과의 연성을 제거할 수 있고 주행 상황과는 무관하게 엔진을 고효율 영역에서 작동시키는 것이 가능해지므로 차량 전체의 연비 향상과 배기가스 저감이 가능해진다.

복합형은 직 · 병렬 방식의 장점을 모두 활용할 수 있는 조합형으로, 시스템의 제어가 가장 복잡하며, 동력 분할기구가 추가로 요구된다.

- 외부 전원에 의한 충전 방식의 하이브리드
  - 플러그인 하이브리드 자동차(PHEV) : 외부 전원 또는 가정용 전원에서 충전이 가능한 하이브리드차로서, 배터리 용량은 전기자동차보다 적지만 전기자동차처럼 충전하여 사용할 수 있으므로, 일정 주행조건에서의 일정거리를 주행하는 단거리는 전기자동차로서 유용한 형식이다.

    전기에너지를 모두 소비한 이후나 큰 출력이 요구되는 주행조건에서는 내연기관을 구동하여 주행하며, 역시 감속 시의 회생제동에너지를 이용해 배터리를 충전할 수 있다. 가장 대표적인 차종이 GM에서 발표한 시보레 볼트이며 배터리를 외부에서 충전하는 포트가 설치되어 있다(그림 2.35 참조). 우리나라에서는 GM대우의 라세티 프리미어에 볼트 플랫폼을 탑재하여 생산, 판매하려는 방안이 검토되고 있다. 현대기아자동차도 최근 PHEV 자동차 개발에 성공하여 올 연말부터 쏘나타 하이브리드와 K5 하이브리드를 미국시장에서 시판할 계획이다.

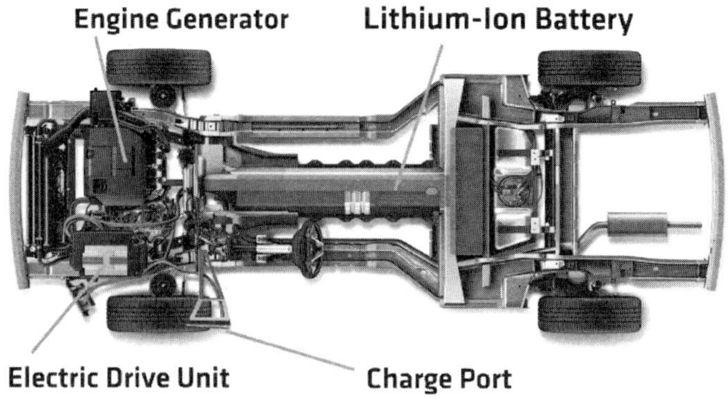

[그림 2.35] GM 시보레 볼트의 구조

- 가선집전 하이브리드 자동차 : 도로 위에 설치된 가선으로부터 탑재된 집전장치를 통하여 공급받는 전기에너지가 동력원이며, 이로 구동되는 전기모터에 의하여 주행하는 차량을 의미한다. 소형 축전지로 가능하므로 전기시스템은 비교적 간단하고 경량이지만, 가선이 없는 도로 주행을 위하여 내연기관도 설치된다. 장점으로는, 높은 최대출력을 얻을 수 있으므로 석유소비가 많은 버스, 트럭 등 대형차량의 전동화에 적합하며, 비용 면에서는 가솔린 차량에 비교하여 크게 높지 않지만 가솔린의 소비량이 적으므로 CO_2 및 배기 가스량을 저감할 수 있고, 주행거리도 전기차에 비교하여 높다. 그러나 도로 상의 가선 설치가 필요하고, 도시 미관상 및 파손 등으로 인한 위험성에서 문제가 발생할 수 있으며 높은 설치와 유지관리 비용이 필요하고 교통집중에 대비한 전기용량이 확보되어야 한다.
- 비접촉 충전 하이브리드 자동차 : 도로의 지면 밑에 설치된 유도코일을 통하여 주행 중이나 정차 중에 자체적으로 배터리 충전이 가능한 자동차이다. 따라서 배터리 용량(중량과 코스트)을 높게 할 필요가 없으며, 배터리 전기에너지로 장거리의 주행을 가능하게 하고, 코일이 없는 도로에서는 기관으로 구동하는 형식이다. 현재 연구 중에 있는 시스템으로 아직까지는 상용화와는 거리가 멀다. 장점은 가선집전 자동차의 장점에 추가해서 도시 미관상 또는 파손으로 인한 문제가 없다. 그러나 인프라 정비, 변전소 건설, 지면 밑에 코일과 단시간 충전설비 등의 설치에 고가의 비용이 요구되고 아직 해결해야할 과제들이 많은 상태이다.

③ 하이브리드 자동차의 주요기술

• 엔진기술

병렬식의 경우 기관이 주행용으로 사용되므로 기존 기관의 특징과 크게 다르지 않다. 하지만 직렬방식의 경우 기관은 주행에 사용되지 않고 단지 축전지의 전력공급용 발전기로만 사용되기 때문에 최적영역에서만 운전되는 하이브리드차 전용의 소형기관을 탑재한다. 가솔린 기관의 경우 연료를 실린더 안에 직접 분사함으로써 초희박연소가 가능한 GDI(Gasoline Direct Injection)기관, 압축착화기관의 경우는 전자제어식 초고압분사를 하는 HSDI(High Speed Direct Injection) 디젤엔진을 개발함으로써 효율을 상당히 높일 수 있었음과 동시에 유배물질의 배출을 억제하기 위한 노력이 계속 진행중에 있다. 이들 기관이 미래의 HEV차량에 실제로 탑재될 것인가는 산소가 과잉된 배기가스 중 질소산화물을 제거하는 후처리 기술의 확보에 달려있다. 최근에는 고효율의 유해배기가스 배출이 매우 적은 예혼합 압축착화(HCCI, Homogeneous Charge Compression Ignition) 방식의 신개념의 기관 개발 방향으로 관망되어 활발한 연구가 진행 중에 있다. 가스터빈은 직렬 하이브리드 추진시스템의 한 부분으로 사용되고 있으며, 특히 세라믹 가스터빈은 고온에 견딜 수 있고 배출가스를 저감할 수 있으므로 우수한 연료 열효율을 달성할 수 있다.

• 모터 및 컨트롤러 기술

하이브리드 자동차용 모터 및 컨트롤러는 고출력, 소형이면서 효율이 높은 시스템이 요구되고 있다. 핵심 연구 과제로는 가솔린 자동차에 손색없는 동력성능의 고출력화를 위하여 10,000 rpm 이상의 모터 고회전화가 진행되고 있으며, 이와 병행하여 경량, 소형화가 추진되어 최근에는 고출력 밀도의 모터가 개발되고 있다. 또한 저속에서 고속까지 고효율의 모터와 모터 제어기술도 크게 발전하여 파워소자 IGBT 개량, 인버터 개량, 고속마이크로 컴퓨터 사용, 냉각방법과 제어방법 개선에 따른 고속화 등으로 제어장치의 소형화를 실현하고 있다.

회생제동 시스템은 유압 공급장치, 압력 제어밸브, 제동시스템과 제어장치(Break Control Unit) 외에 제동기간 중의 급충전장치 등의 연구가 필요하다.

• 축전지 기술

제동에너지를 저장하기 위해 필요한 고효율 축전지의 사양은 전기자동차에 사용되는 것과 다른 특성을 가진다. 전기자동차용 축전지에 비해 에너지 밀도는 낮으나 출력 밀도는 높아야 하며, 하루에도 여러 번 충전과 방전을 반복하기 때문에 사이클 수명이 매우 중요하다고 볼 수 있다. 현재 리튬-이온, 리튬-이온 폴리머 축전지가 차세대 축전지 기술로 연구개발 중이며 실용화 단계의 니켈-수소(Ni-MH) 배터리보다 우수한 특성을 갖고 있다.

• 보조에너지 저장장치 기술

하이브리드 자동차용 축전지의 경우 출력밀도가 중요한 반면 용량은 그다지 중요하지 않으므로 축전지를 대신할 수 있는 부품으로 플라이휠과 Ultra Capacitor 등이 개발되고 있다. 플라이휠은 현재의 적용 자동차에서 단위질량 당 350W/kg의 동력과 5Wh/kg의 에너지 발생이 가능하며, 개발 목표는 더 높은 에너지 증가와 시스템 제작비용 절감에 초점을 맞추고 있다. 따라서 실용화를 위해 공정개선, 고강도의 구성부품, 저가의 메탈 메트릭스를 이용한 복층 차폐물 및 폴리머 합성물 등의 기술 개발이 선행되어야 한다.

Ultra Capacitor는 고효율의 충전/방전 효과, 뛰어난 사이클 특성, 고효율 동력발생이 특징으로서 상업적으로 이용 가능한 경우 1~2Wh/kg의 에너지를 가지고 있다. 핵심기술은 Ultra Capacitor의 방전비율 증가, 개선된 에너지 방출, 비용저감 등에 집중되어 있으며, 현재 탄소/메탈 합성섬유, 탄소로 이루어진 Monolith, 단일체의 탄소층, 탄소층 상의 폴리머층, 메탈조각 상의 혼합 메탈산화물 등 Ultra Capacitor 재질 개선이 중점적으로 연구되고 있다.

•차량제어기술

병렬형 하이브리드 시스템의 경우, 기관과 모터를 최적으로 운행하기 위한 다양한 제어전략이 필요하다. 실례로 토요타 프리우스의 경우 급기설정, 배터리/기관 구동, 회생충전, 기관과 모터 구동, 최대출력 모드 등 다양한 제어기법이 적용된다. 특히 회생제동 알고리즘은 HEV 모터 용량과 관계가 있으며 모터 용량이 작은 경우, 제동토크가 높지 않으므로 별도의 회생제동 전용시스템 설치 없이 모터에 의한 제동토크와 유압에 의한 마찰 제동토크를 동시에 사용한다.

• 시뮬레이션 기술

다양한 형식의 구동방식 및 사용 연료를 입력하면 전산 프로그램에 의하여 연비, 배기가스 및 기타 성능 등을 예측할 수 있는 기술로 미국 에너지성(DOE : Department of Energy)에서 공개 프로그램으로 제공하고 있다.

(3) 연료전지 자동차(FCEV : Fuel Cell Electric Vehicle)

물의 전기분해를 역으로 진행시켜 수소와 산소가 결합할 때 발생하는 전기에너지를 자동차 동력원으로 사용한다는 원리를 실용화한 것이 연료전지(fuel cell)기관으로, 장래에는 연료전지 자동차 시대가 될 것이라는 예측이 나올 정도로 각광 받는 개념이다. 수소를 이용하여 연료전지를 사용하게 되면 자동차는 물 이외의 공해물질은 전혀 배출하지 않으므로 친환경성과 대체에너지 조건을 완벽하게 만족한다. 또한 수소는 우주적으로 가장 많은 원소이며 고갈된 염려가 거의 없으므로, 세계 각국이 수소연료전지 자동차를 환경친화적 미래형자동차의 최종적인 목표로 삼고 있는 것도 이런 까닭이다. 그러나 아직 수소연료 공급기반이 구축되지 않아 지금은 실용화가 어렵고, 또한 고출력 연료전지 스택(Stack), 수소 저장탱크 등에 대한 기술적 문제도 있으며, 특히 수소를 원활하게 생산, 보급, 판매하기 위한 수소인프라 구축이 현재로선 요원하다. 그러나 수소연료전지 자동차 실용화에 박차를 가하고 있는 유럽연합(EU)의 경우에는 유럽 내 수소 파이프라인의 설치가 완료되는 2030년 이후에 수소연료전지 자동차의 보급이 가능할 것으로 예상한다.

① 수소연료전지 자동차의 구동원리

전기자동차와 마찬가지로 요구되는 토크 및 동력을 모두 전기 모터로부터 얻지만, 전기 에너지원은 충전용 축전지가 아닌 연료전지에서 발전한 전기에너지를 주 동력원으로 사용하여 주행한다. 따라서 수소연료전지 자동차는 수소탱크와 수소 공급장치, 연료전지, 발전과정에서 생성된 물의 저장탱크, 구동 모터 외에 보조 동력원인 고압 배터리 등으로 구성된다. [그림 2.36]에 수소 연료전지 자동차의 작동원리 개념과 자동차 구조에 대하여 도시했다.

수소연료전지는 수소를 공기 중 산소와 화학 반응시켜 전기를 생성하는 미래의 동력원이라 할 수 있다. 구성은 [그림 2.37]과 같이 전해물 주위에 서로 맞붙어 있는 두 개의 전극 판으로 구성되어, 연료전극(anode) 측으로 수소를 공급하고 산소전극(cathode) 측으로 산소(공기)를 공급하면, 수소는 촉매반응에 의하여 연료전극에서 전자를 내어 놓고 양극성 수소이온은 전해질 막을 통과하여 산소전극으로 가서 산소의 전자를 만나 물이 된다.

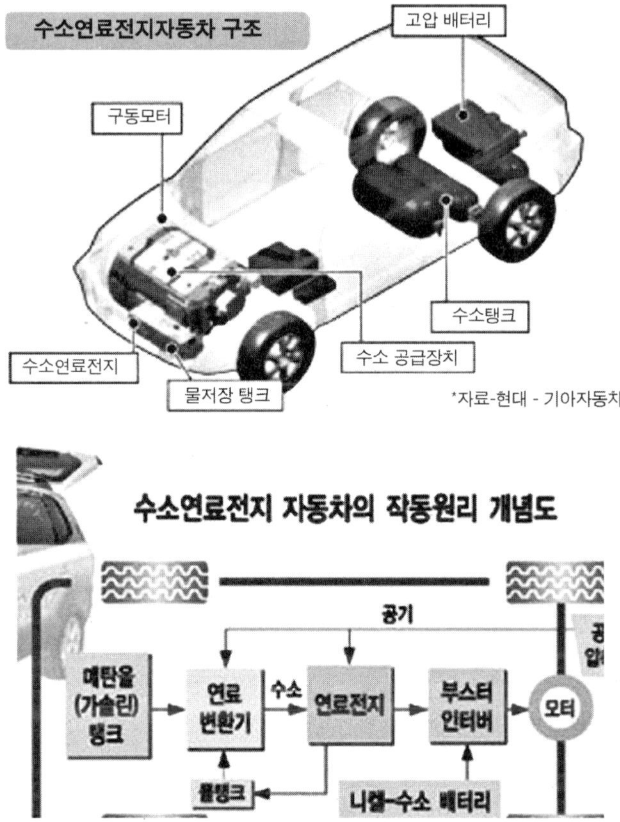

[그림 2.36] 연료전지 자동차의 작동원리 개념도와 자동차 구조

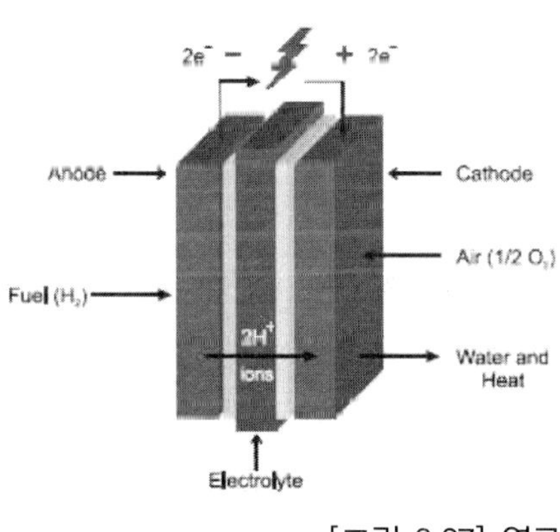

연료전극 : $H_2 \rightarrow 2H^+ + 2e^-$

산소전극 : $\frac{1}{2}O_2 + 2H^+ + 2e^- \rightarrow H_2O$

전반응 : $H_2 + \frac{1}{2}O_2 \rightarrow H_2O$

[그림 2.37] 연료전지 구조 및 화학반응

이때 연료전극과 산소전극 사이에 모터 등의 전기적인 부하를 연결하면, 연료전극의 전자가 모터에서 전기적 일을 수행하는 동시에 산소전극에서 물과 열이 생성된다. 연료전지 한 개의 셀(cell)에서 얻는 전압은 약 1V 정도이므로, 요구 전압을 얻기 위해 여러 층으로 쌓은 것을 스택(stack)이라 한다.

화학적 반응에 의해 전기를 발생시킨다는 점에서 배터리와 비슷하지만 연료전지는 반응 물질인 수소와 산소를 외부로부터 공급받으므로 배터리와는 달리 충전이 필요 없고, 연료가 공급되는 한 전기를 발전한다. 연료전지는 전해질 종류에 따라 인산염형(PAFC), 알칼리형(AFC), 고분자전해질형(PEMFC), 고체산화물형(SOFC) 등이 있다.

② 수소연료전지 자동차의 구성요소

• 연료저장계 및 공급계통

연료전지 자동차의 수소공급방식은 크게 개질방식과 수소탱크에 의한 공급방식으로 구분되나, 여기서는 수소탱크에 의한 공급방식만을 언급하겠다. 수소의 비등점은 -252.8℃, 빙점은 -259.3℃로써 거의 절대온도에 근접함으로 현재 액화수소를 실용적으로 사용하는 것은 어려우며, 따라서 기체상태의 수소를 350bar 또는 700bar의 고압용기에 보관하여 사용한다.

- 연료 저장계 : 연료 저장계통은 공급회로, 저장실린더, 고압회로, 압력제어회로 등으로 구성된다. 연료 공급회로(Fueling Circuit)는 공급받은 연료가 역류 방지용 체크밸브를 경유하여 수소 저장 실린더까지 유동하는 회로를 의미하며, 연료 저장 실린더 (Hydrogen Storage Cylinder)는 고압 수소가스를 저장하는 실린더로서 각각의 실린더에는 일체화된 솔레노이드 밸브, 체크밸브, 초과유동(Excess flow) 밸브, 수동 개폐밸브와 압력방출장치 등이 설치된다. 솔레노이드 밸브는 차량 정지 시 자동 닫힘으로써 연료를 차단하는 역할을 하고, 체크밸브는 솔레노이드 밸브가 닫혀 있을 시에도 연료 공급은 가능하도록 하며, Excess flow 밸브는 파이프 화재 또는 누출에 의해 연료 흐름이 과도할 경우 흐름을 차단하는 밸브이고, 압력 방출장치 (Relief Device)는 수소압력이 과도하게 증가할 경우 자동 개방되는 장치이다. 고압회로 (High Pressure Circuit)는, 연료 저장실린더와 연료공급회로 및 압력제어회로 (Motive Pressure Circuit)를 연결하는 일반적인 다지관(Manifold), 정비를 위한 수동조작밸브(Hand Operated Vent Valve) 등으로 구성되어 있다.

압력제어회로 (Motive Pressure Circuit)는 연료 저장계에서 최종적인 연료 공급계로 연료를 공급하는 회로로써 고압의 연료를 저압으로 조정하여 송출 한다. 공급압은 약 12bar까지 감압하며 약 17bar 이상에서 방출밸브가 연료를 방출한다.

- 연료 공급계 : 공급계통은 공급압력을 조절하는 압력조절기(regulator), 1회용 버스트 디스크, 배출장치(ejector), 퍼지회로(purge circuit) 등으로 구성된다.

  압력조절기는 스택의 연료 공급압력을 제어하며, 이로 인하여 저압의 연료가 스택과 배출장치 간을 순환하게 된다. 연료의 소모량은 스택 내에서의 발전 화학반응에 따라 결정되고, 이 때 스택에서 배출되는 연료는 액체 또는 기체상태의 수분을 포함하고 있으므로 연료/물 분리기에 의해서 여과된다.

  배출장치는 스택에서 배출된 가스를 새로 유입된 연료 가스와 혼합하여 재순환하며, 버스트 디스크는 연료압이 약 3.2 bar로 높아질 때 연료를 강제 배출하여 장치를 보호하는 역할을 하며 1회용으로 설치된다.

  퍼지회로는 수소 확산기(diffuser)와 솔레노이드 밸브로 구성되어 있으며 시동 정지 등의 경우에 스택 내의 잔류 연료를 배출하는 역할을 한다.

• 연료전지 스택

연료전지는 수소저장탱크로부터 수소를 공급 받아 수소와 산소를 화학 반응시켜 전기를 생산하는 부분으로 모터 구동용 전기를 연료전지 스택에서 생산한다(그림 2.38 참조).

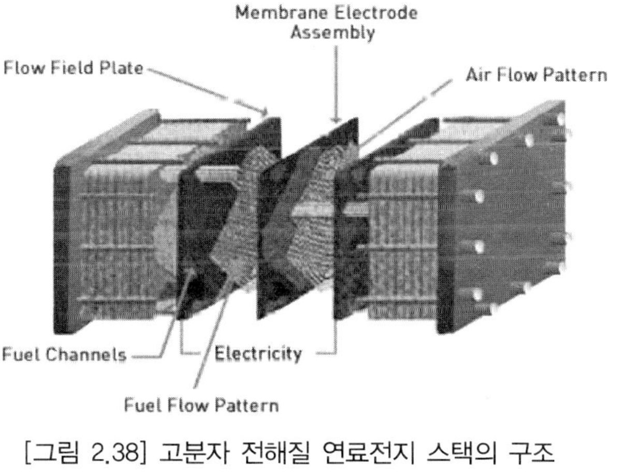

[그림 2.38] 고분자 전해질 연료전지 스택의 구조

연료전지 스택의 기본적인 개념은 수소는 $2H_2 \rightarrow 4H^+ + 4e^-$의 수소반응을 일으키며, 공기가 공급되어 산소와 반응하면 $4H^+ + O_2 + 4e^- = 2H_2O$ 로서 수소와 산소가 반응하게 되어 전기가 생성되고 배출물로 순수한 물이 유출한다. 연료전지 스택은 수백개의 고분자 막으로 형성되며, 수소는 Anode를 통과하고 산소는 Cathode를 통과한다. 수소는 전기 화학적으로 산소와 반응하여 물을 생성하면서 직류가 발전되며 반응열도 발생되고, 직류는 인버터에 의해 교류로 변환하여 구동모터로 보내진다.

연료전지에서 발생된 열은 개질을 위한 증기를 발생시키거나 배기열로 배출 된다. 순수한 산소는 연료전지의 효율을 높일 수 있지만 산소 저장에 따른 비용과 무게가 증가하는 문제가 있다. 따라서 공기 중에 산소가 많이 포함되어 있으므로 효율은 좀 떨어지지만 공기를 직접 이용한다. 현재 연료전지 자동차에서 가장 유용하게 적용되는 고분자 전해질은 한 전극에서 다른 전극으로 수소 이온을 전달해 주는 역할을 하며, 이온 전달의 저항을 최소화 해주기 위하여 고분자 전해질 막은 전극 간의 접촉이 없는 범위에서 가능한 얇게 하며, 이것이 연료전지스택의 가장 중요하면서 가장 고난이도의 기술이라고 할 수 있다. 부가적으로 스택에 장착되어 있는 촉매는 전극에서의 이온화 반응을 향상시키며, 2개의 전극으로 구성된 단위 셀은 이론적으로 1.23Volt 까지 생성시킬 수 있으나, 실제는 0.7V 정도를 생산하므로, 필요한 전압을 위하여 연료전지를 여러층으로 구성하고, 요구 출력을 얻기 위해 표준 크기의 스택을 직렬로 연결하여 상용 연료전지를 구성한다. 현대의 투싼에 장착한 연료전지 스택의 성능은 75kW급으로서 약 110마력의 성능을 낼 수 있고, 모하비에 장착되어 있는 연료전지 스택은 최근에 개발을 마친 최신 유닛으로 100KW, 약 160마력의 성능을 얻을 수 있다.

• 전기 동력장치

전기 동력장치는 연료전지스택에서 발전한 전기 전압을 조절하여 주는 직류변환기와 직류를 교류로 변환시켜주는 인버터, 그리고 인버터에서 공급된 전기로 회전력을 발생시켜 휠에 구동력을 전달하여 주는 구동모터로 구성되어 있다. 직류변환기는, 약 450V 정도의 연료전지 스택에서 발전한 전압을 모터 작동에 필요한 250V에서 350V 사이의 전압으로 변환하고, 또한 보조 전원과 배터리로 저장되는 전압을 위하여, [그림 2.39]과 같이 고전압과 저전압의 2개 계통이 있다.

고전압계통은 전기를 구동 모터 측으로 보내고, 회생에너지를 인터버로부터 받아 배터리에 저장하기도 하므로 전기 흐름은 양방향이며, 저전압계통의 직류변환기는 자동차 에어컨, 오디오 등 전장 부품들에 필요한 12V로 전압을 저하시켜 공급하며 12V 보조 배터리 충전을 수행하는 전기 공급역할만 하므로 전기 흐름이 단방향이다.

[그림 2.39] 직류변환기 모듈(고압변환기, 저압변환기, 전압단속장치)

인버터는 직류를 교류로 변환하고 또한 교류 모터의 회전수 변화를 위하여 교류 주파주제어 역할도 담당하고 있다. 앞에서 언급한 것과 같이 연료전지 스택과 배터리에서는 직류 전원을 외부로 공급하므로, 이를 3상 교류 전원으로 변환하여 모터로 전달하며, 자동차가 제동할 때에는 모터의 회전력으로 발전한 전기에너지를 직류로 변환하여 배터리에 저장한다. 인버터 내부에는 6개로 스위치로 구성된 반도체가 내장되어 있으며, 스위치 간 회로 개폐를 제어하는 방법으로 직류와 교류를 변환한다. 전기 전원 형식을 변환하는 과정에서 많은 열이 발생하므로 인버터를 냉각시키기 위해 내연기관 자동차와 마찬가지로 냉각수를 이용하여 냉각시킨다.

[그림 2.40]와 같이 설치되는 구동모터는, 연료전지스택과 배터리에서 발생된 전기에너지를 받아 회전력을 발생시켜 자동차를 견인할 수 있는 에너지를 최종적으로 구동차륜에 전달한다. 현대기아자동차 수소연료전지 차량에 쓰이는 구동모터는 영구자석 동기전동기 방식의 구동모터로써 소음이 적고 효율이 높은 것이 특징이다. 투싼 수소연료전지 차량에 쓰이는 구동모터의 최고출력은 약 110마력 정도이며 최대토크는 220Nm이고, 모하비 수소연료전지 차량은 약 160마력의 최고출력과 12000rpm에서 약 300Nm의 최대토크 성능을 갖는다. 구동모터는 제동 시에 발전기로 작동할 수 있으므로, 휠의 회전력에 의한 운동에너지를 전기에너지로 변환시켜 전기를 생산하거나 제동에 필요한 에너지를 발생시키는 역할도 하며, 제동에 쓰이고 남은 에너지는 배터리

로 저장시킨다. 일반 내연기관 자동차에는 엔진의 동력을 기어 감속비에 의하여 효율적으로 제어해주는 변속기가 필요하지만 수소연료전지 차량은 엑셀레이터의 페달 압력에 따라 모터의 회전이 자유롭고 어느 회전수에서든 최고출력과 최대토크가 발생되기 때문에 토크 변화용 변속기는 필요 없고 전/후진, 정차 등의 모드에만 적용되며, 내연기관처럼 진동, 소음이 발생하지 않아 이에 대비한 흡진재, 흡음재가 많이 사용되지 않는다.

[그림 2.40] 구동모터

[그림 2.41] 고전압 배터리

• 배터리

고전압 배터리는, 흔히 [그림 2.41]과 같이, 수소저장탱크의 윗부분에 위치하고 있으며, 배터리와 함께 배터리에서 발생하는 열을 배출하여 주기 위한 터빈으로 구성되어 있다. 배터리는 출발, 가속, 등판 시 수소와 산소의 반응으로 발생되는 전기에너지에 추가하여 부족한 전기에너지를 보조하고, 제동 시에는 회생제동을 통한 에너지를 저장하였다가 가속, 주행 시 에너지를 공급하여 차량의 연비와 동력효율을 향상시키는 역할도 한다.

③ 수소연료전지 자동차의 장단점

수소연료전지 자동차의 장점으로는 물의 전기분해에 의하여 연료가 생산되므로 거의 영구적 생산이 가능하고, 배기가스는 CO_2가 전혀 없이 주성분이 물이므로 친환경적이며, 자체 발전이 가능하므로 별도 충전시설 없이 전기자동차보다 항속거리가 더 길다는 점 등이 존재하여 차세대 에너지원으로 기대할만 하다. 그러나 단점으로, 수소는 다루기 어려운 폭발 위험성이 큰 기체로 대량의 수소 적재가 어렵고, 고압 수소탱크의 중량과 공간 증가로 상당한 손실이 초래되며, 연료전지 자체의 백금촉매로 인한 높은 가격과 이온교환 수지의 마모로 인한 짧은 내구성 등이 있다.

현재의 수소연료전지 자동차 기술수준은 양산체제에서도 별다른 문제가 없는 실정이라 하지만, 아직 해결되지 못한 기술적인 문제들이 산적해 있다. 우선 양산을 한다고 해도 대당 가격이 아직 너무 높아 일반인들이 구입할 수 있는 수준이 아니다. 처음 개발 당시에 대당 가격이 10억을 호가하던 것에서 2세대에는 5억, 3세대에서는 3억 정도로 빠르게 줄어들기는 했지만 여전히 엄두를 낼 수 있는 가격대는 아니며, 그나마 가격이 줄어든 것은 기술개발과 국산화율이 높아졌기 때문이다. 수소연료전지 차량 가격에서 가장 높은 비율을 차지하는 것이 바로 연료전지 스택이며, 이 부분은 국산화 하지 못했다가 최근에 들어서야 국산화에 성공한 부분이다. 이로 인해서 대당 가격이 크게 낮아 질 수 있었지만 아직 국산화가 되지 못한 핵심부품들이 상당히 남아있으므로 지속되는 연구 개발을 통해 국산화율을 높여야 하겠다. 또한 수소 저장탱크의 용량과 배터리 용량의 문제이다. 이제 500 ~ 600km 대의 주행거리를 갖추었다고는 하지만 디젤 차량에 비해서는 아직 부족한 주행거리이며 지금처럼 수소저장탱크와 배터리가 큰 공간을 차지하고 많은 무게가 나가는 상황에서는 아직 100% 효율적이지 못하다고 할 수 있다. 주행거리를 늘이기 위해서 수소저장탱크의 용량을 무한정 늘일 수도 없기 때문에 배터리 용량의 비약적인 발전이 필요하지만 아직 배터리팩에 사용되는 2차 전지는 많은 기술개발을 요하고 있다. 배터리팩으로 주행할 수 있는 거리는 현재 150km 정도가 한계로 알려지고 있다. 언제 수소 인프라가 제대로 구축될지 모르는 상황에서 배터리팩의 발전이 요구된다. 이는 전기자동차 또한 마찬가지이다. 또한 특성상 전기에너지가 발생되는 만큼 전자파가 인체에 무해한지에 대한 논란 또한 아직 정리되지 않았다. 전자파는 인체에 무해한 것 외에도 차량의 전장시스템에 영향을 끼쳐 사고를 일으킬 수 있으므로 전자파에 대한 해결 또한 중요하다고 할 수 있다. 현재 수소연료전지 차량에 사용되는 촉매는 백금 촉매가 사용되고 있는데 백금도 귀금속이기 때문에 단가가 높아 결국 차량원가를 증가시키는 원인이 된다. 게다가 백금은 세계적으로 매장량이 부족하여 향후 수소연료전지 차량이 대량으로 양산 될 경우 백금 수급이 곤란해 질 수 있다. 따라서 대체 촉매제 개발이 시급하다. 또 수소엔진을 통해 수소가 연소될 경우 이산화탄소가 발생하지는 않지만 폐쇄 공간에서 고온으로 연소되기 때문에 스모그의 주성분인 질소산화물은 발생되게 된다. 이러한 오염물질을 어떻게 해결할지에 대한 연구 또한 필요하다.

연습문제

1. 피스톤 실린더 기구의 내연기관 작동원리에 대하여 설명하고 2행정기관과 4행정기관의 차이점 및 장단점에 대하여 기술하라.

2. 다음 자동차 또는 선박 원동기를 이상화시킨 열역학적 사이클을 기록하고, 이 들 간의 차이점과 각 사이클에 해당하는 구성과정을 설명하라.

(1) 가솔린자동차 (2) 고속 디젤자동차 (3) 저속 박용 디젤기관

3. 2행정기관과 4행정기관의 밸브개폐 선도와 이에 해당하는 P-V 선도를 도시하라.

4. 가솔린기관의 연료분사장치의 종류와 구성에 대하여 간단히 설명하라.

5. 가솔린기관과 디젤기관의 연소실 종류를 열거하고 특징을 간단히 설명하라.

6. 가솔린 노크와 디젤 노크의 발생 원인을 열거하고, 초래되는 현상 및 방지대책에 대하여 비교 검토하라.

7. 실제기관에서 존재하는 손실을 이론적 사이클과 비교하여 설명하라.

8. 내연기관 평균유효압력과 출력 간의 관계식 및 토크와 출력, 토크와 평균유효압력의 관계식을 2행정기관과 4행정기관에 대하여 구하라.

9. 체적효율과 충전효율에 대하여 설명하고, 이들의 증가 방법에 대하여 기술하라.

10. 내연기관의 성능곡선을 개략적으로 도시하고, 간단히 설명하라.

11. 내연기관의 주요 부품을 열거하라.

12. 친환경차의 필요성과 분야에 대하여 기술하고, 각 분야의 특장을 현재 생산되는 차종을 예를 들어 설명하라.

13. 국내의 그린자동차 부품개발 계획에 포함된 부품들을 분야별로 열거하고, 기술적인 개발 목표에 대하여 검토하라.

14. 친환경자동차를 위하여 기존 내연기관에 적용되는 기술들과 대체연료에 대하여 언급하고 각각에 대하여 간단히 평가하라.

15. 전기자동차의 핵심기술과 장단점에 대하여 기술하라.

16. 하이브리드 자동차의 구동원리를 설명하고, 그 종류를 동력전달과정에 따라 분류하여 각각의 특징에 대하여 평가하라.

17. 하이브리드 자동차에 적용되는 주요기술들을 열거하고 설명하라.

18. 하이브리드 자동차 운전조건에 따른 모터와 내연기관의 동력분배를 기술하라.

19. 연료전지 자동차의 구동원리와 구조에 대하여 간단히 기술하고, 연료전지에서의 발전과정을 화학적 반응식을 근거로 서술하라.

20. 연료전지 자동차의 장단점을 열거하라.

21. 다음에 대하여 간단히 설명하라.

(1) 배기량과 압축비	(2) 사이클	(3) 리드(lead)와 래그(lag)
(4) 옥탄가	(5) 세탄가	(6) 디젤의 연소과정
(7) 열정산	(8) 전기자동차에 적용 모터	(9) PHEV, 가선집전HEV
(10) 동력분할기구(PSD)	(11)차량용 연료전지의 종류	(12) 연료전지 스택(stack)
(13) 인버터	(14) 에너지회생 제동장치	

제 3 장

자동차 열공학

열공학이란 연료를 사용하여 열을 만들고 이 열을 효율적으로 이용하는 신제품이나 신제법 또는 신기술 등을 탐구하는 학문이다. 따라서 열에 관련된 현상을 과학적 방법으로 연구하는 열역학(thermodynamics)이 가장 기본이 되며, 열전달(heat transfer), 유체역학(fluid mechanics), 컨트롤(control) 등의 분야가 부수적으로 필요하다.

[그림 3.1] 가솔린엔진(Honda Acura)

자동차 열공학이란 자동차만을 대상으로 하는 것으로 엔진과 엔진에 관련된 모든 것을 다루게 된다. 즉 엔진 자체가 가장 주된 대상이 되지만, 엔진냉각 시스템, 공기흡입 시스템, 점화시스템, 연료와 연료분사 시스템, 배기 시스템 및 자동차 냉방 시스템

등에 관한 내용도 자동차 열공학의 대상이 된다. [그림 3.1]은 일본의 Honda Acura 가솔린엔진을 보여주고 있다.

본 장에서는 자동차 열공학의 기초가 되고, 자동차 엔진을 이해하고 분석하는데 필요한 열역학에 관련된 사항을 공부해 본다. 가솔린 및 디젤엔진은 공기가 주요 작동유체이므로 이상기체에 대한 기본적인 사항을 알아야 하며, 가솔린 및 디젤엔진 사이클을 해석하기 위해서는 열과 일의 개념을 이해하고 열역학 1법칙과 2법칙을 제대로 적용할 수 있어야 하며, 내부에너지, 엔탈피를 비롯한 각종 열역학적 성질을 계산할 줄도 알아야 한다. 또한 엔진 효율(사이클 효율)에 대한 정의와 그 의미를 이해하고 있어야 한다.

1. 열역학 개요

열역학(熱力學)이란 영어로 thermodynamics이며 그리스어로 therme(열) + dynamis(이동 또는 동력)의 합성어이다. 결국 열역학이란 열, 열의 이동, 또는 동력(일률)을 다루는 학문이라는 것을 그 어원으로부터 알 수 있다. 열역학은 응용의 관점에서 볼 때 공학의 한 부분이라고 생각할 수도 있지만, 열역학이란 본래 물리학에 속하는 학문 분야이다.

다음은 몇 가지 교재에 나타나 있는 열역학에 대한 정의이다.

- 에너지를 다루는 과학
  (Thermodynamics, Y.A. Cengel)
- 에너지의 변환과 변환과정에 관계된 물질 및 장치를 연구하는 학문
  (Thermodynamics, E.E. Anderson)
- 운동하는 물질에 관계된 열을 연구하는 학문
  (Basic Engineering Thermodynamics, R. Joel)
- 에너지의 추출과 추출된 에너지를 열, 일 및 동력으로 사용하는 것을 연구하는 학문
  (Thermodynamics and Heat Power, K.C. Rolle)
- 열과 열의 기계적 에너지로의 변환을 연구하는 학문
  (Conceptual Physics, P.G. Hewitt)
- 상태의 변화에 따른 물질의 성질을 연구하는 학문으로 공학적으로는 에너지의 변

환, 이용에 관한 사항을 취급 (공업 열역학, 노승탁)

위의 정의들을 요약하면 열역학이란 '열과 일에 관련된 현상의 상호관계를 연구하는 학문분야' 또는 '에너지에 관련된 물질의 특성과 그 상관관계를 연구하는 학문 분야'로 정의할 수 있다.

열역학은 그에 관련된 내용을 어떤 관점에서 서술하느냐에 따라 선개하는 방법(연구 방법)이 사뭇 다르다. 열역학을 서술하는 관점에는 거시적 관점(macroscopic view)과 미시적 관점(microscopic view)이 있다. 거시적 관점이란 물질을 구성하는 개개의 분자나 원자의 운동을 고려하지 않고 이들 집합체의 평균적 거동을 측정하거나 분석하여 그 물질의 성질을 파악하려는 시도이며, 미시적 관점이란 개개의 분자나 원자의 운동을 고려하여 물질의 성질을 파악하려는 시도이다. 다시 말해서 거시적 관점은 압력과 온도 같은 물질의 평균적 성실을 직접 측정하여 성질간의 상호관계를 현상학적으로 파악하는 것을 말하며, 미시적 관점은 원자론의 관점에서 입자의 거동을 계산하여 성질간의 상호관계를 파악하게 된다. 결국 미시적 관점으로 열역학을 전개한다면 굉장히 많은 수의 입자나 분자를 취급하게 됨으로 통계역학(statistical mechanics), 확률, 분자운동론, 양자역학 등을 적용해야만 한다.

앞으로 우리는 공학적인 관점에 기초한 거시적 관점으로 열역학에 관한 기본적인내용을 다룰 것이다.

2. 기본 개념

1) 기본 술이

(1) 시스템과 주위

시스템(系, system)이란 열역학적인 문제의 대상이 되는 가상적인 물질의 집합을 말하며, 주위(surrounding)는 시스템을 포함하지 않는 나머지 모든 물질을 말한다. 시스템과 주위는 경계(boundary)로 구분된다. 경계는 단단한 고체로 만들어진 통의 표면과 같이 고정된 것도 있지만, 고무풍선의 표면과 같이 변하는 것도 있다. 경계를 통하여 물질이나 열 또는 일의 출입이 일어난다.

경계를 통하여 물질(질량)이 출입하는 시스템을 개방계(또는 개방시스템, open system)라 하고 물질이 출입하지 않는 시스템을 밀폐계(closed system)라 한다. 밀폐계라도 열이나 일은 출입할 수 있다. 한편 주위와 어떤 상호작용도 하지 않는 시스템을 고립계(isolated system)라 하는 데, 시스템과 주위를 합한 것을 시스템으로 고려한다면 고립계가 될 수 있다. 또한 주위와 열 교환을 하지 않는 시스템을 단열계(adiabatic system)라 한다. 한편 유체역학에서는 검사체적(또는 제어체적, control volume)이란 용어를 주로 사용하는데, 검사체적이라는 것은 열역학에서의 개방계를 뜻하는 것이다. [그림 3.2]의 가솔린엔진은 개방계이다.

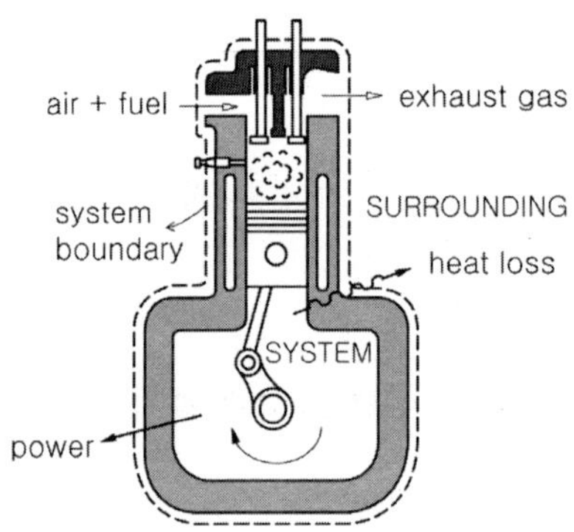

[그림 3.2] 가솔린엔진

(2) 상태와 열역학적 성질

20℃의 공기와 100℃의 공기는 다른 상태라고 말한다. 이처럼 시스템의 상태(state)란 어떤 측정 가능한 물리적인 양이 서로 달라 다른 것과 구별되어질 때 사용된다. 한편 열역학적 성질(thermodynamic property)은 어떤 상태를 규정짓는 데 사용될 수 있는 모든 측정가능한 양을 말한다.

열역학적 성질은 종량적 성질(extensive property)과 강성적 성질(intensive property)로 구분한다. 종량적 성질은 질량에 비례하여 그 값이 변하는 것으로 질량, 체적, 에너지 등이 있으며, 강성적 성질은 질량에 의존하지 않는 것으로 온도, 압력, 밀도 등이 이에 속한다. 일반적으로 체적이나 에너지와 같은 종량적 성질을 질량으로 나누면 강성적 성질이 되는데, 이와 같은 단위 질량당의 성질은 앞에 비(比, specific)란 글자를 붙여 표시한다. 즉 단위 질량당 에너지를 비에너지(specific energy), 단위 질량당 체적은 비체적(specific volume)이라 한다.

(3) 과정과 사이클

시스템의 상태가 변할 때 그 중간 경로를 과정(process)이라 하며, 여러 경로를 거쳐 최초의 상태로 돌아오게 되는 과정이 있다면 그 과정을 사이클(cycle)이라 한다.

(4) 가역과정과 비가역과정

어떤 과정이 있을 때 그 과정이 가역적인지 또는 비가역적인지 열역학에서는 매우 중요한 개념으로 열역학 제2법칙의 골격이 된다. 가역과정(reversible process)이라는 것은 그 과정이 완전히 역방향으로 진행될 수 있어서 원래의 상태로 돌아갈 수 있는 과정을 말한다. 여기서 원래 상태로 돌아갈 수 있다는 것은 결국 과정의 진행방향이 자유자재로 바뀔 수 있다는 것을 의미하기 때문에, 가역과정은 시스템에 관련된 임의의 성질이 아주 미세하게 변화해도 진행방향이 바뀔 수 있는 과정으로 정의할 수도 있다.

한편 가역과정에 대한 원래의 정의에서 '완전히'란 말에 주목해야 한다. '완전히'란 의미는 주위에 전혀 영향을 끼치지 않음을 뜻한다. 결국 원래의 상태로 돌아갈 수 있다 하더라도 주위에 조금이라도 영향을 끼친다면 비가역과정(irreversible process)이다. 따라서 비가역과정이란 한쪽 방향으로만 진행되는 과정이라 할 수도 있다. 비가역과정으로 대표적인 것을 몇 가지 들어보면 다음과 같다.

---

① 유한한 온도차에 의한 열전달: 열은 항상 온도가 높은 곳에서 낮은 곳으로 흐른다.
② 마찰 : 기계적인 일은 마찰을 통해 모두 열로 변환된다. 열을 가해 물체를 원래 위치로 옮기는 것은 불가능하다.
③ 자유팽창과 혼합 : 기체를 자유 팽창시킨 경우나 두 유체를 혼합시킨 경우 저절로 본래의 상태로 환원될 수는 없다.
④ 전기저항손실 : 전류는 저항기(resistor)를 통해 열로 발산된다. 열을 저항기에 가해 전류를 흐르게 할 수는 없다.
⑤ 연소과정 : 연료를 공기와 연소시키면 발열반응을 통해 열을 방출하고 어떤 생성물로 변한다. 생성물에 열을 공급한다 해도 연료와 공기의 상태로 환원되지 않는다.

결국 가역과정과 비가역과정을 비교해보면 비가역과정에는 여러 가지 요인이 내포되어 있는 데, 그 요인을 비가역성(irreversibility)이라 한다. 비가역성 중에 대표적인 것이 위의 예 ①과 ②이다. 열전달은 보통 시스템과 주위(또는 다른 시스템) 사이에서 일어나게 되므로 유한한 온도차를 외부적인 비가역성이라 한다. 한편 모든 장치는 운전 시 내부에서 마찰이 일어나므로 마찰과 같이 시스템 내부에 존재하는 비가역성을 내부적인 비가역성이라 한다. 위의 예에서 ①을 제외한 비가역성은 모두 내부적인 것이다. 그렇다면 ③, ④, ⑤에 관계된 내부적인 비가역성은 어떤 것일까? 바로 입자의 충돌이다. 혼합, 저항손실, 연소와 같은 화학반응은 입자의 충돌에 의해 일어난다.

결국 가역과정과 비가역과정은 비가역성 개념으로 설명할 수도 있다. 즉 과정에 관련된 비가역성이 전혀 없다면 가역과정으로, 비가역성이 하나라도 존재하면 비가역과정으로 생각할 수 있다. 그러나 비가역성에는 외부적인 것과 내부적인 것이 있으므로, 가역과정을 내부적 가역과정(내부적인 비가역성이 없는 과정), 외부적 가역과정(외부적인 비가역성이 없는 과정) 및 내·외부적 가역과정(어떤 비가역성도 없는 과정, 완전 가역과정)으로 구분하기도 한다.

2) 에너지와 에너지 변환

물질과 장(場, field)으로 구성된 물리계의 가장 기본적인 물리량으로 일을 할 수 있는 능력, 일반적으로 물체가 그 상태를 바꾸어 다른 물체에 일을 할 수 있는 상태에 있을 때, 그 물체는 에너지(energy)를 갖고 있다고 한다. 에너지는 저절로 생성되거나 소멸되지 않는, 즉 보존되는 물리량으로 다음과 같이 여러 가지 형태가 있다.

• 화학적 에너지 (chemical energy)	연료와 같은 물질이 갖고 있는 에너지(연소과정에 의해서 열에너지로 변환됨)
• 전기적 에너지 (electrical energy)	전자를 미는데 사용되는 에너지
• 역학적 에너지 (mechanical energy)	물체를 움직이는데 직접 사용되는 에너지(운동에너지, 위치에너지 등)
• 열에너지 (thermal energy)	온도로 특징 지워지는 에너지
• 복사에너지 (radiant energy)	전자기파의 형태로 방사되는 에너지로 일명 빛에너지라 하기도 함.

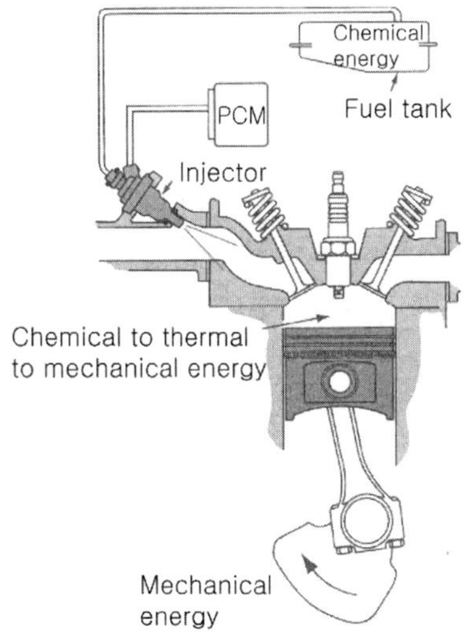

[그림 3.3] 에너지 변환의 예

에너지는 보존되기 때문에 다른 형태로 변환될 수 있다. [그림 3.3]은 엔진 내에서 일어나는 에너지 변환을 일부 보여주고 있다. 화학적 에너지를 갖고 있는 연료가 공기와 함께 흡입되어, 스파크에 의해서 연소되면 열에너지로 변환된다. 열에너지를 얻어서 가스는 팽창하고 피스톤을 움직이게 된다. 이때 열에너지가 역학적(또는 기계적) 에너지로 변환되는 것이다. 한편 스파크가 일어나기 위해서는 전기가 필요하므로 스파크 플러그에서는 전기에너지가 빛에너지로 변환되고, 다시 그 빛에너지가 열에너지로 변환되면서 스파크 플러그 주변 연료 혼합물의 온도를 발화점 이상으로 올리게 된다.

한편 자동차용 발전기는 기계적 에너지를 전기에너지로 변환시키며, 시동 모터는 전기적 에너지를 기계적 에너지로 변환시킨다.

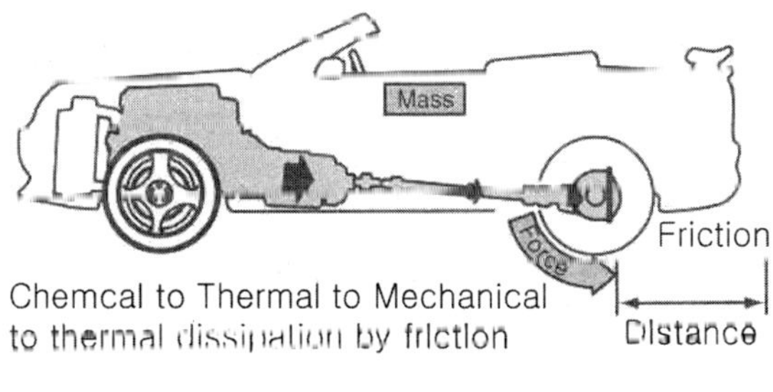

[그림 3.4] 자동차의 전체적인 에너지 변환

그리고 피스톤과 실린더 사이에서 발생하는 마찰은 기계적 에너지를 열에너지로 소산시킨다. 마찰은 기계적 에너지를 열에너지로 변환시키지만 이때 변환되는 열에너지는 쓸모없는 에너지이다. 이 예처럼 모든 에너지는 결국 쓸모없는 열에너지로 변환되어 소산되는 속성을 갖고 있다. [그림 3.4]는 자동차의 전반적인 에너지 변환을 나타내고 있다. 그림에서 보듯이 연료의 화학적 에너지를 이용해서 동력을 얻고, 이 동력이 마찰력을 이용해 타이어를 회전시켜 자동차를 움직이지만 결국 타이어와 지면의 마찰에 의한 열에너지로 최종 소산되는 것이다.

이제 에너지를 나타내는 방법에 대해서 살펴보자. 열역학에서는 내부에너지(internal energy, U)를 정의함으로서 에너지의 형태를 단순화 하고 있다. 내부에너지는 물질이나 장이 갖고 있는 총에너지로부터 그들의 전체로서의 역학적 운동에 관한 에너지를 뺀 나머지 부분을 나타낸다. 따라서 어떤 물체가 갖고 있는 에너지에는 물체 자체의 속도에 의한 운동에너지, 중력장이나 전기장 또는 자기장에 의한 퍼텐셜에너지 및 내부에너지가 있다. 내부에너지는 물체를 구성하는 분자의 운동에 관련된 에너지로 온도와 압력으로 특징 지워진다. 따라서 퍼텐셜에너지로 중력장의 위치에너지만 고려하면, 질량이 m 인 어떤 시스템이 갖는 총 에너지 E 는

$$E = U + KE + PE = U + \frac{1}{2}\mathrm{m}\mathrm{v}^2 + mgz \quad (J) \tag{3.1}$$

로 표현되며, 단위로는 Joule(J)을 사용한다. 한편 단위 질량당 에너지인 비에너지 e 는

$$e = u + \frac{1}{2}\mathrm{v}^2 + gz \quad (J/kg) \tag{3.2}$$

가 된다. 여기서 u는 비내부에너지(specific internal energy)라 한다.

자동차를 포함하여 우리가 실제 다루는 시스템은 위치에너지를 고려할 정도로 크지 않을 뿐만 아니라, 움직이더라도 시스템 전체가 함께 움직이므로 위치에너지를 계산에서 제외할 수 있다. 또한 움직이는 자동차 전체에 관한 해석을 제외하고는 운동에너지도 무시할 수 있기 때문에 에너지하면 내부에너지만 고려하는 경우가 보통이다.

예제 3.1

420kJ의 에너지는 0°C인 물 1kg을 대략 100°C까지 올리는 데 들어가는 에너지로 큰 양은 아니다. 1kg의 질량을 가진 물체의 운동에너지와 위치에너지가 이 값이 되려면 속도와 위치는 얼마인가? 이 결과로부터 유추해낼 수 있는 유용한 사실은 무엇인가?

풀 이

$$420 = \frac{1}{2}v^2 \times \frac{1}{1000}\ ,\quad \mathrm{v} = 916.5\,\mathrm{m/s}$$

$$420 = 9.8\,z \times \frac{1}{1000}\ ,\quad z = 42857.1\,m = 42.9\,km$$

*** 위의 계산에서 1000으로 나눠준 것은 J을 kJ로 만들기 위해서이다.

*** 엄청난 속도와 엄청난 고도의 결과가 나왔다. 따라서 열역학적으로 볼 때 매우 큰 속도로 움직이는 시스템이 아니거나 엄청난 위치의 변화가 생기는 시스템이 아닌 경우 시스템의 에너지 중 내부에너지가 가장 뚜렷한 값이 된다. 따라서 보통 에너지하면 내부에너지를 의미한다.

3) 열과 일

열(heat) Q와 일(work) W는 시스템이 갖고 있는 에너지의 종류가 아니다. 에너지는 한 시스템에서 다른 시스템으로 그 경계를 통해 전달될 수 있는 데, 에너지가 전달되는 형태로 열과 일이 있다. 결국 열과 일은 시스템이 갖고 있는 에너지가 아니라 에너지가 전달될 때 그 에너지 흐름을 지칭하는 것이다.

열은 온도가 높은 곳에서 낮은 곳으로 전달되는 에너지 흐름을 지칭하는 것으로 자동적으로 일어나게 된다. 이와 같이 온도차에 기인해서 나타나는 에너지 흐름을 열이라 하며, 열을 제외한 다른 모든 에너지 흐름을 일이라 한다.

열과 일은 초기 상태와 최종 상태가 같더라도 그 중간 과정에 따라 값이 달라진다. 열역학에서 경로에 의존하여 그 값이 달라질 수 있는 것은 열과 일 단 두 가지뿐이며, 모든 열역학적 성질은 상태함수(state function)로서 수학적인 함수처럼 거동하고 경로에 의존하지 않는다. 한편 시스템으로 전달되는 열은 (+) 부호인 양의 값으로, 시스템으로부터 방출된 열은 (-) 부호인 음의 값으로 정하며, 일의 부호는 시스템이 일을 한 경우는 (+) 값으로, 시스템이 일을 받은 경우는 (-) 값으로 정한다. 일은 열과 서로 반대인 부호 체계를 가지고 있다.

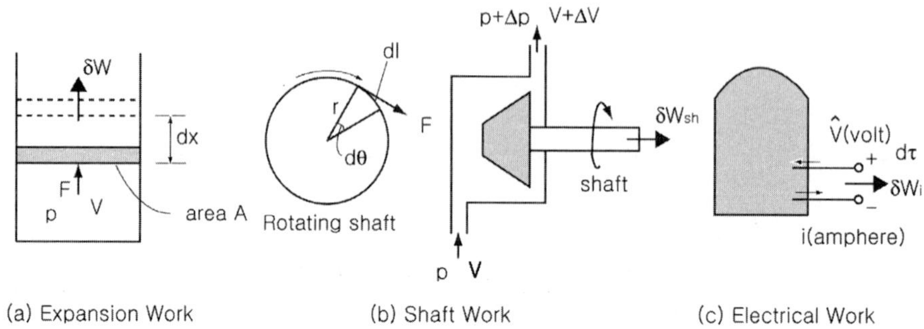

[그림 3.5] 형상일의 종류

일은 바로 앞에서 언급한 바와 같이 열을 제외한 모든 에너지 흐름을 지칭한다. 시스템으로 전달되는 전기적인 흐름도 일의 일종이다. 일은 일반적으로 작용하는 힘과 이에 기인한 변위 차의 곱으로 정의되며 이렇게 정의되는 일을 마찰이나 줄열(Joule heating)과 같이 열로 소산되는 소산일(dissipation work)과 구별하기 위해 형상일(configuration work)이라 한다. 다시 말해서 형상일이란 열로 소산되지 않은 유용한 일로서 그 전달 과정이 눈에 보이기 때문에 형상이란 단어를 사용한 것이다. 체적이 팽창/수축하는 것도 눈으로 확인 할 수 있으며, 축이 회전하는 것도 눈으로 확인할 수 있다. 전기 흐름도 전등이 켜지거나 모터가 돌아가는 것으로 확인할 수 있다.

대표적인 형상일에는 체적 팽창/수축 일, 축일, 전기적 일 등이 있다. 체적 팽창/수축 일은 밀폐계에서 중요하게 고려되는 일이며, [그림 3.5(a)]에서 보는바와 같이 그 미소 크기는 형상일의 정의에 따라서

$$\delta W = F \cdot dx = pA\,dx = p\,dV \quad (J) \tag{3.3}$$

이 된다. 이 식에서 p, V는 시스템의 압력(N/m^2=Pa)과 체적(m^3)이다.

한편 [그림 3.5(b)]와 같은 축일은 개방계에서 주로 고려되는 일로서 그 미소 크기는 다음과 같이 표현된다.

$$\delta W_{sh} = F \bullet dl = F \bullet r d\theta = F \bullet (2\pi r) dN \quad (J) \tag{3.4}$$

위 식에서 N은 회전수를 나타낸다. 또한 개방계 입출구의 상태 변화로 축일을 표시할 수도 있는데 그 상관관계 식은 다음과 같다.

$$\delta W_{sh} = F \bullet (2\pi r) dN = - V dp \quad (J) \tag{3.5}$$

그리고 전기적 미소 일은 다음과 같이 표시할 수 있다([그림 3.5(c)] 참조).

$$\delta W_i = \hat{V} i \, d\tau \quad (J) \tag{3.6}$$

위 식에서 $\hat{V}$는 전압(volt), i는 전류(ampere)를 나타내며, τ는 시간을 나타낸다. 사실 전기적 일은 변환되는 에너지의 형태에 따라서 형상일로 취급할 수도 있고 소산일로 취급할 수도 있다.

그리고 식 (3.3) ~ (3.6)으로 표시된 일은 시스템 내부에서 일어나는 상태변화를 기준으로 계산되는 값으로 마찰이나 줄열과 같은 비가역성을 고려하지 않은 가역적 일을 나타낸다. 따라서 실제로 시스템으로부터 얻거나 시스템에 가해줘야 하는 일과는 그 값에서 약간의 차이가 있다. 만일 초기상태(또는 입구상태) 1에서 최종상태(또는 출구상태) 2로 변하는 과정이 있다면, 이 과정에서 한 일 W_{12}는 식 (3.3) ~ (3.6)을 각각 적분해서 구할 수 있다.

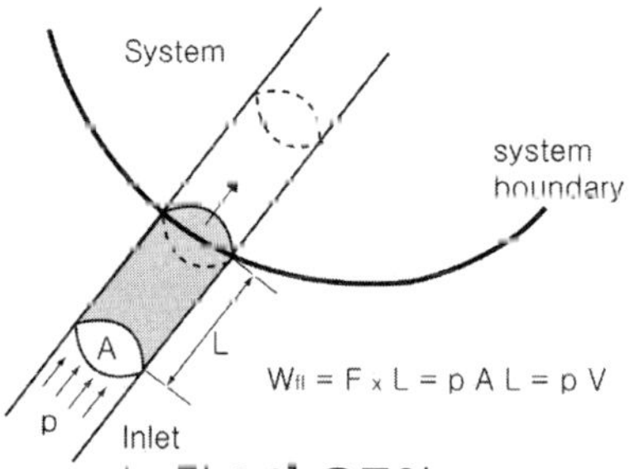

[그림 3.6] 유동일

한편 일에는 유동일(flow work)이라는 것이 있는데 이것은 시스템으로 출입하는 질량에 의한 일이다. 질량이 시스템으로 들어오면 시스템은 압축 일을 받은 것이 되며,

반대로 질량이 나가면 시스템이 질량을 밀어낸 것이므로 일을 한 것이 된다. 따라서 유동일은 출입하는 질량의 에너지로 간주하는 것이 일반적이며, 경계를 통한 일과는 구분한다. 유동일 W_{fl}의 크기는 출입하는 질량의 압력과 체적을 곱한 값 (p • V)으로 구할 수 있다([그림 3.6] 참조).

질량이 시스템으로 들어올 때 갖고 들어오는 에너지와 시스템에 행하는 유동일을 합한 양은 $(U+mv^2/2+mgz)+pV$ 이며, 결국 이 양은 유동하는 유체가 갖고 있는 총에너지라 할 수 있다. 운동에너지와 위치에너지를 무시한다면 총에너지는 $U+pV$ 가 된다. 열역학에서 $U+pV$ 는 엔탈피(enthalpy, H)라고 정의되는 열역학적 성질이다.

예제 3.2

어떤 피스톤-실린더 안에 들어있는 유체의 압력이 700kN/m^2 이다. 일정 압력 하에서 실린더 안의 유체가 0.25m^{3}에서 1.5m^{3}으로 팽창하였다면 이 과정동안 유체가 한 일을 구하라.

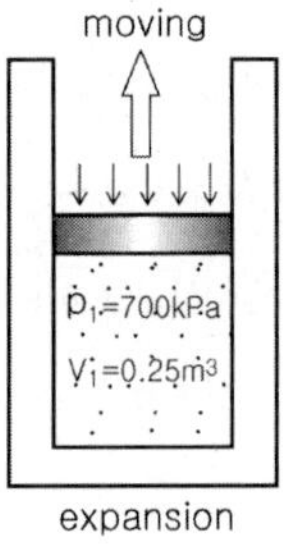

풀 이 과정동안 압력이 일정하므로($p_1 = p_2$), 미소 일을 과정에 대해서 적분하면

$$W_{12} = \int_1^2 p\,dV = p_1\,(V_2 - V_1)$$

따라서 과정동안의 일을 계산하면

$$W_{12} = 700\,(1.5 - 0.25) = 875\,kN \cdot m = 875\,kJ$$

*** 시스템으로부터 나간 일 즉 시스템이 한 일이므로 양의 값을 갖는다.
*** 피스톤-실린더 시스템에 열을 공급하면 체적이 증가하며, 동시에 시스템의 유체 온도도 올라가게 된다.

예제 3.3

0.1m³의 가스를 100kPa에서 600kPa로 압축시켰다. 이 과정동안 가스의 압력-체적 관계는 $pV^{1.4} = C$ (일정)를 만족한다고 하자. 최종상태의 가스 체적과 이 가스에 행해진 일을 구하라.

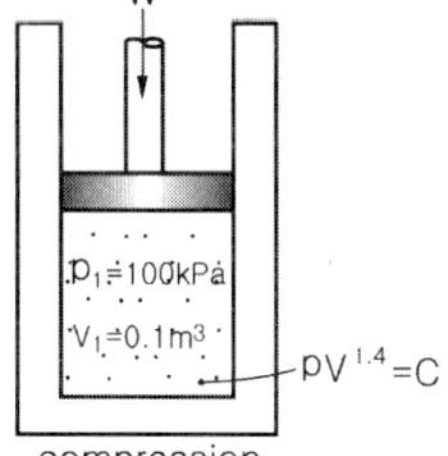

풀 이 $pV^{1.4} = C$ 이므로 $p_1V_1^{1.4} = p_2V_2^{1.4}$ 의 관계를 만족한다. 따라서 최종체적은

$$V_2 = \left(\frac{p_1}{p_2}\right)^{\frac{1}{1.4}} \cdot V_1 = \left(\frac{100}{600}\right)^{\frac{1}{1.4}} \times 0.1 = 0.0278\,m^3$$

한편 행해진 일은

$$W_{12} = \int_1^2 p\,dV = \int_1^2 \frac{C}{V^{1.4}}dV = C\int_1^2 V^{-1.4}dV$$

$$= C\frac{1}{-1.4+1}V^{-0.4}\Big|_1^2$$

$$= -\frac{C}{0.4}\left(V_2^{-0.4} - V_1^{-0.4}\right)$$

$$= -\frac{1}{0.4}\left(p_2V_2 - p_1V_1\right)$$

$$= -\frac{1}{0.4}\left(600 \times 0.0278 - 100 \times 0.1\right)$$

$$= 16.7\,kJ$$

예제 3.4

공기 터빈이 있다. 터빈 입구의 공기 상태는 600kPa, 200°C이며, 팽창하여 출구 압력이 200kPa이 된다. 터빈 내에서 공기의 압력-비체적 관계가 $pv^n = C$(n=1.4)일 때, 공기 단위 질량당 터빈이 한 일을 구하라.

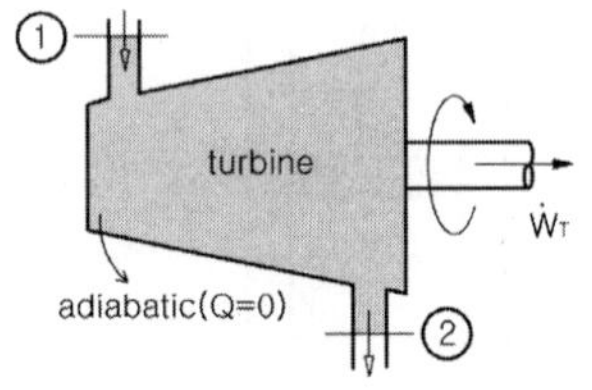

풀 이 (핵심) 축일

출구상태:

$$p_2 = 200\,\mathbf{kPa},\ v_2 = \left(\frac{p_1}{p_2}\right)^{1/1.4} \cdot v_1 = 0.496\,\mathbf{m^3/kg}$$

따라서 터빈이 한 축일은

$$w_{12} = \int_{p_1}^{p_2} -v\,dp = -\frac{n}{n-1}(p_2 v_2 - p_1 v_1) = 128.08\,\mathbf{kJ/kg}$$

예제 3.5

공기를 압축하여 송출하는 압축기가 있다. 이 압축기는 100kPa의 공기를 1000kPa로 만들어 내보낸다. 압축기에 공급해야 할 단위 질량당 일을 구하라. 공기의 밀도는 1kg/m^{3}으로 일정하다. 단, 공기의 온도변화는 무시하라.

풀 이 (핵심) 공기의 온도변화를 무시하므로 유동일=축일

유동일은 에너지 출입으로 간주하므로 시스템으로 질량이 들어오면 (+) 부호, 나가면 (-) 부호이다.

압축기로 들어온 단위 질량당 유동일 $= p_i v_i = p_i/\rho = 100/1 = 100$ kJ/kg

압축기에서 나간 단위 질량당 유동일 $= -p_o v_o = -p_o/\rho = -1000$ kJ/kg

따라서 펌프에서의 유동일 총합은 $100 + (-1000) = -900$ kJ/kg

결국 900kJ/kg 만큼 압축기에 공급해줘야 한다.

---

4) 비열

어떤 물체의 열용량(heat capacity, C)이란 그 물체를 1K나 1°C 올리는 데 들어간 열을 말한다. K는 절대온도 kelvin(K=°C+273.15)이다. 온도를 ΔT 올리는데 들어간 열이 ΔQ 라면, 이 물체의 열용량은 $C = \Delta Q / \Delta T$ 로 정의되며 단위는 J/K나 J/°C를 사용한다.

단위 질량당의 열용량은 비열(specific heat, c)이라 하며, 다음과 같이 정의된다.

$$c = \frac{\Delta Q}{m \Delta T} = \frac{\Delta q}{\Delta T} = \frac{\delta q}{dT} \quad (J/kg \cdot K \text{ 또는 } J/kg^{o}C) \tag{3.7}$$

비열에는 정적비열(c_v)과 정압비열(c_p)이 있다. 정적비열은 물질의 체적을 일정하게 유지한 상태에서 얻은 비열 값이며, 정압비열은 압력을 일정하게 유지한 상태에서 얻은 비열 값으로 다음과 같이 각각 정의된다.

$$c_v = \left.\frac{\delta q}{dT}\right)_v \quad , c_p = \left.\frac{\delta q}{dT}\right)_p \tag{3.8}$$

한편 정압비열과 정적비열의 비는 비열비 또는 단열지수라 하며, 자동차 엔진의 압축과정이나 팽창과정에서 매우 중요시되는 인자이다. 비열비 γ는 다음과 같이 정의된다.

$$\gamma = c_p \,/\, c_v \tag{3.9}$$

예제 3.6

강철로 된 통 안에 0.1kg의 질소가 들어있다. 이 통은 잘 단열되어 있고, 내부에 히터가 설치되어 있다. 히터에 400J의 전기적 일을 공급했더니 질소의 온도가 5.1°C 올라갔다. 질소의 비열은 얼마인가? 이 비열의 종류는?

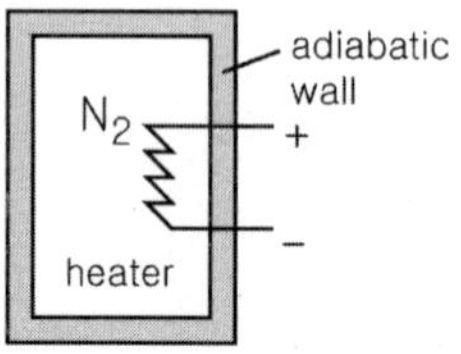

풀 이 (핵심) 비열의 정의, 정적과정

비열의 정의에 따라

$$c = \frac{\Delta Q}{m \Delta T} = \frac{400}{0.1 \times 5.1} = 784.3 \text{ J/kg°C}$$

정적과정이므로 위에서 계산된 비열은 정적비열이다.

3. 기본 법칙

열역학의 기본 법칙에는 질량 보존 법칙, 열역학 제1법칙 및 열역학 제2법칙이 있다. 이에 대한 내용을 간단히 살펴보도록 하자.

1) 질량 보존 법칙

어떤 물체나 시스템의 질량은 저절로 생성되지도 소멸되지도 않는다는 것이 바로 질량 보존 법칙이다. 따라서 질량 보존 법칙은 다음과 같이 나타낼 수 있다.

- 질량 생성량 = 질량 소멸량 = 0
- 들어온 질량 = 저장된 질량 + 나간 질량

[그림 3.7]과 같이 본래 질량이 M인 시스템으로 어떤 시간 $\Delta\tau$ 동안 들어온 질량을 Δm_i, 나간 질량을 Δm_o라 하고, 시스템의 질량 변화량을 ΔM이라 하면 질량보존 식은 다음과 같이 된다.

$$\Delta m_i = \Delta M + \Delta m_o \quad (kg) \tag{3.10}$$

이 식을 단위 시간당의 식으로 바꾸기 위해 $\Delta\tau$로 나누고 극한($\Delta\tau \rightarrow 0$)을 취하면

$$\dot{m}_i = \frac{dM}{d\tau} + \dot{m}_o \quad (kg/s) \tag{3.11}$$

이 되며, 위 식에서 $\dot{m}_i$, $\dot{m}_o$는 질량유량(mass flow rate)이라 부르는 양이다.

만일 시간에 따라서 변화가 없는 정상상태라면 시스템의 질량은 일정할 것이다. 즉 시간에 대한 미분양인 $d/d\tau$ 항이 0이 되므로 식 (3.11)은 다음과 같이 표시된다.

$$\dot{m}_i = \dot{m}_o = \dot{m} \quad (kg/s) \tag{3.12}$$

즉 들어오는 질량유량과 나가는 질량유량이 같다는 것을 나타낸다.

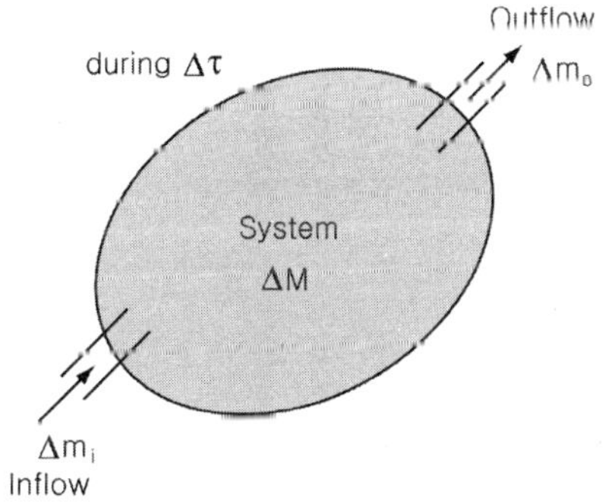

[그림 3.7] 질량보존 법칙의 유도

2) 열역학 제 1 법칙

열역학 제1법칙은 곧 에너지 보존 법칙이다. 에너지는 저절로 생성되거나 소멸되지 않는다는 것이 에너지 보존 법칙이며 범우주적 법칙이다.

- 에너지 생성량 = 에너지 소멸량 = 0
- 들어온 에너지량 = 저장된 에너지량 + 나간 에너지량

이와 같은 개념적인 식을 열과 일 그리고 질량출입이 모두 가능한 일반적인 시스템에 대해서 공식화해 보자.

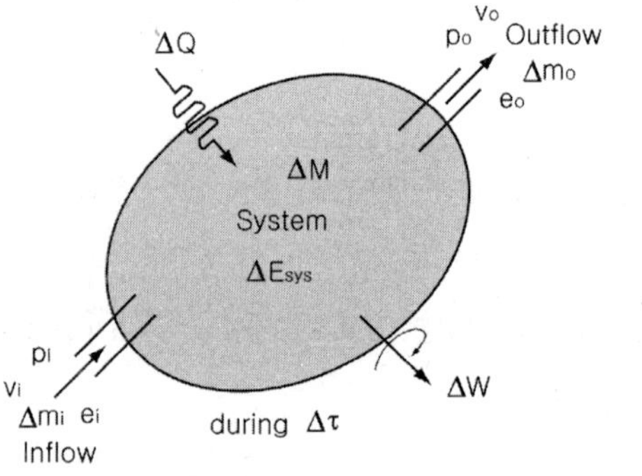

[그림 3.8] 에너지보존 법칙의 유도

[그림 3.8]에 일반적인 시스템의 상태도가 나타나 있다. 들어오는 상태와 나가는 상태는 주어진 시간동안 일정하다고 생각한다. 주어진 시간인 $\Delta\tau$ 동안 시스템으로 들어오는 열과 단위 질량당 비에너지를 ΔQ, e_i, 시스템으로부터 나가는 일과 비에너지를 ΔW, e_o 라 하고 시스템의 에너지 변화량을 ΔE_{sys} 이라 하면

들어온 에너지량 = 열로 들어온 에너지 + 질량이 가지고 들어온 에너지와 유동일

$$= \Delta Q + \Delta m_i \cdot e_i + \Delta m_i \cdot p_i v_i \ , \ e_i = u_i + \frac{1}{2}\mathrm{v}_i^2 + \mathrm{g}z_i$$

나간 에너지량 = 일로 나간 에너지 + 질량이 가지고 나간 에너지와 유동일

$$= \Delta W + \Delta m_o \cdot e_o + \Delta m_o \cdot p_o v_o \ , \ e_o = u_o + \frac{1}{2}\mathrm{v}_o^2 + g z_o$$

시스템의 에너지 변화량 = $\Delta E_{sys} = \Delta(M \cdot e_{sys})$

그림 상에 나타나 있지는 않지만 ΔW에는 사실 축일뿐만 아니라 체적팽창에 의한 일 등 유동일을 제외한 모든 (+)방향의 일이 포함되어 있다고 할 수 있다.

엔탈피(enthalpy)의 정의 $H = U + pV$ (비엔탈피 $h = u + pv$)를 사용하여 위 식을 정리하면 다음과 같이 양으로 표시된 일반적인 에너지보존 식(단위 J)을 나타낼 수 있다.

$$\Delta Q + \Delta m_i (h_i + \frac{1}{2}\mathrm{v}_i^2 + g z_i) = \Delta E_{sys} + \Delta m_o (h_o + \frac{1}{2}\mathrm{v}_o^2 + g z_o) + \Delta W \qquad (3.13)$$

한편 이 식을 에너지 율(energy rate)에 대한 식으로 고쳐 쓸 수도 있다. 각 항을 $\Delta\tau$로 나누고 극한($\Delta\tau \to 0$)을 취하면, 식 (3.13)은 다음과 같이 된다.

$$\dot{Q} + \dot{m}_i (h_i + \frac{1}{2}\mathrm{v}_i^2 + g z_i) = \frac{dE_{sys}}{d\tau} + \dot{m}_o (h_o + \frac{1}{2}\mathrm{v}_i^2 + g z_o) + \dot{W} \qquad (3.14)$$

이 식에서 $\dot{Q} = \Delta Q / \Delta\tau$, $\dot{W} = \Delta W / \Delta\tau$이며, 단위는 J/s로 와트(W)이다. 만일 들어오는 입구나 출구가 여러 개 있다면 위 식에서 들어오거나 나가는 에너지 항에 총합을 의미하는 $\sum$만 붙여주면 된다.

식 (3.13)과 식 (3.14)의 같은 포괄적인 식으로부터 경우에 따라 단순화시킬 수 있다. 우선 정상상태인 경우 시스템의 에너지 변화량은 없기 때문에($\Delta E_{sys} = 0$), 식 (3.14)는

$$\dot{Q} + \dot{m}_i (h_i + \frac{1}{2}\mathrm{v}_i^2 + g z_i) = \dot{m}_o (h_o + \frac{1}{2}\mathrm{v}_i^2 + g z_o) + \dot{W} \qquad (3.15)$$

가 되고, 질량유량 $\dot{m}(= \dot{m}_i = \dot{m}_o)$으로 나누면

$$q + h_i + \frac{1}{2}\mathrm{v}_i^2 + g z_i = h_o + \frac{1}{2}\mathrm{v}_i^2 + g z_o + w \quad (J/kg) \tag{3.16}$$

이 된다. q는 단위 질량당 들어온 열(J/kg)이며, w는 유동일을 제외하고 단위 질량당 시스템이 행한 (+)부호의 모든 일을 나타낸다. 그러나 실제 가솔린이나 디젤엔진과 같은 개방계에서 관련된 일은 축일이다. 보통 시스템은 단단한 고체로 만들어져 있기 때문에 체적팽창에 관계된 일의 양은 그 값이 작을 뿐만 아니라 공기에 대한 일이기 때문에 유용한 일은 아니다. 또한 자동차에 관련된 문제는 정상상태 해석이 대부분이므로 식 (3.16)을 주로 사용하게 된다.

한편 밀폐계에 대한 에너지보존 식은 식 (3.13)으로부터 유도할 수 있다. 들어오고 나가는 질량이 없으므로($\Delta m_i = \Delta m_o = 0$),

$$\Delta Q = \Delta E + \Delta W \tag{3.17}$$

이 된다. 밀폐계의 유용한 일은 체적팽창/수축에 관한 일이 전부이고, 시스템의 에너지로는 내부에너지만 고려할 수 있으므로, 식 (3.17)을 미분량의 식으로 표시하면 다음과 같이 된다.

$$\delta Q = dE + \delta W = dU + p\,dV = dH - V dp \tag{3.18}$$

3) 열역학 제 2 법칙과 엔트로피 관계식

(1) 열역학 제 2 법칙

넓은 의미의 열역학 제2법칙이란 결국 "우리가 알고 있는 지식 한도 내에서 일어날 수 없는 모든 현상을 규정하는 법칙"이라 할 수 있으며, 열역학 제1법칙과 마찬가지로 범우주적 법칙이다. 열역학적 관점에서 보면 일어날 수 없는 현상이라는 것은 곧 한 방향으로만 진행되고 완전하게 역 방향으로는 진행하지 못하는 과정이다. 완전한 역방향의 과정이 불가능한 과정을 비가역과정이라 하므로 열역학 제2법칙은 비가역과정을 규정하는 법칙이라 할 수도 있다. 또한 정반대의 표현으로 "가역과정은 존재하지 않는다"도 열역학 제2법칙이다.

완전한 가역과정은 실제 존재하진 않지만 가능한 한 가역과정에 가깝게 만든다는 것은 효용성의 의미에서 매우 중요한 개념이다. 그러나 역사적으로 볼 때 열역학 제2법칙에 관한 서술 중에서 열역학의 정립을 가속시킨 켈빈-플랑크(Kelvin-Planck)의 서술과 클라우지우스(Clausius)의 서술이 대표적이다.

- Kelvin-Planck 서술 : 받은 열을 모두 일로 변환시키는 열기관은 불가능하다.
- Clausius 서술 : 열은 저절로 낮은 온도에서 높은 온도 쪽으로 흐르지 않는다.

켈빈-플랑크의 서술은 열기관에 관한 것으로 열기관의 효율이 100%인 것은 존재할 수 없다는 의미이며, 클라우지우스의 서술은 냉동기에 관한 것으로 냉동기의 효율 즉 성능계수가 무한대인 것은 존재할 수 없다는 의미이다.

(2) 카르노 사이클

사이클로 운전되면서 동력을 계속해서 발생시키는 종합적인 장치를 열기관이라 한다. 증기기관, 가솔린이나 디젤엔진과 같은 내연기관, 가스터빈엔진 등이 열기관이다. 열기관은 동력을 지속적으로 발생하기 위해 여러 가지의 부속장치가 사용되며, 각 부속장치에서의 과정이 연결되어 하나의 사이클을 이루게 된다.

열을 공급하거나 흡수하는 열원이 주어졌을 경우, 이 열원 사이에서 작동되는 열기관 중 가장 열효율(thermal efficiency 또는 사이클 효율)이 높은 기관이 바로 카르노 기관(Carnot heat engine)이다. 카르노 기관은 압축기, 고온열원 측 열교환기, 터빈 및 저온열원 측 열교환기로 구성되며, 각 장치에서의 과정은 내·외부적으로 모두 가역적인 과정으로만 구성된다. [그림 3.9]는 카르노 기관의 구성도를 보여주고 있으며, 작동유체는 이상기체인 공기라 생각한다.

그림을 보면 압축된 공기는 열교환기에서 열을 공급받아 고온 고압의 상태가 된 후 터빈에서 팽창하면서 축일을 발생시킨다. 터빈에서 발생된 축일 중에서 일부는 압축기를 구동하는데 쓰이고 나머지는 순일(net work, 알짜로 나간 일)이 된다. 카르노 사이클(Carnot cycle)에서의 각 과정은 다음과 같다.

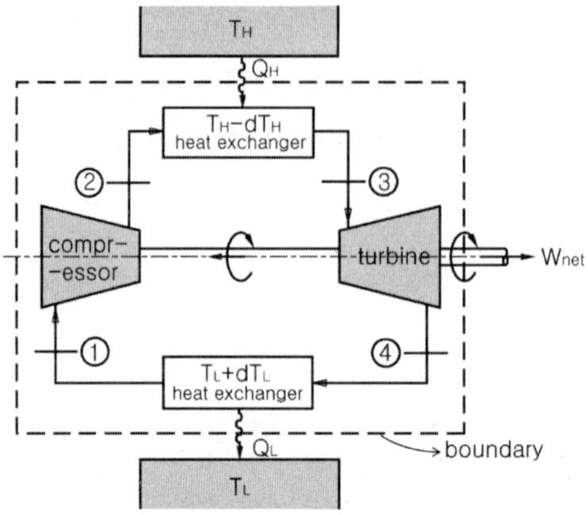

[그림 3.9] 카르노 열기관의 구성

- 1-2 가역단열 압축과정(압축기)
- 2-3 가역등온 열 공급과정(고온열원(T_H , 단위 K)측 열교환기)
- 3-4 가역단열 팽창과정(터빈)
- 4-1 가역등온 열 방출과정(저온열원(T_L, 단위 K)측 열교환기)

카르노 사이클을 포함해서 모든 열기관 사이클의 열효율 η_{th} 는 다음과 같이 정의된다.

$$\eta_{th} = \frac{benifit}{\text{cost}} = \frac{energy\ sought}{energy\ that\ costs} \tag{3.19}$$

이 식을 카르노 사이클에 적용하면 열효율 η_C는

$$\eta_C = \frac{W_{net}}{Q_H} = 1 - \frac{Q_L}{Q_H} \tag{3.20}$$

이 된다. 카르노 사이클의 경우는 $Q_L/Q_H = T_L/T_H$인 관계가 성립하므로 식 (3.20)은 다음과 같이 된다.

$$\eta_C = 1 - \frac{Q_L}{Q_H} = 1 - \frac{T_L}{T_H} \tag{3.21}$$

카르노 기관은 실제로 만들 수 없는 기관이다. 우선 마찰과 같은 내부적인 비가역성이 없어야 하고, 등온(엄밀하게 말하면 아주 극미한 온도차)에서 열 공급과 열 방출이 일어나야 하므로 어떤 유한한 열량을 주고받기 위해서는 열교환기의 크기가 무지무지하게 커져야 한다.

(3) 엔트로피와 엔트로피 관계식

카르노 사이클 관계식($Q_L/Q_H = T_L/T_H$)을 약간 변형시키면

$$\frac{Q_H}{T_H} + \frac{-Q_L}{T_L} = 0$$

이 되는데, 이 식은 $\delta Q/T$ 라는 양을 사이클 적분하면 얻을 수 있다.

$$\frac{Q_H}{T_H} + \frac{-Q_L}{T_L} = \oint_C \frac{\delta Q}{T} = 0$$

사이클 적분하여 0이 된다는 사실은 가역과정에서 $\delta Q/T$ 라는 양은 어떤 열역학적 성질의 미분량으로 생각할 수 있다는 것이며, 열역학에서 이 양을 엔트로피(entropy)라 한다. 따라서 엔트로피는 가역과정에서 열에 의해서 변하는 양으로 다음과 같이 정의된다.

$$dS = \left(\frac{\delta Q}{T}\right)_{rev} \quad (J/K) \tag{3.22}$$

이 식을 비가역과정으로 확대시키면

$$dS \geq \frac{\delta Q}{T} \text{ (등호는 가역적일 때 성립)} \tag{3.23}$$

이 되는데, 이 식으로부터 유용한 사실 하나를 확인할 수 있다. 열 출입이 없는 실제 단열과정($\delta Q = 0$)에 대한 엔트로피 변화는 0보다 크다($dS > 0$). 엔트로피가 열 출입에

관련되어 변하는 성질인데, 열 출입이 없는 경우에도 엔트로피가 증가한다는 사실은 엔트로피가 생성된다는 것을 반증하는 것이다. 또한 이 사실을 개방계로 확대시키면 열 출입이 없는 정상상태 단열과정에서 출구의 엔트로피는 입구의 엔트로피보다 항상 커진다고 말할 수 있다($s_o > s_i$). 물론 가역 단열과정이라면 엔트로피는 생성되지 않는다. 따라서 가역 단열과정은 엔트로피의 변화가 없는 과정으로 등엔트로피 과정(isentropic process)이라 한다. 자동차 엔진의 압축과정이나 팽창과정에서의 이상적인 과정이 바로 등엔트로피 과정이다.

그렇다면 엔트로피의 물리적인 의미는 무엇일까? 엔트로피는 물질이나 시스템의 무질서도(disorder)를 나타내는 성질이라 정의할 수 있다. 엔트로피가 클수록 무질서도가 증가하며 그 효용성은 떨어진다.

한편 가역과정에서 미소 열 출입 양은 $\delta Q = TdS$ 가 되고, 상태변화가 있을 때 총 출입 열량은 다음과 같이 적분하면 구할 수 있다.

$$Q_{12} = \int_1^2 T\,dS \tag{3.24}$$

위 식으로부터 온도-엔트로피 선도(T-s 선도)는 사이클 해석에서 매우 유용하다는 사실을 알 수 있다. 열의 양을 쉽게 면적으로 나타낼 수 있고, 가역단열 과정은 엔트로피가 일정하므로 수직선으로 나타낼 수 있기 때문에 사이클을 표시하는데 매우 편리하다. [그림 3.10]은 $T-s$ 선도 상에 나타낸 카르노 사이클을 보여주고 있다.

마지막으로 엔트로피 정의 식 (3.22)와 밀폐계에 대한 에너지보존 식 (3.18)을 이용하면 엔트로피 변화에 대한 식을 다음과 같이 유도할 수 있다.

$$ds = \frac{du}{T} + \frac{p}{T}dv \quad \text{또는} \quad ds = \frac{dh}{T} - \frac{v}{T}dp \tag{3.25}$$

이 식은 열역학적 성질 사이의 관계를 나타내는 매우 중요한 식으로 모든 과정에 대해서 성립하는 식이다. 다시 말해서 엔트로피는 열역학적 성질이므로 초기상태와 최종상태가 주어져 있다면 중간과정에 관계없이 그 변화량은 같기 때문에, 가역, 비가역, 밀폐계, 개방계 할 것 없이 적용할 수 있는 식이다.

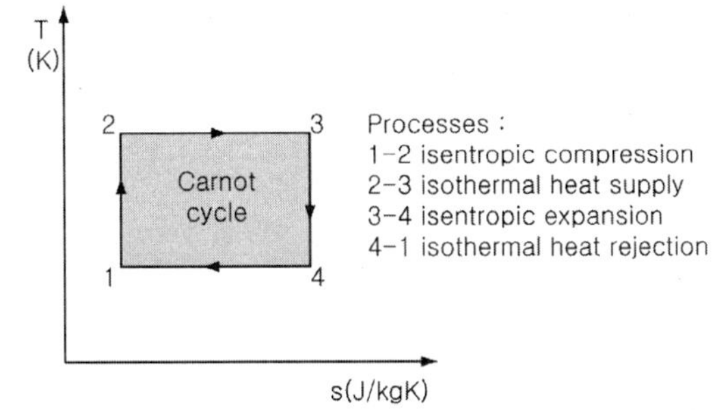

[그림 3.10] T-s 선도와 카르노 사이클

4. 이상기체

이상기체(ideal gas)란 다음과 같은 압력-체적-온도 사이의 관계식을 만족하는 기체를 말한다.

$$p\,V = n\,\overline{R}\,T \tag{3.26}$$

이 식을 이상기체 상태방정식이라 하며, n은 기체의 몰수이며, $\overline{R}$은 일반기체상수(universal gas constant)로 몰(mole) 단위로 kmol, 압력 단위로 kPa, 체적 단위로 m^3, 온도 단위로 켈빈 K를 사용하면

$$\overline{R} = 8.314 \quad kJ/kmol \cdot K$$

가 된다. 공기는 압력이 매우 클 때나, 온도가 매우 낮을 때를 제외하고는 식 (3.26)을 잘 만족하므로 이상기체로 취급할 수 있다.

식 (3.26)은 여러 가지 형태로 변형될 수 있다. 즉,

$$p\,\overline{v} = \overline{R}\,T\,, \quad p\,V = m\,R\,T\,, \quad p\,v = R\,T$$

위 식에서 $\overline{v}$는 단위 몰 당 체적($=V/n$)이고 R은 기체상수($=\overline{R}/n$, gas constant)이며, M은 기체의 분자량(molecular weight, kg/kmol)을 나타낸다.

이상기체의 내부에너지와 엔탈피는 온도만의 함수이며 내부에너지와 엔탈피의 변화량은 정적비열과 정압비열을 사용하여 나타낼 수 있다. 물론 정적비열과 정압비열도 온도만의 함수이다.

$$u = u(T)\ ,\quad h = h(T)\ ,\quad du = c_v dT\ ,\quad dh = c_p dT$$

따라서 식 (3.25)와 상태방정식으로부터 이상기체의 엔트로피 변화량은 다음과 같이 표현된다.

$$ds = \frac{c_v dT}{T} + \frac{R}{T}dv \quad \text{또는} \quad ds = \frac{c_p dT}{T} - \frac{R}{p}dp \tag{3.27}$$

한편 이상기체의 어떤 과정이 가역 단열적으로 진행되는 등엔트로피 과정의 경우에는 다음과 같은 압력-체적 관계가 성립한다.

$$pv^{\gamma} = C\ ,\quad \gamma = c_p / c_v \tag{3.28}$$

다음의 [표 3.1]은 중요 기체의 성질을 보여주고 있다.

[표 3.1] 중요 기체의 성질

물질	분자식	분자량 kg/kmol	기체상수 kJ/kg.K	비열(kJ/kg.K)		γ (gamma) cp/cv	임계온도 K	임계압력 MPa	임계비체적 m^3/kmol
				cp	cv				
공기		28.967	0.2870	1.005	0.718	1.400	133.0	3.76	0.0933
암모니아	NH_3	17.03	0.4882	2.190	1.691	1.295	405.5	11.28	0.0724
아르곤	Ar	39.948	0.2081	0.523	0.314	1.666	151.0	4.86	0.0749
n-부탄	C_4H_{10}	58.124	0.1430	1.716	1.573	1.091	425.2	3.80	0.2547
이산화탄소	CO_2	44.01	0.1889	0.833	0.645	1.292	304.2	7.39	0.0943
일산화탄소	CO	28.011	0.2968	1.038	0.737	1.408	133.0	3.50	0.0930
에탄	C_2H_6	30.070	0.2795	1.616	1.340	1.206	305.5	4.88	0.1480
헬륨	He	4.003	2.0770	5.233	3.157	1.658	5.3	0.23	0.0578
수소	H_2	2.016	4.1242	14.186	10.065	1.409	33.3	1.30	0.0649
메탄	CH_4	16.043	0.5183	2.211	1.691	1.308	191.1	4.64	0.0993
질소	N_2	28.013	0.2968	1.038	0.737	1.408	126.2	3.39	0.0899
산소	O_2	31.999	0.2598	0.913	0.653	1.398	154.8	5.08	0.0780
프로판	C_3H_8	44.097	0.1885	1.679	1.491	1.126	370.0	4.26	0.1998
이산화황	SO_2	64.063	0.1298	0.636	0.502	1.267	430.7	7.88	0.1217
수증기	H_2O	18.016	0.4615	1.905	1.440	1.323	647.3	22.9	0.0568

주) 비열이나 비열비는 대기압, 온도 20°C에서 측정된 값이다.
주) 공기의 임계온도와 임계압력은 Kay's mixing rule에 의해 계산된 값이다.

5. 기체 사이클

기체 사이클(gas cycle)이란 사이클 내의 모든 과정에서 작동유체가 상변화 없이 항상 기체 상태로만 운전되는 사이클을 지칭한다. 기체 사이클은 대부분 동력 자체를 얻기 위한 사이클로서 가솔린엔진이나 디젤엔진 또는 비행기의 제트엔진 등에서 응용되는 사이클이다.

기체 사이클의 작동유체는 공기이다. 그러나 대부분의 기체 사이클 응용 기관에서는 공기를 압축하여 연료를 연소시키며 이때 나오는 고온 고압의 연소가스로부터 동력을 직접 얻게 된다. 일을 수행한 연소가스는 팽창되어 대기로 방출된다. 따라서 공기, 공기+연료 혼합물, 연소가스 등 수행되는 과정마다 작동유체의 성분이 달라지며, 연소가스가 대기로 방출되므로 기체 사이클 응용 기관은 열린 사이클(open cycle) 형태를 가지게 된다. 기체 사이클 응용 기관인 가솔린엔진과 디젤엔진을 내연기관(internal combustion engine)이라 한다. 결국 내연기관에서는 기계적인 사이클은 이루어지지만 열린 사이클이므로 열역학적인 사이클은 완전히 이루어지지 않는다.

위에서 언급한 내용들은 곧 내연기관의 해석을 어렵게 만드는 요인이 된다. 따라서 성능 해석을 비교적 쉽게 할 수 있도록 몇 가지 가정을 도입한 단순화된 사이클을 고려해 볼 수 있다. 이와 같은 사이클을 공기표준 사이클(air standard cycle)이라 하며, 공기표준 사이클은 다음과 같은 가정에 기초하고 있다.

- 작동유체는 공기이고, 공기는 이상기체로 취급하며, 비열은 일정하다.
- 연소과정은 고온 열원으로부터의 열 공급, 배기과정은 저온 열원으로의 열 방출로 근사화 한다.
- 사이클 내의 모든 과정은 내부적으로 가역적이며, 운동에너지와 퍼텐셜에너지는 무시한다.

위의 첫 번째 가정은 연료의 질량 비율이 공기에 비해 상대적으로 작고, 연소가스의 최대 성분이 질소로서 공기와 비슷하기 때문에 공기만을 작동유체로 고려한 것이다. 세 번째 가정에서 운동에너지와 퍼텐셜에너지를 무시한 것은 어마어마한 속도변화나 위치변화가 일어나지 않는 한 내부에너지의 변화 값에 비해 매우 작은 값이기 때문이다. 공기표준 사이클에서의 열 공급과 열 방출은 등온 하에서 일어나는 것이 아니라 유한한 온도차에서 일어나는 것으로 생각한다. 따라서 공기표준 사이클은 카르노 사이클 보다는 실제에 조금 더 가깝게 만든 것으로 내부적으로만 가역적인 사이클이 된다.

1) 오토 사이클

오토 사이클(Otto cycle)은 자동차의 가솔린엔진을 이상화한 사이클로서, 실린더와 마찰이 없는 피스톤으로 구성된 닫힌 사이클이다. 오토 사이클은 공기표준 사이클의 가정을 그대로 따르는 공기표준 사이클의 일종으로 다음과 같은 4개의 과정으로 구성된다.

1-2 과정 : 가역 단열 압축과정($s_1 = s_2$)
2-3 과정 : 일정 체적 하에서의 열 공급과정($v_2 = v_3$)
3-4 과정 : 가역 단열 팽창과정($s_3 = s_4$)
4-1 과정 : 일정 체적 하에서의 열 방출과정($v_4 = v_1$)

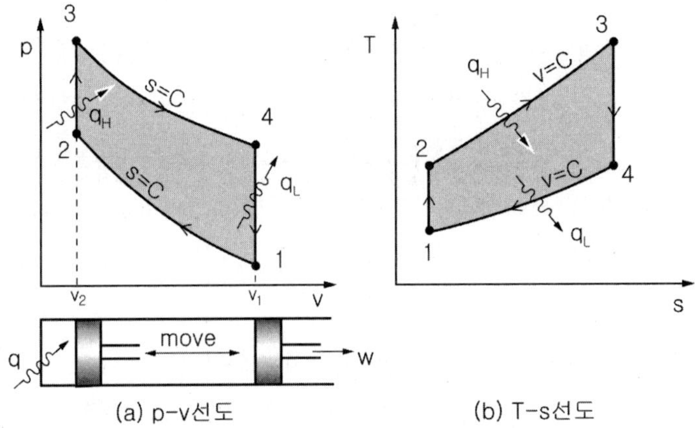

(a) p-v선도 (b) T-s선도

[그림 3.11] 공기표준 오토 사이클

이와 같은 과정을 $p-v$ 선도와 $T-s$ 선도에 표시하면 [그림 3.11]과 같다.
단위 질량당의 열 공급량은 정적과정이므로

$$q_H = c_v(T_3 - T_2)$$

이며, 열 방출량은

$$q_L = c_v(T_4 - T_1)$$

이다. c_v 는 공기의 정적비열로 일정한 값을 갖는다.

사이클의 순일은

$$w_{net} = \oint p\,dv = \oint T\,ds = q_H - q_L = c_v(T_3 - T_2) - c_v(T_4 - T_1)$$

이 되므로 사이클의 열효율은 다음과 같이 된다.

$$\eta_{otto} = \frac{w_{net}}{q_H} = \frac{c_v(T_3 - T_2) - c_v(T_4 - T_1)}{c_v(T_3 - T_2)} = 1 - \frac{T_4 - T_1}{T_3 - T_2}$$

한편 1-2 과정과 3-4 과정이 등엔트로피 과정이므로

$$\frac{T_2}{T_1} = \left(\frac{v_1}{v_2}\right)^{\gamma - 1}, \quad \frac{T_3}{T_4} = \left(\frac{v_4}{v_3}\right)^{\gamma - 1} \qquad \cdots ①$$

이고 $v_3 = v_2$, $v_4 = v_1$ 이므로

$$\frac{T_2}{T_1} = \frac{T_3}{T_4} \text{ 또는 } \frac{T_3}{T_2} = \frac{T_4}{T_1}$$

가 성립한다. 따라서 오토 사이클의 열효율은 다음과 같은 형태로 나타낼 수 있다.

$$\eta_{otto} = 1 - \frac{T_1(T_4/T_1 - 1)}{T_2(T_3/T_2 - 1)} = 1 - \frac{T_1}{T_2} = 1 - \frac{1}{(v_1/v_2)^{\gamma-1}} = 1 - \frac{1}{r_v^{\gamma-1}} \qquad (3.29)$$

여기서 r_v 는 v_1/v_2의 값을 가지며 압축비(compression ratio)라 한다. 결국 압축비가 커지면 오토 사이클의 효율은 증가한다. 실제 기관에서도 압축비에 따라 효율은 증가하나 사이클 상의 최대온도인 T_3가 증가하고 고압에 관계된 제작상의 문제 등으로 제

한이 있게 된다. [그림 3.12]에 압축비에 따른 오토 사이클의 열효율 변화를 나타내었다. 압축비가 10 이상이 되면 열효율의 증가가 크게 둔화됨을 볼 수 있다.

가솔린엔진과 같은 왕복식 기관에서는 출력 표시 방법으로 평균유효압력(p_m , mean effective pressure)을 사용하기도 하며 다음과 같이 정의된다.

$$p_m = \frac{w_{net}}{\Delta v} \tag{3.30}$$

여기서 Δv 는 팽창과정 동안의 비체적 변화이다. [그림 3.11]을 보면 $\Delta v = v_1 - v_2$이다. 결국 평균유효압력이란 순일이 피스톤의 팽창기간 동안에 행해졌다고 가정할 때의 평균압력이다. 결국 동일한 압축비에서 평균유효압력이 커지면 순일 즉 출력이 늘어난다.

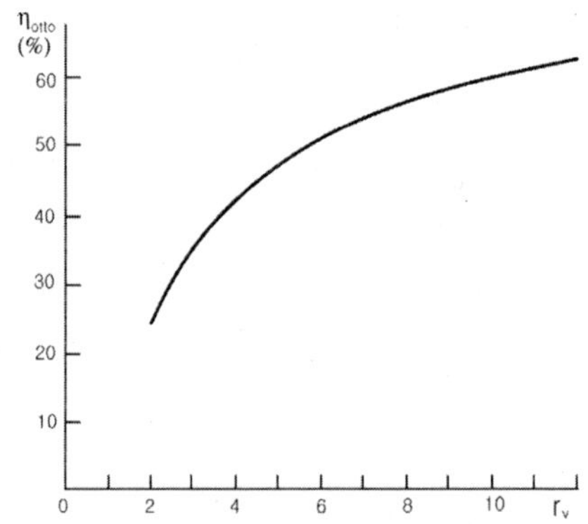

[그림 3.12] 압축비 vs. 오토 사이클 열효율

예제 3.7

오토 사이클을 수행하는 가솔린 기관의 각 점의 온도, 순일 및 열효율을 구하라. 사이클 상의 최대 온도는 1200K이며, 대기 온도는 20°C이다. 압축비는 8이고, 공기의 정적비열은 0.718kJ/kg°C, 비열비는 $\gamma = 1.4$ 이다.

풀 이 [그림 3.11] 참조.

$$T_1 = 20 + 273.15 = 293.15 \text{ K}, \ T_3 = 1200 \text{ K}$$

식 ①로부터 온도 T_2 와 T_4 는

$$T_2 = T_1 \left(\frac{v_1}{v_2} \right)^{\gamma - 1} = 293.15 \times 8^{0.4} = 673.5\,K$$

$$T_4 = T_3 \left(\frac{v_3}{v_4} \right)^{\gamma - 1} = 1200 \times (1/8)^{0.4} = 522.3\,K$$

순일은

$$w_{\neq t} = c_v\,(T_3 - T_2) - c_v\,(T_4 - T_1)$$

$$= 0.718(1200 - 673.5) - 0.718(522.3 - 293.15) = 542.6\,kJ/kg$$

열효율은

$$\eta_{otto} = 1 - \frac{1}{8^{0.4}} = 0.565$$

---

2) 디젤 사이클

디젤 사이클(Diesel cycle)은 디젤엔진을 이상화한 사이클로서, 실린더와 마찰이 없는 피스톤으로 구성된 닫힌 사이클이다. 디젤 사이클은 공기표준 사이클의 일종으로 다음과 같은 4개의 과정으로 구성된다.

1-2 과정 : 가역 단열 압축과정($s_1 = s_2$)
2-3 과정 : 일정 압력 하에서의 열공급 과정($p_2 = p_3$)
3-4 과정 : 가역 단열 팽창과정($s_3 = s_4$)
4-1 과정 : 일정 체적 하에서의 열방출 과정($v_4 = v_1$)

이와 같은 과정을 $p-v$ 선도와 $T-s$ 선도에 표시하면 [그림 3.13]과 같다. 디젤 사이클은 열 공급이 정압과정으로 이루어지므로 이 과정만 빼고는 오토 사이클과 같다.

디젤 사이클의 열효율은 다음과 같이 계산된다.

$$\eta_D = \frac{w_{net}}{q_H} = 1 - \frac{q_L}{q_H} = 1 - \frac{c_v(T_4 - T_1)}{c_p(T_3 - T_2)}$$

여기서 c_p 는 공기의 정압비열로 일정한 값을 갖는다. 압축비는 오토 사이클에서와 마찬가지로 $r_v = v_1/v_2$ 이고, 차단비(cut-off ratio) r_c 는 $r_c = v_3/v_2$로 정의한다.

디젤 사이클의 열효율은 압축비와 차단비의 함수로 다음과 같이 변형된다(쉽게 유도할 수 있으므로 각자 유도해볼 것).

$$\eta_D = 1 - \frac{c_v(T_4 - T_1)}{c_p(T_3 - T_2)} = 1 - \frac{1}{r_v^{\gamma-1}}\left[\frac{r_c^{\gamma} - 1}{\gamma(r_c - 1)}\right] \tag{3.31}$$

디젤 사이클에서 $r_c>1$ 이므로 식 (3.31)의 대괄호[ ] 항은 1보다 작다. 따라서 동일한 압축비라면 오토 사이클의 열효율이 디젤 사이클 열효율보다 크다. 그러나 디젤엔진은 압축 점화 엔진으로 스파크(spark) 점화 엔진인 가솔린엔진보다 큰 압축비를 사용한다. 그러므로 일반적으로 디젤 사이클의 열효율이 오토 사이클의 열효율보다 크다.

예제 3.8

디젤 사이클을 수행하는 디젤 기관에서 압축 초기의 압력과 온도가 0.1MPa, 300K이다. 압축비가 15이고 열 공급량이 1200kJ/kg일 때 사이클의 각 상태점에서의 압력과 온도, 열효율 및 평균 유효 압력을 구하라.

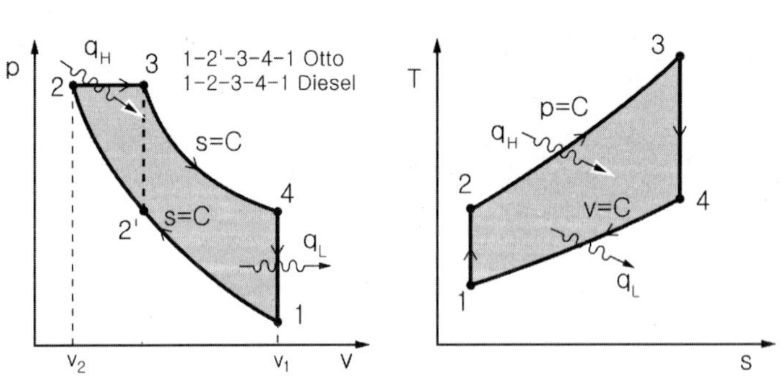

(a) p-v선도 (b) T-s선도

[그림 3.13] 공기표준 디젤 사이클

풀 이 [그림 3.13] 참조.

1점 상태:

$$p_1 = 100\text{kPa},\ T_1 = 300\text{K},\ v_1 = \frac{RT_1}{p_1} = \frac{0.287 \times 300}{100} = 0.861\, m^3/kg$$

2점 상태:

$$p_2 = p_1\left(\frac{v_1}{v_2}\right)^{\gamma} = 100 \times 15^{1.4} = 4431.3\, kPa$$

$$T_2 = T_1\left(\frac{v_1}{v_2}\right)^{\gamma-1} = 300 \times 15^{0.4} = 886.3\, K$$

$$v_2 = \frac{RT_2}{p_2} = \frac{0.287 \times 886.3}{4431.3} = 0.0574\, m^3/kg$$

3점 상태:

$$p_3 = p_2 = 4431.3\, kPa\, ,\ T_3 = T_2 + \frac{q_H}{c_p} = 886.3 + \frac{1200}{1.005} = 2080.3\, K$$

$$v_3 = \frac{RT_3}{p_3} = \frac{0.287 \times 2080.3}{4431.3} = 0.1347\, m^3/kg$$

4점 상태:

$$T_4 = T_3\left(\frac{v_3}{v_4}\right)^{\gamma-1} = T_3\left(\frac{v_3}{v_1}\right)^{\gamma-1} = 2080.3 \times \left(\frac{0.1347}{0.861}\right)^{0.4} = 990.5\, K$$

$$p_4 = p_1\left(\frac{T_4}{T_1}\right) = 100 \times \left(\frac{990.5}{300}\right) = 330.2\, kPa$$

방출열량, 순일, 열효율 및 평균유효압력을 차례대로 계산하면

$$q_L = c_v\,(T_4 - T_1) = 0.718\,(990.5 - 300) = 495.8\, kJ/kg$$

$$w_{net} = q_H - q_L = 1200 - 495.8 = 704.2\, kJ/kg$$

$$\eta_D = \frac{w_{net}}{q_H} = \frac{704.2}{1200} = 0.587$$

$$p_m = \frac{w_{net}}{v_1 - v_2} = \frac{704.2}{0.861 - 0.0574} = 876.3\,kPa$$

6. 실제 내연기관의 성능

오토 사이클은 스파크-점화 기관인 가솔린엔진의 이상적 사이클이며, 디젤 사이클은 압축-점화 기관인 디젤엔진의 이상적 사이클이다. 현재 가솔린엔진은 승용차에 주로 사용되며, 프로펠러 경비행기의 엔진으로도 사용되고 있다. 디젤엔진은 버스, 트럭, 기차, 선박용으로 독점적으로 사용되고 있으며, 요즈음 4륜구동 지프차나, 레저용 승용차에도 디젤엔진의 사용이 늘고 있다. 또한 디젤엔진은 소량의 전력을 생산하기 위한 장치로도 사용되고 있다. 결국 육상이나 수상 수송시스템에 내연기관이 독점적으로 사용되고 있다고 말할 수 있다. [그림 3.14]는 실제의 가솔린엔진과 디젤엔진을 각기 보여주고 있다.

디젤엔진은 가솔린엔진에 비해 매우 큰 압축비를 사용하는 데, 그 이유는 압축-점화 기관이기 때문이다. 공기를 압축한 후 연료를 분사하여 연료가 스스로 발화(자발화, self-ignition)할 수 있도록 온도를 높이기 위해서 높은 압축비를 사용하게 된다. 따라서 디젤엔진이 출력도 크고 효율도 좋으나, 노킹(knocking) 현상 때문에 진동과 소음이 가솔린엔진보다는 크다.

내연기관에는 2-행정 기관도 있지만 보통 4-행정(four strokes) 기관이다. [그림 3.15]에 4-행정 가솔린엔진의 기계적 사이클을 나타내었다. 피스톤이 내려오는 흡입행정 동안 공기와 연료 혼합물이 흡입밸브를 통해 실린더 내로 들어오고, 압축된 후 불꽃(방전)으로 점화되어 급격한 연소과정동안 팽창하게 되고 배기 밸브가 열리면서 배기행정이 시작된다. 따라서 실제 사이클이 이상적인 오토 사이클이나 디젤 사이클과 다른 점을 열거하면 다음과 같다.

(a) Fiat gasoline engine
(4 기통, 90bhp)

(b) Humvee diesel engine
(8 기통, 316bhp)

[그림 3.14] 가솔린엔진과 디젤엔진

- 열린 사이클이다.
- 피스톤과 실린더 사이의 마찰이 있다.
- 작동유체와 실린더 사이의 열전달은 전 과정을 통해서 일어난다.
- 연소과정이 일정체적이나 일정압력 하에서 이루어지지 않는다.
- 작동유체의 성분이 일정하지 않다.

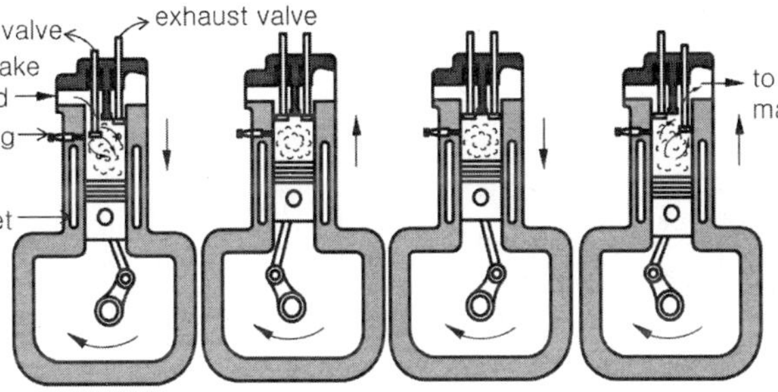

(a)suction (b)compression (c)combustion & expansion (d)exhaust

[그림 3.15] 가솔린엔진의 4 행정

실제 내연기관의 해석에는 이상과 같은 많은 복잡한 열역학적 문제를 가지고 있으나, 이것은 본 교재의 범위를 벗어난다. 결국 여러 형태의 공기표준 사이클은 응용되는 기관의 특성을 어느 정도 보여준다는 점에서는 가치가 있으나, 실제 성능은 잘 나타내지 못한다. 따라서 실제 내연기관의 성능은 직접 시험을 한 결과를 가지고 나타내는 것이 일반적이다. 시험에는 우선 연료의 발열량 시험이 있으며, 엔진 성능 시험에는 엔진 지압계(engine indicator) 시험과 동력계(dynamometer) 시험이 있다.

1) 발열량 시험

연료의 발열량이란 완전연소 생성물의 온도를 반응물의 초기 온도까지 낮출 때 얻은 총 열로 정의되며, 발열량은 연료 단위질량 당(J/kg$_f$, 고체나 액체 연료) 또는 연료 단위체적 당(J/m^3, 기체 연료)의 값으로 보통 표시한다.

대부분의 연료는 수소 성분을 함유하고 있으므로 생성물 중에 물이 존재한다. 이 물은 증기인 기체 상태로 존재할 수도 있고 액체 상태로 존재할 수도 있다. 물의 상태에 따라 발열량 값이 달라지므로 고위발열량(higher heating value, Q_{HHV})과 저위발열량(lower heating value, Q_{LHV})으로 구분한다. 고위발열량은 물이 액체 상태로 존재하는 것을 기준으로 하므로 저위발열량 보다 물의 응축열만큼 큰 값이 된다. [표 3.2]는 중요 연료의 발열량을 나타내고 있다.

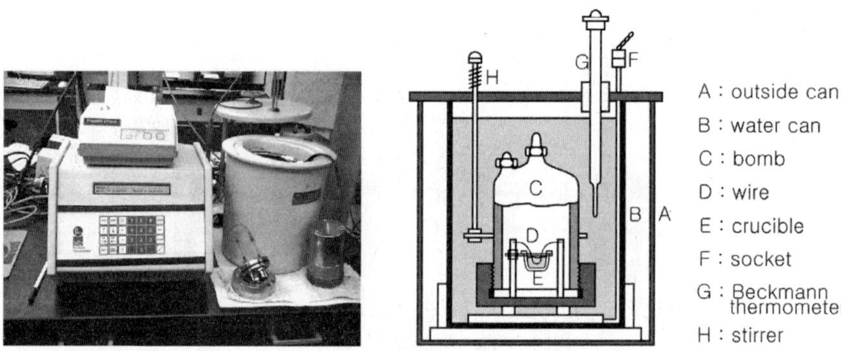

[그림 3.16] 봄 열량계(등온식)

고체나 액체 연료의 발열량은 봄 열량계(bomb calorimeter)로부터 측정될 수 있다. [그림 3.16]에 봄 열량계를 나타내었다. 봄 열량계는 크게 외통(A), 내통(B) 및 고압 용기(C)로 구성된다. 고압 밀폐 용기를 보통 봄(bomb)이라 하며 일정 체적의 고압 용기 안에서 연소가 이루어지므로 정적 과정이다. 고압 용기 안에는 그림에서 보는 바와 같이 전열선(D)이 연료가 들어있는 작은 용기(E) 안에 걸쳐 있으며 주위는 고압의 산소로 채워져 있다. 내통 안에는 일정량의 물이 들어있다. 전류가 소켓(F)을 통해 전열선에 공급되면 점화가 되어 연료가 연소하면서 열을 내므로 내통의 물의 온도가 올라간다. 내통 내의 물의 온도상승은 연소 과정의 발열에 의한 것으로 이 온도 상승을 베크만(Beckmann) 온도계(G)를 사용하여 정확하게 측정함으로서 연료의 발열량을 구할 수 있다. 봄 열량계에는 등온식(isothermal type)과 단열식(adiabatic type)이 있는데 [그림 3.16]은 등온식이다. 내통과 외통 사이의 공기의 온도 변화는 보통 0.05℃를 넘지 않으므로 시스템의 주위가 일정한 온도로 유지된다고 할 수 있어 등온식이라 명칭한 것이다.

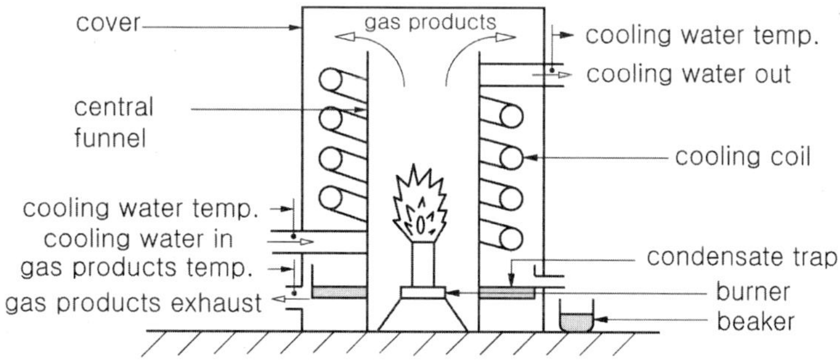

[그림 3.17] 가스 열량계

기체 연료의 발열량은 [그림 3.17]과 같은 가스 열량계(gas calorimeter)로 측정한다. 이때 연소는 일정한 압력 하에서 이루어지며 결국 냉각수의 온도 변화와 사용된 연료량을 측정함으로서 발열량을 구할 수 있다. 기체 연료의 경우 수소 성분 때문에 물이 생성되며 생성된 물의 양을 측정함으로서 저위 발열량도 계산할 수 있다.

[표 3.2] 중요 연료의 발열량

		발열량 kJ/kg(고체, 액체) kJ/m³(기체)	
		고위발열량	저위발열량
고체 연료	나무 갈탄 무연탄 역청탄	15800(평균) 26000~29000 34900~38500 32000~35000	
액체 연료	디젤 연료유 가솔린	45700(평균) 42900~43500 44800~46900	42000(평균) 40500~41100 41900~44000
기체 연료	일산화탄소(CO) 수소(H_2) 메탄(CH_4) 에탄(C_2H_6) 프로판(C_3H_8) 부탄(C_4H_{10}) 옥탄(C_8H_{18})	11970 12100 37710 66070 93940 121800 233290	11970 10220 33950 60430 86420 112410 216380

예제 3.9

봄 열량계로 석탄의 발열량을 측정하고자 한다. 연소 과정동안 내통의 물 온도가 2.623℃ 상승되었으며 연소된 석탄의 양은 0.98g이었다. 내통의 물의 양은 2kg이며 장치의 물당량은 0.6kg이다.

풀 이 (핵심) 물당량 - 시스템의 열용량($m \cdot c_p$)과 같은 열용량을 가진 물의 질량

연소 과정동안 발생된 열은 내통의 물의 온도뿐만 아니라 봄과 기타 장치의 온도도 올린다. 시스템의 온도는 물의 온도와 평형을 이루고 있으므로 장치의 물당량을 물의 양에 포함시켜야 한다.

시스템의 총 질량은 2+0.6= 2.6kg

석탄에 의해 발생된 열은

$$m\, c_{pw}\, \Delta T = 2.6 \times 4.18 \times 2.623 = 28.51\, kJ$$

한편 연소된 석탄의 양이 0.00098kg이므로 석탄의 발열량은

$$Q_v = \frac{28.51}{0.00098} = 29091.8\, kJ/\, kg_f$$

예제 3.10

어떤 기체 연료의 발열량을 [그림 3.17]과 같은 장치로 측정하고자 한다. 측정 데이터가 다음과 같을 때, 이 기체연료의 고위발열량과 저위발열량을 구하라. 25℃에서의 물의 증발잠열은 2442.3J/kg이다.

사용된 연료량 8.5ℓ	연료의 온도와 압력 18℃, 120kPa
사용된 냉각수량 4.26kg	냉각수 입구 온도 14℃
냉각수 출구 온도 32℃	응축수량 13g

풀 이 (핵심) 정압 발열량은 어떤 기준을 잡아 표시하는 것이 바람직하다.

25°C, 100kPa을 기준으로 하면 사용된 연료량은 $PV/T = C$로부터

$$V_S = \frac{p}{100} \cdot \frac{298}{T} \cdot V = \frac{120}{100} \times \frac{298}{291} \times 0.0085 = 0.01045\,m^3$$

정압 고위 발열량($Q_{p,HHV}$) :

$$V_S \cdot Q_{p,HHV} = m_w\,c_{pw}\,\Delta T_w$$

$$Q_{p,HHV} = \frac{4.26 \times 4.18\,(32-14)}{0.01045} = 30672\,kJ/m^3$$

정압 저위 발열량($Q_{p,LHV}$) :

$$Q_{p,LHV} = Q_{p,HHV} - \frac{m_{cond}}{V_S} \times h_{fg\,25^oc}$$

$$= 30672 - \frac{0.013}{0.01045} \times 2442.3 = 27633.7\,kJ/m^3$$

---

2) 엔진 성능 시험

내연기관에서 도시(圖示)동력(indicated power, P_i)은 피스톤에서 발생된 총 동력이며, 왕복운동, 회전운동에 따른 마찰손실과 오일펌프, 연료 펌프 및 냉각수 펌프를 구동하기 위한 동력을 제외하고 순수하게 축에 전달된 유효 동력을 제동(制動)동력(brake power, P_b)이라 한다.

제동 동력은 축에 동력계(dynamometer)를 설치하고 축의 토크와 회전수를 측정함으로서 구할 수 있다. 동력계에는 로프(rope) 동력계, 유압 동력계, 수(水) 동력계, 전기 동력계(AC 및 DC), 와전류형 동력계(eddy current type) 등 여러 가지가 있으나, 측정방법에서 조금씩 차이가 있을 뿐이지 토크와 회전수를 측정하는 것은 동일하다. [그림 3.18]에 로프 동력계와 엔진에 장착된 수(水)동력계를 보여주고 있다.

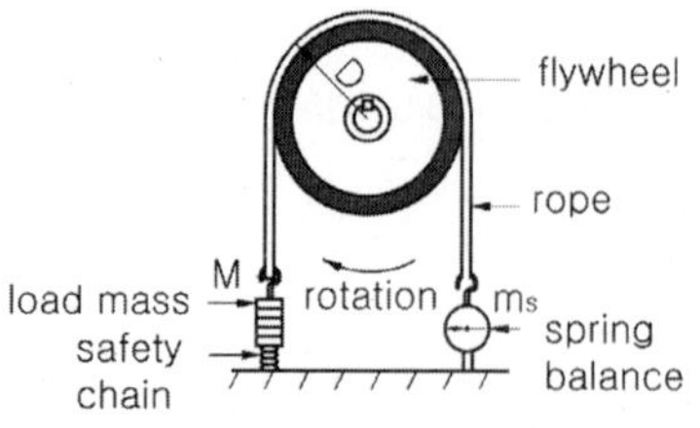

(a) Rope dynamometer

(b) Water brake dynamometer

[그림 3.18] 로프 동력계와 수동력계

요즈음 로프 동력계는 거의 사용되고 있지 않으나 동력계의 작동을 쉽게 이해할 수 있다. 로프와 플라이휠 사이의 마찰에 의해 열이 발생하므로 엔진 속도가 큰 경우는 플라이휠 내부의 물이 분출되어 냉각을 시킨다. 그림에서 플라이휠에 작용하는 접선방향의 힘은 $(M - m_s)g$이며 m_s는 스프링 저울에서 읽은 질량 값이다. 따라서 토크는 로프의 두께를 무시하면

$$T = F \cdot r = 9.8(M - m_s)\frac{D}{2} \quad (N \cdot m) \tag{3.32}$$

가 된다. 제동일은 결국 축일이므로 다음과 같이 계산된다.

$$w_b = F \times \text{distance} = F \times 2\pi r = 2\pi T \quad (J) \tag{3.33}$$

단위시간 당 제동 일이 제동 동력이므로, 회전속도가 N rpm이라면

$$P_b = \frac{2\pi NT}{60} \quad (W) \tag{3.34}$$

가 된다.

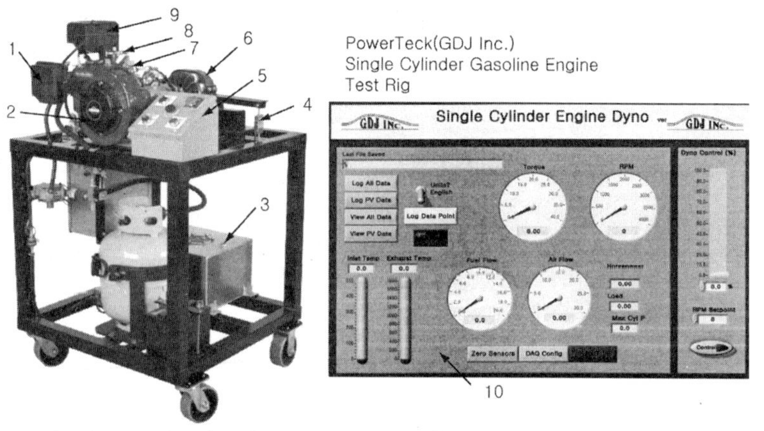

1 carburetor 2 engine 3 fuel tank 4 load cell(torque measurement) 5 control box
6 eddy current dynamometer 7 engine indicator 8 throttle valve 9 exhaust
10 monitoring screen(PC)

[그림 3.19] 가솔린엔진 시험장치(엔진지압계)와 데이터 출력 화면

한편 도시 동력은 피스톤에서 발생된 동력으로서 지압선도(실제 엔진의 $p-v$ 선도)를 알아야만 구할 수 있다. 실제 엔진의 $p-v$ 선도는 엔진 지압계(engine indicator)를 사용하면 얻을 수 있다. 엔진 지압계는 전자 장비로서 실린더 내부의 압력과 온도, 크랭크 각(crank angle) 등을 매우 짧은 시간에 샘플링 하여 처리할 수 있는 센서(sensor)와 변환기(transducer)가 엔진에 장착되어 있고, 전송된 데이터를 처리하여 피스톤의 위치와 엔진 내의 압력변화 관계를 그래프로 보여줄 수 있는 디스플레이 유닛으로 구성되어 있다([그림 3.19] 참조). 만일 엔진 지압계로 얻은 $p-v$ 선도가 [그림 3.20]과 같다면, 순일은 양의 일에서 음의 일을 뺀 값이지만 음의 일 값이 작으므로 보통 무시한다. 결국 위의 빗금 친 면적(+부분 면적)이 순일이 된다.

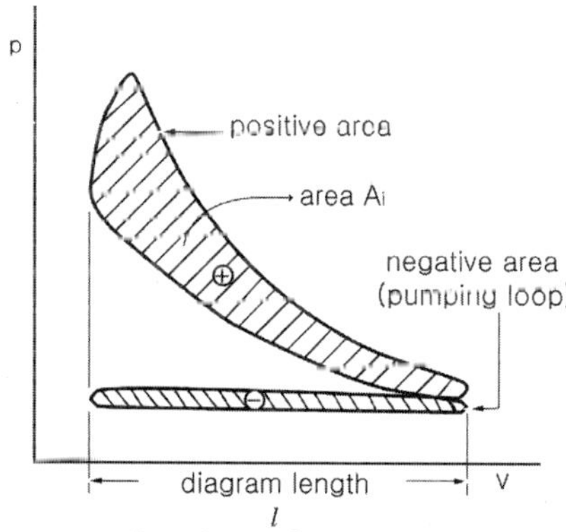

[그림 3.20] 지압선도

따라서 도시 평균유효압력 $p_{m,i}$ 는 지압선도로부터 다음과 같이 계산될 수 있다.

$$p_{m,i} = \frac{A_i \cdot C}{l} \quad (Pa) \tag{3.35}$$

여기서 A_i 는 선도에서 빗금 친 부분의 면적(mm^2)이고 l 은 선도 길이(mm) 이며, C 는 인디케이터에 따른 보정계수($N/m^2.mm$)이다.

따라서 지압선도에서 도시 평균유효압력 $p_{m,i}$ 가 구해진다면 기관의 도시 동력은 다음과 같이 계산될 수 있다.

$$P_i = p_{m,i} \cdot A \cdot L \cdot \overline{N} \quad (W) \tag{3.36}$$

여기서 A 는 피스톤 단면적이고 L 은 행정길이며, $\overline{N}$ 은 단위 시간당 총 사이클 수로서

$$\overline{N} = \text{실린더 한 개당 1초 동안의 사이클수} \times \text{실린더 수}$$

이다.

이제 실제 시험데이터에 기초한 몇 가지 효율을 새로이 정의해 보자. 기관의 도시 열효율(indicated thermal efficiency) η_i 는 다음과 같이 정의된다.

$$\eta_i \equiv \frac{P_i}{\dot{m}_f \; Q_{HHV}} \tag{3.37}$$

위 식에서 $\dot{m}_f$ 는 연료 소모율(kg/s)을 나타내며, Q_{HHV} 는 연료의 단위 질량당 고위발열량이다. 물론 고위발열량 대신에 저위발열량을 사용할 수도 있다.

한편 엔진의 제동(制動) 열효율(brake thermal efficiency) 또는 정미(正味) 열효율, η_b 는 다음과 같이 정의된다.

$$\eta_b \equiv \frac{P_b}{\dot{m}_f \; Q_{HHV}} \tag{3.38}$$

마찰동력은 마찰에 기인한 동력 손실로서 도시동력에서 제동동력을 뺀 값이다.

$$P_f = P_i - P_b \quad (W) \tag{3.39}$$

따라서 엔진의 기계적 효율 η_m은 다음과 같이 정의할 수 있다.

$$\eta_m = \frac{P_b}{P_i} = \frac{\eta_b}{\eta_i} \tag{3.40}$$

결국 실제 내연기관에서는 연료의 발열량으로부터 발생된 에너지 중에서 유용하게 이용되는 것은 제동 동력에 한정된다. 내연기관의 효율이 30% 미만임을 감안할 때, 나머지 70%의 에너지가 소실되는 것이다. 보통 엔진 냉각수로의 손실이 30% 정도이고, 배기가스 손실이 또 30% 정도이며, 나머지 10%가 주위 대기로의 열손실이다.

예제 3.11

압축-점화 기관의 출력이 2400kW이며, 시간당 545kg의 연료가 소모된다. 연료의 고위발열량은 43920kJ/kg이고, 엔진의 마찰 동력이 260kW이다. 도시 열효율, 제동 열효율, 기계적 효율을 구하라.

풀 이 정의에 따라서

$$\eta_b = \frac{P_b}{\dot{m}_f \ Q_{HHV}} = \frac{2400}{545 \times 43920/3600} = 0.361$$

$$\eta_i = \frac{P_i}{\dot{m}_f \ Q_{HHV}} = \frac{2400 + 260}{545 \times 43920/3600} = 0.40$$

$$\eta_m = \frac{P_b}{P_i} = \frac{2400}{2400 + 260} = 0.902$$

예제 3.12

4-행정 6기통 자동차 기관의 실린더 직경과 행정길이가 각각 89mm, 114mm이며, 4000rpm으로 정상 운전되고 있다. 실제 도시 선도(indicated diagram)로부터 도시평균유효압력을 구했더니 1433.2kPa이었다. 이 회전속도에서 기관의 총 출력은 얼마인가.

풀 이 (핵심) 4-행정이므로 피스톤이 두 번 왕복해야 한 사이클

$$\overline{N} = \frac{\text{rpm}/2}{60} \times \text{No of cylinders} = \frac{4000/2}{60} \times 6 = 200 \text{ cycles/sec}$$

따라서 총 출력 즉 도시 동력은

$$P_i = 1433.2 \times \frac{0.089^2 \pi}{4} \times 0.114 \times 200 = 203.3 \, kW$$

연습문제

1. 시속 100km로 달리고 있는 승용차의 운동에너지는 얼마인가(승용차의 질량은 1톤임)? 라면을 끓이기 위해 1kg의 물을 0°C에서 100°C까지 올리는데 필요한 에너지(내부에너지) 값과 비교하라. 물의 비열은 4.2kJ/kg°C이다.

2. 미국과 캐나다에 걸쳐있는 나이아가라 폭포의 높이는 50m 정도이다. 폭포 하단에서 물이 떨어지는 속도는 대략 얼마인가?

3. 밀폐계에서 압력이 800kPa인 1kg의 유체가 팽창하여 200kPa이 되었다. 이 과정동안의 압력-체적 관계식은 $p = aV + b$ (a, b는 상수)이다. 초기상태의 체적이 $0.2m^3$ 일 때 최종상태의 체적과 시스템이 한 일을 계산하라. 단 a 값은 $-1000kPa/m^3$이다.

4. 부엌에 있는 냉장고의 문을 완전히 열어 놓았다. 냉장고는 계속 운전 중이다. 부엌을 단열된 밀폐계라 생각하면 부엌의 내부에너지는 어떻게 변화하겠는가? 또 그 이유는?

5. 오토 사이클에서 압축이 101kPa, 25°C에서 시작된다. 최대 허용 압력은 7500kPa이다. 압축비가 8인 경우에 대해서 최대 허용 온도와, 평균유효압력 및 열효율을 구하고 비교하라.

6. 디젤 사이클에서 압축이 101kPa, 25°C에서 시작된다. 압축비는 16이고 최대 허용 온도는 2000°C이다. 최대 허용 압력과, 평균유효압력 및 열효율을 구하라.

7. 어떤 기체 연료의 발열량을 [그림3.17]과 같은 가스 열량계로 측정하고자 한다. 측정 데이터가 다음과 같을 때, 이 기체연료의 고위발열량과 저위발열량을 구하라. 발열량의 기준은 15°C, 100kPa이다. 15°C에서의 물의 잠열은 2466kJ/kg이다.

사용된 연료량 10ℓ	연료의 온도와 압력 20°C, 120kPa
사용된 냉각수량 5.5kg	냉각수 입구 온도 15°C
냉각수 출구 온도 30°C	응축수량 15g

8. 가솔린엔진의 압축비가 8이다. 연료의 고위 발열량은 43000kJ/kg이다. 도시 열효율이 80%이고 기계적 효율이 76%이다. 제동 열효율을 구하라.

9. 압축 점화 기관이 있다. 출력은 3000kW이고 시간당 680kg의 연료가 사용된다. 연료의 고위 발열량은 44100kJ/kg이며, 도시 열효율은 41%이다. 이 기관의 제동 열효율과 마찰 손실을 구하라.

10. 다음의 표는 가솔린엔진과 디젤엔진을 비교한 것이다. 빈 칸에 적당한 값을 넣어라. 수치는 개략적인 값을 사용한다.

구분	가솔린 엔진	디젤 엔진
압축비	7~11:1	
연소실 형식	간단	
혼합기의 생산		공기만 압축 후 분사
점화 방식	전기불꽃	
연료		경유
연료 공급 방식	인젝터(기화기)	
운전 중 진동 소음		경유
열효율(%)		32~38
연료 소비율(g/ps.hour)	230~300	
속도 조절		분사되는 연료의 양
엔진 회전수(rpm)		1,600~4,000
압축 온도(°C)	120~140	
압축 압력(kgf/cm^2)	7~11	
폭발 압력(kgf/cm^2)	30~35	
출력 당 중량(kgf/ps)	3.5~4	
시동 마력(ps)	1	

제 4 장

자동차 성능

자동차의 성능은 넓은 위미에서 자동차의 기계적 장치의 능력과 전기 원동기 등의 능력을 의미하지만, 여기서는 주로 기계장치의 기능으로 인한 능력만을 언급하겠다. 자동차의 기계적 능력을 나타내는 성능은, 크게 주행성능, 동력성능, 제동성능, 조정 안정성 및 승차감 등으로 구분한다. 여기서 주행성능이란 좁은 의미로서 자동차 구동력과 여유력, 저항력 등의 관계를 의미하며, 동력성능은 자동차 원동기와 동력전달 장치에 의하여 좌우되는 성능으로 가속성능, 등반성능, 차량 최고속도 등이 이에 속한다. 제동성능은 전방의 장애물을 인지한 후부터 제동장치의 작동으로 차량이 완전히 정지할 때까지 제동거리 및 차량 자세 등을 언급하며, 조정 안정성 및 승차감은 조향 안정성과 선회성능, 차량 운동성능 등이 포함되며 현가장치, 조향장치, 타이어 구조 등과 관련된다.

1. 주행성능

1) 주행성능곡선

주행 중의 자동차는 주행방향과 반대방향으로 저항력을 받으며, 이 저항력은 자동차의 주행성능에 큰 영향을 미치고 있다. 이러한 저항력을 이기고 차량을 견인하는 힘은 기관으로부터 발생되는 구동력이며, 저항력과 구동력 외에 기관회전수의 변화 경향을 차량속도 변화에 대하여 도시한 선도를 주행성능곡선이라 한다.

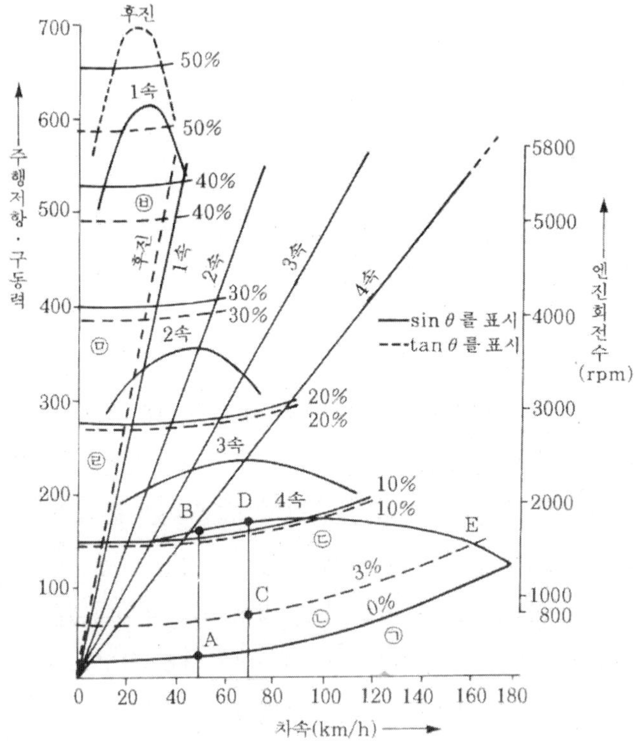

[그림 4.1] 주행성능곡선의 예

[그림 4.1]에서와 같이 총감속비가 가장 큰 1속에서 구동력이 가장 크지만 주행속도는 가장 느리며, 속도 범위도 좁다. 이에 반하여 총감속비가 가장 작은 제 4속에서 구동력은 가장 작지만 주행속도는 가장 빠르고, 속도 범위는 넓음을 알 수 있다. 주행 저항력에서 %는 오르막길의 경사도를 나타낸다. 도로의 경사저항은 sinθ로 계산하지만 도로 표시에는 tanθ로 표시하므로 실선과 점선으로 각각 표시했다.

① 구동력 : 기관에서 발생된 축 토크는 변속기와 종감속기를 거쳐 차륜을 회전시키며, 이것이 차량을 견인하는 힘이다. 즉, 기관에서 발생한 토크를 T_e, 총감속비를 i, 차륜 유효반경을 R_t, 전달효율을 η_t라 하면, 차륜까지 전달된 토크는 $T_e \times i \times \eta_t$ 이므로, 구동력, $F = T_e \times i \times \eta_t / R_t$로 계산할 수 있다.

② 저항력 : 주행저항에 상당하는 힘으로 각 차륜에 걸리는 저항력의 총합이다.

③ 여유력 : 구동력과 저항력의 차이로, 가속, 등판, 견인 등에 사용할 수 있다. [그림 4.1]에서 자동차가 $50km/h$로 평편한 길(구배 0%)을 제 4속으로 주행할 때, B점은 구동력이고 A점은 주행 저항력이다. 따라서 여유구동력은 $B-A$이며, 각 단에서 가속이나 등판에 이용할 수 있으므로, 가속력 또는 등판력이라고도 한다.

2) 주행저항력

자동차가 도로면 위를 주행하고자 할 때 진행을 방해하려는 힘, 즉 진행방향과 반대방향의 저항(running resistance)이 작용한다. 이들의 합을 전 주행저항이라고 하며, 구름저항, 공기저항, 구배저항(등판저항), 가속저항의 4 종류가 있다.

이들 외에 클러치에서 구동차륜까지의 동력전달로 인해 일어나는 저항을 생각할 수 있으며, 이러한 저항들은 치차류의 전달손실, 변속기나 차동장치 내부에서의 치차 회전저항, 베어링과 조인트의 마찰저항 등이 포함한다. 그러나 이들은 동력전달 과정에서의 마찰손실로 취급하여 동력전달 장치의 전달효율 η_t 로 평가해서 고려하므로 주행저항에서는 제외된다.

(1) 구름저항(rolling resistance)

구름저항은 차량이 수평노면을 주행하는 경우에 발생하는 저항을 의미하며, 타이어 접지부 탄성변형에 의한 저항, 노면 탄성 및 소성변형에 의한 저항, 노면 요철에 의한 차량 상하운동으로 발생한 저항구동력으로 인한 저항, 차륜 베어랑부의 마찰에 의한 저항 등이 포함된다. 구름저항 $R_r(kg_f)$ 은 속도가 그렇게 크지 않은 범위에서는 속도의 부관하게 바퀴에 가해지는 하중 $W(kg_f)$에 비례하며, 아래와 같다.

$$R_r = \mu_r W \tag{4.1}$$

여기서 μ_r은 구름 저항계수로서, 도로면의 상태에 따른 개략적인 값은 [표 4.1]과 같다. [그림 4.2(a)]는 타이어 공기압 및 차속과 μ_r의 관계를 나타냈으며, 공기압이 낮을수록 구름저항계수가 증가한다. 그 원인은 공기압이 낮을수록 변형과 복원력이 증가하고, 이에 따라 타이어 내부마찰에 의하여 발열하므로 에너지 손실이 커지기 때문이다. [그림 4.2(b)]는 타이어 공기압이 정상이고, 주행속도 범위가 $0 \sim 100\ km/h$ 정도에서 μ_r 이 주행속도에 선형적으로 증가하는 경향을 보여주고 있다, 따라서 다음의 근사식으로 구름저항력을 계산할 수 있다.

$$R_r = (\mu_r + \mu'_r\ V)\ W \tag{4.2}$$

여기서 μ'_r노면 조건에 따라 결정되는 속도에 대한 구름저항계수이다. 선형적으로 증가하는 영역을 지나면 구름저항은 급격히 상승하며, 이는 타이어 표면에서 스탠딩 웨이브(standing wave) 현상이 발생되기 때문이다.

[표 4.1] 구름저항계수

노면의 상태	μ_r	노면의 상태	μ_r
레일	0.00447	롤러로 다진 자갈 도로	0.0254
아스팔트 포장도로	0.0067~0.0129	견고한 점토 도로	0.0445
콘크리트 포장도로	0.009~0.020	새로 깔은 자갈 도로	0.125
입자상의 둥근돌 도로	0.0268~0.107	석회질의 자연노면	0.165
돌이 많은 도로	0.033~0.088	모래땅	0.250

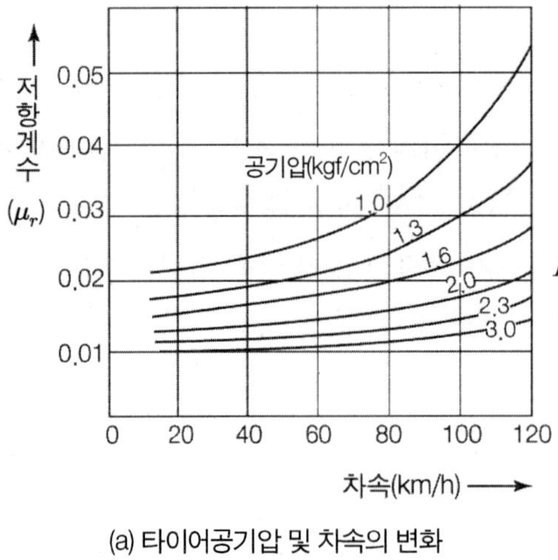

(a) 타이어공기압 및 차속의 변화

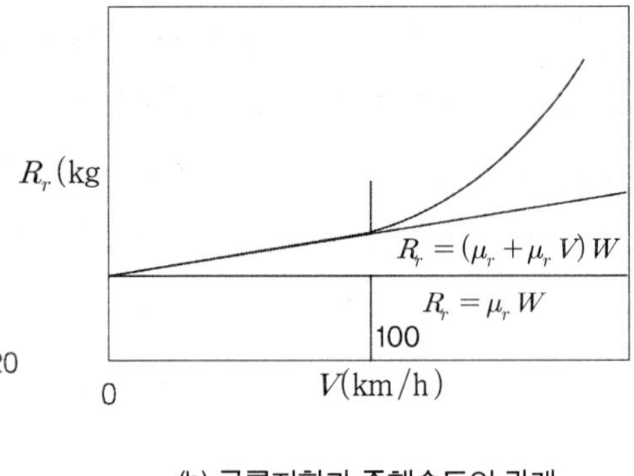

(b) 구름저항과 주행속도의 관계

[그림 4.2] 타이어 공기압 및 차속과 구름저항계수의 관계

(2) 공기항력(air resistance)

유체 내에서 임의 물체가 상대속도를 갖고 이동할 때 유체를 밀어내기 위한 힘을 받게 되며, 자동차의 경우에도 여러 방향에서 해당하는 공기 저항력을 받는다. 이러한 저항력 중, 차량 진행방향에 반대되는 저항력을 공기항력이라고 한다. 공기 저항력은 공기항력 외에 양력, 횡력이 있고 요잉(yawing) 모멘트도 발생시켜 고속 주행시 차량 안정성과 조종성에 큰 영향을 미치므로, 이들의 특성은 주행시험이나 풍동시험에 의하여 해석된다. 기관 출력향상에 의하여 증가하는 최고속도로 인하여 공기항력도 증가하므로, 이를 감소하기 위하여 차체지붕을 낮게 설계한다든지 또는 동일한 단면적에서도 가능한 한 유선형으로 설계하고 있다.

공기항력은 마찰항력과 압력항력(형상항력)의 2가지로 구성된다. 마찰항력은 공기 점성으로 차체 표면에 얇은 속도 경계층(속도 변화층)이 존재하여 자동차의 전진을 방해하는 점성 마찰력을 의미하며, 압력항력은 다음의 4종류로 분류된다.

- 형상저항 : 압력항력의 대부분을 차지하며, 차체 앞과 뒤쪽의 압력차 차체의 앞쪽의 압력과 뒤쪽에 생기는 부압과의 압력차로 발생되며, 차체 형상에 직접 관계.
- 간섭저항 : 차체 표면 요철이나 기타 돌기 부착물 주위의 난기류에 의한 저항.
- 내부류 저항 : 기관 냉각, 차체 내부 환기 등 출입 공기로 발생되는 저항.
- 유도저항 : 진행방향과 직교의 양력 등이 발생될 때, 에너지손실에 의한 저항.

이들 중, 간섭저항은 차체 아래 쪽 면의 기관, 배기계통, 동력전달계통, 현가장치 등의 요철 및 창이나 창틀 장식, 차체 바깥 쪽의 요철 저항들이 포함된다. 일반적으로 공기 중을 진행하는 물체에 작용하는 공기항력 R_l는, 차체 횡단면적인 투상면적 A와 공기의 동압(속도의 자승) $\rho V^2/2$에 비례하므로, 비례상수를 C_l로 표시하면,

$$R_l = C_l A \frac{\rho V^2}{2} \tag{4.3}$$

이다. 비례상수 C_l는 무차원수로 공기저항계수 또는 항력계수(drag coefficient)라고 하며, 물체 형상에 의존하고 Reynolds수에 따라서도 다소 변화되는 값이다. 자동차의 경우에는 실용적인 면을 고려하여 흔히 아래의 식을 사용하는 경우도 있다.

$$R_l = \mu_l \, A \, V^2 \tag{4.4}$$

여기서 $\mu_l = C_l \, \rho / 2$의 상수값을 계산한 값이다.

[표 4.2] 공기저항계수 C_l 와 μ_l

차체형상	C_l	μ_l[(kgf/m²)/(km/h)²]
스포츠카	0.23~0.45	0.0011~0.0022
같은 오픈카형	0.40~0.48	0.0019~0.0023
승용차	0.35~0.55	0.0017~0.0026
상용차	0.40~0.60	0.0019~0.0029
버 스	0.50~0.80	0.0024~0.0038
(참고) 유선형 물체 정방형 판	0.043~0.045 1.10	0.00021~0.00022 0.0053

[표 4.2]에 C_l 와 μ_l의 일반적인 값을 표시했으며, 표에서 μ_l의 값은 공기 밀도 ρ 를 표준상태 $20^o C,\ 1\,atm$ 에서 계산한 $\rho = 0.123\ kg_f\ s^2/m^4$을 대입한 결과이다.

식 (4.3), (4.4)에서 단면적 A 는 차량의 앞면 투상면적을 말하며, 전륜 트레드×전체 높이 또는 전체 높이×전체 나비×0.9의 관계식을 이용하여 계산한다.

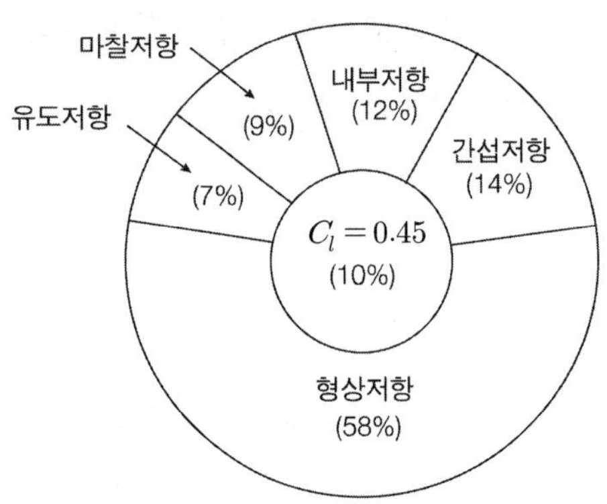

[그림 4.3] 공기 저항력의 구성요소

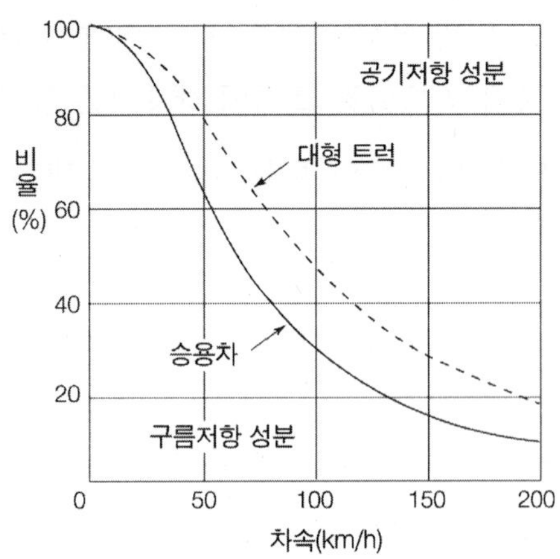

[그림 4.4] 구름저항과 공기저항 비율

[그림 4.3]은 $C_l = 0.45$를 선택한 경우의 승용차에서의 공기저항력 구성요소를 표시하였고, [그림 4.4]는 승용차와 트럭에서 공기저항과 구름 저항의 비율을 표시한 것으로 승용차는 약 $60\,km/h$, 트럭은 약 $100\,km/h$ 이상을 초과하면 공기저항이 구름저항보다 커지므로, 고속에서는 공기저항이 큰 비중을 차지함을 알 수 있다.

(3) 구배저항(gradient resistance)

자동차가 수평도로면을 일정한 속도로 주행할 때에는 구름저항과 공기항력만 작용한다 그러나 경사진 도로면을 일정한 속도로 등판할 때에는 주행속도와 무관하게, [그림 4.5]과 같이, 차량에 작용하는 경사면 평행분력 W''이 후방으로 작용하여 차량을 후진시키려는 효과를 미치므로 이를 구배(또는 등판)저항으로 취급한다.

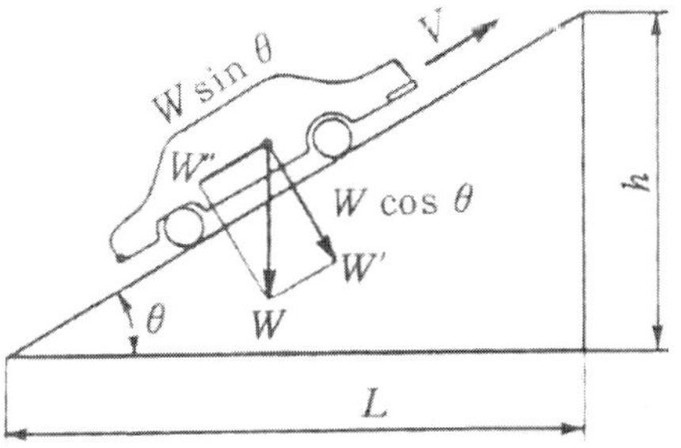

[그림 4.5] 구배저항

따라서 구배저항 R_s 는, 총중량을 W, 경사각(deg)을 θ로 표시하면 다음과 같다.

$$R_s = W\sin\theta \tag{4.5}$$

식 (4.5)에서 $\sin\theta$는 노면 기울기를 나타내며, 실제 도로의 경사도를 나타내는 θ의 값이 그다지 크지 않은 경우에는 $\sin\theta \fallingdotseq \tan\theta$ 로 표시하기도 한다. 또한 도로면의 기울기를 수평거리 $L(m)$에 대한 높이 $h(m)$의 비 $\tan\theta = h/L$을 %로 나타내어 S 로 표시하는 경우도 있다. 이 때 $S/100 = h/L$이므로, 다음 식으로 표시된다.

$$R_s = W\sin\theta \ \rightarrow (\theta\text{가 작은 경우}) = W\tan\theta = W \times S/100 \tag{4.6}$$

실제 도로의 경우, 일정구간의 평균 기울기는 5%전후가 보통이고, 15%초과하는 경우는 드물다. 일반적으로 자동차가 얼마만큼을 등반할 수 있는가 하는 문제는 실험적으로 얻으며, 최대 기울기가 승용차에서는 약 60%, 트럭이 약 40%정도이다.

한편 등판저항이 존재하면, 도로면에 수직분력 $W' = W\cos\theta$이므로 구름저항 R_r은 $\mu_r W$에서 $\mu_r W\cos\theta$로 감소된다. 그러나 실제 노면의 기울기가 매우 낮은 경우에는 $\cos\theta \fallingdotseq 1$로 가정해도 무방하다.

(4) 가속저항(acceleration resistance)

자동차가 정속주행이 아니고 속도를 증가시킬 때는 관성에 의한 저항을 받게 된다. 이와 같이 자동차가 가속일 때에 한해서 생기는 관성저항을 가속저항이라 한다.

실제로 자동차가 가속이나 감속을 할 경우에는, 기관에서 차륜에 이르는 각 회전체의 속도가 증감되어 회전 관성저항이 발생하고, 그 결과 차량 자체가 진행방향으로 가속 또는 감속됨에 따라 직진 관성저항도 발생한다. 따라서 가속저항은, 기관에서 구동바퀴까지의 동력전달 계통에서 회전체 및 비구동륜의 회전속도를 증감시키기 위한 회전관성저항 N_2와, 자동차 전체를 진행방향으로 직진가속 또는 직진감속하기 위한 직진관성저항 N_1의 두 가지 저항이 존재하며, 이들의 합이 가속저항이 된다.

이제 무게 $W(kg)$의 자동차가 $\alpha\,(m/s^2)$의 가속도로 직진운동을 하고 있으면, 가속저항은 자동차 질량 $m = W/g$에 α를 곱한 것으로, 직진가속저항은 다음과 같다.

$$N_1 = (W/g)\,\alpha \tag{4.6}$$

그러나 이 가속저항은 직진관성저항만 받는 것이 아니고 회전관성저항을 함께 받고 있으므로 회전관성에 의한 저항만큼 자동차의 중량이 증가된 것으로 고려하면, 자동차 본체의 중량 W를 $W+\Delta W$로 표현할 수 있다. 즉 ΔW는 회전부분의 가속에 의한 저항을, 직선가속도 α에서의 추가 중량으로 환산한 값이다. 추가중량 ΔW를 회전부분 등가중량(equivalent weight of rotating parts)이라 하며, 결과적으로 회전가속저항은 다음과 같이 계산된다.

$$N_2 = (\Delta W/g)\alpha \tag{4.7}$$

따라서 자동차 가속저항력 R_a는 두 개의 관성저항력을 합한 다음 식으로 계산된다.

$$R_a = N_1 + N_2 = \frac{(W + \Delta W)}{g}\alpha = \frac{W(1+\phi)}{g}\alpha \tag{4.8}$$

여기서 $\phi = \Delta W/W$ 로서, W는 차량 총중량이지만 ΔW는 회전부분의 관성에 해당되는 중량(kg)으로, 자동차에 따라 결정되는 고유값으로 변속단수에 의해서도 값이 달라진다. 따라서 ΔW는 부품도면과 실물의 진동주기를 측정한 결과로부터 계산되어야 하므로 그 과정이 매우 복잡하다. 몇 개 차종에 대한 개략적인 값이 [표 4.3]에 표시되어 있으며, [표 4.4]에는 승용차 각 변속 단에서의 ϕ 를 표시했다. 승용차의 경우, 최고속단(3단 또는 4단)에서 $\phi = 0.1 \sim 0.11$ 이고 최저속단(1단)에서는 훨씬 높은 $\phi = 0.76 \sim 0.9$ 정도이다. 그 원인은 저단일수록 감속비가 증가하기 때문이다.

[표 4.3] 회전부분의 등가중량

종류	ΔW의 값	
	기관 관계를 포함하는 경우	기관 관계를 포함하지 않는 경우
트 럭	$0.1W_1$	$0.07\ W_1$
승용차	$0.08W_1$	$0.05\ W_1$
비 교	가속시험에 사용	타행, 브레이크 시험에 사용

[표 4.4] 승용차 변속단에 다른 $\Delta W/W$

종류	단 수	3 단	4 단
$\Delta W/W$	제 1 속	0.88	0.70
	제 2 속	0.28	0.54
	제 3 속	0.11	0.20
	제 4 속		0.10

(5) 전주행저항(total running resistance)

자동차가 어떤 상태의 도로에서 임의 속도로 주행할 때, 전주행저항 $R(kg_f)$은 구름저항, 공기항력, 가속저항 및 구배저항의 합으로 계산된다. 즉, 전주행저항 R 은

$$R = R_r + R_l + R_s + R_a \tag{4.9}$$

으로 표시되며, 정속주행에서 $R_a = 0$이고, 평지주행에서는 $R_s = 0$이다. 따라서 주행조건에 따른 전주행저항은 다음과 같다.

- 평탄로를 정속 주행하는 경우($R_a = R_s = 0$) : $R = R_r + R_l$
- 경사면을 정속 주행하는 경우($R_a = 0$) : $R = R_r + R_l + R_s$
- 평탄로를 일정 가속도로 주행하는 경우($R_s = 0$) : $R = R_r + R_l + R_a$

여기서 등판저항의 경우 오르막길을 등판할 때에는 (+)이지만, 내리막길을 주행할 때에는 (-)이고, 가속저항의 경우에고 감속할 때에는 (-)의 값을 갖는다.

3) 구동력과 구동마력

지금까지 자동차 동력성능을 표시하는 방법으로 자동차의 주행저항에 대하여 언급하였다. 이러한 저항력은 자동차 원동기로부터 얻어지는 각 단에서의 구동력 F와 대응되며, 차량속도에 대한 이들의 변화 경향을 도시한 것이 [그림 4.1]과 같은 주행성능곡선 이다.

(1) 주행저항마력

자동차가 일정속도 $V\,(km/h)$ 로 주행 중에 $R\,(kg_f)$의 주행 저항력을 받는다면, 이에 대응하여 주행하는데 필요한 소요마력 $N'_R\,(PS)$는 다음과 같다.

$$N'_R = \frac{R \times V \times 1000}{3600} \times \frac{1}{75} = \frac{R \times V}{270} \tag{4.10}$$

이러한 소요마력은 기관으로부터 구동륜까지 동력전달계통을 거쳐 차륜으로 전달되므로, 기계효율(전달효율) η_t를 고려하면, 저항에 대응하기 위하여 기관에서 발휘하는 출력 N_R은 다음과 같고, 이것을 주행저항마력이라 한다.

$$N_R = \frac{R \times V}{270 \times \eta_t} \tag{4.11}$$

(2) 구동력과 구동마력

전주행저항 R 에 대항하기 위하여 구동륜 주위에는 이것과 동일한 크기의 구동력이 필요하게 된다. 임의 회전수일 때, 기관에서 발생되는 정미토크를 T_e $(m\ kg_f)$라 하면 구동륜에서의 구동력 F 는 아래 식과 같다.

$$F = \frac{T_e \times i \times \eta_t}{r} = \frac{T_e \times i_T \times i_F \times \eta_t}{r} \tag{4.12}$$

여기서 i 는 총감속비, 즉 i = 변속기 감속비 × 최종 감속비 = $i_T \times i_F$이며, η_t는 선동효율, r 은 구동륜의 유효 반시름(m)이다. 위의 식에서 구동력은 감속비에 비례하여 증가하므로 속도가 낮을수록 증가하고, 타이어 유효 반지름에 반비례하므로 기관토크가 낮은 소형차에서는 작은 타이어를 선호하고 있다. 구동마력, N_a 은 식 (4.10)에서 저항력 R 대신 구동력 F 를 대입한 값이므로 아래 식으로 표현된다.

$$N_a = \frac{F \times V \times 1000}{3600} \times \frac{1}{75} = \frac{F \times V}{270} \tag{4.13}$$

식 (4.11)의 저항마력 N_R 과 식 (4.13)의 구동마력 N_a를 종축에 잡고 횡축에 주행속도를 표시하여 나타낸 것이 [그림 4.6]과 같은 주행마력선도 이다. 그림을 보면, 각 속도단에서 구동마력의 최고값은 거의 비슷하나 그 최대값에 해당하는 차량 속도는 서로 다른 영역을 형성하고 있다. 또한 그림에서 %로 나타낸 것은 도로의 경사각을 의미하며 점선으로 표시된 주행저항마력 N_R은, 노면 기울기를 변수로 하여, 주행속도 V 와의 변화 경향을 나타냈다.

임의 속도 V 에서 최고속 치차의 구동마력과 주행저항마력과의 차이를 여유마력이라 하며, 이는 최고속단에서의 가속이나 등판에 사용되는 동력이다.

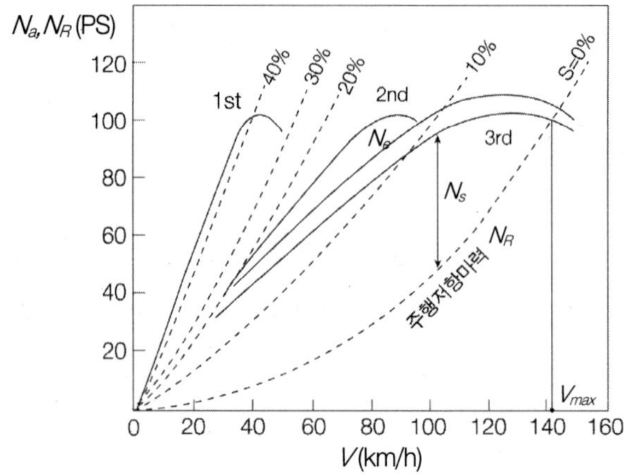

[그림 4.6] 구동마력선도

2. 동력성능

동력성능은 기관에서 발생되는 동력과 동력전달기구에 의하여 발휘할 수 있는 성능으로 구동력에 의한 가속성능, 등판성능, 차량최고속도, 연료소비율 등을 포함하고 있다. 기관성능의 평가는 기관 회전수 변화에 대한 토크, 출력 및 연료소비율 등으로 나타내고 있다. 일반적으로 출력은 기관만의 성능시험에서 결정되어지며, 같은 기관이라 할지라도 냉각팬이나 소음기 부착 여부에 따라 최대출력의 값이 달라진다.

기관만의 성능시험에서 결정된 출력을 축출력(shaft horse power) 또는 제동마력(brake horse power)라고 하며, 동력계(dynamometer)로 출력을 측정한다. 또한 완성차에 설치된 기관의 출력을 측정할 때는 섀시동력계(chassis dynamometer)를 사용한다. 섀시동력계는 회전 드럼위에 구동륜을 올려놓고 전기식 동력계로 회전 드럼이 흡수한 동력을 측정하는 방법으로 변속기나 종감속치차 등의 동력전달 과정에서 손실동력을 뺀 것만큼의 동력을 측정한다. 따라서 섀시동력계에서 측정한 동력을 주행마력(road horse power)이라 하며, 보통 주행마력은 기관만의 성능시험에서 측정한 축출력의 80% 정도이다.

1) 가속성능

가속성능은 여유구동력의 대소에 의하여 결정되며, 여유구동력은 전부하에 대한 최대구동력과 수평도로에서 정속주행 시의 주행저항과의 차이로 결정된다. 이제 임의 변속 위치에서 주행속도 $V(km/h)$로 평탄도로를 주행 중인 자동차의 최대구동력을 F_{max}, 주행저항력을 R_o 라 하고, 여유구동력 모두가 가속하는데 사용된다고 하면, 이 경우의 가속도 $a(m/s^2)$은 다음 식으로 계산된다.

$$a = g\,\frac{F_{max} - R_o}{W + \Delta W} = \frac{g\,F_s}{W + \Delta W} = \frac{g\,F_s}{W(1+\phi)} \tag{4.14}$$

여기서 F_s : 여유구동력($F_s = F_{max} - R_o$),

W : 차량 총중량, ΔW : 회전부분 상당중량(kg),

ϕ : $\Delta W / W$, g : 중력가속도 ($g = 9.8\ m/s^2$)이다.

평탄로를 주행하는 경우, 1단 치차에서 여유구동력이 제일 높고 2, 3, 4단 순서로 여유구동력은 점차 작아진다. 가속성능 시험은 출발 위치에서 50, 100, 200, 400*m*의 지점에 타이머를 설치하여 차량이 각 지점을 통과할 때의 시간을 읽고, 차량 내에 비치된 가속도계와 속도계로부터 출발한 후의 경과시간에 대한 가속도와 속도를 읽는다. 이러한 가속성능은 기관의 구동력이 아무리 크더라도 타이어와 노면의 마찰계수로 결정되는 노면 점착력(adhension) 이상으로 구동력이 높을 수는 없다.

따라서 점착력 $F_{ad}(kg)$를 구동력의 한계로 고려하면 여유구동력 $F_s = F_{ad} - R_o$이며 이를 근거로 시험차량의 최대가속도 $a_{max}(m/s^2)$를 결정할 수 있다. 즉, 점착력 F_{ad}는 점착계수를 μ_a, 구동륜 하중을 $W_a(kg)$ 으로 표시하면 $F_{ad} = \mu_a W_a$로 계산되며, 최대 가속도 a_{max}의 관계식은 아래와 같이 나타낼 수 있다.

$$\mu_a W_a - R_o = \frac{(W + \Delta W)\,a_{max}}{g} \quad \text{or} \quad a_{max} = \frac{g\,(\mu_a W_a - R_o)}{W + \Delta W} \tag{4.15}$$

식 (4.15)에서 점착계수 μ_a 값은 건조한 포장도로에서는 약 0.7~0.8정도이고 미끄러운 도로는 약 0.4~0.6, 겨울철의 빙결된 도로는 약 0.1정도이다.

이와 같은 가속도 관계식들에 의하여, 가속성능 향상을 위해서는 여유구동력을 크게 하거나 차량 총중량을 작게 하여야 하며, 특히 여유구동력을 높이기 위하여 기관 축 출력을 증가시키고 주행저항을 작게 하여야 한다. 또한 총감속비를 크게 하거나 구동륜의 유효반지름을 작게 하는 것도 가속성능을 향상시킨다. 그러나 총감속비를 증가시키거나 구동륜의 반지름을 작게 하면 최고속도가 낮아지는 단점이 있다.

2) 등판성능

자동차가 경사진 면을 올라갈 때는 구동력이 평지 주행 시보다 더 많이 요구되며, 그 원인은 경사진 도로에서는 차량 중량이 도로면과 평행한 방향으로 작용하는 구배저항이 존재하기 때문이다. 최대 등판능력은 저속주행 시에 발생하므로 흔히 공기저항은 무시하며, 저속치차의 위치에서 발생하는 최대구동력 F_{max}는 등판 시의 주행저항과 구배저항의 합과 동일한 값을 갖는다고 고려할 수 있다. 최대 등판능력은 보통 도로면의 기울기 $\tan\theta_{max}$의 값으로 표현하며, 다음과 같이 구할 수 있다. 즉, 최대 구동력 $F_{max} = W\sin\theta_{max} + \mu\, W\cos\theta_{max}$이고, 양변을 $\cos\theta_{max}$로 나누면,

$$\frac{F_{max}}{\cos\theta_{max}} = W\tan\theta_{max} + \mu\, W \qquad (4.16)$$

이다. 일반적으로 도로면의 경사각은 비교적 작으므로, 위의 식에서 $\cos\theta_{max} = 1$의 근사식으로 표현할 수 있다. 따라서 최대 등판각도 θ_{max}는 다음 식으로 표시된다.

$$\theta_{max} = \sin^{-1}\left(\frac{F_{max} - \mu\, W\cos\theta_{max}}{W}\right) \fallingdotseq \tan^{-1}\left(\frac{F_{max} - \mu\, W}{W}\right) \qquad (4.17)$$

이 때 등판이 가능한 구배를 $\tan\theta$로 나타낸다면, 그 값은 그대로 등판능력을 지시한다. 일반적으로 자동차의 최대등판능력 $\tan\theta_{max} = 0.45 \sim 0.60$정도이며, 경사각으로 $\theta_{max} = 25 \sim 30^{o}$정도이다.

3) 차량최고속도

자동차가 노면 기울기에 의한 저항을 무시할만한 평탄도로에서 주행할 때, 최대 주행속도를 차량최고속도라고 하며, 이 속도는 주행성능곡선에 의하면 구배가 없는 도로에서 여유구동력 또는 여유마력이 "0"이 되는 상태에서의 주행속도를 의미한다.

지금 총감속비를 i, 동력전달장치의 전동효율을 η_i, 구동륜의 유효반지름을 $r(cm)$라고 하면, 기관의 전부하 토크 $T_e(m-kg_f)$로부터 이에 해당하는 구동력 $F_e(kg_f)$는 다음과 같이 계산된다.

$$F_e = \frac{100 \times T_e \times i \times \eta_t}{r} \tag{4.18}$$

또한 전주행저항 R에서 가속저항과 등판저항을 무시하면 여유구동력 $F_s(kg_f)$는 다음과 같이 구할 수 있다.

$$F_s = F_e - (R_r + R_l) = \frac{100\ T_e\ i\ \eta_t}{r} - (\mu_r\ W + \mu_l\ A\ V^2) \tag{4.19}$$

식 (4.19)에서 $F_s = 0$에서 $V = V_{\max}$를 얻으므로, 최고속도 $V_{\max}$는 다음과 같다.

$$V_{\max} = \sqrt{\frac{(100\ T_e\ i\ \eta_t / r) - \mu_r\ W}{\mu_l\ A}} \tag{4.20}$$

한편 최고속도를 내연기관 연소실의 평균유효압력 관계로 표시하기 위하여, 행정체적을 $V_d(cm^3)$, 전부하시의 평균유효압력을 $P_{me}(kg_f/cm^2)$이라 하면 1회전 당의 일전달 W_e는 $W_e = 2\pi\ T_e = P_{me}\ V_d / (100 \times a)$이다. 단, a의 값은 4행정기관에서 "2", 2행정기관에서는 "1"이다. 따라서 $T_e = p_{me}\ V_d / (200\ \pi\ a)$이며, 이 결과를 식 (4.19)에 대입하면 다음과 같은 식을 얻으며,

$$F_s = \frac{P_{me}\ V_d\ i\ \eta_t}{2\,\pi\,r\,a} - (\mu_r\ W + \mu_l\ A\ V^2) \tag{4.21}$$

최고속도는, 역시 $F_s = 0$인 경우이므로, 아래 식으로도 계산할 수 있다.

$$V_{\max} = \sqrt{\frac{\dfrac{P_{me}\ V_d\ i\ \eta_t}{2\,\pi\,r\,a} - \mu_r\ W}{\mu_l\ A}} \tag{4.22}$$

위의 $V_{\max}$에 대한 관계식들에서, 식 (4.20)은 $V_{\max}$를 원동기 토크 T_e로부터 구했고, 식 (4.20)은 내연기관 연소실 평균유효압력 P_{me} 으로 계산했으며, 이상의 관계로부터 $V_{\max}$를 증가하려면 다음과 같은 점들이 고려되어야 함을 알 수 있다.

- 주행저항의 감소 : 구름저항과 공기저항을 저감시켜야하며, 특히 고속 주행에서는 공기저항이 대부분을 차지하므로 차체를 유선형으로 설계하는 것이 필요하며, 전방 투상면적 A 를 줄이는 것도 유효한 방법이다.
- 총감속비의 적절한 선택 : 관계식 내의 총감속비 i 는 무한히 증가시킬 수 없으므로 기관 구동력이 고속 측에서 저하되지 않도록 하는 범위에서 총감속비를 선정해야 한다. 이 외에 구동륜의 유효반경 r 도 최고속도에 영향을 주고 있다, 구동륜의 유효반경 증가는 구동력 저하를 초래하므로 최고속도와 가속능력 상호 판단에 의해서 적절한 유효반경을 선택하여야 한다.

4) 연료소비성능

자동차 경제성능에서 연료소비성능을 평가하는 것은 매우 중요하다. 일반적으로 자동차 연료소비를 표시하는 방법에는 여러 가지가 있으나 기관 자체만의 연료소비성능은 비연료소비율 $G_e\,(g/PS\ hr)$로 표시하며, 자동차에 기관을 설치했을 때의 주행거리와 소비된 연료중량과의 비를 구하는 주행연료소비율을 의미한다. 이 외에 주행연료소비율의 표시하는 방법들은 다음과 같다.

- km/l : $1\,l$ 의 연료를 사용하여 주행되는 거리.
- l/km : $1\,km$ 를 주행하는데 필요한 연료의 양으로, 유럽에서는 $100\,km$에 대한 연

료 소비량을 나타내는데 사용한다.

- MPG(mile per gallon) : 미국에서는 1갈론 당의 주행 마일로 표시한다.
- *ton km/liter* : $1l$의 연료로 주행할 수 있는 거리에 차량중량 또는 차량 총중량을 곱한 것으로, 트럭 등에서 적재물을 고려한 일종의 수송효율을 의미한다.

실용적인 연료소비성능의 측정법은 정지연료소비율과 주행모드연료소비율의 두가지로 대별할 수 있다. 정지연료소비율은, 수평 직선노면에 측정구간을 설정하고 그 구간을 일정속도로 통과하여 주행하는데 필요한 연료중량과 소요시간을 측정하여 평균 연료소비율을 구한 것이다. 주행모드연료소비율은 시가지나 교외 또는 고속도로 등에서 교통의 흐름에 따라 주행하여 총주행구간의 주행거리와 연료소비량 비의 평균값으로 구한 것이다. 이는 정지시간, 가속조건, 주행속도 및 감속조건 등을 각각 정해진 4개의 수행모드를 되풀이하여 그 평균 연료소비율을 구하는 4모드 시험법과 배기가스를 측정하기 위한 10모드 시험법이 있다. 주행모드 연료소비율과 10모드 연료소비율은 거의 일치하며 이것을 실용연료소비율이라 한다.

이제 자동차의 연료소비율 $B(km/l)$에 대하여 고려하면 다음과 같다. 우선 자동차가 $V(km/h)$로 주행할 때, 기관의 소요마력 N_e 는 다음 식으로 표시된다.

$$N_e = \frac{R\,V}{270\,\eta_t} \tag{4.23}$$

한편 위의 식에 대응하는 단위마력 당, 단위시간 당의 비연료소비율 $G_e(g/PS-hr)$은 기관의 성능곡선으로부터 구할 수 있으므로, 연료의 비중량을 γ 로 표시하면, 이 자동차의 1시간당 연료소비량은 $G_e\,N_e\,/\,1000\,\gamma\,(l)$ 으로 계산할 수 있다. 따라서 1시간당의 주행거리가 $V(km)$이므로 연료소비율 $B(km/l)$는 다음으로 표시된다.

$$B = \frac{1000\,\gamma V}{G_e\,N_e}\ (km/l) \tag{4.24}$$

위의 식에서 기관의 기계효율과의 관계를 고려하면, 정미마력 N_e와 도시마력 N_i 사이에는 $N_e = \eta_m\,N_i$ 의 관계가 있으므로 $G_e = G_i\,/\,\eta_m$이 성립된다.

5) 타행성능

어느 속도로 주행 중인 자동차가 클러치를 끊고 변속기를 중립으로 하여 동력전달을 차단하는 경우, 상당한 주행저항을 받기 때문에, 자동차는 관성에 의해 서서히 속도가 감소되면서 어느 거리를 주행한 후 정지된다. 이와 같은 주행상태를 타행이라고 하며, 타행 시작 때의 속도를 타행 초속도, 정지할 때까지 주행하는 거리를 타행거리라고 한다. 따라서 타행성능시험은 고속도로와 같은 곳에서 타행시험을 하여 일정 주행구간을 통과하는 소요시간을 측정하고, 이 구간내의 평균속도 변화인 감속도를 구하여 해석하며, 각종 주행저항을 검토한다. 일반적인 주행 시험방법(KS R 1006)에 의하면 타행시험시의 측정구간은 100m이고, 이 구간을 통과하는 소요시간을 측정하여 시험속도에 대한 감속도와 타행을 구한다.

인접한 두 개의 측정구간을 타행중인 자동차의 주행저항 R 은, 평균속도의 감속도인 $\Delta V(m/s)$와 소요시간 $\Delta t\,(\sec)$와의 관계로부터 얻은 음(-)의 가속도를 $a'\,(m/s^2)$으로 표시하면 차량 총중량 $W(kg_f)$ 및 회전부분 상당중량 ΔW 와의 관계에서 다음과 같이 계산할 수 있다.

$$R = \frac{(W + \Delta W)}{g}\,\frac{\Delta V}{\Delta t} = \frac{(W + \Delta W)\,a'}{g} \tag{4.25}$$

위의 식에서 R 은 구름저항 R_r, 공기항력 R_l, 가속저항 R_a, 등판저항 R_s 등의 영향을 받지만, 타행시험에서는 $R_s = 0$으로 하고 가속저항도 무시한다. 따라서 R은

$$R = R_r + R_l = \mu_r\ W + \mu_l\ A\ V^2 \tag{4.26}$$

이다. 자동차 타행시험규격(KS R 1011-1986)에 의하면 다음의 과정으로 수행한다.

① 시험도로의 중앙에 100m의 타행측정구간을 설정한다.

② 타행측정구간의 시점에 이르기까지 변속기를 중립에 설정하고 50m와 100m의 측정구간을 주행하는데 요하는 시간을 측정한다.

③ 측정치는 다음 식에 의하여 시험속도에 대한 감속도 및 타행을 구한다.

- 시험속도 : $V = \dfrac{3.6(l_1 + l_2)}{(t_1 + t_2)}$ (km/h)
- 감속도 : $\alpha' \dfrac{l_1/t_1 - l_2/t_2}{(t_1 + t_2)/2}$ (m/s^2)
- 타행계수 : $f = \alpha' / g$
- 타행력 : $R = (W + \Delta W) \times f$ (kg_f)

여기서 t_1 : 50 m의 측정구간을 주행하는데 걸린 시간, (sec)

t_2 : 100 m의 측정구간을 주행하는데 걸린 시간, (sec) 이다.

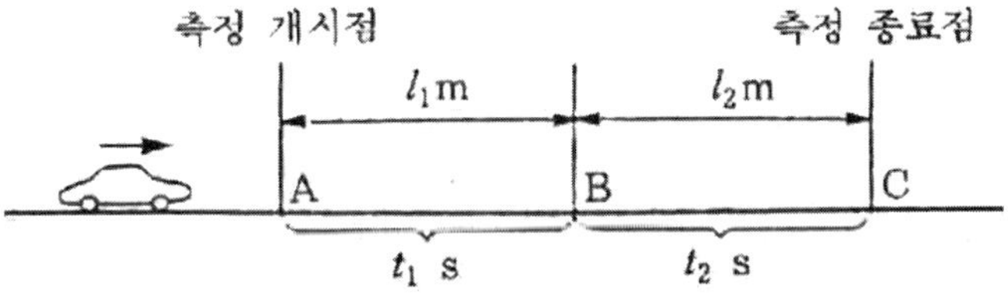

[그림 4.7] 타행시험

3. 제동성능

운전자가 최초에 위험 장애물을 인식하고 행하는 제동동작은 2단계로 구분하여 언급할 수 있다. 첫째는 운전자가 장애물을 인식하고 정지하려고 생각하여 제동을 하려는 순간부터 실제로 오른쪽 발이 브레이크 페달을 밟아 브레이크가 기계적으로 작동하기까지 소요시간으로 공주시간이라 하며, 이 기간 동안 주행거리를 공주거리라 한다. 둘째는 브레이크가 작동되고 자동차가 감속하기 시작하여 정지할 때까지 걸린 시간을 실제동시간이라 하며, 이 기간 중에 주행한 거리를 실제동거리라 한다.

제동성능도 타력주행으로 주행하는 또 하나의 성능으로, 타력주행은 타력을 적극 활용하여 장거리를 주파하는 것이었으나, 제동성능은 타력을 가능한 빨리 흡수하여 감속하고 가능하면 짧은 거리 이내에서 정지할 때의 성능을 말한다. 따라서 제동성능의 정량적 평가는 자동차가 정속으로 주행하는 상태에서 제동하여 정지할 때까지의 정지거리 및 정지할 때까지 소요시간(제동거리 · 제동시간)으로 표시한다. 이러한 제동성능은, 제동거리가 길면 제동력 미달로 실제의 운행에서 항상 위험성이 존재하므로, 법적으로도 제동 시작 때의 초기속도에 대한 정지거리가 명시되어 있다.

1) 제동동작과 정지거리

공주시간은, 장애물을 느끼고 오른쪽 발이 움직일 때까지의 기간과 오른쪽 발이 이동하여 브레이크 페달을 밟기 직전까지의 시간, 브레이크 페달이 변위하여 기계적 제동력이 발휘될 때까지의 시간들의 합계로 표시되며, 이러한 소요시간은 신체적 신경의 반응시간이 0.38~0.5초, 발의 이동시간이 0.117~0.28초, 기계적 소요시간이 0.07~0.15초 정도로서 이들의 합인 공주시간은 0.57~0.93초 정도이다. 이 기간 중, 자동차의 구동력은 감소하나 타력에 의하여 초기속도를 유지하며 주행하므로, 공주거리는 공주시간과 주행속도를 곱한 값으로 나타낼 수 있다.

제동동작은 운전자가 위험을 느끼고 제동을 걸어서 제동력이 발휘하기 시작할 때까지의 공주시간 동안에 주행하는 공주거리를 무시할 수 없다. 따라서 제동성능은 제동력이 작용하는 제동시간과 제동거리를 주 대상으로 하여 공주시간과 공주거리를 포함한 정지시간과 정지거리를 고려하고 있다.

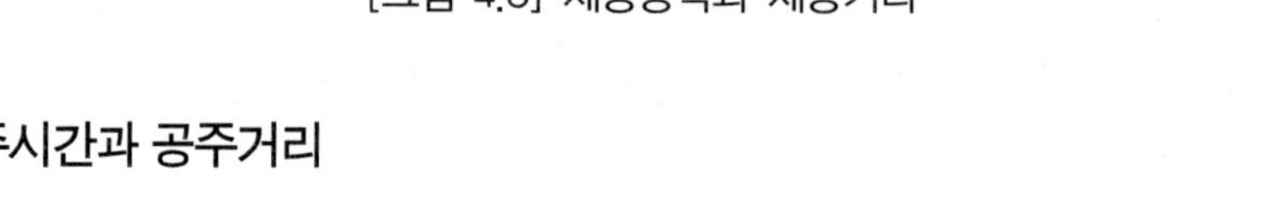

[그림 4.8] 제동동작과 제동거리

(1) 공주시간과 공주거리

차량이 제동하기 직전의 주행속도(제동 초기속도)를 $V(km/h)$ 라 하면, 공주시간 t (sec) 동안에 주행한 거리는 다음과 같다.

$$공주거리 = \frac{V}{3.6} \times t \quad (m) \tag{4.27}$$

(2) 실제동거리(제동거리)

제동 주행 중의 공기저항을 무시하면, 자동차가 보유하고 있는 주행속도에 의한 운동에너지가 제동동작에 의한 제동장치의 마찰 일전달로 모두 변환되므로, 제동거리 $S_b(m)$는 다음과 같이 구할 수 있다. 즉, 제동력의 작용으로 차륜이 고정된 상태에서 미끄러지기 시작하면, 주행하고 있는 자동차의 운동에너지는 $E = W V^2/(2g)$이며, 여기서 W는 차량의 총중량(kg_f), V는 제동 초기속도(km/s), g는 중력가속도(m/s^2)이다. 또한 타이어와 노면 간의 제동력 계수를 μ_b 라 하면, 제동력 F_b은 $F_b = \mu_b W$ 이고, 자동차의 운동에너지가 모두 제동시의 마찰 일전달로 변화된다는 관계, 즉 $W V^2/(2g) = \mu_b W S_b$를 적용하면 아래와 같이 S_b를 표시할 수 있다.

$$S_b = \frac{V^2}{2 g \mu_b} \tag{4.28}$$

한편 바퀴가 고착되지 않고 굴러가고 있는 경우에는, 운동에너지 E를 구할 때 회전부분의 상당질량을 고려하여야 하므로 $E = (W + \Delta W) V^2/(2g)$이고, 또한 제동시의 마찰저항을 산출할 때에도 바퀴가 회전하고 있으므로 구름저항과 제동륜에 걸리는 하중을 고려해야 한다. 즉 제동시의 마찰저항은 $\mu_r W + \mu P r/R$이며, 여기서 μ_r은 구름저항계수, μ는 브레이크 드럼과 라이닝 사이 마찰계수, P는 브레이크 드럼에 가해지는 압착력(kg_f), r은 브레이크 드럼의 반지름(m), R은 차륜의 유효반지름(m)을 의미한다. 따라서 바퀴가 굴러가는 경우에는 나음의 관계

$$\frac{(W + \Delta W) \times V^2}{2 \times g} = (\mu_r W + \mu P \frac{r}{R}) \times S_b$$

가 성립하므로, 이 때의 제동거리 S_b 는 아래 식과 같다.

$$S_b = \frac{(W + \Delta W)}{2\,g\,(\mu_r\, W + \mu\, P\, \dfrac{r}{R})} \times V^2 \tag{4.29}$$

운전자가 장애물을 인식하고 자동차가 정지할 때까지의 거리를 정지거리라 하며, 정지거리 $S(m)$는 공주거리와 실제동거리의 합으로 표시되므로 다음과 같다.

- 차륜이 고착된 경우(차륜이 회전하지 않는 경우)

$$S = (\frac{V \times t}{3.6}) + (\frac{V^2}{2\,g\,\mu_b}) \tag{4.30}$$

- 차륜이 고착되지 않은 경우(차륜의 회전이 가능한 경우)

$$S = (\frac{V \times t}{3.6}) + \frac{(W + \Delta W)\; V^2}{2\,g\,(\mu_r\; W + \mu\, P\, r\, / R)} \tag{4.31}$$

2) 제동에 의한 차륜 하중의 변화

차량 중심고는 지면으로부터 $h(m)$만큼 떨어져 위치하므로, 주행 중의 제동동작은 감속에 의하여 차량 앞부분이 내려가는 회전 모멘트를 발생한다. 이와 같이 감속에 의하여 차량 앞부분이 내려가는 것을 노즈다운(nose down) 현상이라 한다. 이러한 현상이 일어나면 앞의 차륜 하중이 증가하고 그에 상당하는 만큼 뒤의 차륜 하중이 감소하며, 감속도가 높은 경우에는 후륜이 먼저 잠김(lock)상태가 되어 주행 불안정을 발생시킨다.

(1) 노즈다운(nose down)

[그림 4.9]은 제동 시의 하중 변화를 나타내고 있다. 자동차는 제동시 제동력에 의하여 감속이 일어나고 이 힘에 의하여 자동차는 앞으로 향하는 관성력이 차체 중심에 작용하게 된다. 이 때 힘의 균형에 의하여, 앞으로 향하는 관성력($W\alpha / g$)에 대응하는 제동력이 존재하며, 제동력의 크기는 관성력과 같지만 방향은 반대이다.

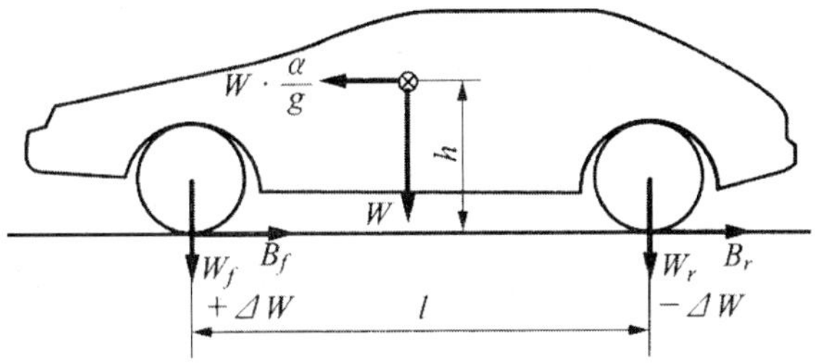

[그림 4.9] 제동시의 하중이동

따라서 제동력 B는 다음과 같이 표시할 수 있다.

$$B = B_f + B_r = \frac{W\alpha}{g} \tag{4.32}$$

여기서 B_f 와 B_r 은 전·후륜에 작용하는 제동력(kg_f)이고, W는 차량중량(kg_f), α 는 감속도(m/s^2) 이다. 또한 노즈다운을 일으키는 회전모멘트 M_n는 다음과 같다.

$$M_n = (B_f + B_r)\,h = \frac{W\alpha\, h}{g} \tag{4.33}$$

따라서 노즈다운의 크기는 식 (4.33)에 의하여 제동력과 중심 높이의 곱에 비례함을 알 수 있다. 노즈다운 현상에 의한 하중이동 ΔW은, 제동시 타이어에서 $\mu_b W$의 제동력이 발생하여 초래된 노즈다운에 의한 회전모멘트가 $\mu_b Wh$이므로, 여기에 축거 l 을 나누어 구한다. 단, μ_b는 제동저항계수를 의미한다.

$$\Delta W = \mu_b Wh/l \tag{4.34}$$

따라서 노즈다운에 의한 하중이동을 고려하면 전륜의 동적하중 W_f' 은

$$W_f' = W_f + \frac{\mu_b Wh}{l} = \frac{Wl_r}{l} + \frac{\mu_b Wh}{l} \tag{4.35}$$

이고, 후륜의 동적하중 W_f' 은 다음 식과 같다.

$$W_r' = W_r + \frac{\mu_b Wh}{l} = \frac{Wl_f}{l} - \frac{\mu_b Wh}{l} \tag{4.36}$$

위의 식들에서 W_f, W_r 은 차량이 정지하고 있는 경우의 전륜과 후륜에 작용하는 정적하중이고, l_f, l_r 은 전륜과 후륜 접지점에서 차량 중심까지의 수평 길이 이다. 노즈다운에 의한 하중이동이 심하면 뒷바퀴가 고착(lock)상태로 되어 주행 불안정을 일으키므로, 급제동하였을 때 전후차륜이 동시에 고정되어 미끄러지지 않도록 설계하여야 하며, 차량에 따라서 감속도가 클 때 옆으로 미끄러짐을 방지하기 위하여 후륜 제동압력을 전륜에 비해 저하시키기 위하여 압력조절밸브를 설치하기도 한다. 또는 바퀴 회전을 센서를 이용하여 검출하고 타이어 표면속도와 주행속도를 전자회로에서 계산하여 가장 높은 제동저항계수를 얻을 수 있는 미끄럼율로 회전하도록 각 차륜의 제동액 압력을 제어하는 앤티스키드(anti-skid) 장치를 사용하기도 한다.

(2) 타이어의 슬립비(slip ratio)

제동시 앞방향으로 작용하는 힘은 추진력이고 이에 반대방향으로 작용하는 힘은 제동력이다. 브레이크를 작동시켰을 때의 제동력의 크기는, 제동 바퀴에 발생하는 제동토크에 의해 결정되며, 일정한 수직하중 상태에서는 타이어와 노면의 상대적 미끄럼에 크게 영향 받는다. 엄밀하게 차륜에 작용하는 구름 저항도 제동력과 관계되나 그 차지하는 비율은 매우 낮으므로 여기서는 무시한다. 미끄러짐(slip)은 차륜 타이어와 도로면 사이 상호간의 성질이나 접촉 조건에 의해 결정해지는 점착력에 의하여 영향 받으며, 차량에 유효하게 작용하는 제동력의 한계는 이 점착력에 의해 지배된다. 일반적으로 제동력이 작용하면 슬립은 점차 증가되며 타이어가 완전히 고착되면 전면적으로 슬립상태에 도달하게 된다. 즉, 제동토크가 증가하여 토크에 의한 제동력이 점착력에 의한 도로면 제동력을 초과하면 차륜의 회전은 정지되어 잠김 상태에 들어가고 타이어는 100% 완전한 슬립상태가 된다. 이러한 차량의 슬립현상을 정량적으로 표시하기 위하여 다음과 같이 정의되는 슬립비 S 를 사용한다.

$$S = \left(\frac{V - \omega r}{V}\right) \times 100(\%) = \left(\frac{V - 2\pi n r}{V}\right) \times 100(\%) \tag{4.37}$$

여기서 V 는 차량속도(m/s) , ω 는 타이어 각속도(rad/s) , r 은 타이어의 유효반지름(m) , n 는 타이어 회전속도(회전수$/s$) 이다. 제동력을 타이어에 작용하는 수직하중으로 나눈 값인 제동저항계수 μ_b 의 값은 노면상태에 따라 크게 변화되며, 같은 노면조건이라도 타이어와 노면 간의 슬립비에 따라 변화된다. 따라서 타이어와 노면 사이에 작용하는 제동력의 성질은 제동저항계수 μ_b 와 슬립비 S 의 관계로 나타낼 수 있으며, 이 관계는 실험에 의하여 얻을 수 있다. 실험방법은 시험차량에 제동토크를 가하면서 다른 차로 견인하여 노면 위를 주행하고, 그때 요구되는 견인력, 주행속도, 시험차륜의 회전각도 등을 측정하여 구한다. [그림 4.10]은 제동저항계수 μ_b 와 슬립비 S 의 관계를 도시한 것으로, [그림 4.10(a)]에 의하면, $S=0$ 에서 $\mu_b=0$ 이며 슬립비의 증가에 따라 제동저항계수가 급격한 증가를 보이고 있다. 슬립비 $S=20\sim30\%$ 정도에서 제동저항계수 의 값은 최대치에 도달하며, 이는 타이어와 노면 사이의 정지 마찰이 최대가 되는 것을 의미한다. 그 이상으로 슬립비가 커지면 바퀴는 급격히 고착되어 타이어와 노면과는 완전 미끄럼 상태가 되며, 제동저항계수는 점차 감소되는 경향을 관찰할 수 있다. 이것은 제동하는 경우에도 차륜을 고착시키는 것보다 어느 정도 전동하면서 제동하는 것이 감속도가 크고 제동거리도 단축된다는 것을 의미한다. 또한 차륜을 고착시키는 것은 오히려 제동거리를 증가시키며 타이어의 마모를 촉진시키는 결과를 초래한다는 것을 알 수 있다.

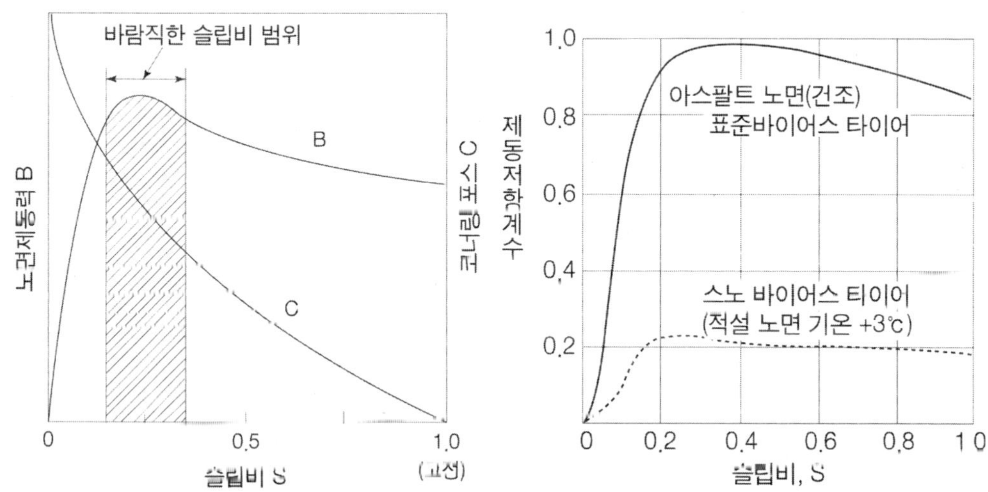

(a) 제동저항계수　　　(b) 적정 슬립비

[그림 4.10] 제동저항계수 및 제동력과 슬립비

한편, 타이어의 사이드 슬립에 따르면 횡항력, 즉 코너링 포스는 [그림 4.10(a)]에서 도시된 것과 같이 슬립비 S에 따라 거의 직선적으로 감소하는 경향을 보이며, 타이어 고착상태(lock)에서는 완전히 0값을 갖는다. 따라서 코너링 포스는 가능한 한 슬립이 낮은 조건에서 발휘되도록 하는 것이 효과적이므로, 제동저항력도 함께 고려하면 그림에서 빗금으로 표시한 범위의 바람직한 슬립비가 정해지게 된다.

(3) 전륜과 후륜 간의 제동력 배분

이미 앞에서 언급된 바와 같이, 제동 중에는 감속도에 비례한 관성력이 진행방향으로 작용해서 앞차축 하중이 증가하고 뒤차축 하중은 감소한다. 이러한 하중 이동은 차륜 접지면에서의 제동력에 의한 모멘트가 원인으로 발생하므로, 제동 중의 전륜과 후륜에 작용하는 동하중은, 식 (4.35)와 식 (4.36)과 같이, 차량이 정지했을 때의 정하중에 제동모멘트를 축거 l로 나눈 이동하중을 더하거나 빼주어서 계산된다.

한편 도로면에서 얻어지는 최대 제동력은 타이어에 걸리는 수직하중과 도로면의 제동저항계수 μ_b의 곱이므로, 전륜축과 후륜축의 제동력을 각각 $B_f, B_r(kg_f)$라 하면 아래의 식을 얻을 수 있다.

$$B_f = \mu_b \times (W_f + \frac{\mu_b Wh}{l}) \tag{4.38}$$

$$B_r = \mu_b \times (W_r - \frac{\mu_b Wh}{l}) \tag{4.39}$$

위의 관계식에서 제동력의 한계는 노면 제동저항계수 μ_b 에 의해 결정되므로, 노면에 수평방향으로 힘의 균형을 적용하면, $B = \mu_b (W_f' + W_r') = \mu_b W = \alpha W / g$를 얻는다([그림 4.9] 참조). 따라서 $\mu_b = \alpha / g = \alpha'$ 에서 차륜은 회전을 멈추고 미끄러지기 시작하며, 이 관계를 식 (4.38)과 (4.39)에 대입하고 무차원화하면 아래와 같다.

$$\frac{B_f}{W} = (\frac{W_f \times \alpha'}{W}) + (\frac{h \times \alpha'^2}{l}) \tag{4.40}$$

$$\frac{B_r}{W} = (\frac{W_r \times \alpha'}{W}) - (\frac{h \times \alpha'^2}{l}) \tag{4.41}$$

위의 식은 전륜과 후륜이 동시 고착되는 제동력을 차량 하중에 대한 비율로 제시하고 있으므로 이상적인 제동력 배분 식으로 표현할 수 있으며, 최대 제동력 이상에서는 차륜이 고착되어 타이어는 노면에서 미끄러지게 된다.

이상을 고려한다면 이상적인 제동토크로 초래되는 제동력의 배분은, [그림 4.11]과 같이 제동력이 증대됨에 따라 전륜의 제동효과가 후륜의 제동효과보다 높은 경향을 나타내는 곡선, 즉 B_f 와 B_r 의 관계가 2차 함수의 곡선이 바람직하고, 이 경우에는 감속도가 변하더라도 항상 전체 바퀴의 동시 로크가 가능하다.

다만, 공차와 화물이 적재한 경우에는 정하중 분포가 변화되고 이로 인하여 전륜과 후륜의 제동력 배분도 바뀌기 때문에 적재하중에 따라 다른 곡선이 얻어진다.

실제의 제동력은 전륜과 후륜의 휠 실린더(wheel cylinder) 크기, 로터(rotor) 또는 드럼(drum)의 크기 및 타이어 지름 등에 의해 결정되며, 감속도에 관계없이 일정하다. 일반적으로 실제 제동기에서 B_f / B_r의 비는 일정하며 [그림 4.11]에서는 근사적인 비례 직선을 점선으로 표시했다. 그림에서 실제 배분선과 이상 배분선과의 교차점은 한 개 (a점)만 존재하며, 이것은 실제 제동력배분에서는 a점에서만 전후륜의 동시 고착(lock)이 일어난다는 것을 의미한다. 이와 같이 전체 차륜이 동시 고착이 일어날 때에는 도로면 이용률 $\epsilon = \alpha' / \mu_b = 1$의 최대값을 유지하는 경우이고, 동시 고착점 a점 보다 감속도가 낮으면 앞바퀴 고착이 먼저 발생하고, a점 보다 높은 감속도에서는 뒷바퀴 고착이 먼저 발생되어 이용률은 1보다 작어진다.

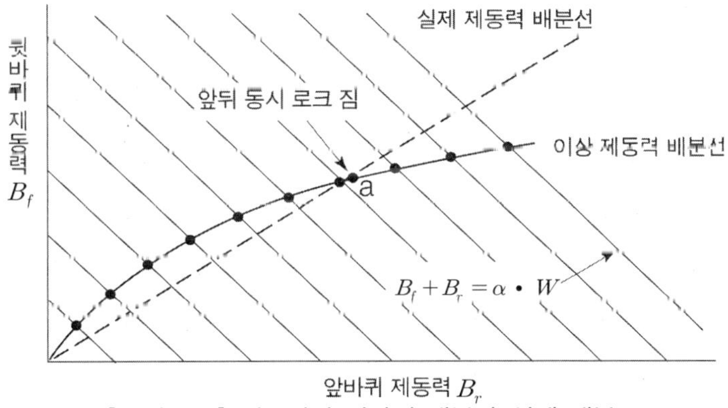

[그림 4.11] 제동력의 이상적 배분과 실제 배분

직진 주행 시에는 뒷바퀴가 먼저 고착 상태로 되는 것은 매우 위험하므로, 이를 피하기 위하여 [그림 4.12]과 같이 가능한 범위에서 이상배분 곡선으로 접근시키고, 또한 최대 제동력을 얻기 위해서 동시 고착점(이상배분과 실제 배분선의 교차점) 부근에서 후륜의 제동액 압력을 전륜측보다 낮게 억제하는 액압 제어밸브(proportioning valve)가 고안되어 현재 대부분의 승용차에는 이것이 장착되어 있다.

그림과 같은 이상적 제동력배분과 실제 제동력배분 선도에서, 실제 제동력배분 선도보다 이상적 제동력배분 선도가 더 높은 영역에서는 앞바퀴가 먼저 고착되고 이와 반대로 실제 배분선도가 더 높은 경우에는 뒷바퀴부터 고착된다. 따라서 [그림 4.12]의 압력제어밸브를 설치한 경우에는 교차점을 제외한 어느 영역에서나 항상 앞바퀴가 먼저 고착상태가 되도록 설계된 경우이며, 대부분의 차량이 직진주행 제동시의 안전을 위하여 전륜이 먼저 고착되는 경향을 선호하고 있다.

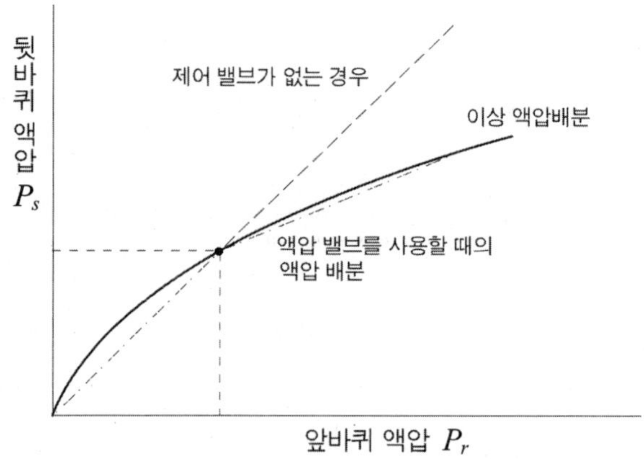

[그림 4.12] 제동액 압력제어밸브에 의한 배분

타이어와 노면 간에 슬립이 발생되기 시작하면 횡항력(corning force)이 슬립율 증가에 다라 거의 선형적으로 감소하므로, 전륜에서 고착현상이 일어나면 조향성이 상실되고 후륜에서 고착되면 차량 스핀(spin)의 확률이 높게 된다. 이 때문에 실제 제동력 배분을 이상 제동력 배분에 접근시켜 차륜 고착 개시점을 높게 하는 경우가 있다. 제동력 배분 조정에는 뒷바퀴의 제동액 압력제어밸브를 사용하며, 공차와 화물 적재 시의 하중차이가 큰 트럭에서는 하중 배분의 변화에 따라 제동압의 조정 개시점이 변화하는 로드 센싱 밸브(load sensing valve)를 사용하는 경우가 많다.

3) 제동시의 발열

(1) 에너지 로딩(EL, energy loading)

마찰재료의 마모, 온도특성 등의 브레이크 성능은, 차량의 사용조건에 의하여 크게 영향을 받기 때문에 특정조건만으로 파악하기란 곤란하지만, 차량하중 · 속도 · 감속도 · 라이닝(패드) 면적으로부터 에너지 로딩을 계산하여 성능의 기준을 설정할 수 있다. 에너지 로딩(EL)이란 마찰 재료의 단위면적 제동시간당의 흡수 에너지이며, 마찰재료의 온도 상승을 결정하는 요인이 되고 마모 및 브레이크 효력에 영향을 준다.

(2) 브레이크의 상승온도

차량이 가지는 운동 에너지는 제동에 의해 열로 변환된다. 제동 때에 발생되는 열은 제동과정에서 일부는 공기 중에 방열 또는 다른 부품에 전달된다. 제동 종료까지 방열 또는 전열되지 못한 제동 에너지는 내부에너지로 제동장치 내에 축적되어 온도를 상승시킨다. 축적된 내부에너지는 정지 또는 다음 주행과정에서 천천히 방열될 수 있으며, 다음 제동과정에서도 동일한 과정으로 내부에너지가 축적되어 제동장치의 온도가 상승된다. 제동 후에 충분히 방열 또는 주위로 전열되지 못하면, 이러한 과정의 반복으로 제동장치의 온도는 계속 상승하여 어느 상태에서 포화상태에 이른다. 이 포화상태는 브레이크의 사용조건(제동 초기속도와 최종속도, 감속도, 제동 빈도, 차량하중 등)과 냉각조건(제동 초기속도와 최종속도, 분위기 온도, 차량 레이아웃 등), 제동장치 용량(라이닝 면적, 드럼 열용량, 방열 면적 등)에 의해 결정되며, 발열은 제동장치의 특성(효과, 페이드, 마찰재료의 마모 등)에 크게 영향을 미친다.

4) 안전성

제동장치는 자동차를 안전하게 조종하기 위해 없어서는 안 될 장치이므로, 안전장치로는 여러 가지 기구가 채용되고 있다. 제동 안전장치에는, 브레이크 계통이 파손된 경우에도 어느 정도의 제동력을 확보함으로 인해 사고발생을 방지하고자 하는 장치

(탠덤 마스터 실린더), 제동 때에 차륜이 스키드(skid)를 일으켜 조종불안정이 되는 것을 방지하는 장치(앤티 스키드 장치) 등이 있다. 현재 이미 일반화되어 사용되는 제동 안전장치는 다음과 같다.

① 탠덤 마스터 실린더(tandem master cylinder)

유압식 브레이크에서 유압계통에 누출 등의 고장이 발생될 때 제동불능이 되는 결점이 있다. 그러므로 그 안전성을 높이기 위해서는 유압계통을 앞바퀴용과 뒷바퀴용의 두 계통으로 한 것이다. 즉, 2개의 마스터 실린더를 직렬로 배치하여 전륜전용과 후륜전용(또는 좌측차륜과 우측차륜 전용)의 2개의 피스톤이 설치되어 있는 실린더로서, 어느 한쪽 유압계통이 파손된 경우 다른 쪽이 보완할 수 있는 장치이다.

② 안전 실린더(safety cylinder)

유압계통의 전륜측과 후륜측에 각각 안전 실린더를 설치해서 누출이 생긴 쪽의 계통을 차단하고, 다른 유압계통의 기능을 확보하도록 한 것이다. 실린더 내부에는 피스톤이 들어 있어서 유압경로를 마스터 실린더 쪽과 차륜실린더 쪽을 분리시킨다.

③ 유압식 브레이크의 앤티 스키드(anti-skid)

자동차는 제동 때 그 감속도에 따라 무게 중심이 앞쪽으로 이동하여 앞바퀴의 하중이 늘어나고, 뒷바퀴의 하중은 반대로 감소되는 현상이 일어난다. 바퀴와 도로면과의 점착력은 점착력계수(제동저항계수, μ_b)와 바퀴에 가해지고 있는 하중을 곱한 값으로, 바퀴의 제동력이 그것보다 크게 되면 바퀴는 고착(locking)된다. 바퀴가 고착되어 스키드를 일으키면, 도로면과의 마찰력이 감소됨과 동시에 방향성을 상실하게 되기 때문에, 제동능력이 저하되고 아울러 조종 불안정을 초래한다. 따라서 제동 때에 뒷바퀴의 하중이 감소되면 뒷바퀴는 로크를 일으키기 쉽고, 제동거리 증가 및 자동차 자세변화를 일으키기가 쉽게 된다. 이것을 방지하기 위해 감속도에 따라 뒷바퀴의 제동력을 자동적으로 변화시키는 프로포셔낼 밸브와 로드센싱 포로포셔닝 밸브 등이 사용된다.

- 프로포셔닝 밸브(P 밸브, proportioning valve) - 작동개시점(일정액압) 이상의 액압을 초과하면 이후의 뒷바퀴 쪽 액압을 입력(앞바퀴 쪽 액압)에 대해서 일정한 비율로 감소시키는 밸브이다. [그림 4.13]과 같이 앞과 뒤 바퀴의 제동력을 이상곡선에 가까운 모양으로 하고, 앞바퀴 제동유압 증가비율을 적게 하도록 한다.
- 로드 센싱 프로포셔닝 밸브(load sensing proportioning valve) : P 밸브의 일종으로, P 밸브의 후륜측 유압작동 개시점을 차량의 하중에 따라 변동할 수 있게 설계된 형

식으로, 하중이 증가할수록 유압작동 개시점도 높은 측으로 이동된다.

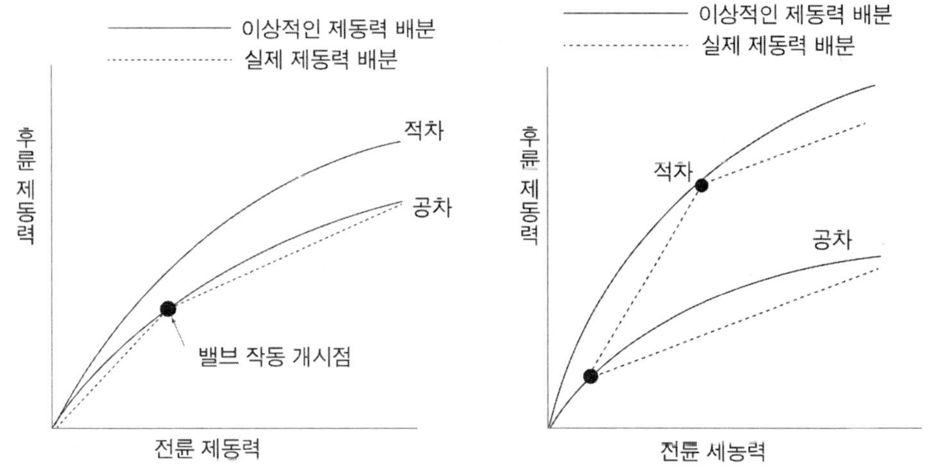

(a) P 밸브 (b) 로드 센싱 P 밸브

[그림 4.13] 제동압력 제어밸브의 제어

5) 제동성능의 제어

제동장치는 조작하기 쉬운 페달력(밟는 힘)과 행정(stroke)에 의하여 안정된 제동력이 얻어지는 것은 물론, 좌우차륜 및 전후차륜 간에 균형이나 소음, 수명 등도 고려해서 설계하여야 하며, 항상 급격한 변화 없이 안정된 특성을 가질 것이 요구된다.

(1) 방향 안정성

제동 때의 방향 안정성은 타이어와 도로면 사이의 마찰특성이 크게 관계된다. 타이어에 제동력이 작용하지 않을 때는 사이드슬립에 대한 코너링 포스(cornering force)는 최대가 되고, 제동토크가 작용하면 외력에 대해 방향안정 상태에 있어 타이어와 도로면 사이에 미끄러짐이 발생하며 이때의 마찰계수에 의해 제동력이 초래된다. 슬립률이 100%에 접근함에 따라 코너링 포스는 급격히 감소하여 타이어가 완전히 고착된 상태에서는 대부분 소멸되고, 외력에 대해 무저항 상태가 되며 차량의 방향 안정성을 상실한다.

전륜과 후륜 모두가 고착되는 경우, 조종불능 상태가 되지만 차량은 관성력(직진방향)과 외력의 합력방향으로 진행되어 안정성을 크게 상실하지는 않는다. 그러나 제동토크의 분배가 전륜에서 우세하면 전륜이 먼저 고착상태에 도달하게 된다. 전륜은 조향기능이 있으므로, 전륜의 코너링 포스는 상실되어 조종성을 잃게 되고 만일 곡선 주행 중일 때에는 차량은 접선방향으로 드리프트(drift) 현상이 발생하지만, 직진 주행에서는 제동력에 의하여 정지할 때까지 진행 방향을 유지하며 감속된다.

한편 후륜의 제동토크 배분이 우세하여 후륜이 먼저 고착되면, 외력에 의하여 무게중심 둘레에서 발생된 요 토크(yaw torque)의 편향이 발생됨과 동시에 앞바퀴에는 코너링 포스가 발생된다. 코너링 포스에 의한 중심 둘레의 요 토크는 외력에 의한 요 토크와 방향이 일치하기 때문에, 차량은 크게 방향 안정성을 상실하여 가로로 미끄러지고, 급선회하는 스핀(spin) 현상을 일으켜 매우 위험하게 된다. 따라서 후륜의 고착 방지는 설계상 중요한 요인으로 취급된다.

(2) 브레이크의 안정성

브레이크 성능(효력)을 표시하는 브레이크 효력계수(brake effectiveness factor : BEF)는 브레이크 입력과 출력과의 비로 브레이크의 형식과 마찰계수로 결정된다. 즉, 휠 실린더의 단면적을 $A\,(cm^2)$, 실린더에 발생되는 액압을 $P\,(kg_f/cm^2)$, 로터의 유효 반지름 또는 브레이크 드럼의 반지름을 $r\,(m)$라 하면, 브레이크에서 발생되는 브레이크 토크 $T(kg_f\,m)$와 BEF와의 관계는 다음 식으로 표시된다.

$$BEF = \frac{\text{브레이크 토크}}{\text{휠 실린더 단면적} \times \text{유압} \times \text{드럼 반지름}} = \frac{T}{A\ P\ r} \qquad (4.42)$$

BEF는 입력과 출력의 계수로 자기 배력의 크기를 표시하며, 설계의 비중을 안정성에 두느냐 조작력의 경감에 두느냐에 따라 형식이 선택되지만, 일반적으로 BEF가 클수록 마찰계수의 변화에 민감하게 되고, 효력은 불안정하게 된다. 따라서 BEF가 낮은 디스크 브레이크에 진공 배력장치의 조합이 바람직하지만, 주어진 설계조건의 범위에서는 듀오 서보형, 투 리딩 형식에 마찰계수의 안정성이 우수한 라이닝을 사용하여 결점을 보완하는 방법도 효과적이다.

(3) 열적 안정성(히트 페이드, 베이퍼 로크)

브레이크는 운동 에너지를 열로 바꾸기 때문에 제동 중에는 고온이 된다. 브레이크의 작동은 고속으로 질주하고 있는 차량의 운동 에너지를 가능한 단시간에 열에너지로 전환시키는 일종의 열기관으로 생각되나, 최근과 같은 차량 대형화와 고속화에 따라 흡수 에너지도 커지고, 온도 상승도 순식간에 700℃ 이상에 도달한다.

이와 같이 드럼(drum)과 슈(shoe)의 온도가 상승하면 열적변형으로 드럼의 안지름이 커짐과 동시에 그 형상에 따른 복잡한 변형을 일으켜 슈와 드럼의 틈새가 크게 되고, 그 결과 페달을 밟는 힘의 크기가 증가한다. 한편, 라이닝과 드럼 사이의 마찰계수는 온도증가에 따라 낮아지므로 동일한 페달입력에 대하여 제동력이 떨어지며, 브레이크 효력이 저하된다. 이와 같이 고속 주행 중이나 내리막 노면에서의 장기간 주행 과정에서 단시간 내에 제동장치를 반복적으로 조작하면, 온도가 상승하고 그 결과 제동능력이 일시적으로 저하되는 현상을 히트 페이드(heat fade)라 한다.

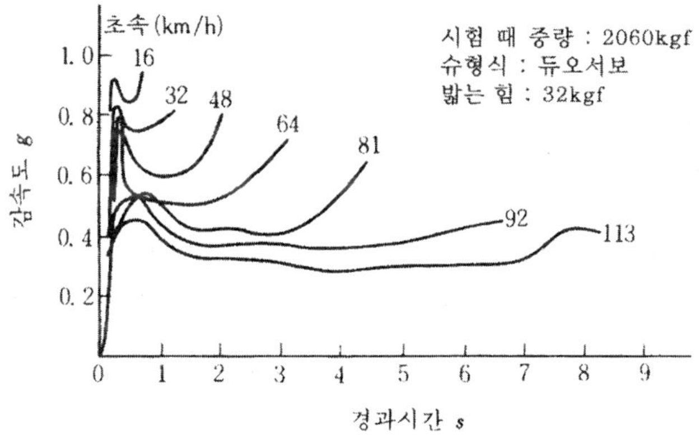

[그림 4.14] 페이드 현상의 예

[그림 4.14]는 페이드 현상을 나타내는 도로 주행시험의 한 예로서 페달 밟는 힘을 일정하게 유지하고, 서로 다른 제동 초기속도에서 브레이크 조작을 하였을 경우 차량의 감속도 변화를 표시한 것으로, 초기속도가 높은 상태의 제동일수록 현저하게 브레이크 효과가 저하되는 결과를 보이고 있다. 또한, 그림에서 제동 시작 때부터 차량정지 때까지의 감속도가 변화하는 과정을 쉽게 알 수 있으며, 온도 상승으로 일단 최저 감속도까지 하강하다가 다시 상승되어 정지 때까지 상승을 계속한다. 이와 같은 페이드 후

의 제동력의 재상승현상을 리커버리(recovery)라고 하며, 차량속도의 저하로 발열량이 감소되어 마찰면의 온도가 저하되는 것이 원인으로 알려져 있다. 한편, 라이닝 표면의 마모 등에 의하여 일시적으로 본래의 마찰계수보다 높아지는 경우가 있으며, 이것을 오버 리커버리(over recovery)라고 한다. 페이드 현상을 방지하려면 첫째로, 브레이크 작동부의 냉각능력을 높일 필요가 있으며, 드럼이나 디스크의 전열성능을 향상시키거나 열용량을 크게 하면 효과가 있다. 둘째로, 온도가 상승하더라도 라이닝 마찰계수의 변화가 작고, 균일한 온도특성의 재질을 선택한다. 셋째, 마찰재료 면적을 크게 하여 단위 면적당의 에너지 흡수량을 적게 한다.

페이드 현상의 발생은 브레이크 자체가 갖는 자기 배력작용에도 많은 관계를 가지며, 투 리딩 슈형(two leading shoe type)이나 듀오 서보형(duo servo type)과 같이 슈의 자기 배력작용을 최대로 이용한 방식에서는 약간의 마찰계수 감소가 제동효과의 저하에 크게 영향을 미친다. 이러한 사항들을 종합하면, 공기중에 노출되어 회전하는 디스크의 우수한 방열성과 자기 배력작용이 작은 디스크 브레이크는 페이드 방지 관점에서 평가하면 이상적인 브레이크라 할 수 있다.

긴 경사로 등에서의 브레이크의 연속사용이나 슈의 미끄럼 등으로 브레이크 계통의 온도가 과도하게 상승되어 브레이크 오일의 일부가 기화되고, 유압배관 내에 공기가 들어간 것과 같은 상태의 압축성 증기가 존재하면 충분한 압력전달이 불가능하게 되며 이러한 현상을 베이퍼 로크(vapour lock)라고 한다. 일단 발생되면 대단히 위험한 현상이 되므로, 가혹한 연속 브레이크 사용을 삼가하고 브레이크 작동부의 조정을 항상 적절하게 유지하여 운전 및 정비적 측면에서 예방처치가 충분해야 하며, 동시에 비점이 높은 브레이크 오일의 사용도 중요하다.

(4) 워터 리커버리

브레이크 마찰면이 수분으로 젖어 있으면 물의 윤활작용으로 마찰계수가 급격히 감소되고, 브레이크 효력은 저하된다. 이런 현상을 워터 페이드(water fade)라 하며, 한쪽 바퀴만이 물에 젖었을 경우는 이로 인해 제동 때 방향성을 상실할 우려가 있다. 워터 페이드는 브레이크가 작용할 때에 발생된 열로 인하여 건조되어 서서히 침수 전의 효력으로 복귀하며, 이를 워터 리커버리(water recovery)라 한다.

디스크 브레이크는 마찰재료와 로터의 간격이 작아 물이 스며들기 어렵고, 로터에 부착된 물은 원심력으로 날려간다. 또 자기 서보 작용이 없어 마찰재료의 효력저하 영향이 높지 않으므로 워터 페이드도 적고 리커버리가 빠르다. 여기에 비해서 드럼 브레이크에서는, 패킹 플레이트로 막혀있는 드럼 내로 일단 물이 들어가면 물이 배출되기 어렵고 건조되기도 쉽지 않다. 거기다 자기 서보 작용이 있기 때문에 마찰계수 저하의 영향이 크다. 따라서 드럼 브레이크에서는 침수 때의 제동력 저하를 줄이기 위해, 워터 페이드나 리커버리 특성에 좋은 마찰재의 선택이 중요하다.

4. 선회성능

이미 설명한 동력성능, 제동 성능은 대개 차량의 길이방향(진행방향)의 운동을 대상으로 한 것이다. 이제 언급하려는 선회성능은 안정성, 조종성을 포함하는 것으로, 주로 곡선운동의 능력 및 성질을 대상으로 한 것이다. 자동차가 선회하는 경우, 속도가 높아짐에 따라 원심력이 증가하며, 자동차가 곡선운동을 할 수 있는 것은 원심력과 구심력이 평형을 이루기 때문이다. 따라서 선회성능은 현가장치(suspension), 조향장치(steering) 및 타이어의 성능에 의하여 상당한 영향을 받을 수 있다.

1) 선회 때의 자동차 자세

자동차가 임의 속도로 선회할 경우, 차량에 적용되는 원심력 F는 차량중량을 W, 속도를 V, 선회 반지름을 r 이라 하면 $F = (W/g) \times (V^2/r)$이며, 저속 선회에서는 F의 값이 매우 작아 거의 "0"에 가깝고, 구심력도 필요로 하지 않기 때문에 그 선회중심은 [그림 4.15(a)]와 같이 뒤차축의 연상선과 앞바퀴에 직교하는 직선과의 교점 0점에 존재하며, 또한 차의 무게 중심점 G의 진행방향은 차량의 전후차축과 β의 각도를 형성하고 있으며 β 를 자세각이라 한다.

그러나 자동차의 속도가 증가함에 따라 자동차에는 원심력에 평형되는 정도의 구심력이 발생하며, 이 구심력은 다음에 설명하는 코너링 포스(cornering force)에 해당된다. [그림 4.15(b)]는 주행속도가 빠르고 차량의 원심력도 무시할 수 없는 경우에 대한 것이다. 이 경우의 선회중심 O'는 뒤차축의 연장보다 훨씬 앞쪽에 있으며, 차량의 자세각 β'은 저속선회와는 달리 전후차축에 대해서 반대 쪽으로 되어 있다.

우선 고속선회에서 선회중심이 O'점으로 전방 이동한 원인은 다음과 같다. 즉, 차량이 선회할 때에 받는 원심력 $(W/g)\times(V^2/r)$이 [그림 4.16(b)]에서와 같이 작용하고, 차량이 선회상태를 유지하기 위해서는 그 원심력에 대등한 반력(反力)이 작용해야 하지만, 이 반력은 타이어와 지면과의 접촉면에서 발생한다. 따라서 다음에 상세하게 설명되겠지만, 굴러가고 있는 바퀴에 가로(횡)방향의 힘이 작용하면 차륜은 타이어가 향하고 있는 방향으로 진행되지 않고 타이어의 중심선에서 어느 각도만큼 미끄러지는 방향으로 진행하게 된다. 이 미끄러지는 각도 α_f와 α_r을 사이드 슬립각(side slip angle)이라 하며, 이로 인하여 차륜이 향한 방향과 진행 방향은 서로 일치되지 않고 접지면에서 반력이 발생된다. 결과적으로 원심력 F에 의하여 뒷바퀴에는 $F_r = F\times l_1/(l_1+l_2)$의 반력이 필요하므로, 이 가로(횡)방향 반력에 대응하기 위한 사이드 슬립각 α_r 이 발생하여 뒷바퀴는 전후륜 차축에 대해 α_r의 방향으로 진행하게 된다. 이렇게 후륜의 진행방향이 타이어의 기본 특성에서 자연적으로 결정되는 것은 자동차의 조종성능 및 안정성의 견지에서 중요한 문제로 취급된다.

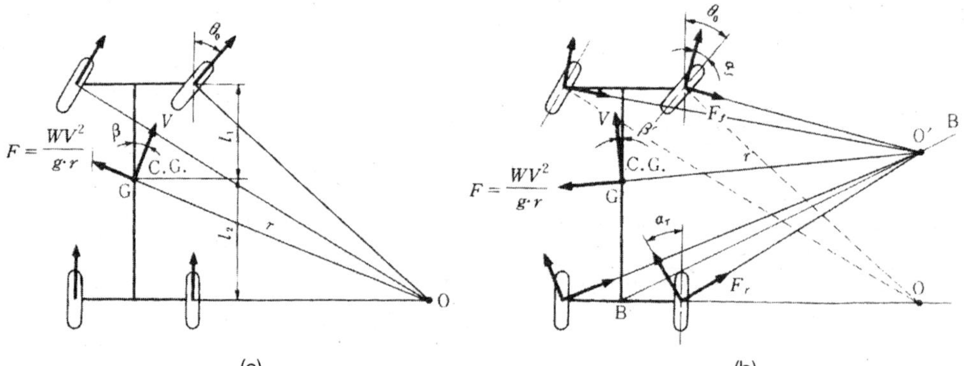

[그림 4.15] 선회 시의 자동차 자세

앞바퀴도 마찬가지로 $F_f = F\times l_2/(l_1+l_2)$의 반력이 필요하므로 F_f에 대응하는 사이드 슬립각 α_f가 발생하며, 앞바퀴의 진행방향은 차의 전후차축에 대하여 $\theta_0-\alpha_f$ (θ_0 : 앞바퀴 조향각)의 방향을 향한다. 이러한 과정으로 전륜과 후륜의 진행방향이 결정되면 각각의 진행방향에 수직인 두 직선의 교점 O'점이 중심으로 결정된다.

따라서 자동차가 정상선회로 운전되기 위하여 다음의 2개 조건이 만족되어야 한다.

① 자동차가 받는 원심력과 각 바퀴에 발생되는 코너링 포스의 합력이 평형일 것.

② 무게 중심점 둘레의 자동차를 안 쪽으로 향하게 하는 모멘트와 바깥 쪽으로 향하게 하는 모멘트가 서로 평형을 이룰 것.

2) 타이어의 사이드 슬립과 작용하는 힘

곡선운동을 하는 자동차에는 반드시 원심력이 작용하므로 곡선운동을 계속하기 위해서는 원심력과 평형이 되는 구심력이 꼭 필요하며, 이러한 구심력은 도로가 옆으로 경사가 있는 경우를 제외하면, 대부분이 사이드 슬립에 의하여 발생된다.

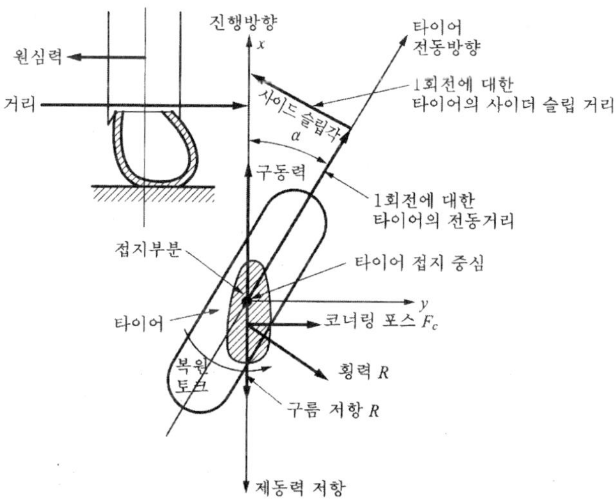

[그림 4.16] 타이어의 사이드 슬립

타이어의 사이드 슬립은 [그림 4.16]과 같이 타이어의 중심면과 바퀴의 진행방향이 일치되지 않는 운동을 의미하며, 사이드 슬립이 발생되는 이유는 차량이 선회할 때 원심력에 의하여 차체와 동일한 경향으로 차륜도 바깥쪽으로 밀리지만 타이어는 도로면과의 마찰로 인한 접착력으로 그 접촉면은 움직이지 않는다.

이 횡력은 진행방향에 평행인 분력(반대방향의 저항력)과 직각인 분력 F_c 로 구분할 수 있으며, F_c는 구심력 역할을 하므로 코너링 포스(cornering force)로 언급된다.

사이드 슬립 중의 접지면의 변형은 [그림 4.17(a)]와 같이 진행방향에 대해서 α 의 사이드 슬립각을 유지하며 굴러가기 때문에, 타이어 외주의 트레드 고무의 회전은 접지부에서는 진행방향으로 비틀어져 가로(횡)변형을 일으키고, 뒤쪽에서는 원상으로 되돌아오는 일이 반복된다. 따라서 [그림 4.17(b)]와 같이 타이어는 BOL 방향을 향한 채 OA 방향으로 진행하기 때문에 접지되고 있지 않다면, 트레드 고무의 중심궤적은 DOB 직선, 즉 OL 방향으로 회전한다.

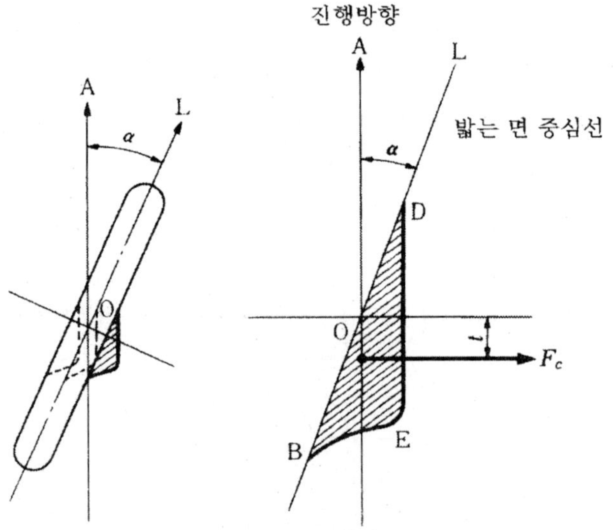

(a) (b)
[그림 4.17] 사이드 슬립 중의 타이어 면의 변형과 궤적

그러나 실제로는 접지되어 있으므로 도로면과의 마찰로 인해 접지면에서는 DEB로 비틀어지고, 도로면은 마치 AO 방향으로 이동되는 것처럼 보여 진다. 이로 인하여 타이어의 가로 탄성력 분포는 DEB로 추정하여도 좋고, 또 탄성 변형력의 합력은 타이어의 중심보다 뒤쪽이 되고, 코너링 포스의 작용선도 타이어의 접지 중심에서 t만큼 뒤쪽으로 이동됨을 알 수 있다. 결과적으로 코너링 포스 F_c에 의하여 바퀴의 중심을 지나는 수직선의 둘레에 모멘트가 발생되며, 이 모멘트는 보통 사이드 슬립각을 감소시키는 방향, 즉 타이어를 차량의 진행과 일치시키려고 하는 방향으로 작용하기 때문에 복원토크라고 한다. 또 앞에서 언급된 t를 뉴매틱 트레일(pneumatic trail)이라고 하며 "복원토크 = 트레일 × 코너링포스 "의 관계가 있다.

(1) 코너링 포스(Cornering Force ; CF)

자동차가 선회하는 경우, 어느 정도의 원심력에 견디느냐는 대개 4개(또는 6개)의 타이어가 발휘하는 코너링 포스의 합계에 의해 결정된다. 따라서 자동차의 선회성능을 생각할 때 코너링 포스의 최대 값이 매우 중요한 항목이 된다. 코너링 포스는 타이어의 사이드 슬립각 α 및 하중에 따라 변하며, 그 경향은 [그림 4.18]와 같다.

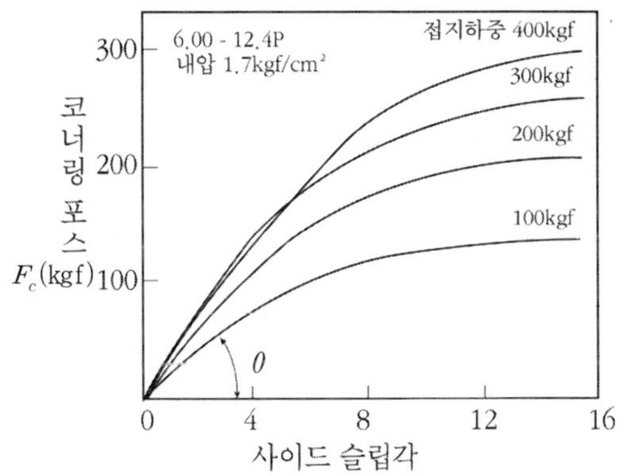

[그림 4.18] 코너링 포스와 α 의 관계

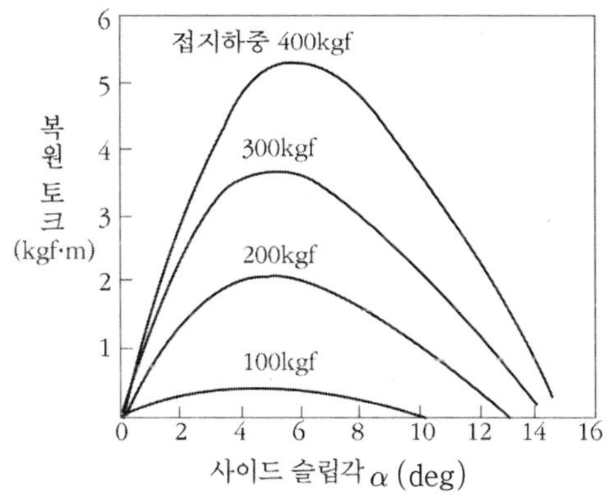

[그림 4.19] 복원 토크와 α 의 관계

코너링 포스는 타이어 사이드 슬립각이 작은 범위에서 대개 사이드 슬립각에 비례해 증가되지만, 어느 각도에 이르면 최대값에 접근하게 되고 그 이후는 거의 일정한 값을 가진다. 따라서 사이드 슬립각의 실용범위는 일반적으로 최대 $5 \sim 6^o$로 고려하고 있다. 하지만 [그림 4.19]의 복원 모멘트 측면에서 관찰하면, $\alpha = 4 \sim 8^o$부근에서 최대값을 갖고, 그보다 작거나 큰 영역에서는 급격하게 감소하는 경향을 보인다.

일반적으로 코너링 포스와 사이드 슬립각과의 관계는 타이어의 크기, 형식 등에 따라 다르며, 코너링 포스의 정량적 평가를 위해서 단위 사이드 슬립각당 코너링 포스를 표시하는 코너링 파워(cornering power)가 사용되며 $kg_f/\deg$ 의 단위를 갖는다. 이상의 내용들로부터 코너링 포스 및 파워에 영향을 주는 인자들은 다음과 같다.

① 타이어의 수직(접지)하중 : 타이어의 수직하중이 증가하면 코너링 포스는 [그림 4.18]와 같이 증가한다. 이것은 코너링 포스가 타이어와 도로면과의 마찰력에 의존하므로 당연하며, 또한 코너링 파워는 하중이 적은 범위에서도 하중에 비례해서 늘어나지만, 일정하중이 되면 최대값으로 표시되고 그 후부터는 감소하는 경

향이 있다.

- 타이어의 크기 : 타이어의 크기가 클수록 코너링 포스 및 코너링 파워는 증가되지만, 타이어의 능력을 비교하는데 사용하는 코너링 계수(cornering coefficient)는 거의 일정하다. 여기서 코너링 계수는 코너링 파워를 하중으로 나눈 값이다.
- 림 나비 : 림의 나비를 크게 하면 타이어의 폭도 증가하게 되므로, 코너링 파워는 림 나비를 크게 하면 증가된다.
- 타이어의 형식과 구조 : 타이어 트레드의 디자인 및 타이어를 형성하는 코드층의 코드 각도(타이어의 원주선에 직각인 선과 이루는 각도)에 의해 코너링 파워는 변화한다. 코드 각도가 큰 형식의 타이어는 코너링 파워가 증가하는 경향이 있다.
- 타이어의 공기압 및 기타 : 타이어의 공기압력을 높이면 코너링 포스, 코너링 파워는 증가되나, 타이어의 완충성능은 악화된다. 이 외에 도로면 상황에 따라 영향 받아 도로면이 함몰되어 있거나 눈길[雪道] 등에서는 코너링 파워가 현저하게 감소하고, 바퀴에 구동 또는 제동 토크가 가해지면 코너링 포스는 감소하는 경향이 있다.

(2) 캠버 스러스트(camber thrust)

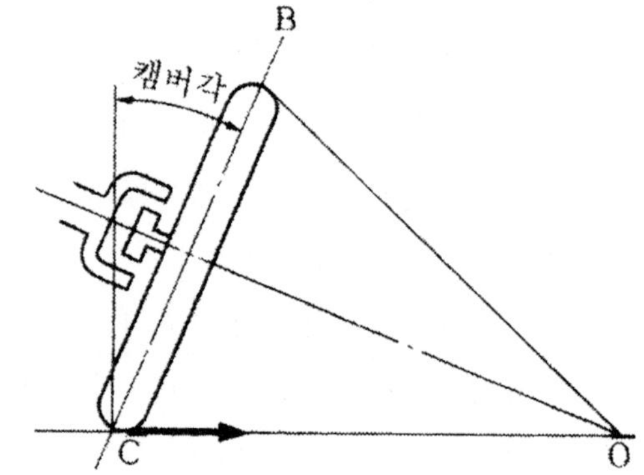

[그림 4.20] 캠버 스러스트

자동차의 앞바퀴에는 처음부터 약간의 캠버가 주어져 있으며, 따라서 자동차가 선회할 때 원심력에 의해 바깥 쪽으로 가로 요동을 하면 독립현가의 경우에는 바깥 쪽 바퀴의 캠버는 줄어들고, 안 쪽 바퀴의 캠버는 증가되어 그 결과 자동차를 안쪽으로 이동시키려는 힘을 발생시킨다. 즉, [그림 4.20]과 같이 캠버가 있는 바퀴를 굴러가는 경우,

전륜 차축의 연장과 지면과의 교점 O 점을 정점으로 한 원뿔 OBC가 O를 중심으로 지면을 굴러가는 것과 같은 운동을 하려고 한다.

여기서 만일 이 운동을 허용하지 않으면서 사이드 슬립이 없는 또는 약간의 사이드 슬립이 있는 직선운동으로 구속한다면, 차륜에서는 진행방향에 직각이고 그림의 원운동 내부 측으로 향하는 힘, 이른바 캠버 스러스트를 발생시켜 자동차를 안쪽으로 이동시키려 한다. 실험에 의하면 캠버 스러스트는 캠버각과 함께 직선적으로 증가한다. 보통 하중을 크게 함에 따라 증가되나 타이어 내압의 영향은 비교적 적다.

3) 언더 스티어링과 오버 스티어링 특성

자동차를 비교적 낮은 일정속도의 선회주행에서 스티어링 휠의 조향각을 고정한 채 천천히 가속해 가면, 차량속도가 증가함에 따라 [그림 4.21]와 같이 차량의 궤적이 바깥쪽으로 나가려는 경향의 경우와 안 쪽으로 들어가려는 경향의 경우가 있다. 앞의 것을 언더 스티어링(under steering), 뒤의 것을 오버 스티어링(over steering)이라 하며, 자동차의 조종성 및 안정성의 평가에 사용된다. 차량속도에 의한 영향을 전혀 받지 않는 경우를 뉴트럴 스티어링(neutral steering)이라 하고, 또 최초의 바깥쪽으로 나갔다가 뒤에 안쪽으로 들어오는 경우를 리버스 스티어링(reverse steering)이라고 한다.

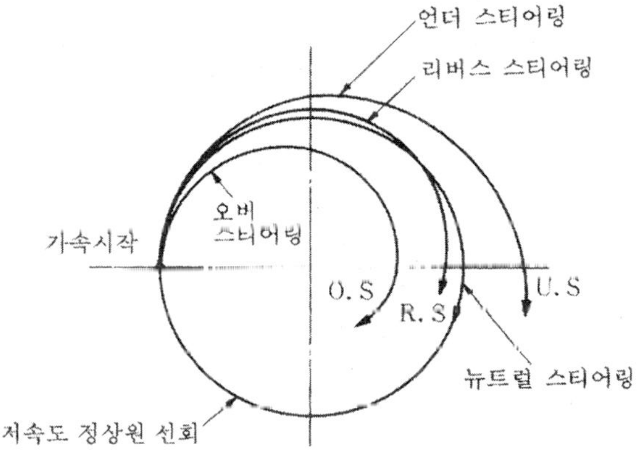

[그림 4.21] 가속 선회주행의 궤적

이와 같은 선회특성은, 정상원의 선회에서 유지각, 즉 선회 반지름을 일정하게 유지하는 데 필요한 스티어링 휠의 조향각도 또는 조향각과 주행속도와의 관계를 도시한 선도에서도 판정할 수도 있다. [그림 4.22]은 일정 회전반경을 유지하기 위한 스티어링 휠의 조향각이 차속에 의한 변화를 표시한 것으로, 스티어링 휠 유지각이 속도와 더불어 증가되는 경우는 언더 스티어링, 반대로 감소되는 경우는 오버 스티어링으로 판단할 수 있다. 이러한 언더 스티어링 및 오버 스티어링 현상은 전후륜의 중량배분, 타이어 공기압 등의 영향에 의하여 결정되며, 자동차의 방향 안정성에 큰 영향을 주고 있다. 안정성을 평가하기 위하여 [그림 4.23]와 같이 횡풍에 의해 가로방향의 힘 P 를 받으며 주행하는 자동차를 고려하자.

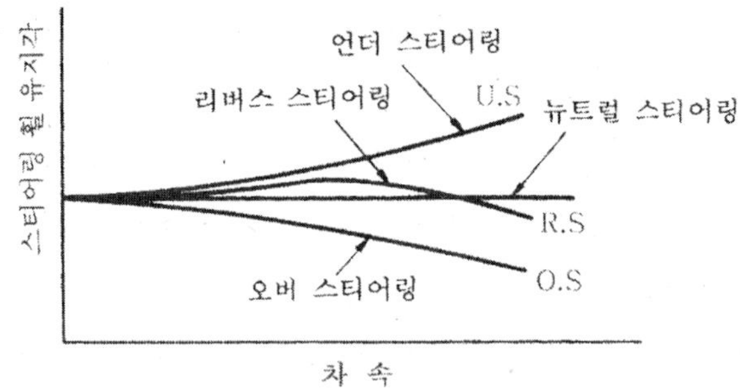

[그림 4.22] 일정 회전반경 조향각과 차속 관계

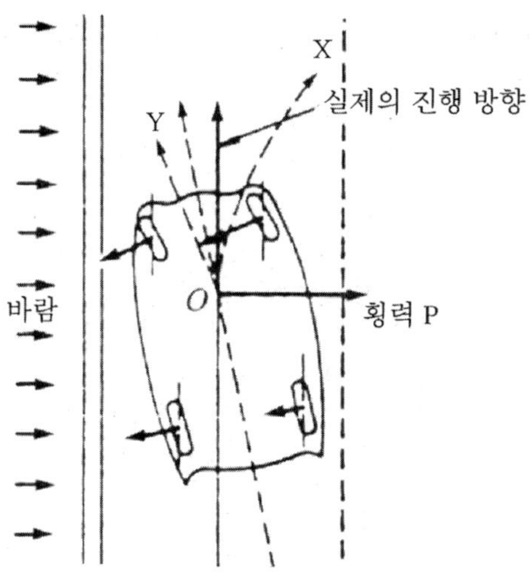

[그림 4.23] 횡력에 의한 조향

이 자동차는 힘 P 에 대응하여 직진 주행하기 위해서는 전후차륜에 사이드 슬립을 부여함에 의하여 힘의 균형을 얻을 수 있는 코너링 포스를 발생시키는 것이 필요하다.

전륜의 사이드 슬립각이 후륜의 슬립각보다 큰 오버 스티어링의 경우에는 OY 방향으로 진로를 변경하려 할 것이고, 반대로, 언더 스티어링 경우에는 OX 방향으로 진로를 바꾸려 할 것이다.

이 때 언더 스티어링 자동차는 선회에 의한 원심력이 외력 P 에 대응하는 방향으로 작용하므로 방향 안정성에 유리한 영향을 미친다. 즉, 언더 스티어링 자동차는 방향 안정성에 좋고, 오버 스티어링 자동차는 방향 안정성에 불리하다.

최근의 자동차는 진행방향의 공기저항은 매우 작게 받도록 설계되어 있으나 횡방향의 공기저항은 적지 않게 받고 있다. 자동차의 형상이 유선형에 가까울수록 횡방향의 풍압중심은 차체의 전방 측으로 이동되며, 풍압 중심이 앞에 있는 자동차일수록 횡풍을 받았을 때 앞부분이 흔들리는 경향이 강하다. 이러한 경우에는 언더 스티어링 자동차가 진로 유지에 유리하다고 할 수 있다. 따라서 언더 스티어링과 오버 스티어링 중에 어느 것이 유리한가 하는 것은 쉽게 결론지을 수는 없지만 양호한 도로를 장시간 고속 주행하는 경우에는 횡풍에 의한 영향을 감소시킨다는 의미에서 언더 스티어링 자동차의 운전이 용이하다고 할 수 있다.

4) 최소 회전반지름

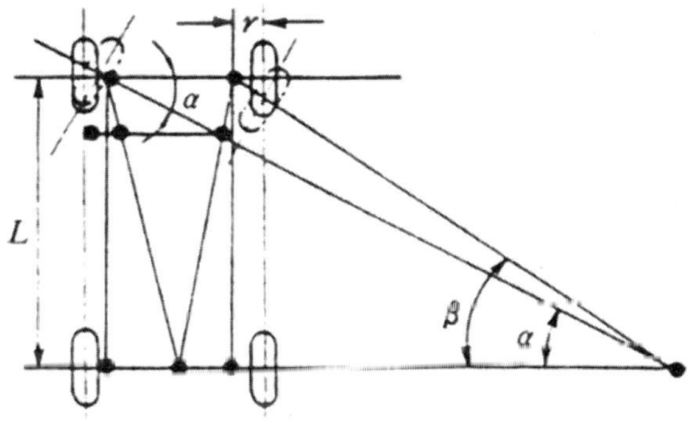

[그림 4.24] 최소 회전반지름

조향 휠의 조향각도를 최대로 유지하고 선회하였을 때, 선회반지름은 최소가 되며, 각 차륜이 그리는 원호 가운데 바깥쪽 원의 반지름을 그 자동차의 최소 회전반지름 (minimum radius of turning)이라 한다. [그림 4.24]에서 바깥쪽 앞바퀴의 최대 조향각을

α, 축간거리를 $L(m)$, 킹핀(조형축)중심과 차륜 중심 면과의 거리를 $r(m)$, 라 하면, 최소 회전반지름 $R(m)$는 다음 식으로 나타낸다.

$$R = \frac{L}{\sin\alpha} + r \tag{4.43}$$

연습문제

1. 일반 자동차의 주행성능곡선을 도시하고 간단히 설명하라.

2. 자동차 주행 저항력을 열거하고 간단히 설명하라.

3. 자동차 구동력에 대하여 설명하고 구동력과 저항력관의 관계를 설명하라.

4. 가속성능, 등판성능, 차량 최고속도 등에 대한 관계식을 구하고 설명하라.

5. 제동 시, 차륜 고착(lock)된 경우와 고착되지 않은 경우의 제동거리를 구하라.

6. 전륜과 후륜의 제동력 배분의 필요성과 배분 방법에 대하여 간단히 설명하라.

7. 연료소비율(km/l) 과 비연료소비율$(gr/PS \cdot hr)$ 의 관계식을 구하라.

8. 타이어 슬립율과 노면제동력, 코너링 포스의 관계를 설명하라.

9. 제동 시에 앞바퀴가 먼저 고착될 때와 뒷바퀴가 먼저 고착될 때의 차량 거동을 주행 안정성과 관련하여 설명하고, 일반적인 설계경향에 대하여 언급하라.

10. 차량의 저속 선회주행 경우와 고속 선회주행 중인 경우, 자동차 무게 중심점의 궤적, 선회중심, 전륜의 이동방향 등에서의 차이점에 대하여 설명하라.

11. 선회 주행 시의 원심력과 코너링 포스의 관계를 간단히 기록하라.

12. 언더 스티어링과 오버 스티어링의 특징과 영향인자들에 대하여 기록하고, 차량의 안정성과 관련하여 어느 것이 유리한가를 판단하라.

13. 차량의 최소회전반경에 대한 관계식을 구하라.

14. 다음에 대하여 간단히 설명하라.

(1) 여유력, 여유마력
(2) 노즈다운
(3) 타행력과 감속도
(4) 타이어 슬립비
(5) 탠덤 마스터 실린더
(6) 히트 페이드와 베이퍼 로크
(7) 브레이크 효력계수
(8) 사이드 슬립각과 코너링 포스 및 복원 모멘트의 관계
(9) 캠버 스러스트

제5 장

자동차 동력전달장치

자동차 동력전달장치는 기관 또는 동력원에서 발생한 동력을 구동 차륜에 전달하여 자동차를 구동시키는 시스템을 총칭한다. 이들의 역할은 단순한 동력 전달뿐만이 아니고, 원동기에서의 출력 특성을 주행 시 자동차에서 요구되는 구동력 특성에 적합하도록 조정하는 중요한 기능을 담당한다. 본 장에서는 이 시스템을 구성하는 요소들로서 클러치, 변속기, 유니버셜 조인트, 추진축 및 구동 차륜축에 설치되는 최종감속기와 차동장치 등의 기능 및 구조와 이들에 의하여 영향을 받는 주행성능에 대하여 언급하겠다. 이러한 동력전달장치의 구성요소들은, 현재 활발히 개발되고 있는 친환경 자동차에서도 동일한 기능을 위하여 설치되고 있지만, 전달과정에 의존하는 설치위치 또는 용량 등이 기존의 내연기관 자동차와 비교하여 일치하지 않는다. 즉 순수 전기자동차의 경우에는 기존 내연기관 차량과 같은 복잡한 변속기가 필요 없지만 클러치 및 구동차축의 장치 등은 거의 유사하며, 하이브리드 자동차의 경우에는 내연기관을 전기모터와 함께 장착하고 있으므로 기존의 동력전달장치와 거의 유사하지만 좀 더 복잡한 시스템으로 작동되고 있다. 따라서 이 장에서는 기존 내연기관의 동력전달장치를 기준하여 언급하고, 친환경차에서 고유의 기능을 위하여 별도로 설치되는 장치에 대해서는 추가적으로 언급하겠다.

1. 일반

자동차의 동력전달 형식은 원동기의 배치와 구동방식에 따라 구분할 수 있다. 또한 동력전달장치에 필요한 기능은 발진, 변속, 최종감속 및 회전력 변환, 차동작용으로 이들에 기본적 기능과 차량용도에 따른 동력전달의 기본형식은 다음과 같다.

1) 동력전달의 기본형식

원동기에서 발생한 동력을 구동륜에 전달하는 구동방식은 [표 5.1]과 같이 여러 방법들이 채용되고 있으며, 이러한 구동방식은 차량 구동력이나 조정안정성, 차량의 용도 등에 의하여 크게 영향을 미친다. 흔히 선택되는 동력전달 형식은, 중소형 및 대형 상용차 등에서 채용되는 전기관 후륜구동(FR, front engine rear drive)방식과 중소형 승용차 및 스포츠카 등에 적용되는 전기관 전륜구동(FF, front engine front drive)이 있으며, 이들에 대한 특징 및 장단점은 다음과 같다.

(1) 전기관 후륜구동방식(FR : Front-engine Rear-drive)

자동차의 앞부분에 엔진과 변속기를 장착하고 추진축을 통하여 후륜을 구동시키는 방식으로, [그림 5.1(b)]와 같이 동력은 원동기 → 클러치 → 변속기 → 추진축 → 종감속치차 → 차동치차 → 구동 차륜축 → 구동륜 순으로 전달되는 시스템이다. 장점으로는, 우선 전차축의 구조가 간단하고 주행 중의 공기 유동에 의한 기관 냉각이 용이하며 냉난방용 공기와 온수 유동 경로를 단축할 수 있으므로 고효율의 냉난방이 가능하다. 또한 조향륜(전륜)과 구동륜(후륜)이 서로 독립적으로 작동하므로 조종 안정성이 우수하고, 최대인원 승차 시 전후 차축의 하중 부담이 거의 동일하다. 단점으로는 전후 길이 방향의 추진축이 존재하므로 승객실이 낮게 설치되는 차량에서는 공간이용 측면에서 제한이 있으며, 추진축의 회전진동과 소음이 차내로 전달될 수 있고, 적재중량이 적을 경우 빙판길을 주행할 때나 언덕길 등반 시에 후륜이 미끄러지는(slip) 경향이 있다.

[표 5.1] 동력전달 형식과 용도

구동방식		상응한 용도
전기관 앞바퀴 구동(FF)	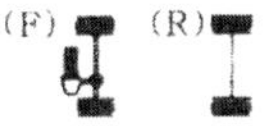	중·소형 승용차(대중차, 상용차) 스포츠 카
전기관 뒷바퀴 구동(FR)	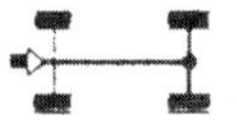	중·소형 승용차, 스포츠 카 상용차(소형·중형·대형)
전기관 네바퀴 구동(F4)	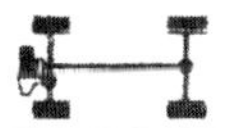	다목적차(강설지용 승용차, RV) 고출력차(스포츠카), 고구동력차(오프 로드 카)
후기관 뒷바퀴 구동(RR)		소형 승용차, 소형 상용차 스포츠 카
후기관 네 바퀴 구동(R4)	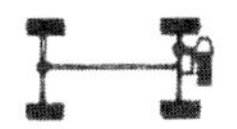	스포츠 카 소형 상용차
중간기관 뒷바퀴 구동(MR)	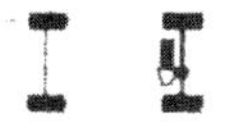	스포츠 카 경주용 차
중간기관 네 바퀴 구동(M4)		스포츠 카 랠리(rally)카

(2) 전기관 전륜구동방식(FF : front-engine front-drive)

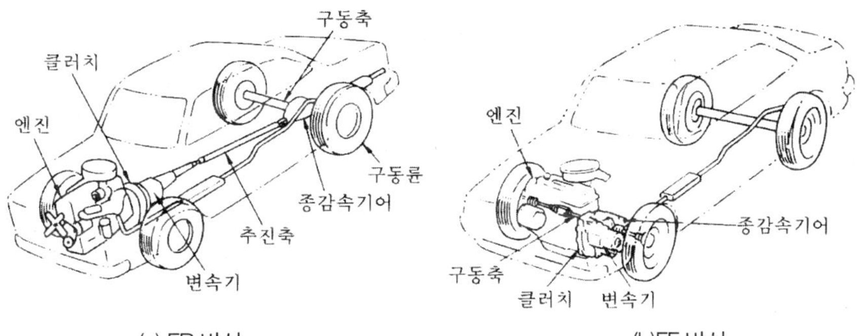

(a) FR 방식 (b)FF 방식

[그림 5.1] 동력전달 형식의 대표적인 예

자동차 앞부분에 원동기와 클러치 및 변속기, 구동륜 차축의 종감속장치와 차동장치가 하나로 구성되어 있는 트랜스액슬(transaxle)을 장착하여 전륜을 구동시키는 방식으로, [그림 5.1(b)]와 같이 동력은 원동기→트랜스액슬(클러치 → 변속기 → 종감속치차 → 차동치차) → 구동차축 → 구동륜의 순서로 전달된다. 전기관 전륜구동방식의 장점은, 추진축을 장착할 필요가 없기 때문에 동력전달 경로가 매우 짧고 차내 공간과 화물 적재공간의 활용도가 높으며 후차축의 구조가 비교적 단순화되고, 최대 중량 적재 시의 전후 차축 하중 분포가 거의 동일하다. 또한 직진 주행 안정성이 양호하고 눈길에서 주행성과 구동성이 양호하고, 원동기가 전방에 위치하므로 공기유동에 의한 냉각이 우수하며 냉난방용 공기와 온수의 경로가 단축되므로 효과적인 냉난방이 가능하다. 단점으로는, 우선 전륜 차축에 조향장치와 함께 구동장치가 설치되므로 구성이 복잡해지고 조향륜과 구동륜이 동일하므로 조향력이 커지며, 전륜 타이어의 마모가 심하고 언덕길의 발진 특성이 불량하며 고속 선회 운전 시에 언더 스티어링 경향이 있다.

2) 동력전달장치의 기능과 구조

(1) 클러치(clutch)의 발진기능

자동차 원동기로서 내연기관은 어느 일정한 회전수 이하에서는 부하가 전혀 없는 상태라도 회전을 지속할 수 없는 구조적 약점이 있으므로 기관이 일정 회전수에 도달할 때까지는 동력전달을 차단할 필요가 있다. 또는 일부 하이브리드나 전기자동차에서도 동력전달 경로를 원활하게 변경하기 위하여도 동력차단이 필요하다. 이와 같이 동력을 차단했다가 다시 연결하는 작용은 클러치가 하고 있으며, 특히 정지상태의 차륜에 토크(회전력)을 전달하여 구동상태로 유지하려면 회전수가 다른 두 개의 회전축 간의 토크 전달이 요구되며, 이러한 발진기능도 클러치의 주요 기능이다.

(2) 변속기(transmission)

내연기관 토크 특성과 출력특성은 가장 양호한 성능을 발휘할 수 있는 회전수의 영역이 서로 다르다. 따라서 자동차가 주행하는 상태는 저속, 고속, 감속, 가속 등 주위 여건이나 운전자 의지에 따라 크게 변하므로, 발진하여 가속할 때와 고속으로 연속주행할 때에는 기관 회전수와 차륜 회전수 비율을 바꾸어야 기관을 양호한 효율로 운전할 수 있다. 이렇게 주행조건에 따라 회전수비 즉 토크비를 변화시키는 장치가 변속기이며, 변속기는 운전자가 직접 손으로 조작하는 수동변속기와 운전상태를 자동으로 판단하여 최적의 토크비로 변속하는 자동변속기가 있다. 최근에는 금속제 벨트를 사용하는 무단변속기도 소형 및 중형 자동차에 적용되고 있다.

(3) 유니버설 조인트 및 슬립조인트(universal joint and slip joint)

두개 축 간의 동력전달은 두 축이 서로 동일 직선상에 존재할 때보다 서로 어긋나서 방향이 변화되는 축 간에 토크 전달이 많으며, 이 경우의 축이음을 유니버설 조인트라 한다. 또한 한쪽 축은 차체에 고정된 장치와 연결되고 다른 쪽은 현가장치에 고정된 장치와 연결된다면, 현가장치는 지면에 대하여 상하운동을 허용하므로, 축 간의 거리가 변화할 수 있다. 이와 같이 어느 정도의 축 길이의 변화를 허용하면서 회전력을 전달하는 축이음을 슬립조인트라 하며, 보통 스플라인축이 사용된다.

(4) 종감속장치(final reduction gear)

변속기의 출력 회전수를 최종적으로 구동륜의 회전수에 적합하도록 감속시키는 치차장치로서, 동력발생장치의 출력축이 차량 길이방향 축을 중심으로 회전하는 경우 횡방향의 구동차륜 축에 회전력을 전달하기 위하여 회전 방향도 변화시킨다.

(5) 차동장치

구동바퀴가 좌우에 있는 차량에서는 선회할 때 각각의 차륜 주행궤적이 다르기 때문에, 각 차륜의 회전수 차이를 허용하는 동시에 동일한 구동력을 분배해야 한다. 전륜구동(all wheel drive) 차량에서는 전후 구동 차륜축에 대하여도 구동력을 일정비율로 분배할 필요가 있다. 특히 전후차축에 대한 구동력 분배비율은 차량의 운동 특성에 크게 영향을 미치므로 용도에 따라 적용되는 시스템의 신중한 고려가 요구된다. 그러나 차동장치를 사용하는 경우, 구동차륜이 한쪽이라도 공전하면 차량의 견인력이 저하되므로 차동장치를 제한하는 차동제한장치를 설치하기도 한다.

2. 클러치(Clutch)

자동차 원동기는 기동과 동시에 큰 토크가 발생되지 않고, 어느 한계 이상에서만 차량을 견인할 수 있다. 따라서 외부적인 부하와 연결관 상태에서 시동할 수 없고, 또한 동력이 전달되는 상태에서 치차를 변속하면 변속기 치차열 간의 간섭으로 장애적인 부하가 작용한다. 클러치는 기관 또는 원동기와 변속기 사이에 설치되어 동력을 변속기로 연결하거나 또는 차단하는 역할을 담당하고 있으며, 이러한 역할을 만족스럽게 수행하기 위하여 클러치에 요구되는 성능은 다음과 같다. 즉, 동력전달장치 사이의 동력 단속이 확실하고, 발진이나 변속 시의 접속이 원활하여야 하며 부드럽고 진동이 없는 동력 전달이 이루어져야 하고, 단속 시에 발생하는 열에너지에 대하여 방열성이 충분하고 내구성이 양호하여야 하며, 플라이 휠과 함께 동력원의 회전 변동을 적절하게 흡수하여 저감하여야 한다. 또한 회전부분의 관성이 적고 회전 밸런스가 좋아야 하고 구조가 간단하여 취급이 용이하여야 하며, 동력전달 계통을 과부하로부터 보호할 수 있는 능력이 있어야 한다.

1) 클러치 기본형식과 기능적 인자

(1) 클러치 기본형식

자동차 클러치는, 고체 마찰력을 이용하여 동력을 전달하며, 종류는 수동변속기에 적용되는 마찰 클러치, 유체 운동에너지를 이용하여 동력을 전달하며 자동변속기에 적용되는 토크 컨버터와 토크 컨버터의 모체가 되는 유체 클러치 외에 전자력에 의한 전자 클러치 등이 있으며, 구조 및 조작방법에 따라 [표 5.2]와 같이 분류한다.

[표 5.2] 자동차용 클러치의 분류

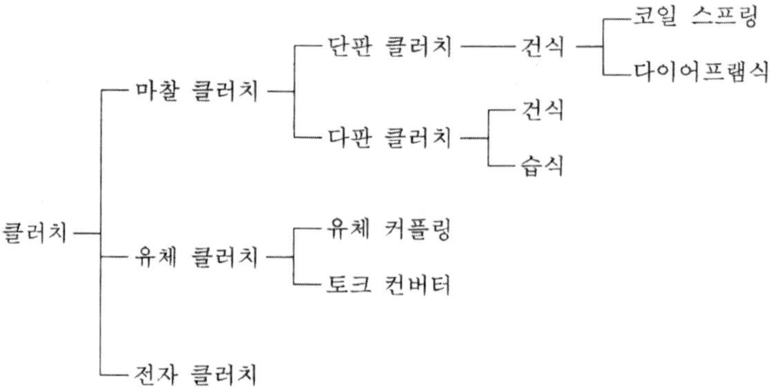

(2) 클러치의 기능적 인자

클러치의 기능적 인자로는 그 크기와 클러치 커버의 하중이 가장 중요한 인자이다. 크기는 주로 발열량에 대한 열부하에 영향이 있으며, 커버 하중은 자동차에서 필요한 토크 전달 용량에서 전달되는 경우가 많다.

① 발진 때의 열부하

차량이 발진할 때의 클러치 열부하는 접속이 완료될 때까지의 시간에 의하여 결정되지만, 좀 더 간단하게 표현하기 위하여 주행저항은 무시 가능하고 클러치 토크가 기관 토크와 같다고 가정하면, 열부하 $Q(kcal)$는 접속이 완료된 순간에 차량이 얻은 운동에너지와 같다. 따라서 클러치 관성 모멘트를 $I_v(kg_f\,m)$, 각속도를 ω_e로 표현하면 열부하 Q는 다음과 같다.

$$Q = I_v\,\omega_e^2/2 \tag{5.1}$$

또한 클러치 페이싱 유효반지름을 r이라 하면, Q를 페이싱의 표면적으로 나눈값,

$$Q' = Q/(2\,\pi\,r^2) \tag{5.2}$$

은 단위 면적당 열부하를 표시하는 지표로서, 이 값으로 클러치 크기를 결정한다.

② 클러치 용량

클러치는 토크를 단속하는 장치이므로 당연히 전달할 수 있는 토크를 고려할 필요가 있으며 이것을 클러치 용량 또는 토크 용량이라 한다. 클러치를 접속하여 출발하려 할 때는 먼저 클러치 양면에서 미끄럼으로 인한 회전모멘트가 발생하고 회전수가 감소되는 대신 기관보다 더 높은 토크가 발생하여 구동부와 차량 전체의 가속이 시작된다. 따라서 클러치 용량은 기관의 최대 토크보다 커야하며, 일반적으로 기관 토크의 1.5-2.5배로 설계하고 있다. 그러나 용량이 너무 크면 조작이 어렵고 접속할 때의 충격이 커지면 기관정지를 일으키기 쉽다. 또한 너무 작으면 접속은 원활하나 변속할 때에

미끄러지는 기간이 길어지고 클러치 마찰면의 마모가 심하여 수명이 단축된다. 마찰 클러치의 경우 전달토크는 다음 식으로 표시된다.

$$T_c = 2\,n\,\mu \int_{r_1}^{r_2} 2\,\pi\,p\,r^2\,dr = \frac{4}{3}\,\pi\,n\,\mu\,p\,(r_2^3 - r_1^3) = \frac{4}{3}\,n\,\mu\,P\,(\frac{r_2^3 - r_1^3}{r_2^2 - r_1^2}) \tag{5.3}$$

단, T_c는 전달 토크, P는 스프링에 의한 마찰면 총압력, μ는 마찰계수, p는 마찰면 압력, $r_{1,}\ r_2$는 마찰면의 안지름과 바깥지름, n는 마찰판의 개수이다.

③ 클러치 전달효율

자동차는 주행 중에 도로조건이나 기타 사정으로 주행저항이 변화되며, 클러치는 접속한 상태에서 미끄럼이 없어야 하지만 기관 발생 토크나 주행저항의 지나친 증가로 미끄럼이 발생하여 동력 손실이 일어나고 아울러 여러 가지 지장이 생긴다. 이러한 현상의 평가를 위해 클러치 전달효율 η_c를 다음과 같이 정의하여 사용한다.

$$\eta_c = \frac{\text{출력된 동력}}{\text{입력된 동력}} = \frac{T_c \times n_c}{T_e \times n_e} \tag{5.4}$$

여기서 $T_{e,}\, n_e$는 기관의 토크와 회전수이고, $T_{c,}\, n_c$는 클러치의 토크와 회전수이다. 전달효율의 값은 마찰 클러치에서는 100%이고 유체클러치나 토크 컨버터에서는 어느 정도의 미끄러짐이 존재하기 때문에 100%보다 낮다.

2) 마찰 클러치(friction clutch)

마찰 클러치는 기계적 마찰을 이용하여 회전력을 전달하는 기구로서 전달이 확실하고 구조가 간단하며 정비도 용이하기 때문에 널리 사용하고 있다. 그러나 클러치 회전력보다 입력 측의 회전력이 높으면 미끄러짐이 증가하여 마찰재의 손상 및 마모를 촉진하는 경향이 있다. 따라서 클러치 직경, 마찰재 재질, 클러치판을 누르는 스프링 힘 등이 성능에 주요 영향을 미친다. 현재 단판 마찰 클러치가 승용차용 클러치로 주로 사용되고 있으며, 압력판을 눌러주는 클러치 스프링의 구조에 따라 코일 스프링식과 다이어프램 스프링식으로 구분하지만 다이어프램이 널리 사용된다.

(1) 클러치의 구조

마찰 클러치는 기본적으로 구동요소(입력요소)와 피동요소, 작동요소로 구분되며, 이들을 구성하는 주요 장치들은 다음과 같다.

- 구동요소 : 플라이휠과 여기에 볼트로 장착된 클러치 커버로 구성된다.
- 피동요소 : 변속기 입력축(또는 클러치 출력축)과 이 스플라인축 상에서 길이방향 이동이 가능함 클러치판, 압력판 등으로 구성된다.
- 작동요소 : 클러치 릴리즈 기구로서 클러치 페달, 릴리즈 케이블, 베어링, 포크 등이 있으며, 유압식 클러치의 경우 클러치 실린더 및 유압관 등으로 구성된다.

클러치의 커버 내에는 스플라인축에 결합된 클러치판, 압력판, 릴리즈 레버, 스프링 등이 수용되어 있으며, 다이어프램식 클러치의 경우 구성은 [그림 5.2]와 같다.

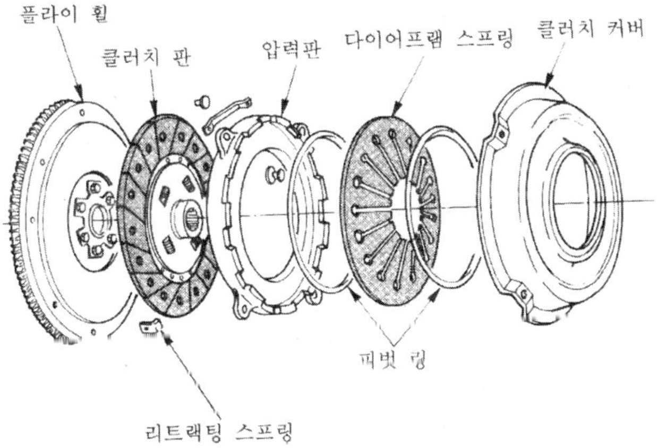

[그림 5.2] 다이어프램식 마찰 클러치의 구조

① 클리치판

클러치판은 플라이휠과 압력판 사이에 설치되어 엔진의 동력을 변속기 입력축에 전달하는 마찰판으로 [그림 5.3]과 같은 구조를 가지고 있다. 클러치 허브는 변속기 입력축(클러치 출력축)에 결합되도록 내부가 스플라인으로 가공되어 클러치판이 축방향으로 이동 가능하도록 되어 있다. 또한 페이싱이 부착되어 있는 페이싱판과 클러치 허브는 비틀림 코일 스프링으로 연결되어 제한적이지만 원주방향의 상대적 운동이 가능하므로, 동력 접속 시 발생되는 비틀림 충격을 코일 스프링 부분의 마찰기구에 의하여 감쇠시킨다. 또한 클러치 페이싱 사이에는 쿠션 스프링을 설치하여 클러치의 원활한 접속이나 반클러치 상태의 유지를 가능하도록 했다.

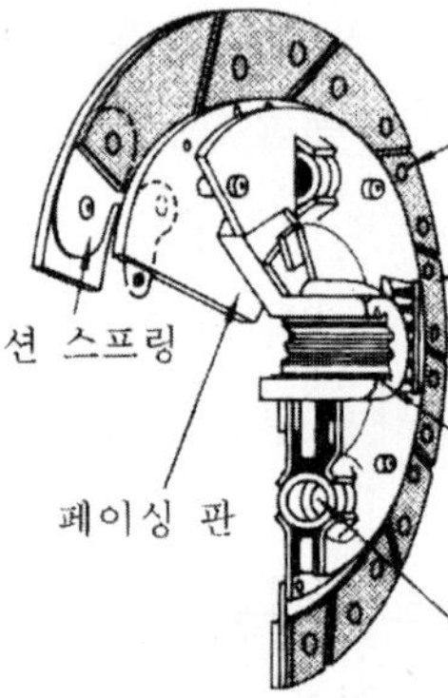

[그림 5.3] 클러치판의 구조

클러치 페이싱은 충분한 내마모성, 내열성과 적절한 마찰계수를 갖고 있어야 하며 온도와 압력에 대하여 안정되어야 한다. 또한 원심력에도 충분한 강도를 보유하고 밀도도 낮아 경량의 클러치판이 되어야 하므로, 페이싱의 재료는 유리섬유나 금속섬유를 사용하고 접착제와 경화제 등을 혼합하여 몰드 제작한 것이 대부분이다.

② 클러치 스프링

클러치 커버와 압력판 사이에 설치되어 압력판에 축방향의 하중을 작용하는 것으로 코일 스프링식과 다이어프램 스프링식이 있다. [그림 5.4]는 클러치 스프링의 하중과 변위특성을 나타낸 것이다. 장착 초기상태(B점)에서는 압력판에 작용하는 하중이 코일 스프링식이나 다이어프램식이 모두 비슷하지만 클러치 스프링이 마모되었을 경우(A점)에 다이어프램 스프링은 초기상태와 비교하여 하중변화가 거의 없기 때문에 초기의 하중을 계속 유지할 수 있는 반면, 코일 스프링식은 하중이 급격히 감소한다. 또한 클러치 페달을 최대로 밟은 상태(D점)에서는 코일 스프링식보다 다이어프램 스프링식의 하중이 작아, 페달 레버의 길이비가 동일하다면, 다이어프램 스프링식의 페달 답력이 적다. 따라서 현재 생산되는 승용차에는, 원판 반경방향으로 슬릿이 가공된 접시스프링의 일종인, 다이어프램 스프링 형식이 광범위하게 적용되고 있으며 스프링 재질은 고장력 특수강판을 사용한다. 이러한 다이어프램식 클러치는, 고속 회전 시 원심력 영향이 거의 없으므로 스프링 장력이 작아져 발생하는 슬립이 없고, 클러치판 페이싱이 어느 정도 마모하여도 압력판에 가해지는 압력의 변화 및 페달 답력이 작으며, 원판형이므로 회전 평형이 양호하고 압력판에 작용하는 압력 분포가 균일하며 구조와 취급이 간단하다는 특징이 있다.

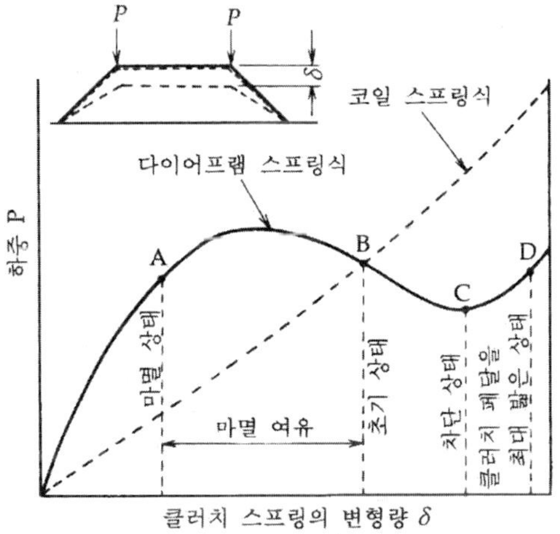

[그림 5.4] 스프링의 특성곡선

(2) 마찰클러치의 작동

① 동력을 차단하는 경우

코일 스프링식 클러치의 경우, [그림 5.5(a)]와 같이 운전자가 클러치 페달을 밟으면 릴리스 베어링이 릴리스 레버에 밀착되면서 릴리스 레버를 왼쪽으로 누른다. 코일 스프링의 탄성력 총합보다 릴리스 레버를 누르는 힘이 크게 되면 릴리즈 레버의 변위에 의하여 압력판이 클러치판으로부터 뷰리되고, 클러치핀은 플라이휠과의 접착 표면으로부터 떨어지게 된다. 결과적으로 이러한 과정에 의하여 플라이휠과 클러치판 그리고 압력판 간에 간격이 생기므로 입력측의 동력이 클러치축(또는 변속기 입력축)에 전달될 수 없게 되어 동력의 흐름이 차단된다.

[그림 5.5(b)]의 경우는 코일 스프링 대신 다이어프램 스프링을 설치한 클러치로서, 구조적 특징을 코일 스프링식과 비교하면 코일 스프링과 릴리스 레버의 기능을 다이어프램 스프링이 복합적으로 수행한다는 점이다. 그림과 같이 운전자가 클러치 페달을 밟으면 릴리스 베어링이 다이어프램 스프링을 누르게 된다. 이때 다이어프램 스프링은 피벗 링을 중심으로 한 지렛대 작용에 의하여 압력판을 클러치판으로부터 분리시키며, 결국 클러치판은 플라이휠 접촉 표면으로부터 분리되어 원동기 측의 동력이 클러치축 또는 변속기 입력축에 전달할 수 없으므로 동력이 차단된다.

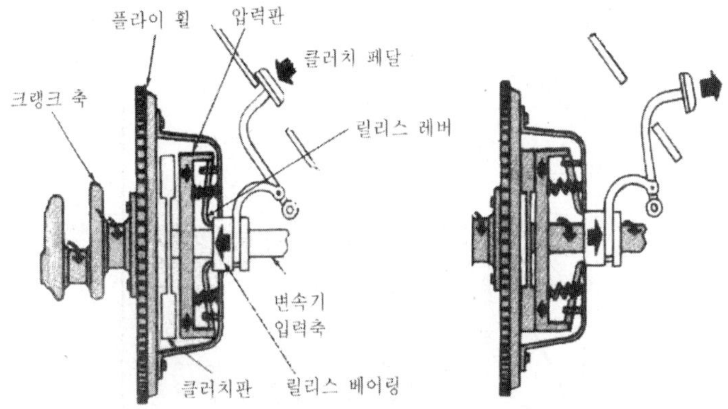

(a) 코일 스프링식 클러치의 작동

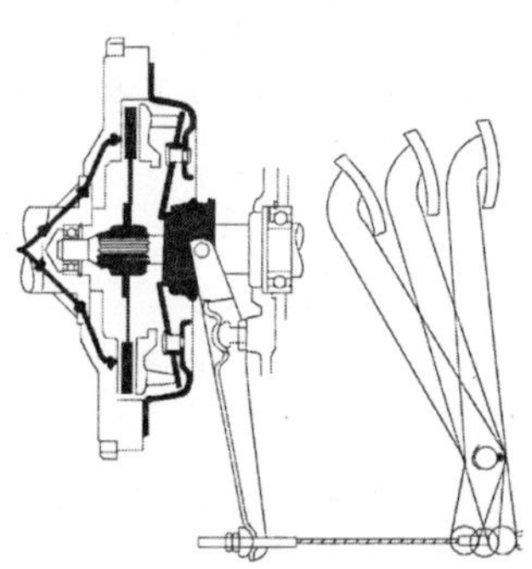

(b) 다이어프램식 클러치(동력차단)

[그림 5.5] 마찰클러치의 작동과정

② 동력을 전달하는 경우

[그림 5.5(a)]의 두 번째 그림에서와 같이, 운전자가 클러치 페달을 밟지 않으면 코일 스프링의 장력이 압력판에 작용하게 되므로, 클러치판은 원동기 측의 플라이휠과 압

력판 사이에서 압착된다. 한편, 압력판은 플라이휠과 볼트로 조립된 클러치 커버에 장착되어 있으므로 클러치판은 플라이휠과 일체로 회전하며, 클러치판 허브와 스플라인 결합된 클러치축(또는 변속기 입력축)도 같이 회전하여 동력이 전달된다.

(3) 마찰 클러치의 조작기구

클러치 페달 답력을 클러치의 본체에 전달하는 기구로 릴리스 베어링, 릴리스 포크, 클러치 페달 등으로 구성되어 있다. 릴리스 포크를 움직이는 기구를 조작하는 방법에 따라 [그림 5.6]와 같이 기계식과 유압식이 있다.

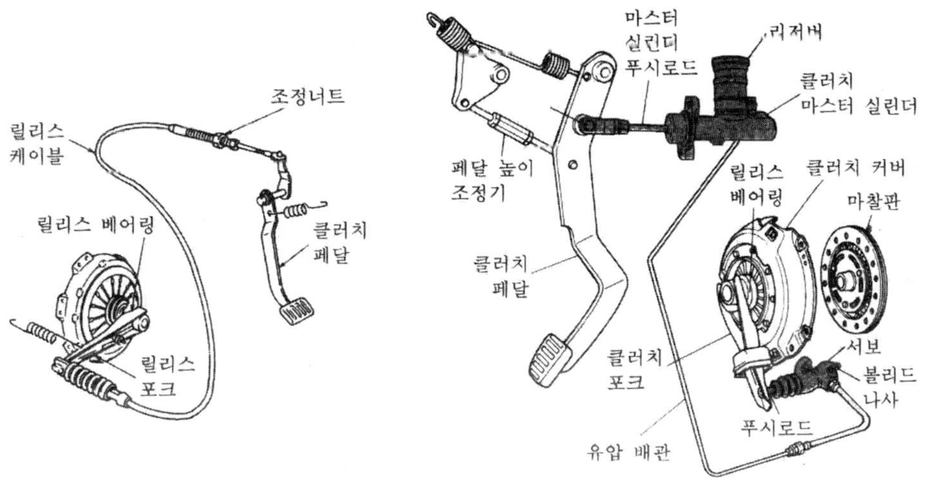

(a) 기계식 기구 (b) 유압식 기구

[그림 5.6] 클러치 조작기구

- 기계식 조작기구 : 페달의 조작력을 링크기구나 케이블에 의하여 릴리스 포크에 전달해서 릴리스 베어링을 움직이게 하는 방식이다. 구조가 간단하고 작동이 확실한 반면에 릴리스 베어링으로부터 클러치 페달까지 기계적으로 연결되어 있기 때문에 클러치의 진동이 운전자에게 전달되기 쉽다. 또한 클러치판 페이싱의 마멸에 의하여 페달의 연결 위치가 변하하기 때문에 정기적으로 조정이 필요하다.
- 유압식 조작기구 : 클러치 페달의 조작력으로 유압을 발생하는 마스터 실린더와 배관을 통한 유압으로 릴리스 포크를 움직이는 릴리즈 실린더로 구성되며 이들

사이에는 유압배관 또는 호스로 연결되어있다. 유압조작 기구는, 유체를 사용하므로 각 부의 마찰이 적어 페달 답력을 작게 할 수 있으며, 클러치 페달 설치위치를 임의로 선택할 수 있고, 클러치 기구와 페달의 상호 위치가 변하여도 클러치 조작을 저해시키는 영향이 없다.

3) 전자 클러치(magnetic chuck)

마찰력에 의하여 동력이 전달되는 마찰클러치와는 달리 전자 코일의 자석화작용에 의하여 입력축과 출력축이 일체로 결합되어 동력을 전달하는 기구가 전자식 클러치이며, [그림 5.7]과 같은 구조를 갖는다. 즉 입력측 플라이휠 내부에 여자코일(exciting coil)이 내장되어 있으며, 이 코일에 전류가 흐르면 플라이휠, 출력판(클러치판) 및 그 사이에 충전된 자성분말을 자화시켜 그림과 같은 자속이 발생하며 이 3가지가 일체로 결합된 상태에서 토크를 전달하게 된다. 이 방식의 클러치는 페이싱과 같은 마찰재의 마모 부분이 없고 또한 여자코일의 전류를 제어하여 차단 및 접속이 가능하므로 자동 클러치에서의 제어조작에 매우 편리하다. 그러나 주행 중에는 항상 여자 전류를 공급해야 하므로, 보통 소형차의 경우 약 50 W의 전력이 소비되어 간접적으로 연료소비율이 다소 증가된다.

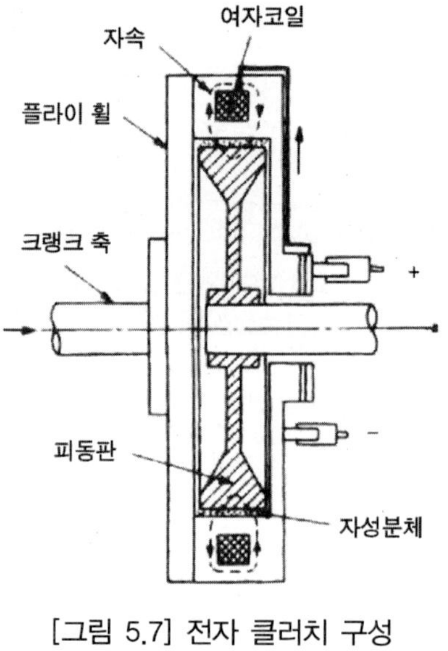

[그림 5.7] 전자 클러치 구성

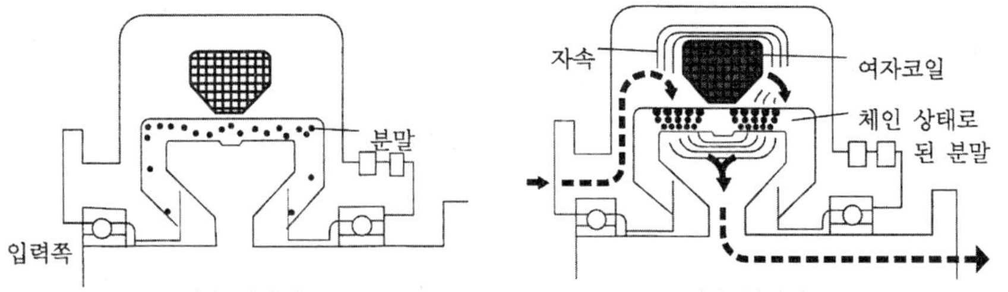

[그림 5.8] 전자클러치의 작동원리

[그림 5.8]은 그린자동차에 적용되는 벨트식 무단변속기용 파우더(자성분말)식 클러치의 작동원리를 도시한 것이다. 이것은 구동멤버 요크(입력축)와 피동 로터(출력판)의 근소한 틈새에 자기 특성이 우수한 철분가루를 넣고 여자코일에 전류를 통함으로서 철분이 두 회전체에서 체인과 같이 역할을 하여 요크와 로터를 연결시키는 방식이다. 전류를 약하게 하면 반클러치 상태가 되고 정차할 때에는 전류를 차단하여 철분가루를 분산시켜 체인이 끊어진 상태가 되게 한다. 일반적으로 시프트 레버의 손잡이 부분에 스위치가 있으며, 시프트의 조작으로 전류가 자동적으로 공급 또는 차단되므로 클러치 페달이 불필요하다.

4) 유체 커플링(fluid coupling)

(1) 유치 커플링의 작동원리

유체 커플링은 유체 클러치라고도 하며 유체의 운동을 매개로하여 동력을 전달하는 클러치이며, 동력의 접속과 차단을 자동적으로 원활하게 수행하고, 최근에는 토크 컨버터로 발전하여 자동변속기에 널리 사용되고 있다. [그림 5.9]는 유체 커플링의 작동원리를 도시한 것으로, 선풍기 두 대를 서로 마주보게 하고 구동측 선풍기에 전원을 연결하고 스위치를 넣어 회전시키면 전원이 연결되지 않은 피동측 선풍기는 구동측 선풍기의 공기 유동에 의한 운동에너지에 의하여 같은 방향으로 회전하기 시작한다. 이러한 원리를 자동차 유체 커플링에 적용하면, 구동측 선풍기는 크랭크 축(플라이 휠)에 설치되어 오일에 운동에너지를 가하는 펌프(또는 임펠러)와 같고, 피동측 선풍기는 변속기 입력축에 스플라인을 통하여 설치되어 운동에너지를 가지고 있는 오일로부터 동력을 전달받는 터빈(또는 런너)과 같다.

[그림 5.9] 유체 커플링의 원리

(2) 유체 커플링의 구조와 작동

구조는 [그림 5.10]과 같이 입력축과 출력축을 동일한 일직선 상에 배열하고 입력축은 펌프날개 즉 임펠러(impeller)를 연결하고 출력축에는 터빈날개를 연결하여 하나의 케이싱 내에 마주 세워 내부에 오일을 가득 채운 구조를 갖는다.

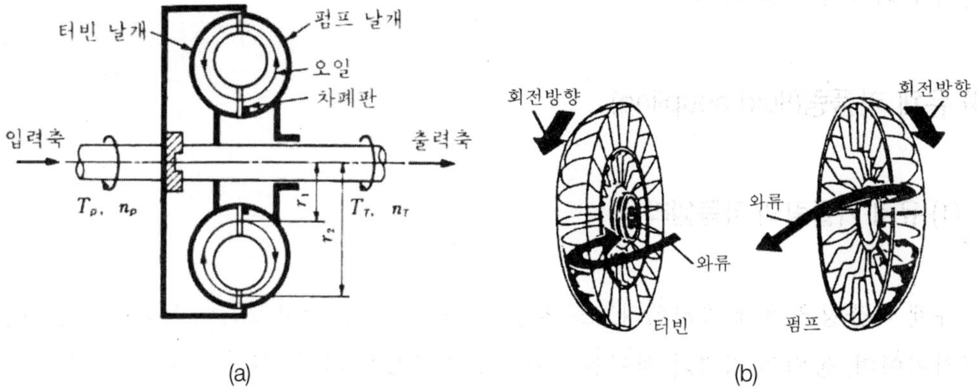

[그림 5.10] 유체 커플링의 구조 및 작동

기관에 의하여 입력축이 회전하면 유체는 펌프 날개와 함께 축 둘레에서 회전운동을 하며 원심력이 작용하여 바깥쪽으로 유출되면서 터빈 날개의 바깥쪽으로 유입되어 화살표와 같은 선회류(vortex oil flow)가 발생한다. 이 선회류는 양쪽 날개의 속도차이가 있는 동안 계속되며, 유체는 펌프날개로부터 에너지를 얻고 터빈날개에 이것을 방출하여 동력이 전달된다. 오일의 선회운동이 정상상태를 유지하면 양날개가 유체로부터 받는 토크의 합은, 마찰손실을 무시하면, "0"이 된다. 즉, 양 날개가 받는 토크를 T_p, T_t라 하고 날개가 유체에 주는 토크를 정(+)의 값으로 표현하면, 토크는 유체 운동량 변화율에 반경을 곱하여 계산되므로 다음과 같다.

$$\text{펌프날개}: \ T_p = (\gamma/g)\, Q\, (u_p r_2 - u_T r_1) \tag{5.5}$$

$$\text{터빈날개}: -T_T = (\gamma/g)\, Q\, (u_T r_1 - u_p r_2) \tag{5.6}$$

여기서 γ는 유체의 비중량(kg_f/m^3), Q는 유체의 체적유동율(m^3/s), u_T와 u_p는 터빈과 펌프 출구(또는 펌프와 터빈 입구)에서의 원주방향 분속도(m/s), r_1과 r_2는 펌프와 터빈 출구 위치이다. 따라서 마찰손실을 무시하고 두 식을 더하면

$$\sum T = T_p - T_T = 0 \tag{5.7}$$

이므로 $T_p = T_T$이다. 이러한 관계는 입력과 출력축 간의 토크 차이는 전혀 없고 항상 동일한 값이며, 변환기능이 없다는 것을 의미한다.

이제 유체 커플링 전달효율 η_t를 구하기 위하여, 속도비를 다음으로 정의하면,

$$\text{속도비}(e) = \frac{\text{터빈측의 회전속도}}{\text{펌프측의 회전속도}} = \frac{n_T}{n_p} \tag{5.8}$$

$e = 1$에서 펌프와 터빈 속도는 같게되어 오일 선회는 멈추고 전달 토크도 "0"이 된다. 따라서 동력전달 중에는 항상 $e < 1$, 즉 터빈 회전수 n_T는 펌프 회전수 n_p보다 항상 작으므로 미끄럼(slip)이 존재한다 따라서 전달효율 n_T는, 유체 커플링에서 $T_T = T_p$이므로, 다음 식과 같이 표시된다.

$$\eta_t = \frac{T_T \times n_T}{T_p \times n_p} = \frac{n_T}{n_p} = e = 1 - \frac{s}{100} \tag{5.9}$$

위의 식에서 s는 미끄럼 정도를 나타내는 슬립율로서 다음과 같이 %로 표시된다.

$$s = (\frac{n_p - n_T}{n_p}) \times 100(\%) = (1 - e) \times 100(\%) \quad (5.10)$$

[그림 5.11]은 입력축 회전수 n_p를 일정하게 유지하고 출력측 토크(부하토크)를 변화시키는 경우의 특성곡선의 예이다. 전달효율 $\eta_t = e$이므로 효율은 속도비에 따라 선형적으로 증가하나, 베어링이나 기타의 저항 손실로 $e = 0.95 \sim 0.98$ 근처에서 η_t는 최대값이 되고 더 이상 e가 증가하면 η_t는 급속히 "0"이 된다. 이와 같이 효율이 최대가 되는 안정된 운전범위를 설계점(design point)이라 한다.

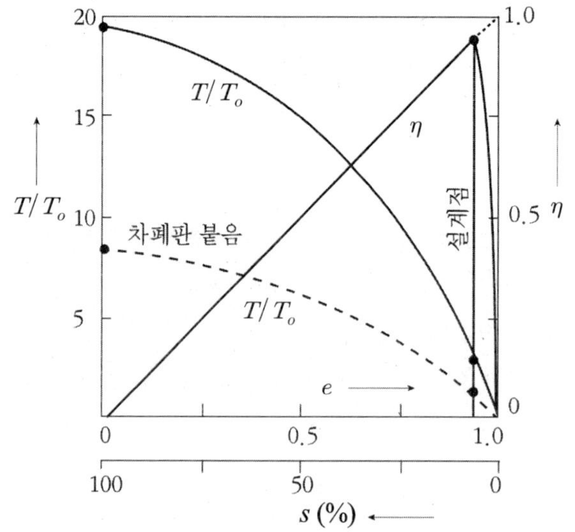

[그림 5.11] 유체 커플링의 특성

그림에서 토크곡선은 임의의 속도비 e 에 해당하는 토크 T와 설계점에서 토크 T_0와의 비 T/T_0 (토크 배율)에 의하여 표시된다. 부하토크가 커지면 출력축의 회전수는 낮아지고 e 가 작아지나 부하토크가 낮으면 e 는 커지게 된다. 특히 $e = 0$에서 입력축은 회전하나 출력축은 정지된 상태이며, 이를 실속점(stall point)라 하고 이때의 토크를 실속토크(stalling torque)라 한다. 그림과 같이 실속토크는 설계점 토크의 10배 이상의 큰 값이 되며, 출력축에 이러한 토크가 걸리면 축의 회전은 심하게 떨어지고, 입력축에도 이것과 같은 토크가 작용하여 입력축에 연결된 기관에 무리가 생겨 기관운전 정지 등의 원인이 된다. 이에 대한 방지책으로, $e = 0$에 가까운 실속점 부근에서 유체의 순환 운동량을 감소시키는 방법이 있다. 이 방법에서는 회로 내에 차폐판(baffle plate)이라는 링 모양의 원판을 설치하여 저항을 증가시키며, 그림에서 점선은 이러한 경우의 토크비율을 표시한 곡선이다.

5) 토크 컨버터(torque converter)

토크 컨버터는 자동 클러치 역할 외에 토크의 증가 작용도 할 수 있는 유체 클러치로서, 앞에서 설명한 유체 커플링의 펌프와 터빈의 2개 날개요소 외에 스테이터가 추가되어 3개의 날개요소로 구성되며, 토크의 변화 기능도 갖고 있다.

또한, [그림 5.12]와 같이, 유체 커플링의 펌프와 터빈날개는 반경방향의 직선형으로 부채꼴 모양으로 배열된 것에 비하여, 토크 컨버터에서는 날개의 배열이 곡선 형태로 각도를 갖고 있으며 배열상태도 비교적 복잡하다.

[그림 5.12] 유체 커플링과 토크 컨버터의 날개 비교

(1) 토크 컨버터의 구조와 작동원리

유체 커플링으로부터 개발된 토크 컨버터의 구조는 [그림 5.13]과 같다. 펌프, 터빈, 그리고 오일의 흐름을 바꾸어 주는 스테이터가 하나의 케이스 내에 장착되어 있으며 그 내부에는 오일이 채워져 있다. 또한 유체 커플링에서 평면형이고 각도없이 방사상으로 설치되어 있는 펌프와 터빈의 날개를 토크 컨버터에서는 곡면형이며 적당한 각도를 갖도록 조립되어 있다. 펌프는 입력축인 크랭크축에 연결되고 터빈은 출력축 또는 변속기 입력축에 스플라인을 통하여 결합되며 스테이터는 변속기 케이스에 고정된 스테이터 축에 한방향 클러치(one way cluch)를 통하여 부착되어 있다. 일반적으로 승

용차에서의 토크 컨버터는 3요소 1단 2상형을 사용하며, 여기서 3요소란 토크 컨버터가 펌프, 터빈, 스테이터로 구성되어 있는 것을 말한다. 또한 1단이란 터빈의 수를, 2상이란 토크 컨버터가 토크 컨버터 영역과 유체 커플링 영역의 두 개 기능 상태로 작동된다는 것을 의미한다.

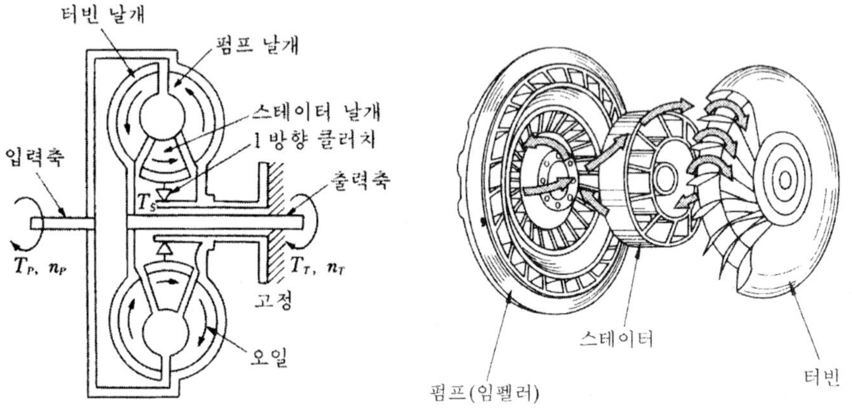

[그림 5.13] 토크 컨버터의 구조와 유체유동

이제 각 날개의 토크를 T_T, T_p, T_s로 하고 날개가 유체에 토크를 주는 경우를 정(+)으로 하면, 유체 커플링에서와 동일한 원리에 의하여 토크 합은 " 0"이다.

$$\sum T = T_p - T_T + T_s = 0 \tag{5.11}$$

따라서 $T_s > 0$, 즉 T_p와 T_s가 동일한 부호에서는 스테이터 날개가 유체에 토크를 주는 상태이므로 $T_p < T_T$가 되어 출력축의 토크는 증가한다. 스테이터(stator 또는 reactor)는 이러한 기능을 갖는 안내 날개로서 유체 유동을 유도하는 장치로 취급할 수 있다. 그러나 식 (5.11)에서 $T_s = 0$ 이면 $T_T = T_p$이며, 이것은 유체 커플링의 기능과 동일하다. 따라서 토크 컨버터에서 스테이터 날개를 해방시켜 자유회전 상태로 두면 토크변화 기능은 없어지고 유체클러치 기능으로 변환된다.

또한 식 (5.11)에서 $T_s < 0$, 즉 스테이터 토크가 부(-)이면 $T_p > T_T$가 되어 입력축 토크보다 출력축 토크가 작게 되며, 극한 상황 $T_s = -T_p$에서 $T_T = 0$이 되어 토크 전달은 이루어지지 않는다. 이와 같이 토크의 증가 또는 감소는 스테이터 토크 $T_s = 0$을 임계점으로 발생되므로 이 점을 클러치점(clutch point)이라 한다.

위의 3가지 토크 변화 경향, 즉 $T_p < T_T$(증가), $T_p = T_T$(클러치점), $T_p > T_T$(감소)에서의 날개열 내부에서 작동유체의 흐름을 비교하면 [그림 5.14]와 같다.

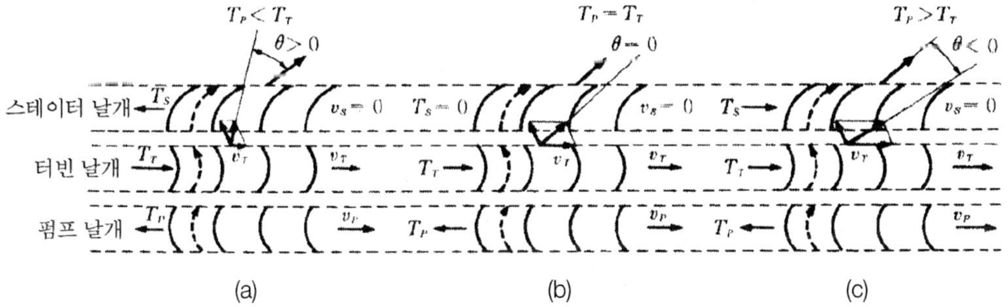

[그림 5.14] 날개열 내부에서 작동유체의 유동

(a)는 토크가 증가하는 경우로 터빈 날개열의 원주속도 v_T 가 펌프 날개열의 v_p 에 비교하면 작고 터빈측의 슬립이 비교적 큰 상태이다. 그러므로 터빈 및 스테이터 날개열 내에서의 유체의 전향각을 크고 터빈 토크 T_T 는 증가한다. 또한 이때의 스테이터 토크 T_s 의 방향은 펌프의 토크 T_p 와 동일한 방향이다.

(b)는 터빈 원주속도 v_T 가 커지고 이로 인하여 스테이터 날개열 내의 전향각 θ가 “0”이 되는 상태로, 이 경우는 스테이터 토크 T_s 도 “0”이 되어 $T_T = T_p$의 클러치점에 해당한다.

(c)는 터빈의 원주속도 v_T가 더욱 증가하여 펌프의 원주속도 v_p에 가까운 상태로 스테이터 날개열 내의 전향각 $\theta < 0$의 부(-)가 되며 이 때문에 토크 T_s의 방향이 역전되어 $T_s < 0$이 되고 터빈 토크 T_T는 펌프 토크 T_p보다 작게된다.

결과적으로, 스테이터가 고정된 경우에서, (b)상태의 클러치점을 경계로 터빈의 속도 v_T가 낮아지면 토크가 증가하고, v_T가 높아지면 토크가 감소하는 경향을 나타내고 있다. 실제 적용에서 출력측의 토크 감소는 바람직하지 않으므로, 터빈의 원주속도 v_T가 클러치점보다 높아지면 스테이터 날개를 해방시켜 한 방향으로 자유 회전시켜 토크변화 기능을 없애고 유체커플링 역할만 수행하게 된다. 이러한 역할은 스테이터 날개와 고정축 간에 설치된 한방향 클러치에 의하여 가능하다.

한방향 클러치란 어느 한 방향으로는 회전하고 다른 한 방향으로는 회전하지 못하게 하는 장치를 말하며 그 구조는 [그림 5.15]와 같다. 즉 토크 컨버터의 스테이터에 장착된 한방향 클러치에서 터빈의 회전속도가 낮으면(a의 경우) 스테이터 날개의 오른쪽면에 오일이 충돌하여 스테이터의 아우터레이스(outer lace)를 반시계 방향으로 회전시키려 하지만, 스프레그 또는 롤러가 쐐기작용을 하여 스테이터는 이너레이스(inner lace)와 연결된 고정축에 고정된 상태가 된다. 그러나 터빈 회전속도가 펌프와 거의 같아지면(c의 경우) 스테이터 날개 왼쪽면에 오일이 충돌하여 아우터 레이스를 시계방향으로 회전시키려하고 이로 인하여 스프레그(또는 롤러)의 쐐기작용이 해제되어 스테이터는 시계방향(펌프, 터빈 회전방향)으로 회전한다.

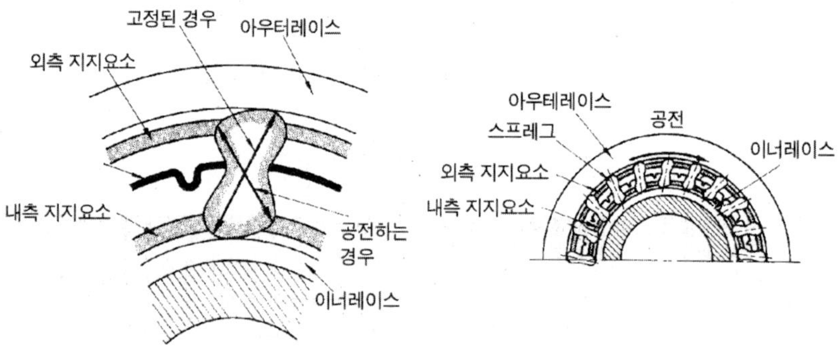

(a) 스프레그의 작동 (b) 스프레그식 한방향 클러치

[그림 5.15] 한방향 클러치의 구조

(2) 토크 컨버터의 특성곡선

토크 컨버터의 특성곡선을 [그림 5.16]에 도시했다. 여기서 토크비 $t = T_T / T_p$는 속도비 $e = n_T / n_p$에 거의 선형적으로 감소하며, $e = 0$ 의 실속점에서 $t = t_0$의 구속 토크비를 갖는다. 또한 클러치점에 해당하는 속도비 이상에서 토크비 $t = 1$의 일정한 값을 유지되며, 이것은 앞에서 언급된 바와 같이, 스테이터의 자유회전에 의하여 $T_s = 0$, $T_T = T_p$이 되어 유체 커플링 역할만을 수행하기 때문이다.

이와 같은 토크비의 변화경향을 선형적으로 근사하게 표시하면, $t = t_0 - C_t e$(C_t는 비례상수)이므로, 토크 컨버터의 전달효율 η_t는 다음 식으로 표현할 수 있다.

$$\eta_t = \frac{n_T\,T_T}{n_p\,T_p} = e\ t = t_o\,e - C_t\,e^2 \tag{5.12}$$

즉, 전달효율은 속도비의 2차 함수로서 포물선형으로 변하며, [그림 5.16]에서와 같이 실속점 $e = 0$에서 효율 η 도 "0"에서 시작하고 속도비 e에 따라 급속히 증가하여 클러치점에서의 속도비보다 약간 낮은 속도비(설계점)에서 최대가 된다. 설계점에서의 속도비보다 더욱 증가하면 η_t 는 점차 감소하다가 클러치점에서 $\eta_t = e$에 의하여 주어지는 유체 커플링의 효율과 일치하며, 속도비가 이점을 지나 계속 증가하면, 토크 컨버터의 효율은 유체 커플링의 효율보다 낮아진다(점선 포물선).

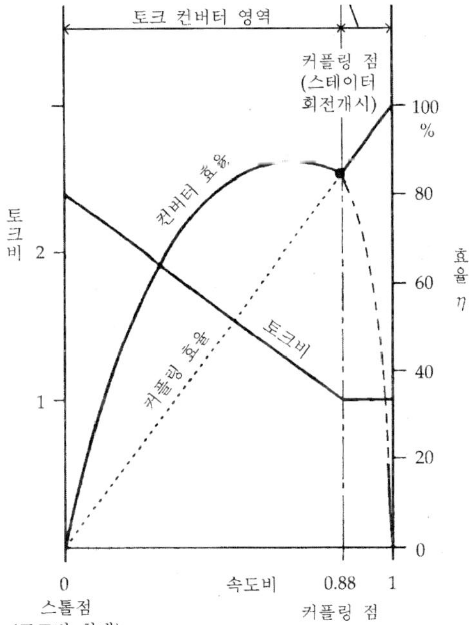

[그림 5.16] 토크 컨버터의 특성곡선

이와 같이 클러치점 이상에서는 효율 저하 외에 출력 토크도 감소하므로, 클러치점 이하의 속도비에서는 토크 컨버터로, 그 이상의 속도비에서는 유체 커플링으로 작용시켜 실제에 적용한다. 이 변환은 클러치점에서 스테이터의 토크 T_s가 정(+)에서 부(-)로 변하하므로, 스테이터 날개와 고정축을 연결하는 한방향 클러치를 설치하여, T_s가 정(+)일 경우에는 스테이터를 고정시키고 부(-)에서는 스테이터를 공전시켜 자동적으로 작동되게 하였다. 한편 기관이 공회전하는 경우, 펌프의 회전도 느리고 터빈날개에 유입되는 오일의 유량, 유속도 함께 작아지므로, 터빈 날개에 작용하는 회전력은 구동계통의 회전저항보다 작게 되어 터빈의 회전은 불가능해지며 클러치에 의한 동력차단과 같은 상태가 이루어진다.

3. 변속기(transmission)

자동차가 주행상태에서 얻어야 하는 구동력의 이상적인 특성은 [그림 5.17(a)]와 같이 축출력이 일정하여, 주행속도가 비교적 저속인 발진시와 등판 주행시 같은 상황에서는 큰 구동력을 얻을 수 있어야 하고, 평탄한 도로에서의 고속 주행시에는 작은 구동력으로 기관의 고속회전이 가능해야 한다.

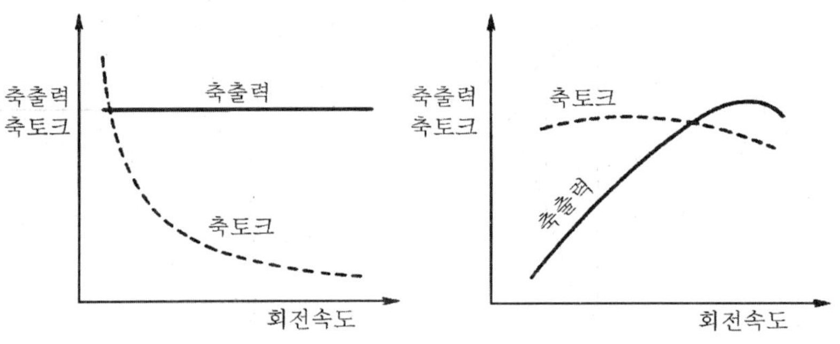

(a) 이상적인 특성 곡선 (b) 엔진의 특성 곡선

[그림 5.17] 차량용 내연기관의 특성곡선

그러나 현재 자동차에 적용되는 내연기관은 [그림 5.17(b)]와 같이 회전속도에 비례하여 축출력은 증가하고 축 토크는 기관의 회전수에 관계없이 거의 일정하다. 이러한 내연기관을 이용하여 자동차 주행조건에 적합한 동력 특성을 얻으려면 내연기관 본래 성능을 주행상황에 맞도록 차륜 회전력과 차량 속도를 변환시키는 장치가 필요하다. 이런 역할을 수행하는 장치가 변속기(transmission)이며, [그림 5.18]에 수동 유단변속기로 자동차 속도에 따라 변속하여 얻은 각 단에서의 구동력(또는 구동 토크) 선도를 도시했고, 아울러 차량 주행속도에 따라 발휘되어야 하는 구동력의 이상적 경향도 반비례 곡선($Power = T\omega =$ 일정)으로 보여주고 있다.

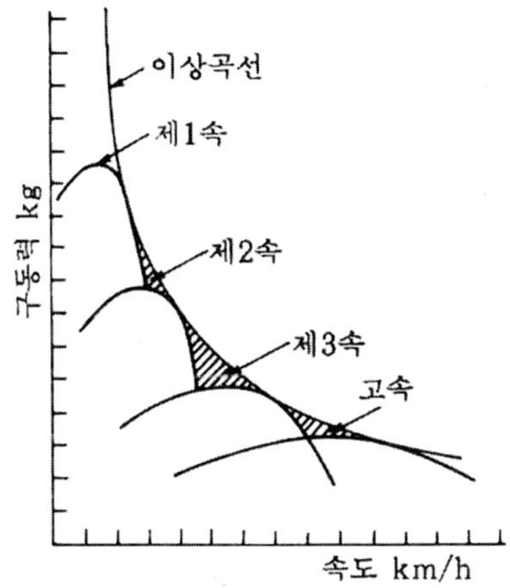

[그림 5.18] 구동력(구동 토크)과 차량 속도 관계

따라서 자동차에서 변속기로서의 요구 기능은 우선 원동기 본래 성능을 주행상황에 적합한 토크와 차량 속도로 변화시켜야 하고, 원동기 동력을 무부하 상태의 공전 운전이 가능하도록 하며, 후진을 위한 역방향 회전이 가능해야한다. 이러한 기능을 얻기 위하여 변속기는 차량 주행상태에 따라 구동륜의 회전수나 토크를 쉽게 변화하여 정숙하고 확실하게 동력을 전달해야 하며, 전달효율이 우수하고 소형 경량 및 정비가 용이하고 내구성이 높아야한다. 이와 같은 요구 성능을 만족하면서 현재 자동차에 사용되고 있는 변속기를 크게 분류하면, 운전자의 의지와 조작에 의하여 수동으로 변속을 행하는 수동 변속기(manual transmission)와 주행상태에 따라 전자제어장치의 명령을 받고 변속기 스스로가 적절한 변속을 수행하는 자동 변속기(automatic transmission)가 있으며, 이 외에 하이브리드 자동차에 흔히 적용되어 사용하는 무단변속기(CVT, continuously variable transmission) 등이 있다.

1) 수동 변속기

(1) 수동 변속기 종류

자동차용 수동 변속기는 주행상황과 운전자의 의지에 의하여 변속 단수를 임의로 결정할 수 있는 선택치차식이 주로 사용되고 있으며, 선택치차식의 치차 물림방식에 따라 크게 섭동 치차식, 상시 물림식, 동기 물림식으로 분류할 수 있다.

① 섭동치차식(sliding mesh type)

[그림 5.19]과 같이 주축 위의 스플라인에 끼워진 섭동치차를 변속 레버를 이용하여 전후방향으로 섭동시켜 부축 위에 고정된 치차와 맞물리게 함으로써 여러 가지의 변속비를 얻을 수 있게 하는 방식이다. 이 형식은 구조가 간단하고 취급이 수월하지만 변속시 치차가 주축 위를 섭동하여 회전하고 있는 치차와 맞물려야 하기 때문에 원주 속도가 다르면 치차의 맞물림이 원활하게 이루어지지 않을 수 있고 또한 소음을 발생시킬 수 있는 단점이 있다. 따라서 현재 이 형식은 주축치차와 부축치차의 원주 속도가 느린 후진치차에서만 주로 사용한다.

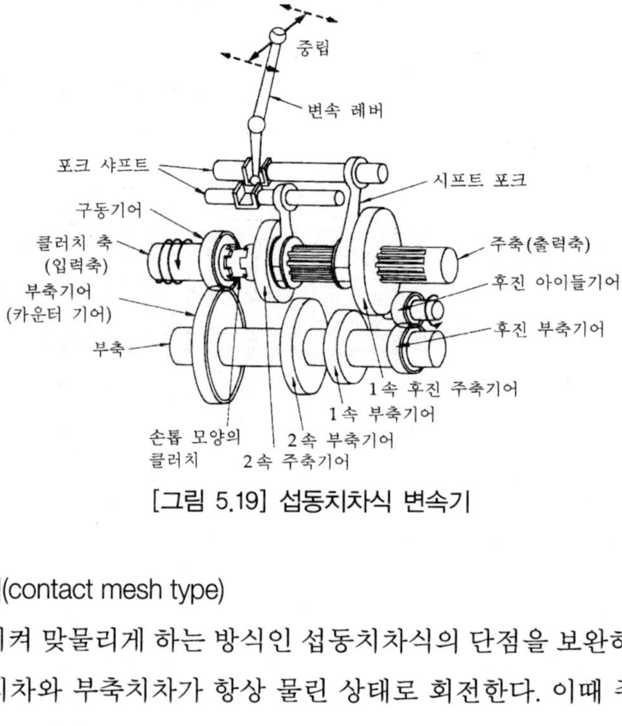

[그림 5.19] 섭동치차식 변속기

② 상시 물림식(contact mesh type)

치차를 섭동시켜 맞물리게 하는 방식인 섭동치차식의 단점을 보완하기 위해서 상시 물림식은 주축치차와 부축치차가 항상 물린 상태로 회전한다. 이때 주축치차는 주축 위에서 독립적으로 자유롭게 회전하며 부축치차는 부축에 고정되어 있다.

[그림 5.20(b)]는 상시 물림식의 도그 클러치 구조를 나타낸 것으로, 도그 허브(dog hub)는 주축의 스플라인에 끼워져 주축 위에 고정되어 있고 도그 슬리브(dog sleeve)는 도그 허브 위를 축방향으로 이동 가능하다. 변속할 때에는 운전자가 도그 슬리브를 주축 상의 단치차에 설치된 도그와 연결시킴에 의하여 단치차에 전달된 회전력이 상시 맞물려 있는 부축치차를 통해 주축에 전달된다. [그림 5.20(a)]에 상시 물림식 변속장치

를 도시했으며, 이 방식은 치차가 상시 물려있기 때문에 치차 마모가 적고 정숙 운전이 가능하나 변속시 도그 슬리브가 주축의 단치차 도그와 결합할 때 소음은 피할 수 없고, 주로 대형 버스나 트럭 등에서 선택 이용한다.

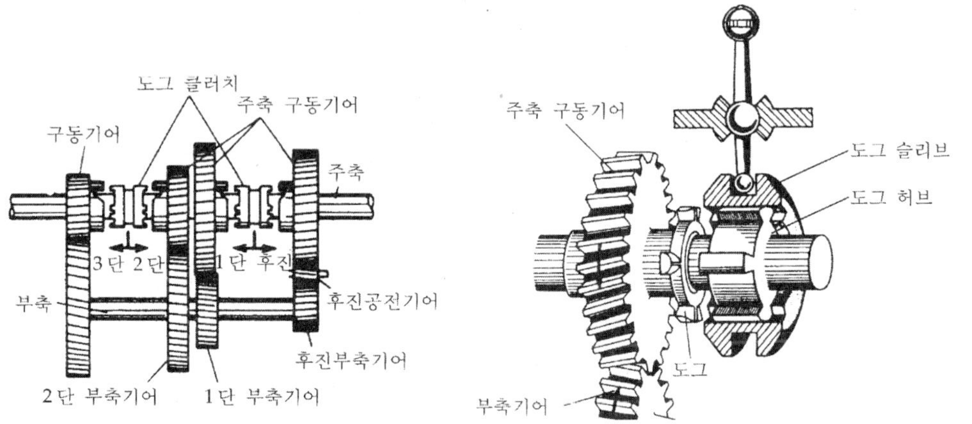

(a) 변속장치 (b) 도그 클러치 구소

[그림 5.20] 상시물림식 변속기

③ 동기 물림식(synchro mesh type)

섭동치차식이나 상시 물림식의 단점은 서로 맞물리는 치차 또는 도그 슬리브와 도그의 원주 속도가 서로 동일하지 않으면 결합시의 간섭으로 소음이 발생한다는 것이다. 이러한 단점을 보완하기 위하여 동기 물림식에서는 동력전달 위치에서 서로 원주 속도가 일치하지 않고 속도차이가 발생하면 전혀 이동되지 않고, 맞물리는 치차끼리 원주 속도가 일치(동기화)하는 경우에만 단치차와의 결합을 위한 이동이 가능하게 설계되어 치차 간의 간섭 없이 수월하게 변속되도록 한 방식이다.

동기화 현상을 [그림 5.21(a)]에서 나타낸 것과 같은 구조에서 살펴보면 주축 위에서 자유롭게 회전하는 단치차의 테이퍼와 싱크로나이저 링의 안쪽 테이퍼 사이의 접촉 마찰을 매개로 하여 주축에 연결된 싱크로나이저 허브와 단치차의 원주속도를 같아지도록 하는 과정이다. 이러한 동기화는 싱크로메시 기구에 의하여 가능하며, 이 기구는 일정 하중형(constant load type)과 관성 잠금형(inertia lock type)으로 분류할 수 있지만, [그림 5.201(b)]는 현재 승용차에 많이 적용되고 있는 관성 잠금형의 키 형식에 대한 구조이다.

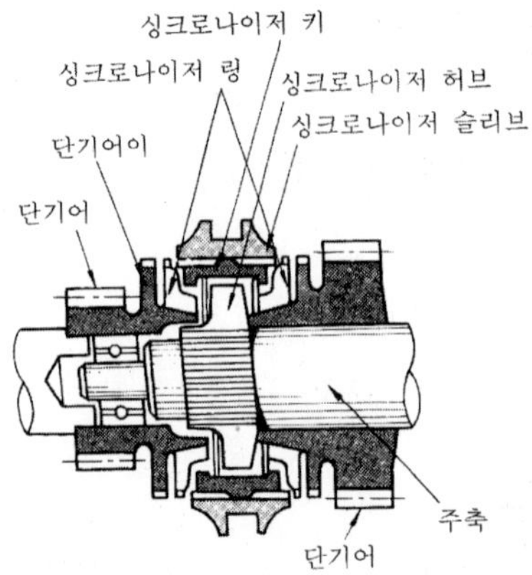

(a) 동기물림식 구조

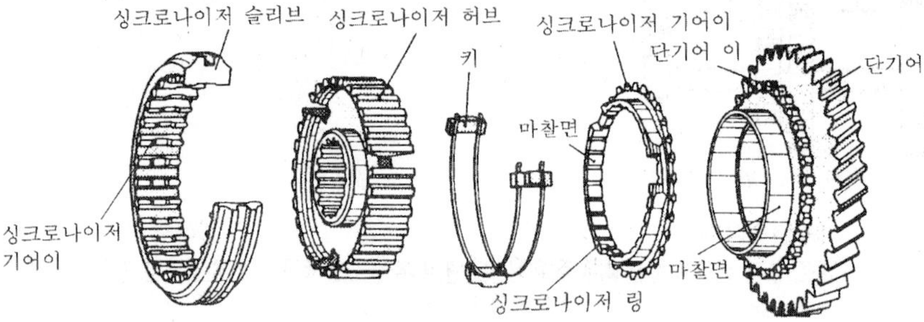

(b) 싱크로메시 기구의 구조

[그림 5.21] 동기물림식 변속기

싱크로메시의 작동 과정은, 우선 변속을 위하여 클러치 페달을 밟고 동력을 차단한 후 변속 레버를 중립으로 위치시킴으로 시작하여, 주축은 잔여 구동력에 의하여 회전하지만 주축에서 자유로이 회전하는 단치차의 회전속도는 크게 감속되어 주축과 단치차 사이에 상대 속도차가 발생한다. 이때 변속 레버를 움직여 변속 포크로 싱크로나이저 슬리브를 이동시키면 싱크로나이저 키가 싱크로나이저 링을 단치차의 테이퍼 면에 밀어 붙인다. 이는 싱크로나이저 슬리브와 싱크로나이저 키의 돌기부가 맞물려 있어 슬리브와 키가 함께 움직이기 때문이며, 이때 마찰에 의한 동기작용이 시작된다. 싱크로나이저 슬리브가 더 이동하면 싱크로나이저 슬리브와 싱크로나이저 키의 돌기 사이의 물림이 떨어지고 슬리브만 이동한다. 싱크로나이저 슬리브의 선단부가 싱크로나이저 링과 접촉하면 싱크로나이저 슬리브로 직접 싱크로나이저 링을 보다 강하게 압착하게 되고, 링과 단치차 사이에 큰 마찰력을 발생하여 싱크로나이저 슬리브와 단치차의 회전속도가 동일하게 된다. 이렇게 되면 싱크로나이저 슬리브는 원활하게 싱크로나이저 링의 치차부를 통과하고 단치차와 결합하여 싱크로나이저 슬리브의 동력이 단치차에 전달됨으로 변속이 완료된다.

(2) 수동 변속기의 조작기

변속할 때 운전자는 운전석에 있는 변속 레버를 조작해 변속 포크를 이동시키고 치차의 조합을 바꾼다. 이와 같이 변속을 위한 조작 기구를 이동시키는 방식은 직접 조작식(direct control)과 간접 조작식(remote control)이 있고 [그림 5.22]와 같다. 또한 변속 레버가 장착되어 있는 위치에 따라 차체 바닥에 장착되어 있는 플로어 시프트식(floor shift type)과 조향 컬럼에 장착되어 있는 컬럼 시프트식(column shift type)이 있다. 일반적으로 플로어 시프트식은 직접 조작식과 간접 조작식이 모두 있으나 컬럼 시프트식에는 간접 조작식만 있다.

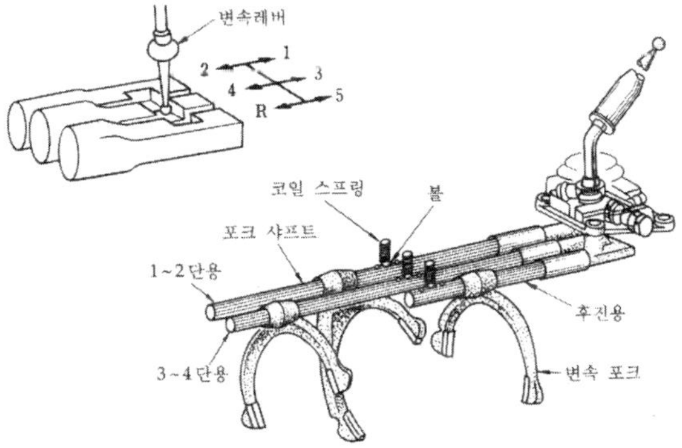

(a) 직접 조작식

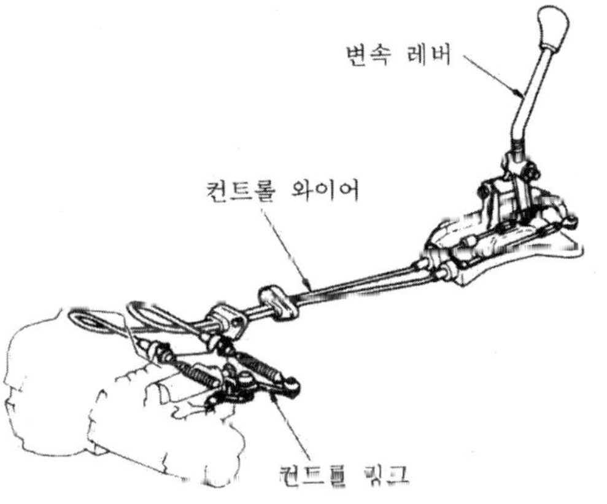

(b) 간접 조작식

[그림 5.22] 수동변속기의 조작기구

(3) 수동 변속기의 변속비(감속비)

변속기는 몇 개 조의 치차들이 서로 맞물리게 한 것을 변화시켜 구동 차륜에 전달하는 구동토크(구동차축의 토크)와 회전속도를 변화시키는 것이다. 속도와 구동력의 이상적인 관계는 [그림 5.18]과 같으며, 변속비는 최대한 이러한 조건에 근접하도록 선택되어야 한다.

① 감속비

수동 변속기는 여러 종류의 치차로 구성되어 있으며 서로 맞물려 있는 치차에 따라 전달되는 구동 토크와 회전속도가 변화한다. 원주변에 가공된 치차에 의하여 서로 맞물리는 바퀴를 회전시키면 바퀴의 회전속도가 맞아지는 경우 회전력(토크)은 증가한다. 이러한 비율을 감속비 또는 변속비 i_T라 하며 다음 식으로 표시된다.

$$감속비,\ i_T = \frac{출력축\ 토크}{입력축\ 토크} = \frac{입력축\ 회전수}{출력축\ 회전수} = \frac{출력축\ 치차\ 치수}{입력축\ 치차\ 치수} \tag{5.13}$$

변속비 i_T가 "1"보다 크다는 것은 입력축 회전속도가 출력축 회전속도보다 큰 경우이므로 감속을 의미하고, $i_T = 1$인 경우는 입력축과 출력축의 회전속도가 동일한 경우이므로 직결을 의미한다. 그리고 $i_T < 1$이면 입력축 회전속도가 출력축 회전속도보다 작아지므로 증속을 의미한다.

또한 축마력은 토크와 회전수를 곱한 값에 비례하므로 다음과 같다.

$$축마력,\ N(PS) = (비례상수) \times T \times \omega \tag{5.14}$$

여기서 N는 마력단위의 축출력이고, T는 토크, ω는 각속도를 의미한다.

② 전감속비와 구동력

내연기관 자동차의 경우 변속은 변속기 이외에 최종 감속장치에서도 변속되고 있으므로, 기관과 구동 차륜 사이 전감속비는 다음과 같이 표시된다.

$$전감속비 = (변속기의\ 감속비) \times (최종\ 감속장치\ 감속비) \tag{5.15}$$

또한 구동 차륜이 발생하는 구동토크는 기관의 축토크에 전감속비와 전달효율을 곱하여 계산되므로 다음과 같이 표시된다.

$$구동토크 = (기관의\ 축토크) \times (전감속비) \times (전달효율) \tag{5.16}$$

여기서 전달효율은 "차륜에 전달된 동력/기관에서 발생된 동력"의 비이다. 따라서 구동력(구동 차륜이 추진하는 힘)은 다음 식과 같이 계산된다.

$$구동력 = \frac{구동\ 토크}{차륜의\ 유효반지름} \tag{5.17}$$

③ 변속비의 결정

감속비를 결정하려면 먼저 자동차에서 요구되는 최고속도, 가속능력 및 연료소비율 등이 얻어지도록 최종감속기의 감속비를 결정하고, 이어서 자동차에 주어지는 최대 등판능력에서 변속기의 최저속치차 변속비를 결정한다. 이러한 과정으로 직결인 경우(최저 변속비)와 최저속치차의 경우(최고 변속비)에 대한 변속비가 결정되면, 그 중간 치차의 변속비는 등비급수적으로 주어지나 치차 설계상의 문제, 성능 및 운전방법에 대한 요구사항에 따라 어느정도 수정된 수치를 사용한다.

[그림 5.18]에서 각 단의 최고 구동력 점들을 연결하는 곡선이 이상곡선에 일치하도록 변속비를 선택하면 기관의 출력을 최대한으로 유효하게 사용할 수 있다. 그러나 각 단에서는 구동력의 최고점을 지나면 급속히 하락하므로, 그림에서 사선 부분의 범위에서는 기관의 출력을 유효하게 사용할 수 없게 된다. 이러한 영역을 감소하기 위하여 변속 단수를 증가시키면 변속기의 구조가 복잡해짐은 물론이고 운전조작도 번거로워지고 중량도 증가하여 적절한 해결방법이 되지 못하고 있다. 한편, 최근에 개발되어 경량 및 중형 자동차에 적용되는 무단변속기는 이상적 곡선에 어느 정도 접근할 수 있지만, 해결되어야 하는 문제들이 아직 남아있는 실정이다.

2) 자동 변속기

자동 변속기는 운전자가 주행상황에 따라 적절하게 수행했던 클러치와 변속기구의 작동을 연속적이고 자동적으로 수행하도록 고안한 장치이다. 이러한 자동 변속기의 특징을 살펴보면 다음과 같다. 우선 자동 변속기의 장점은, 주행 중에 치차변속을 할 필요가 없어 운전자의 피로를 경감시키고 안전운전을 할 수 있고, 조작 미숙으로 인한 엔진의 정지가 적으며, 오일을 매개로 하여 엔진 동력을 전달하기 때문에 발진, 가속, 감속이 원활하고 각부의 진동과 충격을 오일이 흡수하므로 승차감이 양호하다는 점이다. 그러나 제작비가 비싸고, 수동 변속기에 비하여 연료소비량이 약 10~20% 정도 증가하며, 추월 가속성능이 다소 떨어지고 최고 속도도 약간 낮다는 단점이 있다. 또한 자동 변속기 차량은 밀어서 시동을 걸 수 없다.

자동 변속기의 기본적인 구성은 발진장치, 적절한 변속비를 형성하는 치차장치, 치차를 조작하여 변속하는 제어요소, 요소들을 제어하는 제어계통으로 되어있다.

발진장치는, 내연기관 자동차의 경우, 주로 토크 컨버터를 흔히 사용하지만, 친환경 자동차에서는 무단변속기과 함께 전자식 클러치도 사용한다. 치차장치는 유성치차(planetary gear)열을 대부분의 승용차에서 사용하지만, 트럭이나 버스 등의 대형차량에서는 전자식 클러치와 평행축 치차열을 기본으로 구성한 자동변동기를 적용하기도 한다. 제어기구는 입출력축을 선택할 수 있는 다판 클러치와 축을 고정시키는 브레이크, 한 방향으로만 회전을 허용하는 한방향 클러치 외에 유압밸브 등이 있고, 제어계통은 유압 제어계통과 전자 제어계통이 존재하지만 현재는 대부분이 전자식 제어계통에 의존한다.

(1) 유성치차장치

토크 컨버터는 유체의 유동을 이용하여 토크비를 최대 2~3배 정도 증대시키는 작용을 하나 주행상황에 따라 구동륜에서 필요한 토크 변화를 얻기는 어렵다. 따라서 토크 컨버터의 부족분을 보완하여 주행상황에 맞는 토크를 얻을 수 있고 후진 시 역회전이 가능한 장치가 필요하다. 이러한 역할을 수행할 수 있는 보조 장치로 [그림 5.23]와 같이 선치차(sun gear), 링치차(ring gear), 유성캐리어(planetary carrier)의 3가지 회전요소로 구성된 유성치차장치를 많이 사용하고 있다.

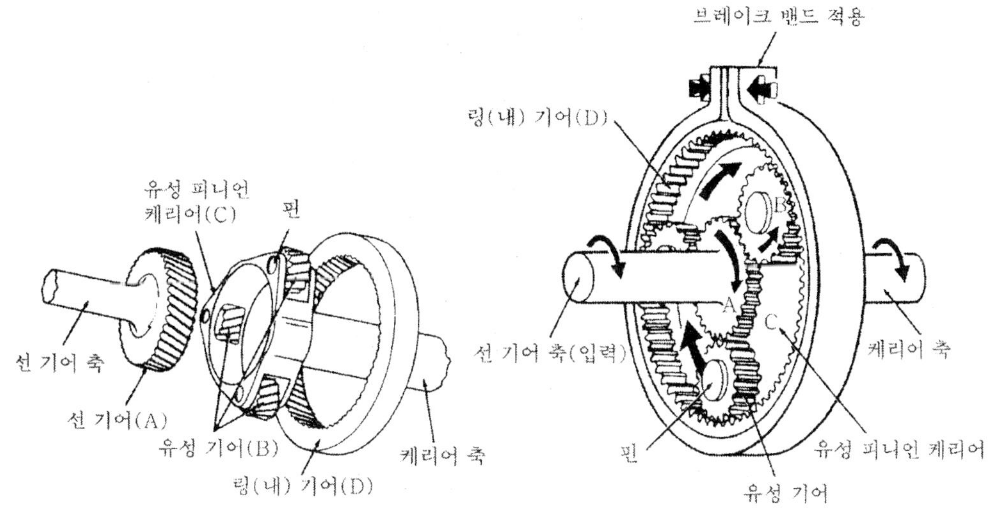

[그림 5.23] 유성치차열의 구조 및 감속에서의 입출력

이와 같이 입력축과 출력축을 동심으로 일직선상에 배치할 수 있는 유성치차장치의 특징은, 각 치차들이 항상 결합되어 있기 때문에 소음이 적고, 한 개의 유성 치차열로 6가지 변속비를 얻을 수 있기 때문에 소형화가 가능하며, 동기화가 되지 않아도 변속이 가능하므로 엔진의 동력을 차단하지 않고 변속이 가능하다는 점이다. 그러나 결합되는 치차의 이빨 수에 제한이 있으므로 감속비에 다소 한계가 있으며, 동심축 상에 여러 개의 축이 존재하므로 제작이 어렵다.

① 유성치차의 작동원리와 변속비

유성치차는 차량 운전조건에 따라 제어계통에 의하여 3개의 회전요소 중 하나를 고정하고 다른 두 개를 입력과 출력으로 작동시키면 증속, 감속, 역전 등의 작용을 수행할 수 있다. 예를 들어 [그림 5.23]이 두 번째 그림과 같이, 링치차를 밴드 브레이크로 고정하고 선치차를 입력축, 캐리어를 출력축으로 하면 감속이 이루어져 캐리어의 회전속도가 선치차의 회전속도보다 낮게 된다. 변속비 관계를 얻기 위하여 [그림 5.24]과 같은 단순 유성치차열을 고려해 보자. 그림에서 검은색 부분은 유성치차 캐리어를 표시한 것이고, Z는 치차의 이빨 수, V, ω는 선속도 및 가속도, 첨자 S, P, PC, R은 선치차, 유성치차, 유성 캐리어, 링치차를 의미한다.

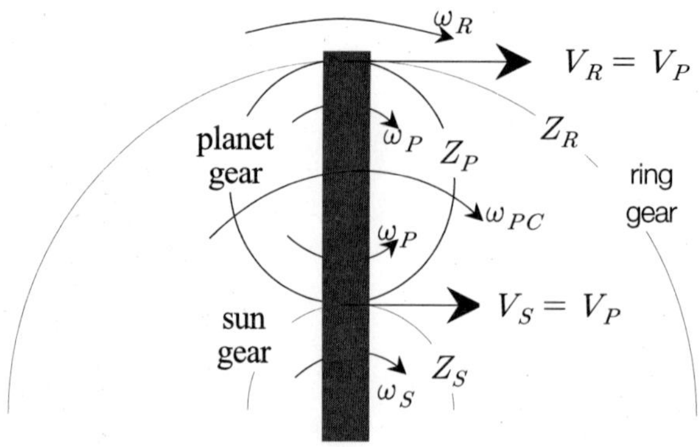

[그림 5.24] 단순 유성치차장치에서 각속도와 선속도

우선 링치차가 고정된 경우 선치차와 유성치차와의 접촉 위치에서 $V_S = V_P$와 유성치차 자전에 의한 선속도가 선치차의 반대 방향이라는 관계와 $V \sim Z \times \omega$를 적용하면, 다음의 식을 얻을 수 있다.

$$\omega_S Z_S = \omega_{PC} Z_S - \omega_P Z_P$$

다음에는 선치차가 고정된 경우, 링치차와 유성치차의 접촉 위치에서 $V_R = V_P$와 유성치차 자전에 의한 선속도와 링치차의 선속도 방향이 동일한 관계를 적용하면,

$$\omega_R Z_R = \omega_{PC} Z_R + \omega_P Z_P$$

을 얻는다. 위의 두 항등식을 더하면 다음의 각속도 관계식을 얻을 수 있다.

$$\omega_R Z_R + \omega_S Z_S = \omega_{PC} (Z_R + Z_S) \tag{5.18}$$

유성치차장치는 3개의 회전요소 중 한 개의 회전요소는 고정($\omega = 0$)하고 2개만 선택하여 입력 또는 출력축으로 결정하므로, 감속비의 정의에 의하여 다음과 같이 변속비를 계산한다.

$$\text{변속비},\ i = \frac{\text{입력축 회전속도}}{\text{출력축 회전속도}} = \frac{n_{\text{입력}}}{n_{\text{출력}}} = \frac{Z_{\text{출력}}}{Z_{\text{입력}}} \tag{5.19}$$

이와 같은 식으로 각 경우에 대하여 계산된 결과를 [표 5.3]에 표시했다.

[표 5.3] 단순 유성치차장치의 변속비

	선치차(S)	유성 캐리어(PC)	링치차(R)	변속비(i)
감 속	입력축	출력축	고 정	$(Z_S+Z_R)/Z_S$
	고 정	출력축	입력축	$(Z_S+Z_R)/Z_R$
증 속	고 정	입력축	출력축	$Z_R/(Z_S+Z_R)$
	출력축	입력축	고 정	$Z_S/(Z_S+Z_R)$
역 전	입력축	고 정	출력축	$-Z_R/Z_S$
	출력축	고 정	입력축	$-Z_S/Z_R$

이상에서 언급된 변속비 관계는 [그림 5.25(a)]와 같이 가장 기본적 형식으로 유성치차가 1개조로 구성된 싱글 피니언(single pinion) 유성치차장치에 대한 것이며, [그림 5.25(b)]와 같이 2개조로 구성된 더블 피니언(double pinion)의 경우에도 동일한 과정을 적용하면 다음 관계식을 얻는다.

$$\omega_R Z_R - \omega_S Z_S = \omega_{PC}(Z_R - Z_S) \tag{5.20}$$

즉, 싱글 피니언 유성치차에서는 유성 캐리어를 고정시킴에 의하여 역회전을 얻었으나, 더블 피니언의 경우 유성치차열이 1개조가 더 추가되어 링치차의 회전방향이 변화되므로 링치차를 고정시킴에 의하여 역회전을 얻을 수 있다.

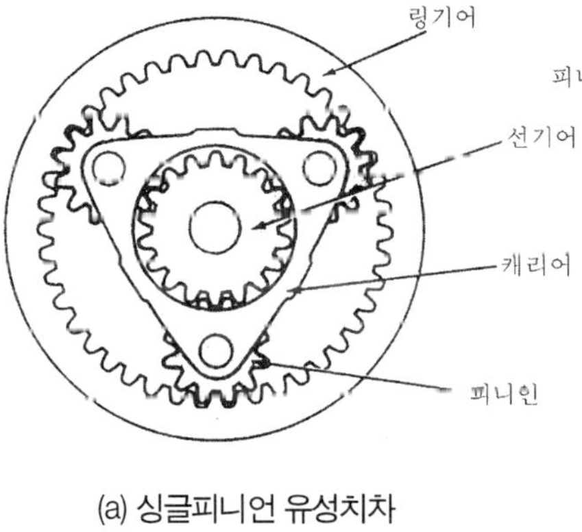

(a) 싱글피니언 유성치차

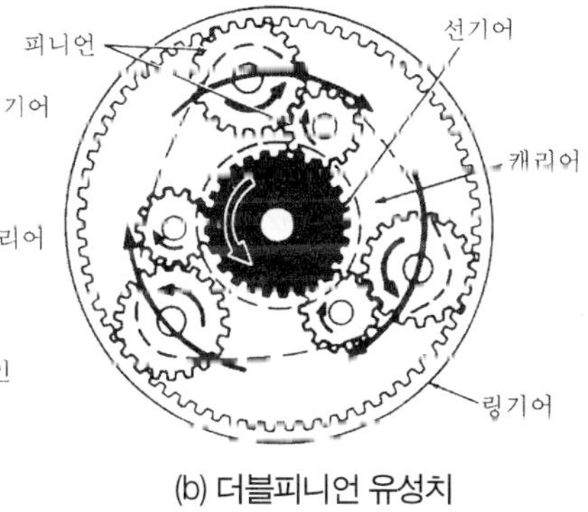
(b) 더블피니언 유성치

[그림 5.25] 단순 유성치차장치

② 유성치차장치의 형식

유성치차장치는 크게 단순 유성치차장치와 복합 유성치차장치로 구분할 수 있다. 단순 유성치차장치는 싱글 피니언 유성치차장치와 더블 피니언 유성치차장치가 있고, 복합 유성치차장치는 라비뇨 치차장치(ravigneaux gear system)와 심프슨 치차장치(simpson gear system)로 구분할 수 있다.

• 단순 유성치차장치

단순 유성치차장치는 [그림 5.25]와 같으며, 구성요소인 선치차, 링치차, 캐리어 중 어느 것을 입력요소, 고정요소, 그리고 출력요소로 선택하느냐에 따라서 변속비가 결정되고 감속이나 증속이 이루어진다. 선치차, 링치차, 캐리어 중 두 개의 치차를 고정하면 각 치차는 개별적으로 회전할 수 없게 되어 유성치차장치가 일체로 회전하며 직결된 상태이다. 또한 3개의 회전요소를 모두 고정되지 않고 자유롭게 회전시키면 동력이 전달되지 않는 중립상태가 된다.

• 복합 유성치차장치

하나의 단순 유성치차장치를 이용하여서는 자동차 주행에 필요한 변속비를 얻을 수 없기 때문에 자동 변속기에서는 단순 유성치차장치를 조합하여 구성된 복합 유성치차장치를 사용한다.

복합 유성치차장치 중 하나인 라비뇨 치차장치는 [그림 5.26(a)]와 같이 싱글 피니언 유성치차장치와 더블 피니언 유성치차장치를 조합한 형태로 두 개의 선치차[포워드 선치차(forward sun gear)와 리버스 선치차(reverse sun gear)]와 한 개의 링치차 그리고 두 종류의 피니언[롱 피니언(long pinion)과 쇼트 피니어(short pinion)]으로 구성되어 있다. 쇼트 피니언은 포워드 선치차와 롱 피니언은 리버스 선치차와 서로 맞물려 있다. 또한 쇼트 피니언은 포워드 선치차와 롱 피니언 사이에 장착되어 서로 맞물려 있고 링치차는 롱 피니언과 연결되어 있다.

다른 하나의 복합 유성치차장치는 심프슨 치차장치로 [그림 5.26(b)]와 같이 싱글 피니언 유성치차장치를 연이어 접속시켜 조합한 형태로 1개의 선치차와 2개의 링치차 [프런트(front) 링치차와 리어(rear) 링치차] 그리고 한 종류의 피니언으로 구성되어 있다. 프런트와 리어 유성치차장치의 선치차는 공동으로 사용할 수 있도록 일체형이며 크기와 치수가 동일한 2개의 링치차가 각 피니언과 연결되어 있다.

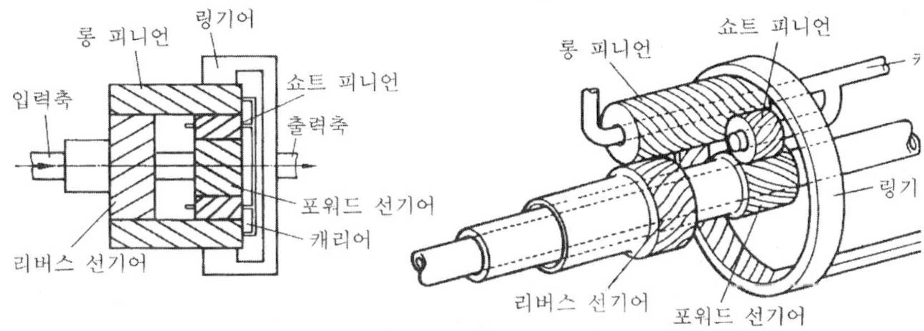

(a) 라비뇨 치차장치

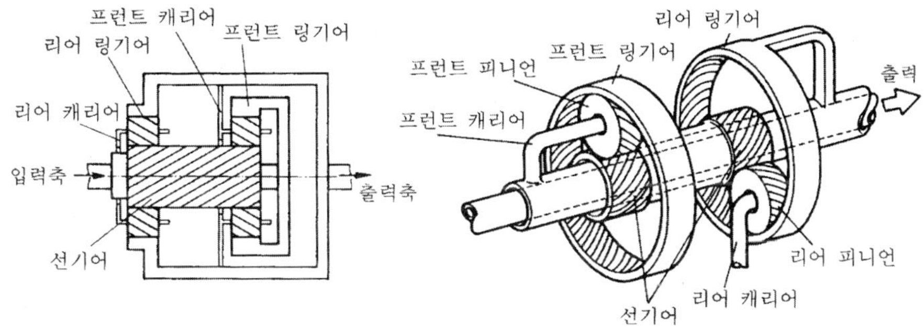

(b) 심프슨 치차장치

[그림 5.26] 복합 유성치차장치의 구조

(2) 자동변속기의 변속 제어요소

변속제어 기구는 변속 시 유성치차장치의 입력 요소에 동력을 전달해 주거나 차단하며 필요시 반력요소를 고정시켜 유성치차장치에서 변속이 이루어지게 하는 역할을 수행하는 장치이다. 변속제어 요소는 여러 종류의 습식 다판 클러치와 브레이크, 한방향 클러치로 구성되어 변속비 조절과 전진 또는 후진을 수행할 수 있다.

FF 자동차와 FR 자동차의 유성치차장치 레이아웃은 다르지만 작동은 동일하며, 여기서는 FR 차량의 4속 전자제어 자동변속기를 예를 들어 설명하겠다.

① 치차배열(gear train)

[그림 5.27(a)]는 자동변속기의 구조 단면도의 상반부를 도시한 것이고 [그림 5.27(b)]는 각 구성품의 동력전달을 이해할 수 있게끔 도시한 것이다. 여기서 치차배열은 심프슨 유성치차장치를 사용했음을 알 수 있고, 제어요소는 클러치(C), 브레이크(B), 한방

향 클러치(F)이며, 이들은 기호 C, B, F 등으로 표시했다.

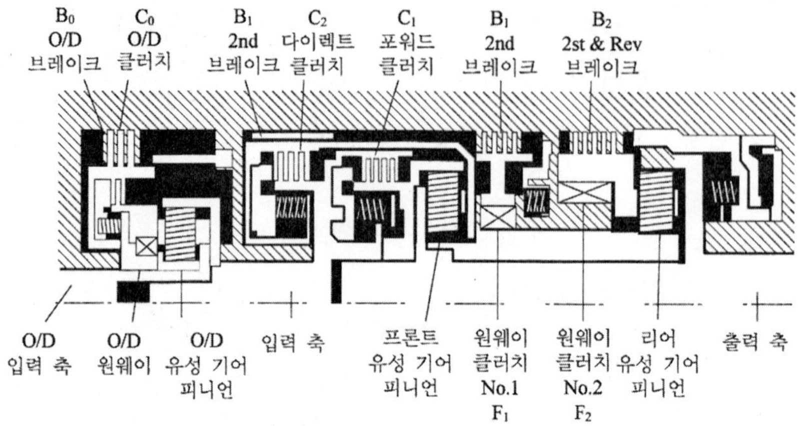

(a) 구조 단면도

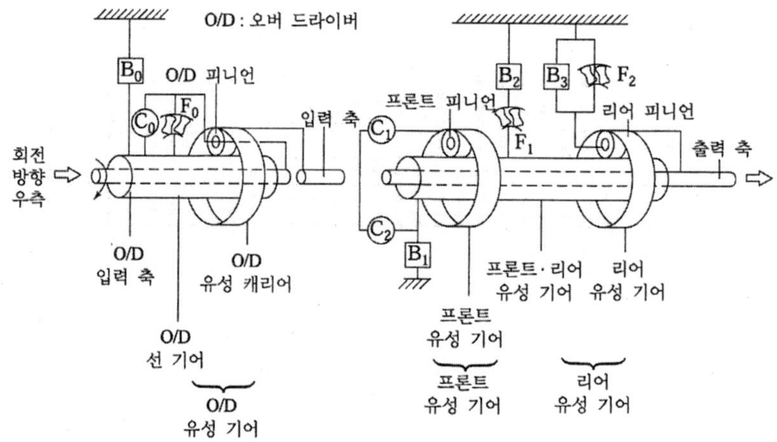

(b) 동력전달 경로도

[그림 5.27] 자동변속기의 제어요소

② 제어요소

• 다판 클러치 : 습식 다판식이며 다이렉트 클러치(direct clutch), 프론트 클러치, 리어 클러치 등 3조의 클러치를 사용하여 동력을 전달하거나 차단한다. C_0는 오버 드라이버(O/D) 링치차와 오버드라이버 선치차를 접속하고, C_1은 입력축과 프론트 링치차를 접속하며, C_2는 입력축과 프론트 리어 선치차를 접속한다.

• 브레이크 : 저속, 후진 등에 밴드 브레이크를 사용하여 유성치차 유니트를 고정시

키는 장치이다. B_o는 O/D 선치차의 회전을 고정하고 B_1은 프론트 및 리어 선치차의 회전을 고정하며, B_2는 F_1의 아우터 레이스 회전을 고정, B_3는 리어 유성치차 캐리어의 회전을 고정시킨다.

• 한방향 클러치 : 유성치차 유니트를 한 방향으로만 회전하도록 구속하는 장치로서, F_o는 O/D 선치차에 대한 O/D 링치차의 역회전을 억제하고, F_1은 B_2작동 시 프론트 및 리어 선치차의 역회전을 억제하며, F_2는 리어 유성 캐리어의 역회전을 억제한다.

(3) 자동변속기의 제어계통

변속제어 기구는 차량 주행속도, 부하 및 변속 레버의 위치에 따라 자동적으로 유성치차 유니트에 브레이크나 클러치가 작동하게 하거나 해제시켜 차량이 원활한 주행이 이루어지도록 변속 및 조작하는 기구로서 유량제어 방식을 사용하며, 제어계통에는 유압식과 전자식이 있다.

① 유압식 제어계통

이 장치는 [그림 5.28]과 같이 오일펌프에서 발생한 유압을 제어밸브에서 일정한 유압으로 바꾸어 매뉴얼 밸브, 거버너 밸브, 스로틀 밸브 등의 신호에 따라 자동변속기의 클러치와 유성치차열의 브레이크 등에 배분 압송하여 변속조작 한다.

또한 토크 컨버터나 각 윤활부에도 오일을 보내서 냉각 및 윤활작용을 수행한다.

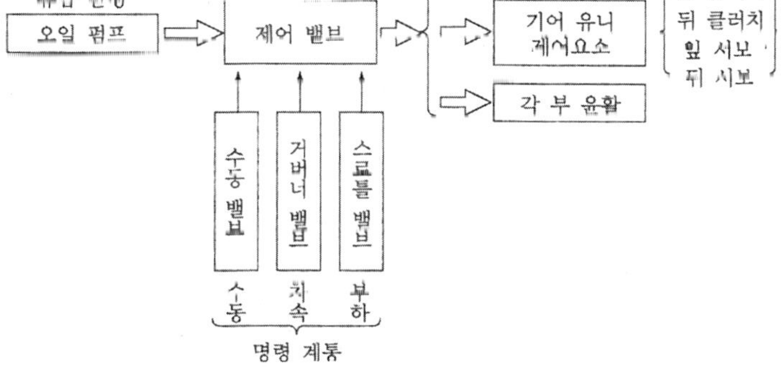

[그림 5.28] 유압식 자동변속기 계통

- 오일펌프 : 유압을 발생시키는 장치로 토크 컨버터 뒤의 출력축에 설치되어 토크 컨버터에 의해 구동되며 운전에 필요한 오일을 공급한다.
- 압력 조정밸브 : 오일펌프에서 발생한 유압을 항상 일정한 유압으로 조정하고 기관이 정지했을 때 토크 컨버터에서 변속기의 오일이 역류되는 것을 방지한다.
- 매뉴얼 밸브 : 운전석의 변속 레버 조작으로 유압을 변경하는 밸브이다.
- 거버너 밸브 : 기관의 출력축에 결합되어, 출력축의 회전수에 따라 원심력이 변화하는 것을 이용하여, 차속에 적합한 유압을 얻기 위한 밸브이다.
- 스로틀 밸브 : 가속페달의 변위 정도에 따라 스로틀 압력을 발생하는 밸브.
- 시프트 밸브 : 유성치차의 각 요소에 변속기구를 주행속도 및 기관부하에 따라 자동적으로 변속하는 작용을 할 수 있도록 유로를 개폐하는 밸브이다.

자동변속기에서 시프트 록(shift lock) 장치는 브레이크 페달을 일정량 이상 밟지 않으면 변속레버가 "P"위치에서 이동하지 않도록 하는 일종의 안전장치이다. 자동변속기 차량은 시동 시 예기치 못한 차량사고 등을 방지하기 위해 "P"와 "N"위치에서만 시동이 걸리도록 설계되어 있으며, 또한 전진이나 후진단에 변속레버가 위치하더라도 시동 켜짐 없이 브레이크 페달을 밟음으로써 정지상태를 유지할 수 있다. 물론 전진이나 후진단에서 브레이크 페달을 밟지 않으면 차량은 서서히 움직일 수 있으며 이러한 상태를 자동변속기에서는 크립(creep) 상태라 한다.

시프트 록 장치가 장착된 차량은 브레이크 페달을 밟지 않은 상태에서는 "P"위치에서 다른 위치로의 레버조작이 절대 불가능하므로 항상 차량을 완전히 정지한 상태에서 안전하게 출발할 수 있다.

② 전자식 제어계통

전자제어 자동변속기(EAT, Electronic Automatic Transmission)는 기본적으로 유압식과 동일한 구조를 하고 있으나, 컨트롤 밸브의 기계적 제어계통을 솔레노이드 밸브 기구로 대체하여 유압회로를 ECU에서 제어하도록 설계한 것이 다르다.

여기에 적용되고 있는 전자 제어부는 [그림 5.29]과 같이 기관 회전속도, 오일온도, 가속페달 개도, 차속, 변속레버 위치, 크루즈 제어작동 등의 정보를 각종 센서의 전기적인 신호로 받아들여 활용한다. 또한 이들의 정보를 기초로 전자제어부 내에 있는 마이크로컴퓨터에서 변속시점, 록업 클러치 작동, 다판 클러치에 작용하는 오일 압력(변속 품질제어) 등을 결정한다. 그리고 전자제어부는 전기적인 출력신호를 작동요소(솔레노이드 밸브)로 내보내 밸브 보디 내의 각종 밸브를 움직인다.

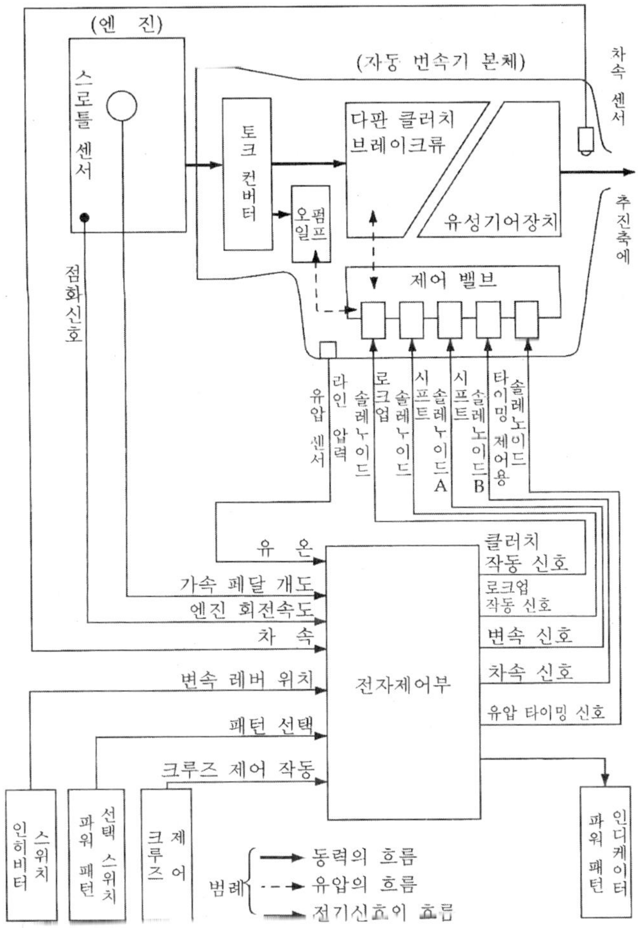

[그림 5.29] 전자제어 자동변속기의 예

3) 동력 분할장치(PSD, Power Split Device)

동력분할장치는 일본 Toyota의 프리우스 하이브리드 자동차에서 최초로 적용되었으며, Toyota 하이브리드 시스템(THS)의 대표적인 기술이라 할 수 있다. 동력분할장치의 역할은, 하이브리드 자동차에서 내연기관의 동력을 운전조건에 따라 발전기와 모터에 적절하게 배분하여 공급하는 것이며, 유성치차장치에 의하여 수행된다.

(1) Toyota 하이브리드 시스템(THS)

THS의 작동원리를 간단히 설면하면, 발진시와 경부하시에는 순전히 축전지로부터의 전력에 의한 모터로만 주행하고, 통상 주행 시에는 기관의 직접구동과 발전기에서 얻어진 전력을 사용한 모터구동 두 가지에 의하며, 추월 가속이나 등판 시 등의 큰 동력이 필요한 경우에는 통상 주행 시에 추가하여 축전지로부터 전력을 공급하여 모터의 구동력을 증가시킨다. 또한 감속 시에는 모터를 발전기로 변환시켜 감속 에너지로 발전하여 축전지에 충전하여 재생한다. 이와 같이 복잡한 제어를 변속의 충격이나 소음 없이 실현시켜주는 시스템이 Toyota가 자체 개발한 유성기어식(planetary gear) 무단변속기와 전자식 제어시스템으로, THS는 무단변속기(CVT) 등의 기계식 변속기가 장착되어 있지 않고, [그림 5.30]과 같이 발전기(MG1), 동력분할장치(유성기어) 및 모터(MG2, 발전기 겸용), 전기적 제어기 외에 종감속 치차로의 회전력 전달을 위한 체인 등으로 구성되어 있다.

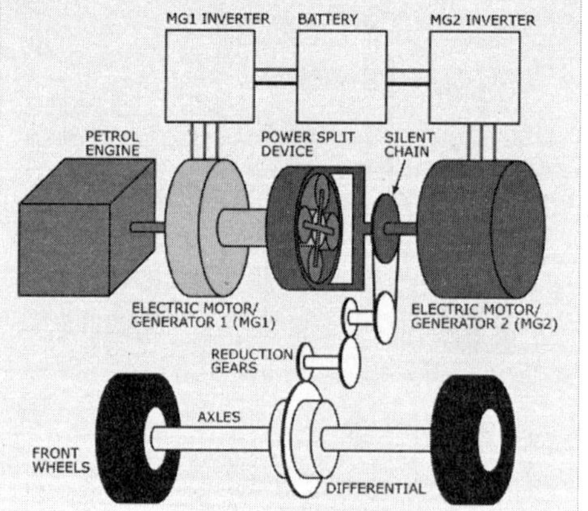

[그림 5.30] THS의 동력전달계통

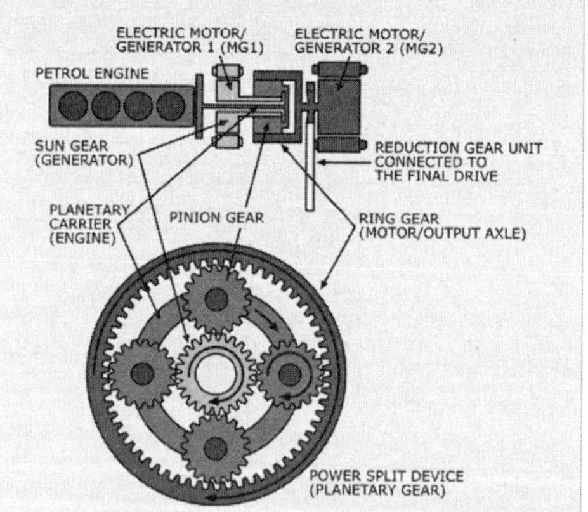

[그림 5.31] 동력분할장치 구조

(2) 동력분할장치의 구성 및 작동원리

동력분할장치는 하이브리드 차량에서 내연기관기관, 전기모터, 발전기 사이의 상호

작용을 제어하는 장치로 유성치차를 사용하여 [그림 5.31]와 같이 연결된다. 즉 기관의 동력은 유성치차 캐리어에 입력되고 발전기(MG1)은 선치차의 출력축, 전기모터(MG2)는 링치차의 출력축에 연결되어, 기관과 발전기, 모터가 동일축 상에 나란히 설치되어 있으므로, 유성치차장치에 의하여 기관동력이 차륜구동력과 발전기 구동력으로 분해된다. 따라서 일반 주행 시의 기관동력은, 일부는 직접 차륜을 구동하고 나머지는 발전기를 구동하여 얻어진 전력을 모터 구동에 직접 사용하여 차륜구동에 동력이 추가되어 사용(병렬형)되거나 또는 직류로 변환하여 고전압 축전지에 저장된다. 그러나 차량 시동 및 저부하 운전에서 기관동력은 단지 발전기만을 구동하고, 차량견인 또는 시동은 단지 축전지로부터의 전력으로 전기모터를 구동함에 의하여 수행(직렬형)된다. 그림에서 선치차에 접속된 발전기(MG1)는 최대출력이 약 18kW 정도이고 MG2보다 소형이며, 발전 전력을 변화시킴에 의하여 내연기관 회전속도를 제어할 수 있으며 또한 재래식의 기관 시동용 전동기 역할도 수행하고 있다.

링치차에 연결된 모터(MG2)는 최대 출력이 33~50 kW로서 MG1보다 크고 차량 견인에 필요한 동력을 공급하는 모터로 사용되지만, 제동 시에는 제동 에너지를 회수하여 전기에너지로 충전하기 위하여 발전기 역할도 수행한다.

이러한 동력분할장치는 기관과 발전기 및 모터 각각의 회전수를 일정한 단계 없이 연속적(무단계)으로 변속할 수 있는 전기적 CVT의 기능을 가질 수 있다. 또한 차축과 연결되어 있는 모터의 회전속도가 주행상태에 따라 변하여도 발전기의 회전속도를 제어함에 의하여 기관은 항상 우수한 효율의 영역 내에서 운전이 가능하다.

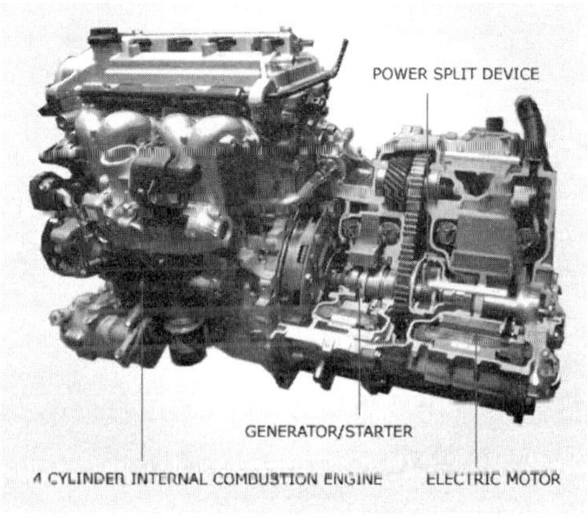

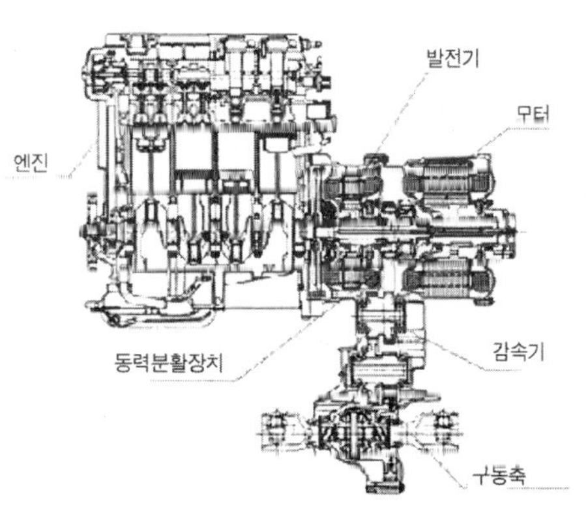

[그림 5.32] Toyota Prius 하이브리드 기관

[그림 5.32]은 Toyota 프리우스 하이브리드 기관의 외형 및 단면도로서 기관과 모터 사이에 발전기와 동력분할장치인 유성치차열이 설치되어 연속변속과 구동력배분을 제어하고 있으며, 이것이 Toyota 하이브리드 시스템의 핵심부분으로 취급된다.

(3) 동력분할장치(PSD)의 변속비 및 토크 관계식

기관(유성치차열의 캐리어와 접속)과 발전기(유성치차열의 선치차와 접속), 모터(유성치차열의 링치차와 접속) 등의 회전속도 관계식을 이해하기 위하여, 우선 유성치차를 구성하는 치차들의 이빨 수 Z 에 대한 관계식을 구하면 다음과 같다.

$$R_R = R_S + 2\ R_P \qquad \Rightarrow \qquad Z_R = Z_S + 2\ Z_P \tag{5.21}$$

여기서 R은 치차의 반지름, 첨자 R, P, S 는 링치차, 유성치차, 선치차를 표시하고 있고, 반지름은 직접 이빨 수 Z에 비례하므로, 링치차의 이빨 수는 선치차 이빨 수에 유성치차 이빨 수의 2배를 더한 값과 같다는 것을 의미한다. 한편 이빨 수 Z와 각 치차의 각속도 ω의 관계식을 유성치차열의 기본 변속비 $k = Z_S/\ Z_R$으로 표시하기 위하여, 싱글 피니언 단순 유성치차열을 대상으로 고려하면, 식 (5.18)은 다음과 같이 표현된다.

$$\frac{\omega_{PC} - \omega_R}{\omega_S - \omega_{PC}} = \frac{Z_S}{Z_R} = k \tag{5.22}$$

여기서 ω 는 각속도 첨자 PC는 유성치차 캐리어를 의미하므로, 만약에 $\omega_{PC} = 0$ 즉, 유성치차 캐리어가 정지하고 있는 경우(기관이 정지), $k = \omega_R/\ \omega_S$의 관계가 성립되며, 치차 이빨 수가 고정($k =$ 일정) 된 경우의 $\omega_{PC} \neq 0$에서(기관이 작동)는 기관 회전수가 증가할수록 발전기 및 모터의 회전수도 증가된다. 이제 각 요소들의 토크 관계식을 구하기 위하여 우선 에너지 보존법칙을 적용하면, 기관으로부터 공급된 동력 $T_E\ \omega_{PC}$는 발전기 입력 $T_S\ \omega_S$와 모터의 입력 $T_R\ \omega_R$으로 분할되므로,

$$T_{PC} \times \omega_{PC} = (\eta_S \times T_S \times \omega_S) + (\eta_R \times T_R \times \omega_R) \tag{5.23}$$

로 표시할 수 있으며, 여기서 T는 토크(회전력, torque), η는 치차 간의 전달효율을 의미한다. 식 (5.22)에서 $\omega_{PC} = (k\,\omega_S + \omega_R)\,/\,(1+k)$을 얻으므로 대입하면,

$$T_{PC} = \left(\frac{1+k}{k\,\omega_S + \omega_R}\right) \times (\eta_S\, T_S\, \omega_S + \eta_R\, T_R\, \omega_R) \tag{5.24}$$

이며, 이러한 관계로부터 주행조건에 따라 ω_R이 변하여도 발전기의 회전속도 ω_S를 변화시킴에 의하여 기관에서는 최대 토크 상태를 유지하며 운전할 수 있다.

4) 무단 변속기(CVT, Continuously Variable Transmission)

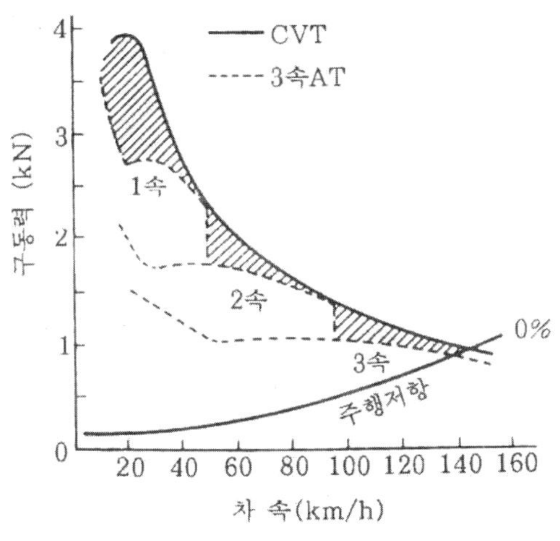

[그림 5.33] 최대 구동력 선도

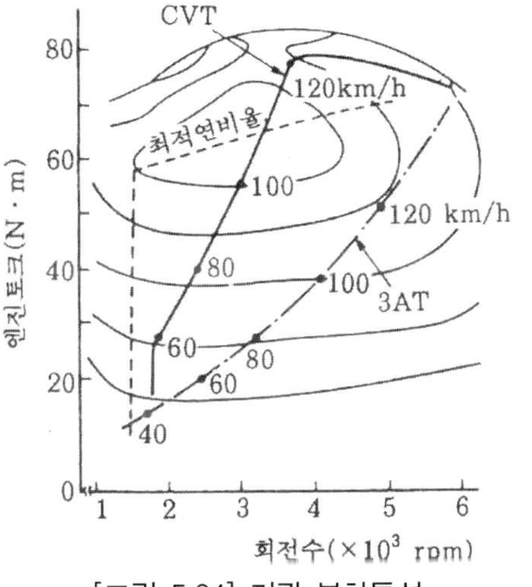

[그림 5.34] 기관 부하특성

자동변속기의 경우에는 치차 변속을 자동적으로 수행하지만 각 단마다 변속비가 미리 정해져 있으므로 연비를 향상시키는 데는 한계가 있다. 따라서 연비에 대하여 우수한 변속비가 반드시 우수한 동력성능을 갖는다고 보장할 수 없으며, 일반적으로 가속성능과 연비는 서로 상반되는 요소를 갖고 있다. 이러한 문제의 해결을 위하여 다단화에 의한 광범위한 변속 영역을 고려할 수 있으며, 이를 만족하는 것이 무단변속기이다.

이러한 무단변속기는 동력성능과 연비특성 양쪽 측면에서 균형을 취한 최적제어가 가능하다. [그림 5.33]은 3속 자동변속기와 CVT의 최대 구동력 선도를 나타낸 것으로 그림에서 빗금 친 부분만큼 구동력이 우수하다는 것을 보여주고 있으며, 또한 기관 연비의 다단화에 의하여 [그림 5.34]에 보이는 CVT선상의 검은 점과 같이 최저 연료소비율에 근접한 특성을 선택할 수 있지만 다단변속기와는 다르게 CVT에서는 이것을 연속적으로 얻을 수 있다.

(1) 무단변속기의 종류

무단변속기는 변속방식에 따라 벨트식(또는 가변풀리와 벨트식)과 트로이달식으로 분류하고 있으며, 이들의 변속비는 "출력반지름/입력반지름"으로 정의된다.

① 벨트식 CVT

벨트식은 기관측의 입력축과 종감속기측의 출력축에 각각 1차 풀리, 2차 풀리를 장착하고 금속벨트(또는 체인 고무벨트 등)로 연결하여 풀리와 벨트 간의 마찰력으로 동력을 전달하는 방식이다. 1차 풀리와 2차 풀리에서 벨트가 접촉하는 위치의 풀리 지름은, 유압에 의한 풀리의 V홈 너비 크기에 따라, 바꿈으로 변속비를 변화시킬 수 있다. [그림 5.35]는 CVT의 변속비에 따른 벨트 위치를 보여주고 있다.

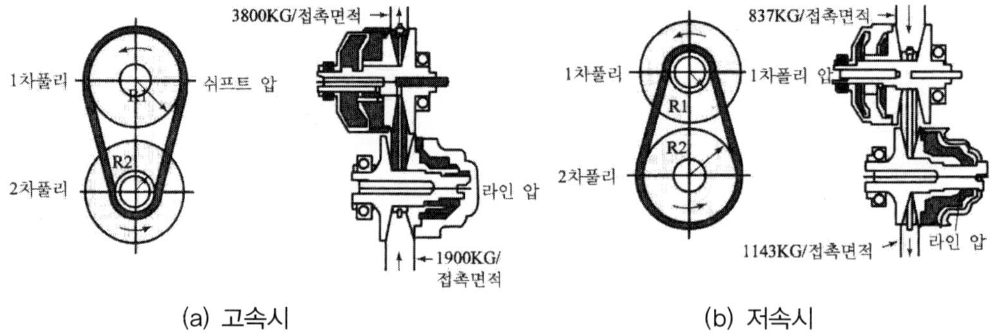

[그림 5.35] 벨트식 CVT의 변속장치

벨트식 CVT는 발진기구, 중립 및 전후진용 변환장치, 변속장치, 유압제어, 전자제어부 등으로 구성된다. 변속장치에는 구동풀리(1차 풀리)와 피동풀리(2차 풀리)가 벨트로 연결되어 있고, 구동풀리는 변속비 제어압력에 따라 벨트와 풀리의 접촉 반경이 변화되고, 피동풀리의 유압실에는 라인압력이 작용한다. 고속회전에서는 유압실과 연동하는 밸런스 챔버가 설치되어 원심유압을 상쇄시키는 구조로 되어있다.

② 트로이달(toroidal)식 CVT

트로이달식은 [그림 5.36]과 같이, 입력측 파워 디스크(금속제 원판)와 출력측 파워 롤러의 접촉마찰에 의하여 회전력을 전달하고, 변속비 변환은 파워 롤러의 압력에 의한 위상 변화를 부여하여 접촉 유효반경이 변화됨에 따라 수행된다.

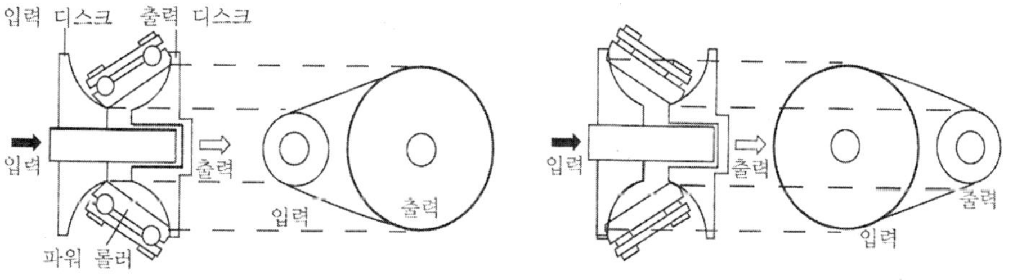

(a) 저속시 (b) 고속시

[그림 5.36] 트로이달식 CVT의 변속장치

실제에서는 직접적인 접촉마찰에 의하지 않고, 오일의 전단력을 이용하고 있다. 오일은 일반적인 것이 아닌 슬립 방지를 위한 특수오일이 사용되며, 이 오일은 고압을 받으면 분자가 고형화하고 압력이 제거되면 액상으로 돌아가는 성질이 있다.

(2) 벨트식 CVT

현재 자동차에 가장 많이 적용되는 무단 변속기는, 풀리의 V홈 폭이 유압으로 가변되는 2분할 풀리와 금속벨트를 사용하는 가변풀리 벨트식 CVT이며, 최고속에서의 변속비는 약 0.6:1, 최저속에서는 약 3.6:1 정도이고, 변속비의 폭은 유단변속기 1속에서 5속 범위와 같거나 약간 넓은 정도이다. 벨트식 CVT의 장점은 구조가 비교적 단순하고 광역 변속비를 사용하므로 가속성능이 개선되며, 변속 중에도 동력전달이 가능하므로 단시간 내에 최대출력 또는 최저 연비로 운전할 수 있고 변속에 의한 충격 소음이 없다는 점이다. 이러한 벨트식 CVT의 구조와 제어원리는 다음과 같다.

① 구조

벨트식 CVT의 구조는 [그림 5.37]와 같이 구동축은 전후진용 다판클러치를 포함하는 유성치차장치와 유효지름이 가변되는 구동풀리(drive pulley)로 구성되고, 피동축은 역시 유효지름이 가변되는 피동풀리, 중간축, 최종감속기와 차동장치를 포함한다. 금속벨트의 구조는 [그림 5.38]와 같이 양측면에 사각형 홈(groove)으로 가동된 금속편(약 300~400개)에 링(ring)모양의 얇은 철판 띠 10여장을 겹쳐 제작된 밴드 패키지(steel ring band package)를 양쪽에서 끼워 넣은 형식이다. 일반적으로 저출력기관(약 50kW 이하)에서는 건식 고무벨트로도 충분하다고 알려졌지만 고출력기관에서는 습식 전동벨트를 사용하고 있다.

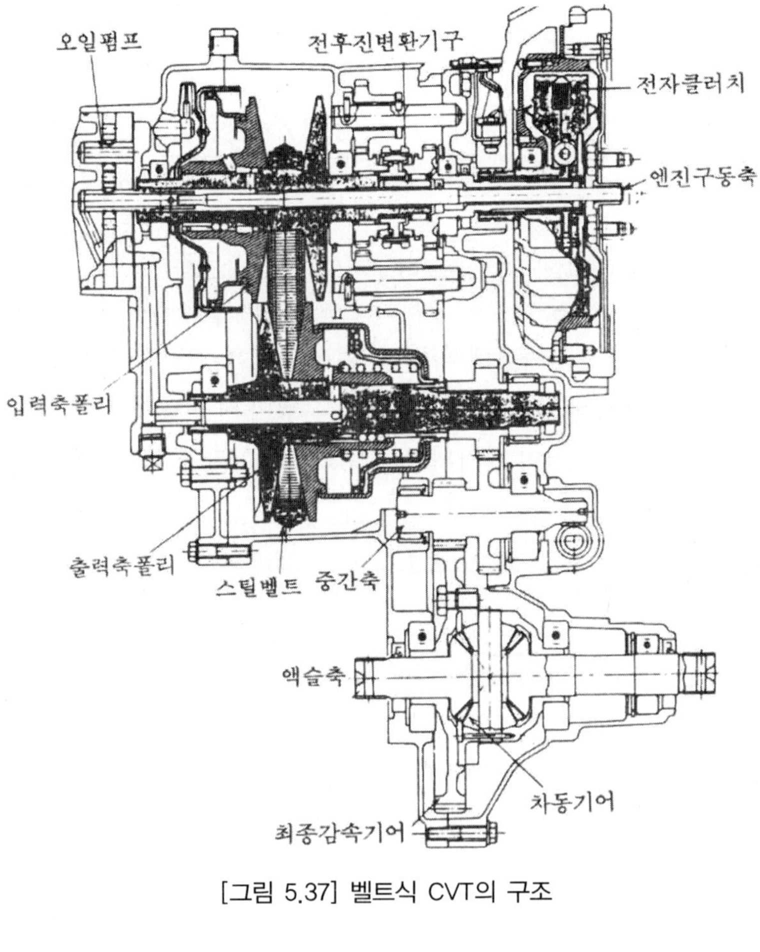

[그림 5.37] 벨트식 CVT의 구조

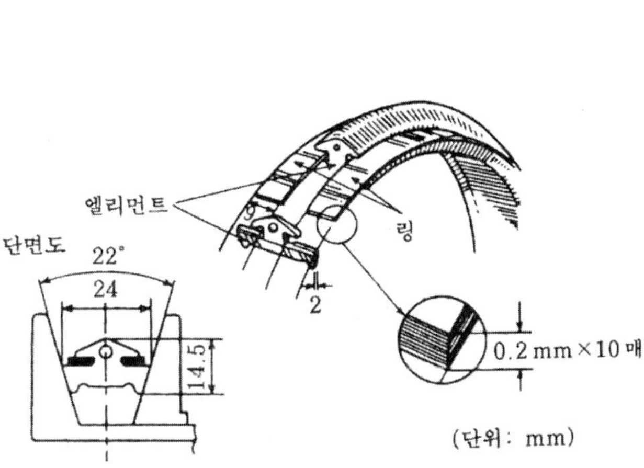

[그림 5.38] 금속벨트의 구조

② 제어기구와 제어원리

무단변속기 원리는 풀리 홈이 넓어지면 V벨트는 축의 중심쪽으로 이동하므로 유효직경이 작아지고 반대로 풀리 홈이 좁아지면 V벨트는 원주방향으로 밀려나므로 풀리 유효직경이 커진다. 따라서 구동풀리 직경이 커지고 피동풀리 직경이 작아지면 변속기는 감소하고, 이와 반대의 경우에는 변속비가 증가한다.

전자유압식에서는 제어실린더 내의 유압을 변화시켜 풀리 유효지름비(변속비)를 제어하며, 유압시스템의 구성요소는 오일펌프, 제어실린더 유압제어 및 유성치아 클러치를 조작하는 제어밸브유닛(control valve unit) 등이 있고, 후진은 주로 구동 피니언과 후진용 링치차를 접속시키는 방식을 사용한다. 유압제어 과정에서 입력신호에 해당하는 변수들은 선택레버의 위치, 교축밸브 개도, 기관회전수, 주행속도 등이며 전자제어유닛(TCU)은 주행 중 수시로 변하는 입력신호를 근거하여 최적 변속비를 산출하고 동력전달장치가 최적 효율을 얻도록 한다. 변속비 제어는, 우선, 발진영역에서는 구동풀리 유효직경은 최소로 피동풀리 유효직경은 최대를 유지하도록 제어 실린더 유압을 제어하고, 고속에서는 이와 반대로 제어하여 최고 변속비와 최소 변속비 사이를 무단으로 연속서 변속이 가능하게 한다.

벨트식 CVT의 가장 큰 문제점은 전동벨트의 슬립(slip)으로 벨트의 장력이 낮아 슬립율이 상승되지 않도록 해야 하며, 반대로 장력이 너무 과대해져서 벨트에 과부하가 걸리는 것도 방지해야 한다. 토크센서(torque sensor)를 이용한 토크제어를 통하여 슬립과 과대 마찰에 의한 출력손실을 최소화하는 방법이 모색되고 있지만, 기어에 의한 수동변속기 전달효율(약 98%)에는 훨씬 못 미치고 있는 실정이다. 그럼에도 불구하고 기존 유단변속기에 비하여 연비가 양호한 이유는, 주행상태에 적합하게 무단계로 변속이 진행되고 또한 차량 주행속도와 관계없이 기관을 항상 최적 연비 범위에서 작동시킬 수 있기 때문이다.

4. 추진축(propeller shaft)과 자재이음(joint)

원동기 동력은 변속기를 거쳐 구동 차륜축으로 전달되며 그 중간과정에서, 전기관 후륜구동(FR차량)과 같이 거리가 떨어져 있는 경우, 두 부품 사이에 동력을 전달하기 위하여 사용되는 것이 추진축이다. 따라서 추진축은 변속기 출력축에서 구동차륜축의 최종감속기 입력축으로 동력을 전달하며, 접속되는 축들은 동일 직선상에 존재하지 않고 수시로 변하는 교차각으로 엇갈리고 있으므로, 교차하는 축 간의 회전력 전달과 축의 길이 변화를 수용할 수 있는 자재이음이 필요하다. 그러나 전기관 전륜구동(FF차량)과 같이 변속기와 구동차륜축이 인접하여 위치하면 추진축은 필요 없지만, 구동 차륜축의 경사도가 높으므로 특수한 자재이음이 요구된다.

1) FR 자동차에서의 추진축과 자재이음

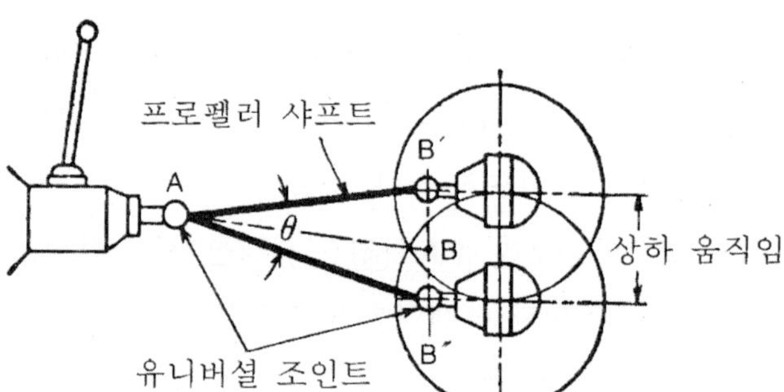

[그림 5.39] FR자동차의 추진축 변위

FR 자동차의 추진축은 끊임없이 변화하는 원동기 동력을 변속기로부터 종감속치차로 전달해준다. 그러나 원동기와 변속기는 차체에 고정되어 있고 종감속치차는 구동륜과 함께 현가 스프링에 의하여 차체에 장착되어 있으므로, 노면으로부터 충격이나 적재량의 변화에 따라 [그림 5.39]과 같이 전후상하로 이동되고, 동시에 변속기 출력축과 종감속기어의 입력축이 이루는 각도 수시로 변화한다. 따라서 추진축에는 이러한 상대 위치변화에 대응하기 위하여 [그림 5.40]과 같이 축의 길이 변화를 허용하는 슬립이음(slip joint)과 구동각의 변화를 주는 자재이음(universal joint)을 사용하고 있다.

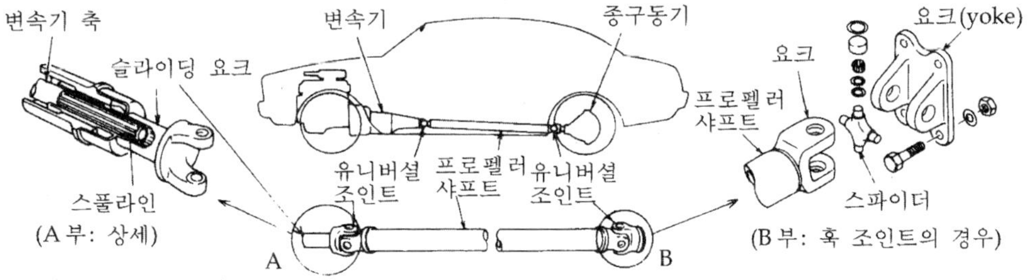

[그림 5.40] FR 자동차 추진축의 구성

(1) 추진축

추진축은 회전력을 전달하기 때문에 비틀림 상태에서 고속으로 회전하여야 하므로 강도가 중량에 비하여 크고 고속회전에 적합한 중공축으로 되어 있다. 일반 승용차에서 추진축은 1개(2 joint type)이지만 변속기에서 구동축까지의 거리가 긴 대형 자동차와 같은 경우에는 추진축을 2~3개(3~4 joint type)로 분할해서 차체에 고정된 베어링(bearing)으로 지지하여 회전운동의 소음과 공진을 감소시킨다.

추진축 설치방법에는 토크 튜브라는 외관에 싸여져 있는 토크튜브식(torque tube type)과 추진축이 그대로 노출된 호치키스식(Hotchkiss type)이 있다. 전자의 경우, 노면 반력의 전달과정은 타이어 → 후차축관 → 토크 튜브 → 변속기 장착부 → 프레임 순이고, 후자에서는 타이어 → 후차축관 → 현가 스프링 → 프레임의 순서로 전달된다.

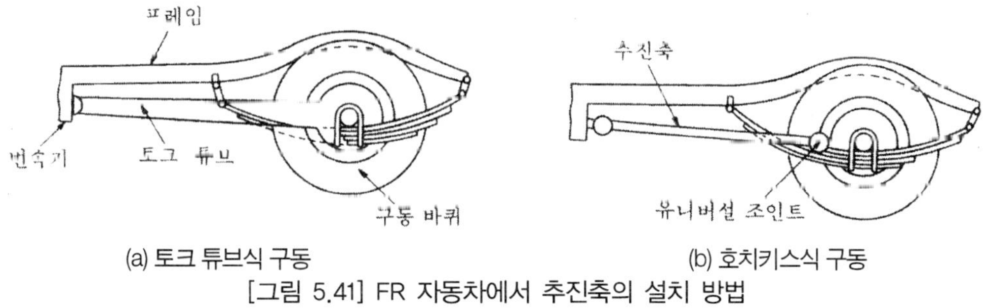

(a) 토크 튜브식 구동 (b) 호치키스식 구동

[그림 5.41] FR 자동차에서 추진축의 설치 방법

이제 추진축 강도계산을 위하여 T를 축에 걸리는 토크($m\ kg_f$), d_1, d_2를 중공축 안지름과 바깥지름(mm)이라면 축에서 발생하는 비틀림 전단응력 $\tau(kg_f/mm^2)$는,

$$\tau = \frac{16{,}000\ d_2\ T}{\pi\ (d_2^4 - d_1^4)} \tag{5.25}$$

이다. 여기서 T는 변속비가 최대인 경우의 구동토크의 값이고 d_1과 d_2는 τ의 값이 재료의 허용응력을 초과하지 않도록 선택하여야 한다. 추진축은 이와 같은 전단응력 외에, 기하학적 중심과 질량중심이 일치하지 않으면 훨링(whirling)이라는 회전진동이 발생할 수 있다. 고유진동수와 회전진동 간에 공진이 일어나면 축의 파단을 초래할 수 있으므로 공진현상을 최대한 피하여야 한다. 공진이 일어나는 위험 회전속도는 가능하면 축의 상용 회전범위 내에 존재하지 않도록 고려하여야 하며, 이 때 추진축의 위험속도 $n_c(rpm)$은, 자유지지축의 양단에서 단면이 동일한 경우,

$$n_c = \frac{60\ \pi}{2\ l^2}\sqrt{\frac{E\ I\ g}{A\ \gamma}} \tag{5.26}$$

이다. 여기서 E와 γ는 축 재료의 탄성계수(kg_f/mm^2)와 비중량(kg_f/mm^3)이고, l은 축 길이(mm), I는 단면 2차 모멘트(mm^4), g는 중력가속도($9800\ mm/s^2$)이다. 한편 강관재료에서 $E = 21{,}000\ kg_f/mm^2$, $\gamma = 7.85\times10^{-6}\ kg_f/mm^2$의 값과 중공축에서 $A = \pi\ (d_2^2 - d_1^2)/4$, $I = \pi\ (d_2^4 - d_1^4)/64$ 관계식을 대입하면,

$$n_c = 0.12\times10^9\times\frac{\sqrt{d_2^2 + d_1^2}}{l^2} \qquad (rpm) \tag{5.27}$$

의 강관축에 대한 위험속도를 얻으며, 실제의 위험속도는 위의 계산값의 70~80% 정도라고 평가하여 설계하면 안전하다.

(2) 유니버셜 조인트(universal joint)

유니버셜 조인트는 교차 각도를 갖고 엇갈리는 두 축 간에 회전력을 전달할 수 있는 기능의 자재이음으로, 교차각이 약 12°~18° 이하에서는 훅(Hook type) 유니버셜 조인트를 일반적으로 사용한다. 훅 조인트는 칼단식(Cardan universal joint)이라고도 하며, [그림 5.42]와 같이 입력측과 출력측 양단의 2개 *Y*형 요크(york)와 이들을 결합하는 중간의 십자축(spider)으로 구성된다. 십자축의 4개 끝단은 요크와 니들 베어링(neddle bearing)으로 조립되어 요크에 대한 상대적 회전운동이 허용되므로, 교차각을 존재하는 상태에서도 무리없이 회전력을 전달할 수 있다.

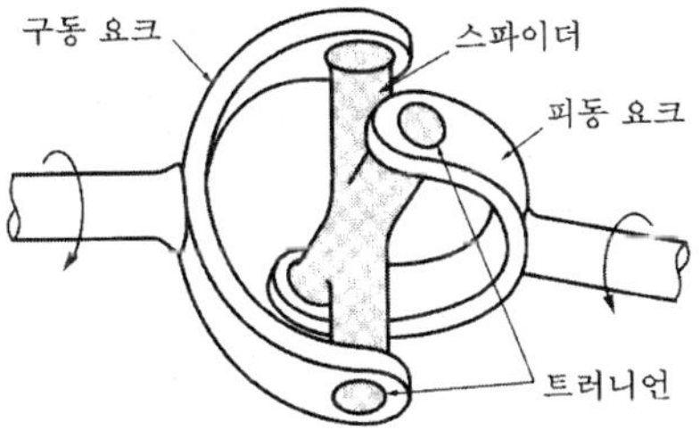

[그림 5.42] 훅 조인트

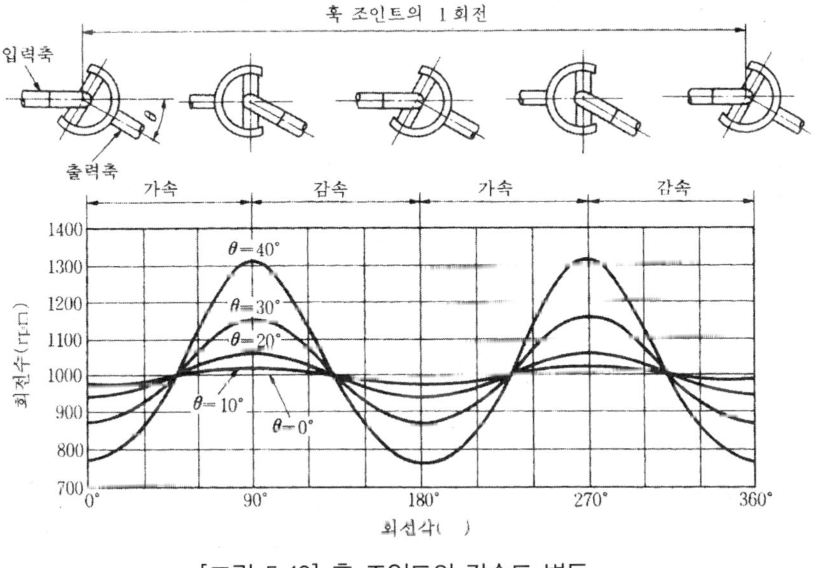

[그림 5.43] 훅 조인트의 각속도 변동

그러나 훅 조인트의 단점은 입력축의 회전 각속도가 일정해도 출력축에서는 항상 1회전마다 주기적으로 2회의 각속도 변동이 존재하며, 이러한 변동 폭은 [그림 5.43]과 같이 교차각이 클수록 증가하게 된다. 이에 대응하기 위하여 실제의 추진축은 축의 양단에 훅 조인트를 각각 1개씩 설치하여 회전속도 변화를 상쇄시킨다.

(3) 슬립 조인트(slip joint)

슬립 조인트는 변속기 출력단과 종감속기 입력단 간의 길이가 [그림 5.39]과 같이 변동 할 때, 축방향의 길이 변동으로 인한 미끄러짐을 허용하면서 회전력을 전달하는 기능을 갖는 축이음이다. 즉 [그림 5.40]과 같이 변속기 출력축 끝단에 가공된 스플라인축이 한쪽 단에 요크가 설치되고 중공축 내면에는 스플라인이 가공된 구멍에 삽입되어 맞물리면 회전력을 전달하면서 축방형의 슬라이딩도 허용된다.

2) FF 자동차에서의 자재이음

전기관 전륜구동 차량에서는 추진축 및 추진축 설치를 위한 공간도 생략되므로, 동력은 원동기에서 트랜스 액슬(transaxle, 변속기+종감속기+차동장치)을 거쳐 구동차륜축으로 직접 전달된다. [그림 5.44]은 트랜스 액슬의 차동장치에서 구동차륜으로의 동력전달을 위한 구동(차륜)축 설치 형식을 보여주고 있다. 전륜구동에서는 차량 앞쪽에 원동기와 트랜스 액슬 등이 존재하므로, 차동부분에서 좌우 구동차륜까지의 거리는 서로 동일할 수 없다. 따라서 좌우에 동일한 중실(solid) 구동축을 설치할 경우는 [그림 5.44(a)]와 같이 차체에 베어링으로 지지된 중간축을 설치하여 균등한 토크를 분배하고, 한쪽에 긴 구동축을 설치할 때는 [그림 5.44(b)]와 같이 긴 쪽의 구동축은 중공축(hallow shaft)를 사용하여 토크 불균형을 제거한다.

하지만 구동축이 차량 횡방향의 좁은 공간 내에서 설치되므로 차동부분과 차륜 스핀들과의 약간의 높이 차이에도 구동축의 상당한 경사각을 초래한다. 따라서 FF 자동차의 구동축 양단에는 큰 교차 각도의 축 간에 회전력 전달이 가능한 유니버셜 조인트가 필요하며, 이러한 조인트가 등속(CV, constant velocity)조인트이다.

CV조인트 설치 위치가 외부(차륜 측)인 경우에는 단지 교차되는 축 간의 회전력 전달만 가능한 CV조인트를 사용하고, 내부측(차동기측)에 설치할 때에는 차륜 상하이동과 조향으로 인한 축의 길이 변화를 허용하는 슬라이딩 CV조인트를 설치한다.

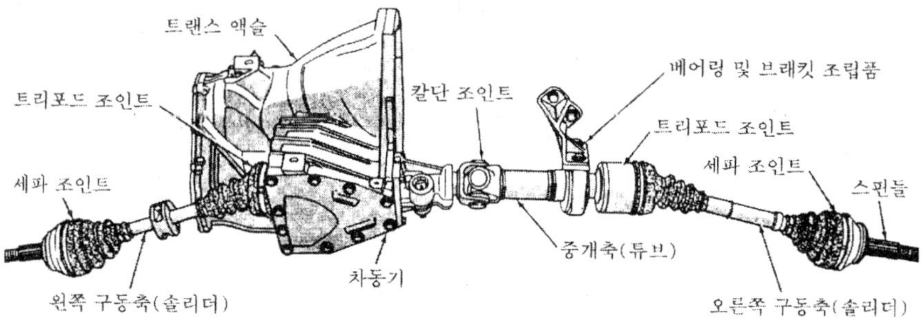

(a) 길이가 동일한 구동축

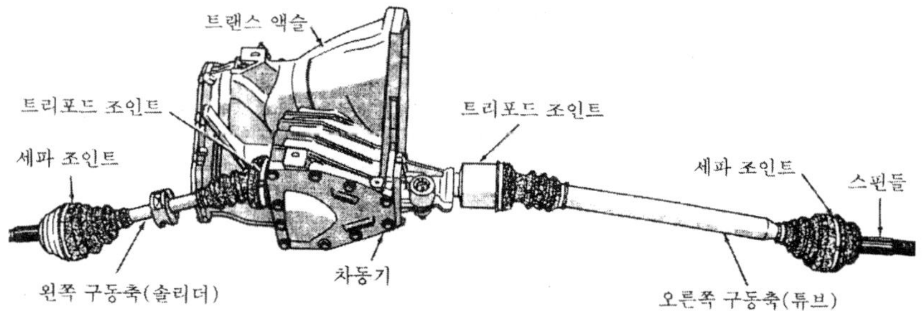

(b) 길이가 다른 구동축

[그림 5.44] FF 자동차의 구동라인

(1) 등속조인트의 원리

등속조인트는 동력전달 각도가 크게 변하여도 구동축과 피동축 사이에 회전속도나 토크 변동 없이 동력을 전달할 수 있는 유니버셜 조인트로서 FF자동차 앞차륜축 또는 4WD(4 wheel drive) 차량의 중간축장치에 연결된 구동차륜축에 설치된다.

훅 조인트와 같은 일반적인 유니버셜 조인트에서 각속도의 주기적인 변동이 발생하는 것은 십자축이 회전과 동시에 요동하여 피동축에 대한 유효반경이 변하기 때문이며, 이를 방지하기 위하여 등속조인트에서는 구동축과 피동축의 접점이, [그림 5.45]와 같이, 축의 교차하는 각의 2등분선 상에 존재하게 하여 등속운동을 할 수 있도록 한 것이며, 이것이 등속의 원리이다. 이러한 등속조인트는 교차각이 큰 축이음에 사용되며 동력전달 효율이 높고 소음이 작은 장점이 있지만 구조가 복잡하고 고가인 단점도 있다.

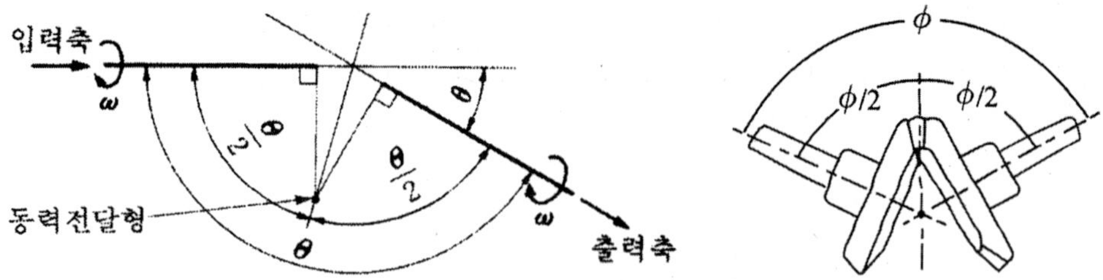

(a) 등속조인트의 원리

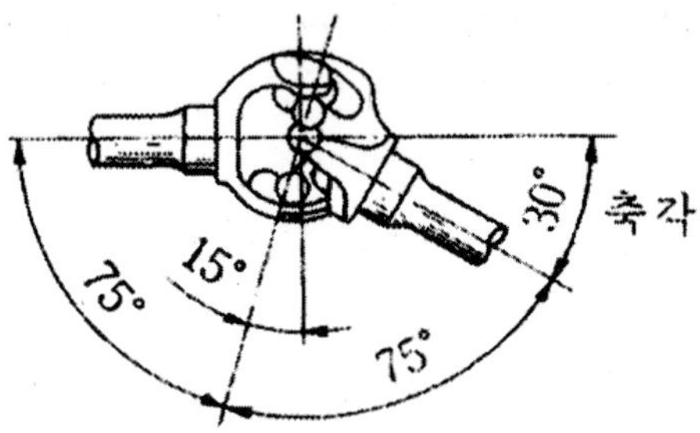

(b) Weiss-Bendix형의 예

[그림 5.45] 등속조인트의 원리와 적용예

(2) 등속조인트의 종류

종류로는 벤딕스형(Bendix joint), 제파형(Reppa joint), 버필드형(Birfield joint), 트리포드형(Tripod joint) 등이 있으나 버필드형, 더블오프셋형(Double offset joint), 트리포드형이 주로 사용된다.

① 버필드형

버필드 조인트는 제파 조인트를 개량한 것으로 볼 조인트(BJ, Ball joint)라고도 하며 [그림 5.46(a)]와 같이 외륜의 안쪽면과 내륜의 바깥면은 동일한 중심의 구형으로 가공되고 그 사이에 볼 리테이너(ball retainer)가 결합되어 있다. 볼의 홈은 6개 있으며, 이들 홈에 6개의 볼이 들어있어 조인트가 각도를 이룬 경우에는 홈의 모양과 볼 리테이너에 의해 볼이 일정위치에 유지하도록 되어 있다.

버필드 조인트는 축방향의 전위는 불가능하며 교차각도가 47°까지 가능하며 중심을 유지하기 위한 베어링이 불필요하므로 구조가 간단하고 용량이 크기 때문에 FF자동차 전륜 구동축 외측(차륜측) 조인트로 많이 사용된다.

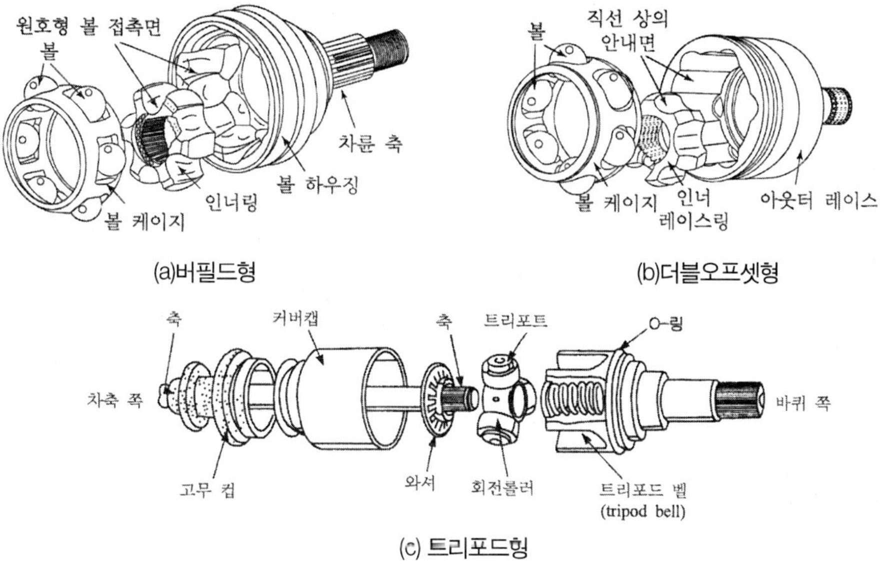

[그림 5.46] 등속조인트의 종류

② 더블오프셋형

이 조인트는 버필드 조인트에 축방향 전위가 가능하도록 슬립이음을 추가한 조인트이다. 따라서 이 조인트를 사용할 때에는 별도의 슬립조인트가 불필요하며, 길이방형 변위가 허용되는 대신 교차각도는 20°로 제한된다. 구조는 볼 리테이너에 끼워진 볼이 외측 레이스(outer race) 안쪽면의 직선상의 레일에서 미끄럼 운동을 할 수 있게끔 되어 있으며, 축방향의 길이는 약 30 mm까지 가능하고, FF자동차 전륜구동축의 내측(트랜스액슬측) 조인트로 사용된다.

③ 트리포드형

트리포드 조인트는 통형조인트(Trunnion joint)라고도 하며 슬립이음과 유니버설이음을 겸한 조인트로, 교차각은 약 22°, 길이방향의 변위는 약 30 mm까지 허용할 수 있다. 주로 추신축과 후차축 자재이음으로 사용되었으나, 최근에는 FF자동차 전차륜구동축의 내측 자재이음으로도 많이 선택되고 있다.

현재 FF자동차 트랜스액슬의 구동축 등속조인트는 외측에는 버필드조인트 내측에는 더블오프셋 조인트 또는 트리포드 조인트가 흔히 적용되고 있으며, 국내 승용차에 채택된 조인트 형식의 일 예를 [표 5.4]에 나타내었다.

[표 5.4] 승용차 구동축에 적용된 등속조인트 형식

엔진	변속기		조인트 형식		최대 허용각	
			외 측	내 측	외 측	내 측
아반떼 (디젤1.6)	M/T	좌측	BJ	SFJ	45°	21°
		우측	BJ	TJ	45°	21°
	A/T		BJ	TJ	45°	21°
아반떼 (가솔린1.6)	M/T		BJ	TJ	45°	21°
	M/T		BJ	TJ	45°	21°
베라크루즈	A/T	Front	BJ	PTJ	45°	21°
		Rear	BJ	TJ	45°	21°

비고 : BJ : ball joint, PTJ : pillow tripod joint, TJ : tripod joint, DOJ : double offset joint

5. 종감속치차와 차동장치

FR자동차에서의 종감속치차는 추진축의 토크를 증가시키고 또한 회전력 방향을 차의 길이방향에서 횡방향으로 변화시켜서 전달하는 기능을 수행하며, FF자동차에서의 종감속기는 단지 횡방향 축의 토크를 증가시켜 구동축에 전달하는 역할만 수행한다. 차동장치는 차량이 선회시 좌우 차륜의 회전수를 변화시키고 양쪽 차륜에 균등한 토크를 전달하여 원활한 주행을 할 수 있도록 하며, 이들은 [그림 5.47]와 같이 구동차축 하우징 내에서 일체로 조립 설치되어 감속 및 차동을 한다.

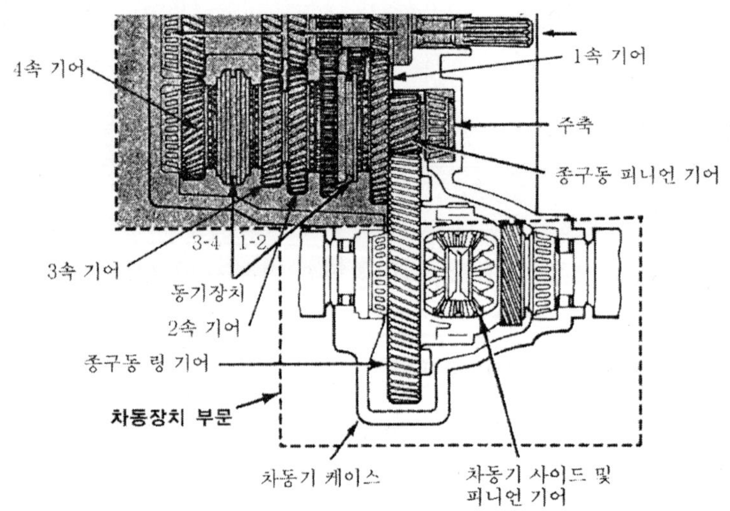

(a) FF자동차

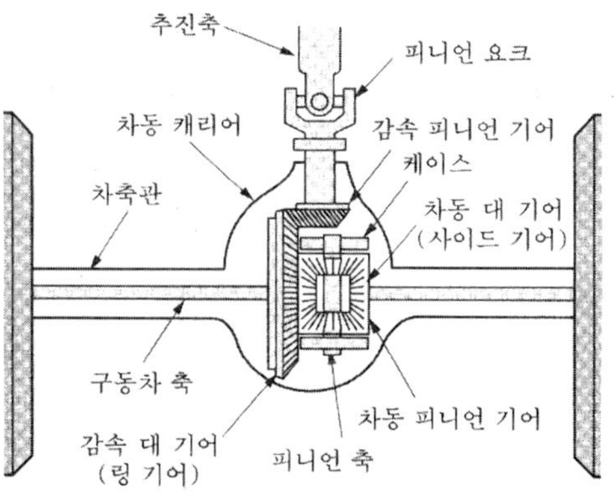

(b) FR자동차

[그림 5.47] 종감속치차와 차동장치의 구조

1) 최종감속치차(final reduction gear)

최종감속치차는 구동피니언(구동소치차)과 링치차로 구성되며 FF자동차에서는 변속기 주축의 작은 피니언 또는 FR자동차에서는 추진축 끝단의 작은 피니언이 최존 감속치차의 커더란 링치차와 맞물려 회전수를 낮추므로 토크를 증가시키고 FR자동차에서는 회전방향을 베벨치차(bevel gear)에 의하여 90°로 변화시킨다.

(1) 최종감속치차의 종류

최종감속치차의 종류는 웜치차(warm gear), 스파이럴(spiral) 베벨치차, 하이포이드 치차(hypoid gear) 등이 있으며, 자동차에서는 차체 무게중심을 낮출 수 있는 하이포이드 치차를 주로 사용한다. 웜치차도 차체 높이를 낮추고 감속비도 증가시킬 수 있지만, 전달효율이 낮고 발열되기 쉬워 자동차에서는 사용하지 않는다.

① 스파이럴 베벨치차

구동피니언 축의 중심선과 링치차의 중심을 일치시킨 것으로 치차 이빨의 물림 비율이 크고 회전이 원활하여 전달효율이 좋고 마모가 적은 장점이 있으나 치차가 회전할 때 축 방향의 주력이 발생하므로 테이퍼 롤러 베어링(thrust bearing)을 설치해야하는 단점이 있다.

② 하이포이드 치차

이 치차는 [그림 5.48]와 같이 구동피니언 중심선이 링치차의 중심보다 낮게 편심되게 하여, 동일 감속비와 동일 크기의 링치차에서 스파이럴 치차보다 물리는 접촉면적이 커져 전달효율은 물론 정숙한 운전성능을 향상시킬 수 있고, 또한 구동 피니언의 오프셋 크기에 의하여 구동축의 위치도 낮아지므로 차체 바닥은 낮게 실내공간은 크게 할 수 있으며, 무게 중심도 낮게 위치하여 안전성이 향상된다.

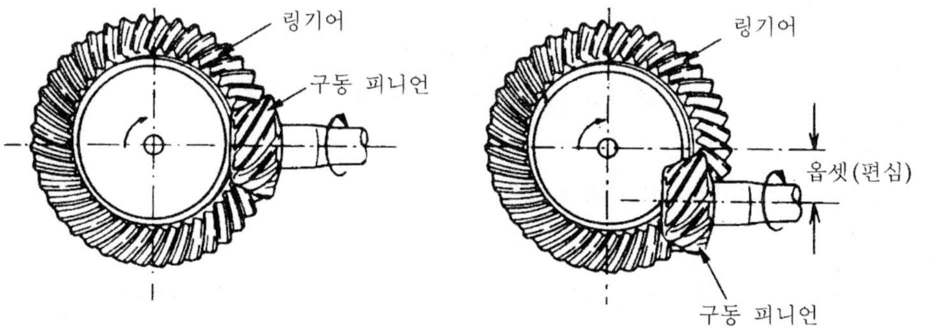

(a) 스파이럴 베벨기어 (b) 하이포이드 기어

[그림 5.48] FR자동차의 최종감속치차 종류

단점으로는 치차 폭 방향으로 미끄럼 접촉을 하므로 압력이 커져 극압 윤활유를 사용해야하며 제작이 다른 치차보다 복잡하고 어렵다. 오프셋은 링치차 중심과 피니언 중심과의 차이이며, 일반적인 오프셋 크기는 링치차 직경의 10~20% 범위이다.

(2) 최종감속비

최종감속비는 링치차의 이빨수와 구동피니언의 이빨수의 비로서 나타내며 원동기 출력, 차량무게, 가속성능, 등판능력 등에 의하여 결정되며 다음 식으로 계산된다.

$$\text{종감속비} = \frac{\text{링치차의 이빨수}}{\text{구동피니언의 이빨수}} \tag{5.28}$$

이러한 종감속비는 특정 위치의 이빨끼리 항상 물리는 것을 방지하기 위하여 계산식에 의하여 나누어서 떨어지지 않는 값으로 결정하며, 종감속비가 크면 가속성능과 등판성능은 향상되나 고속성능은 저하된다. 일반적인 종감속비는 고속을 필요로 하는 승용차의 경우 약 3~5 화물을 운반하는 대형트럭에서는 약 5~8의 변속비를 선택하며, 트럭이나 버스 등에서는 종감속비를 2단으로도 설계한다. 이렇게 하면 하중이 무거운 때는 토크가 큰 감속비에서 운전하고, 가벼운 경우에는 고속으로 주행할 수 있기 때문에 동력 운용효율이 크게 향상된다. 요즘에는 고속화 추세와 도로정비의 발달로 최종 감속비를 낮게 선택하는 경향이 있으며, 이것은 일반 주행 시의 기관 회전수를 낮추어 연비절약과 진동, 소음을 저감시켜 기관 수명 연장에 도움을 주고 있다.

2) 차동장치(differential gear system)

차동장치는 자동차가 선회 시 좌우 차륜의 선회거리가 다르기 때문에 좌우 차륜의 회전속도를 다르게 하여 양쪽 차륜의 구동이 항상 균형을 이루도록 하는 장치이다. 이를 위하여 자동차의 구동차축은 2개로 분할되고 그 중앙에 차동치차를 설치하여 좌우 구동차륜이 서로 독립적으로 회전할 수 있다.

(1) 차동장치의 구조

차동장치는 일반적으로 차동 케이스(differential gear case)와 2개의 또는 4개의 차동 피니언(differential pinion)과 케이스에 고정된 피니언 축, 2개의 차동 사이드치차(side gear, 차동 대치차)로 구성되며, [그림 5.49]과 같이 차동 케이스 내의 차동 피니언이 차동 피니언 축과 결합되고, 이것은 차동 사이드치차에 맞물려 있다. 양쪽의 사이드치차는 스플라인으로 해당되는 구동축과 결합되어 있고, 차동치차 케이스는 링치차와 일체로 결합되어 있다.

따라서 회전력은 추진축 → 구동 피니언 → 링치차 → 차동치차 케이스 → 차동 피니언 축 → 차동피니언 → 차동 사이드치차 → 구동축의 순서로 전달되어 차륜을 구동시킨다. 따라서 차량이 직진 중이나 평탄한 도로에서 양쪽의 타이어가 동일한 견인력을 가질 때에는 차동작용 없이 링치차, 차동 케이스, 차동 피니언, 사이드 치차는 한 개의 구성단위가 되어 회전하며, 차동 피니언은 자체의 피니언 축에서 자전하지 않는 상태에서 차동치차 케이스의 회전력을 양쪽의 사이드 치차에 전달한다.

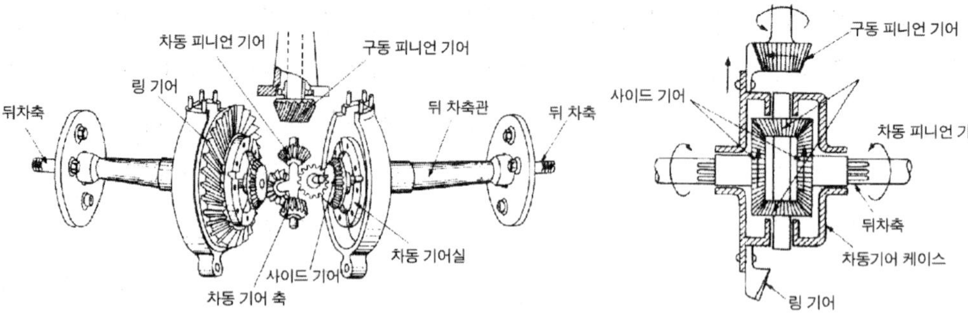

[그림 5.49] FR자동차 차동장치의 분해도 및 단면도

(2) 차동장치의 작동원리

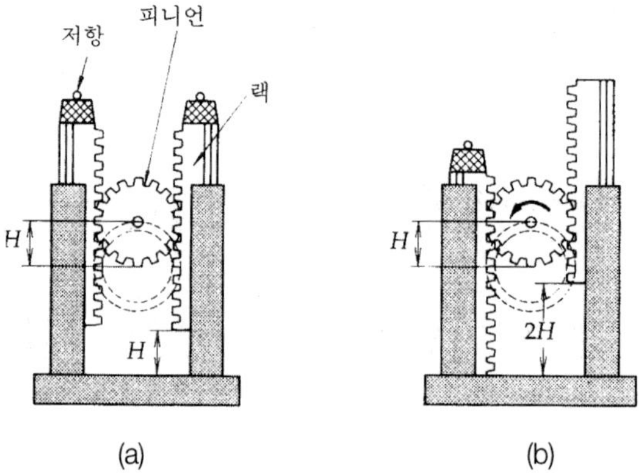

[그림 5.50] 차동의 원리

차량이 선회운전에 진입하면 내측차륜의 저항은 증가하기 시작하여 짧은 거리를 주행하려하고 외측 차륜은 먼 거리를 주행하여야 한다. 이러한 경우 좌우 차륜의 주행거리 차이에도 불구하고 좌우 사이드 치차에 동일한 토크를 전달하는 차동장치의 작동원리는 [그림 5.50]과 같은 랙과 피니언(rack and pinion)으로 설명랄 수 있다. 우선 [그림 5.50(a)]의 좌우 랙에 동일한 저항력이 작용하는 상태에서 피니언을 위로 당길 때에 좌우 랙은 피니언과 같이 위로 올라오며, 이 과정에서 피니언은 자체 축 상에서 자전 없이 평행 이동된다. 그러나 [그림 5.50(b)]와 같이 좌측의 랙에 보다 많은 저항이 걸린 경우 피니언을 위로 당기면 좌측 랙은 움직이지 않고 우측 랙은 피니언이 자전하면서 위로 이동하며, 이 과정에서 피니언의 이동거리를 H라 하면 우측 랙의 이동거리는 피니언 이동거리의 2배($2H$)만큼 이동된다. 이는 저항력이 큰 랙은 피니언 자전에 의한 직

선거리만큼 적게 이동되고, 저항이 적은 랙은 피니언 자전에 의한 직선거리만큼 더 많이 이동되기 때문이다.

실제의 차동장치는 이와 다른 구조를 가지고 있으나, 작동원리는 [그림 5.51]과 같이 매우 유사하다. 즉 종감속장치의 링치차가 회전할 때 좌우차륜에 걸리는 저항력이 같으면, [그림 5.51(b)]와 같이, ①의 차동 피니언(소치차)은 자전하지 않고 소치차 축이 케이싱에 고정된 상태에서 공전하며 좌우 사이드치차 ②, ③을 링치차 또는 케이싱과 동일한 속도로 회전시키므로 차량은 직진 주행하게 된다.

이 상태에서 한쪽 구동차륜에 큰 저항이 부여되면 [그림 5.51(c)]와 같이 차동 피니언은 자체의 축에 대하여 자전하면서 케이싱에 고정된 축에 의하여 공전도 수행하므로, 한쪽의 사이드 치차 회전은 늦어지고 다른 한쪽 사이드 치차의 회전은 빨라진다. 이렇게 좌우차륜의 회전수가 달라지는 것을 차동현상이라 한다.

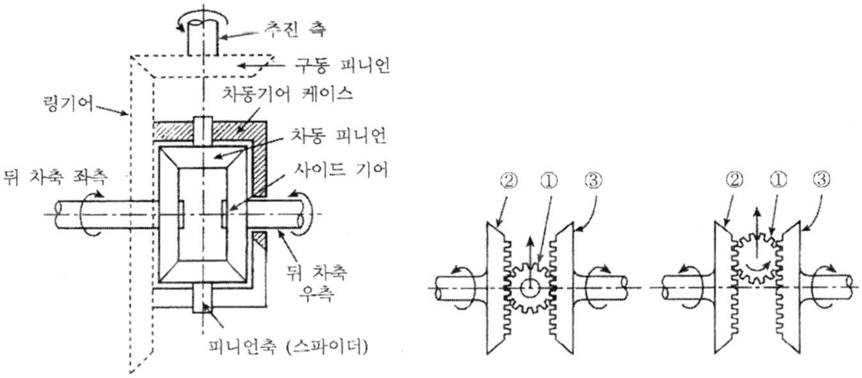

(a) 구조 (b) 직진시 (c) 좌선회시

[그림 5.51] 차동치자의 작동원리

즉, 직진과정에서 차동 피니언이 공전을 100회전하면 좌우의 사이드치차도 각각 100회전을 수행하고, 선회 시에는 차동피니언이 100회전하고 좌측 사이드치차가 50회전하면 우측 사이드치차는 150회를 회전한다. 따라서 좌우 사이드치차 회전수의 합계는 피니언 공전 회전수 또는 케이싱 회전수의 2배가 됨을 알 수 있다. 이제 회전수와 토크 관계식을 구하기 위하여 차동 케이스 또는 차동 피니언의 공전 회전수를 N_C, 토크를 T_C, 좌우 사이드치차의 회전수 및 토크를 N_L, N_R 및 T_L, T_R라 하고, 좌우 사이드치차의 회전수 차이$(N_L - N_R)$를 ΔN으로 표시하면 다음 식을 얻는다. 우선 $N_L - N_R = \Delta N$에

$2N_C = N_L + N_R$을 대입하여 N_L, N_R을 구하면,

$$N_L = N_C + \frac{\Delta N}{2}, \qquad N_R = N_C - \frac{\Delta N}{2} \tag{5.29}$$

과 같으며, 한쪽 사이드치차의 감소된 회전수만큼 다른 쪽의 회전수가 증가한다. 또한 좌우 사이드치차로 전달된 토크는 서로 동일($T_R = T_L$) 하고, 케이싱으로부터 전달된 동력($\sim T_C N_C$)은 좌우 사이드치차 동력의 합계($\sim T_L N_L + T_R N_R$)로 계산되므로 다음의 관계식을 구할 수 있다.

$$T_R = T_L = T_C / 2 \tag{5.30}$$

위의 관계식은, 케이싱으로부터 전달된 토크 T_C는, 직진 또는 선회에 관계없이, 항상 좌우 사이드치차의 토크로 절반씩 등분된다는 것을 의미하고 있다.

3) 슬립제한 차동장치(LSD, Limited Slip Differential)

일반적인 차동장치는 차동피니언으로부터 좌우 사이드치차로 항상 동일한 토크를 분배하기 때문에, 차량의 총 구동력은 저항력이 작은 차륜 구동력의 2배이다. 그러나 어떤 원인에 의해 한쪽 구동륜에 슬립이 생기거나 또는 공회전해서 구동력이 감소되면 다른 쪽 구동륜의 구동력도 동일한 값으로 감소하여 주행이 곤란해진다. 이와 같은 차동장치의 결점을 제거하기 위하여, 한쪽 구동차륜에 슬립이 발생하여 구동력이 떨어져도 다른 쪽 차륜의 구동력은 떨어지지 않게 함으로써 전체 구동력 감소를 최대한 방지하려는 목적으로 슬립제한 차동장치(LSD)가 사용된다. LSD에 의하면 모래지면이나 적설 또는 빙결노면, 진흙탕 등과 같이 공회전이 쉽게 발생하는 노면에서의 탈출이 가능하므로, 트럭이나 군용차 등에서는 자주 사용된다.

LSD의 종류는, 차동장치 내부에 일종의 클러치가 위치하여 한쪽 차륜의 공전에 의한 사이드 치차 회전속도 차이가 존재하면 클러치와 차동 케이스 간의 마찰력에 의하여 슬립을 제어하는 기계식 LSD, 점성을 이용하는 점성 커플링 LSD, 전자적으로 제어하는 전자제어 LSD 등이 있다. 여기서는 기계식 LSD에 대하여 언급하겠다.

기계식 LSD의 특징은 자동적으로 차동을 제한하여 노면과의 접착력이 우수한 쪽의 구동륜에는 더 많은 토크를 분배하는 구조로서 [그림 5.52(a)]와 같다.

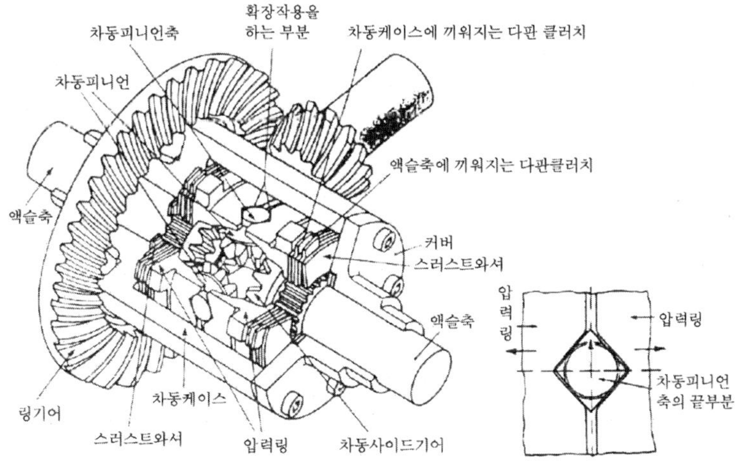

(a) 클러치식 슬립제한 차동장치

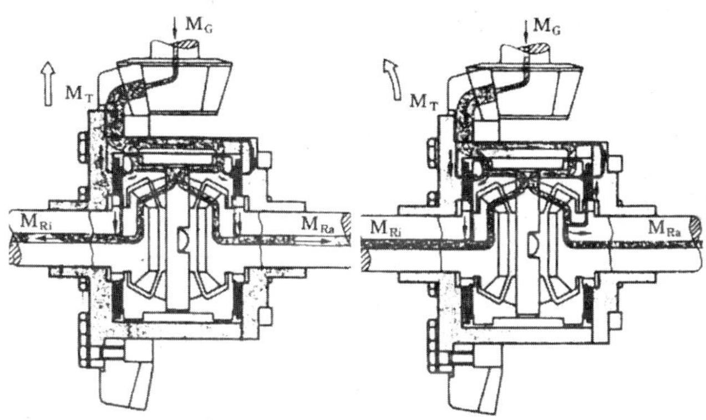

(b) 직진($M_{Ri} = M_{R_o}$) 좌회전($M_{Ri} > M_{R_o}$) 동력전달

[그림 5.52] 슬립제한 차동장치(클러치식) 구조 및 동력전달

일반 차동장치에 추가되는 부품으로는 두 개의 압력링, 압력링과 차동케이스 내면 간에 설치된 다판 클러치판 그리고 사각기둥의 차동피니언 축 등이며, 압력링은 케이스의 회전력을 전달할 수 있는 동시에 차동케이스 내면의 축방향 안내 홈에 의하여 축 방향으로도 이동할 수 있다. 4개의 차동피니언은 2개의 피니언축에 서로 대칭적으로 설치되고, 피니언 축의 끝단은 사각기둥으로 가공되어 압력링의 V형 홈에 끼워진다. 좌우 2개의 압력링 뒷면과 차동케이스 내면 간의 공간은 다판 클러치가 설치되며, 클

러치 외부 원주면은 차동케이스 내면에 클러치 내부 원주면은 사이드치차 스플라이축에 각각 조립되고 다판 클러치에 초기 장력을 부여하기 위하여 차동케이스 내면 측에 스러스트 와셔(thrust washer)를 설치한다. 이러한 구조의 차동장치를 클러치식 슬립제한 차동장치라 하며, 작동원리는 [그림 5.52(b)]와 같다.

먼저 좌우차륜의 노면 접착력이 동일할 때 구동토크 대부분은 압력링과 차동피니언을 거쳐 양측 사이드치차에 절반씩 전달되고 나머지는 압력링과 다판클러치를 거쳐 역시 양측 사이드치차에 균등하게($M_{Ri} = M_{Ra}$) 전달된다. 그러나 접착력이 서로 다른 경우, 즉 커브 선회 시, 외륜은 내륜보다 빠르게 회전하여야 하므로 차동피니언의 차동효과가 요구된다. 이 때 양쪽 구동륜의 부하가 다르므로 차동피니언 측 끝단의 사각기둥이 압력링을 밀어내고, 이 압축력에 의하여 외륜측의 다판클러치에는 부하에 따라 변화하는 마찰토크(friction torque)가 발생한다. 이 마찰토크는 차동케이스, 내륜측 다판클러치, 내륜구동축을 거쳐 내륜으로 전달되므로 내륜의 구동토크(drive torque)로 작용한다. 따라서 천천히 회전하는 내륜은 보다 빠르게 회전하는 외륜에서 감소된 토크만큼 증가된 토크에 의하여 구동된다.

6. 구동차축(Axle)

차축은 부착되는 차륜에 의하여 차의 무게를 지지하는 부분으로, 원동기에서 발생한 동력을 전달하는 구동륜 차축과 구동력을 전달하지 않고 단지 차의 무게만을 지지하는 피동륜 차축으로 나눌 수 있다. 구동륜 차축은 원동기 동력을 전달하는 역할 외에 노면에서 받은 상하, 전후, 좌우 방향의 힘을 지지하는 기능이 있으며, FF 차량에서는 전륜차축, FR차량에서는 후륜차축이 이에 해당한다.

구동차축 형식은 현가장치와 밀접한 관계가 있고 현가를 포함해서 고려하면 매우 많은 조합이 각 자동차에 적용되고 있지만, 이를 크게 구분하면 독립차축 현가방식(independent suspension)과 일체차축 현가방식(rigid axle suspension)의 두 가지로 나누어지고 또한 설치 위치에 따라 전차축과 후차축으로 구분되며, 조향장치의 유무에 따라서도 구조가 크게 달라진다. [표 5.5]에는 차축의 분류를 표시했다.

[표 5.5] 차축의 분류

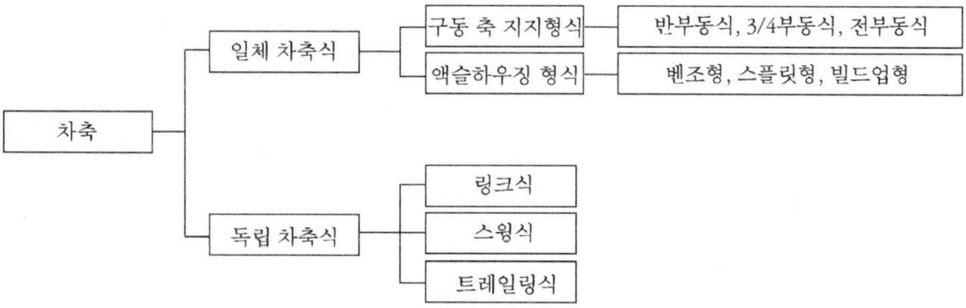

1) 일체차축식

일체차축은 하나의 차축으로 구성된 것으로 종감속기와 차동장치 외에 액슬하우징과 베어링, 플랜지, 차축 등으로 구성된다. 종류에는 구동축 지지형식과 액슬하우징의 모양에 따라 구분하며, 주로 후륜구동 자동차에서 일반적으로 적용된다.

(1) 구동축 지지형식

차륜 구동축이 받는 부하에 따라 전부동식, 3/4부동식, 반부동식으로 구분된다.

- 전부동식 : [그림 5.53(a)]와 같이 휠 허브와 차축 하우징 간에 두 개의 베어링으로 지지하므로 노면 반력과 차량중량 등으로 인한 굽힘 하중은 모두 하우징이 받고 차축은 단지 회전 동력만을 전달하는 형식이다. 무거운 중량을 지지할 수 있으므로 화물차나 버스 등의 대형차량에 적용되고 타이어를 제거하지 않고도 쉽게 차축을 하우징으로부터 빼낼 수 있는 특징이 있다.
- 3/4부동식 : 차륜 허브와 하우징 간에는 [그림 5.53(b)]와 같이 1개의 베어링으로 지지되므로, 하우징은 약 3/4정도의 반력과 하중부하를 지지하고, 차축은 회전 동력을 전달하면서 나머지 하중을 지지하고 있는 형식이다. 차량이 좌우로 기울어진 경우 하중의 일부가 구동축에 걸리며, 중소형 차량에 흔히 적용되는 차축이다.
- 반부동식 : 차축에서 1/2 하우징이 1/2 정도의 하중을 지지하는 형식이며, [그림 5.53(c)]와 같이 차륜이 직접 구동축에 설치되고 구동축과 액슬 하우징 사이에 베어링이 설치된다. 따라서 구동축은 비틀림 모멘트 외에 차륜에 걸리는 상하좌우의 하

중에 의한 굽힘 모멘트를 받으므로, 승용차와 같이 경량의 고속차량에 적합하다.

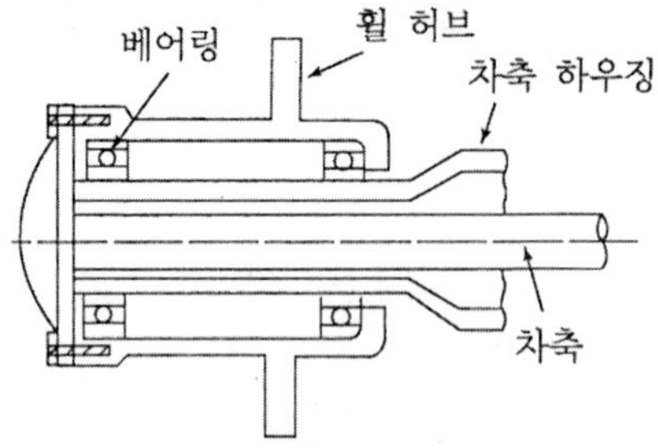

(a) 전부동식

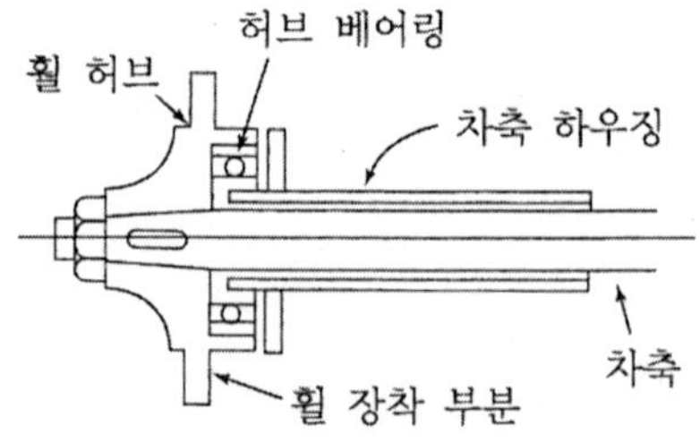

(b) 3/4부동식

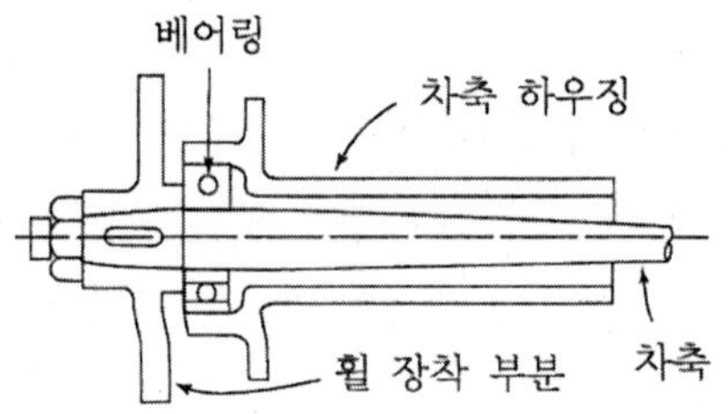

(c) 반부동식

[그림 5.53] 구동륜 차축 지지형식에 따른 분류

(2) 액슬 하우징 형식

- 벤조형 : 정비가 용이하며 대량생산에 적합하여 많이 사용된다. 그러나 구조상 강도가 약하다는 결점으로 소형차량에 주로 이용된다.
- 스플릿형(분할형) : 구조상 높은 강도를 갖지만 제작 및 정비가 어려운 결점이 있다. 따라서 높은 강도를 요하는 군용차와 대형 자동차에 일부 사용되고 있다.
- 빌드업형 : 일체로 제작된 것으로 강도상으로 제일 강하지만 가공이나 정비가 매우 어려워 거의 상용하지 않으며, 특수용도 자동차에 일부 사용한다.

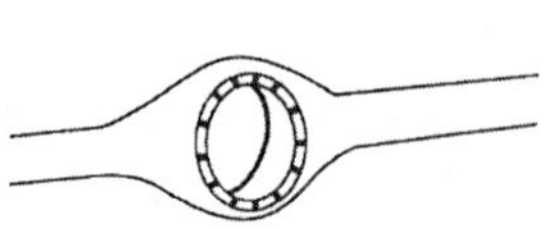

(a) 벤조형

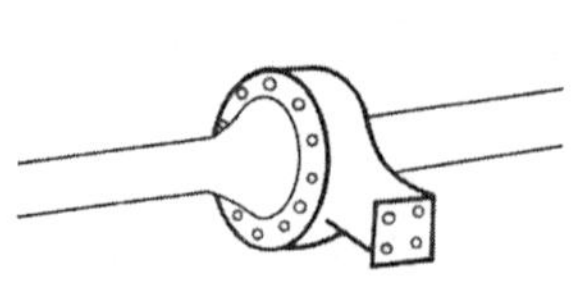

(b) 분할령

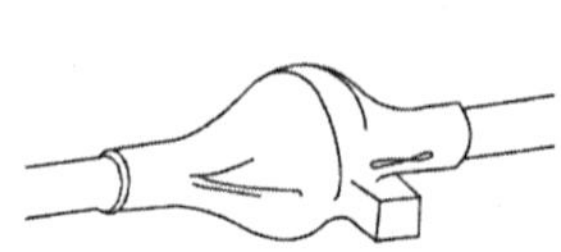

(c) 빌드업형

[그림 5.54] 액슬 하우징에 따른 분류

2) 독립차축식

주로 승용차에 적용되며 동력을 전달하는 구동축과 중량을 지지하는 링크기구 또는 액슬 하우징은 좌우가 서로 독립적으로 조립된 방식이다. 이 때 최종감속치차와 차동장치는 프레임 또는 차체에 고정되므로 구동륜과 차동장치 사이에 상대운동이 일어나기 때문에 유니버셜 조인트와 슬립조인트가 요구된다. 후륜 구동의 경우 축의 교차각이 작으므로 훅 조인트 또는 플렉시블 조인트를 사용 할 수 있지만, 전륜구동의 경우 조향기능을 위하여 조향축 중심선 상에서 유니버셜 조인트가 필요하고 또한 차동장치 출력축과의 연결을 위한 유니버셜 조인트도 요구된다. 따라서 구동차륜축 양쪽에 유니버셜 조인트가 설치되어야 하고, 구동축의 경사각이 높으므로 등속조인트(CV)가 선택되며 한쪽은 슬립조인트 기능도 있어야 한다(그림 5.44 참조).

현재 자동차에 적용되어 일반적으로 사용되는 독립차축식은 [그림 5.55]와 같다.

- 스윙 액슬형(swing axle type) : 일체식 차축의 양쪽을 분할하여 조인드로 연결한 형식으로 양쪽 차륜이 모두 차동장치 쪽의 조인트를 중심으로 상하운동을 할 수 있다. 이에 따라 차륜정렬이 크게 변할 수 있으므로 주로 후륜차축에 사용된다.
- 트레일링 암형(trailing arm type) : 주행방향에서 후방으로 향한 1~2개의 암으로 차륜을 지지하는 방식으로, 앞 차륜정렬 변동과 타이어 마모를 줄일수 있으나 진행방향에 대한 저항력이 부족하므로 노즈 다운(nose down) 발생 경향이 있다.
- 위시본형(wishbone type) : 오래전부터 사용한 것으로, 상하 "V" 모양의 컨트롤 암 사이에 조향 너클과 코일 스프링이 설치되어 차륜은 스프링에 의하여 완충되면서 상하운동 하고, 조향 너클 상하의 볼 조인트 연결선을 중심축으로 선회한다.
- 스트럿형(strut type) : 실린더 내부에는 충격 흡수장치, 실린더 외부에는 현가 스프링이 설치된 조립품을 스트럿이라 하며, 대표적으로 MacPherson Strut이 있다. 이 형식에서 스트럿 상단은 현가 서포트를 거쳐 차체에 조립되고, 하부는 후륜 스핀들 또는 전륜 스티어링 너클에 부착된다. 따라서 차량하중은 현가 서포트가 부담하고, 조향 시에는 너클과 함께 스트럿도 회전하도록 설계되어 있다.

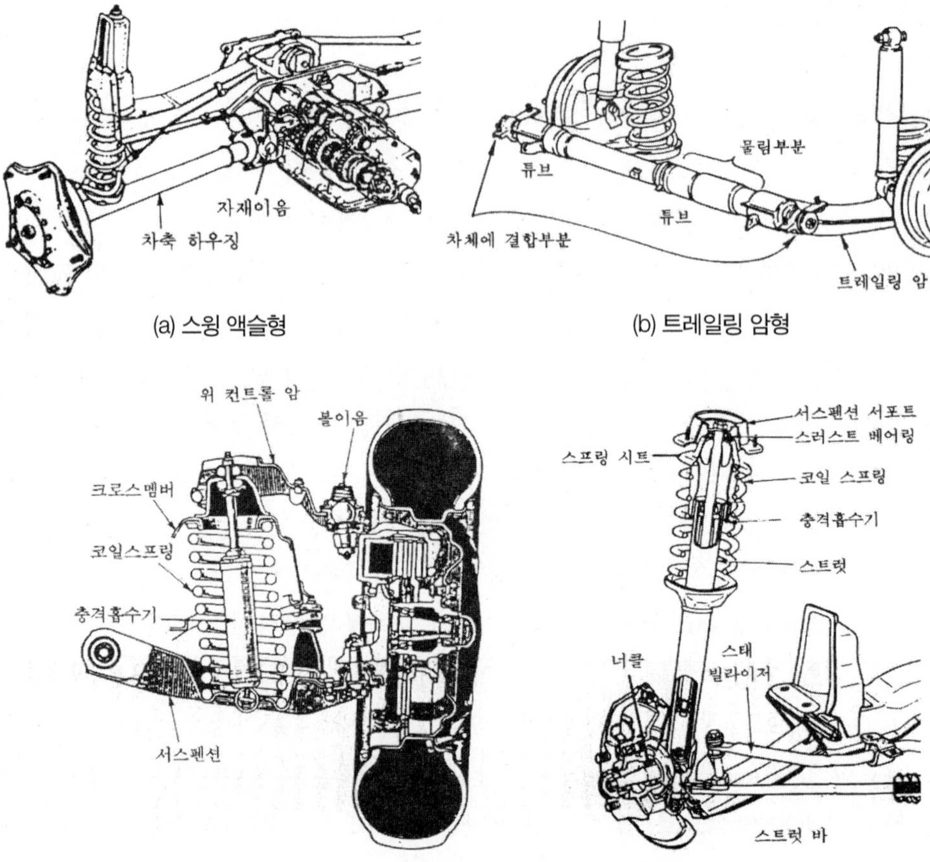

(a) 스윙 액슬형 (b) 트레일링 암형

(c) 위시본형 (d) 맥퍼슨 스트럿

[그림 5.55] 독립 차축식의 종류

연습문제

1. 다음 자동차의 동력전달 경로에 대하여 간단히 기술하라.

(1) 기존의 내연기관 자동차

(2) 내연기관 하이브리드 자동차

(3) 전기자동차

2. 클러치의 기능과 종류 및 작동원리에 대하여 설명하라.

3. 변속기의 기능 및 필요성과 종류에 대하여 설명하라.

4. 토크 컨버터의 구성과 작동원리에 대하여 기술하라.

5. 수동변속기와 자동변속기의 구성 및 작동원리에 대하여 기술하라.

6. 싱글 단순유성치차와 더블 단순유성치차의 변속비를 유도하라.

7. 동력 분할장치(PSD, power Split Device)에서 변속비 및 토크 관계식을 유도하고 간단히 설명하라.

8. 무단변속기의 종류와 구성 및 작동원리에 대하여 설명하라.

9. 차동장치의 기능과 구성 및 작동원리에 대하여 설명하라.

10. 차동제한장치의 필요성 및 용도, 작동원리를 설명하라.

11. 일체식 차축과 독립식 차축의 구조 및 차이점 등에 대하여 설명하라.

12. 일체식 차축의 지지 형식에 대하여 설명하라

13. 독립식 차축의 종류를 열거하고 각각의 특징에 대하여 설명하라.

14. 다음 용어에 대하여 설명하라

(1) 클러치 용량　(2) CV조인트의 원리와 종류　(3) 변속비 선택과정

(4) PSD의 필요성　(5) 기관 회전수에 대한 토크, 출력선도　(6) 트랜스 액슬

제 6 장

현가장치 및 조향장치

현가장치는(suspension) 자동차의 승차감을 좋게 하기 위한 장치를 말하며, 조향장치는 자동차의 진행방향을 운전자가 임의대로 바꾸기 위한 장치를 말한다. 최근 들어서 자동차의 승차감은 차종 선택의 매우 중요한 요건 중의 하나로 인식되고 있으며, 조향장치의 조작 편리성과 안정성은 안전운전에 매우 큰 영향을 미치고 있다.

본 장에서는 현가장치와 조향장치의 원리, 종류 및 그 종류에 따르는 장·단점 등을 간단하게 살펴보고자 한다.

1. 현가장치

현가장치는 차축과 차체를 연결하는 장치로서, 주행 중 노면에서 받는 충격을 완화시켜 승객에게 그 충격이 전달을 최소화시킴으로서 승차감을 높이는 데에 그 목적이 있다. 보통 현가장치는 노면에서의 충격을 완화시키는 섀시스프링(chassis spring)과 스프링의 자유진동을 흡수하는 쇽 업소버(shock absorber) 및 자동차가 좌.우로 흔들리는 것을 방지하는 스테이빌라이저(stabilizer) 등으로 구성되어 있다.

현가장치에는 차축의 형식에 따라 차축현가식과 독립현가식이 있으며, 차축현가식은 좌우의 바퀴가 1개의 차축으로 연결된 형식으로, 강도가 크고 구조가 간단하기 때문에 트럭이나 버스 등 대형차량에서 많이 사용되고 있다(차축현가식의 종류, [그림

6.1]참조). 독립현가식은 차축현가식처럼 차축과 현가장치의 구별이 명확하지 않으나, 다음과 같은 장점이 있기 때문에 승용차에 많이 사용되고 있다.

- 차량의 높이를 낮게 할 수 있어 안정성이 향상된다.
- 스프링 아래 무게가 가벼워서 승차감이 좋다.
- 조향바퀴의 옆 방향 진동(시미, shimmy)이 잘 일어나지 않고, 타이어 접지성이 좋다.

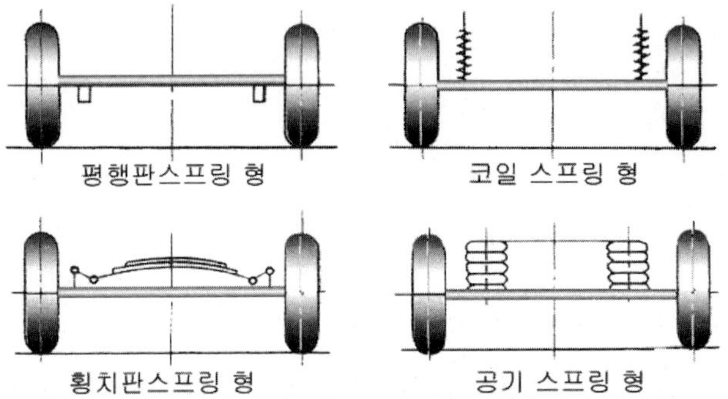

[그림 6.1] 차축현가식의 종류

따라서 본 장에서는 승용차에서 사용되고 있는 독립현가장치를 중심으로 공부해보기로 한다. 독립현가식은 다시 앞 현가장치와 뒤 현가장치로 구분할 수 있다.

1) 앞 현가장치

독립현가식은 차축을 분할하여 양쪽 바퀴가 서로 관계없이 작동하도록 하여 승차감과 안정성을 향상시킨 것으로, 그 장점은 바로 앞에서 언급한 대로이다. 독립현가식의 일반적인 단점으로는 구조가 복잡하고, 이음새가 많아서 마멸 시 얼라인먼트(alignment)가 흐트러지기 쉬우며, 바퀴의 상하운동에 따라 앞바퀴의 얼라인먼트가 틀어지기 쉬워서 타이어 마멸이 다소 빠르다는 것 등이다.

앞 독립현가장치에도 여러 가지 형태가 있으나, 대표적인 형태로서 더블 위시본 형태와 맥퍼슨 스트럿 형태가 있다.

(1) 더블 위시본 형(Double wishborn suspension, A arm type)

2개의 암(arm)이 V자, Y자 또는 A자 모양이고, 새의 쇄골(wishborn)을 닮았다고 해서 더블 위시본 현가장치라고 불린다. 오늘날에는 암의 형태에 관계없이 컨트롤 암이 상하 2개인 현가장치를 가리키는 말로 쓰인다. 이 형식은 스프링의 배치나 사용하는 스프링의 종류에 따라 [그림 6.2]와 같은 구조로 되어 있으며, 보통은 위에서 첫 번째와 두 번째의 형태를 많이 사용하고 있다.

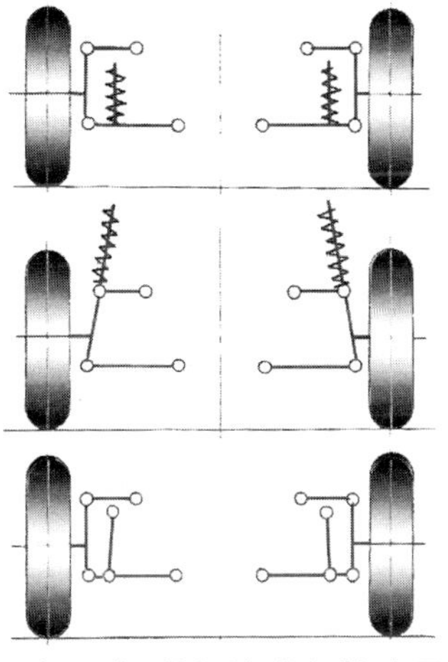

[그림 6.2] 더블 위시본 형의 종류

[그림 6.2]의 첫 번째와 두 번째의 더블 위시본 형태가 [그림 6.3]에 자세히 나타나 있다. 그림에서 보는 것처럼 더블 위시본 형은 거의 수평으로 장착된 2개의 암이 동시에 바퀴를 지지하므로 구조상 강성확보에 용이하고 내구성이 크며, 상하 로드 길이나 암의 설치 각도 등을 바꾸는 것이 가능해 비교적 자유롭고 용이하게 기하학적 설계 변경을 가할 수 있어서 설계에 제약이 적으며, 조종특성 등을 임의로 바꿀 수 있기 때문에 조종 안정성이 매우 높다. 따라서 안정성을 중시하는 고급 승용차나 경주용 차량 등에 많이 사용된다(벤츠 ML series, BMW 7 series, GM 콜벳, 렉서스 LS와 GS series 및 기아 모하비 등에 사용되고 있음). 그러나 맥퍼슨 스트럿 형태에 비해 구조가 복잡하고 가격이 비싸며, 공간도 많이 차지하는 점이 단점으로 작용한다.

더블 위시본 현가장치는 주로 전륜구동에 이용되지만, 후륜이나 4륜구동에 이용되기도 한다. 더블 위시본 형은 다시 SLA 형식(short and long arms type)과 평행사변형 형식(parallel arms type)으로 구분된다. SLA 형식은 어퍼 암이 로어 암보다 짧아서 운동 시 회전반경의 차이가 생기고, 그 차이 때문에 캠버가 변화되긴 하지만 윤거는 변하지 않는다. 윤거가 일정한 경우에는 타이어의 마멸이 적기 때문에 SLA 형식은 상용차에 많이 사용된다. 한편 평행사변형 형식은 위와 아래의 컨트롤 암을 연결하는 4점이 평행사변형을 이루고 있으므로, 바퀴가 상하운동을 하게 되면, 조향너클(steering knuckle)과 연결되는 두 점이 평행이동하기 때문에 윤거가 변화되면서 타이어의 마멸이 촉진된다. 하지만 캠버는 변화되지 않기 때문에 커브 주행 등에서 안정성이 요구되는 경주용 차량에 주로 사용된다.

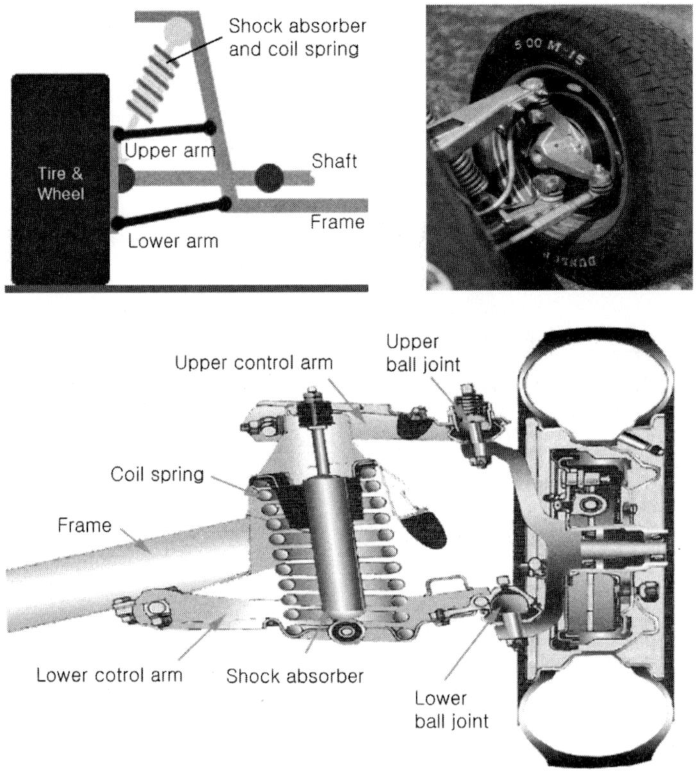

[그림 6.3] 더블 위시본 현가장치

(2) 맥퍼슨 스트럿 형(MacPherson strut suspension)

맥퍼슨 스트럿 형은 [그림 6.4]에서 보는 것과 같은 구조로 되어 있다. 조향너클(steering knuckle)과 일체로 되어 쇽 업소버가 설치된 스트럿(strut)과 로어 암(lower arm), 아랫부분을 연결하는 볼 조인트(ball joint) 및 코일스프링 등으로 구성되어 있다. 스트럿의 뒷부분은 서스펜션 서포트(suspension support)를 통해서 차체에 결합하고, 서포트는 스러스트 베어링(thrust bearing)과 결합해 있다. 차량의 무게는 서스펜션 서포트를 통해 차체에 지지하며, 조향을 하게 되면 너클과 함께 스트럿이 회전하도록 되어 있다. 최근에 생산되는 현대와 기아 및 수입산 승용차나 SUV 차량의 앞 현가장치는 대부분 이 형식의 현가장치를 사용하고 있다.

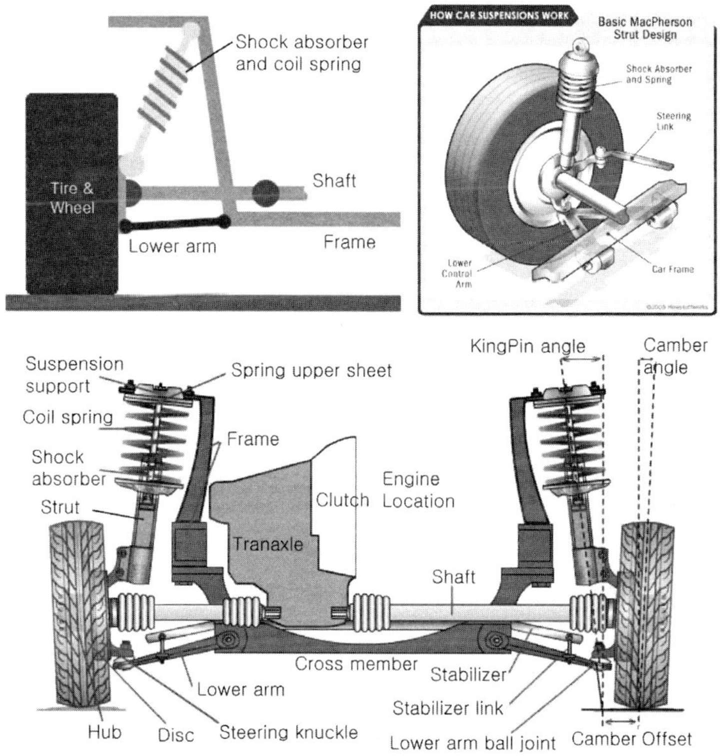

[그림 6.4] 맥퍼슨 스트럿 현가장치

더블 위시본 형과 맥퍼슨 스트럿 형의 가장 큰 차이점은 위시본 형은 어퍼암(upper arm)이 있고, 맥퍼슨 스트럿 형은 어퍼암이 없다. 즉 두 가지 방식의 차이점은 쇽 업소버와 코일스프링으로 구성된 스트럿이 두 개의 서스펜션 암 중에 하나에 연결되느냐 또는 조향너클과 차체사이에 직접 연결되느냐이다. 이 차이점으로 인해 맥퍼슨 방식은 구조가 간단해지고 스프링 아랫부분의 구조가 줄어들어서 가벼워진다. 맥퍼슨 스트럿 형식의 장점을 요약하면 다음과 같다.

- 위시본 형에 비해 구조가 간단하다.
- 부품 수가 적어 마모나 손상 발생부위가 줄어들고 수리가 용이하다.
- 스프링 및 중량이 작기 때문에 로드 홀딩(load holding)이 좋다.
- 엔진실의 유효체적을 넓게 할 수 있다.

한편 맥퍼슨 방식은 위시본 형과 달리 측면 충격에 약하고, 업소버에 가해지는 충격도 상당하므로 쇽 업소버는 좋은 걸로 써야한다.

2) 뒤 현가장치

뒤 현가장치로는 트레일링 암 형, 토션 빔 액슬 형, 멀티 링크 형 등이 있다. 이에 대해 간단히 살펴보자.

(1) 트레일링 암 형(Trailing arm suspension)

트레일링 암 형(정확하게 표현하면, 세미(semi) 트레일링 암 형)은 [그림 6.5]와 같이 차축의 뒤쪽으로 1개 또는 2개의 암에 의해 바퀴를 진행방향에 직각으로 지지하는 방식으로 쇽 업소버와 코일스프링으로 구성되는 뒤 현가장치이다. 2개의 암을 사용하는 형식은 스프링 대신에 토션바(torsion bar)가 사용되기도 한다. 예전에는 앞 현가장치로도 사용되었으며, 앞 현가장치는 풀(full) 트레일링 암 형이라 한다.

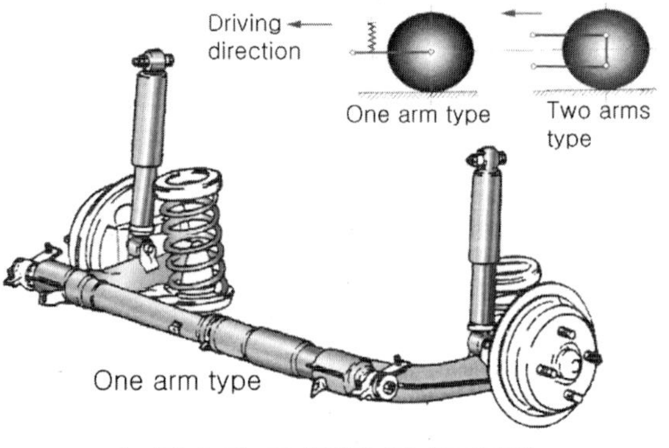

[그림 6.5] 트레일링 암 현가장치

이 형식은 구조가 간단하고 휠 얼라인먼트의 변화가 적고 타이어의 마모가 적기 때문에 소형 전륜구동 자동차의 뒤 현가장치로 많이 사용되었으나, 요즈음에는 그 사용이 현저하게 줄고 있다(현재 현대가 생산하는 차종으로 트라제가 이 형식을 사용하고 있음).

(2) 토션 빔 액슬 형(Torsion beam axle suspension)

토션 빔 액슬 형은 전륜구동 중·소형 자동차의 뒤 현가장치로 많이 사용되고 있으며, [그림 6.6]과 같은 구조로 되어 있다. 고강력 강판을 사용한 U자형 액슬 빔 양단의 트레일링 암, 래터럴 로드(lateral rod) 및 쇽 업소버와 코일스프링이 있고, 액슬 빔에 장착된 토션 바로 구성되어 있다.

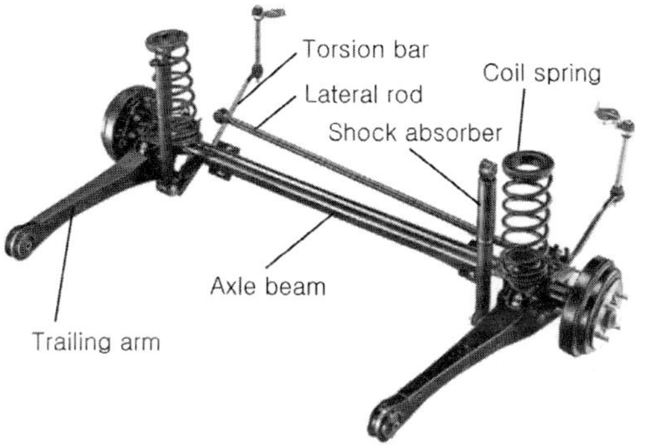

[그림 6.6] 토션 빔 액슬 현가장치

이 형식은 차체로 전달되는 진동을 감소시켜 조향 안정성과 승차감이 좋으며, 좌측 선회시 차체 경사에 의해 우측 트레일링 암이 떠오르기 때문에 액슬 빔 및 토션 바가 세게 비틀어지고, 이 비틀림에 대한 반력이 좌우 트레일링 암을 보정하는 방향으로 작용하기 때문에, 차체의 경사를 억제하여 뛰어난 주행 승차감을 얻을 수 있는 방식이다.

이 방식은 현대의 액센트, 베르나 및 아반테, 기아의 모닝, 프라이드, 포르테 및 쏘울, 대우의 마티즈 등에 적용되고 있다.

(3) 멀티 링크 형(Multi-Link suspension)

더블 위시본 형을 기본으로 하여 개발한 방식이다. 위 아래 두 개의 서스펜션 암으로 이루어지는 더블 위시본 형과는 달리 독립된 여러 개의 암으로 구성된다. 모든 암이 물리적으로 떨어져 있으므로 배치가 자유롭고, 설계를 정교하게 할 수 있는 장점이 있다.

여러 개의 암이 지지하므로 전후, 좌우 바퀴에 구동력이 걸린 상태에서 서스펜션이 상하로 이동했을 때 일어나는 얼라인먼트 변화에 대처하기 쉽고, 타이어를 노면에 접지시키는 능력이 좋다. 따라서 고속 주행 시에 불안정해지기 쉬운 고성능 전륜구동 또는 고성능 후륜구동 차량의 접지력을 확보하기 위해 뒤 현가장치로 장착되는 경우가 대부분이다.

구조가 복잡해서 비싸고 무게도 많이 나가지만, 얼라인먼트의 변화를 항상 최적 상태로 제어하여 조종 안정성을 확보할 수 있다. 예전에는 일부 고급 승용차와 스포츠카에 한정적으로 사용되었으나, 요즈음에는 거의 대부분의 승용차와 SUV 차량의 뒤 현가장치로 사용될 만큼 일반화가 되어 있다.

[그림 6.7] 멀티 링크 현가장치

3) 현가장치 구성 부품

현가장치는 차체와 타이어 사이에 위치하고 차체를 지지하면서 타이어가 받는 충격을 흡수하는 장치로 스프링과 쇽 업소버, 각종 링크, 스테이빌라이저 등으로 구성된다.

스프링은 노면의 충격을 완화하고, 쇽 업소버는 스프링의 진동을 억제하는 기능을 하며, 링크는 타이어의 움직임을 제한하여 타이어가 최적으로 지면과 접지할 수 있도록 해주는 기능을 한다.

(1) 스프링

스프링은 차체에 가해지는 충격을 최초로 받아들여 그 충격을 완화시켜 주는 기능과 차고의 높낮이를 조절해주는 기능을 갖고 있으며, 판 스프링과 코일스프링 등이 있다([그림 6.8] 참고).

판 스프링(leaf spring)은 적당히 구부린 띠 모양의 스프링 강을 몇 개 겹쳐 그 중심에서 센터볼트로 조이고, 양 끝에 스프링 아이(spring eye)를 두어 핀을 통해 프레임이나 차체에 설치되도록 하고 있다. 판 스프링은 주로 상용차에 많이 사용된다.

코일스프링은 스프링 강의 둥근 막대를 코일 모양으로 감아 만든 것으로, 외력을 받을 때 판 스프링은 구부러지는데 비해 코일스프링은 비틀린다. 따라서 에너지 흡수력이 판 스프링 보다 크고 작용이 유연하기 때문에 주로 승용차에 쇽 업소버와 결합하여 많이 사용되고 있다.

토션 바 스프링(torsion bar spring)은 스프링 강의 막대로 만든 것으로 스프링의 힘은 바의 길이 및 단면적에 따라 결정되고, 코일스프링처럼 진동의 감쇠작용이 없기 때문에 쇽 업소버를 사용해야 한다. 이 형태는 단위 무게에 대한 에너지 흡수율이 다른 스프링에 비해 크기 때문에(판 스프링의 3배, 코일스프링의 1.45배 정도) 가볍고 구조도 간단하게 할 수 있는 장점이 있으며, 그 설치방법은 차체와 수평으로 설치하는 세로 설치식과 차체와 직각으로 설치하는 가로 설치식이 있다.

공기 스프링(air spring)은 공기의 압축 탄성을 이용한 것으로 금속 스프링과 다른 여러 가지 특징을 갖고 있다. 즉 공기 압력을 조절하여 하중이 변화해도 차 높이를 일정하게 유지할 수 있다거나, 스프링의 강도를 하중에 비례하여 바꿀 수가 있기 때문에 차량에 많은 짐이 적재되었을 때나 공차일 때의 승차감이 별로 달라지지 않는다는 것 등의 장점이 있다. 그러나 공기 압력을 하중에 따라 조정하는 장치와, 압축공기를 만드는 압축기 등이 추가로 필요하며 구조가 복잡해지는 관계로 소형차에서는 거의 쓰이지 않는다.

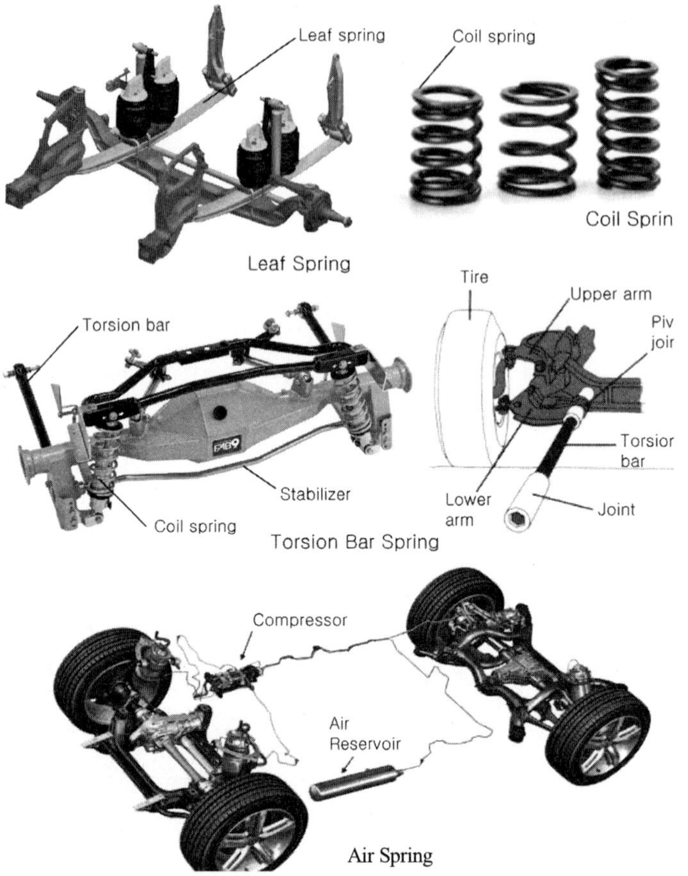

[그림 6.8] 스프링의 종류

(2) 쇽 업소버(Shock absorber)

쇽 업소버는 현가장치와 차체 사이에 설치되어 자동차 주행 시 스프링에 의해 발생되는 고유진동을 흡수하여 조향 안정성과 승차감을 향상시키는 장치로서 일종의 댐퍼(damper)이다.

초기의 쇽 업소버는 고체끼리의 마찰저항을 이용한 것, 기체의 저항을 이용한 것, 감쇠력을 갖는 고무를 이용한 것 등 여러 가지 방식이 시험되어 일부 이용되었지만, 저항, 내구성, 제어 등의 문제로 현재는 액체의 점성저항을 이용하는 액체식(오일식) 쇽 업소버가 주로 사용되고 있다. 쇽 업소버는 통의 구조에 의해 복통식(twin tube type)과 단통식(mono tube type) 두 종류로 분류된다.

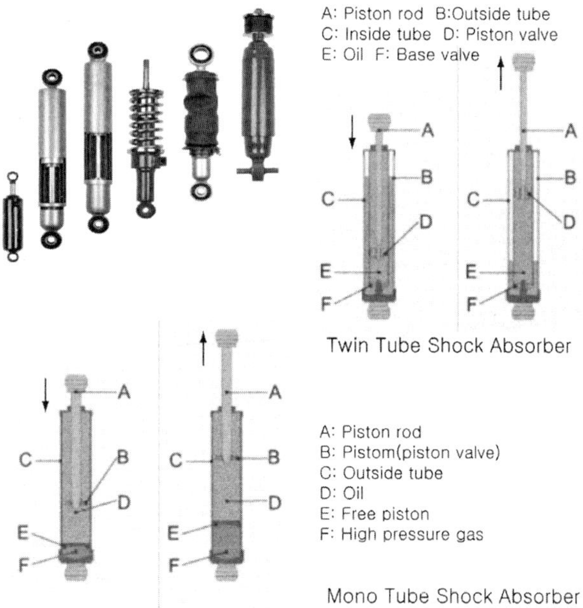

[그림 6.9] 쇽 업소버의 종류

복통식 쇽 업소버는, 본체인 통이 외통과 내통의 이중 구조로 되어있는 것이 특징이다. 피스톤 로드 진입 시의 오일은 내통의 하부에 설치된 베이스 밸브(base valve)를 왕복하며, 외통과 내통의 틈새로 이동한다. 또 복통식의 큰 특징으로는 수축 방향의 감쇠력과 팽창 방향의 감쇠력을 다른 기구로 제어하는 점에 있다. 업소버가 줄어드는 경우는, 위에서 서술한대로 오일이 베이스 밸브를 통해 내통의 밖으로 밀려 나오며, 이때의 감쇠력 컨트롤은 주로 베이스 밸브가 맡는다(이 때 피스톤에 의한 저항은 거의 고정됨). 반면에 업소버가 늘어나는 경우, 감쇠력의 컨트롤은 피스톤에 설치된 피스톤 밸브에서 행해진다(베이스 밸브의 저항은 고정됨).

복통식 쇽 업소버는, 단통식에 비해 업소버 본체의 전체 길이를 짧게 할 수 있으며, 감쇠력 컨트롤이 2개 부분으로 나뉘기 때문에 밸브 기구를 단순화할 수 있는 등의 장점이 있다.

단통식 쇽 업소버는 업소버 본체인 통이 단순한 홑겹 구조로 되어 있으며, 통 내부는 오일이 채워진 오일실과 고압의 가스가 충전된 가스실로 나뉘어, 그 사이를 자유롭게 움직일 수 있는 프리 피스톤(free piston)으로 나누어진 구조를 갖는다. 피스톤 로드 진입 시의 오일은, 프리 피스톤을 내리눌러 오일실의 용적을 증가시키면서 들어가도록 되어 있다. 또 업소버의 감쇠력 조정은, 늘어나는 쪽과 줄어드는 쪽, 함께 오일 내를 이동하는 피스톤(피스톤 밸브)에 의해 이루어진다. 구조가 단순하기 때문에, 복통식과 같은 지름의 통을 사용하는 경우, 통의 두께를 늘리는, 즉 피스톤 로드를 대경화하는 등의 조치를 취할 수 있어서 통 자체의 강도를 쉽게 높일 수 있다. 그리고 가스압이 항상 걸려있기 때문에 감쇠력이 안정적인 것 또한 장점이다. 다만 고압가스를 완전하게 봉인할 필요가 있는 프리 피스톤이나 팽창/수축 양방향 저항제어기구를 가지는 피스톤 등 정밀도가 높은 부품이 필요하게 되고, 만들기도 어렵기 때문에 비용 측면에서는 복통식에 비해 불리하다. 단통식 쇽 업소버는 고압가스를 사용하고 있기 때문에, 가스 쇽 업소버 또는 고압가스 쇽 업소버라고도 불린다.

(3) 스테이빌라이저(Stabilizer)

일반적으로 승차감을 좋게 하기 위하여 스프링 상수가 적은 스프링을 사용하게 되는데, 이 때 자동차가 선회하는 경우 작용하는 원심력 때문에 차체가 많이 기울게 된다. 독립현가식의 차는 특히 그 경향이 크므로 선회할 때의 롤링(rolling)을 감소시키고 차체의 평형을 유지시키기 위하여 토션 바를 이용한 스테이빌라이저가 결합되어 있다.

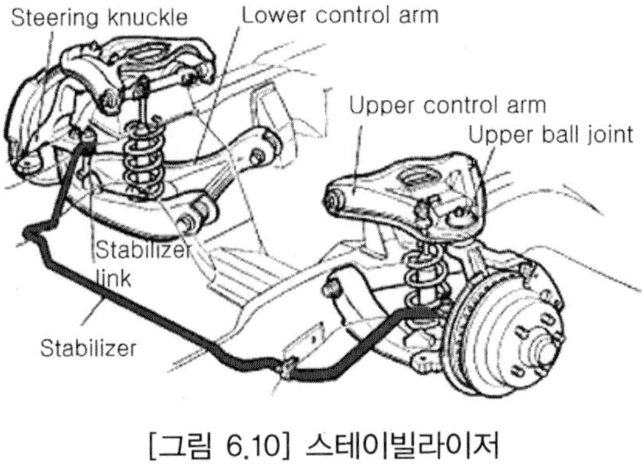

[그림 6.10] 스테이빌라이저

[그림 6.10]에서 보는 것처럼 스테이빌라이저의 양끝은 좌우의 아래 서스펜션 암에 결합되어 있고, 중간부분은 프레임에 지지되어 있다. 스테이빌라이저는 좌우 바퀴가 동시에 상하로 움직일 경우에는 작용하지 않으나, 좌우 바퀴가 서로 반대 방향으로 상하운동을 할 때는 비틀려서 이 때 발생하는 비틀림 스프링 효과로 차체가 기우는 것을 감소시킨다.

2. 조향장치

조향장치는 자동차의 진행방향을 운전자가 원하는 대로 바꾸기 위하여 조정하는 장치를 말하며, 조작기구, 기어장치 및 링크기구의 3가지 기구로 구성된다. 조향장치는 현가장치의 형식에 따라 차축 현가식 조향장치와 독립 현가식 조향장치로 구분한다. 그 밖에도 보다 나은 안정성을 확보하기 위해서 유압을 이용하는 동력조향장치와 전기를 이용하는 전자제어 동력장치를 사용하기도 한다. 조향장치는 앞차축이나 앞바퀴 정렬과 밀접한 관계에 있으며, 자동차 주행의 안전상 제동장치와 더불어 매우 중요한 기구이다.

1) 조향장치의 구조

조향장치는 자동차의 주행방향을 바꾸기 위한 장치이며, 조향 휠(steering wheel), 조향 기어박스(steering gear box), 피트먼 암(pitman arm), 타이 로드(tie rod), 조향 너클(steering knuckle) 등으로 구성되어 있으며, 조작방식에 따라 기계식과 동력식이 있다.

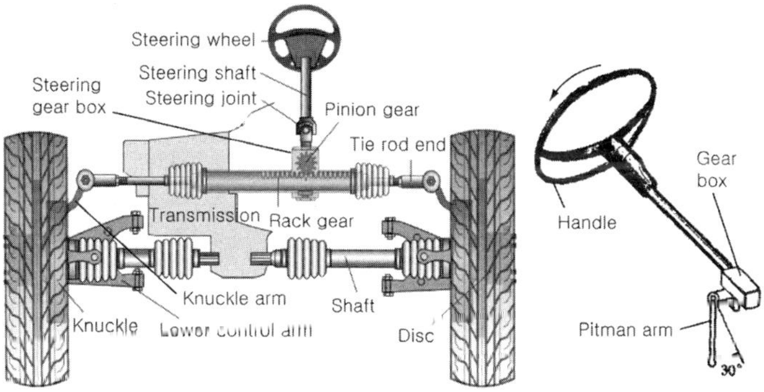

[그림 6.11] 기계식 조향장치의 구조(랙-피니언 식)

조작기구는 운전자가 직접 조향 휠을 조작하여 그 조작력을 조향기어와 링크에 전달하는 부분으로 조향 휠, 조향 축 등으로 구성된다. 기어장치는 조향축의 회전을 약 20:1로 감속하여 조작력을 크게 함과 동시에 조작기구의 운동방향을 바꾸어(회전운동 → 좌우 직선운동 변환) 링크기구에 전달하는 부분이며, 조향기어의 종류 중에서 많이 사용되는 형식으로 볼-너트(ball-nut) 형과 랙-피니언(rack-pinion) 형이 있다. [그림 6.11]은 랙-피니언 형태의 기계식 조향장치를 상세하게 보여주고 있다. 랙-피니언 조향기어는 그림에서 보는 바와 같이 조향 축 끝에 피니언을 설치하여 랙과 물리도록 한 구조로 되어 있으며, 피니언이 회전하면 랙은 옆 방향으로 움직이고 랙 양쪽 끝에 있는 타이로드(tie rod)를 통해 너클과 함께 조향바퀴가 움직이도록 되어 있다.

조향기어는 핸들의 회전을 감속해줘야 하며, 그 감속비를 조향기어비(steering gear ratio)라 하며 다음과 같이 정의한다.

$$\text{조향기어비} = \frac{\text{핸들이 움직인 양}}{\text{피트먼 암이 움직인 양} \qquad (6.1)$$

만일 그림에서처럼 핸들이 360° 움직일 때, 피트먼 암이 30° 움직였다면 조향기어비는 360/30=12가 된다. 조향기어비는 핸들의 조작력과 밀접한 관련이 있어 조향기어비를 크게 하면 핸들의 조작력은 적으나 바퀴의 조향은 둔하게 된다. 또한 조향기어는 조작이 경쾌하고 운전자의 피로를 적게 하며 핸들을 놓치는 것을 방지하기 위해서 앞바퀴가 노면에서 충격을 받았을 때 그 충격이 핸들에 미치지 않는 성질이 요구된다.

조향장치의 링크기구는 기어 기구의 작동을 앞바퀴에 전달하고, 좌우 바퀴의 관계 위치를 바르게 지시하는 부분으로, [그림 6.11]에서 보는 것처럼 타이 로드(핸들운동을 조향 너클에 연결하여 바퀴에 전달하는 볼 조인트(ball joint) 형태의 부품) 및 너클 암 등으로 구성되어 있다.

2) 동력 조향장치

요즈음 자동차에서는 핸들의 조작력을 가볍게 하고, 신속한 조향 조작을 위해 동력 조향장치(power steering)를 많이 사용하는데, 이 장치는 엔진 동력으로 부착된 오일펌프(유압펌프)를 작동시키고 유압펌프의 배력 작용을 이용하게 된다. 구성요소로는 동력 발생부, 작동부 및 제어부로 되어 있다. 종류는 링키지형(linkage type)과 일체형(내장형)이 있으며, 링키지형은 승용차량에 일체형은 대형차량에 많이 사용된다. [그림 6.12]는 승용차량에 사용되는 동력 조향장치의 상세도를 보여주고 있다.

동력 발생부는 동력원이 되는 유압을 발생시키는 장치이며, 엔진에 의해 구동되는 오일펌프와 최고 유압을 조절하는 압력조절밸브(pressure relief valve) 및 오일 통로의 유량을 조절하는 유량조절밸브(flow control valve) 등으로 구성된다.

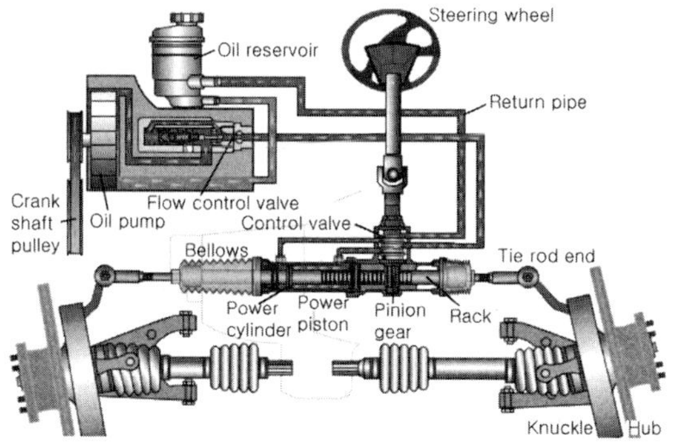

[그림 6.12] 동력 조향장치

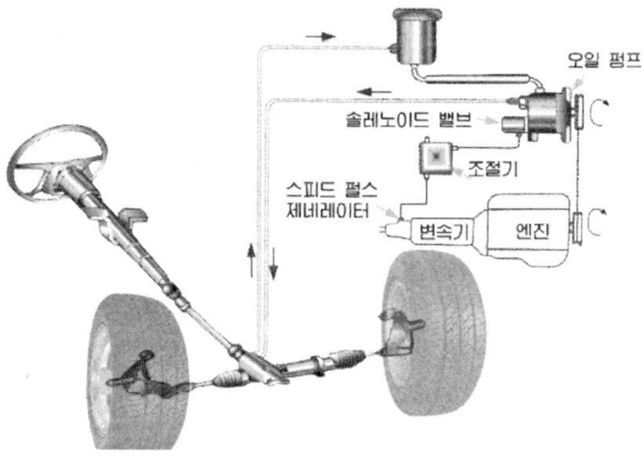

(a) 속도 감응식 EPS

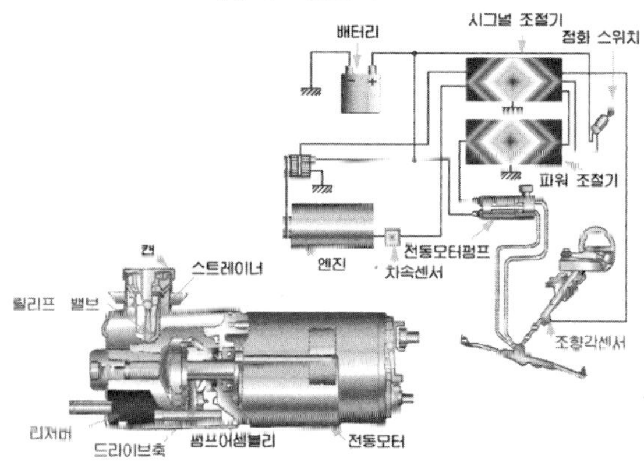

(b) 전동펌프식 EPS

[그림 6.13] 전자제어 동력 조향장치

작동부는 오일펌프에서 발생된 유압을 기계적인 힘으로 변환하여 앞바퀴의 조향력을 발생시키는 부분으로서 왕복동식 동력 실린더를 사용한다. 한편 제어부는 작동부에 이르는 유로를 개폐하는 밸브로 구성되며, 핸들을 조작하면 제어밸브가 오일 회로를 바꾸게 되고 동력 실린더의 작동 방향과 작동 상태를 제어하게 된다. 또한 유압 계통에 고장이 생겼을 때에도 핸들의 조작이 가능하도록 안전체크밸브(safety check valve)가 설치되어 있다.

핸들은 공회전이나 저속주행 시에는 가볍고 경쾌한 조향력으로 고속에서는 안정성을 얻을 수 있는 적당히 무거운 조향력으로 변화해야 하며, 요즈음 들어 이러한 것을 보다 완벽하게 달성하기 위해 전자제어 동력 조향장치(Electronic Power Steering, EPS)를 사용하고 있다. EPS는 기존의 동력 조향장치에 차속 검출기구와 어시스트력(assisting force) 제어기구를 추가하거나(속도 감응식 EPS), 전기에 의해 구동되는 전동식 유압펌프를 사용하여(전동 펌프식 EPS) 차속의 변화에 대응해서 조정성과 안정성을 최적화시키고 있다. [그림 6.13]은 속도 감응식 EPS와 전동 펌프식 EPS를 각각 보여주고 있다.

3) 앞바퀴 정렬

자동차의 앞바퀴는 조향조작을 하기 위해 조향 너클과 함께 킹핀(king pin) 또는 볼 조인트를 중심으로 하여 좌우로 방향을 바꾸도록 되어 있다. 따라서 주행 시 항상 바른 방향을 유지하고 또 핸들 조작이나 외부 힘에 의해 주행방향이 잘못 되었을 때는 즉시 직진상태로 되돌아가는 복원력이 요구되며, 핸들 조작도 아주 가볍게 해야 할 필요성에 따라 앞바퀴 정렬(front wheel alignment)을 하고 있다.

앞바퀴 정렬은 캠버, 캐스터, 킹핀, 토인의 4개 요소로 되어 있으며, 선회시 핸들을 돌렸을 때 바퀴가 옆으로 미끄러지지 않도록 하는 요소로 조향각의 편차가 필요하다.

(1) 캠버(Camber)

앞바퀴를 앞에서 보면 아래보다 위쪽이 바깥쪽으로 비스듬하게 장착되어 있는데, 이때 바퀴 중심선과 노면에 대한 수직선이 만드는 각을 캠버라 한다([그림 6.14(b)]). 캠버각은 차종마다 다르게 설정되지만 일반적으로 0.5~2° 정도이며, 그 목적은 다음과 같다.

- 앞바퀴가 하중에 의해 아래로 벌어지는 것을 방지한다.
- 주행 중에 바퀴가 빠져나가는 것을 방지한다.
- 킹핀 경사각과 함께 오프셋 양을 작게 하여 핸들 조작을 가볍게 한다.

(2) 킹핀(King pin)

앞바퀴를 전방에서 볼 때, 킹핀 상부가 안쪽으로 비스듬히 장착되어 있는데, 이때 킹핀과 노면에 대한 수직선이 이루는 각을 킹핀 경사각이라 한다([그림 6.4] 참조). 킹핀을 사용하지 않는 볼-조인트 형태에서는 위 볼-조인트와 아래 볼-조인트의 중심을 잇는 직선과 수직선이 이루는 각을 말하며, 일반적으로 6~9° 정도이다. 사용하는 목적은 다음과 같다.

- 핸들 조작력 경감과 주행 및 제동시 충격을 완화시킨다.
- 캠버와 함께 오프셋 양을 작게 하여 핸들조작력을 경감시킨다.
- 복원력은 킹핀 경사각과 자동차 중량에 비례하여 커지는데, 복원력이 커지면 당연히 핸들 조작력도 증가하게 된다.

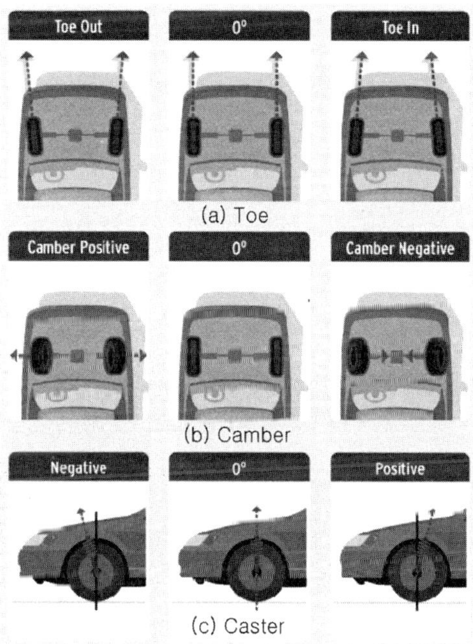

[그림 6.14] 토인, 캠버 및 캐스터

(3) 캐스터(Caster)

앞바퀴를 옆에서 볼 때 조향축의 중심선과 노면에 대한 타이어의 수직선이 이루는 각을 캐스터 각이라 하며, 보통 0.5~1° 정도로 설정한다. 킹핀의 경사가 뒤쪽으로 기울어진 경우를 (+)캐스터, 앞쪽으로 기울어진 경우를 (−)캐스터라 한다([그림 6.14(c)] 참조).

캐스터는 앞바퀴 하중이 중심보다 앞에 있기 때문에 주행시 앞바퀴에 방향성(진행하는 방향으로 향하게 하는 힘)을 주고, 또 조향을 했을 때 되돌아오려는 복원력이 발생한다.

(4) 토인(Toe-in)

앞바퀴를 위에서 보면 앞쪽이 뒤쪽보다 좁게 되어 있으며, 이 상태를 토인이라 한다([그림 6.14(a)] 참조). 토인을 두는 이유는 캠버에 의해 바퀴가 벌어지는 것을 방지하여 앞바퀴를 평행하게 회전시키며, 바퀴의 미끄러짐과 타이어의 마모를 방지하기 위한 것으로, 보통 토인 값은 2~8mm 정도이다.

(5) 기타

조향축 경사(steering axis inclination)는 자동차의 앞쪽에서 볼 때 조향축이 수직선으로부터 기울어진 정도를 나타내는 것으로, 조향 복원성을 향상시키고, 움직이지 않을 때 조향 조작력을 감소시키며, 타이어의 마모를 감소시키기 위한 목적으로 사용한다.

한편 뒤 바퀴도 정렬하는데, 뒤 바퀴 정렬의 목적은 제동시 뒤 바퀴가 토아웃(toe-out)되는 것을 방지하기 위해 토인은 일반적으로 -2~3mm, 캠버는 0°±30'를 준다. 보통 뒤 바퀴 정렬 적용 차종은 신차종으로 뒤 독립 현가식에 적용된다.

연습문제

1. 독립 현가장치 중에 스윙 차축 형식(swing axle type)이라는 것이 있다. 아래 그림을 참고하여 그 구조를 간단하게 설명하라.

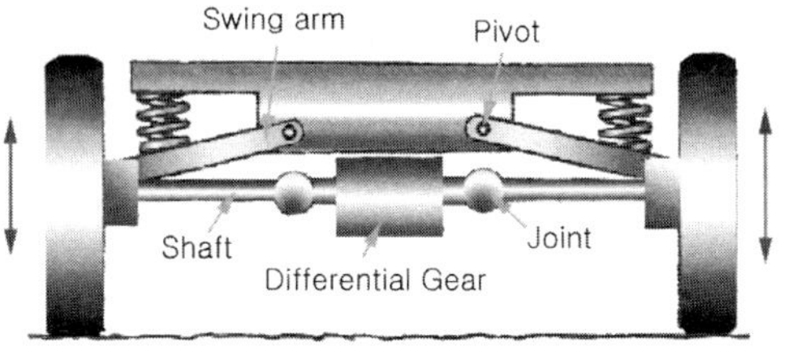

2. 독립 현가장치로 트레일링 형식의 일종인 뒤보네 형식(dubonnet type)이 있다. 그 구조를 간단히 설명하라.

3. 더블 위시본 형과 맥퍼슨 스트럿 형의 구조상 차이점과 장.단점을 설명하라.

4. 기구를 연결하는 데 사용되는 링크(link)와 암(arm)은 어떻게 다른가?

5. 요즈음 승용차의 현가장치는 앞쪽은 매퍼슨 스트럿 형을, 뒤쪽은 멀티링크 형을 대부분 사용하고 있는데, 그 이유가 무엇인가?

6. 아래 그림의 (a)와 (b)는 각각 어떤 현가장치를 나타내고 있는가? 그리고 지시선이 가리키는 부품의 명칭은 무엇인가?

(a)

(b)

7. 자동차 조향장치가 갖춰야할 요건을 5가지 이상 제시하라.

8. 기계식 조향장치에는 랙-피니언 형식 외에도 웜-롤러식(worm-roller type), 캠 레버식(cam-lever type) 등이 있다. 이들 구조에 대해 간단히 설명하라.

9. 조향이론에 나오는 다음 용어에 대해서 설명하라(정의를 쓰면 됨).

〈용어〉 오버스티어링(over-steering), 슬립앵글(slip angle), 최소회전반경

10. 교재에서 언급되지 않은 동력 조향장치가 많이 있다. 언급되지 않은 동력 조향장치 중에서 각자 두 가지를 선정하여 조사하고, 요약.설명하라.

제 7 장
제동장치

제동장치는 주행 중인 차량을 감속하거나 정지시키고, 주차 상태를 유지하기 위한 장치로서 자동차의 운동에너지를 마찰에 의한 열에너지로 변환하는 장치이다.

본 장에서는 각종 제동장치의 종류와 제동 원리를 알아보고, 최근 그 장착이 늘고 있는 전형적인 ABS 시스템과 전자제어동력배분식(EBD) ABS 시스템에 대해서도 간단하게 알아보고자 한다.

1. 제동장치

제동장치는 브레이크장치라고도 하는데, 자동차의 속도를 줄이거나 정지시키는 장치이다. 브레이크는 보통 운전자의 조작력에 의해 또는 보조동력에 의해 발생된 미찰력을 이용해 자동차의 운동에너지를 열에너지로 바꾸는 제동 작용이 발생된다.

제동장치는 주행할 때 사용하는 주(主) 브레이크와 자동차를 주차할 때 사용하는 주차 브레이크가 있고, 주 브레이크는 운전자의 발로 조작하기 때문에 풋 브레이크(foot brake)라 하고 주차 브레이크는 보통 손으로 조작하기 때문에 핸드 브레이크라 한다.

브레이크 장치의 조작 기구는 로드(rod)나 와이어(wire)를 사용하는 기계식과 유압을 이용하는 유압식이 있으며, 일반적으로 풋 브레이크는 유압식, 주차 브레이크는 기계식을 사용하고 있다. 단, 버스나 트럭과 같은 대형 차량에서는 공기 브레이크가 많이 사용되고 있다.

1) 유압식 제동장치

유압식 브레이크는 파스칼의 원리를 응용한 것으로 [그림 7.1]에서 보는 바와 같이 브레이크 페달을 밟으면 유압이 발생하는 마스터 실린더(master cylinder)와 그 유압을 받아 브레이크 슈(brake shoe)나 브레이크 패드(brake pad)를 드럼이나 디스크에 밀어붙여 마찰 제동력을 발생케 하는 휠 실린더(wheel cylinder), 브레이크 파이프 및 호스 등으로 구성되어 있다.

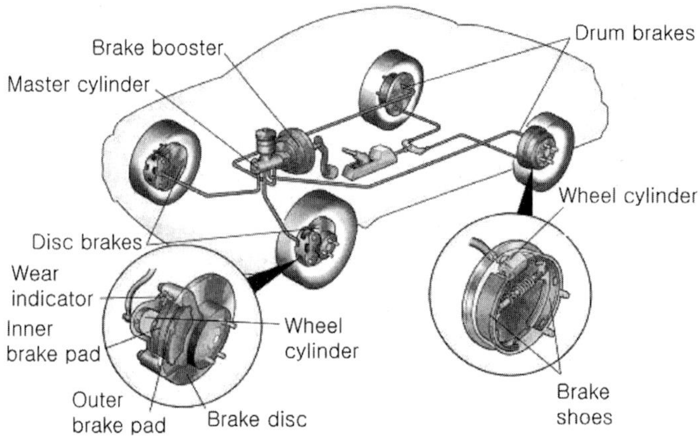

[그림 7.1] 유압식 제동장치의 구조

마스터 실린더는 페달을 밟을 때 필요한 유압을 발생시키는 부분이며, 최근에는 브레이크액이 새어도 남은 한쪽을 안전하게 작동시킬 수 있도록 되어 있는 탠덤(tandem) 마스터 실린더를 주로 사용하고 있다.

브레이크 부스터(brake booster)는 흡기매니폴드의 흡입 부압(진공압)을 이용하여 페달을 밟을 때 마스터 실린더에 가해지는 힘을 배가시키는 장치로, 운전자가 브레이크를 밟는 힘을 적게 하면서도 제동력을 크게 할 수 있다는 장점이 있기 때문에 대부분의 승용차에서 사용되고 있다. [그림 7.2]는 탠덤 마스터 실린더와 브레이크 부스터를 각각 보여주고 있다.

휠 실린더는 드럼형 브레이크(drum type brake)인 경우 마스터 실린더의 유압을 받아

두 개의 피스톤이 바깥쪽으로 팽창하게 되고, 피스톤의 팽창에 따라 브레이크슈가 드럼에 힘을 전달해 제동하게 된다. 반면에 디스크형 브레이크(disc type brake)의 경우는 유압이 좌우의 브레이크 패드(pad)에 연결되어 있는 두 개의 피스톤을 안쪽으로 밀어, 좌우 패드를 가운데에 있는 디스크에 압착시킴으로써 제동력을 확보하게 된다.

참고로 공기 브레이크는 압축 공기의 압력을 이용하여 모든 바퀴의 브레이크슈를 드럼에 밀착시켜 제동 작용을 하는 것으로, 브레이크 페달로 밸브를 개폐하여 압축 공기의 유량을 조절하게 되어 있으며, 작은 조작력으로도 큰 제동력을 얻을 수 있는 장점은 있으나 구조가 복잡하다. 일반적으로 대형 트럭이나 트레일러, 버스 등에서 사용된다.

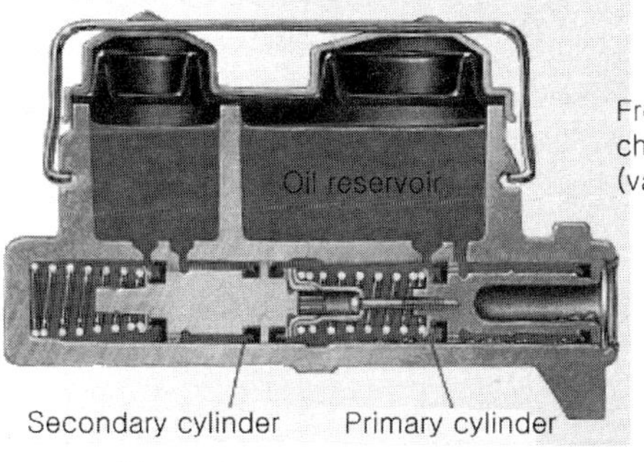

(a) Tandem master cylinder

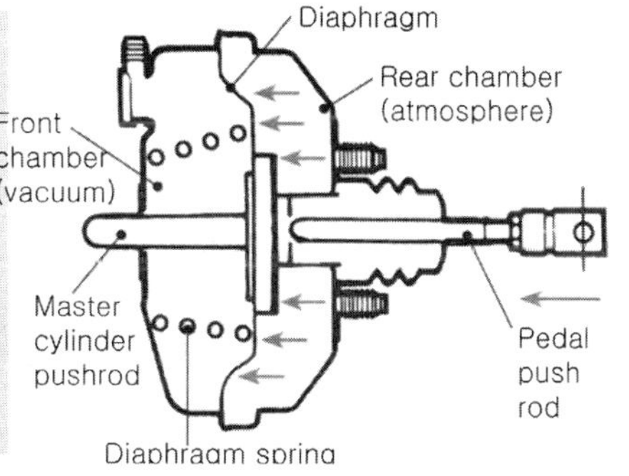

(b) Brake booster

[그림 7.2] 탠덤 마스터 실린더와 브레이크 부스터

2) 브레이크 본체

브레이크 본체는 마스터 실린더에서 오는 유압을 휠 실린더가 받아 피스톤과 연결되어 있는 브레이크 슈와 브레이크 패드에 힘을 전달하는 부분이며, 구조상으로 분류하면 드럼형 브레이크와 디스크형 브레이크가 있다.

(1) 드럼형 브레이크

드럼형 브레이크는 [그림 7.3(a)]에서 보는 바와 같이 휠 실린더, 브레이크 슈 및 브레이크 드럼 등으로 구성되어 있는 내부 확장식이다.

브레이크 페달을 밟으면 마스터 실린더 내의 피스톤이 유압을 높여주고, 이 압력은 브레이크 파이프를 통해서 휠 실린더에 전달된다. 휠 실린더는 유압에 의해 내부 피스톤을 밀게 되고, 피스톤의 움직임에 따라 브레이크 슈는 드럼에 압착되어 제동 작용을 수행한다. 이러한 드럼형 브레이크는 주로 뒤 바퀴 제동용으로 많이 사용되는 형식이다.

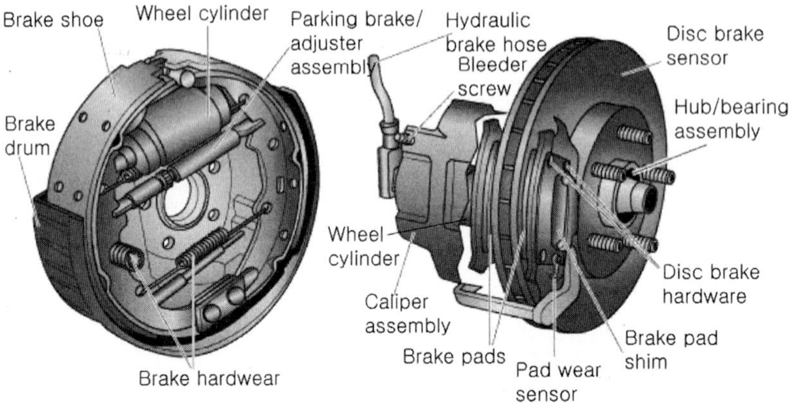

(a) Drum brake (b) Disc Brake

[그림 7.3] 드럼형 브레이크와 디스크형 브레이크

(2) 디스크형 브레이크

최근의 자동차에서는 고속화 경향으로 드럼형보다 방열과 열 변형에 의한 제동력 저하가 적은 디스크형 브레이크가 많이 사용되고 있다. 특히 앞쪽 브레이크는 대부분 디스크형 브레이크(부동 캘리퍼형이라 하기도 함)를 사용하고 있다.

[그림 7.3(b)]에서 보는 것처럼 디스크형 브레이크는 바퀴와 함께 회전하는 디스크의 양쪽에 설치된 패드의 마찰력에 의해 제동된다. 패드 바깥쪽에 있는 하우징을 캘리퍼(caliper)라 하는데, 이 캘리퍼에는 피스톤과 오일 통로가 있어서 마스터 실린더에서 발생한 유압을 받게 되면, 피스톤은 패드를 안쪽으로 밀어 디스크에 압착시키고 또 그 반력으로 캘리퍼가 반대 방향으로 움직여 반대쪽 패드도 디스크에 압착시켜 제동력을 얻게 된다.

디스크형 브레이크의 장·단점은 다음과 같다.

- 방열작용이 좋다.
- 좌우 바퀴의 제동력이 안정되어 편제동이 적다.
- 열 변형이 없어 페달 밟는 거리의 변화가 적다.

- 패드는 내마모성이 매우 큰 재료를 사용해야 하고 패드 마모가 드럼형보다 빠르다.
- 구조상 가격이 비싸다.

3) 주차 브레이크

주차 브레이크는 정지상태의 차량을 움직이지 못하게 하는 장치로서 핸드 브레이크 또는 사이드 브레이크라고도 하며, 드럼형 브레이크를 사용한다. [그림 7.4]에서 보는 것처럼 주차 브레이크 레버를 위로 당기면 레버에 연결된 케이블(와이어)에 의해 뒤 브레이크 슈 레버가 움직여 라이닝이 드럼에 밀착되므로 제동상태를 계속 유지할 수 있다. 4륜구동처럼 뒤 드럼형 브레이크가 주 브레이크로 사용되는 경우에도 주차 브레이크로 함께 이용할 수 있다.

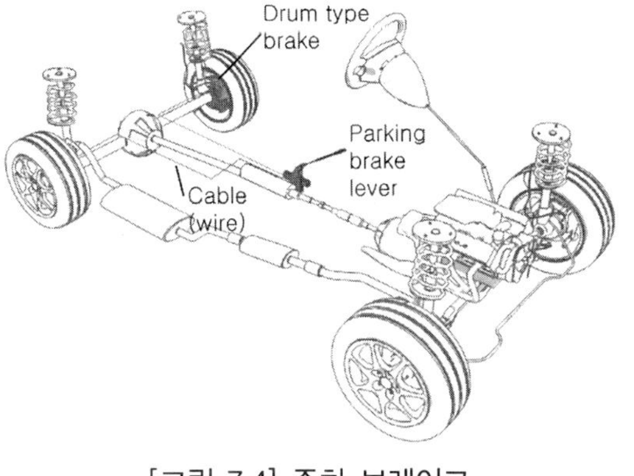

[그림 7.4] 주차 브레이크

2. ABS 시스템

ABS 시스템이란 Anti-lock Brake System(미끄럼방지 제동장치)의 약자로서 갑작스러운 제동 또는 미끄러운 노면에서의 제동 시 4개의 바퀴가 잠기지 않도록 각각 휠 실린더의 유압을 제어하는 브레이크 시스템이다. 최근에 안전을 고려하여 장착하는 차량이 늘고 있으며, 2012년 5월부터 제작되는 승용차에는 "ABS 시스템과 제동력지원장치(BAS, Brake Assist System)"의 설치가 의무화 된다.

1) ABS 시스템의 개요

자동차가 달릴 때는 4개 바퀴에 똑같은 무게가 실리지 않으며, 또 도로면의 상태와 타이어에 따라 마찰력도 다르게 된다. 이런 상태에서 급정거를 하게 되면 일부 바퀴에 로크업(lock-up) 현상, 즉 바퀴가 잠기는 현상이 발생한다. 이것은 차량은 여전히 진행하고 있는데도 바퀴는 완전히 멈춰선 상태를 말하므로, 이때 차량이 미끄러지거나 옆으로 밀려 운전자가 차의 방향을 제대로 제어할 수가 없게 된다. 이와 같은 조전 하에서도 안정된 제동 및 선회를 확보하기 위하여 ABS 시스템이 개발되었다.

ABS 시스템은 [그림 7.5]에서 보는 것처럼 각 바퀴의 회전수를 센서에 의해 감지한 후, 각 바퀴의 속도변화에 따라 제동력을 제어하는 방식으로 어떤 조건에서도 바퀴가 잠기는 것을 방지하도록 유압을 제어하고 있다. ABS 시스템은 일반적인 브레이크 부스터와 유압 마스터 실린더에 전자제어장치인 ECU(Electronic Control Unit), 유압조절장치인 HCU(Hydraulic Control Unit), 바퀴 속도를 감지하는 휠 속도 센서(wheel speed sensor) 및 브레이크를 밟은 상태를 감지하는 PTS(Pedal Travel Switch) 등으로 이루어진다. ABS 시스템은 도로조건 및 타이어에 관계없이 최적의 거리로 제동할 수 있고, 선회주행 제동시에도 바깥쪽으로 미끄러짐 없이 제동할 수 있으며, 조향성 확보에도 그 목적 또한 크다고 할 수 있으나, ABS 시스템을 맹신해서는 안 된다.

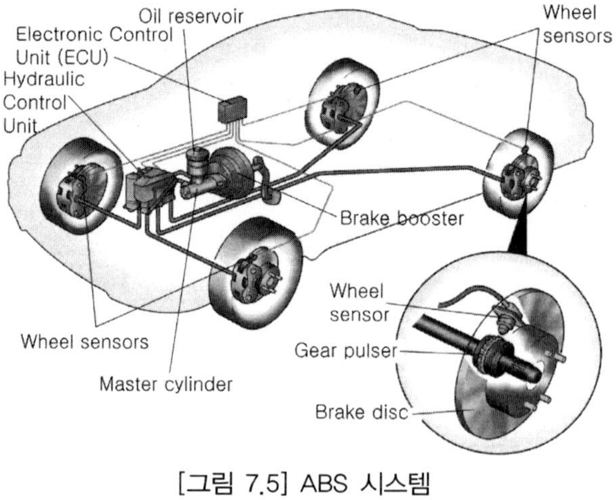

[그림 7.5] ABS 시스템

2) ABS의 원리

주행 중에 제동을 하면 타이어와 노면 사이의 마찰력에 따라 바퀴의 회전속도가 줄어들면서 차량 속도가 낮아진다. 이 경우에 차속과 차륜속도(바퀴의 회전속도) 사이에 차이가 발생하는데 이런 현상을 슬립현상이라 하며, 그 크기를 나타내는 수치를 슬립율(slip ratio)이라 한다. 슬립율을 한마디로 요약한다면, 주행 중 제동 시 바퀴는 잠기나 관성에 의해 차량이 진행하는 정도를 말한다. 차량속도가 빠를수록 제동 토크가 클수록 슬립율은 커진다.

$$\text{슬립율} = \frac{\text{차량속도} - \text{차륜속도}}{\text{차량속도}} \times 100 \quad (\%) \tag{7.1}$$

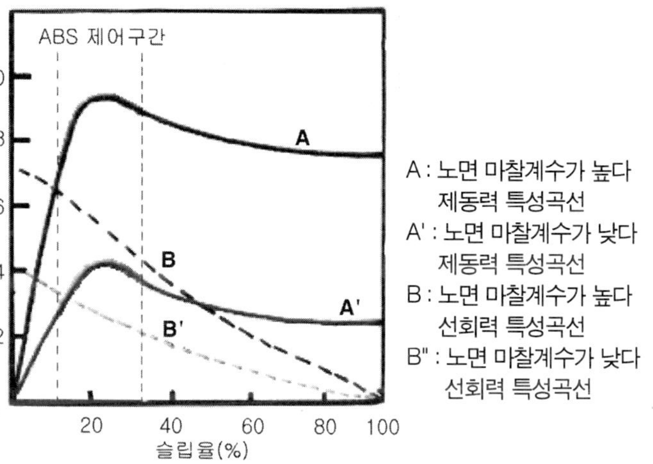

[그림 7.6] 타이어와 노면간의 슬립 특성

[그림 7.6]에서 보이는 특성곡선은 제동력 특성 및 코너링 포스(cornering force, 선회력) 특성에 대하여 타이어와 노면 간의 마찰계수와 슬립율의 관계를 보여주고 있다. 그림을 보면 노면 특성에 따라서, 제동 시에는 슬립율이 약 20% 부근에서 최대의 마찰계수가 얻어지지만, 그 이후에는 감소한다. 선회력에 관한 특성은 슬립율이 증대할수록 마찰계수는 계속 감소되어, 슬립율 100%에서 마찰계수가 0이 된다. 이러한 현상은 마찰계수가 큰 노면이나 작은 노면이나 마찬가지이다. 따라서 차륜이 로크업되면 제동력이 저하되어 제동거리가 길어지며, 선회력을 잃게 되므로 조정 및 방향 안정성이 상

실되고 차량 슬립이 일어난다. 즉 선회력은 슬립율 0%에서 최대가 되고 슬립율 증가와 함께 감소되어 슬립율 100% 가까이에서는 거의 0이 된다. ABS 시스템은 이와 같은 원리를 기본으로 하여 차륜이 고정되는 현상이 발생할 때에, 각 바퀴의 브레이크 유압을 제어하여, 각 바퀴 슬립율의 최종 값이 점선 사이의 영역 안에서 유지되도록 함으로써 최적의 제동력이 발휘되는 것이다.

3) ABS 시스템의 구성

근간의 차량에 사용되고 있는 ABS 시스템은 4개의 바퀴 속도를 감지하여 제어하는 4채널 방식이 대부분이다.

[그림 7.7]은 휠 센서의 형태를 보여주고 있는데, 휠 허브와 등속도로 회전하는 검출용 로터에서 발생된 신호를 휠 센서가 감지하여 ECU로 보내게 된다.

ECU는 휠 스피드 센서로부터의 신호에 의해 HCU 내의 오일 유량 개폐를 위한 솔레노이드 밸브, 모터 및 ABS 경고등을 제어한다.

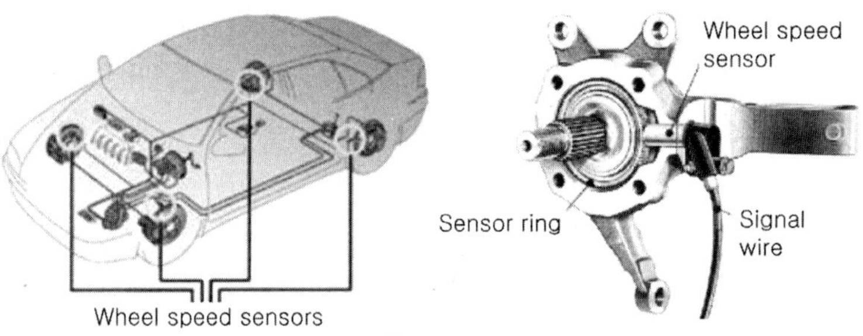

[그림 7.7] 휠 스피드 센서

HCU는 솔레노이드 밸브 4개, 유량제어밸브 4개, 오일 리저버(reservoir), 모터 펌프 등으로 구성되어 ECU의 제어신호에 따라 각 휠 실린더로 가는 유압을 조정하여 바퀴의 회전상태를 제어한다.

모터 펌프는 전기식으로 12V로 구동된다. ABS 경고등은 계기판에 부착되어 있으며, 점화 스위치 ON상태에서 약 2초간 점등 후 소등된다. 만일 경고등이 소등되지 않거나, 운행 중 간헐적 또는 지속적으로 켜져 있는 경우에는 ABS 시스템에 결함이 있다고 진단할 수 있다.

4) EBD-ABS 시스템

ABS는 '미끄럼방지 제동장치'를 말하고, EBD는 '전자제어동력배분장치'를 말한다. 그러나 서로 별개인 것이 아니라, ABS에 전자제어동력배분장치가 장착된 시스템이 바로 EBD-ABS 시스템이다.

일반적으로 자동차의 제동력은 타이어가 노면에 닿는 접지력에 비례하므로, 일반 차량의 경우 앞바퀴에 제동력이 집중되기 마련이다. 그렇지만 화물이 많이 적재되었거나 승차 인원이 많아서 차량 뒷부분의 중량이 늘어나게 되면 제동력을 다시 조정해야 하는 문제가 생긴다.

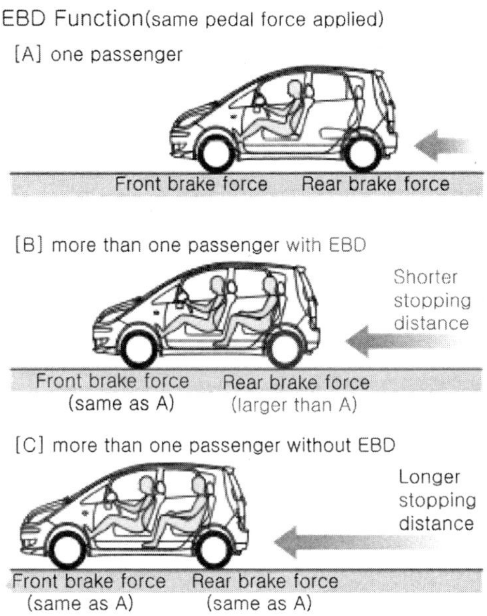

[그림 7.8] EBD-ABS 시스템의 유용성

EBD 시스템은 이러한 문제가 발생했을 때, 앞뒤 타이어의 미세한 속도 차이를 인식해 뒷바퀴의 제동력을 독립적으로 제어함으로써, 앞뒤 바퀴의 제동력을 최적의 상태로 배분해주는 장치이다. 다시 말해 승차 인원의 숫자나 화물의 양에 따라 차량의 무게가 변해서 앞뒤 바퀴 사이의 제동력이 균형을 이루지 못하더라도, 이를 가장 알맞은 상태로 조정해주는 장치가 바로 EBD 시스템이다. 따라서 EBD-ABS 시스템이 장착된 차량은 앞으로 전진할 때 보다 높은 안정성을 유지할 수 있다. [그림 7.8]은 EBD-ABS 시스템의 유용성을 다시 한번 그림상에서 설명하고 있다.

3. 회생제동

회생 제동(回生制動, regenerative brake)은 전동기를 발전기로 작동시켜, 전동기의 운동에너지를 전기에너지로 변환해 회수하여 제동력을 발휘하는 전기 제동방법으로 회생 브레이크라고도 불린다. 간단히 말해 발전기를 돌리기 위해서는 에너지가 필요한데, 돌리는 에너지로 주행 중인 자동차의 운동에너지를 사용하자는 것이다. 전동기를 주 동력원이나 보조 동력원으로 사용하고 있는 전기자동차, 연료전지 자동차 및 하이브리드 자동차등에서 이용할 수 있다.

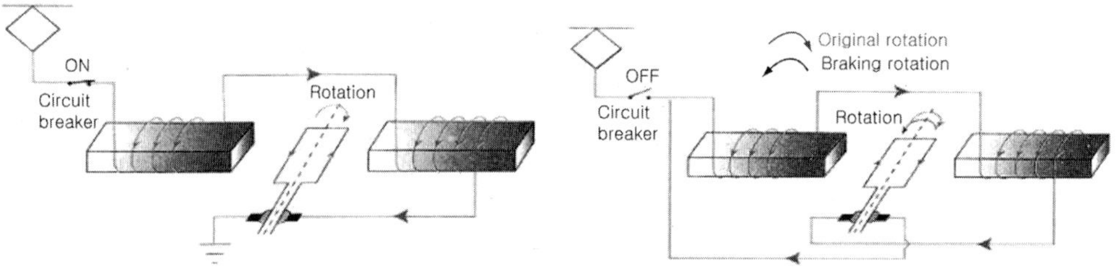

[그림 7.9] 회생제동의 원리

[그림 7.9]에서처럼 직류전동기의 예를 들어 설명하면, 차량이 달리고 있을 때는 차단기가 ON되어 있어 전동기의 고정자와 회전자에 전류가 흐르고 플레밍의 왼손법칙에 의하여 시계방향으로 회전하여((a)의 회전 방향) 차륜을 돌려 차량이 진행한다. 브레이크를 잡으면 차단기가 OFF되고 회전자가 반대로 접속되어 폐회로가 구성되므로 전동기는 발전기의 역할을 하게 되는 데, 이때 자속과 힘의 방향을 알기 때문에 플레밍의 오른손법칙에 의해 발전되는 전류의 방향을 구해보면 전동기 때 흐르는 전류의 방향과는 반대임을 알 수 있다. 여기서 다시 전류, 자속의 방향을 이용하여 플레밍의 왼손법칙으로 힘의 작용방향을 구해보면 시계반대방향으로 작용한다. 즉 전동기 역할을 할 때의 회전자 회전방향((b)의 시계 방향)과 반대방향((b)의 반시계 방향)으로 힘이 작용하여 브레이크역할을 하는 것이다.

연습문제

1. 엔진 브레이크(engine brake)란 무엇인가?

2. 여러 종류의 풋 브레이크 중에서 공기 브레이크(air brake)라는 것이 있다. 이것의 구조와 작동에 대해서 간단히 설명하라.

3. 브레이크 부스터의 작동원리를 간단히 설명하라.

4. 브레이크를 구조에 따라 분류하면 '내부 확장식', '외부 수축식' 및 '디스크식'이 있다. 여기서 '외부 수축식'의 작동방법에 대해 간단히 설명하라.

5. 다음 옆 그림에서 보여주고 있는 디스크형 브레이크에서 지시선이 가리키는 부품의 명칭은 무엇인가?

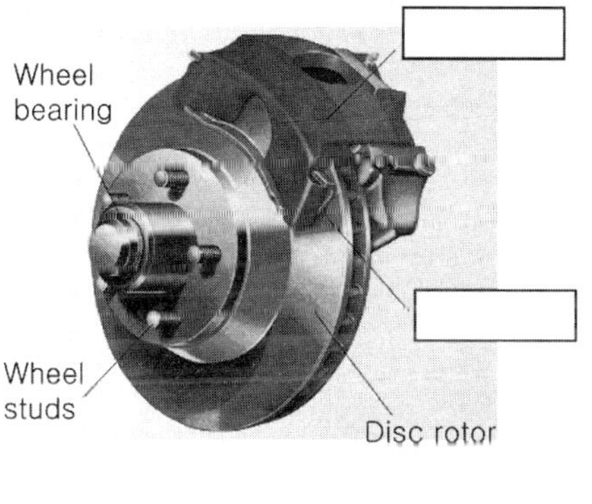

6. 다음 아래 그림은 유압식 브레이크의 개략도를 나타내고 있다. 지시선이 가리키는 부품의 명칭은 무엇으로 생각되는가?

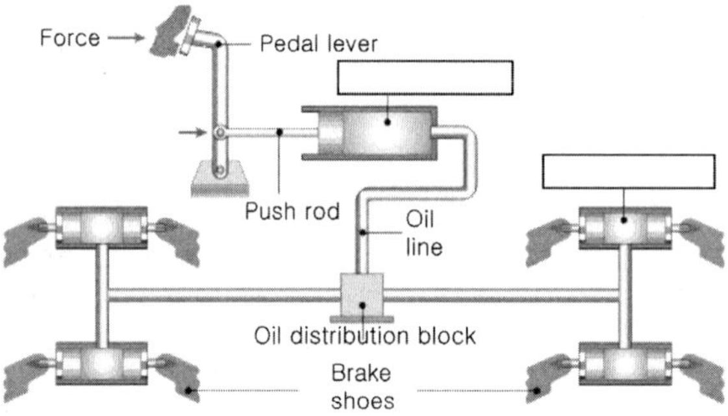

7. ABS 시스템의 장점을 5가지 이상 제시하라.

8. 차량속도가 100kmh일 때, 지름이 60cm인 차륜이 600rpm으로 회전 중이다. 슬립율을 계산하라.

제 8 장
그린자동차와 재료공학

자동차를 구성하고 있는 다양한 부품들을 만들어 내기 위해서는 요구되는 성능을 구현할 수 있는 최적의 물성을 갖는 소재들을 선택하고, 적절한 공정을 통해 이들 물성을 극대화 할 수 있도록 해야 한다. 그린자동차의 경우에는 특히 경량화, 전자화, 다기능화 등이 강조되고 있어 그 어느 때보다도 고기능의 소재가 요구될 뿐 아니라 원가 절감 차원에서 자원과 에너지 소비를 줄일 수 있는 그린프로세스가 요구되고 있다. 8~10장에서는 이러한 요구사항을 충족시키기 위해 필수적이라 할 수 있는 재료공학의 기본과 응용 이론에 대해 설명하기로 한다.

1. 재료과학과 재료공학의 차이

재료과학(materials science)과 재료공학(materials engineering)의 차이는 과학과 공학의 차이를 이해하고 있으면 분명해진다. 즉, 과학은 자연의 원리 자체를 탐구하는데 목적을 두지만, 공학은 밝혀진 원리를 인류의 복지를 위해 경제적으로 적용하는데 목적을 둔다. 이런 관점에서 '재료과학'은 재료의 구조와 성질 간의 상관관계를 밝히는 데 중점을 두고, '재료공학'은 이러한 상관관계로부터 원하는 성질의 재료의 구조를 설계하고 제조하는 데 중점을 둔다. 좀 더 실제적으로 표현하면, 재료과학은 새로운 재료를 개발 또는 합성하는 데에 중점을 두고, 재료공학은 기존 또는 새로 개발된 재료를 사용하는 새로운 제품, 시스템, 공법을 개발하는 데에 중점을 둔다.

재료과학과 공학에서는 [그림 8.1]에 나와 있는 것과 같이 구조-성질-공정-성능, 네 가지 구성요소간의 관계를 찾아내고, 그 관계로부터 새로운 소재와 공정을 개발하는 데 목적을 둔다.

'**구조(structure)**'는 간단히 설명하면, 재료를 구성하는 요소, 즉 원자 또는 분자의 배치와 연관이 있다. 원자 단위의 구조보다 좀 더 거시적인 구조는 서로 밀집된 원자의 집합을 포함하며, 여러 종류의 현미경으로 직접 관찰할 수 있으므로 '미시적(micro-)'이라 표현하고, 육안으로 식별되는 정도의 구조는 '거시적(macro-)'이라 표현한다.

'**성질(물성, property)**'은 재료가 외부 자극에 대해 나타내는 특정한 반응을 의미한다. 즉, 재료가 외부의 기계적 자극에 대해 변형하거나, 빛과 같은 광학적 자극에 대해 연마된 금속 표면이 빛을 반사하는 특성 등이 그 예이다. 따라서 재료의 성질(물성)은 특정한 자극에 대해 재료가 반응하는 종류와 정도를 지칭한다고 볼 수 있으며, 재료의 형태와 크기와는 무관한 고유의 특성이라 할 수 있다.

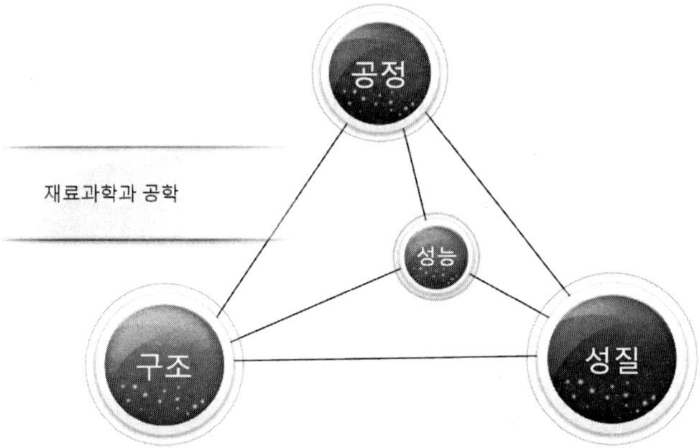

[그림 8.1] 재료과학과 공학의 네가지 구성요소

재료의 성질(물성)로 중요한 것은 아래의 여섯 가지이다. 즉, 기계적(mechanical), 전기적(electrical), 열적(thermal), 자기적(magnetic), 광학적(optical), 열화적(deteriorative) 성질이다. 기계적 성질은 가해진 힘에 대한 변형 반응을 나타내며, 탄성 계수(elastic modulus)와 강도(strength)가 그 예이다. 전기적 성질은 전기 전도도(electrical conductivity)와 유전 상수(dielectric constant)와 같이 전기장(electric field)의 자극에 대한 재료의 반응이다. 재료의 열적 성질은 열용량(heat capacity)과 열전도도(thermal conductivity)등으로 대표되며,

자기적 성질은 자기장(magnetic field)에 대한 재료 반응을 의미한다. 광학적 성질은 전자기파(electromagnetic field)나 빛의 복사(radiation) 자극에 대한 반응이며, 굴절률(index of refraction)과 반사도(reflectivity) 등이 대표적인 광학적 성질이다. 열화적 성질은 재료의 환경에 대한 반응성을 나타낸다.

재료의 성질(물성)은 구조에 따라 달라지는데, 이는 우리가 재료의 구조를 바꿀 수 있다면 원하는 성질의 재료를 얻을 수 있다는 것을 의미한다. 원하는 성질을 갖도록 재료의 구조를 바꾸기 위해 우리는 여러 가지 다양한 기술을 재료에 적용하게 되는데 이러한 시도들을 통틀어 '**공정(processing)**'이라 한다. 원하는 '**성능(performance)**'을 갖는 제품 또는 부품을 만들기 위해 요구되는 성질을 갖도록 구조를 바꾸기 위해 다양한 공정을 거치게 되므로 결국 구조-성질-공정-성능 간에는 매우 밀접한 연관관계를 갖고 있어 이들 간의 관계를 밝히는 것이 재료과학과 공학에서 추구하는 핵심 목표가 된다.

2. 재료의 종류

재료는 크게 금속 재료, 세라믹 재료, 고분자 재료의 세 가지 재료로 분류된다. 이 외에도 최근에는 산업적 중요성 때문에 복합재료와 전자재료를 추가하기도 한다.

1) 금속 재료

금속 재료는 하나 또는 그 이상의 금속 원소들로 구성되는 무기물질이며, 철, 구리, 알루미늄, 니켈과 티타늄 등 하나의 금속 원소로 이루어진 경우 순금속이라 하고, 두 개 이상의 금속 원소가 고체 용액(고용체, solid solution)을 이룬 경우 합금(alloys)이라고 한다. 금속 재료는 결정구조를 갖는 경우가 많아 원소들이 규칙적으로 배열되며, 일반적으로 금속은 양호한 열 및 전기 도체이다. 대부분의 금속은 상온에서 비교적 강하고 연성이 있으며 고온에서도 고강도를 유지한다.

금속 재료는 **철계 금속, 비철금속**으로 분류한다. 철계 금속에는 각종 철강과 주철 등이 포함되고, 비철금속은 철을 함유하지 않거나 아주 소량의 철을 함유하며, 알루미늄, 구리, 아연, 티타늄과 니켈이 대표적인 예이다.

금속 재료는 우주항공, 생체의학, 반도체, 전자, 에너지, 토목구조와 수송을 포함한 다양한 산업에서 사용된다. 이들 자원들은 세계 전체에 고르게 분포하지는 않으며, 오히려 편중되게 존재하여 최근 자원 분쟁, 자원 외교라는 용어가 언론에 오르내릴 정도가 되고 있다. 재료과학자와 기술자들은 항상 기존 재료를 개선하고, 새로운 합금을 설계하고 생산하기 위해 끊임없이 노력하고 있다. 기존 합금도 더 나은 화학, 조성제어와 가공기술에 의해 개선될 수 있다. 1960년대에 개발되어 항공기 가스터빈의 고압 터빈 블레이드에 사용되고 있는 니켈기, 철-니켈-코발트기 초합금(superalloys)이 대표적 예이다. 엔진 내부에 사용되는 금속은 고온과 작동 중 발생된 압력을 견딜 수 있어야 하는데, 초합금은 기존의 일반 합금 소재보다 사용 온도가 높은 약 540℃의 온도 조건과 고응력 수준에서 사용할 수 있도록 개선된 소재이다. 1980년대에는 주조기술의 개선으로 방향성 응고 주상정 결정립과 단결정 주조 니켈기 합금도 개발, 생산되었다. 1990년대에는 단결정 방향성 응고 주조합금이 항공기 가스터빈에 표준재료로 사용되기에 이르렀다. 이들 재료들은 모두 고온에서의 성능이 더욱 향상된 초합금으로서 항공기 엔진의 효율을 크게 개선하였다.

티타늄 합금, 스테인리스강과 코발트기 합금 등은 정형외과용 임플랜트, 심장판, 고정 장치와 나사 등으로 생체의학에 널리 사용되고 있다. 이들 재료는 부식성이 강한 인체 내부 환경 때문에 높은 강도, 강성과 함께 생물학적 적합성(biocompatibility)이 우수한 성질을 갖고 있다.

소재의 화학, 조성제어뿐 아니라 새로운 제조공정기술을 개선하는 것도 매우 중요하다. 예를 들어 열간 정수압 압축, 등온 단조 등의 공정을 개발하여 많은 합금의 피로수명이 크게 개선되었다. 분말야금기술 또한 합금을 경제성이 높게 제조하고 성질을 개선할 수 있는 기술로서 향후 그 활용이 더욱 확대될 것으로 기대되고 있다.

2) 세라믹 재료

세라믹 재료는 넓은 의미에서 금속원소와 비금속 원소가 화학적으로 결합하여 구성된 무기 재료 화합물이다. 세라믹 재료는 결정질, 비정질, 또는 둘의 혼합된 구조를 가진다. 원자결합의 특성 상(주로 이온결합, 공유결합 또는 이들의 혼합결합) 세라믹 재료는 높은 경도와 고온강도를 가지나 소성변형이 거의 없는 취성이 강한 재료이다. 세라믹 재료의 장점은 가벼우면서도 높은 강도와 경도, 우수한 열적 안정성, 내마모성, 절연성이다. 세라믹은 높은 열 및 내마모성과 함께 절연성 때문에 강의 열처리와 용융시 노의 내면 라이닝에 사용된다.

점토, 유리 및 석재와 같은 전통 세라믹 재료는 안정적인 성장속도를 지속하고 있으며, 지난 수십 년 동안 완전히 새로운 개념의 개선된 성질을 가진 산화물, 질화물, 탄화물 세라믹이 개발되었다. **엔지니어링 세라믹(engineering ceramics)**, **구조 세라믹(structural ceramics)**, 또는 **신소재 세라믹(adnavced ceramics)**이라고 하는 신소재 세라믹 재료는 높은 강도, 우수한 내마모성과 고온 내식성, 내열충격성을 가진다. 대표적인 첨단 세라믹 재료로는 알루미나(Al_2O_3, 산화물), 질화규소(Si_3N_4, 질화물), 탄화규소(SiC, 탄화물) 등을 들 수 있다.

첨단 세라믹의 중요한 응용분야 중 하나인 우주항공 분야에서의 예는 우주왕복선에 사용하는 세라믹 타일이다. 세라믹 타일은 탄화규소(SiC)로 만들어지며, 열차폐와 열원이 제거되면 즉시 정상 온도로 돌아가는 능력이 우수하다. 세라믹 타일 재료는 지구의 대기권으로 재신입시 생성되는 열로부터 우주왕복선의 알루미늄 내부 하부구조를 보호한다. 첨단세라믹의 또 다른 예는 절삭공구 재료이다. 예를 들면, 높은 열충격 저항성과 파괴인성을 가진 질화규소(Si_3N_4)는 탁월한 절삭공구 재료이다.

세라믹 재료는 우주항공, 금속제조, 생물, 의학 등 많은 분야에 응용되고 있으며, 그 응용분야는 무한하다고 할 수 있으나, 세라믹 재료에는 다음과 같은 2가지 치명적인 단점이 있다. (1) 최종 제품으로의 가공이 어렵고 가격이 비싸며, (2) 취성이 있고 금속에 비하여 파괴인성이 낮다. 높은 파괴인성을 갖는 세라믹 재료의 개발기술이 더욱 발전한다면 이 재료의 공업적인 응용은 크게 증가할 것이다.

3) 고분자 재료

대부분의 고분자 재료는 유기물질(탄소 포함)을 기초로 하는 선형의 긴 분자사슬 또는 망의 형태를 하고 있다. 구조적인 특성상 대부분의 고분자 재료는 비정질인 경우가 보통이나, 일부는 결정질 영역과 비정질 영역으로 구성되는 경우도 있다. 대부분의 고분자 재료는 원자결합에 따른 내부구조 특성상 대부분 부도체로서, 일부 고분자 재료는 우수한 절연특성으로 전기 절연에 널리 사용되고 있다. 고분자(플라스틱) 재료는 밀도가 낮아 가벼우며, 비교적 낮은 연화 또는 분해온도를 가진다.

고분자 재료는 최근 증가세가 다소 느려지고 있기는 하나, 가장 빠르게 성장하는 기초 재료이다. 이는 플라스틱이 포장 및 건설 등에서 종이, 유리, 금속 등을 빠르게 대체하고 있는 데에 기인하는 것으로 예상된다.

나일론 등의 **엔지니어링 플라스틱**은 금속과 경쟁하고 있다. 고분자 소재산업은 단일 중합체보다는 특수 용도에 적합한 **블렌드(blend)**의 중합체-중합체 혼합물의 개발에 점점 집중하고 있다. 블렌드는 이미 잘 알려진 성질의 기존 중합체를 기반으로 생산되기 때문에 특수 목적을 위해 새로운 중합체를 합성하는 것보다 비용이 저렴하고 신뢰성이 높은 소재를 개발할 수 있기 때문이다. 일례를 들면, 고도의 변형성을 갖는 탄성중합체에 다른 플라스틱을 혼합하면 충격강도를 크게 개선할 수 있다. 실제로 자동차 범퍼, 파워툴 하우징, 스포츠용품 등에 사용되고 있다. 섬유와 충전제, 화려한 컬러를 혼합한 아크릴 코팅은 테니스 코트와 운동장 코팅 재료로 사용된다. 중합체 코팅 재료는 부식이나, 공격적인 화학적 분위기, 열충격, 기계적 충격, 마모와 마멸로부터 소재를 보호할 목적으로 광범위하게 사용되고 있다.

4) 복합 재료

복합재료는 두 개 또는 그 이상의 재료를 사용, 통합하여 이루어진 하나의 재료로서 서로 다른 성분 간의 나쁜 물성을 상호 보완할 뿐 아니라 각 성분의 우수한 성질을 극대화하는 재료로 정의할 수 있다. 각 성분은 본래의 성질을 유지하나 전반적으로 복합체는 이들 각각과는 다른 성질을 가진다. 복합재료는 충전제 또는 강화재와 결합재 또는 기지재(matrix)로 구성된다. 이들 성분은 서로 용해하지 않기 때문에 계면을 물리적으로 구별할 수 있다. 복합재료를 분류할 때는 강화재로 사용하는 재료의 형태와 기지재의 종류에 따라 분류하는 것이 일반적이다. 강화재에는 많은 종류가 있으며, 가장 흔한 종류로는 섬유상(기지가 섬유로 구성)과 입자상(기지가 입자로 구성) 재료가 있다. 사용되는 기지의 종류에 따라 **금속기지 복합재료(metal-matrix composite, MMC)**, **세라믹기지 복합재료(ceramic-matrix composite, CMC)**, 또는 **중합체기지 복합재료(polymer-matrix composite, PMC)**로 분류될 수 있다. 섬유상 또는 입자상 재료도 이들 세 가지 주요 재료와 탄소, 유리, 아라미드, 탄화규소 등을 선택할 수 있다. 복합체를 설계할 때 재료 조합은 재료의 응용 유형과 환경에 따라 달리 할 수 있다. 최근 첨단산업분야에서 요구하고 있는 높은 비강도 (비중 또는 밀도 대비 강도 또는 강성)가 요구되고 있는 분야에서 복합재료가 일부 금속 구성부품을 빠르게 대체하고 있다. 이들 첨단 복합재료들은 금속의 강성과 강도를 가지면서도 밀도가 매우 낮기 때문에 중량을 감소시켜 경량화를 이룰 수 있는데 최적의 조건을 제공할 수 있다. 폴리에스터 또는 에폭시 기지에 유리섬유를 보강재로 사용하는 복합재료와 에폭시 기지에 탄소섬유를 보강재로 사용하는 복합재료는 현재 공업용으로 널리 사용되고 있는 대표적인 복합재료이다.

5) 전자 재료

전자 재료는 생산량으로 따진다면 그 양이 크다고 할 수는 없으나, 첨단 공업기술에서 차지하는 비중이 매우 높은 중요한 재료이다. 가장 중요한 전자 재료는 반도체 산업의 중심을 이루고 있는 순수 실리콘(Si)으로서, 다양한 방법으로 전기적 특성을 변화시킬 수 있다. 미세 면적 내에 복잡한 전자회로를 조밀하게 집적시킬 수 있으며, 집적도는 지금도 지속적으로 높아지고 있다. 고집적도의 전자 디바이스의 개발로 통신위성과 첨단 컴퓨터, 스마트폰, 로봇 등의 21세기 신제품 생산이 가능하게 되었다고 할 수 있다. 반도체와 마이크로일렉트로닉스에서 실리콘과 고체 재료는 1970년 이래 엄청나게 성장하였으며 이 성장 패턴은 계속될 것으로 예상된다. 실리콘칩으로 만든 집적회로를 사용하는 컴퓨터와 기타 산업에서 장비에 미치는 영향은 놀랄 만하다. 최근 제조업에서 컴퓨터와 로봇의 진화는 아직도 진행 중이며, 전자 재료의 뒷받침 하에서 더욱 발전될 수 있을 것으로 기대되고 있다. 수년 동안 집적회로는 트랜지스터의 폭이 감소되는 만큼 단일 실리콘칩에 위치한 트랜지스터 밀도는 점점 크게 제작되고 있다. 예를 들면, 1998년 실리콘칩의 최소 측성 해상력이 0.18μm이었고, 사용된 실리콘 웨이퍼는 직경이 300mm이었다. 또 다른 발전은 구리의 높은 전도도 때문에 거넥터로 사용되고 있던 알루미늄을 구리로 대체한 것이다.

일반적으로 부도체로 알려져 있는 세라믹 재료의 기능성 활용(전자세라믹스)도 최근 매우 빠른 속도로 성장하고 있다. 세라믹 재료에 전하를 띠는 결함을 인위적으로 만들어줌으로써 세라믹스를 반도체화 하여 다양한 센서 등에 활용하는 반도체 세라믹스, 유전성질을 활용하여 고성능의 캐퍼시터로 활용하는 유전세라믹스, 압력 신호를 전기 신호로, 전기 신호를 기계적 신호로 변환할 수 있는 압전세라믹스, 열적 신호를 전기신호로 변환하는 초전세라믹스 등이 전자 세라믹스의 대표적 예라고 할 수 있다.

6) 재료 간의 경쟁

오랫동안 한 응용분야에서 사용되어 오던 소재들이 계속해서 사용될 수 있는 것은 아니다. 끊임없이 새로운 재료가 개발되어 기존 재료를 대체하고 있으며, 이때 이러한 대체에 대해 많은 요인들이 이지만 가장 중요한 인자는 대개 가격일 때가 많다. 재료의 가공방법이 크게 개선되고 가격이 큰 폭으로 하락할 경우, 이 재료가 기존의 재료를 대체하게 되는 것이다. 특정 분야에 재료 대체를 야기하는 또 다른 인자는 특수한 성질(물성)을 갖는 신소재의 개발이다. 이와 함께 시간이 경과하면서 재료의 용도가 변화하기도 한다.

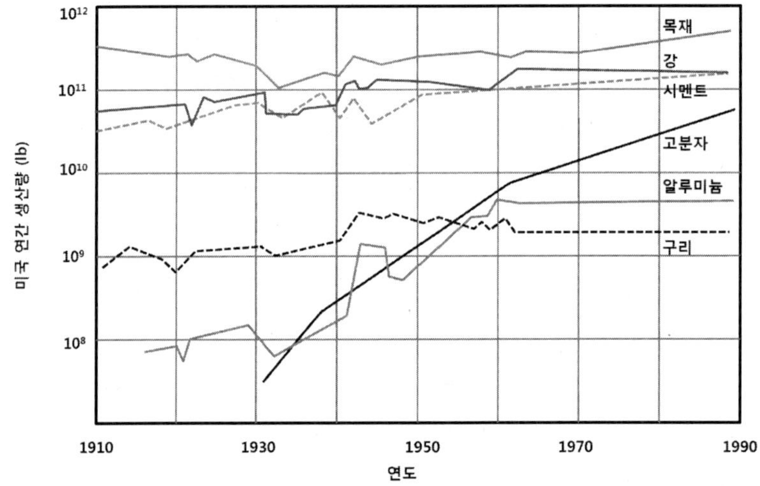

[그림 8.2] 미국에서 생산되는 주요 6가지 재료의 생산량 비교

[그림 8.2]는 과거 미국에서 생산된 여섯 가지 재료의 중량을 토대로 하여 생산량을 그래프로 나타낸 것이다. 1930년 이후에 알루미늄과 고분자 재료의 생산량이 크게 증가한 것을 알 수 있는데, 이들 재료는 경량화에 유리한 재료이기 때문에 생산량이 더욱 증가할 것으로 예상된다.

재료들 간 경쟁은 자동차를 구성하는 재료를 보면 더욱 분명히 알 수 있다. 1978년 미국 자동차의 평균 중량 1800kg 중에 약 60%가 주철과 강이고, 10~20%는 플라스틱, 3~5%는 알루미늄이었던 것에 비하여, 1985년 미국 자동차 평균 중량은 1400kg으로 감소하였는데 이는 주철과 강의 비율이 50~60%로 감소한 반면 플라스틱 10~20%, 알루미늄 5~10%로 증가하였기 때문이다. 1997년 미국 자동차 평균 중량은 1476kg에 플라스틱이 약 7.4%를 차지하고 있다. 자동차에서 주철과 강은 상대적으로 감소하는 추세이며, 알루미늄과 플라스틱은 증가하는 추세를 보이고 있다.

특수 응용분야에서는 설계상의 요건을 특정 재료만이 충족시킬 수 있는 경우가 있다. 이러한 재료는 상대적으로 가격이 비싸다. 예를 들면, 최신 제트엔진에 필요한 소재는 고온에서 높은 강도를 유지할 수 있어야 하는데 이러한 요건을 충족시키는 대표적 재료인 고온 니켈기 초합금은 비싸지만 대체 재료가 없다. 이와 같이 공업 설계에서는 비용도 중요한 인자일 뿐 아니라 사용 재료도 성능 요구조건을 만족해야 한다. 새로운 재료와 새로운 공정의 개발과 함께 기존의 재료는 다른 재료로 계속 대체될 것이다.

3. 신소재

신소재 또는 첨단재료는 최근 첨단 산업에 응용되고 있는 재료를 통칭하는 재료로서, 매우 정밀하고 복잡한 기능에 의해 구동되는 무선통신 전자제품, 컴퓨터, 광섬유 시스템, 우주선, 항공기, 미사일 등에 활용되고 있다. 이들 재료에는 모든 종류의 재료, 즉, 금속, 세라믹, 폴리머가 포함되며, 대부분 전통적인 재료들의 특성을 강화시키거나 새롭게 발전시킨 재료들이다. 신소재의 부가가치는 일반 재료에 비해 매우 높으며, 반도체, 생체 재료, 스마트 재료, 나노 재료 등 미래 재료들이 이에 속한다.

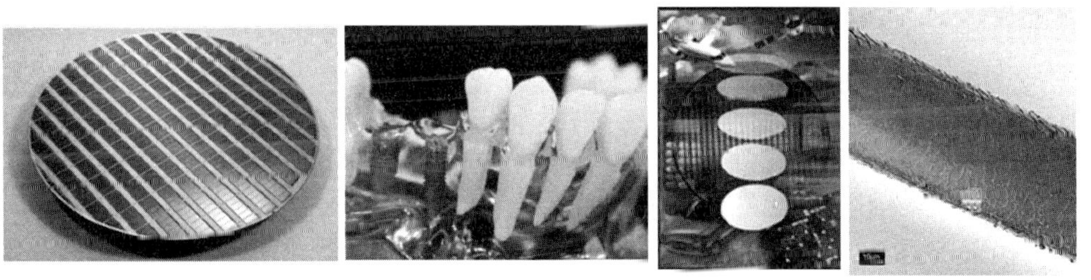

[그림 8.3] 다양한 신소재

1) 반도체

반도체(semiconductor)는 전기적으로 도체(금속 또는 금속 합금)와 절연체(세라믹, 폴리머)의 중간적 성질을 가지며, 전기적 특성이 불순물의 농도 및 분포에 매우 민감하므로, 적절한 공정으로 이들 농도 분포를 아주 미세한 영역에서 조절하여 우리가 원하는 성질을 갖도록 할 수 있다. 반도체 재료는 최근 30년 동안 전자와 컴퓨터 산업을 혁명적으로 바꾸고 있는 집적회로의 출현을 가능하게 하였다.

2) 생체 재료

생체 재료(biomaterials)는 질병 또는 사고로 손상된 인체의 부위를 대체하는 부품에 사용된다. 이러한 재료는 인체에 무해하며 인체의 조직에 적합해야 한다. 앞에서 설명한 금속, 세라믹, 폴리머, 복합재료, 반도체 등도 이러한 생체 재료로 사용될 수 있다. 인공대퇴골 등 골대체재료, 치아 임플랜트 등 광범위하게 활용되고 있다.

3) 스마트 재료

스마트 재료는 지능형 재료(intelligent materials)라고도 불리는데, '스마트'라는 용어는 재료가 주위 환경에 따라 변할 수 있는 기능을 갖고, 미리 정해진 방향을 따라 반응한다는 것을 나타내기 위해 붙여진 용어이다. 또한 '스마트'의 개념은 스마트 재료와 기존의 전통 재료가 복합된 첨단 시스템을 포괄적으로 지칭하기도 한다.

스마트 재료 또는 스마트 시스템의 구성에는 입력 신호를 감지하는 센서 기능과 감지에 대응하여 작동하는 엑튜에이터(actuator)의 기능이 들어가 있다. 엑튜에이터는 온도, 전기장, 혹은 자기장의 변화에 대응하여 형상, 위치, 진동, 기계적 특성 등이 변하는 것을 의미한다.

대표적인 스마트 재료로 네 가지 정도의 재료를 들 수 있으며, 형상기억합금(shape-memory alloys), 압전(piezoelectric)세라믹, 자기변형(magnetostrictive)재료, 자성/전성 유체 등이다. 형상 기억 합금은 일단 변형이 되어도 온도가 바뀌면 원래의 형태로 바뀌는 금속이다. 압전 세라믹은 외부에서 가해 주는 전기장(혹은 전압)에 의해 수축 팽창하며, 역으로 수축 팽창이 일어나면 전기장을 발생시킨다. 자기변형 재료의 작용은 압전 작용과 유사하나 전기장이 아닌 자기장에 반응하는 점이 다르다. 또한 자성과 전성 유체는 자기장 혹은 전기장에 의해 유체의 유동도가 급격히 바뀌는 물질이다.

이 밖에도 감지 센서로 사용되는 재료/소자에는 광섬유, 폴리머를 포함한 압전 소재, 그리고 미세기계 구동소자(microelectromechanical system, MEMS) 등이 있다.

4) 나노 재료

최근 전 세계적으로 큰 기대를 모으며 기술적 진보를 기대하고 있는 대표적인 신소재로 나노 재료(nanomaterials)가 있다. 나노 재료는 금속, 세라믹, 폴리머, 복합물 중의 하나에 속해 있지만 다른 재료와는 달리 화학적 성분에 의해 구별되지 않고 크기에 의해 구별된다. '나노'는 구조물의 크기가 나노미터(10-9m)영역으로 일반적으로 100 나노미터이하의 재료로 정의되고 있다.

나노 재료에는 두 가지 접근 방법이 적용되는 것이 일반적이다. 즉, '하향식(top-down) 접근법'과 '상향식(bottom-up) 접근법'이 그것이다. 하향식 접근법은, 우선 크고 복잡한 구조를 조사하여 재료의 화학적 물리적 성질을 이해한 후 이 구조를 구성하는 작고 단단한 단위물의 구조를 이해하는 순서를 취하는 방법으로 과학자들이 과거로부터 지금까지 일반적으로 적용해오던 방식이라 할 수 있다. 그러나 과학의 발전과 함께 다양한 과학적 도구들이 개발됨에 따라 개별적인 원자나 분자를 관찰하게 되었고, 이러한 원자나 분자를 조작하고 움직여서 새로운 구조를 갖는 신소재를 만들 수 있게 되었다. 원자를 인위적으로 배치시킬 수 있는 능력을 가짐으로써 지금까지 가능하지 않았던 새로운 기계적, 전기적, 자기적, 그리고 기타의 특성을 갖는 새로운 소재를 만들 수 있는 기회가 열렸다고 할 수 있다. 이러한 접근법을 '상향식(bottom up)'이라고 한다.

입자의 크기가 원자 크기에 가까워지면 물리적·화학적 특성은 일반적인 마이크론 단위의 크기일 때와는 달리 급격한 변화를 가져올 수 있다. 예를 들면, 거시적 영역에서는 불투명한 재료가 나노 영역에서는 투명할 수 있으며, 화학적으로 안정하던 물질의 연소성이 생길 수 있고, 전기적 부도체가 도체로 변화될 수 있다. 이러한 변화는 양자 역학이나 표면 현상, 즉, 크기가 작아지면 표면에 존재하는 원자의 비율이 증가하는 데서 기인한다.

나노 재료가 갖는 이러한 특이한 성질은 전자, 생체, 스포츠, 에너지 등의 산업적 분야에 지금까지와는 전혀 달리 적용될 수 있어 큰 기대를 모으고 있는 반면, 나노 입자는 체적 대비 엄청난 표면 면적이 존재하며 화학적 반응을 크게 높일 수 있기 때문에 생체, 의학적 안전성에 대한 조사가 진행되고 있다. 생체의 피부, 폐, 소화기관에 빠른 속도로 흡수될 수 있어, 적정량을 넘으면 폐암이나 DNA 손상 등을 일으킬 수도 있기 때문이다.

4. 신소재의 발전 전망

과거로부터 지금까지 재료에 대한 이해와 발전이 지속적으로 진행되어 오고 있으나, 급변하는 사회적 요구를 충족시킬 수 있는 전문화된 재료를 개발하기 위해서는 다양한 기술적 문제들을 해결할 수 있어야 한다. 이런 점에서 몇 가지 산업 분야에 대해 살펴보기로 한다.

운송 분야에는 현재 많은 양의 화석 에너지가 사용되고 있으며, 화석 연료의 제한된 매장량을 고려할 때 에너지의 소모를 줄이기 위한 다양한 노력이 진행되고 있다. 운송수단(자동차, 항공기, 기차)의 무게를 줄이고, 엔진의 온도를 높여 연소 효율을 높이기 위해 새로운 고강도 경량 구조 재료의 개발과, 엔진 부품을 위한 고내열성 재료의 개발이 필요하다. 최근에는 기존의 열기관 자동차를 전기자동차로 대체하고자 하는 연구개발에 집중적인 투자가 이루어지고 있으며, 여기에는 전지와 전기모터는 물론 차량 전자화의 확충으로 전자재료, 스마트 재료의 개발까지도 요구되고 있다.

에너지 문제는 최근 전 세계적인 문제로 대두되어 다양한 에너지 활용에 대한 관심이 고조되고 있다. 경제적이고 새로운 에너지 자원의 개발은 물론 기존 에너지 자원을 더욱 효율적으로 사용하기 위해 재료의 개발은 중요한 역할을 한다. 신재생에너지로 불리는 태양 에너지와 풍력 에너지를 전기 에너지로 바꾸는 기술이 기대를 모으고 있으며, 이들 신재생에너지를 보다 광범위하게 활용하기 위해서는 현재보다 더 효율적이고 경제적인 재료가 사용되어야 한다. 에너지 전환 효율을 높일 수 있고 가격도 저렴한 재료의 개발이 필요한 것이다.

비록 개발까지 어느 정도의 기간이 필요할 것으로 예상되기는 하지만 수소 연료 전지는 비교적 실현 가능성이 큰 무공해 에너지 변환 기술로 기대를 모으고 있다. 작은 규모로는 일부 전자 부품의 배터리로 사용되고 있으나, 가까운 장래에 전기자동차의 동력으로 사용될 것으로 기대되고 있다. 수소 연료 전지 자동차의 실용화를 위해서는 좀 더 고효율의 연료 전지가 개발되어야 하며, 수소의 생산 효율을 높일 수 있는 새로운 촉매 재료의 개발이 가장 절실한 것으로 알려져 있다.

원자력 에너지도 유망한 에너지원으로 이용되고 있으나, 좀 더 광범위한 응용을 위해서는 연료의 처리와 핵폐기에 관한 재료상의 많은 문제점이 해결되어야 할 것이다.

환경의 질은 공기 오염은 물론 각종 오염을 조절하는 기술에 달려 있으며, 이를 위해 다양한 재료들이 필요하다. 아울러 재료의 개발과 공정에서 환경적 문제를 야기하지 않는 재료와 공정의 개발이 이루어져야 한다. 즉, 오염이나 유해 물질을 배출하지 않는 그린공정을 개발하여 생태적인 측면에서 문제가 되지 않도록 충분한 고려가 있어야 한다.

우리가 사용하는 많은 재료들 중에서 특히 재생이 불가능한 재료로부터 얻는 것들, 특히 폴리머를 포함한 가공되지 않은 재료 중 오일과 몇 가지 금속들의 경우에는 고갈될 운명에 있기 때문에 (1) 기존 자원의 추가 발견, (2) 친환경적 신소재의 발견, (3) 재활용 기술의 향상과 새로운 기술 발전이 필요하다. 따라서 최근 재료공학에서는 생산의 경제적 요소는 물론이고, 환경적 효과와 생태적 요소들을 감안한 일생주기를 고려하는 전반적인 순환 제조 공정의 중요성이 더욱 강조되고 있다.

연습문제

1. 재료과학과 재료공학의 차이에 대해 기술하라.

2. 재료들의 활용 방안을 결정하는 여섯 가지 성질(물성)을 열거하라.

3. 재료과학과 공학에서 규명하고자 하는 상호 밀접한 관계에 있는 네 가지 요소를 열거하고, 이들 간의 관계에 대해 기술하라.

4. 재료를 어떻게 분류할 수 있는지 열거하고, 각각의 재료들의 특징에 대해 기술하라.

5. 스마트재료에 대해 간단히 기술하라.

6. 재료의 적용에 따른 나노기술의 개념에 대해 간단히 기술하라.

제 9 장

재료의 미세구조

8장에서 설명한 바와 같이 재료의 성질(물성)은 내부 미세구조에 의해 결정되고, 미세구조는 공정을 통해 바꿀 수 있어 결과적으로 성질(물성)을 조절할 수 있다. 따라서 원하는 성능의 부품을 얻기 위한 재료를 선택하고, 공정을 개발하기 위해서는 재료의 구조-성질(물성)-공정-성능 사이의 관계에 대한 충분한 이해가 반드시 필요하다. 이런 관점에서 고체 재료를 구성하고 있는 기본 구성요소가 원자이고, 이들 원자가 모여 결합함으로써 고체 덩어리를 이루게 되므로 먼저 원자결합의 종류와 특성, 차이점들을 이해하고, 고체 내에서 원자들이 어떤 형태로 배열하고 그 배열 형태에 따라 성질이 어떻게 달라지는가를 아는 것은 재료공학을 이해하는 기초를 제공할 뿐 아니라 재료의 개선과 신소재 및 공정의 개발을 위한 바탕이 된다.

이번 장에서는 고체를 이루는 원자들 간의 결합 방식과 배열에 따른 결정구조, 결정결함 등에 대해 알아보기로 한다.

1. 원자구조와 고체 내 원자결합

원자의 기하학적 배열과 원자 혹은 분자 간의 결합은 고체 재료의 성질(물성)들에 크게 영향을 미친다. 이 장에서는 원자결합을 이해하기 위한 기초 지식으로, 원자의 구조, 원자 내의 전자 분포, 주기율표 등을 먼저 설명하고, 고체를 구성하는 원자의 1차 및 2차 결합 등을 설명한다.

1) 원자구조

(1) 기본 개념

원자는 양자와 중성자로 구성된 핵과 그 주위를 도는 전자로 이루어져 있다. 전자와 양자는 전기적으로 전하를 가지고 있으며, 그 전하량은 1.602×10^{-19} **C**로, 전자는 음전하, 양자는 양전하를 갖는 반면, 중성자는 중성을 나타낸다.

핵을 구성하고 있는 양자의 수는 원자기호(atomic number **Z**)와 같으며, 전기적으로 중성이거나 완전한 원자는 원자번호와 같은 수의 전자를 갖는다. 원자번호는 가장 가벼운 수소가 1번이고, 자연계에 존재하는 원소 중에서 가장 높은 원자번호를 갖는 우라늄의 92번까지이다.

원자 질량(atomic mass, A)은 핵 안의 양자와 중성자의 질량의 합이며, 어떤 원소의 경우에는 양자수는 같은데 중성자의 수가 다른 경우가 있다. 이런 경우에는 한 원소가 두 가지 이상의 원자 질량을 갖게 되는데, 이를 **동위원소**(isotope)라고 한다. 이러한 경우 **원자량**(atomic weight)은 자연계에 존재하는 동위원소의 원자 질량의 평균값으로 정의된다. **원자 질량 단위**(atomic mass unit : amu)는 원자량을 산출하는 데 사용된다. 1 원자질량단위는 가장 흔한 탄소 동위원소 평균질량의 $\frac{1}{12}$로 정의되며, 탄소는 원자번호 12(^{12}C(A=12.00000)이다. 이러한 방법에 의해 산출된 양자와 중성자의 질량은 1보다 약간 크다. 즉,

$$A \cong Z + N \tag{9.1}$$

원소의 원자량과 화합물의 분자량은 단위 원자당(혹은 분자당)amu 또는 재료 1 mol당 질량으로 표시된다. 물질 **1몰**(mole)에는 6.022×10^{23}[아보가드로 수(Avogadro's number)]개의 원자나 분자가 존재한다. 원자량을 나타내는 이러한 두 방식 간에는 서로 다음과 같은 관계가 있다.

$$1amu/atom(\text{혹은분자}) = 1g/mol$$

원자 혹은 분자당 amu로 원자량을 나타내는 것이 편리한 경우도 있으나, 일반적으로 g(또는 kg)/mol 단위가 더 많이 사용되고 있다.

(2) 원자 내의 전자

① 원자 모델

고체 내에 존재하는 전자와 관련된 여러 현상 중 고전 역학으로는 설명할 수 없었던 여러 현상들을 **양자역학**(quantum mechanics)의 개념이 도입되면서 설명할 수 있게 되었는데, 여기에는 원자의 모델과 관련된 이론도 포함된다. 양자역학의 초기 개념은 보어의 원자 모델(Bohr atomic model)에서 출발했다고 할 수 있는데, 보어는 전자가 원자 주위의 정해진 궤도를 따라 돌고 있다고 가정하고, 궤도의 위치가 명확히 정의된다고 가정하였다. 보어의 원자 모델 개념을 그림으로 나타내면 [그림 9.1]과 같다.

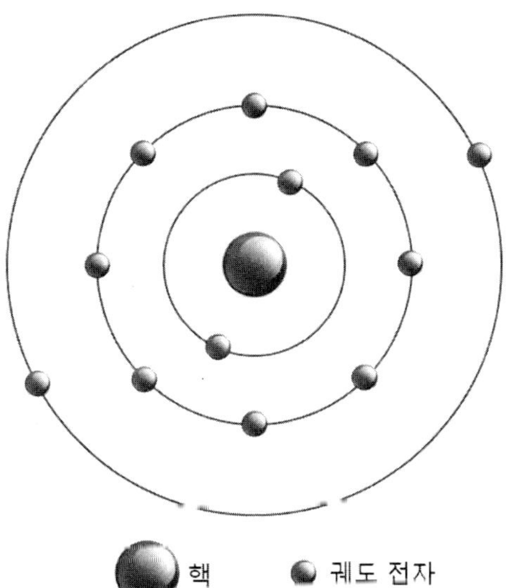

[그림 9.1] 보어 원자모델의 개략도

보어의 원자 모델에 추가하여 원자에 관한 또 한 가지 중요한 양자역학 개념은 전자의 에너지가 양자화 되어있다는 것이다. 즉, 전자는 오직 특정한 에너지 값만을 가질 수 있으며, 연속적인 값을 가질 수 없다는 것이다. 전자의 에너지 변화는 오직 허용된 높은 에너지와 낮은 에너지 사이에서 양자 도약(quantum jump)을 함으로써만 가능하다는 것이다. 여기서 허용된 전자의 에너지를 에너지 준위라 하며, 에너지 준위는 단속적인 값을 가질 뿐 연속적으로 변하지 않으며, 일정한 에너지 간격으로 분리되어 있다. 수소 원자의 예를 들면, 보어가 제시한 수소 원자의 허용 에너지 준위는 [그림 9.2(a)]와 같이 나타낼 수 있고, 이러한 에너지는 음의 값을 가지며, 핵에 구속되지 않은 자유 전자 에너지의 경우를 0으로 잡는다. 그림에서 보는 것처럼 수소의 경우에는 전자가 한 개뿐이므로 오직 하나의 준위만을 채울 수 있다.

보어의 원자 모델은 원자 내 전자들의 위치와 에너지를 (1) 전자궤도와 (2) 양자화된 에너지 준위의 양자역학 개념으로 설명한 것이라 요약할 수 있다.

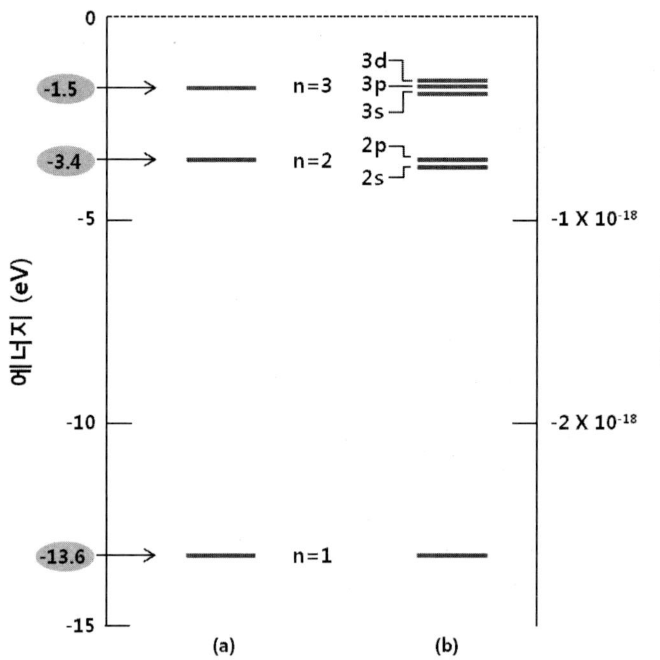

[그림 9.2] (a) 보어 수소 원자의 처음 세 전자 에너지 준위,
(b) 파동역학적 수소 원자의 처음 세 전자각(주각)에너지 준위

하지만 이후에 보어의 원자 모델은 전자가 갖는 여러 현상을 설명하는 데 한계가 있음이 밝혀졌고, 이러한 한계는 다시 원자의 **파동역학 모델**(wave-mechanical model)에 의해 해결되었다. 파동역학 모델에서는 전자가 파동성과 입자성을 동시에 갖는다고 생각하고, 전자를 특정 궤도를 도는 입자로 생각하지 않고, 전자의 위치를 원자핵 주위에서 전자가 발견될 확률로 나타낸다. 즉, 전자의 위치를 확률 분포 혹은 전자구름으로

표시하는 것이다. [그림 9.3]은 수소 원자의 보어 모델과 파동역학 모델을 비교한 것이다. 그림에서 보는 바와 같이 보어의 원자모델에서는 전자 궤도 내에 전자가 틀림없이 존재한다고 생각하는 것과는 달리, 파동역학 모델에서는 전자가 궤도를 중심으로 파동 운동을 하기 때문에 궤도 내에서 전자를 확률이 상대적으로 높을 뿐이지 반드시 궤도 내에만 존재하는 것은 아니라는 점을 알 수 있다.

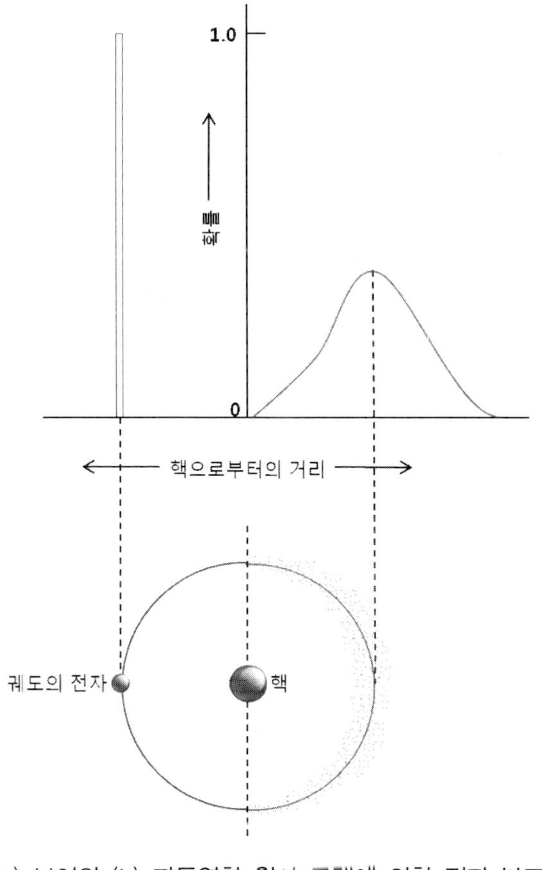

[그림 9.3] (a) 보어와 (b) 파동역학 원자 모델에 의한 전자 분포의 비교

② 양자수

파동역학 모델에 의하면, 원자의 모든 전자는 **양자수**(quantum number)라고 하는 4개의 숫자에 의해 정의되고 설명될 수 있다. 전자의 확률 밀도의 크기, 형태, 방향은 이 양자수에 의해 특징지어지고, 보어가 제시했던 에너지 준위는 전자 부각(subshell)으로 세분되며, 양자수는 각 부각 내에 존재하는 준위를 나타내게 된다. 전자각 주각(shell)은,

주양자수(principal quantum number) ***n***으로 표시하고, 1부터 시작하는 정수로서, 흔히 K, L, M, N, O 등의 알파벳으로 표시하는데, 이는 표 9.1에 나타낸 것처럼 각각 주양자수 n = 1, 2, 3, 4, 5,··· 에 해당된다. 4개의 양자수 중 주양자수만이 보어 모델과 관계가 있으며, 원자핵의 위치로부터 전자가 얼마나 떨어져 있는가하는 거리와 관련되어 있다.

부양자수(subsidiary quantum number) ***l***은 부각을 나타내며, *s*, *p*, *d*, *f*와 같이 소문자로 나타낸다. 부각의 수는 *n*의 수에 의해 제한을 받는다. 각 *n*값에 대해 허용되는 부각을 [표 2.1]에 나타내었다. 각 부각에 존재하는 에너지 준위들은 세 번째의 양자수 **자기양자수(magnetic quantum number)** m_l에 의해 정해진다. s부각에는 하나의 에너지 준위 밖에 없지만, p, d, f 부각에는 각각 3, 5, 7개의 준위가 존재한다[표2.1]. 외부 자기장이 없다면 각각의 부각은 에너지가 동일하다. 그러나 자기장이 걸리면 부각의 준위는 갈라져서 약간 다른 에너지를 갖게 된다.

부각을 채우는 각 전자에는 상하 방향의 스핀 모멘트(spin moment)가 있으며, 이에 관계되는 양자수가 네 번째의 양자수 **전자스핀 양자수(electron spin quantum number)** m_s 이고, 스핀 방향에 따라 두 가지($+\frac{1}{2}$과 $-\frac{1}{2}$)의 값을 갖는다.

파동역학은 보어 모델이 설명할 수 없었던 여러 가지 현상을 설명할 수 있도록 좀 더 개량된 모델이라고 할 수 있으며, 보어 모델의 전자각을 3개의 양자수로 나타내고 있다.

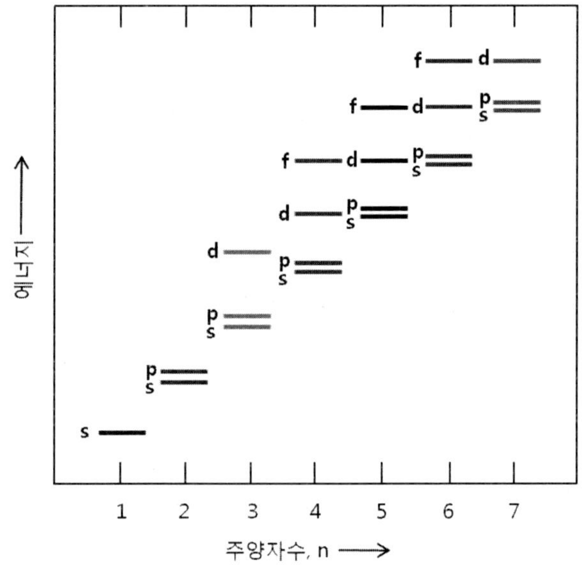

[그림 9.4] 여러 주각과 부각의 상대적 전자 에너지를 나타낸 개략도

[그림 9.4]는 파동역학 모델을 이용하여 계산된 주각(shell)과 부각(subshell)의 에너지를 나타낸 도표이다. 도표에서 보는 바와 같이, 주양자수가 작을수록 낮은 에너지값을 갖는다. 예를 들어, 1s준위의 에너지값은 2s준위보다 작으며, 2s준위는 3s보다 작다. 또한, 동일한 주각에서 l양자수가 증가하면 부각의 에너지가 증가한다. 예를 들어, 3d준위의 에너지는 3p준위보다 크고, 3p준위는 3s준위보다 크다. 그러나, 주양자수가 4이상인 경우에서부터는 주각의 준위 에너지는 d와 f준위에서와 같이 그 다음 주각의 준위 에너지와 겹치는 경우가 존재한다. 3d준위의 에너지도 4s준위의 에너지보다 크다.

③ 전자 배위

전자에 허용되는 에너지의 값(에너지 준위)에 전자가 채워지는 방식을 이해하기 위해서는, 양자역학의 또 하나의 중요한 개념인 **파울리의 배타 원리**(Pauli exclusion principle)를 알아야 한다. 파울리의 배타 원리는 하나의 준위에 스핀 방향이 각각 다른 2개 이하의 전자가 채워질 수 있을 뿐 그 이상의 전자는 수용할 수 없다는 원리이다. 따라서 s, p, d, f 부각에는 각각 총 2, 6, 10, 14개의 전자까지 채워질 수 있다. [표 9.1]에 네 번째까지의 주각(주양자수 n=1~4)에 채워질 수 있는 총 전자의 수와 부각 당 전자수를 요약, 정리하였다.

[표 9.1] 전자 주각과 부각의 전자 준위표시와 전자의 개수

주양자수 n	주각 표시	부각	준위의 개수	전자의 개수	
				부각당	주각당
1	K	s	1	2	2
2	L	s	1	2	8
		p	3	6	
3	M	s	1	2	18
		p	3	6	
		d	5	10	
4	N	s	1	2	32
		p	3	6	
		d	5	10	
		f	7	14	

원자에 따라 전자의 수가 다르기 때문에 어떤 경우에는 가능한 모든 준위에 전자가 다 채워지지 않을 수도 있다. 거의 모든 원자에서 전자는 낮은 에너지를 갖는 전자각

(주각)과 부각의 준위에서부터 스핀 방향이 다른 2개의 전자를 채워나간다. 가능한 에너지 준위를 전자가 모두 채울 때 원자는 가장 낮은 에너지 상태 또는 안정한 상태, **기저 상태** 또는 **바닥 상태**(ground state)에 있다고 말한다. 그러나 전자는 외부의 자극이나 에너지 공급으로 더 높은 에너지 준위로의 전이(transition)가 가능하며, 원자의 **전자 배위**(electron configuration)는 준위가 채워지는 방식을 나타내는 용어이다. 전자 배위를 나타낼 때는 부각에 존재하는 전자의 개수를 주각-부각 표식의 상부 첨자로 표시한다. 즉, 수소, 헬륨, 나트륨의 전자 배위는 각각 ($1s^1$), ($1s^2$), ($1s^2 2s^2 2p^6 3s^1$) 이다.

전자 배위에서 중요한 것은 원자가 전자(valence electron)이다. 원자가 전자는 최외각에 채워진 전자로서 최외각 전자라고도 불린다. 원자가 전자가 중요한 것은 원자 내의 전자 중 최외각에 존재하는 원자가 전자만이 원자 간의 결합에 참여하여, 고체의 많은 물리적 · 화학적 성질을 결정하는 원인이 되기 때문이다. 최외각이 아닌 원자핵에 인접한 내각 전자들은 원자결합과 재료물성 결정에 영향을 거의 미치지 않는다.

불활성원소들에서처럼 원자의 최외각이 전자로 완전히 채워졌을 때 안정된 전자 배위를 가지고 있다고 말하며, 네온(Ne), 아르곤(Ar), 크립톤(Kr)의 경우는 최외각의 s와 p 부각이 8개의 전자에 의해 완전히 채워져 있으며, 헬륨(He)의 경우에는 2개의 전자가 최외각인 1s 부각을 완전히 채우고 있다. 불활성 원소들은 일반적으로 화학적으로 반응성이 없는 불활성 기체로 존재하여 다른 원소들과 반응하지 않는다. 그러나 완전히 채워지지 않은 최외각을 가지고 있는 원자는 최외각에 전자를 얻거나 버리거나, 혹은 다른 원자와 공유함으로써 안정된 전자 배위를 가지려고 하는데, 이러한 경향이 바로 원자 결합과 화학 반응을 일으키는 원인이 된다.

어떤 원소들의 경우에는 s와 p궤도가 합쳐져 sp^n하이브리드(혼성) 궤도를 형성하기도 하는데, 여기서 n은 하이브리드(혼성) 궤도 형성에 참여하는 p궤도의 수(주로 1, 2, 3)를 가리킨다. [그림 9.5]에 나타낸 주기율표의 IIIA, IVA, VA족 원소들이 주로 하이브리드(혼성) 궤도를 형성하는 원소들이다. 하이브리드(혼성) 궤도가 생성되는 이유는 원자가 전자가 낮은 에너지 상태로 존재할 수 있기 때문이다. 탄소 원자의 경우 sp^3 하이브리드(혼성) 궤도는 유기 혹은 폴리머 화합물에서 매우 중요한 작용을 한다. sp^3하이브리드(혼성) 궤도의 형태는 폴리머 사슬에서 발견되는 109°의 결합각으로 이루어진다.

④ 주기율표

주기율표(perodic table, [그림 9.5])는 모든 원소를 전자 배위에 의해 분류하여 주기라고 하는 7개의 횡렬에 원자번호순으로 배치해 놓은 것이다. 따라서 주기율표 안에서 같은 종렬에 있는 원소는 모두 유사한 최외각 전자 구조를 가지기 때문에 유사한 화학적, 물리적 특성을 갖는다.

앞에서 기술한 것처럼 최외각을 전자가 모두 채우고 있는 0족에 존재하는 원소는 불활성 기체이며, VIA, VIIA족의 원소는 안정된 전자 배위 구조에서 각각 1개나2개의 전자가 채워지지 않는 원소이다. VIIA족의 원소(F, Cl, Br, I, At)는 할로겐 원소로 불린다. 알칼리와 알칼리 토금속(Li, Na, Be, Mg, Ca)은 IA, IIA족의 원소로, 안정된 구조보다 각각 1개나 2개가 많은 전자수를 갖는다. IIIB에서 IIB족에 속하는 3개 주기의 원소는 천이 금속(transition metal)이라고 하며, 이들 원소는 부분적으로 채워진 d궤도를 가지고, 또한 더 높은 궤도에 1개나 2개의 전자를 가지고 있다. IIIA, IVA, VA(B, Si, Ge, As 등)족은 그들의 원자가(최외각) 전자 구조 때문에 금속과 비금속의 중간 성질을 갖는다.

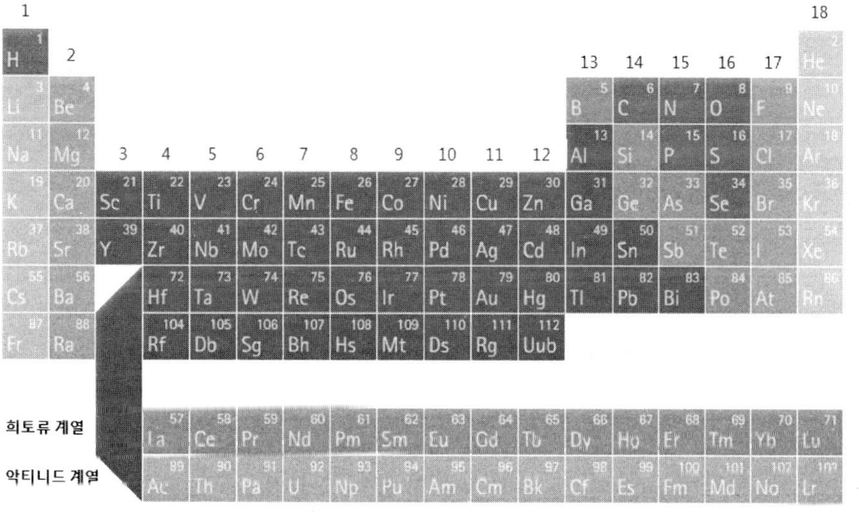

[그림 9.5] 주기율표

2) 고체 내의 원자 결합

(1) 결합력과 결합 에너지

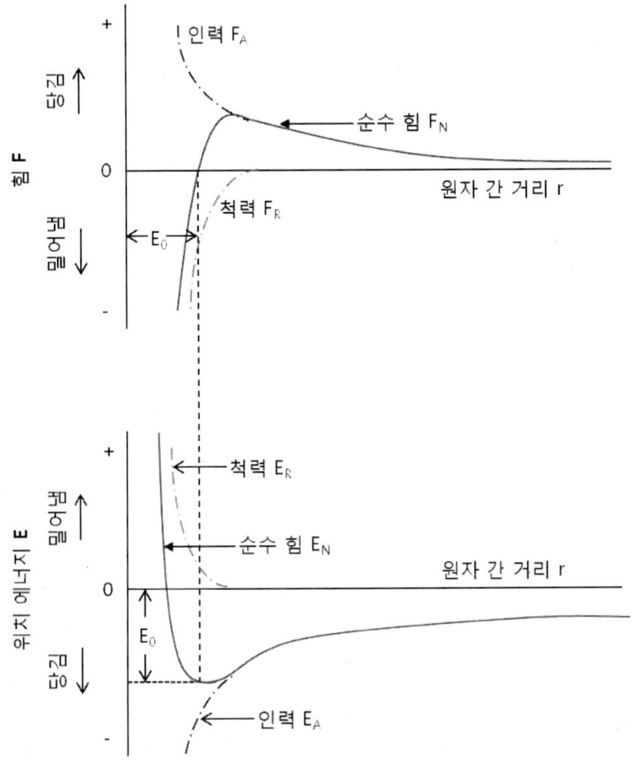

[그림 9.6] (a) 떨어진 두 원자의 원자 간 거리에 따른 척력, 인력, 순수 힘의 변화, (b) 떨어진 두 원자의 원자 간 거리에 따른 척력, 인력, 순수 위치 에너지의 변화

재료 물성은 원자간 결합력 정보로부터 예측이 가능하다. 원자 간의 결합은 2개의 서로 독립된 원자가 무한히 먼 거리로부터 가까워질 때 일어나는 원자 간 상호작용을 생각하면 쉽게 이해할 수 있다. 즉, 원자가 무한히 먼 거리에 떨어져 있다는 것은 원자 간의 상호작용이 무시할 수 있을 정도로 매우 약하다는 것을 의미한다. 그러나 원자가 서로 가까워짐에 따라 원자 간의 상호 작용력은 증가하며, 그 힘은 원자 간 거리의 함수로 나타난다. 원자 간에는 인력(attractive force, F_A)과 척력(repulsive force, F_R)의 상반된 힘이 작용하게 되는데, 각각의 크기는 [그림 9.6(a)]에 나타낸 바와 같이 원자 간 거

리에 따라 달라진다. 두 원자 사이의 거리가 무한대에서 점차 가까워짐에 따라 처음에는 인력이 더 강하게 작용하지만, 어느 거리에서부터 두 원자들의 최외각 전자들이 서로 중첩되기 시작하면 같은 부호의 전자들이 겹치게 되므로 강한 척력 F_R이 작용하게 된다. 따라서 순수 원자 간의 힘(F_N)은 이와 같은 인력과 척력 성분의 합으로 나타낼 수 있다. 즉,

$$F_N = F_A + F_R \tag{9.2}$$

만약 인력과 척력이 서로 균형을 이루게 된다면 서로 반대 부호를 갖는 힘이 같아지게 되어 원자 상호간에 작용하는 힘은 0이 되어, 원자 간 작용력이 평형 상태에 도달했음을 의미한다.

$$F_A + F_R = 0 \tag{9.3}$$

[그림 9.6]에 나타낸 것처럼 원자간 작용력이 평형상태에 도달할 때의 원자 중심 간의 거리를 평형거리라고 하고, 평형거리 r_0로 표시한다. 많은 원자의 경우, 평형거리 r_0는 대략 0.3nm이며, 이 위치에서 두 원자는 척력과 인력의 균형을 이루게 되고, 안정한 결합을 이루게 된다.

두 원자 간에 작용하는 힘 대신에 위치(potential) 에너지의 관점에서 생각하는 것이 편리한 경우가 있다. 수학적으로는 에너지(E)는 힘(F)을 적분하면 얻어지므로

$$E = \int F\,dr \tag{9.4}$$

이며, 원자 간의 상호 작용력을 에너지로 바꾸기 위해서는

$$E_N = \int_{\infty}^{r} F_N\,dr \tag{9.5}$$

$$= \int_{\infty}^{r} F_A\,dr + \int_{\infty}^{r} F_R\,dr \tag{9.6}$$

$$= E_A + E_R \tag{9.7}$$

이다. 여기서 E_N, E_A, E_R 은 2개의 인접 원자 간의 결합 에너지, 인력 에너지, 척력 에너지를 의미한다.

[그림 9.6(b)]는 척력, 인력, 결합 에너지를 두 원자 간 거리의 함수로 나타낸 것이다. 결합 에너지 곡선은 두 에너지의 합이며 최저점을 가지고 있다. 평형 거리 r_0는 가장 최소의 위치 에너지를 갖는 원자 중심 간 거리에 해당된다. 원자 간의 **결합 에너지** (bonding energy) E_0는 그림에서 최저점에 해당하는 에너지로서 가장 안정한 결합을 하고 있는 상태이며, 두 원자를 안정한 결합 상태에서 다시 무한대로 분리시키기 위해 필요한 에너지라고 생각할 수 있다.

위에서는 결합에너지 개념을 간단히 설명하기 위해 오직 두 원자만을 생각하여 이상적인 경우로 설명하였지만, 고체 재료는 수많은 원자들로 구성되어 있기 때문에 그들 사이에 존재하는 힘과 에너지의 상호작용이 고려되어야 한다. 하지만 이러한 경우에도 E_0에 해당되는 적절한 결합 에너지가 각 원자마다 존재한다. 결합 에너지와 원자 간의 거리에 따른 에너지 변화는 재료마다 다르며, 원자 결합의 종류에 따라서도 다르다. 또한 재료의 성질들은 E_0, 곡선의 모양, 결합의 형태 등에 의해 달라진다. 보통 결합에너지가 높은 경우는 고체 상태로 존재하며, 낮은 경우는 기체 상태로 존재하고, 액체의 경우는 그 중간 정도의 값을 갖는다. 비교적 단단한 재료의 결합에너지 곡선에서는 결합에너지가 크기 때문에 평형거리 부근에서 깊고 가파른 형태를 보일 것이고, 강도가 낮은 연성 재료에 비해 곡선의 폭이 좁을 것이라 쉽게 예상할 수 있다. 또한 가열시의 팽창과, 냉각 시의 수축 정도도 결합에너지 곡선의 모양과 밀접한 관계가 있다. 높은 결합 에너지를 갖고 있는 재료가 흔히 나타내는 깊고 날카로운 결합에너지 곡선은 낮은 열팽창 계수와 밀접한 관계가 있다.

고체의 원자결합은 1차 결합과 2차 결합으로 나누어 분류할 수 있다. 1차 결합에는 세 종류의 원자결합이 있는데, 이온(ionic), 공유(covalent), 금속(metallic) 결합이 1차 원자결합이다. 각 결합은 최외각 전자들에 의해 이루어지며, 결합 방식은 구성 원자들의 전자 구조에 의해 정해진다. 1차 결합은 불활성 기체와 같이 최외각을 전자로 완전히 채워 안정된 전자 구조를 가지려는 경향에서 기인하며, 최외각을 완전히 채우는 방법에 따라 분류지어진다. 2차 결합은 쌍극자 간의 결합으로 1차 결합에 비해 결합력이 약하지만 물성에 부수적인 영향을 준다.

(2) 1차 원자결합

① 이온 결합

이온 결합(ionic bonding)은 금속과 비금속 원소 간의 화합물에서 볼 수 있는 결합으로, 비금속 원소는 주기율표의 우측 끝 부분에 위치하고, 최외각의 일부가 채워지지 않은 상태로 있어, 최외각에 소수의 전자만을 갖고 있는 금속 원소의 원자로부터 최외각 전자를 쉽게 제공 받을 수 있다. 이 과정에서 금속 원소는 전자를 잃고 양전하를 갖게 되며, 비금속 원소는 전자를 얻어 음전하를 갖게 되어 각각 전기 전하(electrical charge)를 띤 양이온과 음이온이 되어 불활성 기체와 같은 안정된 전자 구조가 된다. 이때 최외각 전자의 분포 역시 불활성 기체에서와 마찬가지로 구 대칭을 이루게 되어 양이온과 음이온 간의 결합이 어느 방향에서나 이루어질 수 있다. 대표적인 예로서 염화나트륨(NaCl)을 들 수 있는데, 나트륨은 최외각의 전자 1개를 염소 원자에 주고, 네온(Ne)원자와 같은 전자 구조를 가지며, 이러한 전자 공급에 의해 염소 이온은 음전하를 가지게 되며, 아르곤(Ar)과 동일한 전자 구조를 갖게 된다. 이러한 결합의 개략도를 [그림 9.7]에 나타내었다.

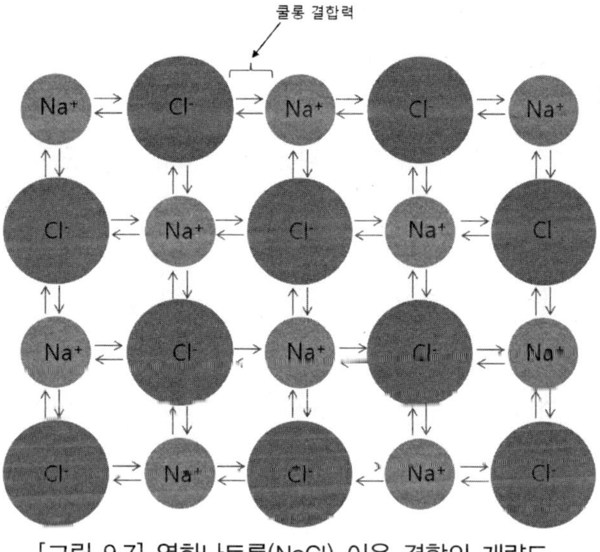

[그림 9.7] 염화나트륨(NaCl) 이온 결합의 개략도

여기서 양이온과 음이온 간에 작용하는 인력은 **쿨롱의 힘**(coulombic)이다. 즉, 양전하와 음전하의 이온은 서로 끌어당긴다. 두 독립된 이온에 대해 인력 에너지 E_A는 다

음과 같은 원자 간 거리의 함수로 표시된다.

$$E_A = -\frac{A}{r} \tag{9.8}$$

(상수 A : $\frac{1}{4\pi\epsilon_0}(Z_1 e)(Z_2 e)$, 진공허용도 $\epsilon_0 = 8.85 \times 10^{-12}\ F/m$,

전하량 $e = 1.602 \times 10^{-19}\ C$, Z_1과 Z_2 두 가지 이온 형태의 전자가)

척력 에너지도 유사한 수식으로 표현된다.

$$E_R = \frac{B}{r^n} \tag{9.9}$$

(상수 B : 실험치)

여기서 A, B와 n은 특정한 이온계(ionic system)에 따른 상수값이며, n은 대략 8 정도의 값을 갖는다.

앞에서 설명한 바와 같이 양이온과 음이온을 형상하면서 최외각의 전자를 모두 채움으로써 최외각의 전자 분포가 방향성이 없이 대칭을 이루기 때문에 이온 결합은 방향성이 없다는 점이 특징이다. 이는 결합의 세기가 이온의 모든 방향에 대해 같다는 것을 의미한다. 또한 이온 결합이 안정되기 위해서는 모든 양이온과 음이온은 3차원적으로 최대한 많은 수의 상대이온과 가장 짧은 거리에서 접촉해야 한다. 세라믹 재료는 8장에 설명한 것처럼 금속과 비금속 원소의 화합물로 정의되는데, 주된 원자결합 형태가 이온 결합인 경우가 많다.

이온 결합의 에너지값은 일반적으로 3에서 8eV/원자로, 다른 1차 결합들에 비해 상대적으로 크기 때문에 일반적으로 융점이 높고, 단단하며, 깨지기 쉬운 특성을 나타낼 뿐 아니라 결합에 참여한 최외각 전자들이 이온들에 단단히 붙잡혀 있기 때문에 전기적, 열적으로 절연 특성을 갖는다.

② 공유 결합

공유 결합(covalent bonding)은 안정된 전자 배위가 두 인접 원자 간에 전자를 공유함으로써 만들어진다. 공유 결합하는 두 원자에서는 적어도 하나의 전자가 결합에 참여하고 있으며, 공유된 전자는 두 원자에 모두 속해 있다고 볼 수 있다. 공유 결합의 한 예로, 메탄(CH_4)분자 공유 결합의 개략도를 [그림 9.8]에 나타내었다. 탄소 원자는 4개의 최외각 전자를 갖고, 수소 원자는 1개의 최외각 전자를 갖고 있다. 각각의 수소 원자는 1개의 전자를 공유함으로써 He의 전자 배위(2개의 1s 전자)를 갖게 된다. 탄소는 4개의 최외각 전자를 갖고, 각각의 전자는 수소와 공유하여 총 8개의 외각 전자를 갖게 되어 네온의 전자 구조와 같게 된다. 전자를 공유하는 방법으로 이루어지는 결합이기 때문에 공유 결합은 방향성이 강한 결합이다. 즉, 각 원자가 전자를 공유하는 상대적인 위치(방향)를 따라 결합이 이루어진다.

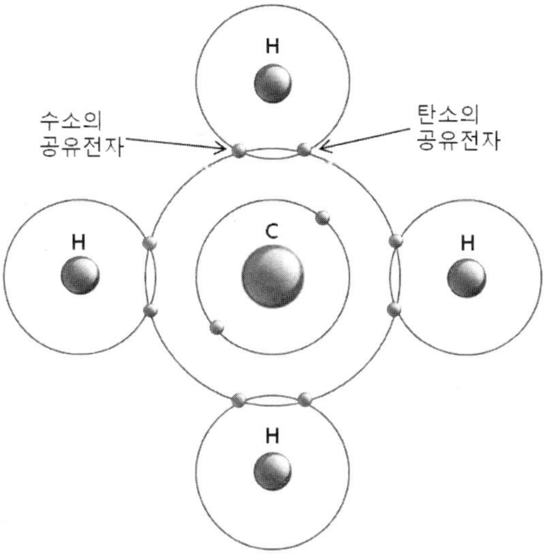

[그림 9.8] 메탄(CH_4) 분자의 공유 결합을 나타내는 개략도

많은 1원계 분자(예: H_2, Cl_2, F_2 등)와 CH_4, H_2O, HNO_3, HF와 같은 2원계 분자는 공유 결합을 하고 있다. 또한 다이아몬드(C), 규소(Si), 게르마늄(Ge) 등의 1원계 고체와 주기율표의 우측에 위치한 비소화갈륨(GaAs), 안티몬화인듐(InSb), 탄화규소(SiC) 등도 공유 결합을 하고 있다.

원자별로 가능한 공유 결합의 개수는 최외각 전자의 개수에 의해 정해진다. 만약 N'개의 최외각 전자를 가지고 있다면, 최대 8-N'만큼의 공유 결합을 가질 수 있다. 염소의 경우 N'= 7 이고 8 – N'= 1이다. 따라서 Cl 원자는 다른 원자와 오직 1개의 공유 결합을 할 수 있다. 탄소의 경우 N'= 4이므로 탄소원자는 8 – 4,즉 4개의 전자를 공유할 수 있다. 다이아몬드는 각각의 C원자가 다른 4개의 C원자와 공유 결합을 하는 3차원적인 결합 구조를 가지고 있다.

공유 결합은 매우 단단하고 높은 용융점[3550℃(3823K)]을 갖는 다이아몬드처럼 매우 강한 결합력을 갖거나, 270℃(543K)에서 용융하는 비스무트(Bi)와 같이 매우 낮은 결합력을 갖고 있다. 폴리머(polymer) 재료는 전형적인 공유 결합 특성을 가지고 있는데, 기본적인 분자구조는 탄소원자가 긴 사슬(chain)로 연결되며, 각 탄소 원자 당 가능한 네 개의 결합에서 두 개가 서로 공유 결합으로 연결되어 있고, 일반적으로 남은 두 개의 결합은 다른 원자와 공유하는 공유 결합이다.

원자 결합에서는 이온결합과 공유 결합 성분이 혼재되어 있는 경우가 많다. 원소 간 화합물의 경우 이들 원자 결합 혼재의 정도는 화합물을 구성하는 원소들의 주기율표상에서의 상대적인 위치 혹은 전기 음성도 차이에 따라 달라진다. 즉, 주기율표에서 두 원소가 좌측 하부에서 우측 상부로 멀리 떨어져 위치할수록 이온 결합 성분은 커지며, 원소가 가까이 있을수록 공유 결합 성분은 증가한다. 전기 음성도 X_A와 X_B를 갖는 두 원소들 사이 결합에 있어 이온 결합 성분이 차지하는 비율(%)은 다음 식으로 계산된다.

$$\%\text{이온성분} = \left\{1 - \exp\left[-(0.25)(X_A - X_B)^2\right]\right\} \times 100 \qquad (9.10)$$

여기서 X_A와 X_B는 각각의 원자의 전기 음성도이다.

③ 금속 결합

금속 결합(metallic bonding)은 금속과 합금의 원자 결합 방식으로 금속이 갖는 여러 가지 특유의 물성의 원인이 된다. 금속 재료는 한 개나 2개, 또는 최대 3개까지의 최외각 전자를 가지고 있으며, 고체상에서 이들 최외각 전자는 특정한 한 원자에 구속되어 있지 않고 금속 내부를 비교적 자유롭게 돌아다닌다. 이러한 전자는 금속 전체에 속해 있다고 볼 수 있으며, '전자의 바다(electron sea)'나 '전자의 구름(electron cloud)'으로 생각할 수 있다. 내각에 있는 전자와 원자핵을 합쳐서 **이온 코어**(ion core)라고 불리며, 각 원자 당 전자와 같은 양의 양전하를 갖는다. [그림 9.9]는 금속 결합에 대한 간단한 개략도이다. 자유전자는 양전하의 이온 코어가 서로 정전기적으로 밀어내는 것을 막아 주며, 최외각 전자를 극단적으로 모든 이온 코어가 공유하기 때문에 금속 결합은 방향성이 없다는 특성을 갖는다. 또한 이러한 자유 전자들은 이온 코어를 서로 뭉치게 하는 접착제와 같은 역할을 한다. 금속결합의 결합에너지는, 상온에서 액체 상태로 존재할 정도로 낮은 값인 0.7eV/원자을 갖는 수은(융점 -39℃)에서부터 고융점을 나타내는 8.8eV/원자의 텅스텐(융점 3410℃)에 이르기까지 광범위한 에너지값을 갖는다.

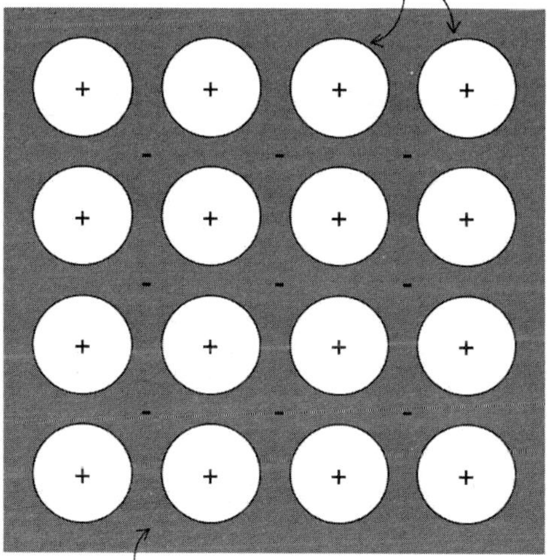

[그림 9.9] 금속 결합의 개략도

주기율표 상에서 금속 결합을 하는 원소는 IA와 IIA 족 원소가 대표적이며, 실제로 모든 금속은 금속 결합을 하고 있다고 말할 수 있다.

금속, 세라믹, 폴리머 등 재료의 일반적인 거동은 원자결합의 종류에 따라 설명될 수 있다. 예를 들면 금속은 자유 전자가 결합에 주도적 역할을 하기 때문에 열과 전기에 좋은 전도체이다. 그러나 공유나 이온 결합으로 이루어진 세라믹스나 폴리머 재료들은 자유 전자가 거의 없기 때문에 전기적이나 열적으로 부도체인 경우가 많다.

금속결합을 하는 대부분의 금속과 그들의 합금은 영구적인 변형이 생기고 난 후 파괴가 일어나는 반면, 상온에서 이온 결합을 하는 대부분의 세라믹스 재료들은 그들의 구성 이온의 전기적으로 부하된 특성으로 인한 결과로서 영구 변형이 일어나기 어렵고 작은 변형에서 쉽게 깨지는 특성을 보인다.

(3) 2차 결합 또는 반데르발스 결합

2차 결합, 반데르발스 결합(secondary, van der waals bond)은 1차 원자 결합과는 달리 물리적 결합으로 불리며, 1차 결합에 비해 약한 결합력을 나타내며, 결합 에너지는 보통 0.1eV/원자 정도에 불과하다. 2차 결합은 실제로 모든 원자와 분자 사이에 존재하지만, 이러한 결합의 효과는 앞에 설명한 세 종류의 1차 결합이 함께 존재할 때는 그 크기가 미미하여 효과가 가려진다. 2차 결합은 안정된 전자 배위를 갖고 있는 불활성 기체나 공유 결합의 분자와 분자 사이에서 볼 수 있다.

2차 결합이 일어나는 원인은 원자나 분자의 **쌍극자**(dipole) 간 상호 작용 때문이다. 원자나 분자에서 양전하와 음전하가 근접하게 분리 위치할 때는 언제나 전기적 쌍극자(electric dipole)가 존재하게 되는데, 결합은 [그림 9.10]에 나타낸 것처럼 한 쌍극자의 양전하 끝 부위와 인접한 쌍극자의 음전하 끝 부위 사이에 작용하는 쿨롱 인력에 기인한다. 쌍극자 간 상호작용은 유도된 쌍극자(induced dipole)들 사이에서, 유도된 쌍극자와 영구 쌍극자를 가진 극성분자들 사이에서, 또는 극성 분자들 사이에 존재한다. 수소 결합(hydrogen bonding)은 2차 결합의 특수한 형태로, 수소 원자를 구성 원소로 갖는 분자들 중에서 나타난다.

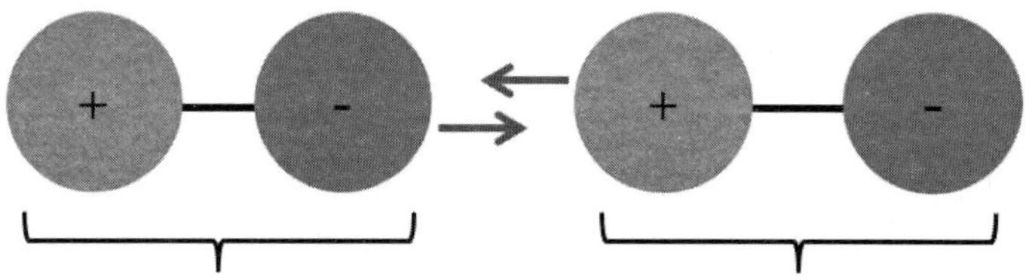

원자 혹은 분자의 쌍극자

[그림 9.10] 2차 결합, 반데르발스 결합의 개략도

① 진동하는 유도 쌍극자 결합

원자나 분자 내에 생성되거나 유도되는 쌍극자는 일반적으로 전기적으로 대칭성이 있다. 즉, 전체적인 위치 분포는 [그림 9.11(a)]에서와 같이 양전하의 핵에 대해 대칭적이다. 모든 원자들은 계속적인 진동(fluctuation)을 하며, 이때 순간적이거나 단기적으로 전기 대칭이 깨지게 되면, [그림 9.11(b)]에서 보는 바와 같이 작은 전기 쌍극자가 생기게 된다. 이러한 쌍극자는 다시 인접한 분자나 원자의 전자 배치를 이동시켜, 다시

쌍극자를 생성하고 이들은 서로 약하게 결합하게 된다. 이러한 기구가 반데르발스 결합의 한 종류이다. 이러한 인력은 많은 수의 원자나 분자 간에 존재하게 되는데, 이러한 힘은 일시적이며 시간에 따라 진동하게 된다.

기체의 액화(liquefaction) 현상이나 불활성 기체, H_2나 Cl_2 등의 대칭성 분자의 응고 현상은 이러한 진동 유도 쌍극자 간 결합에 의해 이루어진다. 쌍극자 결합이 지배적인 재료의 용융 및 비등 온도는 극히 낮으며, 분자 간에 가능한 결합 중에서 가장 약하다.

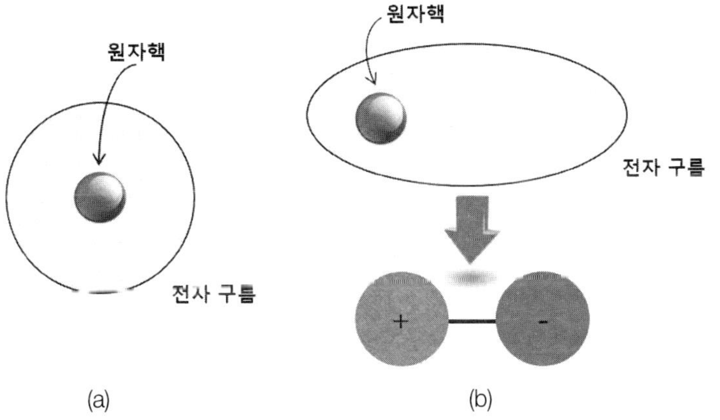

[그림 9.11] (a) 전기적 대칭 원자와 (b) 유도 원자 쌍극자의 개략도

② 극성 분자와 유도 쌍극자 간의 결합

구조적으로 비대칭적인 양극과 음극 영역이 존재하여 영구적인 쌍극자 모멘트가 원래부터 항상 존재하는 분자들을 극성 분자라고 부르는데, [그림 9.12]는 극성 분자인 염화수소 분자를 개략적인 그림으로 나타낸 것이다. 이때 영구 쌍극자 모멘트는 HCl 분자의 수소와 염소 끝에 존재하는 순 양극과 음극 전하 사이에 존재한다.

극성 분자는 인접한 비극성 분자에 쌍극자를 유도할 수 있고, 이 두 분자 간에 인력을 만들어 낼 수 있으며, 이때 결합의 세기는 진동 유도 쌍극자에 비해 크다.

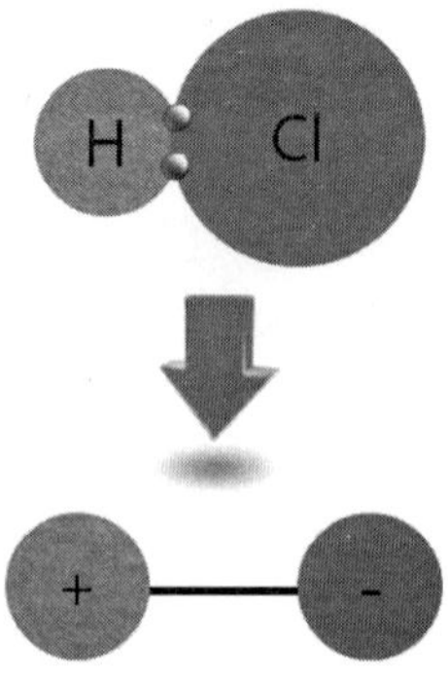

[그림 9.12] 염화수소(HCl)분자의 극성을 보여 주는 개략도

③ 영구 쌍극자 결합

영구 쌍극자를 가지고 있는 인접한 두 극성 분자 사이에는 반데르발스 힘이 항상 작용하며, 이로 인한 결합 에너지는 유도 쌍극자에 의해 만들어진 결합에 비해 상당히 크다.

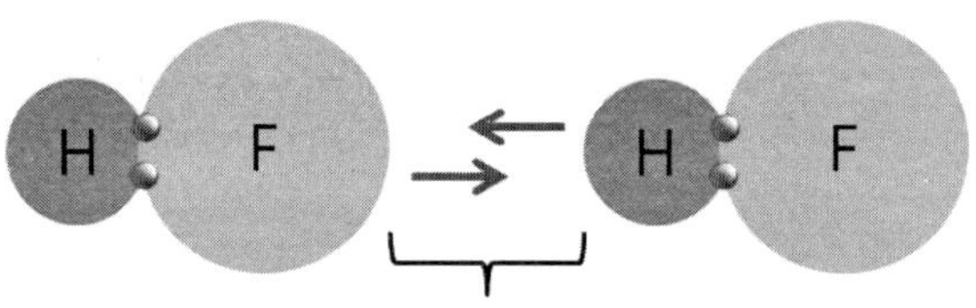

[그림 9.13] 불화수소(HF)분자의 수소 결합 개략도

극성 분자 결합의 특수한 경우로 2차 결합 중 가장 강한 결합력을 갖는 수소결합을 들 수 있다. 수소결합은 수소가 불소(HF), 산소(H_2O), 질소(NH_3)와 공유 결합하는 분자들에서 찾아볼 수 있다. H-F, H-O-H, H-N, 결합에서 수소 원자의 전자는 다른 원자와 공유되어 있다. 따라서 결합의 수소 원자 부위는 전자에 의해 차폐되어 있지 않은 양자에 의해 양극성을 갖는다. 이러한 분자의 강한 양극성을 갖는 한쪽 끝은 [그림 9.13]의 HF 예와 같이 인접 분자의 음극성 끝과 인력을 가지게 된다. 불화수소의 용융 및 비등 온도는 수소 결합에 의해 낮은 분자량에 비추어 볼 때 매우 높다고 할 수 있다.

(4) 분자

분자(molecule)는 강한 1차 결합에 의해 결집된 원자군으로 생각할 수 있으며, 이러한 경우에 해당되는 물질은 2원자의 분자(F_2, O_2, H_2 등)와 화합물(H_2O, CO_2, HNO_3, C_6H_6, CH_4 등)이다. 응집된 액체와 고체 상태에서, 분자 간의 결합은 약한 2차 결합으로 되어 있다. 결과적으로 이러한 분자 재료는 상대적으로 낮은 용융 및 비등 온도를 가지고 있다. 작은 분자로 구성된 이러한 재료의 대부분은 상압, 상온, 대기 중에 기체 상태로 존재한다. 반면에, 매우 큰 분자로 구성된 많은 폴리머 재료는 고체로 존재하며, 그들의 물성은 반데르발스와 수소 2차 결합에 민감한 영향을 받는다.

2. 결정구조

고체는 결정질 고체와 비정질 고체로 크게 나눌 수 있다. 결정질 고체는 그 원자, 분자, 또는 이온의 규칙적인 배열로 인해 명확한 구조적 형태를 가진다. 금속은 대부분 결정질이며 명확한 구조적 형태를 가진 작은 결정 또는 결정립들로 구성된다. 결정립은 육안으로 관찰하기 어려울 정도로 미세하며 금속의 불투명한 성질 때문에 선명하게 관찰하기 어렵다. 금속과는 달리 결정질의 광물 재료들은 대부분이 투광성이거나 투명성이므로 명확한 구조를 가진 결정모습을 선명하게 관찰할 수 있다. 그러나 비정질 고체는 장범위 규칙성이 적거나 거의 없으며 응고할 때도 결정질 고체가 가지는 대칭성과 규칙성을 가지지 않는다.

1) 공간격자와 단위정

고체 재료의 물리적 구조는 그 고체를 구성하는 원자, 이온, 또는 분자의 배열과 이들 간의 결합력에 따라 달라지며, 결정질과 비정질로 나눌 수 있다. 고체의 원자 또는 이온이 3차원적으로 반복되는 형태로 배열되고, **장범위 규칙성(long-range order)**을 가지면 **결정질 고체(crystalline solid)** 또는 **결정질 재료(crystalline material)**라고 한다. 대부분의 금속 및 합금, 그리고 일부 세라믹 재료는 결정질 재료이다. 결정질 고체와 달리 어떤 재료들은 구성하는 원자나 이온이 **단범위 규칙성(short-range order)**만을 가지면서, 장범위, 주기적, 반복적인 배열을 하지 않는다. 단범위 규칙성이라 함은 바로 이웃한 원자나 분자 사이에만 규칙성을 가진다는 의미이다. 한 예로서, 액체상태의 물은 분자 내에서 산소원자 하나가 수소원자 둘과 공유결합을 하는 단범위 규칙성을 가진다. 그러나 이들 각각의 분자가 약한 2차 결합을 통해 다른 분자들과 임의로 결합하면 이러한 규칙성은 사라진다. 단범위 규칙성만을 가지는 재료를 비정질(amorphous, 무정형) 또는 비결정질이라 구분한다. 유리와 많은 폴리머, 세라믹스 재료들은 비정질이다.

결정질 고체 안에서의 원자배열은 3차원의 네트워크 구조에서 선의 교점에 원자가 위치하는 것으로 설명할 수 있으며, 이러한 네트워크 구조를 **공간격자(space lattice)** [그림 9.14(a)]라 하며, 점들이 무한하게 3차원으로 배열한 것이라 할 수 있다. 이때 중의할 점은 공간격자를 점유하고 있는 각 점은 항상 동일한 주위 환경을 갖는다는 것이다. 이상적인 **결정(crystal)**에서 어떤 주어진 점을 기준으로 주위의 **격자점(lattice point)**들을 구분한 집합을 보면 결정격자 내의 임의의 다른 격자점을 기준으로 구분한 격자점들의 집합과 동일하다. 따라서 각 공간격자는 [그림 9.14(a)]의 굵은 선으로 나타낸 것과 같은 반복되는 **단위정(unit cell)**에서 원자위치를 지정하여 나타낼 수 있다. 원자군이 각각의 고체에 따라 특정한 배열을 하고 격자점에 위치하여 기초(basis)를 구성한다. 따라서 결정구조는 격자와 기초의 조합이라고 정의할 수 있다. 여기서 한 가지 더 주의할 것은 격자점 위치에 반드시 원자들이 대응하여 위치하는 것은 아니라는 것이다. 경우에 따라서는 원자군이나 분자가 위치할 수도 있다. 단위정의 크기와 모양은 단위정의 한 꼭지점을 원점으로 하는 3개의 격자벡터 a, b, c로 나타낼 수 있다[그림 9.14(b)]. 여기서 축의 길이인 a, b, c,와 축간 각인 α, β, γ를 단위정의 격자상수(lattice constant)라고 한다.

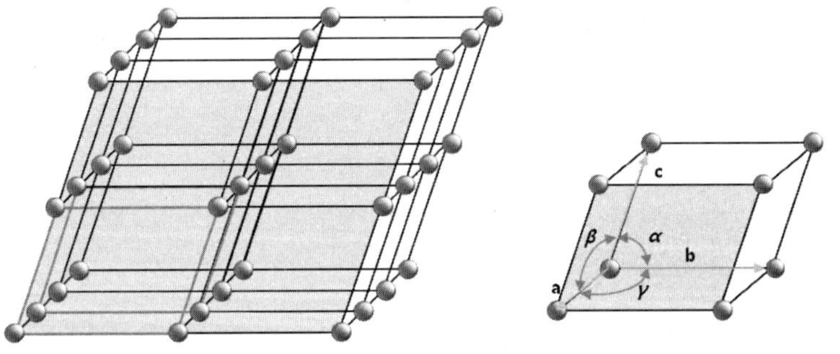

(a) (b)

[그림 9.14] (a) 이상적인 결정질 고체의 공간격자, (b) 격자상수를 보여주는 단위정

2) 결정계와 Bravais 격자

축 길이와 축간 각에 따라 여러 형태의 단위정이 있을 수 있다. 가능한 모든 공간격자는 아래 [표 9.2]에 나타낸 것과 같이 일곱 가지 단위정으로 분류할 수 있으며, 이를 결정계(crystal system)라고 한다. 격자상수 a=b=c와 $\alpha=\beta=\gamma=90^{\circ}$의 입방정계는 가장 높은 대칭도를 가지며, 가장 낮은 대칭도는 격자상수 a≒b≒c와 α ≒ β ≒ γ의 삼사정계이다.

[표 9.2] 결정계에 대한 공간격자 분류 및 단위정의 기하학적 모양

결정계	축관계	축간 각도	단위정 모양
입방 (Cubic)	a=b=c	α=β=γ=90°	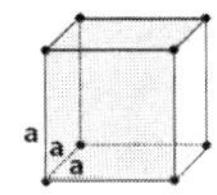
육방 (Hexagonal)	a=b≠c	α=β=90°, γ=120°	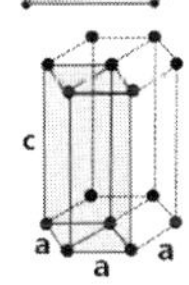
정방 (Tetragonal)	a=b≠c	α=β=γ=90°	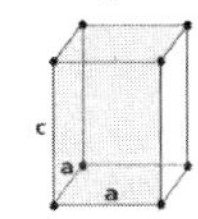
삼방 (Rhombohedral)	a=b=c	α=β=γ≠90°	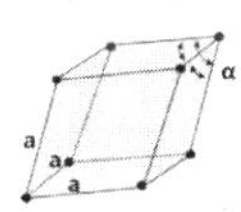
사방 (Orthorhombic)	a≠b≠c	α=β=γ=90°	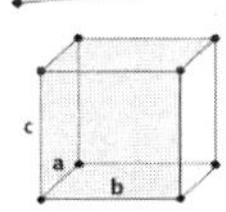
단사 (Monoclinic)	a≠b≠c	α=γ=90°, ≠β	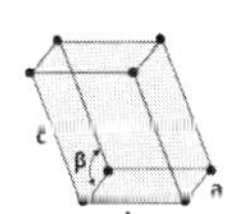
삼사 (Triclinic)	a≠b≠c	α≠β≠γ≠90°	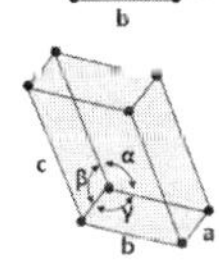

결정계에 나타낸 단위정에는 네 가지의 기본 형태, 즉 (1) 단순(simple), (2) 체심(body-centered), (3) 면심(face-centered) (4) 저심(base-centered)이 있다. 모든 결정은 입방정계(cubic system)에는 세 가지 형태의 단위정, 즉 단순 입방정, 체심 입방정, 면심 입방

정이 있으며, 사방정계(orthorhombic system)에는 단순, 체심, 면심, 저심의 네 가지 형태가 모두 있다. 정방정계(tetragonal system)에는 단순과 체심의 두 가지 형태만 있으며, 단사정계(monoclinic system)는 단순과 저심 단위정을 가진다. 삼방정계(rhombohedral system), 육방정계(hexagonal system), 삼사정계(triclinic system)는 단순한 형태의 단위정 하나씩만을 갖는다. 결국 모든 결정은 총 열네 가지의 공간격자 형태로 나타낼 수 있는데 이를 Bravais 격자라고도 한다.

3) 주요 금속의 결정구조

90%가 넘는 대부분의 금속 원소는 용해 상태에서 응고되면서 결정화되어 아래 [그림 9.15]에 나타낸 것과 같은 세 가지의 조밀하게 충진된 결정구조, **면심 입방정(face-centered cubic : FCC)**, **체심 입방정(body-centered cubic : BCC)**, **조밀 육방(hexagonal close-paked : HCP)** 구조로 결정화한다. 대부분의 금속은 원자가 서로 가깝게 접근하여 더욱 단단히 결합을 이루면서 에너지를 방출하기 때문에 이러한 조밀충진 구조로 결정화한다. 따라서 조밀하게 충진된 결정구조가 더 낮고 안정된 에너지 상태의 배열이다.

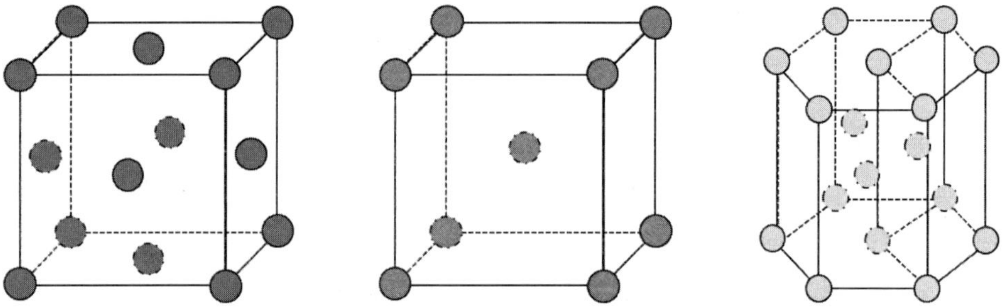

(a) 면심 입방정 (b) 체심 입방정 (c) 조밀 육방 구조

그림 9.15 주요 금속의 결정구조와 단위정

금속결정의 단위정은 그 크기가 매우 작은데, 예를 들어 체심 입방정 철(Fe)에서 단위정의 한 모서리의 길이는 실온에서 0.287×10^{-9}m, 즉 0.287nm이다. 따라서 순수한 철의 단위정을 1mm에 일렬로 나란히 배열한다고 하면 다음과 같은 수의 단위정을 배열할 수 있을 것이다.

$$1mm \times \frac{1\text{단위격자}}{0.287nm \times 10^{-6}mm/nm} = 3.48 \times 10^{6}\text{단위격자}$$

세 개의 주요 금속 결정구조의 단위정 내의 원자배열에 대해 각각 살펴볼 텐데, 결정구조 내의 원자를 단단한 구(sphere)로 생각하면 이해하기가 쉽다. 결정구조에서 원자들 사이의 거리(원자 간 거리)는 X-선 회절분석에 의해 실험적으로 구할 수 있다.

(1) 면심 입방정(FCC) 결정구조

[그림 9.15(a)]는 FCC 단위정을 나타낸 것이다. FCC 단위정 내에는 입방체의 각 꼭지점과 각 면의 중심에 하나씩 격자점이 있다. 이와 같은 FCC 결정구조는 원자가 가능한 최대로 조밀하게 충진 되어 있는 구조이다.

FCC 단위정은 단위정당 4개의 원자를 갖는다. 8개의 각 꼭지점에 있는 $\frac{1}{8}$ 크기의 원자들이 1개의 원자($8 \times \frac{1}{8} = 1$)에 해당하고, 6개의 각 표면에 있는 $\frac{1}{2}$ 크기의 원자들이 3개의 원자에 해당하여 단위정당 총 4개의 원자를 갖는 것이다. FCC 단위정 내의 원자는 입방체의 면대각선을 가로질러 서로 접촉하고 있으며, 입방체의 모서리 길이 a와 원자 반지름 R 사이의 관계는 다음과 같다.

$$\sqrt{2}\,a = 4R \text{ 또는 } a = \frac{4R}{\sqrt{2}} \tag{9.11}$$

FCC 단위정의 원자를 구형으로 간주하면, 다음 식으로 **원자충진율(atomic packing factor, APF)**을 계산할 수 있다.

$$\text{원자충진율} = \frac{\text{단위격자 내 원자의 체적}}{\text{단위격자의 체적}} \tag{9.12}$$

FCC 조밀 구조의 원자충진율은 0.74로서 조밀충진 구조가 아닌 BCC 구조의 0.68에 비해 충진율이 높다. FCC 결정구조의 원자충진율은 0.74로서 구형 원자로서 가능한 가장 조밀한 충진율을 갖는다. FCC 격자점을 차지하고 있는 각 원자의 최인접 주위에는 12개의 원자가 접촉하고 있으며, 이를 배위수 12라고 한다. 알루미늄, 납, 니켈, 그리고 고온(912~1394℃)의 철이 FCC 결정구조를 갖는다.

(2) 체심 입방정(BCC) 결정구조

BCC 결정구조의 단위정을 [그림 9.15(b)]에 나타내었다. 단위정 내 원자의 위치를 점으로 표시하였는데, 여기서 점은 원자가 차지할 위치의 중심을 나타내며 각 원자의 상대적 위치를 지정하고 있다. BCC 단위정에서는 중심의 원자가 모두 8개의 최인접 원자로 둘러싸여 있으며 이를 배위수가 8이라고 부른다.

단단한 구로 표시한 단위정 하나를 분리해서 내부를 점유하고 있는 원자의 개수를 따져보면 단위정 당 모두 2개에 해당하는 원자가 있음을 알 수 있다. 단위정 중심에 하나의 완전한 원자가 위치하고, 단위정의 8개 각 꼭지점에 $\frac{1}{8}$의 원자가 위치하여 또 하나의 원자에 해당한다. 따라서 하나의 단위정은 $1(\text{중심}) + 8 \times \frac{1}{8}(\text{꼭지점}) = 2$개의 원자를 갖는다. BCC 단위정에서 원자는 입방체의 대각선 방향으로 서로 접촉하고 있으므로, 입방체 모서리 길이 a와 원자 반지름 R 사이의 관계는 다음과 같다.

$$\sqrt{3}\,a = 4R \text{ 또는 } a = \frac{4R}{\sqrt{3}} \tag{9.13}$$

BCC 단위정의 원자충진율은 0.68이다. 즉, BCC 단위정 체적의 68%를 원자가 차지하고 나머지 32%는 빈 공간으로 남는다는 의미이다. BCC 결정구조는 원자가 더 조밀하게 충진 될 수 있기 때문에 조밀충진 구조가 아니다. 철, 크롬, 텅스텐, 몰리브덴, 바나듐 등의 많은 금속들이 실온에서 BCC 결정구조를 가진다.

(3) 조밀 육방(HCP) 결정구조

세 번째 일반적인 금속의 결정구조는 [그림 9.15(c)]에 나타낸 HCP 구조이다. 금속들은 단순 육방정 구조로는 결정화하지 않는데, 이는 그 원자충진율이 너무 낮기 때문이다. 원자는 HCP 구조를 형성함으로써 보다 낮은 에너지와 보다 안정한 상태를 가질 수 있다. HCP 결정구조의 원자충진율은 0.74이며 이는 FCC 결정구조의 원자충진율과 같은 값인데, 이는 두 구조에서 모두 가능한 한 조밀하게 원자가 충전되어 있기 때문이다. HCP와 FCC 결정구조에서 각 원자는 12개의 다른 원자로 둘러싸여 두 구조 모두 12의 배위수를 갖는다.

HCP 단위정은 단위정 당 모두 6개의 원자를 갖는다. 12개의 각 꼭지점에 있는 $\frac{1}{6}$크기의 원자들이 2개의 원자($12 \times \frac{1}{6} = 2$)에 해당하고, 위 아래 중앙면에 있는 $\frac{1}{2}$크기의 원자들이 1개의 원자에 해당하며, 정중앙의 온전한 원자 3개를 포함하여 단위정당 총 6개의 원자를 갖는 것이다. HCP 단위정의 경우 세로로 $\frac{1}{3}$크기로 분리된 HCP 구조를 단위정으로 사용하기도 하며, 이를 원시격자(primitive cell)이라고도 한다.

HCP 결정구조에서 육각형 기둥의 높이 c와 그 밑면의 모서리 a와의 비를 c/a 비라고 한다. 동일한 크기의 구가 육방정 단위정을 빈틈없이 충진한다고 할 때, 이상적인 HCP 결정구조의 c/a 비는 1.633이다.

4) 입방 단위정의 원자위치 나타내기

공간격자 내에서 원자의 위치를 나타내기 위해서 xyz직교 좌표축을 사용한다. [그림 9.16]에 나타낸 것처럼 +x축은 지면에서 나오는 방향, +y축은 지면의 오른쪽 방향, 그리고 +z축은 위쪽 방향이며 , 음의 방향은 그 반대라고 생각하면 된다.

단위정 내의 원자위치는 [그림 9.16(a)]에 나타낸 것처럼 xyz축을 따라서 단위거리로 지정한다. 예로, BCC 단위정 내의 원자위치를 [그림 9.16(b)]에 나타내었다. BCC 단위정 내의 8개 꼭지점의 원자 위치는 다음과 같다.

(0,0,0) (1,0,0) (0,1,0) (0,0,1)
(1,1,1) (1,1,0) (1,0,1) (0,1,1)

BCC 단위정 내의 중심원자는 $(\frac{1}{2}, \frac{1}{2}, \frac{1}{2})$이 위치좌표를 갖는다. 때로는 간단히 하기 위해 BCC 단위정에서 오직 두 원자의 위치인 (0,0,0)과 $(\frac{1}{2}, \frac{1}{2}, \frac{1}{2})$만을 지정하기도 한다.

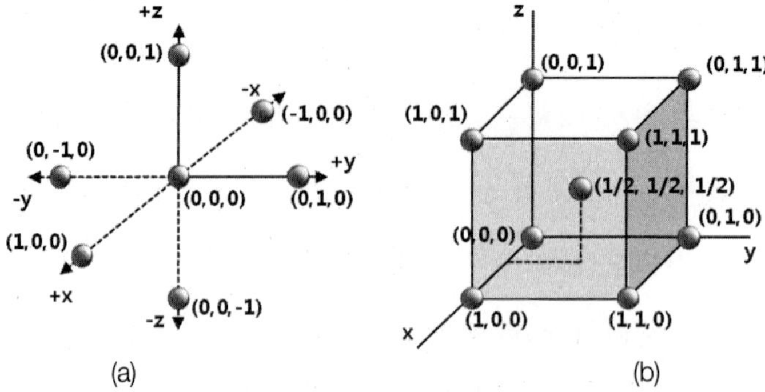

[그림 9.16] (a) 입방 단위정에서 원자위치를 지정하는 좌표
(b) BCC 단위정 내의 원자위치

5) 입방 단위정의 방향 나타내기

금속과 합금에서 결정격자의 특정한 방향을 언급해야 할 때가 있는데, 이는 결정학적 방위에 따라 서로 다른 성질을 나타내는 경우가 많기 때문이다. 입방정에서 결정학적 방향지수(direction indices)는 그 방향벡터를 각 좌표축에 따라 분해하여 최소의 정수로 환산한 벡터 성분이다.

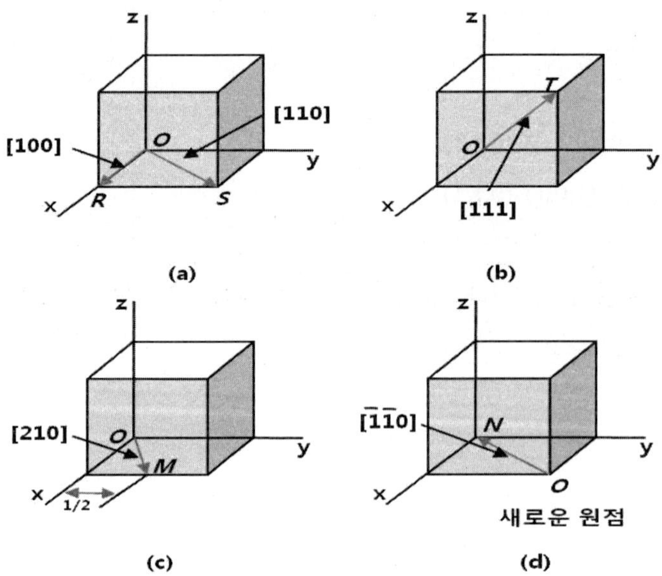

[그림 9.17] 입방 단위정의 몇 가지 방향

입방 단위정에서 방향을 나타내는 방법은 아래와 같다[그림 9.17]. 먼저 입방 단위정의 한 꼭지점을 원점으로 하여 표면을 통과하는 방향벡터를 그린다. 이때 입방체 표면을 통과하는 지점의 좌표를 정수로 환산한 것이 방향지수이며 각괄호에 구분쉼표 없이 표시한다.

그림에서 다른 방향의 지수를 구하는 과정을 연습해보면, 예를 들어, [그림 9.17(a)]에서 방향벡터 OR이 입방체 표면을 통과하는 지점의 자표는 (1,0,0)이고 방향벡터 OR의 방향지수는 [100]이다. 방향벡터 OS의 위치좌표는 (1,1,0)이므로 OS의 방향지수는 [110]이다. 방향벡터 OT의 위치좌표는 (1,1,1)이므로 OT의 방향지수는 [111]이다.

방향벡터 OM의 위치좌표는 $(1, \frac{1}{2}, 0)$인데, 방향벡터는 정수이어야 하므로 정수를 얻기 위해 이들 위치 좌표값에 2를 곱한다. 따라서, OM의 방향지수는 $2(1, \frac{1}{2}, 0)=[210]$이 된다. 방향벡터 ON의 위치좌표는 (-1, -1, 0)이며, 이때 음의 방향지수는 지수 위에 막대(bar) 표시를 하여 나타낸다. 따라서 방향벡터 ON의 방향지수는 $[\bar{1}\bar{1}0]$이다. 입방정 내에서 방향 ON을 그리기 위해서는 방향벡터의 원점을 단위입방체의 앞면 오른쪽 아래 꼭지점으로 이동해야 함에 유의하라[그림 9.17(d)].

xyz방향의 방향지수는 일반적으로 u, v, w 를 각각 사용하며 [uvw]로 표시한다. **모든 평행한 방향 벡터는 같은 방향지수를 갖는다.**

각 방향을 따라 원자의 간격이 같으면 방향은 결정학적으로 동등하다고 한다. 예를 들어, 다음의 입방체 모서리 방향은 결정학적으로 동등한 방향이다.

$$[100], [010], [001], [0\bar{1}0], [00\bar{1}], [\bar{1}00] \equiv < 100 >$$

위와 같이 결정학적으로 동등한 방향은 **방향족** 지수 또는 **방향군** 지수라고 하며, <100>과 같이 표기한다. 다른 방향족의 예로 입방체의 체대각선은 <111>, 입방체의 면대각선은 <110>으로 표기한다.

6) 입방단위정의 결정면 나타내기

결정구조에서 특정한 방향과 함께 중요한 것이 원자의 특정한 공간 격자면이다. 입방정 구조의 결정면을 정하는 데에는 Miller 표기 체계를 사용한다. **결정면의 Miller 지수 (Miller indices)는 입방 단위정의 평행하지 않은 세 모서리를 결정학적 xyz축으로 하고, 그 결정면이 각 축과 만나는 교점의 역수를 취해 분모를 없앤 정수로 정의**한다.

입방 결정면의 Miller 지수를 결정하는 순서는 다음과 같다.

① (0, 0, 0)의 원점을 통과하지 않는 면을 선택한다.

② 단위입방체의 결정학적 xyz축이 그 면과 만나는 교점을 정한다. 이 교점은 분수가 될 수도 있다.

③ 이 교점들의 역수를 취한다.

④ 분모를 없애고 그 교점과 같은 비율을 갖는 가장 작은 수를 정한다.

이렇게 정한 정수의 숫자들이 결정학적 면의 Miller 지수이며 둥근 괄호 속에 구분쉼표 없이 순서대로 표시한다. 일반적으로, Miller 지수는 (hkl)로 표기하는데 h, k, l은 각각 입방 결정면의 xyz축에 대한 Miller 지수이다.

[그림 9.18]에 입방정 구조의 3가지 가장 중요한 결정학적 면을 나타내었다. 먼저, [그림 9.18(a)]의 결정면을 구하면, 이 면에 의한 xyz축의 교점은 각각 $1, \infty, \infty$ 이다. 여기서 무한대의 의미는 대상이 되는 결정면이 yz 축과는 만나지 않는다는 것을 의미한다. Miller 지수를 구하기 위해 이들 교점의 역수를 취하면 1, 0, 0이 된다. 이 숫자들은 분수를 포함하지 않으므로 Miller 지수는 (100)이고 일-영-영 면이라고 읽는다. 다음으로 [그림 9.18(b)]에 있는 두 번째 면을 생각해 보자. 이 면의 교점은 $1, 1, \infty$ 이다. 이것의 역수는 1,1,0이며 분수를 포함하지 않으므로 이 면의 Miller지수는 (110)이다. 마지막을 세 번째 면[그림 9.18(c)]의 교점은 1, 1, 1이며 Miller 지수는 (111)이다.

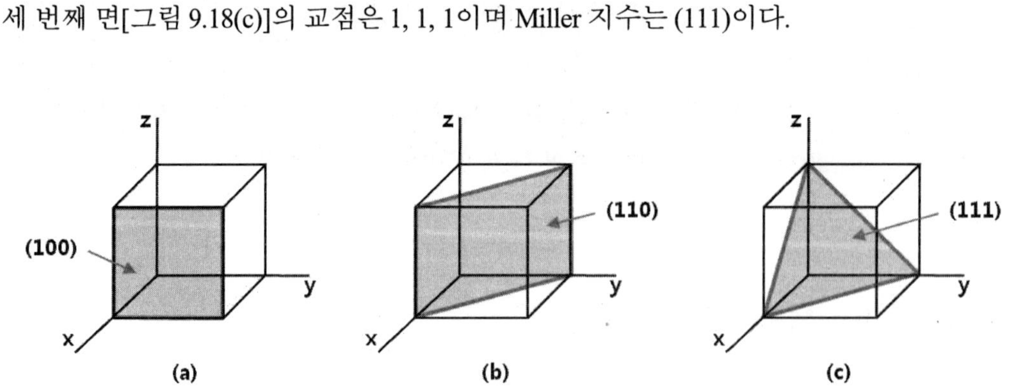

[그림 9.18] 몇 가지 중요한 입방 결정면의 Miller 지수
: (a) (100), (b) (110), (c) (111)

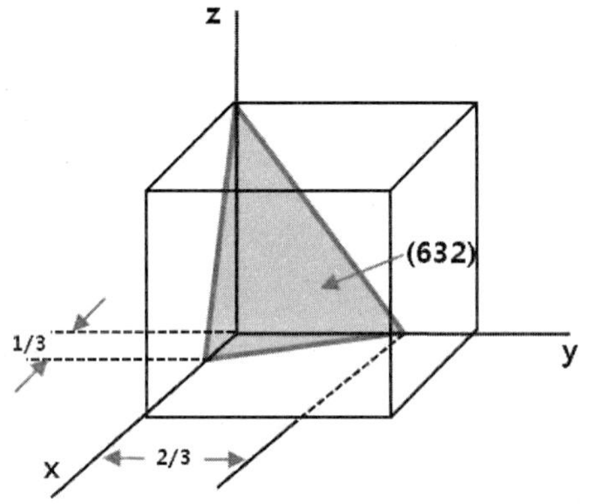

[그림 9.19] 입방 단위정의 몇 가지 방향

이제 교점이 $\frac{1}{3}, \frac{2}{3}, 1$인 [그림 9.19]의 입방 결정면을 생각해 보자. 이들 교점의 역수는 $3, \frac{3}{2}, 1$이다. 분수의 교점은 허용되지 않으므로 이들 교점에 2를 곱해서 $\frac{3}{2}$를 없애야 한다. 따라서 교점의 역수는 6, 3, 2가 되어 Miller 지수는 (632)이다.

만일 결정면이 원점을 통과한다면 하나 또는 그 이상의 교점이 0이 되므로 면을 동일한 단위정 내의 동등한 위치로 옮겨야 하며 이 면은 원래의 면과 평행이어야 한다. 이것은 평행하면서 면 간 거리가 같은 모든 면은 동일한 Miller 지수로 나타내기 때문에 가능하다.

결정계의 대칭관계에 있는 동등한 격자면의 집합을 **면족(planes of a family)** 또는 면군(planes of a form)이라고 하며, 면족 중 한 면의 지수를 {hkl}처럼 중괄호 안에 넣어 이러한 대칭적인 면족의 지수를 표시한다. 예를 들어, 입방정의 표면 (100), (010), (001)을 기호 {100}의 면족으로 총칭하여 나타낸다.

입방정계에서 중요한 관계는 어떤 결정면에 수직인 방향의 방향지수는 그 면의 Miller 지수와 똑같다. 이것은 오직 입방정계에서만 성립한다. 예를 들면, [100] 방향은 (100) 결정면에 대하여 수직이다.

입방정 구조에서 같은 Miller 지수를 갖는 2개의 가장 가까운 평행면 사이의 면 간 거리는 d_{hkl}로 나타내며 h, k, l은 그 면들의 Miller 지수이다. 이 거리는 선택한 하나의 면을 포함하는 원점으로부터 그 면에 가장 가까우면서 같은 지수를 가지는 다른 평행면까지의 거리를 나타낸다.

7) 육방 결정구조의 결정면과 방향 나타내기

(1) HCP 단위정의 결정면 지수

HCP 단위정의 결정면은 앞에서 설명한 입방정 구조와는 달리 3개보다는 4개의 지수를 사용하여 지정한다. 이는 밑면에 세 개의 축 방향이 존재하고, 여기에 수직인 축이 추가로 더 존재하기 때문이다. 3개의 지수를 사용하는 경우를 Miller 지수라고 하며, 4개의 지수는 **Miller-Bravais 지수**라고 하며, HCP 결정면 지수는 h, k, I, l의 문자를 사용하여 (hkil)과 같이 둥근 괄호 속에 표기하는 Miller-Bravais 지수를 사용한다. 이러한 4자리의 육방지수는 HCP 단위정에서 4개의 축을 사용하는 좌표계를 근거로 한다. 여기에는 밑면에 세 축 a_1, a_2 및 a_3 가 있으며 서로 120˚를 이룬다. 네 번째 축인 c축은 단위정의 중심에 있는 수직축이다. a_1, a_2, a_3축에 따른 측정단위 a는 이 축을 따르는 원자간 거리를 나타내며, c축을 따른 측정단위는 단위정의 높이이다. 결정면이 a_1, a_2, a_3축과 교차하는 교점의 역수를 취한 것이 h, k, i 지수이며, c축과 교차하는 교점의 역수를 취하여 지수 l을 결정한다.

HCP단위정의 **기저면(basal plane)**은 이 단위정에서 매우 중요하다. HCP 단위정 윗부분의 기저면은 a_1, a_2, a_3축에 평행하므로 이들 축의 교점은 무한대이다. 즉, $a_1=\infty$, $a_2=\infty$, $a_3=\infty$이다. 그러나 윗부분의 기저면은 c축과는 단위거리에서 교차하므로, c축의 교점은 1이다. 이러한 교점의 역수를 취하면 HCP 기저면의 Miller-Bravais 지수가 구해진다 (h=0, k=0, i=0, l=1). 따라서 HCP 기저면은 (0001)면으로 표현할 수 있으며, 영-영-영-일 면이라고 읽는다.

같은 방법으로, 육방정의 앞쪽 측면(prism plane)은, $a_1=+1$, $a_2=\infty$, $a_3=-1$, 그리고 $c=\infty$이다. 이들 교점의 역수를 취하면 h=1, k=0, i=-1, l=0, 즉 $(10\bar{1}0)$면이 된다. 마찬가지로 옆쪽 측면 역시 $(1\bar{1}00)$, $(01\bar{1}0)$으로 표기되며, 따라서 HCP의 모든 측면은 $\{10\bar{1}0\}$면족으로 총칭하여 지정할 수 있다.

여기서 편리한 것은 h+k=-i의 관계가 성립하므로 HCP면들은 3개의 지수 (hkl)만으로 나타내기도 하지만, HCP 단위정의 육각 대칭을 보이기 위해서는 4개의 지수를 써서 나타내는 것이 더 효과적이므로 (hkil)지수를 일반적으로 더 많이 사용하고 있다.

(2) HCP 단위정의 방향지수

HCP 단위정의 방향도 일반적으로 4개의 지수 u, v, t, w로 나타내며 [uvtw]와 같이 각진 괄호 속에 표기한다. 지수 u, v, t는 각각 a_1, a_2, a_3 방향의 격자벡터이고, 지수 w는 c방향의 격자벡터이다. 육방정의 방향 지수에 대해서도 u+v=-t의 관계가 성립한다.

8) FCC, HCP 및 BCC 결정구조의 비교

HCP와 FCC 결정구조는 조밀충진 구조로서, 최대한 서로 조밀하게 충진되어 원자충진율은 0.74가 된다. 2차원적으로 보면 FCC 결정구조의 (111)면은 HCP 결정구조의 (0001)면과 동일한 조밀 충진 배열을 갖는다. 그러나 3차원적으로 보면 원자면간의 적층배열이 다름을 알 수 있다. 이것은 원자를 단단한 구가 차곡차곡 층을 이루어 쌓여있다고 생각하면 잘 이해할 수 있다. 같은 크기의 공깃돌이나 당구공을 층층이 쌓아 공간을 최소화하는 방법을 생각할 수 있을 것이다.

먼저 하나의 조밀충진 원자면을 만들어 놓고 그 위에 또 다른 조밀충진이 되도록 원자를 올려놓는다고 할 때, 원자 간의 빈 공간 또는 공극의 형태는 서로 다른 두 종류가 생기게 된다. 즉 첫 번째 원자면 A 위에 두 번째 원자면 B를 조밀충진 구조로 위치시키려면 두 위치 중 하나를 선택할 수 있다. 그 다음에 B 면 위에 세 번째 원자면을 놓아 조밀충진 구조를 만들고자 할 때, 2가지 형태의 조밀충진 구조를 형성하는 것이 가능하다. 그 첫 번째는 세 번째 원자면과 A면의 위치를 동일하게 적층시켜 ABABAB 형태로 적층배열을 하는 것으로, 이러한 적층 방법은 HCP 결정구조를 나타낸다. 두 번째는 세 번째 원자면을 B면이나 A면의 원자 위가 아닌 비어있는 나머지 한 군데에 적층시켜 ABCABC 형태로 적층배열 하는 것으로, 이러한 적층 방법은 FCC 결정구조를 나타내게 된다.

BCC 구조는 조밀충진 구조가 아니므로 FCC 구조의 {111}면족이나 HCP구조의 {0001}면족과 같은 조밀충진면을 갖지 않는다. BCC구조에서 가장 조밀하게 충진된 면은 (110)면의 면족인 {110}이다. 그러나 BCC 구조에서 원자는 <111>방향족인 입방체의 대각선 방향을 따라 조밀 충진 방향을 갖는다.

3. 결정결함

앞에서 다룬 결정구조에서는 원자들이 완벽한 규칙성과 주기성을 가지고 배열하는 것을 가정하여 설명하였다. 그러나 실제로 결정은 결코 완전하지 않으며, 다양한 형태의 결함들(defects)을 갖게 되는데 이러한 결함들은 재료의 구조를 변화시키므로 필연적으로 재료의 물리적 및 기계적 성질에 영향을 주게 된다. 이러한 결함은 결정 구조를 불완전하게 만든다는 점에서 '불완전함(imperfections)'으로 표현되기도 한다. 이러한 결함들은 금속 및 합금의 냉간 성형성, 반도체의 전자전도도, 원자의 이동도, 그리고 금속의 부식 등과 같은 재료의 여러 가지 중요한 공업적 성질에 크게 영향을 미친다. 따라서 결함에 대해 정확히 이해하고 제어할 수 있으면, 우리가 원하는 설질(물성)의 재료를 개발할 수 있다.

결정격자의 결함은 그들의 기하학적 배열과 모양에 따라 분류된다. 그 3가지의 주된 분류는 (1) 0차원 결함 또는 점결함, (2) 1차원 결함 또는 선결함(전위), 그리고 (3) 2차원 결함 또는 면결함으로 외부표면, 결정립계, 쌍정, 소각경계, 고각경계, 비틀림, 적층결함, 공극, 그리고 석출물 등을 포함한다. (4) 3차원 결함 또는 체적결함으로는 기공, 균열 및 외부 개재물 등이 있다.

1) 점결함

대표적인 점결함은 **공공(vacancy)**으로서 결정 격자 내에서 어떤 원자위치가 채워지지 못하고 비어 있는 것을 의미한다[그림 9.20(a)]. 공공은 응고 중에 결정이 성장하는 동안의 국부적 교란에 의해 형성되거나, 원자 이동에 기이한 기존 결정의 원자적 재배열에 의해 형성된다. 금속에서 공공의 평형 농도는 약 10,000개의 원자 주에 1개를 초과하는 일이 거의 없다. 공공은 열역학적으로 항상 존재할 수밖에 없는 평형 결함이며, 공공의 형성 에너지는 약 1eV이다.

금속에서의 추가적인 공공은 높은 온도에서 낮은 온도로의 급냉이나 소성변형에 의해 생기거나 중성자와 같은 강력한 입자의 충격으로 인해 생긴다. 비평형 공공은 서로 집합체를 이루는 경향이 있어서 2중 공공 또는 3중 공공의 형성을 야기한다. 공공은 이웃한 공공들과 위치를 교환하여 이동할 수 있다. 이 과정은 고체 상태에서 원자의 이동이나 확산에 중요하며, 특히 원자의 이동도가 큰 고온에서 더욱 그렇다.

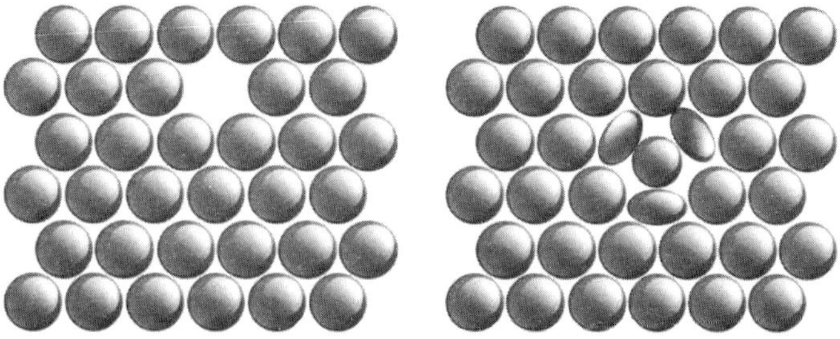

(a) (b)

[그림 9.20] 조밀충진 고체금속격자의 점결함 : (a) 공공, (b) 자기침입형

공공 외에도 결정 내에서 어떤 원자는 정상적인 원자위치에 있는 원자들 사이의 공간, 즉 침입형 위치를 차지할 수 있다[그림 9.20(b)]. 이런 유형의 점결함을 **자기침입형(self- interstitial)** 또는 **침입형(interstitialcy)**이라고 한다. 일반적으로 이러한 결함들은 구조적 뒤틀림을 야기하므로 자연적으로는 발생되지 않으나 방사선 조사에 의해 생길 수 있다.

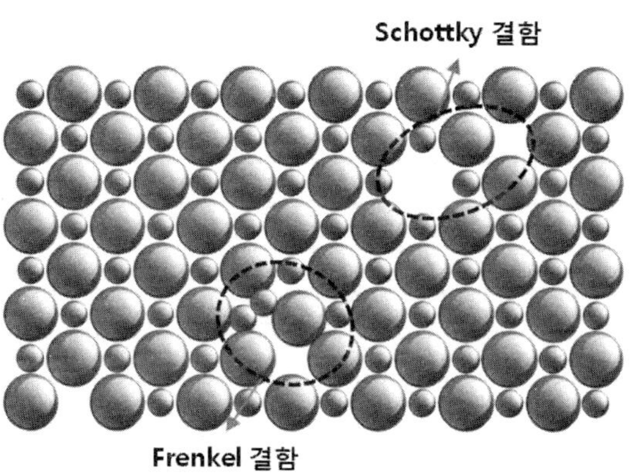

[그림 9.21] 이온결합결정에서 Schottky 결함과 Frenkel 결함을 보여주는 그림

이온결합을 하는 세라믹스 결정에서는 전기적 중성을 유지해야 하므로 점결함이 금속에 비해 더 복잡하다. 만일 이온결합결정이 반대 전하를 가진 두 이온을 잃어버리면 **Schottky 결함**으로 알려진 양이온-음이온 2중 공공(또는 공공쌍, vacancy pair)이 형성된다[그림 9.21]. 만일 이온결합결정에서 양이온이 침입형 위치로 이동하면 정상적 이온위치에는 양이온 공공이 자동적으로생성되며, 이러한 공공-침입형 원자쌍을 **Frenkel 결함**이라고 한다. 이온결합결정에서 이러한 결함들이 전하를 갖게 되어 결함의 존재

에 따라 전기전도도가 증가하는데, 이런 특성을 이용하여 다양한 세라믹스 반도체를 개발할 수 있다.

치환형 또는 침입형 불순물 원자들도 역시 점결함이며 금속 또는 공유결합 결정에 나타날 수 있다. 예를 들면, 극히 적은 양의 치환형 불순물 원자가 전자소자용 순수한 실리콘의 전기전도도에 엄청난 영향을 미칠 수 있다. 불순물 이온은 이온결합결정에서도 역시 점결함이다.

2) 선결함(전위)

결정질 고체의 선결함은 **전위(dislocations)**라 불리며, 격자 뒤틀림이 어떤 선 주변에 집중되게 하는 결함이다. 전위는 대개 결정질 고체의 응고과정이나, 결정질 고체의 영구 또는 소성 변형, 공공의 응축 또는 고용체에서의 원자적 불일치에 의해 생성된다.

전위에는 **칼날형(edge type)**과 **나선형(screw type)**의 2가지 주요 유형이 있다. 이 둘이 조합된 형태를 **혼합전위(mixed dislocation)**라 하며 칼날형과 나선형의 요소들을 함께 가진다. 칼날전위는 [그림 9.22]와 같이 기호 ⊥바로 위에 원자의 잉여반면(extra half-plane)을 삽입함으로써 결정 내에 생성된다. ⊥모양의 전위는 양의 칼날전위를 가리키며, 반면에 ⊤모양의 전위는 음의 칼날전위를 가리킨다.

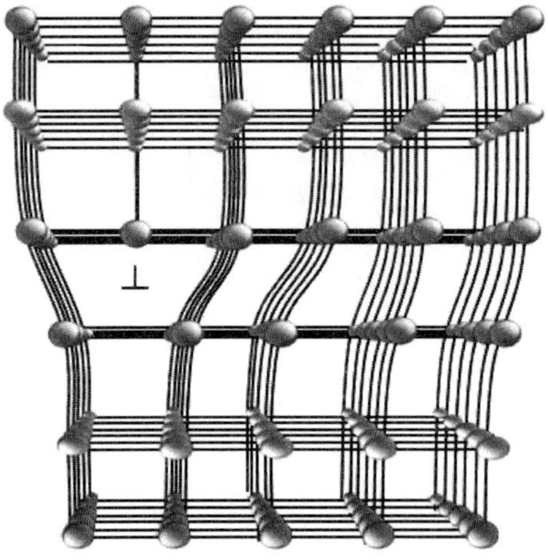

[그림 9.22] 결정격자에서 양의 칼날전위

전위 주위에 있는 원자의 변형거리를 **슬립(slip)** 또는 **Burgers 벡터 b**라고 하며 칼날전위선에 수직이다. 전위는 열역학적으로 불안정한 비평형 결함이며 전위 주위의 변형된 결정격자 영역에 에너지를 축적한다. 칼날전위는 잉여반면이 존재하는 영역에서 압축변형을 가지며, 원자의 잉여반면 아래의 영역에서는 인장변형을 가진다.

절단면에 의해 분리된 결합이 없는 결정의 영역에 전단응력이 위와 아래 방향으로 각각 작용하여 결함이 없는 결정에 나선전위가 형성될 수 있나. 이늘 전단응력은 변형된 원자들의 나선형 경사모양에서 변형된 결정격자 영역 또는 나선전위가 형성되도록 한다. 변형된 결정영역은 명확하게 한정되지는 않으며 지름은 적어도 수 개의 원자크기이다. 에너지가 축적된 나선전위 주위에 전단변형이 생성된다. 나선전위의 슬립 또는 **Burgers 벡터 b**는 전위선에 평행이다.

일반적으로 결정에서 대부분의 전위는 혼합형으로 칼날전위와 나선전위의 요소들을 함께 가지고 있다.

3) 면결함

면결함은 외부표면, 결정립계, 쌍정, 소각경계, 고각경계, 비틀림, 적층결함 등이다. **표면(surface)**은 가장 흔한 형태의 면결함이다. 표면의 원자들은 한쪽만 다른 원자들과 결합하고 있으므로 외부표면을 결함으로 간주한다. 그러므로 표면원자 주위의 이웃원자수는 더 적다. 결과적으로 이 원자들은 최적의 이웃원자수를 갖는 결정 내부의 원자들과 비교할 때 더 높은 수준의 에너지를 갖는다. 재료표면의 원자가 가지는 높은 에너지는 표면에서 부식이나 주변 원소들과의 반응이 더 쉽게 일어나게 한다. 이러한 점이 뒤에 언급할 재료의 거동에서 결함의 중요성을 설명해 준다.

결정립계(grain boundary)는 다결정실 재료에서 다른 방위의 결정립(결정)들을 구분하는 면결함이다. 금속에서 결정립계는 응고 중에 다른 핵들로부터 형성된 결정들이 동시에 성장하여 서로 만날 때 생성된다. 결정립계의 모양은 이웃 결정립들의 성장에 의한 제한으로 결정된다.

결정립계 자체는 폭이 원자 지름의 약 2~5배 정도인 두 결정립 간의 좁은 영역이며 인접한 결정립 사이에는 원자적 불일치가 존재한다. 이러한 원자적 불일치로 인해 결정립계의 원자충진율은 결정립 내부보다 낮다. 결정립계도 역시 변형된 위치에 약간의 원자들을 포함하는데 이들이 결정립계 영역의 에너지를 증가시킨다.

결정립계는 보다 높은 에너지와 보다 개방된 구조 때문에 석출물의 핵생성과 성장이 더욱 잘 일어난다. 결정립계의 보다 낮은 원자 충전은 결정립계 영역에서 더욱 빠른 원자 확산이 일어날 수 있게도 한다. 결정립계 영역에서 전위의 이동이 어렵기 때문에 상온에서 결정립계는 소성유동도 제한한다.

쌍정(twins) 또는 **쌍정경계(twin boundary)**는 어떤 면이나 경계를 통해 거울에 비친 상과 같은 구조가 존재하는 영역으로 정의된다. 대개는 재료에 영구 또는 소성 변형이 일어날 때 쌍정이 형성된다(변형 쌍정). 변형된 결정에서 원자가 원위치로 돌아가는 재결정 과정에서도 쌍정이 나타날 수 있으나(어닐링 쌍정), 이는 일부 FCC 합금에서만 일어난다. [그림 9.23]은 쌍정면과 주변 원자를 보여주는 개략도이다. 그 명칭에서도 나타나는 바와 같이 쌍정경계는 경계를 기준으로 똑같은 모양의 원자 배열의 쌍을 이룬다. 전위와 유사하게 쌍정경계도 재료를 강화하는 경향이 있다.

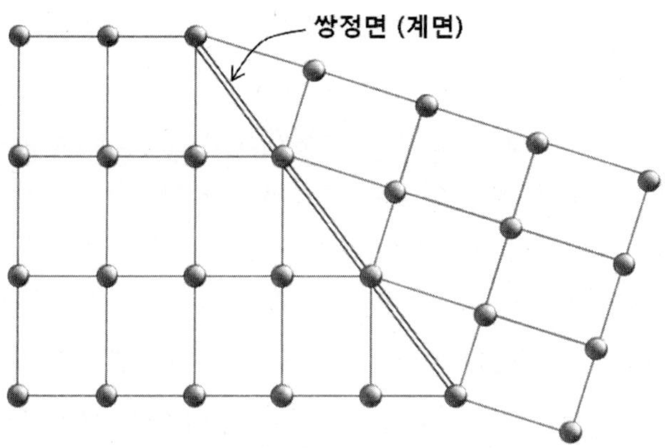

[그림 9.23] 쌍정 혹은 쌍정경계와 주변 원자를 보여주는 개략도

결정에서 일련의 칼날전위가, 두 결정영역의 방향이 어긋나거나 기울어진 것과 같은 방법으로 정렬되면 **소각경사경계**(small-angle tilt boundary)라고 하는 2차원적 결함이 형성된다. 나선전위들이 연결되어 **소각비틀림경계**(small-angle twist boundary)를 생성할 때도 비슷한 현상이 일어날 수 있다. 소각경계의 불일치각도 θ 는 일반적으로 10° 이하이다. 소각경계(경사 또는 비틀림)의 전위밀도가 증가함에 따라 불일치각도 θ 는 커진다. 만일 θ 가 20°를 넘으면 그 입계는 더 이상 소각경계가 아니지만 일반적인 결정립계로 간주한다. 전위나 쌍정과 마찬가지로 소각경계도 국부적인 격자 뒤틀림으로

인해 높은 에너지 영역이며 금속을 강화하는 경향이 있다.

원자면의 적층에 의해 FCC와 HCP 결정구조의 형성을 설명한 바 있다. 적층순서가 ABABAB 순서이면 HCP 결정구조가 형성되고, 반면에 적층순서가 ABCABC 순서이면 FCC 결정구조가 형성되었다. 때로는 결정질 재료가 성장할 때 공공 집합체의 붕괴 또는 전위의 상호작용이 있거나 1개 이상의 적층 원자면이 없어져 버릴 수 있는데, 그 결과로 **적층결함(stacking fault)** 이나 **축적결함(piling-up fault)**이라고 하는 다른 2차원적 결함이 생기게 된다. 적층결함도 역시 재료를 강화하는 경향이 있다.

4) 체적결함

체적결함(volume defect) 또는 **3차원적 결함**은 많은 점결함들이 연결되어 3차원적 공극이나 기공을 만들 때 형성된다. 또한 많은 불순물 원자들이 결합하여 3차원적 석출물을 형성할 수도 있다. 체적결함의 크기는 수 나노미터에서 수 센티미터 범위 또는 그 이상도 될 수 있다. 체적 결함은 재료의 거동이나 성능에 대단한 효과 또는 영향을 준다.

4. 단결정, 다결정, 비정질 재료

1) 단결정

어떤 결정 고체가 단 하나의 결정 입자(crystal grain)로 이루어졌을 때 원자의 규칙성과 반복성이 그 고체 전체에 걸쳐 끊어짐 없이 이어질 수 있는데, 이를 단결정(single crystal)이라고 한다. 모든 단위정은 동일한 방법으로 묶여 있으며, 동일한 방향으로 정렬되어 있다. 자연 상태로 존재하는 단결정의 예는 우리가 흔히 보석이라고 부르는 광물 결정에서 찾을 수 있다. 이와 같이 단결정은 자연적으로 존재할 수도 있지만, 인공적으로 만들 수도 있다. 하지만 일반적으로 단결정의 성장은 외부의 성장 조건이 정밀하게 제어되어야 하는 어려운 작업이다.

[그림 9.24] 다이아몬드 단결정 사진

만약 단결정이 어떠한 외부의 제약 없이 성장한다면, 앞서 예를 들었던 보석의 경우와 같이 평탄 표면을 갖는 기하학적 형태를 갖는다[그림 9.24]. 이러한 형태는 결정 구조를 나타내는 것이다. 최근 들어 단결정은 첨단 기술에 매우 중요하게 사용되는데, 전자 미세회로에서 규소나 기타 반도체의 단결정이 사용된다.

2) 다결정 재료

보석과 같은 자연 상태의 단결정과는 달리 대부분의 결정 고체는 수많은 결정 혹은 **결정립**(grain)들의 집합으로 구성되었으며, 이러한 재료를 **다결정**(polycrystalline)이라고 한다. 다결정 시편의 응고 과정에서 일어나는 여러 단계를 [그림 9.25]에 도식으로 나타냈다. 먼저, 작은 결정 혹은 핵들이 여러 위치에서 생성되며, 이들은 바둑판 금으로 나타낸 것처럼 무질서한 결정 방향을 가지고 있다. 작은 결정립은 주위의 액상에 있는 원자를 자신에게 연속적으로 부착시키며 성장한다. 이러한 결정립의 성장은 주위의 다른 결정립과 접촉하여 더 이상 자랄 수 없을 때까지 성장한다. 그림에서 보는 바와 같이, 각 결정립은 저마다 서로 다른 결정 방향을 가지며, 두 결정립이 만나는 계면에서 원자의 불일치가 생기게 되는데, 이를 앞에서 설명한 2차원 결함, **결정립계**(grain boundary)라고 한다.

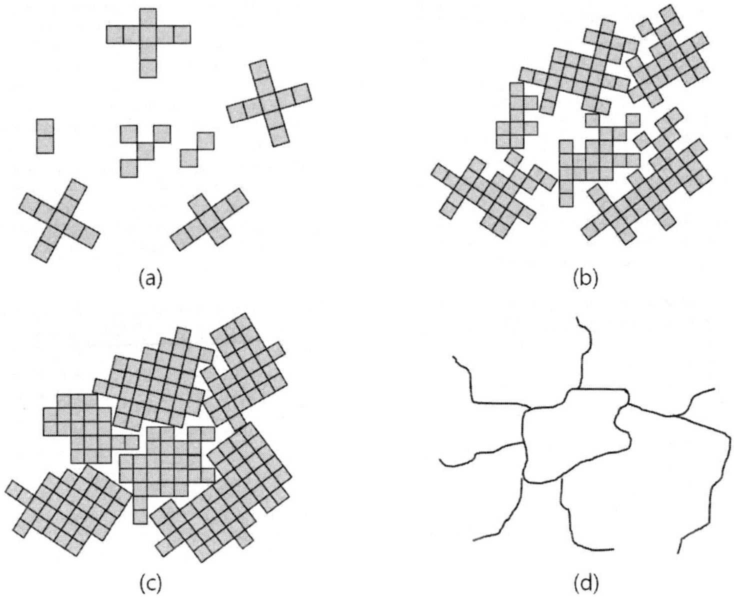

(a) 미세한 결정핵
(b) 핵의 성장: 일부의 결정립은 서로 접촉되어 성장이 종료됨.
(c) 응고 완료 후에 결정립은 불규칙한 모양을 가짐,
(d) 현미경으로 관찰되는 결정립 구조, 검은 선은 결정립계

[그림 9.25] 다결정 재료의 응고 단계를 보여 주는 개략도. 격자는 단위정을 의미함.

3) 비정질 재료

비결정질(non-crystalline) 고체는 단범위의 규칙성은 있으나, 장범위의 원자 거리에 걸쳐 체계적이고 규칙적인 원자 배열이 존재하지 않는 고체이다. 흔히 원자의 배열 구조가 액상과 유사하기 때문에 비정질(amorphous) 혹은 과냉각 액상(super-cooled liquid)이라고 부르기도 한다.

비정질의 조건은 산화규소(SiO_2) 세라믹스의 결정질 및 비결정질 구조를 비교함으로써 이해할 수 있다. [그림 9.26(a)]와 [그림 9.26(b)]는 산화규소(SiO_2)의 두 가지 상태를 2차원적으로 나타낸 모식도이다. 두 경우 모두 규소 원자는 3개의 산소 원자와 결합되었으나, 구조는 비결정질에서 훨씬 무질서하고 규칙성이 없다. 비정질 산화규소의 경우, 산소와 결합하고 있는 규소 3개의 구조는 단범위에서 정확하게 유지되고 있으나, 이들 간의 결합, 배열에는 장범위에 걸친 규칙성이 존재하지 않음을 알 수 있다.

결정질 혹은 비정질의 고체 형성은 무질서한 액상의 원자 구조가 응고 과정을 통해

얼마나 쉽게 규칙적인 상태로 변환될 수 있느냐에 달려 있다. 따라서 비정질 재료는 원자나 혹은 분자 구조가 상대적으로 복잡하여 규칙적인 배열로 바꾸는 데 어려움이 있는 경우로 특징지을 수 있다. 더구나 응고 온도에서의 급속 냉각은 규칙적인 배열에 필요한 시간이 충분하지 않으므로 비결정질 고체가 되기 쉽다.

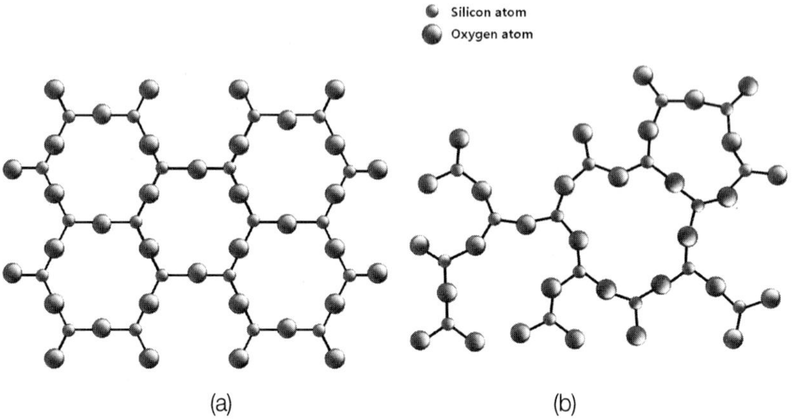

[그림 9.26] 구조의 2차원적 도식. (a) 결정질의 산화규소, (b) 비정질의 산화규소

일반적으로 금속은 결정 고체를 형성한다. 그러나 세라믹 재료의 일부와 무기 유리들은 비정질이다. 폴리머는 완전한 비결정질이나 부분적인 결정성을 갖는 반결정질(semi-crystalline)로 존재한다.

연습문제

1. 보어의 원자모델과 파동역학의 원자모델 사이의 차이점을 간략히 기술하라.

2. 두 개의 원자 혹은 이온 간 거리에 따른 결합력 및 결합에너지 곡선과 재료 물성 간의 관계에 대해 기술하라.

3. 1차 원자결합과 2차 원자결합에 대해 간략히 기술하라.

4. 결정질과 비정질 재료의 차이에 대해 간략히 기술하라.

5. 금속 결정 고체의 면심입방격자, 체심입방격자, 육방조밀격자를 그리고, 각각에 대해 간략히 설명하라.

6. 결정 고체의 방향지수와 면지수에 대해 간략히 기술하라.

7. 단결정과 다결정 재료에 대해 간략히 기술하라.

8. 재료 물성의 등방성과 이방성에 대해 기술하라.

9. 결정 고체의 구조 결함에 대해 기술하라.

10. 고용체의 정의와 종류, 형성 조건 등에 대해 기술하라.

제 10 장

재료의 강화 및 파괴

재료의 성질(물성)은 재료가 어떤 구조를 하고 있느냐에 따라 달라지므로, 재료의 구조를 우리가 어떻게 변화시킬 수 있느냐에 따라 우리가 원하는 성능의 부품 또는 제품을 얻을 수 있다. 앞 장에서는 재료의 기본적인 구조를 결정하는 원자결합의 형태와 원자로 이루어진 고체 재료의 구조에 대해 배웠다.

그린자동차에는 다양한 특성을 갖는 소재가 요구된다. 특히, 동력원으로서 전기에너지의 사용이 확대됨에 따라 차량의 경량화, 전자화, 다기능화에 대한 요구가 심화되고 있으며, 경량화와 관련된 문제는 가장 시급히 해결되어야 할 과제라 할 수 있다.

10장에서는 다양하게 요구되는 특성 중에서도 차체의 안전성 확보와 경량화 요구를 충족시키기 위해 필수적인 재료의 기계적 성질(물성)과 관련된 기본 지식에 대해 배우기로 한다.

1. 응력-변형률 곡선

1) 응력 및 변형률의 개념

응력은 단위면적에 걸리는 하중 또는 힘, 변형률은 가해준 응력에 대한 변형량, 즉 처음 길이에 대해 늘어난 길이의 비로 정의한다. 하중 또는 힘이 구조물의 단면이나 표면에 균일하게 정적으로 작용하거나, 시간에 따라 천천히 변하는 경우의 기계적 거동은 인장 시험과 같은 단순한 응력-변형률 시험을 통해 확인 할 수 있다. 동적 변형과 매우 짧은 시간 동안의 기계적 거동의 경우에는 다른 시험 방법을 적요해야 한다. 금속재료에 대한 시험은 일반적으로 상온에서 수행하는데, 하중을 가하는 방법에는 세 종류의 주된 방법(인장, 압축, 전단)이 있다. 그러나 실제 상황에서 가해지는 하중 형태는 순수 전단이라기보다는 비틀림인 경우가 많다. 세라믹스의 경우에는 취성이 강하고 가공이 어려운 특성 때문에 인장 시험을 실시하기 어려워 굽힘 시험을 하게 된다.

(1) 인장 시험

설계에 필요한 여러 가지 중요한 기계적 성질을 측정하기 위한 가장 일반적인 시험방법은 인장(tension) 하중 하에서 행해지는 인장 시험이다. 일반적으로 원형 또는 사각형의 단면을 갖는 시편을 사용한다. [그림 10.1]에 나타낸 것과 같은 은 인장 시험기를 이용하여 시편의 장축을 따라 인장 하중을 점차적으로 증가시키면 시편의 변형이 일어나며, 결국 시편의 파괴에 이른다. 시편은 중심부위에 응력이 집중되도록 중앙부의 단면이 더 작도록 하되 길이에 따라 균일한 단면적을 갖도록 한다. 시편의 형태와 크기, 하중 부가속도 등은 모두 표준 규격에 부합되어야 한다. 시편의 표준 지름은 12.8mm이고, 시편의 단면적을 감소시킨 부분의 길이는 최소한 지름의 4배가 되어야 하며, 일반적으로 60 mm이다. 게이지의 표준 길이는 50 mm이다.

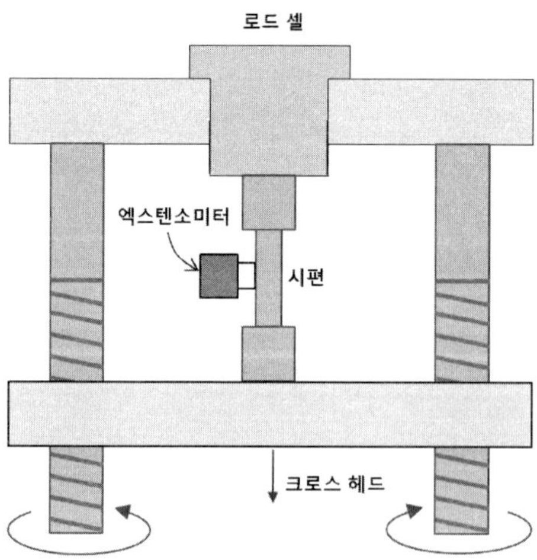

[그림 10.1] 인장 시험기의 도식적 그림

인장 시험기에서는 시편을 일정한 속도로 잡아당기도록 되어 있으며, 순간적인 작용 하중과 이에 따른 변형량을 각각 로드셀(load cell)과 엑스텐소미터(extensometer)를 통하여 연속적으로 측정하도록 되어 있다.

인장 시험의 결과는 하중(힘) 대 늘어난 길이(변위) 곡선으로 기록된다. 이러한 하중 변위 곡선은 시편의 크기에 따라 다르게 나타난다. 즉, 시편의 단면적이 2배가 되면 같은 변위를 일으키는 데 2배의 힘이 필요하다. 이와 같은 기하학적 요소를 최소화하기 위하여 하중과 변위를 각각 **공칭 응력**(engineering stress)과 **공칭 변형률**(engineering strain)로 나타낸다. 공칭 응력 σ는 다음과 같이 정의된다.

$$\sigma = \frac{F}{A_0} \tag{10.1}$$

여기서 F는 시편 단면에 수직으로 작용하는 순간적인 하중을 나타내며, 단위는 뉴턴(N)이다. A_0는 하중이 가해지기 전의 초기 단면적(m^2)을 나타낸다. 공칭 응력(앞으로는 응력으로 표현)의 단위는 메가파스칼(MPa)이다. (1 MPa = 10^6 N/m^2 이다)

공칭 변형률 ϵ은 다음과 같이 정의된다.

$$\epsilon = \frac{l_i - l_0}{l_0} = \frac{\Delta l}{l_0} \tag{10.2}$$

여기서, l_0는 하중이 가해지기 전의 초기 길이이며, l_i는 순간순간 변한 길이를 나타낸다. $li - l_0 = \Delta l$ 로 표시하기도 하며, 이 값은 원래 길이에 대한 어느 한 순간의 변위, 즉 길이의 변화량을 나타낸다.

위에 설명한 공칭응력과 변형율은 순간순간 변화하는 시편의 단면적을 고려하지 않고 있음에 유의해야 한다.

(2) 압축 시험

압축 시험은 인장 시험과 유사하지만, 압축 힘이 작용하는 것과 시편이 길이 방향으로 압축된다는 점이 다르다. 앞의 식(10.1)과 (10.2)는 압축 응력과 변형률을 산출하는 데에도 동일하게 사용된다. 인장과 압축은 작용 방향이 반대이고, 통상적으로 압축 힘은 (-)부호를 취하므로 (-)응력으로 표현한다. 또한 초기 길이 l_0가 l_i보다 크므로 변형률 값도 (-)가 된다. 대부분의 구조용 재료에 있어 압축시험으로 구할 수 있는 추가 데이터는 별로 없고, 인장 시험이 좀 더 간편하므로 보편적으로 인장 시험을 이용한다. 그러나 재료의 취성이 매우 크다거나 구조물의 성형 제작과 같이 매우 큰 영구 변형(즉, 소성변형)에 대한 데이터가 필요한 경우에는 압축 시험을 이용한다.

(3) 전단(비틀림) 시험

전단 힘이 작용하는 경우의 전단 응력 τ는 다음과 같이 정의한다.

$$\tau = \frac{F}{A_0} \tag{10.3}$$

여기서 F는 면적 A_0를 갖는 윗면이나 아랫면에 평행하게 가해진 힘이며, 전단 변형률 γ는 변형 각도로 정의된다. 전단 응력과 전단 변형률의 단위는 인장 시험의 경우와 같다.

비틀림은 순수 전단의 변형으로서, 구조재가 비틀리는 것을 나타내며, 비틀림 힘에 의하여 소재의 한쪽 끝단은 다른 쪽 끝단에 대해 길이 방향의 축을 중심으로 회전하게 된다. 비틀림의 예로는 기계의 축, 구동 샤프트 및 비틀림 드릴 등이 있으며, 비틀림 시험은 실린더형 샤프트나 튜브에 대해 행해진다. 전단 응력 τ는 작용 토크의 함수이며, 전단 변형률 γ는 비틀림 각도와 관련되어 있다.

2. 탄성 변형

1) 응력-변형률 거동

구조물이 변형되는 정도를 나타내는 변형률은 가해지는 응력에 따라 변한다. 대체로 응력을 받는 초기 단계(탄성 변형 단계)에서 인장 응력이 작은 경우, 대부분의 재료에서 응력과 변형률은 다음의 관계식을 만족한다.

$$\sigma = E\epsilon \qquad (10.4)$$

위의 식은 훅의 법칙(Hooke's law), $F = k \cdot x$로 알려져 있으며, 비례 상수 E는 **탄성 계수**(modulus of elasticity) 혹은 영의 계수(Young's modulus)라고 한다. 미그네슘의 탄성계수는 45GPa이며, 텅스텐의 탄성 계수는 407GPa이고, 대부분 금속의 탄성 계수는 이들 값 사이에 있다.

위의 식과 같이 응력과 변형률이 서로 비례하는 변형을 탄성변형(elastric deformation)이라 하며, [그림 10.2]의 응력-변형률 곡선에 나타낸 바와 같이 직선 관계로 나타나며, 이 직선의 기울기를 구하면 바로 탄성 계수 E가 된다. 탄성 계수는 재료의 강성도(stiffness)로 볼 수 있으며, 탄성변형에 대응하는 재료의 반발 정도를 나타낸다. 즉 탄성 계수가 클수록 재료가 변형을 잘 일으키지 않는다는 것을 의미하고, 주어진 응력에서의 탄성 변형률이 더 작다는 것을 의미한다. 탄성 계수는 설계 시 탄성 변위의 정도를 산출하는데 사용되는 매우 중요한 변수이다.

[그림 10.2]에서 보는 바와 같이 탄성변형은 영구적인 변형이 아니며, 응력을 제거하면 재료는 원래의 모양으로 되돌아간다. 하중이 가해지면 직선을 따라 위로 움직이며, 하중을 제거하면 직선을 따라 원래의 위치로 되돌아온다.

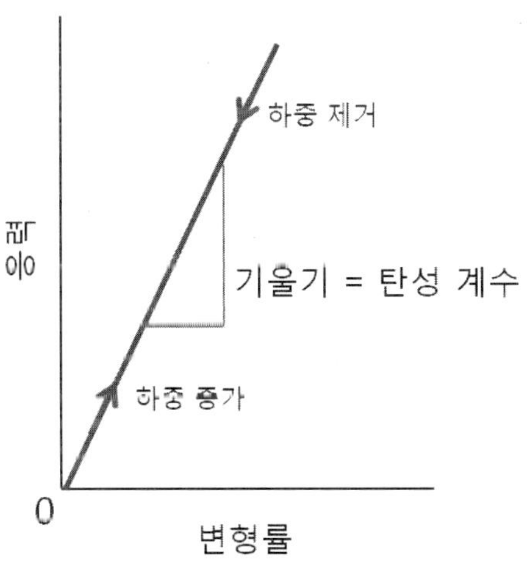

[그림 10.2] 선형 탄성변형을 나타내는 개략적 응력-변형률 선도

회주철이나 콘크리트, 폴리머 재료의 경우, 응력-변형률 곡선의 탄성 부분은 앞에서 설명한 것과는 달리 직선을 나타내지 않고, 비선형이므로 앞에서 기술한 것과 같이 기울기를 구해 탄성계수를 구하는 방법을 사용할 수 없다 [그림 10.3]. 이와 같이 비선형 거동을 나타내는 재료에 대해서는 탄젠트 계수(tangent modulus)나 시컨트 계수(secant modulus)를 사용한다. [그림 10.3]에 나타난 바와 같이 탄젠트 계수는 어느 주어진 응력에서의 기울기를 나타내며, 시컨트 계수는 σ-ϵ 곡선의 원점에서부터 주어진 점까지의 기울기로 구한다.

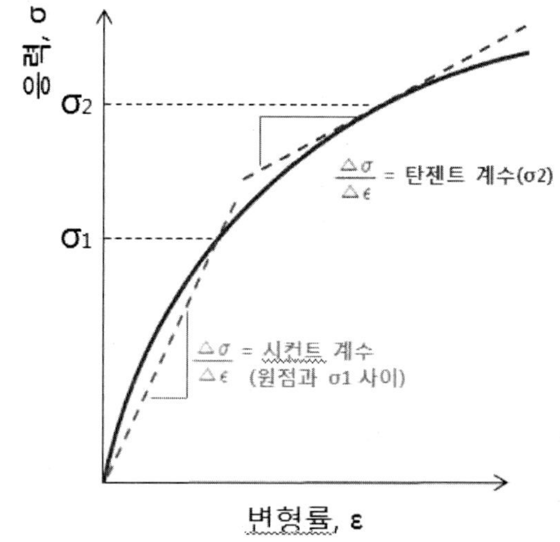

[그림 10.3] 비선형 탄성 거동을 나타내는 개략적 응력–변형률 선도

탄성 변형률은 재료에 외력이 가해졌을 때 재료를 구성하는 원자 간 거리가 변하여, 원자와 원자 사이가 결합된 상태에서 그 거리가 늘어난 것으로 볼 수 있다. 바꾸어 말하면, 탄성 계수란 근접 원자와 떨어지지 않으려는 저항력, 즉 원자 간의 결합력을 나타내며, 평형상태에 있는 원자 간의 힘과 원자 간의 분리 거리를 나타내는 곡선의 기울기에 비례한다.

$$E = \left(\frac{dF}{dr}\right)_{r_0} \tag{10.5}$$

위의 관계를 이해하면 원자 간 결합 방식이 서로 다른 재료간의 탄성계수 차이를 설명할 수 있다. 결합에너지가 큰 세라믹 재료의 탄성 계수는 금속보다 더 크고, 폴리머의 경우는 더 작다. 인장 하중 하에서 뿐 아니라 압축, 전단 또는 비틀림 응력에서도 탄성 변형은 일어난다. 이때 압축이나 인장에 관계없이 낮은 응력 하에서의 응력-변형률 특성은 같으며, 탄성 계수도 같다. 전단 응력과 전단 변형률의 관계식은 다음과 같다.

$$\tau = G\gamma \tag{10.6}$$

여기서 G는 전단 탄성 계수(shear modulus)이며, 전단 응력이 주어진 상태에서의 응력-변형률 곡선의 선형 탄성부분의 기울기이다.

2) 의탄성

앞서 탄성에 대한 설명은 탄성변형이 시간에 의존하지 않는다고 가정한 것이었다. 즉, 응력이 작용하였을 때 순간적인 탄성변형이 응력이 유지되는 동안에는 일정하고, 응력을 제거하는 순간에 모든 변형은 회복되어 순간적으로 변형률이 0으로 돌아간다고 가정하였다. 그러나 시간에 의존하는 탄성변형도 존재하는데, 응력을 가한 후에 나타나는 탄성변형이 응력을 제거한 후 즉시 회복되지 않고 완전히 회복되기까지 시간이 걸리는 경우가 있다. 이러한 시간 의존성을 갖는 탄성변형을 **의탄성**(anelasticity)이라고 하며, 대부분의 금속에서는 의탄성 현상이 아주 작아 무시할 만하지만, 폴리머는 그 양이 매우 커서 점탄성 거동(viscoelastic behavior)으로 따로 이름을 붙이기도 한다. 유리의 경우에도 이러한 현상을 관찰할 수 있다. 의탄성 현상은 변형에 수반되는 미시적인 원자적 과정에 기인한다.

3) 재료의 탄성 성질

금속 시편에 인장 응력이 가해지면, 응력이 작용하는 방향[그림 10.4에서 Z방향]으로 시편이 늘어나며, 이에 따른 변형률 ϵ_z가 나타난다. 이때 작용 응력에 수직 방향인 시편의 횡방향(x, y방향)은 수축되며, 이러한 수축량으로부터 압축 변형률 ϵ_x, ϵ_y를 산출할 수 있다. 응력이 한쪽 방향(Z방향)으로만 작용한다면 $\epsilon_z = \epsilon_y$가 된다. **푸아송비**(Poisson's ratio) ν는 축방향 변형률에 대한 횡방향 변형률의 비로서 다음과 같이 정의한다.

$$\nu = -\frac{\epsilon_x}{\epsilon_z} = -\frac{\epsilon_y}{\epsilon_z} \tag{10.7}$$

ϵ_x와 ϵ_z는 항상 반대 부호를 가지므로, 푸아송비 ν는 항상 (+)가 되도록 식 (10.7)에서 (-) 부호를 붙여놓았다. 이론적으로 등방성 재료의 ν는 1/4이며, 변형 전과 후에 부피 변화가 없다고 가정한 경우 최대값은 0.5이다. 대부분의 금속과 합금의 ν값은 0.25, 0.35이다.

전단 계수, 탄성 계수 및 푸아송비 사이의 관계식은 다음과 같다.

$$E = 2G(1+\nu) \tag{10.8}$$

대부분 금속의 G값은 0.4E이다. 위의 식으로부터 인장 시험으로부터 탄성계수 E와 푸아송비를 구하면 전단 탄성계수 G를 계산하여 구할 수 있다는 것을 알 수 있다.

많은 재료들이 결정 방향에 따라 탄성 거동이 다른 비등방성을 나타낸다. 이러한 재료들의 탄성 성질은 방향에 따라 여러 개의 서로 다른 탄성 계수로 나타내며, 탄성 계수의 수는 재료의 결정 구조의 특성에 따라 결정된다. 등방성 재료로서의 탄성 성질을 완전하게 나타내려면, 적어도 2개의 탄성 계수값이 주어져야 한다. 대부분의 다결정 재료는 결정립의 방향이 다양하므로, 등방성으로 간주할 수 있으며, 무기 세라믹 유리도 역시 등방성이다. 일반적으로 대부분의 공업용 재료는 등방성이며, 다결정 상태이다.

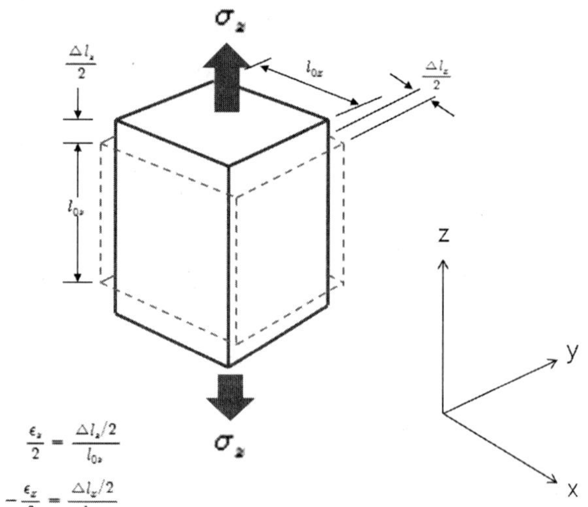

[그림 10.4] 인장 응력에 따른 축방향(Z)으로의 신장 및 횡방향(x,y)으로의 수축, 점선은 응력을 가하기 전, 실선은 응력을 가한 후의 크기를 나타낸다.

3. 소성 변형

금속 재료는 대체로 변형률이 약 0.005 정도까지만 탄성변형이 일어나며, 이 점을 넘어서면 응력은 더 이상 변형률에 비례하지 않는다. 즉, 훅의 법칙이 적용되지 않으며, 회복되지 않는 영구변형, 즉 소성변형(plastic deformation)이 일어난다. [그림 10.5(a)]는 금속의 소성 영역에서의 전형적인 인장 응력-변형률 거동을 도식으로 나타낸 것이다.

대부분의 금속은 탄성에서 소성으로의 전이(transition)가 점진적으로 일어나며, 소성변형이 시작되면 응력-변형률 곡선은 직선에서 곡선으로 바뀌고, 응력 증가에 따라 빠르게 상승한다.

미시적으로 보면, 탄성 변형에서는 원자 간 결합이 유지되면서 거리만 늘어나는 거동이었던 데 비해 소성변형에서는 수많은 원자 또는 분자가 상대적으로 움직이면서 가장 가까이 있던 원자와의 결합을 끊고 새로운 원자와 결합하는 현상으로, 결합을 끊고 새로운 결합을 하기 때문에 응력을 제거해도 원자는 원래의 위치로 돌아가지 않는다는 점이 다르다. 결정질 재료와 비정질 재료의 소성 기구는 구조가 서로 다르기 때문에 전혀 다르다. 결정 고체 재료에서는 결정 구조의 2차원 결함인 전위의 움직임에 따른 슬립(slip) 현상에 의해 소성변형이 일어나지만, 비정질 고체나 액체에서는 의탄성 거동에서 언급한 바 있었던 점성 흐름 기구(viscous flow mechanism)에 의해 소성변형이 일어난다.

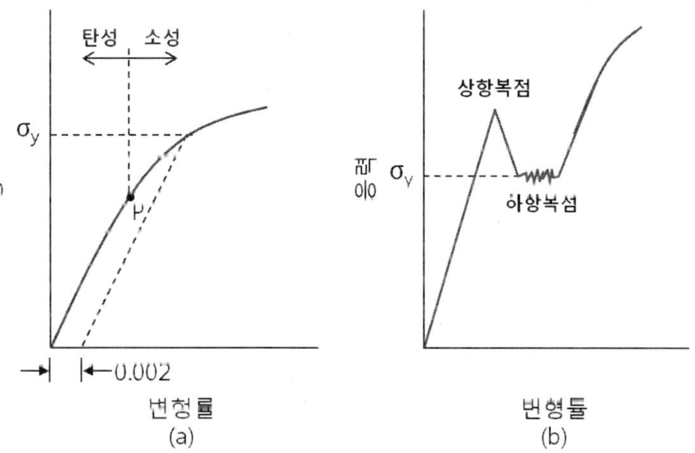

[그림 10.5] (a) 금속의 전형적인 응력-변형률 거동,
(b) 강(steel) 재료의 응력-변형률 거동

1) 인장 성질(물성)

(1) 항복 현상과 항복 강도

구조물을 설계할 때에는 응력이 가해질 때 단지 탄성변형만 일어나도록 설계되어야지 소성변형이 일어나도록 하면 안 된다. 소성 변형이 되면 원래 설계 목적의 형태를 유지할 수 없기 때문이다. 따라서 소성변형이 시작되는 응력, 즉 **항복**(yielding) 현상이 나타나는 응력을 알아야 하는데 이 응력을 항복 강도(yield strength)라고 한다. 금속의 경우에는 탄성 변형 영역에서 소성 변형 영역으로의 전이가 점진적으로 일어나므로 항복 강도를 명확히 구분해 내기가 용이하지 않기 때문에 응력-변형률 곡선이 직선에서 벗어나는 점을 항복점으로 정한다. [그림 10.5(a)]에서 점 P가 이에 해당하며, 이것을 비례 한계(proportional limit)라고 한다. 그림에 나타낸 것처럼, 응력-변형률 곡선의 원점에서 탄성 영역에 평행한 직선을 긋고 변형률 축을 따라 0.002만큼 수평 이동시킨 후에 응력-변형률 곡선과 만나는 점을 항복 강도 σ_y로 정의한다. 이와 같은 방법을 변형률-수평 이동 방법(strain offset method)이라 한다.

비선형 탄성 거동이 나타나는 재료에 대해서는 이와 같은 변형률-수평 이동 방법(strain offset method)을 사용할 수가 없으므로, 정해진 변형률(예를 들어 $\epsilon = 0.005$)을 일으키는 데 요구되는 응력을 항복 강도로 정의하기도 한다.

일반적인 금속재료와 달리 강(steel)을 비롯한 몇몇 재료에서, [그림 10.5(b)] 와 같은 특이한 인장 응력-변형률 거동을 나타내는데, 탄성에서 소성으로의 전이가 매우 분명하고 급작스럽게 나타나는 항복점 현상(yield point phenomenon)을 보인다. 상항복점(upper yield point)에서는 특이하게 실질적으로 응력이 감소하면서 소성변형이 일어나며, 변형은 하항복점(lower yield point)이라 하는 어느 일정 응력에서 약간의 응력 변동이 수반되면서 지속적으로 일어나다가, 어느 시점에 이르면 다시 변형률의 증가에 따라 응력도 증가한다. 이때의 하항복점은 매우 명확하게 나타날 뿐만 아니라 실험 과정에 거의 영향을 받지 않기 때문에 변형률-수평 이동 방법을 적용하지 않고 하항복점 평균값을 항복 응력으로 간주한다.

(2) 인장 강도

소성변형이 시작된 후, 계속적으로 소성변형을 일으키기 위해서는 응력이 증가되어야 하며, 응력은 [그림 10.6]의 점 M으로 표시된 최대 응력점인 **인장 강도**(tensile strength)까지 증가한 후 다시 감소하다가 파괴점 F에 이른다. 인장 강도는 인장 응력을 받고 있는 구조물이 지지할 수 있는 최대 응력에 해당되며, 이 이상의 응력이 가해지면 파괴가 일어난다. 최대 인장 점까지는 인장 시편의 게이지 길이 부분에 나타나는 모든 변형은 균일하다. 그러나 인장강도에 이르면 시편의 어느 한 부분이 우선 수축되는 현상이 시작되고, 그 후의 변형은 우선 수축된 이 부분에 집중한다. 이 현상을 가리켜 '네킹(necking)'이라고 하며, 결국 파괴는 이 네킹 부분에서 일어난다. 파괴 강도는 파괴가 일어나는 응력을 말한다.

알루미늄의 인장 강도는 50MPa, 고강도 강의 인장 강도는 3000MPa이며, 대부분의 금속은 이 범위 안의 인장 강도를 갖고 있다. 구조물에 인장 강도에 해당하는 응력이 가해졌을 때는 이미 많은 소성변형이 일어나 구조물의 기능이 상실된 상태가 되므로 통상적으로 설계 시에는 인장 강도가 아닌 항복 강도를 채택하기 때문에 파괴 강도는 공학적 설계 시 의미가 없다고 할 수 있다.

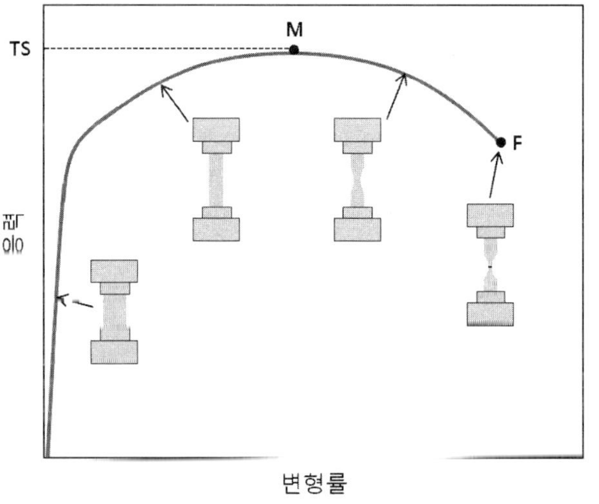

[그림 10.6] 파괴점 F까지의 전형적인 응력-변형률 거동

(3) 연성

연성(ductility)은 파괴가 일어날 때까지의 소성변형의 정도를 나타내며, 파괴 시 소성변형이 거의 수반되지 않는 재료는 **취성**(brittle) 재료라 부른다. [그림 10.7]은 연성 재료 및 취성 재료의 인장 응력-변형률 곡선을 나타내고 있다.

연성을 정량적으로 표시하기 위하여 **길이 신장률**(percent elongation), 또는 **단면적 감소율**(percent reduction in area)을 사용한다. 길이 신장률 또는 , 즉 %EL 은 식 (10.9)와 같이 파괴시의 소성변형률을 백분율로 나타낸 것이다.

$$\%EL = \left(\frac{l_f - l_0}{l_0}\right) \times 100 \tag{10.9}$$

여기서, l_f는 파괴 후 길이 l_0는 초기의 게이지 길이이다. 파괴시의 소성변형은 주로 시편의 네킹 부분에 집중되므로 %EL의 양은 시편의 늘어나는 길이를 측정하는 게이지 부분의 길이에 따라 달라진다. l_0가 짧으면 짧을수록 네킹 부분에서 일어나는 신장

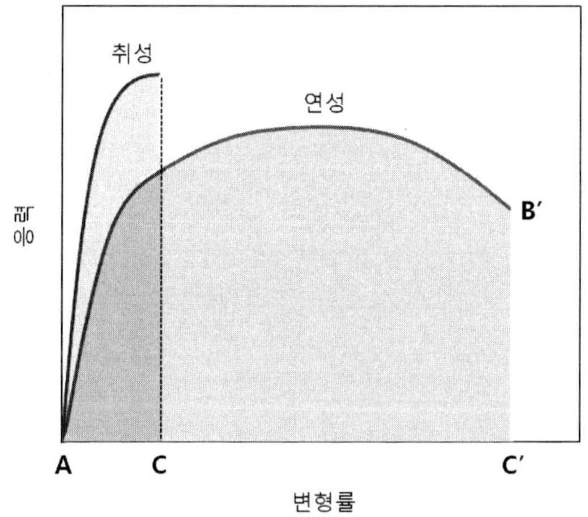

[그림 10.7] 연성 재료 및 취성 재료에 대한 파괴까지의 인장 응력-변형률 거동

량이 차지하는 비율은 더 증가한다. 따라서 길이 신장률(%)을 표시할 때에는 l_0 값을 나타내 주어야 한다.

연성을 나타내는 또 다른 방법인 단면적 감소율 %RA는 다음과 같이 정의한다.

$$\%RA = \left(\frac{A_0 - A_f}{A_0}\right) \times 100 \tag{10.10}$$

여기서 A_0는 초기 단면적, A_f는 파괴시의 단면적이다. 일반적으로 한 재료의 %EL 값과 %RA값은 서로 같지 않다. 대부분의 금속은 상온에서는 어느 정도의 연성을 갖고 있지만 온도가 낮아짐에 따라 취성이 커지는 경향을 보인다(연성-취성 천이).

재료의 연성은 설계 시 구조물의 파괴가 일어나기 전까지 나타나는 소성변형의 정도와 제작 성형에 허용되는 정도를 나타내므로 중요한 기계적 성질의 하나이다. 연성인 재료는 설계 시 응력 계산에 실수가 있다 하더라도 단지 국부적인 변형만이 일어날 뿐이며 파괴가 쉽게 일어나지 않기 때문에 실제 활용 시 유리하다. 일반적으로 파괴 변형률이 5% 미만이면 취성 재료로 간주한다.

(4) 탄력

탄력(resilience)은 탄성변형에 따른 에너지 흡수력, 하중 제거에 따른 에너지의 회복력을 의미한다. 탄력 계수(modulus of resilience) U_r은 하중을 제거한 상태에서 항복점까지의 응력을 상승시키는 데 요구되는 단위 체적당 변형률 에너지로 나타낸다.

단일축 인장 시험편에 대한 탄력 계수는 [그림 10.8]에 나타낸 바와 같이 항복점까지의 공칭 응력-변형률 곡선의 아래 면적이다. 즉,

$$U_r = \int_0^{\epsilon_y} \sigma \, d\epsilon \tag{10.11a}$$

직선 비례형의 선형 탄성 변형이라면,

$$U_r = \frac{1}{2}\sigma_y \epsilon_y \tag{10.11b}$$

여기서, ϵ_y는 항복 변형률이다.

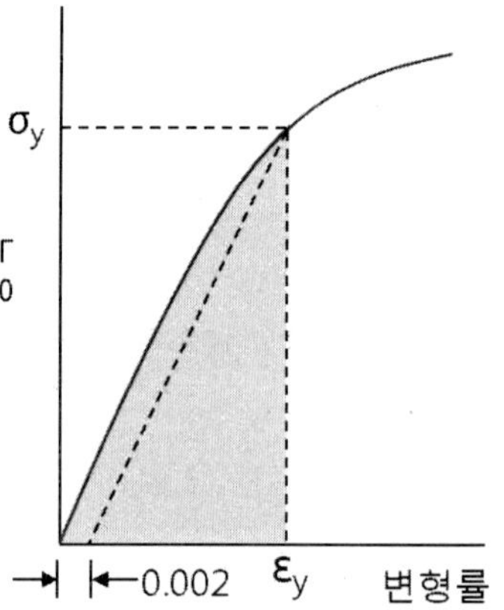

[그림 10.8] 탄력 계수의 결정방법을 나타낸 도식적 그림

탄력의 단위는 응력-변형률 그래프의 두 축 단위(응력, 변형률)의 곱이다. 즉, SI 단위로는 J/m^3(Pa과 동일)이며, 모두 에너지의 단위를 갖는다. 즉, 응력-변형률 곡선의 밑면적은 재료의 단위 체적당(m^3) 흡수 에너지를 나타낸다.

식 (10.4)를 식 (10.11b)에 대입하면

$$U_r = \frac{1}{2}\sigma_y \epsilon_y = \frac{1}{2}\sigma_y\left(\frac{\sigma_y}{E}\right) = \frac{\sigma_y^2}{2E} \tag{10.12}$$

즉, 탄력 재료는 높은 항복 강도와 낮은 탄성 계수를 가진 재료이며, 주로 스프링 등에 사용된다.

(5) 인성

인성(toughness)은 응력 집중을 발생시키는 균열이 존재 할 때 파괴에 대한 재료의 저항 정도 또는 파괴가 일어나기 전까지 재료가 소성변형에 의해 에너지를 흡수하는 능력으로 정의한다. 사용 중에 문제가 발생하지 않도록 균열이 없는 무결함의 재료를 제작하기 위해서는 제작비용이 높아져야 할 뿐 아니라, 현실적으로도 불가능하기 때문에 파괴 인성은 모든 구조 재료에서 매우 중요한 고려 사항이다.

변형률 속도가 낮은 정적(static)인 하중 조건에서의 인성은 인장 시험의 결과로 간단히 구할 수 있으며, 응력-변형률 곡선에서 파괴가 일어날 때까지의 아래 면적으로, 인성이 큰 재료는 항복 강도와 연성이 커야 한다. 인성의 단위는 탄력의 단위와 같은 단위 체적당 에너지이다. [그림 10.7]에 나타낸 바와 같이 일반적으로 연성 재료가 취성 재료보다 인성이 크다. 면적 ABC와 AB'C'을 비교해 보면, 높은 항복 강도와 인장 강도를 갖는 취성 재료는 연성 재료보다 연성이 작아 낮은 인성값을 나타낸다.

2) 진응력과 진변형률

응력-변형률 곡선 [그림 10.6]을 보면, 응력이 최대점 M을 지나면 응력이 감소하기 시작하여 재료의 강도가 약해지는 것처럼 보인다. 하지만, 이것은 단지 변형이 집중되는 네킹 부분의 단면적이 감소하여 시편의 하중 지지력이 감소하기 때문에 나타나는 현상이지 실제로는 강도가 감소하는 것이 아니다. 정확하게는 오히려 강도가 증가한다. 이는 식 (10.1)에 설명한 응력은 소성 변형이 일어나기 전의 초기 단면적을 기준으로 하고 있으며, 소성 변형이 일어나는 과정에서의 네킹 부분 면적 감소는 전혀 고려하지 않고 있기 때문이다.

따라서 어느 경우에는 네킹 부분의 순간 단면적을 고려하는 진응력-진변형률을 사용하는 것이 의미가 있다. 진응력(true stress) σ_T 는 하중 F를 소성이 일어나는 순간의 단면적(최대점 M을 통과한 후에는 네킹 부분의 면적) A_i로 나눈 값으로 정의하며, 이때 진응력은 다음과 같이 나타낼 수 있다.

$$\sigma_T = \frac{F}{A_i} \tag{10.13}$$

진변형률(true strain) ϵ_T 는 다음과 같이 정의한다.

$$\epsilon_T = \ln \frac{l_i}{l_0} \tag{10.14}$$

변형 전과 후에 부피 변화가 없다고 가정하면,

$$A_i l_i = A_0 l_0 \tag{10.15}$$

공칭 응력-변형률과 진응력-진변형률과의 관계는 다음과 같다.

$$\sigma_T = \sigma(1+\epsilon) \tag{10.16a}$$

$$\epsilon_T = \ln(1+\epsilon) \tag{10.16b}$$

식 (10.16a)와 (10.16b)는 네킹 현상이 일어나기 전까지 유효하며, 이 점을 지나면, 실제 응력과 실제 단면적 및 실제 게이지 길이를 측정하여 진응력과 진변형률을 구해야 한다.

네킹 현상은 네킹 부위에 복잡한 응력 상태를 유발시킨다. 즉, 축방향으로의 응력 이외에 다른 응력이 나타나며, 네킹 부위의 축방향 응력은 작용 응력과 네킹 부위의 실제 단면적으로부터 산출한 응력보다 약간 적다.

금속과 합금에서 소성 변형의 시작부터 네킹 현상이 일어날 때까지의 진응력-진변형률 곡선은 다음 식으로 나타낸다.

$$\sigma_T = K\epsilon_T^n \tag{10.17}$$

이 식에서 K와 n은 상수이며, 이 값은 합금에 따라 다르다. 즉, 소성변형 이력 및 열처리 이력에 따라 값이 달라진다. 매개 변수 n은 변형 경화 지수(strain-hardening exponent)라 하며, 1보다 작은 값을 갖는다.

3) 소성변형 중의 탄성 회복

응력-변형률 시험 도중에 하중을 제거하면 전체의 변형량 중에서 탄성 변형량 만큼은 회복된다. 이러한 거동을 [그림 10.9]에 나타내었다.

하중을 제거하면, 곡선은 하중을 제거한 점 D부터 거의 직선으로 초기 곡선의 탄성 부분에 평행하게 되돌아간다. 이때의 기울기는 실질적으로 탄성 계수와 같다. 이러한 하중 제거에 따른 탄성 변형률의 양이 변형률 회복에 해당되며, 응력을 다시 가하면 곡선은 하중을 제거하기 전과 반대 방향으로 움직이며, 하중을 제거한 응력점에서 항복 변형이 다시 일어난다. 파괴가 일어날 때에도 역시 탄성 변형률의 회복이 일어난다.

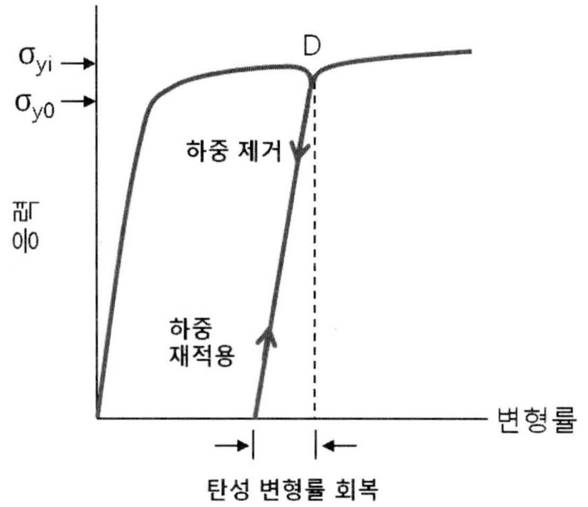

[그림 10.9] 탄성 응력의 회복 및 변형 경화 현상을 나타내는
인장 응력–변형률의 도식적 그림

4) 압축, 전단 및 비틀림 변형

금속은 인장 조건에서 뿐 아니라, 압축, 전단 및 비틀림 하중 하에서도 소성변형을 일으킨다. 이에 따른 응력-변형률 곡선의 거동은 인장 시험에서 나타나는 것과 유사하다. 그러나 압축의 경우에는 네킹 현상이 나타나지 않으므로 최대점도 나타나지 않으며, 파괴 양상도 인장의 경우와는 다르다.

4. 전위와 소성 변형, 그리고 강화 기구 간의 관계

1) 전위와 소성변형

(1) 기본 개념

앞서 결정 구조의 결함에서 설명한 것처럼 2차원 결함인 전위(dislocation)의 기본적인 두 가지 형태는 칼날(edge) 전위와 나사(scew) 전위이다. 칼날 전위에는 전위선

(dislocation line)으로 정의되는 과잉 반쪽 원자면(extra half-plane)의 끝단을 따라 국부적인 격자 뒤틀림(lattice dislocation)이 존재한다. 나사 전위는 전단 뒤틀림에 의해 나타나며, 나사 전위의 전위선은 나선형의 원자면 램프(ramp)의 중심을 통과한다. 결정 재료의 많은 전위들은 칼날 전위 및 나사 전위의 성분을 모두 갖고 있는 혼합 전위(mixed dislocation)이다.

전위는 재료의 소성 변형에 크게 영향을 미치며, 전위의 움직임에 따른 소성변형 과정을 **슬립**(slip)이라 하고, 이때 전위선이 가로지르는 면을 슬립면(slip plane)이라 한다. 거시적 관점에서의 소성변형이란 전위의 움직임, 즉 슬립에 따른 영구변형을 의미한다.

실제로 모든 결정 재료는 응고 과정이나, 소성변형 혹은 급속 냉각에 따른 열응력으로부터 생성된 전위를 포함하고 있다. 전위의 수, 즉 **전위밀도**(dislocation density)는 '단위 체적 당 총 전위 길이,' 또는 '무작위로 선정한 단위 면적을 관통하는 전위수'로 정의하며, 따라서 단위는 $mm/mm^3(mm^{-2})$이다. 아무리 주의 깊게 잘 만들어낸 금속 결정이라 하더라도 전위 밀도는 $10^3\ mm^{-2}$이나 된다. 심하게 소성 변형시킨 금속의 전위 밀도는 $10^9\sim10^{10}\ mm^{-2}$이다. 이와 같이 큰 전위 밀도는 열처리를 통하여 $10^5\sim10^6\ mm^{-2}$까지 낮출 수 있다. 반면에, 원자 결합과 결정 구조의 특성 상 전위 슬립이 일어나기 어려워 소성 변형도 일어나기 어려운 세라믹 재료의 경우에는 전형적인 전위 밀도가 $10^2\sim10^4\ mm^{-2}$이며, 집적 회로에 사용하기 위해 결함이 최소화되도록 제조하는 규소 단결정은 $0.1\sim1\ mm^{-2}$의 낮은 전위 밀도를 나타낸다.

금속에 소성 변형을 가하면 대부분의 소성에너지는 열로 분산 소모되고, 약 5% 정도의 에너지가 전위와 관련된 탄성변형에너지의 형태로 내부에 축적된다.

(2) 전위의 특성

전위는 슬립을 통해 소성 변형을 일으키기 때문에 전위의 특성은 금속의 기계적 성질의 측면에서 특히 중요하며, 전위의 기동성뿐만 아니라 전위의 증식에도 영향을 끼친다. 또한 전위 둘레에 존재하는 변형장(strain field)도 전위 특성 중의 하나이다.

칼날 전위의 과잉 반쪽 원자면으로 인해 전위선 주위에 생기는 원자 격자 뒤틀림을 [그림 10.10]에 나타내었다. 전위선 근처 원자에는 압축, 인장 및 전단 성분의 **격자 변형**(lattice strain)이 생기고, 전위선의 바로 위나 가까이에 있는 원자들은 꽉 끼는 상황에

처하게 된다. 그러므로 이러한 원자들은 완전한 결정에서의 원자 또는 전위선에서 멀리 떨어진 원자에 비해 압축 변형이 되고, 전위선 아래에서는 반대로 인장 변형이 나타난다. 이러한 격자 뒤틀림은 전위선에서 방사하는 변형장으로 간주할 수 있으며, 변형이 주위 원자로 전파되고, 그 양은 전위로부터 원주 거리에 따라 감소한다.

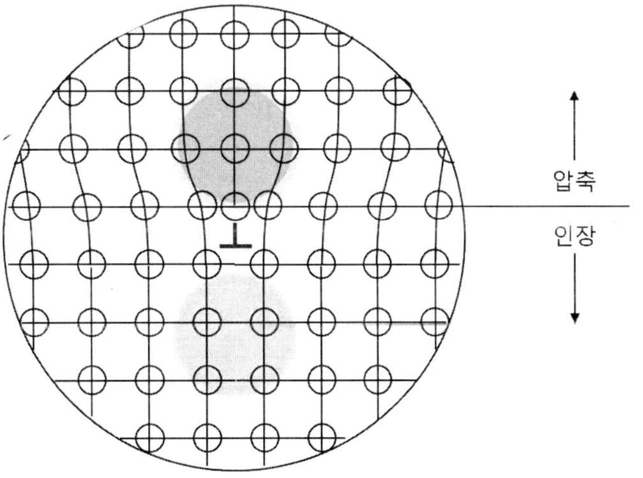

[그림 10.10] 칼날 전위 주위의 압축 영역

전위들이 매우 근접해 존재할 경우 이들 전위의 변형장은 서로 영향을 미치게 되어 근처의 모든 전위의 상호 작용이 합해진 힘이 각 전위에 가해진다. [그림 10.11(a)]에 나타낸 것처럼 같은 부호와 같은 슬립면을 갖는 2개의 칼날 전위의 경우, 두 전위의 인장 및 압축 변형은 슬립면의 같은 쪽에 존재하고, 변형장의 상호작용으로 두 전위 사이에는 서로 밀어내는 힘이 작용한다. 반면에, 동일한 슬립면에서 반대 부호를 갖는 전위는 [그림 10.11(b)]와 같이 서로 끌어당겨 두 전위가 만나면 2개의 과잉 반쪽 원자면이 정렬하여 하나의 완전한 면이 됨으로써 전위 소멸 현상이 나타난다. 전위의 상호작용은 칼날 전위, 나사 전위, 혼합 전위 및 다양한 방향성을 갖는 전위 사이에 모두 나타나며, 이러한 변형장과 전위 간 상호작용은 금속의 강화 기구에서 중요한 역할을 한다.

소성변형 과정에서 전위의 수는 급격히 증가하는데, 소성변형을 많이 받은 금속의 전위 밀도는 10^{10} mm^{-2}나 된다. 새로운 전위의 중요한 근원은 이미 존재하는 전위이며, 이러한 기존 전위의 증식 작용에 의해 새로운 전위가 생겨난다. 내부 결함이나 흠집과 같은 표면 불균일 지역 및 입계에서는 응력 집중이 일어나 변형 동안에 전위의 생성위치가 된다.

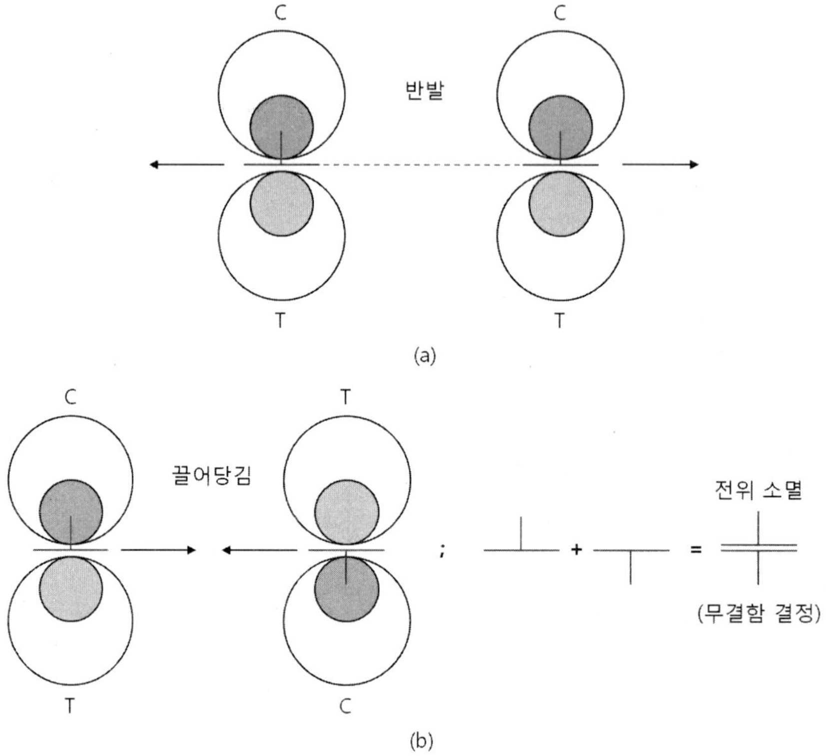

[그림 10.11] (a) 같은 슬립면상의 부호가 같은 두 칼날 전위는 서로 밀친다. C와 T는 각각 압축 영역과 인장 영역을 나타낸다.
(b) 같은 슬립면상의 부호가 반대인 두 칼날 전위가 서로 잡아당겨 만나면, 전위는 소멸되고 완전한 결정 구조가 된다.

(3) 슬립계

전위의 슬립은 결정면이나 방향에 따라 다르게 나타난다. 전위의 슬립이 보다 용이한 결정면과 방향이 있는데, 이 면과 방향을 가리켜 각각 슬립면(slip plane)과 슬립 방향(slip direction)이라 하고, 슬립면과 슬립 방향을 통틀어 **슬립계**(slip system)라 부른다. 슬립계는 금속의 결정 구조와 관련이 있으며, 전위의 움직임에 수반되는 원자의 뒤틀림을 최소화하는 것과도 연관되어 있다. 슬립면은 가장 조밀한 원자 충진 밀도를 갖는 면이고, 슬립 방향은 슬립면에서 원자가 가장 조밀하게 늘어선 방향이다.

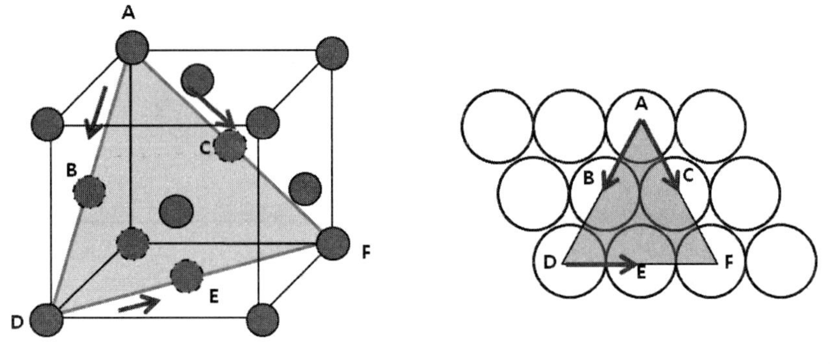

(a) (b)

[그림 10.12] (a) FCC 단위정 내의 {111}, ⟨111⟩슬립계,
(b) (111) 슬립면과 3개의 ⟨111⟩ 슬립방향(화살표로 표시)

[그림 10.12(a)]의 FCC 결정 구조 단위정에서 {111}족 결정면은 조밀하게 충진된 면의 집합체를 나타내고 있으며, (111)면은 [그림 10.12(b)]에 도시한 것처럼 원자들이 서로 촘촘히 배열되어 있음을 알 수 있다.

그림에 화살표로 표시한 바와 같이, 슬립은 {111}면에서 <110>방향으로 일어나며, {111}<110>이 FCC의 슬립계이다. 어느 특정 결정 구조에는 여러 개의 슬립계가 존재하며, 슬립계의 수는 서로 다른 슬립면과 슬립 방향의 가능한 조합 수를 나타낸다. FCC에는 4개의 {111}면과 3개의 <110>방향으로 이루어진 12개의 슬립계가 있다. BCC의 슬립면은 {110}, {211}, {321}이며, 이 중의 몇몇 슬립계는 상온에서는 작동하지 않고 단지 높은 온도에서만 작동한다. 작동하는 슬립계가 많을수록 소성 변형이 잘 일어나는 재료라 할 수 있으며, 강도가 낮은 반면 연성이 좋은 재료라 할 수 있다.

2) 금속의 강화 기구

강도가 높으면서도 적절한 연성 및 인성을 가질 수 있는 금속 및 합금은 가장 이상적인 구조용 소재이다. 일반적으로 금속 및 합금의 강도가 커질수록 연성은 감소하는데, 강도를 높이기 위해 여러 가지의 강화 기구(strenghening mechanism)를 사용할 수 있다.

강화 기구의 기본적인 원리는 전위와 재료의 기계적 거동 사이의 관계에 기초하고 있다. 즉 전위의 움직임, 슬립을 제한하여 소성 변형이 일어나지 않도록 하는 것이다. 소성변형에는 수많은 전위들의 움직임이 관련되며, 금속의 소성변형이란 전위를 움직이게 하는 능력을 의미한다고 할 수 있다. 경도와 강도(항복 강도 및 인장 강도)는 소성변형이 얼마나 어려우냐에 달려 있으므로, 전위의 기동성을 감소시켜, 소성변형을 일으키는 데 더 큰 기계적 힘이 요구되도록 하여 기계적 강도를 향상시킬 수 있다. 반면에, 전위의 움직임이 자유로울수록 변형이 잘 일어나는 동시에 더 무르고 약해진다. 따라서 모든 강화 기구는 실질적으로 전위의 움직임을 방해할수록 재료가 더 단단하고 강해진다는 원리에 기본을 두고 있다.

이러한 원리에 기초하고 있는 재료의 강화 기구에는 결정립 미세화 강화, 고용 강화, 변형강화(또는 가공 경화), 석출(또는 시효) 경화, 분산 강화, 규칙-불규칙 강화 등이 있으며, 이중 일부에 대한 설명은 아래와 같다.

(1) 결정립 미세화 강화

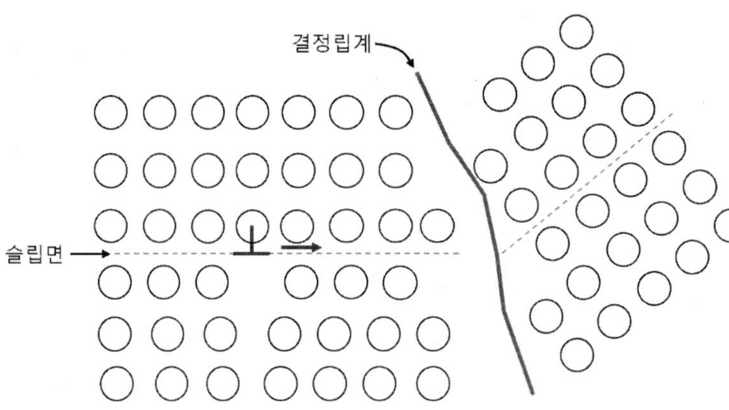

[그림 10.13] 전위의 움직임에 대한 결정립계의 방해 역할

결정입도(또는 결정립 크기), 즉 평균 결정립 지름은 다결정 금속의 기계적 성질에 영향을 미친다. 다결정 고체에서 입계를 공유하는 인접 결정립들은 결정랍계에서 서로 결정 내 원자 배열 방향이 다르다[그림 10.13]. 그림에 나타낸 것처럼 소성변형이 일어나는 과정에서 전위의 이동, 즉 슬립 현상이 결정립 A에서 결정립B로 입계를 가로질러

일어나게 되는데, 이때 결정립계(입계)는 다음과 같은 이유로 전위의 이동을 방해하게 된다.

Ⅰ. 두 결정립의 결정 방향이 다르므로, 전위가 결정립 B로 넘어가기 위해서는 이동 방향을 바꾸어야 한다. 결정 방향의 차이가 클수록 전위의 이동은 더 어렵다.

Ⅱ. 입계 부위에서는 원자가 무질서하게 위치하므로 한 결정립의 슬립면은 다른 결정립의 슬립면으로 연속해서 이어지지 않는다.

변형 중에 전위는 고각 결정립계(high-angle grain boundry)를 넘어서 이동하지 못하고 한쪽 결정립의 슬립면 끝에 응력 집중을 일으킴으로써 인접 결정립에 새로운 전위를 생성시킨다.

따라서 미세한 결정립을 갖는 재료는 조대한 결정립을 갖는 재료보다 전위의 이동을 방해하는 입계의 총 면적이 더 크므로, 미세한 결정립에서서는 전위의 슬립이 일어나기 어려워지므로 재료가 더 단단하고 강해진다. 많은 재료에서, 항복 응력 σ_y와 결정립 크기 간에는 다음과 같은 관계가 성립한다.

$$\sigma_y = \sigma_0 + k_y d^{-\frac{1}{2}} \tag{10.18}$$

이 식은 Hall-Petch 관계식으로 불리며, 이 식에서 d는 평균 결정립 지름, σ_0와 k_y는 재료 상수이다. 단, 이 식은 결정립의 크기가 매우 크거나 나노 크기로 미세해 질 경우에는 잘 맞지 않게 된다.

대각 결정립계와는 달리 소각 결정립계(small-angle grain boundry)는 양쪽 결정립 사이의 결정 배열의 차이가 작으므로 슬립 과정을 방해하는 데 효과적인 역할을 하지 못하는 반면에, 쌍정(twin boundary)은 슬립 작용을 효과적으로 방해하여 재료의 강도를 높인다. 결정립계와 마찬가지로 서로 다른 두 상의 경계(phase boundary)도 전위의 움직임을 방해하는데, 상의 크기와 모양은 다상 합금의 기계적 성질에 큰 영향을 미친다. 따라서 결정립 크기 감소는 여러 합금의 강도뿐만 아니라 인성을 향상시켜 주는데도 도움이 될 수 있다.

(2) 고용체 강화

고순도 금속은 동종의 합금보다 항상 연하고 약하며, 순수한 금속에 다른 금속 원소를 첨가하여 고체 용액(고용체, solid solution)으로 불리는 합금을 만들면 강도가 증가한다. 이때 인장 강도와 경도는 첨가하는 원소 농도의 제곱근에 비례하여 증가한다. 순금속에 다른 금속 원소를 첨가하여 만들어지는 고용체 합금에는 첨가되는 원소의 원자가 결정 격자의 침입형 자리에 무작위로 들어가는 침입형 고용체 합금, 원래 결정 격자 자리를 대신 채우고 들어가는 치환형 고용체 합금의 두 가지가 있다.

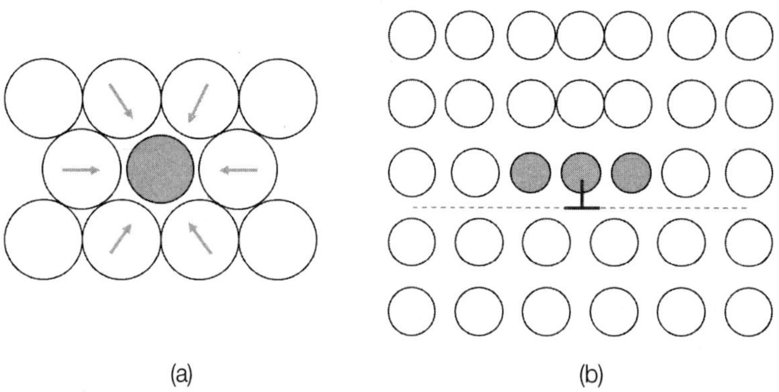

[그림 10.14] (a) 기존 원자보다 작은 치환형 불순물 원자에 의해 모원자의 결정 격자가 인장 변형되는 모습,
(b) 칼날 전위와 관련된 작은 불순물 원자의 가능한 위치로, 여기서 불순물-전위 격자 변형률이 부분적으로 감쇄된다

[그림 10.14-15]에 나타낸 바와 같이 합금의 이종 원자는 주위의 기존 원자에 격자 변형을 야기하기 때문에 이러한 이종 원자의 격자 변형장과 전위의 격자 변형장의 상호작용은 결과적으로 전위의 움직임을 제한한다. 예를 들면, 기존 원자보다 작은 이종 원자는 주위의 결정 격자를 왜곡시킴으로써 인장 변형을 야기한다[그림 10.14(a)]. 반대로, 기존 원자보다 더 큰 치환 원자는 주위에 압축 변형을 일으킨다[그림 10.15(a)]. 용질 원자(solute atom) 주변에 형성되는 이와 같은 응력장은 용질이 전위 주위로 이동하면, 전위의 주위 격자에 나타나는 반대부호의 변형 응력장과 상쇄되어 전체 변형률 에너지를 감소시킨다. 즉, 작은 이종원자에 의해 야기되는 인장 변형은 전위의 압축 변형을 부분적으로 감쇄시킬 수 있는 곳에 모이게 된다. 즉 [그림 10.14(b)]에 나타낸 칼날

전위의 경우에는 슬립면 윗부분의 전위선 주위에 위치하며, 더 큰 이종 원자는 [그림 10.15(b)]의 위치에 모인다.

일단 이종 원자가 전위 주위에 존재하게 되면, 즉, 용질원자와 전위가 결합하게 되면 에너지적으로 안정하기 때문에 서로 분리되려 하지 않는다. 따라서 전위가 계속 움직이기 위해서는 전위와 용질원자가 분리되어야 하며, 이를 위해 추가의 변형에너지가 필요하게 되어 슬립에 대한 저항성이 더 커지게 되는 것이다. 아울러 소성변형 과정 중에도 움직이고 있는 전위와 이종 원자 사이에 나타나는 격자 변형률의 상호작용은 계속 존재하기 때문에 고용체 합금에 소성변형을 일으키려면 더 큰 작용 응력이 요구되는데, 이는 강도와 경도가 증가한다는 것을 의미한다.

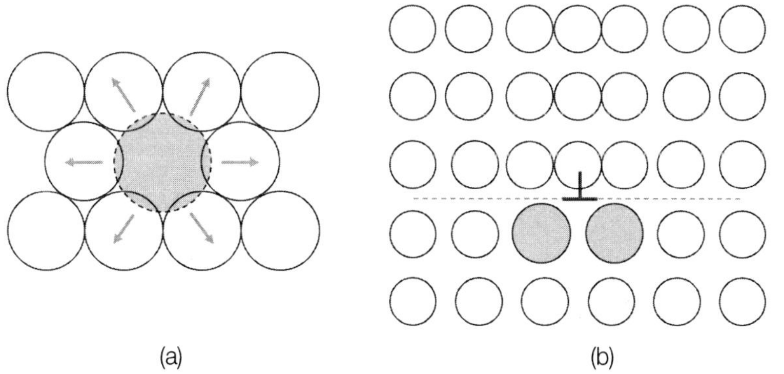

[그림 10.15] (a) 큰 치환형 이종 원자에 의해 기존 원자에 부과된 압축 격자 변형률, (b) 이종 원자와 전위의 격자 변형률이 부분적으로 상쇄될 수 있는 칼날 전위 주위의 큰 이종 원자 위치

(3) 변형 강화 (가공 경화)

변형 강화(strain hardening)란 상온에서 연성 금속이 변형을 일으킴에 따라 점점 더 단단해지는 현상으로, 냉간 가공(cold working)은 변형이 일어나는 온도가 금속의 용점보다 상대적으로 낮으므로, 가공 경화(work hardening)라고도 한다. 대부분의 금속은 상온에서 변형 경화 현상을 일으킨다.

소성 가공의 정도는 일반적으로 변형률로 나타내지 않고, 다음 식으로 정의되는 냉간 가공률[percent cold work가(%CW)]로 나타낸다.

$$\% CW = \left(\frac{A_0 - A_d}{A_0}\right) \times 100 \tag{10.19}$$

여기서 A_0는 변형 전의 초기 단면적, A_d는 변형 후의 단면적이다.

변형 경화는 전위와 전위 사이에 나타나는 변형장의 상호 작용으로 설명할 수 있다. 변형 정도가 증가할수록 금속의 전위밀도는 증가하므로, 결과적으로 전위 사이의 간격은 좁아져 점점 가까운 위치에 놓인다. 평균적으로 같은 부호의 전위와 전위 사이의 변형장은 서로 밀쳐낸다. 그러므로 한 전위의 움직임은 다른 전위에 의해 방해를 받으므로, 전위 밀도가 증가할수록 전위의 움직임에 대한 다른 전위의 방해는 점점 커진다. 따라서 냉간 가공의 양이 증가할수록 변형에 필요한 응력은 증가한다.

변형 경화 현상을 이용하여 제조 공정 과정에서 금속의 기계적 성질을 향상시킬 수 있으며, 변형 경화 효과는 어닐링(또는 소둔) 열처리(annealing heat treatment)에 의해 제거 할 수 있다.

진응력과 진변형률에 관한 식 (10.17)에서 매개 변수 n은 변형 경화 지수(strain hardening exponent)라고 부르며, 금속의 변형 경화성을 나타낸다. n값이 클수록 주어진 소성변형에서의 변형 경화 정도는 커진다.

5. 파괴

부품 또는 제품을 설계할 때 설계 사양을 충족시킬 수 있는 재료 선택에 있어서 중요하게 고려해야 할 사항은 그 부품이나 제품의 정상사용조건에서의 파손(failure)이다. 파손은 어떤 재료 또는 어떤 부품이 (1) 원래 주어진 기능을 수행하고, (2) 아직 작동이 되는 기능적 최소 요구사항을 만족시키며, (3) 노후화된 후에도 안전하고 신뢰할 만큼 작동할 수 없음을 의미한다. 항복, 마모, 좌굴(탄성 불안정성), 부식, 파괴 등은 어떤 부품이 파손되어 버린 실례이다.

엔지니어는 하중을 받고 있는 부품의 파괴 가능성과 이 파괴가 불러올 생산성, 안정성 및 기타 경제적 이슈 등에 미칠 영향 등에 대해 잘 알고 있으며, 모든 설계, 제작 및 재료 엔지니어들은 부품 혹은 기계를 설계할 때 사용 조건에서의 파괴의 가능성을 줄이기 위하여 초기 해석 단계에서부터 안전계수(safety factor)를 사용한다. 압력용기의 설계 및 제작과 같은 많은 분야에는 공식적으로 준수해야 하는 코드(code) 및 표준(standard)들이 있는데, 이는 기술자나 제작자들이 꼭 지켜야만 된다. 설계, 제작 및 기계나 부품을 위한 재료 선택 등에 있어서 이와 같은 엄격한 주의를 무시하면 파손을 피할 수 없게 되며, 재산 또는 불행한 인명 피해까지도 야기될 수 있다. 모든 기술자들은 반드시 (1) 재료의 파괴 혹은 파손의 개념에 대해 잘 알고 있어야 하며, (2) 파손된 부품으로부터 파손의 원인에 대해 알아낼 수 있어야 한다. 파손이 일어날 경우 파손의 원인을 찾기 위해서 파손된 부품은 주의 깊게 분석되고 있으며, 그렇게 해서 얻어진 정보들은 설계나 제작 공정 및 재료의 합성 및 선택 등에 있어서 보완 혹은 개선을 통해 파손 가능성을 낮추거나 안정성을 향상시키는 데 사용된다. 기술자들은 금속, 세라믹, 복합재료, 중합체, 혹은 전자재료 등으로 설계된 부품의 파괴에 대해 주로 기계적 성능 측면에서 고려한다.

파괴(fracture)는 응력을 받고 있는 고체가 둘 또는 그 이상의 부분으로 분리되는 현상을 말하며, 일반적으로 금속의 파괴는 연성과 취성으로 분류되지만, 두 가지의 혼합형도 나타날 수 있다. 연성파괴(ductile fracture)는 상당한 소성변형 후에 일어나고, 균열 전파가 느린 특성이 있다. 이에 비해 취성파괴(brittle fracture)는 보통 벽개면(cleavage planes)이라는 특정 결정면을 따라 진행하며, 균열 전파가 매우 빠르다. 일반적으로 취성파괴는 빠르게 진행되기 때문에 예측 불가능하며 큰 재앙으로 연결되지만, 연성파괴는 파손 전에 생기는 소성변형을 검출할 수 있다.

1) 연성파괴

[그림 10.16]에 나타낸 것처럼 금속의 연성파괴는 상당한 소성변형을 일으킨 후에 일어난다. 간단한 예를 들어, 봉 형태의 인장시편에 대한 연성파괴를 생각해 보자. 시편에 인장강도를 초과하는 응력을 가한 후 충분히 유지시키면, 시편은 파괴된다. 이러한 연성파괴는 다음과 같은 세 단계로 구분할 수 있다 : (1) 시편이 목(neck)을 형성하고 목 부분에 공동(cavity)이 생기는 단계[그림 10.16(a)와(b)]. (2) 목 부분의 공동들이 결합하여 시편 중앙에 균열이 생기며, 가해진 응력의 수직방향으로 시편의 표면을 향해 균열이 전파되는 단계[그림 10.16(c)]. (3) 균열이 표면에 접근하고 인장축에 대해 45° 방향으로 바뀌어 cup-and-cone 파괴로 변하는 단계[그림 10.16(d)와(e)].

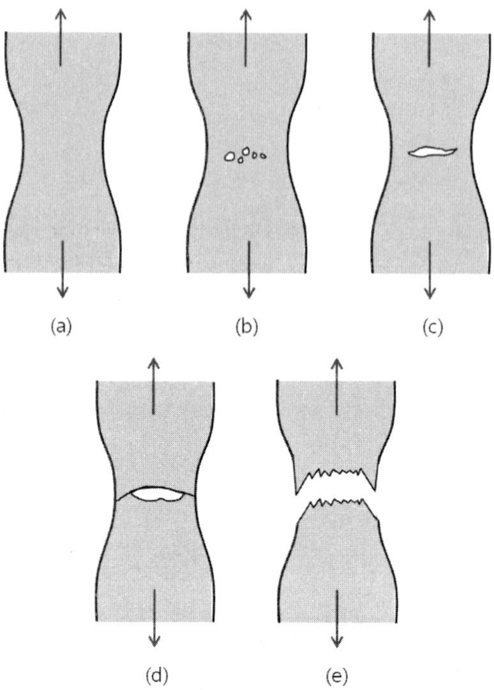

[그림 10.16] cup-and-cone 연성파괴과정의 단계

실생활에서 심각한 문제가 되는 경우는 취성파괴이며, 실제로 연성파괴는 취성파괴에 비해 발생빈도도 더 적을 뿐 아니라, 주요 발생 원인도 부품에 작용하는 하중이 과다한 경우가 대부분이다. 과다 하중은 (1) 재료 선택을 포함하여 전체적으로 부적합한 설계이거나, (2) 부적절한 제작, (3) 과부하(부품이 설계자가 허용하는 하중 이상으로 사용)인 경우에 발생한다.

2) 취성파괴

대부분의 금속이나 합금은 미미한 소성변형 후 취성형태로 파괴된다. [그림 10.17]은 연성파괴와 취성파괴에 대한 모식도이다. (a)는 시편의 파괴 끝단이 점으로 나타나는 높은 연성파괴이며, (b)는 약간의 네킹이 일어난 후에 나타나는 중간 연성 파괴, (c)는 소성변형 없이 일어나는 취성파괴를 나타낸다. 이를 비교해 보면, 연성파괴와 취성파괴는 파괴 전의 변형과정에서 많은 차이점이 있음을 알 수 있다. 취성파괴는 보통 **벽개면(cleavage planes)**이라는 특정한 결정면을 따라 진행되며, 응력은 벽개면에 대해 수직으로 작용한다. HCP 결정구조를 가진 많은 금속들은 보통 제한된 수의 슬립면을 갖기 때문에 전위의 슬립이 일어나기 어려워 소성 변형이 없는 취성파괴를 한다. 예를 들어, 아연의 단결정은 높은 응력이 (0001)면에 수직으로 작용할 때 취성파괴된다. 또한 α 철, 몰리브덴, 텅스텐과 같은 많은 BCC 금속도 저온에서 고변형률 속도로 변형 시킬 때 소성변형이 어려운 관계로 취성파괴를 한다.

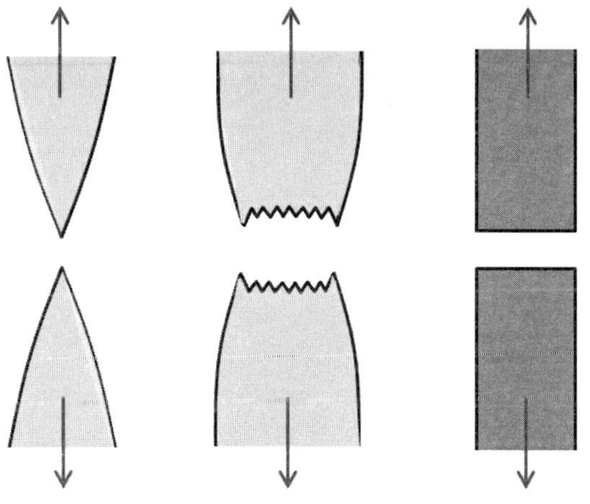

[그림 10.17] 연성파괴와 취성파괴의 모식도 비교

다결정 금속에서 대부분의 취성파괴는 균열이 결정립의 기지조직을 가로질러 전파하면서 파괴가 일어나는 입내(transgranular)파괴이다. 하지만 결정립계가 취약한 막을 가지고 있거나 결정립계 영역이 유해원소의 편석에 의해 취약해질 경우에는 결정립계를 따라 파괴가 일어나는 입계(intergranular) 취성파괴가 일어난다.

금속에서 취성파괴는 다음과 같은 3단계로 일어난다.

① 소성변형에 의해 슬립면상의 전위가 장애물에 집중된다.
② 전위의 이동이 막힌 곳에서 전단응력이 커져서 결과적으로 미세균열 핵이 생성된다.
③ 추가적 응력이 미세균열을 전파시키고, 저장된 탄성변형 에너지도 균열의 전파에 기여한다.

일반적으로 취성파괴는 금속 내부에 결함들이 존재하기 때문에 발생한다. 이러한 결함들은 제조과정 중에 생기거나 사용 중에 생긴 것들이다. 큰 개재물(inclusions), 바람직하지 않은 결정립 유동, 불량 미세조직, 기공, 찢겨짐, 균열 등은 단조, 압연, 압출,

주물 등의 제작 과정 중에 생길 수 있다. 피로균열, 수소원자에 의한 취화, 부식 등은 결국 취성파괴로 이끈다. 결함 생성의 원인과는 별개로 취성파괴는 결함이 있는 위치(응력집중원)에서 시작한다. 비교적 연성 재료인 경우에도 저온이거나 변형속도를 매우 크게 해 주는 경우에는 취성파괴가 일어날 수 있다. 이때 연성에서 취성으로 재료의 거동이 바뀌는 것을 **연성취성천이(ductile-to-brittle transition, DBT)**라 한다.

3) 인성과 충격시험

인성(toughness)은 재료가 파괴될 때까지 얼마나 많은 에너지를 흡수하느냐 하는 에너지량의 척도이다. 충격하중에도 파괴되지 않고 견뎌내는 재료의 능력은 실제 활용에 있어 중요하다. 인성을 측정하는 간단한 방법은 충격시험기를 사용하는 것이다. 충격시험법에서는 정해진 높이에서 무거운 추를 낙하시켜 때림으로써 시편을 파괴시킨 후, 추의 질량과 추의 초기 높이와 최종 높이 차로부터 파괴에 의해 흡수된 에너지를 측정할 수 있다. [그림 10.18]은 재료의 충격 에너지 흡수에 미치는 온도의 상대적 영향을 보인 것이다.

4) 연성취성천이(DBT) 온도

앞에서 언급한 대로 어떤 금속은 특정 조건에서 파단저항이 연성에서 취성으로 현저하게 바뀌는 것을 관찰할 수 있다. 이때 특정 조건이라 함은 (1) 낮은 온도, (2) 높은 응력상태, 그리고 (3) 빠른 하중속도 등을 의미한다. 그러나 일반적으로 하중속도나 응력상태는 일정한 상태에서 온도가 이와 같은 천이를 설명하는 변수로 채택된다. 충격시험기는 재료의 DBT 온도를 결정하는 데 이용된다. Charpy 시편의 온도는 노나 냉장고에서 제어된다. 어떤 금속은 명확하게 DBT 온도를 나타내지만, 대부분의 경우 이와 같은 천이는 일정한 온도 영역에 걸쳐 발생한다[그림 10.18]. 그림에서 보는 것처럼, FCC 금속들은 DBT 현상을 보이지 않기 때문에 저온에서의 사용에도 적절하다. DBT 온도에 영향을 주는 인자들은 합금조성, 열처리와 제조 공정이다. 예를 들어, 어닐링한 저탄소강은 고탄소강보다 낮으면서도 좁은 천이온도 범위를 갖는다. 또한, 어닐링한 강의 탄소량 증가에 따라 더 취성을 보이고, 충격에 의해 흡수하는 에너지가 적어진다.

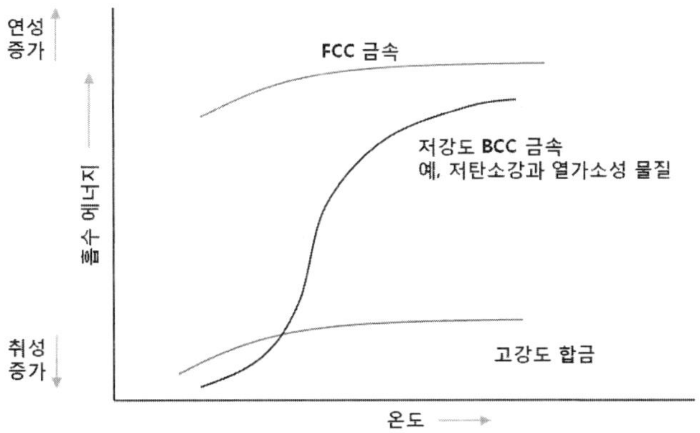

[그림 10.18] 주요 재료의 충격 에너지 흡수에 미치는 온도의 영향

연성취성천이는 저온 환경에서 사용되는 부품의 재료 선정에 있어서 매우 중요한 고려사항이다. 예를 들어, 한류에서 운항되는 선박 혹은 극지방 해수에 있는 해양 플랫폼 등은 특히 DBT에 취약하다. 그와 같은 적용을 위해 선택된 재료들은 사용 온도보다 훨씬 낮은 DBT 온도를 가져야 한다. 실제 역사상으로도 연성-취성 천이 현상이 시베리아 등 혹한 지역에서 관찰된 사례가 다수 알려져 있다.

5) 파괴인성

재료의 단면에 균열(crack)이나 흠(flaw)이 있을 때는 가해준 하중보다 훨씬 큰 응력이 결함의 선단에 집중하게 되어 예기치 않은 파괴를 유발하게 된다. 이때 결함 선단에 걸리는 응력집중의 크기는 결함의 크기와 결함 선단의 곡율 반경에 의해 결정된다. 일반적으로 결함의 크기가 클수록, 결함 선단이 날카로울수록 응력집중의 크기는 증가한다. 파괴인성과 관련하여 설계 목적에 적합한 데이터를 얻기 위해 의도적으로 균열이나 흠을 포함시킨 구조재에 대해 이론적, 실험적 파괴 분석을 수행하는 파괴역학(fracture mechanics) 분야가 발전되었다.

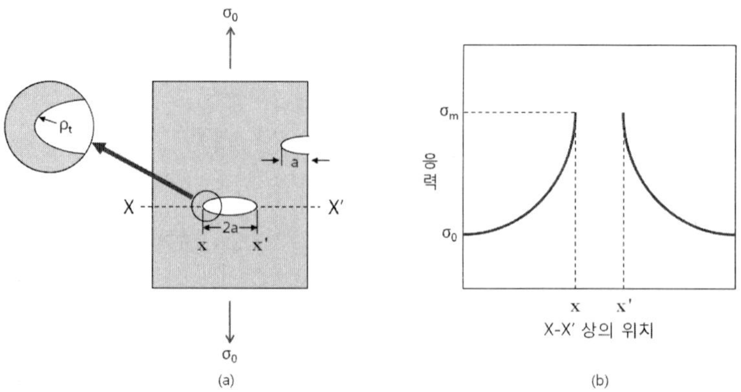

(a) (b)

[그림 10.19] 일축 인장응력 상태의 판상 금속합금

금속(재료)의 파괴는 날카로운 균열의 끝과 같이 응력집중이 가장 큰 곳에서 시작하는데, 일축 인장응력을 받고 있는 판상 시편에 측면 균열 또는 중심부 관통 균열이 있는 경우를 고려할 때, [그림 10.19(b)]에 나타낸 것처럼 균열선단(crack tip)에서의 응력이 가장 높다.

균열선단에서의 응력 확대는 작용응력과 균열의 폭에 따라 달라진다. 따라서 응력확대 계수(stress-intensity factor) K_I을 사용하여 균열선단에서의 작용응력과 균열길이의 영향을 조합한다. 아래첨자 I(one으로 발음)는 인장응력에 의해 균열이 벌어지는 모드 I 시험을 의미한다. 실험에 의하여 측면 균열 또는 내부 균열(I 시험)을 갖는 금속판에 대한 일축 인장의 경우 다음과 같은 식이 성립한다.

$$K_I = Y\sigma\sqrt{\pi a} \tag{10.5.1}$$

여기서 K_I은 응력확대계수, σ는 작용응력, a는 측면 균열길이 또는 내부관통 균열길이의 반, Y는 1의 차수를 갖는 무차원 기하학적 상수이다.

판재의 파괴를 일으키게 하는 응력확대계수의 임계값을 파괴인성(fracture toughness) K_{IC}라고 한다. 파괴응력 σ_f와 측면 균열길이 a(또는 내부 균열길이의 1/2)와의 관계식은 다음과 같다.

$$K_{IC} = Y\sigma_f\sqrt{\pi a} \tag{10.5.2}$$

파괴인성(K_{IC})값은 SI 단위로 $MPa\sqrt{m}$ 이다.

고강도 알루미늄, 강, 티타늄 합금 등과 같이 인성이나 연성이 취약한 재료를 사용하여 기계적 설계를 해야 할 때 재료의 파괴인성은 매우 유용하다. 파괴 전에 거의 소성변형이 없는 재료들은 상대적으로 낮은 K_{IC}값을 가지며 좀더 취성인 경향을 보이고, 보다 높은 K_{IC}값을 갖는 재료들은 좀 더 연성인 경향을 보인다. K_{IC}값은 특정 설계응력이 주어졌을 때, 취약한 연성을 가진 합금을 사용한 기계적 설계에서 허용 가능한 결함의 크기를 예측하는 데에도 이용된다.

6. 피로와 크립

1) 금속의 피로

반복적이거나 주기적인 응력을 받고 있는 금속부품은 한 번의 정적 응력에서 충분히 견딜 수 있는 아주 작은 응력에서도 피로하중에 의해 파괴가 일어날 수 있다. 더욱이 이러한 파괴는 예측하지 못한 시기에 순간적으로 일어나기 때문에 치명적이라 할 수 있다. 반복적 또는 주기적 응력 하에서 발생하는 파괴를 **피로파괴(fatigue failure)**라 하며, 피로파괴가 잘 일어나는 기계부품의 예로는 축, 커넥팅 로드, 기어 등과 같이 움직이는 부품들이다. 실제로 기계 파괴의 80% 정도는 직접적으로 피로파괴에 의한 것이다.

피로파괴는 모서리나 노치와 같이 응력이 집중되는 지점이나 금속 개재물 또는 결함에서 시작되는 것이 보통이다. 일단 피로 균열이 생성되면, 균열은 주기적 또는 반복적 응력 하에서 처음 생성된 부분을 가로질러 전파하는데, 이 피로과정 단계에서 조개껍질(clamshcll)무늬나 물결지국(bcach mark)이 생긴다. 균열의 점진적인 성장, 전파에 따라 결국에는 남아 있는 난변이 너무 적어져서 더 이상 하중을 지탱할 수 없게 되면 완전한 파괴가 일어난다. 따라서 피로파단면은 보통 두 종류의 표면영역을 갖게 되는데, (1) 균열이 단면을 가로질러 전파하는 동안 벌어진 표면끼리의 마찰에 의해 매끄러워진 표면영역과, (2) 남아 있는 단면에 비해 지탱할 수 있는 하중이 너무 커져 버려 생긴 파괴에 의해 형성된 거친 표면영역이다.

재료의 **피로수명(fatigue life)**을 결정하는 시험방법들 중 가장 많이 사용되는 소형 피로시험은 회전보(rotating-beam)시험으로서, 시편을 회전 시킬 때 동일한 크기의 압축응력과 인장응력을 번갈아 받도록 하는 시험방법이다. 시편 중앙부에 추를 설치하여 시편의 아래쪽 표면은 인장응력, 위쪽 표면은 압축응력 상태가 되도록 하며, 이 시험을 통해 파괴에 이르게 하는 응력 S를 파괴가 일어나는 사이클 수 N에 대해 그린 SN곡선을 얻게 된다. [그림 10.20]은 고탄소강과 고강도 알루미늄 합금에 대한 전형적인 SN 곡선으로서, 알루미늄 합금의 경우 사이클 수가 많아질수록 피로파괴에 이르게 하는 응력은 작아지는 반면, 탄소강의 경우 처음에는 사이클 수의 증가에 따라 피로강도가 감소하다가 어느 지점에서 수평이 되면서 더 이상 피로강도가 감소하지 않음을 알 수 있다. SN 곡선의 이러한 수평부분을 **피로한도(fatigue limit)** 또는 **내구한도(endurance limit)**라 하며, 10^6~10^{10} 범위의 사이클 수에 있는 것이 보통이다. 철합금의 내구한도는 일반적으로 인장강도의 약 절반 정도이며, 알루미늄 합금과 같은 비철합금들은 내구한도를 갖지 않고, 그 인장강도의 1/3정도로 피로강도가 낮다.

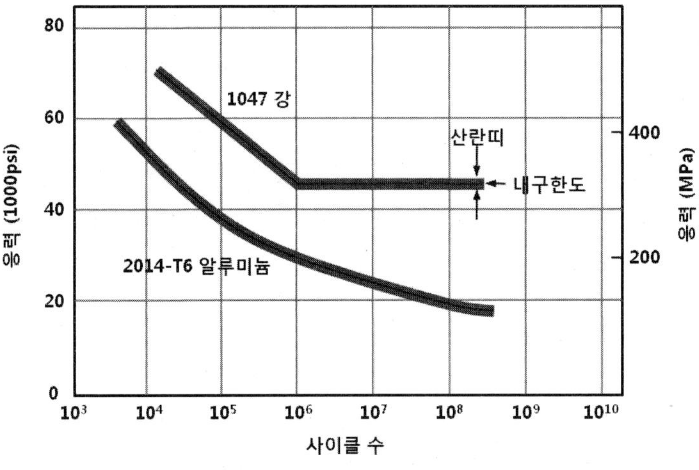

[그림 10.20] 알루미늄 합금과 탄소강의 피로파괴에 대한 SN곡선

(1) 반복응력

실제 상황에서 피로시험에 작용하는 피로응력은 다양하게 변할 수 있으며, 실제로 피로시험법에서는 축, 비틀림, 굽힘 응력 등이 사용된다. [그림 10.21]은 피로 사이클 시험에서 세 종류의 피로응력과 사이클 수를 도시한 것이다. [그림 10.21(a)]는 정현(sine) 곡선 형태의 **완전 가역응력 사이클(completely reversed stress cycle)**을 나타내고 있다. 이

는 과도한 하중 없이 일정 속도로 회전하는 축에 작용되는 전형적인 응력상태이다. 이와 같은 상태는 가역 굽힘 시험기에서 생성되는 응력 사이클과 비슷한 결과를 보여준다. 최대 및 최소 응력의 크기가 같으며, 인장응력은 양, 압축응력은 음이 되며, 최대응력은 가장 큰 수, 최소 응력은 가장 작은 수를 갖는다.

[그림 10.21(b)]는 최대 응력 σ_{max}과 최소 응력 σ_{min}이 일정한 크기로 계속 반복되는 반복응력 사이클(repeated stress cycle)을 보여준다. 그림에서는 최대 및 최소 응력이 모두 인장응력 상태이지만, 부호가 반대가 되어 모두 압축응력 상태가 될 수도 있다. [그림 10.21(c)]에서 보는 것처럼 진폭이나 주기가 임의로 변할 수도 있다.

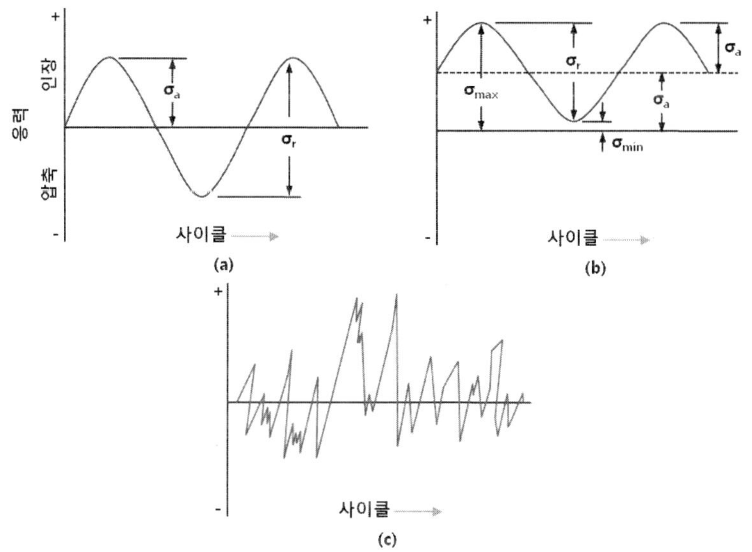

[그림 10.21] 전형적인 피로응력 사이클

변동응력 사이클을 규정하기 위한 몇 가지 변수들이 있는데, 가장 많이 사용되는 것들은 다음과 같다.

① **평균 응력(mean stress)** σ_m : 피로 사이클에서의 최대와 최소 응력의 평균

$$\sigma_m = \frac{\sigma_{max} + \sigma_{min}}{2} \tag{10.20}$$

② **응력 범위(range of stress)** σ_r : σ_{max}과 σ_{min}의 차이

$$\sigma_r = \sigma_{max} - \sigma_{min} \tag{10.21}$$

③ **응력 진폭(stress amplitude)** σ_a : 응력 사이클의 절반

$$\sigma_a = \frac{\sigma_r}{2} = \frac{\sigma_{max} - \sigma_{min}}{2} \tag{10.22}$$

④ **응력 비(stress ratio) R** : 최소와 최대 응력의 비

$$R = \frac{\sigma_{min}}{\sigma_{max}} \tag{10.23}$$

(2) 피로 과정과 미세구조 변화

주기적인 응력이 연성의 금속시편에 작용할 때, 피로 파괴 진행 과정과 미세구조의 변화는 다음과 같이 정리할 수 있다.

① 균열 발생: 피로손상의 초기 단계

② 슬립밴드 균열 성장: 균열은 소성변형이 완전한 가역과정이 아니기 때문에 발생한다. 한쪽 방향과 그 반대방향으로 교차되는 소성변형에 의해 금속 내부에서 슬립밴드를 따라 생기는 손상뿐만 아니라 금속시편의 표면에 슬립밴드의 돌출과 함입이라는 표면 융기와 골 등이 생긴다. 표면의 불규칙성과 슬립밴드에 따른 손상에 의해 균열은 표면 혹은 표면 근처에 생성되었다가 점차 높은 전단응력을 받는 면을 따라 전파된다. 이것을 1단계 피로균열성장이라 하는데, 일반적으로 피로균열성장속도는 10^{-10} m/cycle 정도로 아주 낮다.

③ 높은 인장응력을 받는 면에서의 균열 성장: 다결정 금속에서의 피로균열성장 I 단계 과정에서 몇 개의 결정립 지름만큼 균열이 성장하다가 금속시편의 최대 인장응력에 수직인 방향으로 진행방향이 바뀌게 된다. 2단계 피로균열성장에서는 수 ㎛/cycle의 비교적 빠른 속도로 균열이 전파되고, 균열이 금속시편의 단면을 가로질러 진행함에 따라 피로 줄무늬가 생긴다. 이 줄무늬는 피로균열의 시작과 전파

방향을 결정하는 피로파괴 해석에 유용하다.

④ 최종 연성파괴: 균열이 전파하여 잔류 금속 단면이 작용하중을 지탱할 수 없을 정도가 되면 시편은 연성파괴에 의해 파괴된다.

(3) 금속의 피로강도에 영향을 주는 주요 인자

금속이나 합금의 피로강도는 금속 자체의 화학조성보다 다른 인자들의 영향을 받는다. 이 인자들 가운데 가장 중요한 것은 다음과 같다.

① 응력 집중: 노치, 구멍, 키 홈 및 단면의 급격한 변화가 있는 곳과 같이 응력이 집중되는 곳이 있으면 피로강도는 크게 감소한다. 가능한 응력 집중부위가 생기지 않도록 설계를 통해 피로파괴를 최소화 할 수 있다.

② 표면 거칠기: 일반적으로 금속시편의 표면이 매끈할수록 피로강도는 높다. 거친 표면은 피로균열 형성을 쉽게 하는 응력 집중부위를 만들어 낸다.

③ 표면조건: 대부분의 피로파괴는 금속 표면에서 시작되므로 표면조건의 변화는 금속의 피로강도에 영향을 준다. 예를 들어, 침탄이나 질화와 같은 강의 표면경화 처리는 피로수명을 증가시킨다. 반면에 탈탄은 열처리한 강의 표면을 연화시켜 피로수명을 감소시킨다. 금속 표면에 압축성 잔류 응력이 있어도 피로수명은 증가한다.

④ 환경: 부식성 분위기에서 금속이 주기적인 응력을 받게 되면, 화학적 침투가 피로균열의 전파속도를 크게 가속시킨다. 금속에 대한 부식 침투와 주기적인 응력의 조합을 **부식피로(corrosion fatigue)**라고 한다.

2) 금속의 크리프

금속이나 합금이 고온에서 일정 하중 또는 일정 응력 하에서 오랜 시간에 걸쳐 점진적인 소성변형을 겪을 때, 이와 같은 고온에서의 **시간의존성 변형률**을 **크리프(creep)**라 한다. 금속과 합금의 크리프는 고온에서의 공업적 설계에 아주 중요하다. 예를 들어, 가스터빈엔진의 블레이드용 합금을 선택할 때 기술자는 매우 낮은 **크리프 속도(creep rate)**를 가진 합금을 골라야 한다. 고온에서 사용하는 공업적 설계에서 재료의 크리프는 사용온도를 제한하는 인자가 된다.

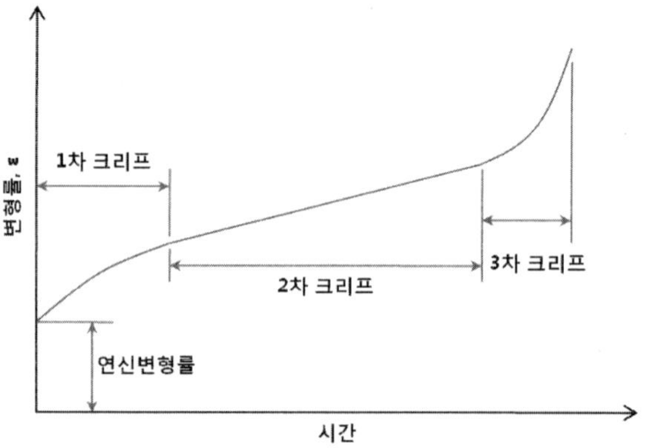

[그림 10.22] 금속의 전형적인 크리프 곡선

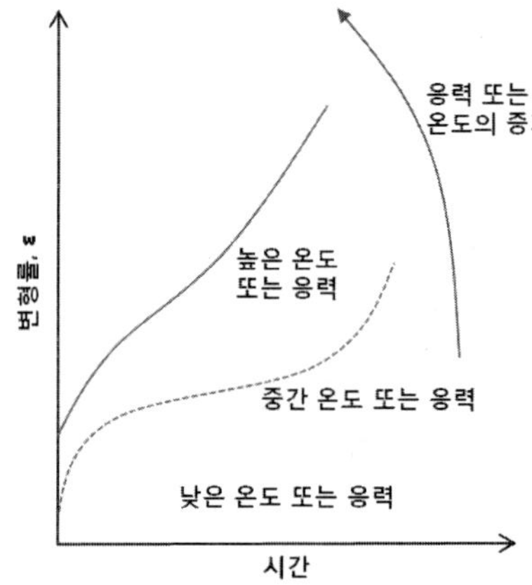

[그림 10.23] 금속의 크리프 곡선에 미치는 응력증가의 영향

[그림 10.22]는 장시간에 걸친 시편의 길이 변화를 시간 증가에 따라 그린 전형적인 크리프 곡선이다. 크리프 곡선을 살펴보면, 초기에는 시편에 순간적으로 빠른 연신 변형률 ε_0가 생긴다. 그 다음 시편은 시간에 따라 변형속도가 감소하는 1차(primary) 크리프를 보인다. 크리프 곡선의 기울기를 크리프 속도라 하는데, 1차 크리프 과정에서 크리프 속도는 시간에 따라 점차 감소한다. 1차 크리프 후 변형속도가 거의 일정한 2차(secondary) 크리프가 일어나는데, 이를 **정상상태 크리프(steady state creep)**라 한다. 마지막으로, 파괴변형률까지 크리프 속도가 시간에 따라 빠르게 증가하는 3차(tertiary) 크리프가 일어난다. 크리프 곡선의 형태는 가해진 하중(응력)과 온도에 따라 달라진다. 응력과 온도가 높아질수록 크리프 속도는 증가한다[그림 10.23].

1차 크리프 동안 금속에는 가해진 하중을 지탱하면서 변형경화가 일어나고, 더 이상의 변형경화가 어려워짐에 따라 크리프 속도는 감소한다. 시험온도가 재결정온도 이상의 고온에서는 2차 크리프 동안에 전위의 활발한 이동에 의한 회복과정이 변형경화 효과를 상쇄하게 되어 금속은 일정한 기울기의 정상상태 속도로 계속 늘어나게 된다. 2차 크리프 과정의 크리프 곡선 기울기($d\varepsilon/dt = \dot{\varepsilon}$)를 **최소 크리프 속도(minimum creep rate)**라고 한다. 마지막으로, 일정한 하중을 받는 시편의 3차 크리프에서 시편의 네킹과 결정립계에 생기는 기공의 형성 등에 의해 크리프 속도는 급격히 가속된다.

낮은 온도(즉, $0.4T_M$ 이하)와 작은 응력에서 금속은 1차 크리프를 보이고 2차 크리프는 무시할 수 있는데, 이는 온도가 너무 낮아 확산에 의한 회복 크리프가 일어나지 않기 때문이다. 그러나 금속에 대한 응력이 인장강도보다 크다면, 금속은 일반적인 인장시험에서와 마찬가지로 늘어나 파괴에 이르게 된다.

(1) 크리프 시험

크리프 속도에 대한 응력의 영향은 크리프 시험으로 결정한다. 일정 온도에서 서로 다른 응력이거나 또는 일정 응력에서 서로 다른 온도 조건 등에서 다수의 크리프 시험이 수행되며, [그림 10.24]에 표시한 바와 같이 최소 크리프 속도나 2차 크리프에서 기울기가 각 곡선에서 측정된다. 일반적인 크리프 강도의 기준은 주어진 온도에서 10^{-5} %/h의 최소 크리프 속도가 되도록 하는 응력이다.

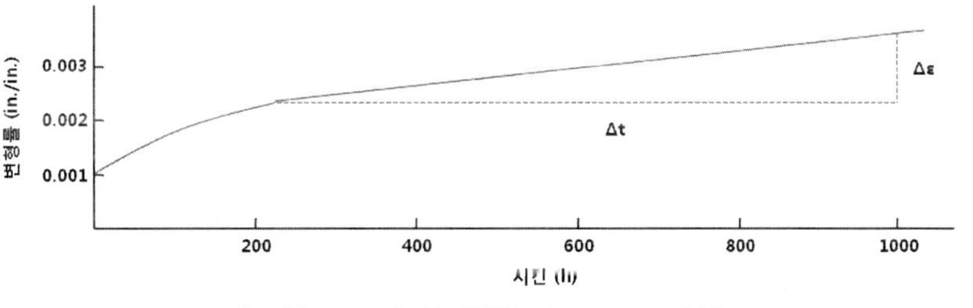

[그림 10.24] 구리합금의 크리프 곡선

(2) 크리프 파단시험

크리프 파단시험(creep-rupture test)이나 **응력파단시험(stress-rupture test)**은 하중이 높다는 것을 제외하고는 본질적으로 크리프 시험과 같으며, 시험은 시편이 파괴될 때까지 계속된다. 크리프 파단시험 데이터는 (log 응력) 대 (log 파단시간)으로 나타낸다. 일반적으로 가해진 응력과 온도가 증가함에 따라 응력 파단이 일어나는 시간은 감소한다.

연습문제

1. 인장시험의 결과로부터 구한 응력-변형률 곡선에서 얻을 수 있는 재료의 기계적 성질들에 대해 열거하고, 각각에 대해 간략히 기술하라.

2. 전위와 소성 변형, 금속재료의 강화 기구 간의 관계에 대해 기술하라.

3. 연성파괴와 취성파괴의 차이에 대해 기술하라.

4. 충격파괴시험과 연성취성전이에 대해 기술하라.

5. 피로의 정의 및 피로 발생 조건, 피로 수명 및 피로 강도 산출에 대해 기술하라.

6. 크리프의 정의 및 크리프 발생 조건, 정상 크리프 속도, 크리프 파열 수명 산출에 대해 기술하라.

제 11 장

자동차 응용 재료 : 철 및 비철 소재

1. 서론

자동차는 다양한 소재와 이들의 부품으로 구성되어 있다. [그림 11.1]은 현재 자동차 소재에 사용되는 다양한 소재의 사용 비율을 보여준다. 통상 철강소재의 비율이 약 60%이상 차지하며, 비철소재를 포함할 경우 금속소재의 비율이 약 70%로 압도적으로 차지하고 있다. 플라스틱 소재는 약 11%를 차지하며 타이어, 고무 등을 포함 할 경우 고분자 소재는 약 15%를 차지한다. 세라믹 소재에 해당되는 유리 소재는 약 2.4%를 차지하고 있다. 이와 같이 자동차 소재도 대부분 금속재료, 고분자재료, 세라믹재료로 구성되어 있다.

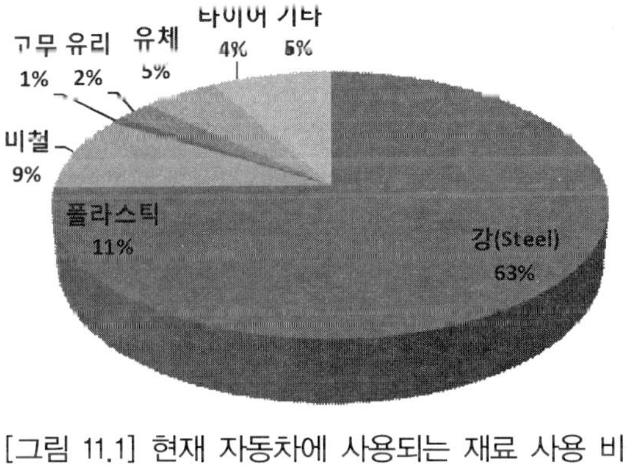

[그림 11.1] 현재 자동차에 사용되는 재료 사용 비율

자동차재료의 필수 조건은 ① 대량공급과 안정적인 공급이 가능한 소재, ② 대량생산에 적합한 가공법이 적용 가능한 소재 및 품질 균일성을 확보한 소재, ③ 가격이 저렴하면서 안정적인 소재이어야 한다. 또한 자동차 재료의 응용을 위해서는 적절한 인장, 충격강도, 피로강도, 강성, 비중과 적용 부위에 따라 내마모성, 마찰특성, 내식성, 내후성, 열전도성, 열팽창성, 전기적 특성, 자기적 특성 등이 요구된다.

자동차에 사용되는 소재도 통상적 재료의 구분법으로 구분되어진다. 즉 공업적으로 편의상 구분되어지는 금속재료, 고분자재료 그리고 세라믹재료로 구분되며, 이들 재료를 2차 가공 응용한 복합재료와 첨단신소재 등으로 구분되어진다.

공업적으로 구분되어 지는 3가지 금속, 고분자, 세라믹재료의 고유 특성은 이들 재료를 구성하는 원자들의 결합방식과 결합에너지로 결정되어지며 [표 11.1]에서는 원자들의 결합에 따른 소재구분을 보여준다. 세라믹 소재는 공유결합이나 이온 결합을 이루고 있으며, 금속소재는 금속결합, 고분자소재는 공유결합 혹은 약한 수소결합 혹은 발데르발스(van der Waals) 결합을 하고 있다.

본 장에서는 이들 자동차에 핵심적으로 사용되어 지는 금속재료, 즉 철강소재와 비철 소재의 종류와 특성을 살펴보도록 하겠다. 먼저 각 세부별 금속소재를 다루기 전에 금속재료의 전반적인 특징을 살펴보겠다.

[표 11.1] 소재를 구성하는 원자들의 결합방식에 의한 구분

결합형태	재 료	결합에너지(Bonding Energy) kj/mol	결합에너지(Bonding Energy) eV/Atom, Ion, Molecule	용융운동(°C)
이온결합	NaCl	640	3.3	801
	MgO	1000	5.2	2800
공유결합	Si	450	4.7	1410
	C(diamond)	713	7.4	〉3550
금속결합	Hg	68	0.7	−39
	Al	324	3.4	600
	Fe	406	4.2	1538
	W	849	8.8	3410
반데르발스결합	Ar	7.7	0.08	−189
	Cl_2	31	0.32	−101
	NH_3	35	0.36	−78
수소결합	H_2O	51	0.52	0

2. 금속재료(Metallic Materials)

금속재료는 금속원소들이 하나 혹은 그 이상 모여 단일성분 금속재료 혹은 합금상의 금속재료를 구성하는 무기물질이다. 이들 금속소재에는 수소, 질소, 산소, 탄소, 황 등 비금속의 원소들과 결합하여 적절한 특성을 가지기도 한다. 철, 구리, 알루미늄, 텅스텐 등이 금속원소들의 대표적인 예이며, 이들 소재는 각각의 고유한 특성으로 자동차 소재에 적절한 용도로 사용된다. 일반적으로 금속재료는 원자결합에서 자유전자의 존재로 전기 및 열전도도가 우수하며, 대부분 실온에서 강도가 강하고, 전위(dislocation)의 움직임으로 연성이 있으며, 고온에서도 강도를 잃지 않는 특징을 가지고 있다. 금속재료는 결정학적으로 매우 규칙적인 배열을 하고 있으며, 통상 단성분인 경우에는 FCC, BCC, HCP의 결정구조 중 하나를 가지는 경우가 많다.

금속재료는 일반적으로 철(iron)을 포함하는 철계금속재료(ferrous metallic materials)와 철을 포함하지 않거나 극미량 포함하는 비철금속재료(nonferrous metallic materials)로 구분되어 진다. [그림 11.2]는 금속재료를 구분을 보여주고 있다.

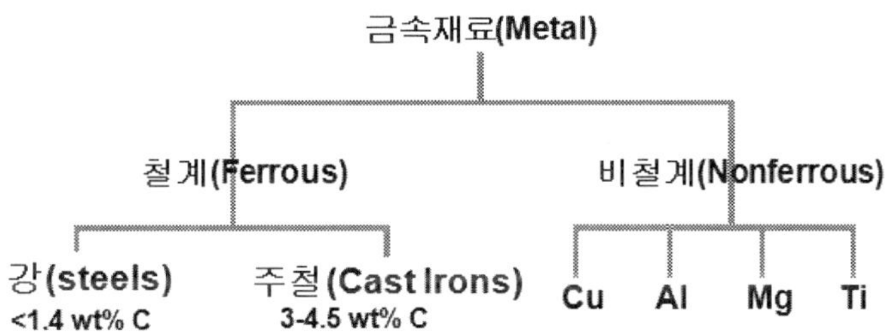

[그림 11.2] 금속재료의 구분 ; 철계 및 비철금속소재

철계금속재료는 기본적으로 철원소를 주성분으로 하지만 공업적으로 사용되어지는 철계금속재료는 순수 철보다는 탄소가 함유되어 있는 철-탄소 합금으로 광범위하게 사용되어 진다. 철-탄소 합금은 탄소함량에 따라 탄소량인 2.1%이하 포함되는, 좁은 범위에서는 약 1.4%이하의 탄소를 함유하는 강철(steel)재료와 탄소량이 2.1%-6.7% 포함하는, 통상 탄소량 4.3% 내외를 가지는 주철(cast iron)재료로 구분되어 진다. [그림 11.3]에서는 철-탄소 상태도에서 탄소함량에 따라 크게 강철과 주철로 구분한 모습을 보여준다. 비철재료로는 통상 알루미늄, 구리, 마그네슘, 티타늄 등이 있으며 최근 친

환경 자동차 소재로 주목받는 자동차 경량소재의 응용으로 알루미늄, 마그네슘 등의 사용이 증가하고 있다. 자동차 소재에서 금속소재의 사용 비율을 보면 철계 소재의 비중이 가장 높은 데, 이는 통상 철계 즉 강철과 주철의 가격경쟁력이 우수하며, 우수한 강도와 인성, 연성 특성을 가지고 있으며, 많은 생산량을 가지고 있기 때문이다.

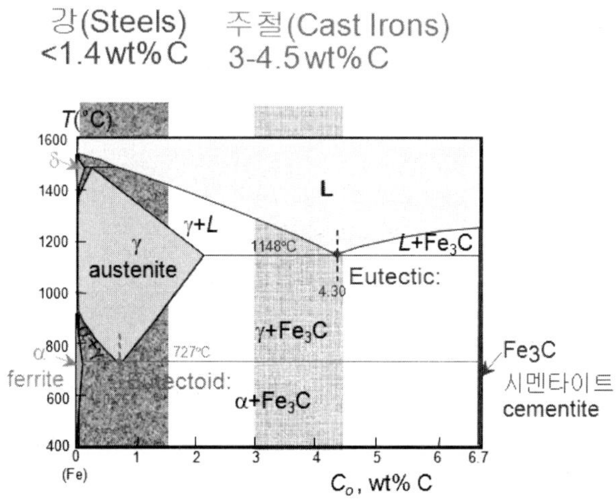

[그림 11.3] 철-탄소 상태도와 탄소함량에 따른 강철과 주철의 구분

3. 철 및 철합금 소재

금속과 이들의 합금소재는 우수한 기계적 특성과 경제성으로 공업용 소재로 광범위하게 사용되며 자동차 소재에서도 그 사용 비율이 가장 높다. 철과 철합금소재는 탁월한 기계적 강도, 우수한 인성, 그리고 적절한 가공성으로 금속소재 생산의 90% 이상을 차지하고 있으며, 자동차 소재에서도 그 사용량이 약 60% 이상으로 가장 많이 이용되고 있다. 철계 금속은 앞서 기술한 바와 같이 순수 철로 사용되는 경우보다는 기계적 강도와 인성, 고온 강도, 내부식성을 고려할 때 철-탄소의 합금 형태, 즉 탄소강 형태로 사용되고 있다. 탄소와 철은 반응하여 탄소함량이 최대 6.7%를 가질 때 Fe_3C(cementite)라는 금속간 화합물을 가지고 있으며, 따라서 대부분의 철강소재는 탄소함량이 6.7% 이하를 가지고 있다.

1) 철과 강의 제조

대부분의 철은 [그림 11. 4]에서와 같이 용광로에서 대부분 철광석에서 제조된다. 철광석을 석회석과 함께 용광로에 장입하고, 또한 코크스를 함께 넣고 고온으로 가열한다. 이때 용광로에서 Cokes(코크스, 탄소)는 산소와 반응하여 용광로를 고온으로 가열시키며, 또한 산소와 반응하여 이산화탄소가 된다. 이 이산화탄소가 다시 탄소와 반응하여 일산화탄소로 바뀌며 이 일산화탄소가 환원가스로 작용하면서 철 산화물(주로 Fe_2O_3)를 환원시켜 순수 철 용탕이 제조되게 된다. 순수철이 생성되는 반응에서 발생하는 이산화탄소는 다시 코크스와 반응하여 일산화탄소로 바뀌어 순환적인 반응이 지속적으로 이루어진다. 이 용탕반응에서 제조되는 철합금은 주로 탄소함량이 약 4%인 원료 선철이 된다. 선철 제조 중에 첨가되는 생석회(limestone, $CaCO_3$)는 조제재(slag forming fluxes)로 사용되어 용탕 내의 규소, 알루미늄 등의 불순물을 슬래그형태로 제거하게 된다.

$$C(\text{코크스}) + O_2 \rightarrow CO_2 + \text{Heat}$$

$$CO2 + C \rightarrow 2CO$$

$$3CO + Fe_2O_3 \rightarrow 3Fe + 3CO_2$$

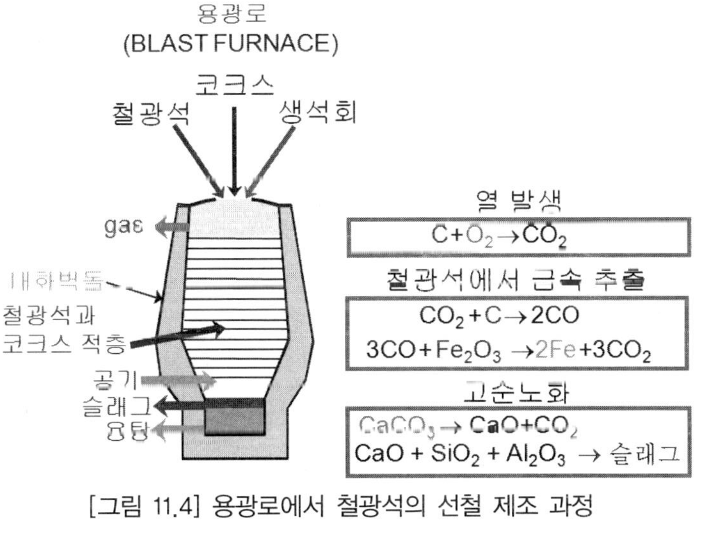

[그림 11.4] 용광로에서 철광석의 선철 제조 과정

2) Fe과 Fe_3C 상태도

철은 용광로 작업 중에 탄소와 반응하여 자연스럽게 대부분 철-탄소합금 형태로 제조된다. 즉 이들 탄소강은 Fe와 C가 조성에 따라 반응하는 철-탄소 이원합금계를 이루고 있으며 특히 탄소가 6.7%에 이룰 때 Fe_3C의 금속간화합물, 즉 시멘타이트(Cementite) 형성한다. 따라서 철-탄소 상태도는 정밀하게 말하면 Fe-Fe_3C 상태도로 표시되면 C가 6.7% 이상인 경우에는 철 내에 탄소는 잉여 탄소(free carbon)형태로 잔류하여 기계적 성질을 급격하게 하락시킨다.

[그림 11.5]는 Fe-Fe_3C 상태도를 탄소함량과 온도에 따라 표시하였다. Fe_3C는 상태도 상에서는 안정적인 금속간화합물을 형성하지만 실제 금속간화합물상도 실제 안정적인 평형상이 아니기 때문에 특정 조건하에서는 철과 탄소(흑연)의 더욱 안정한 상으로 변화한다.

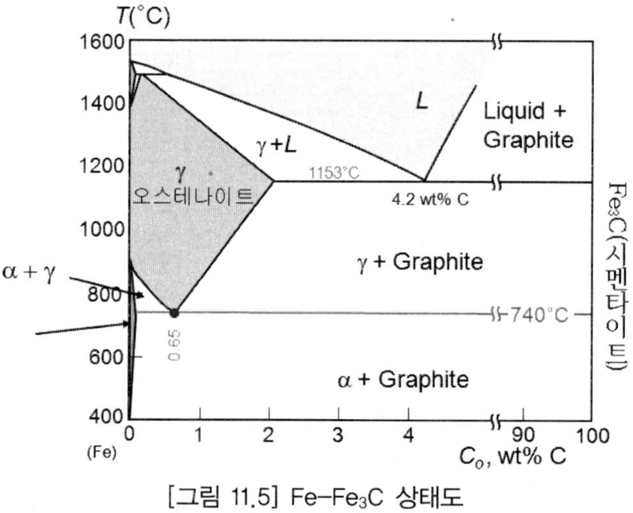

[그림 11.5] Fe–Fe_3C 상태도

Fe-Fe_3C 상태도를 보면 용탕(액상)으로부터 응고 시 생성되는 고상들은 크게 α-페라이트(ferrite), 오스테나이트(γ), 시멘타이트(Fe_3C)이고 고온에서는 δ-페라이트가 형성된다.

α-페라이트는 723℃에서 BCC구조로 철 결정내에 탄소함량이 약 0.02% 고용되어 있는 합금상이다. 오스테나이트(γ)는 FCC 구조의 γ 철내에 탄소함량이 침입형으로

1148℃에서 최대 2.1% 고용되는 합금상을 말한다. 시멘타이트(Fe_3C)은 불안정한 금속간화합물로 우수한 경도를 가지지만 취한(brittle)특성을 가지고 있는 화합물이다. 고온에서는 BCC 구조를 가지는 δ 페라이트 상은 침입형 탄소함량이 1493℃에서 최대 약 0.09%를 가지고 있다.

Fe-Fe_3C 상태도를 보면 순수 철의 용융온도는 1538℃이지만 탄소함량이 약 4.3%가 되면 이들의 용융온도는 급격하게 감소하여 1148℃에서 용융 반응이 일어난다. 이러한 용융온도 감소로 인하여 이 조성에서 철-탄소합금의 주조(casting)가 용이하게 되므로 이 조성을 주철(Cast iron)이라고 불린다. 즉 1148℃, 탄소함량 4.3%의 지점에서의 반응은 아래와 같이 2개의 고상을 형성한다.

액상(4.3%C) --------------> 오스테나이트(γ) + Fe_3C

위와 같은 반응은 통상 공정반응(eutectic reaction)이라고 칭하며 탄소함량이 2.1% 이하로 낮은 강철에서는 이 반응이 일어나지 않는다.

탄소함량이 4.3% 를 기준으로 2.1% ~ 4.3% 사이의 철-탄소 합금을 아공정반응(hypo-eutectic reaction)이라고 하고, 상대적으로 높은 탄소함량을 가지는 4.3% ~ 6.7% 조성의 철-탄소합금을 과공정반응(hyper-eutectic reaction)이라고 한다.

재료공학적으로 가장 중요한 소재인 강철은 철-탄소 합금계에서 탄소함량이 2.1% 이하인 조성을 말한다. 이 조성은 1148℃에서 탄소함량이 최대 2.1%인 오스테나이트(γ) 영역을 말한다. 고상의 오스테나이트 영역의 723℃ 온도에서 탄소함량이 0.77% 점에서는 냉각 시 아래와 같은 2개의 고상을 형성한다. 즉

고상 γ 오스테나이트(0.77%C) -----------> α 페라이트 + Fe_3C

즉 이러한 반응은 앞선 공정반응과 달리 액상이 존재하지 않은 하나의 고상상태에서의 반응만으로 2개의 고상이 형성되므로 공석반응(eutectoid reaction) 이라고 말하여 이 반응은 액상의 출현 없이 고상의 열처리 공정만으로 이루어지므로 탄소강의 열처리에서 가장 중요한 역할을 한다. 통상 0.77% 탄소 조성의 강을 공석강(eutectic steel)이라고 말하고, 0.02% ~ 0.77의 범위의 강을 아공석강(hypo-eutectic steel)이라고 말하며, 0.77% ~ 2.1% 범위의 강을 과공석강(hyper-eutectic steel)이라고 말한다.

[그림 11.6]에서는 공정반응과 공석반응 점을 표시해 주고 있으며 특히 공석반응의 조건에서 고상 γ 오스테나이트(0.77%C) -----------> α 페라이트 + Fe_3C 변태시 미세조직의 변화를 보여준다.

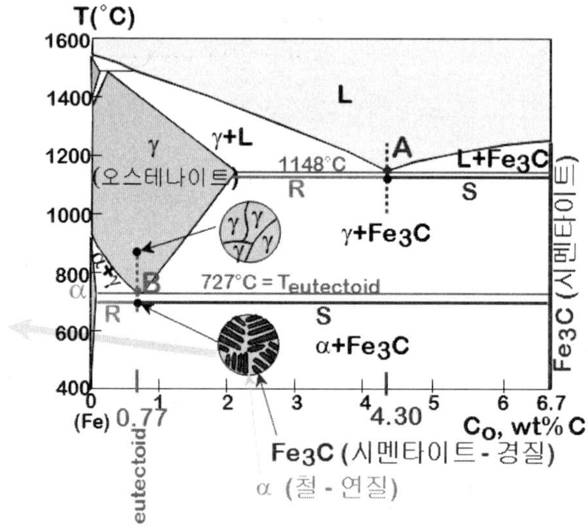

[그림 11.6] Fe–Fe_3C 상태도에서 공정반응과 공석반응, 공석반응 시 미세조직의 변화

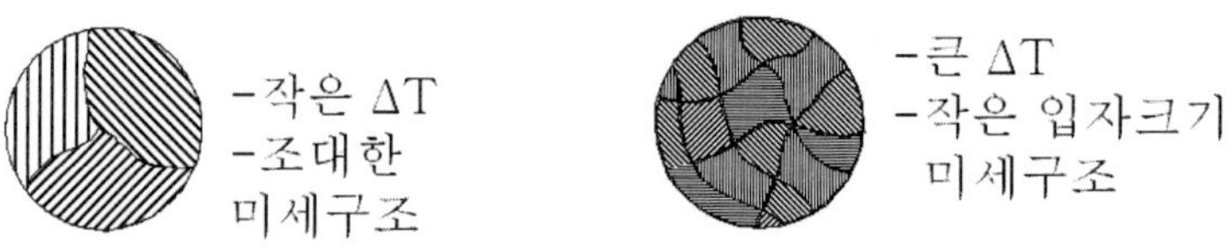

[그림 11.7] 냉각속도에 따른 펄라이트강의 미세구조 차이와 입자크기

상태도에서 공석반응을 좀 더 상세하게 살펴보면, 0.77%의 탄소 조성에서 열처리 온도를 약 1000℃로 하면 즉 723℃이상의 온도에서는 이들 조성에서 철-탄소합금은 모두 고상의 γ 오스테나이트가 된다. 이 조성과 온도에서 γ 오스테나이트를 서서히 평형냉각을 시키면 723℃에서 BCC 구조의 α 페라이트와 금속간화합물 Fe_3C 가 동시에 석출된다. γ 오스테나이트 영역에서의 열처리를 오스테나이트화 처리(austenitizing) 이라고 한다. 723℃에서 생성되는 α 페라이트 + Fe_3C 고상은 [그림 11.6]에서와 같이 α 페라이트 기지상과 Fe_3C가 층상의 구조를 가지며 이러한 층상구조를 펄라이트(pearlite) 구조라고 말한다. 평형 냉각시 펄라이트 구조는 안정적으로 형성되나 냉각 속도에 따라 펄라이트

구조의 층상 크기나 입자크기는 차이가 생긴다. 즉 냉각 속도가 빠른 경우 펄라이트 층상의 간격은 매우 좁으며, 펄라이트 입자크기도 작게 된다. 반대로 냉각속도가 충분히 느리면 층상의 크기가 커지며, 펄라이트 입자 크기도 비례하여 커진다. [그림 11.7]

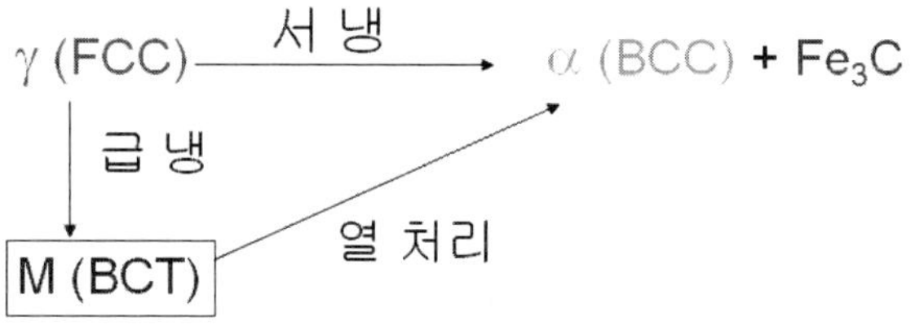

[그림 11.8] 냉각속도에 따른 펄라이트 및 마텐사이트의 형성 과정

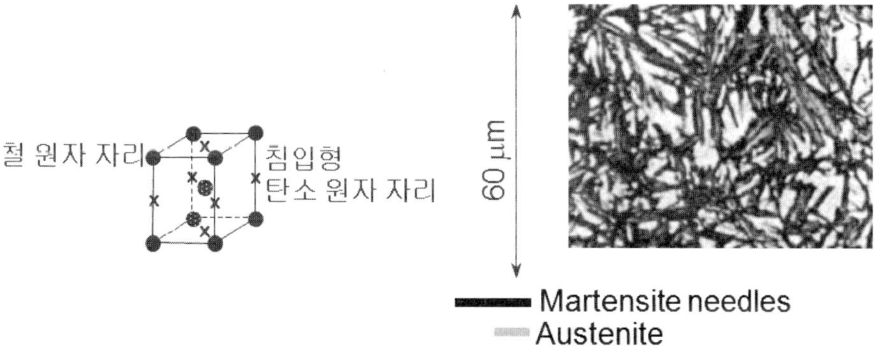

[그림 11.9] 마텐사이트 결정구조와 침상의 미세구조

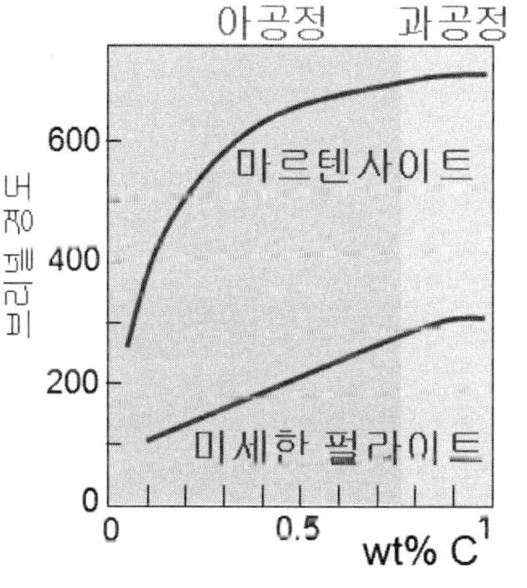

[그림 11.10] 펄라이트와 마텐사이트의 기계적 특성 비교

γ 오스테나이트 영역의 탄소강을 고온에서 수냉 처리하여 실온으로 매우 빠른 속도로 냉각하면, 즉 급랭처리를 하게 되면 그 조직은 안정적인 펄라이트상이 생성되지 않고 준안정상인 BCT구조의 마텐사이트 상이 형성된다[그림 11.8]. 이는 빠른 냉각으로 탄소의 확산이 충분하지 않아, 즉 무확산 상변태가 발생하여 과포화된 침입형 탄소고용체가 철 결정 내에 형성되기 때문이며, 미세구조는 침상의 미세구조를 가진다[그림 11.9]. 마텐사이트 구조는 기계적 특성에 영향을 크게 미쳐 경도와 강도를 크게 향상시킨다[그림 11.10].

3) 강의 종류 및 용도

자동차재료에서 가장 많이 쓰이는 강은 탄소함량과 첨가원소에 따라 그 종류와 용도가 결정된다. [그림 11.11]에서는 탄소함량과 다양한 첨가원소에 따른 강의 구분을 보여주고 있다. 통상적으로 강은 첨가원소 Cr, Ni, Mo등이 다량 포함되어 있는 고합금(high alloys)와 주로 탄소함량이 1.4%이하에 첨가원소 Cr, Ni, Mo, Ma 등이 소량 첨가되는 저합금(low alloys)로 구분한다. 이들 첨가 원소는 탄소강의 강도와 내식성을 향상시킨다. 고합금으로는 Cr 등이 11%이상 첨가되는 내부식성이 우수한 스테인리스합금이 있다.

저합금강은 탄소함량에 따란 고탄소강, 중탄소강, 저탄소강으로 구분된다. 고탄소강은 탄소함량이 0.6% ~ 1.4% 포함되며, 중탄소강은 0.25 ~ 0.6%, 저탄소강은 0.25% 이하의 탄소를 함유하고 있다. 보통 탄소함량이 증가하면 기계적강도 및 재료의 단가가 증가하나 연성을 떨어지는 경향을 보인다. 낮은 탄소함량의 강은 강도가 낮고 연성이 높아서 이런 강은 자동차의 펜더나 차체의 성형에 응용되는 판재로 사용되며, 중탄소강은 자동차 크랭크샤프트, 볼트, 동력 축이나 기어 소재로 사용된다. 고탄소강은 내마모성을 요하는 부품이나 자동차 스프링, 다이블록, 절단기, 절단날 등의 제작 소재로 사용 된다.

일반적으로 철에 탄소만을 첨가한 보통 탄소강(plain steel)은 공업적으로 다양하게 사용될 수 있으나, 내부식성과 산화저항이 떨어지고, 저온충격력이 떨어지며, 마텐사이트 상을 용이하게 얻을 수 없어 기계적강도 향상에 한계가 있다. 따라서 이들 보통탄소강의 강도를 더욱 향상시키고 마텐사이트 상의 형성을 용이하게 하기 위하여 첨가원소로 Cr, Mo, Ni, Mn, W등을 첨가하게 되면 이로 인하여 충분한 고강도를 얻을 수 있게 된다. 이러한 첨가원소에 의해 고강도하 된 저탄소 합금강을 고강도저탄소강

(HSLA, high strength low alloy)라고 말한다. 고강도저탄소강으로 만들어진 판재를 통상 고장력강(high tensile steel)이라고 말한다.

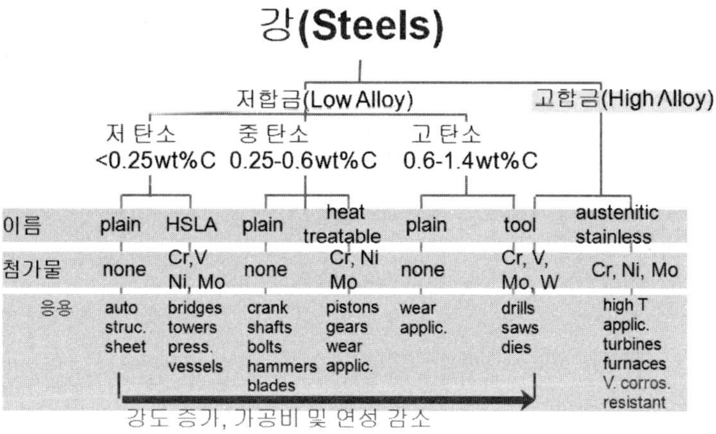

[그림 11.11] 강소재의 탄소함량 및 첨가원소에 따른 구분

4) 스테인리스강(Stainless steels)

스테인리스강은 대표적 고합금강의 하나이다. 통상 스테인리스강은 Cr이 약 11%이상 포함되며, 대표적 스테인리스강은 18-8 스테인리스로 이는 18% Cr-8%Ni이 첨가된 합금강을 말한다. 스테인리스강은 어원에서 알 수 있듯이 다양한 작동환경 조건에서 우수한 내식성을 가지고 있으므로 자동차, 화학 등 공업용소재 뿐만 아니라 실생활의 생활용품소재로도 그 응용범위가 매우 넓다. 스테인리스강의 내부식성은 첨가원소로 넣은 니켈과 몰리브덴에 의해 향상된다.

통상 스테인리스는 합금원소와 미세구조의 차이로 페라이트계 스테인리스강, 마텐사이드 스테인리스강, 오스테나이트 스테인리스강으로 구분되어진다.

(1) 페라이트 스테인리스강

페라이트 스테인리스강은 통상 Fe-Cr 2원계 합금을 말하며, 12~30%의 Cr을 함유하고 있다. 기지상의 대부분이 BCC 페라이트 상으로 존재하므로 페라이트스테인리스강이라고 하며 자성특성을 가지고 있다. 첨가원소 Cr은 BCC 구조를 가지기 때문에 같은 결정구조의 페라이트와 쉽게 합금상을 형성한다. 페라이트 스테인리스강은 Ni을 함유하지 않기 때문에 가격이 저렴하고, 내식성과 내열성이 요구되는 건축자재 및 주방용품 소재로 많이 활용된다.

(2) 마텐사이트 스테인리스강

마텐사이트 스테인리스강은 보통 탄소함량이 0.15 ~ 1.0% 범위, Cr이 12 ~ 17% 첨가되는 상태에서 오스테나이트 영역에서 급냉하여 제조할 수 있다. 따라서 기지상은 마텐사이트 구조를 가지며 급랭 시 발생하는 잔류응력을 제거하기 위하여 템퍼링 처리를 하여 인성을 향상시킬 수 있다. 자성특성을 가지고 있다. 이 스테인리스강은 페라이트계나 오스테나이트계 스테인리스강보다 내식성을 비교적 떨어진다. 통상 기계부품용 소재, 펌프축, 볼트, 볼 및 베어링 소재, 밸브 소재, 부싱소재, 외과용 의료기구등 다목적 소재로 사용된다.

(3) 오스테나이트 스테인리스강

오스테나이트 스테인리스강은 16 ~ 25% Cr과 7 ~ 20% Ni을 함유하는 Fe-Cr-Ni 3원 합금강이다. 오스테나이트 스테인리스강은 제조 중에 오스테나이트 영역에서 열처리 시 대부분 FCC의 오스테나이트 상(γ 철)이 잔류한다. FCC 구조의 Ni의 첨가로 인하여 상온에서도 FCC 오스테나이트 상이 남게 되고, 이러한 결정구조로 인하여 가공성이 매우 좋다. 보통 페라이트계 및 마텐사이트계 스테인리스강보다 내식성이 우수하며, 비자성 특성을 가지고 있다. 따라서 스테인리스강 중에서 가장 많이 생산되고 사용되어지고 있다. 통상 구조용 화학 및 식품제조 설비, 고압용기나 화학탱크 소재로 많이 사용된다. 오스테나이트 스테인리스강은 고온에서 노출 후 서냉시 Cr이 탄소와 반응하여 결정입계에 석출되는 문제점이 있다.

(4) 스레인리스 강의 부식특성

스테인리스강의 내식성은 Cr의 함량이 높기 때문이며 Cr는 표면산화물을 형성하여 부식 환경으로 부터 표면 아래에 있는 Fe의 산화를 억제한다. 하지만 내식성이 우수한 스테인리스강은 특정한 가공조건하에서 입계부식에 취약하다는 단점도 있음을 유의해야한다. 즉 스테인리스강은 500~800℃에서 열처리 후 서냉할 경우에는 과량의 Cr이 탄소와 반응하여 $Cr_{23}C_6$라는 금속간 화합물을 결정입계에 형성함으로써 결정 입계 내에 Cr의 분포를 불균질하게 하거나 일부 지역에서는 내식성이 우수한 Cr의 함량은 11%이하로 낮추거나 Cr 고갈을 일으켜 입계부식(intergranular corrosion)이 일어나는 현상이 발생한다. [그림 11.12]은 스테인리스강에서의 입계부식을 보여주고 있다. 이러한 고온노출 후 서냉에 의한 입계부식 현상은 스테인리스강의 용접에서 더욱 심각하게 문제가 된다. 즉 스테인리스강을 용접하고 난후 용접부의 인근 지역의 온도는 약 500~800℃에 이르게 되어 용접부 인근 지역에서의 크롬탄화물이 입계 석출되는 현상이 발생하게 된다. 따라서 특정 부식 환경 내에서 용접부 인근 지역에서 입계파괴가 일어나는 용접 붕괴(weld decay)가 발생한다. 이러한 용접부 인근지역에서 열영향에 의한 크롬탄화물 형성을 용접부 열영향부(HAZ; heat affected zone)이라고 한다[그림 11.13]. 이러한 용접부의 열영향부을 억제하는 방법으로는 1) 용접 후 고온에서의 용체화 열처리, 즉 크롬탄화물의 재용해 처리, 2) 크롬탄화물의 형성을 억제하는 첨가원소 Cb, Ti등의 사용, 3) 탄소함량을 0.03% 이하로 억제하여 크롬탄화물 형성을 억제하는 방법 등이 있다.

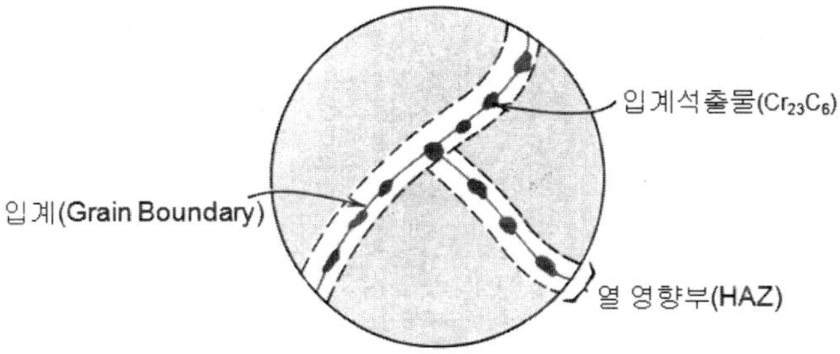

[그림 11.12] 오스테나이트 스테인리스에서 $Cr_{23}C_6$ 탄화물 석출에 따른 입계부식

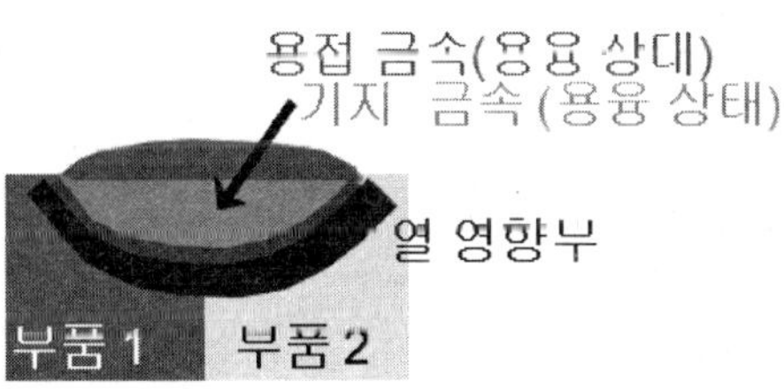

[그림 11.13] 오스테나이트 스테인리스강에서의 HAZ 현상

5) 주철(cast irons)

주철은 철합금 중에서 탄소함량이 넓은 범위에는 2.1 ~ 6.7% 인 경우를 말하면 좁은 범위에서는 통상 3 ~ 4.5%을 범위의 철합금을 말한다. 이 철합금은 통산 4.3%C에서 공정온도를 가지며 이 온도는 순수철의 녹는 점(1538℃)에 비하여 약 400℃ 정도 낮은 1148℃ 이다. 따라서 이 공정온도를 지나면 액상이 되므로 주조가 매우 용이하다. 그러나 일반적인 강에 비하여 즉 탄소함량이 2.1% 이하인 탄소강에 비하여 많은 탄소의 함유로 재료가 취한(brittle)한 특성을 가지고 있다. 공정온도에서의 상변화는 아래와 같다.

액상(4.3%C) --------------> 오스테나이트(γ) + Fe_3C

공정반응에서 생성되는 Fe_3C는 시멘타이트(cementite)라고 하면 이는 완전한 안정상이 아니므로 장시간에 걸쳐서 α-페라이트상과 탄소(C)로 분해가 일어난다. 즉

Fe_3C(고상) ---------------> α-페라이트(고상) + C(graphite, 고상)

주철은 낮은 용융점을 가지고 있기 때문에 통상 최종 제품의 형상을 주조 과정에서 제조한다. 보통 첨가원소로는 1 ~ 3%의 Si의 첨가원소로 넣어 주조성과 흑연 형성을 안정성을 향상시키며, 기타 합금원소를 첨가하여 성질을 제어하거나 다양화 시킬 수 있다.

[표 11.2] 전형적인 주철의 화학 조성 및 첨가 원소의 함량

원소	회주철	백주철	가단주철	구상흑연주철
탄소	2.5 ~ 4.0	1.8 ~ 3.6	2.00 ~ 2.60	3.0 ~ 4.0
실리콘	1.0 ~ 3.0	0.5 ~ 1.9	1.10 ~ 1.60	1.8 ~ 2.8
망간	0.25 ~ 1.0	0.25 ~ 0.80	0.20 ~ 1.00	0.10 ~ 1.00
유황	0.002 ~ 0.25	0.06 ~ 0.20	0.04 ~ 0.18	0.03최대
인	0.05 ~ 1.0	0.06 ~ 0.18	0.18최대	0.10최대

※ 출처 : C.F. Walton, Iron casting Handbook, Iron Casting Society, 1981.

주철은 쉽게 용융되며 액체 상태에서도 유동성이 좋다. 그러나 많은 탄소함유로 낮은 충격 저항과 연성을 가지고 있다. 그럼에도 불구하여 주철은 광범위하게 다양한 공

업용 구조재로 사용되어는 데, 이는 비교적 쉽게 주조가 되어 낮은 가공 단가와 다양한 특성을 가지고 있기 때문이다. [표 11.2]에서는 다양한 주철재료의 종류와 합금원소의 함량을 나타내었다.

주철은 첨가원소의 변화를 미세구조를 제어할 수 있으며 이들의 미세구조에 서 탄소의 분포에 따라 회주철(gray cast iron), 구상흑연 혹은 연주철(ductile cast iron), 백주철(white cast iron), 가단주철(malleable cast iron)로 구분한다. [그림 11.14]는 각 주철의 미세구조를 보여준다.

(1) 회주철

회주철은 통상 흑연(탄소)가 편상(flake) 모양으로 기지내에 분산 석출되어 있으며 이로 인하여 파단 시 흑연의 노출로 파단면 색이 회색을 가지는 주철은 말한다. 회주철은 가격이 매우 저렴하며 우수한 내마모성을 가지고 있다. 진동저감 특성이 우수하여, 엔진 블록이나 실린더 블록, 기어 박스 등에 사용이 용이하다. 압축응력 상태에서의 기계적 특성은 우수하나 인장상태의 응력 상태에서는 약하거나 취한 특성을 가지고 있기 때문에 재료 설계 시 이 점을 고려해야한다. 통산 2.5 ~ 4%의 C와 1 ~ 3% Si을 함유하고 있다.

(2) 연주철

연주철(구상흑연주철)은 Si 함량의 약 1.8 ~ 2.8% 로 제어하고, Mg나 Ce을 첨가하여 높은 강도, 인성, 연성, 열간 가공성 등 기계적 특성이 가장 우수하며, 강과 유수한 특성을 가지게 설계한 합금이다 미세구조적으로는 석출흑연의 모양이 구형의 형상을 가지고 있어 외부 응력 시 응력집중 현상을 피하게 설계되었다. 기지는 페라이트와 펄리이드의 혼합 형태이며 펄라이트 구조일 때 더욱 연성을 향상시킬 수 있다.

(3) 백주철

백주철은 Si 함량을 통상 1.0% 이하로 제어하여 기계적 강도를 향상시킨 합금이다. 따라서 다소 취한 특성을 가지고 있다. 미세 구조적으로 탄소의 석출은 발생하지 않고 철탄화물 존재한다. 즉 펄라이트 기지에 많은 양의 철탄화물을 함유하기 때문에 파괴 단면의 색상이 하얀색을 가져 백주철이라 한다. 철단화물 형태로 기지내에 존재하기 때문에 탄소 함량도 비교적 낮게 제어 된다. 백주철은 가단주철의 원료로 사용된다.

(4) 가단주철

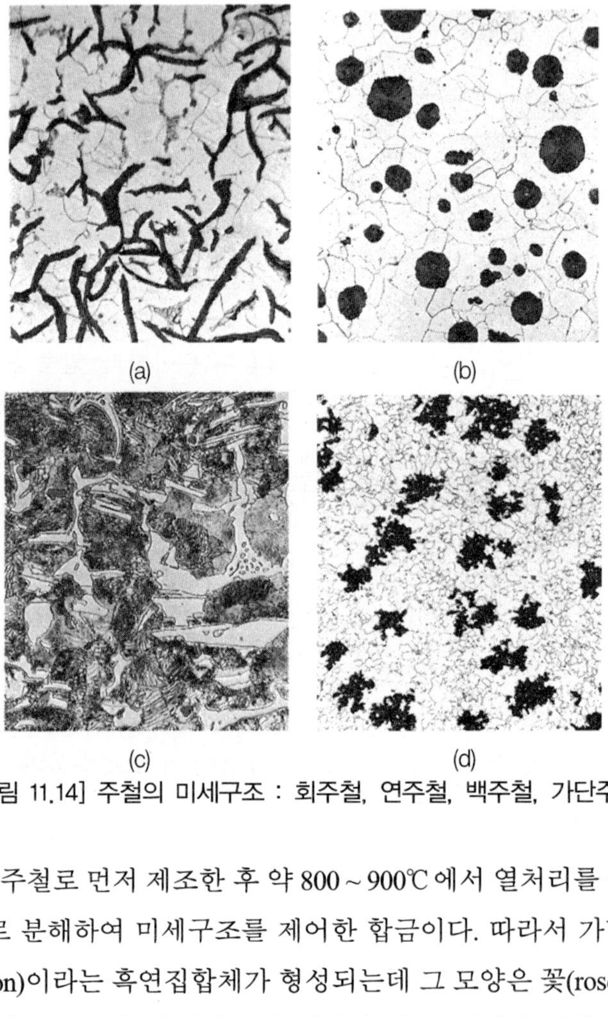

[그림 11.14] 주철의 미세구조 : 회주철, 연주철, 백주철, 가단주철

가단주철은 백주철로 먼저 제조한 후 약 800 ~ 900℃에서 열처리를 통하여 철단화물은 철과 흑연으로 분해하여 미세구조를 제어한 합금이다. 따라서 가단주철은 템퍼흑연(tempered carbon)이라는 흑연집합체가 형성되는데 그 모양은 꽃(rosette) 형상을 가지고 있다. 가단주철은 주조성, 기계가공성, 적당한 강도, 인성의 균일성을 가지고 있는데 이는 백주철의 열처리로 인하여 균일성을 확보하였기 때문이다.

6) 강의 열처리 : 경화능(Hardenability)

철강재료에서 기계적 특성이 우수한 마텐사이트 강을 제조하기 위해서는 통상 오스테나이트 영역에서 열처리 후 열처리된 시편은 상온으로 급격하게 냉각시킨다. 이때 급격한 냉각을 급냉(quenching)이라고 하면 통상 냉각 매체로 물, 기름, 공기 등을 사용한다.

급랭시 시편 전체를 균일한 냉각속도로 동일하게 냉각시키는 것은 불가능하고 이로 인하여 시편 내부에서는 냉각 속도의 차이로 마텐사이트 형성의 차이, 즉 미세구조의 성질의 차이가 발생한다.

이러한 급랭의 조건에서 합금강에서는 마텐사이트 형성의 차이에 미치는 영향을 경화능(hardenablity)라고 하고, 즉 마텐사이트 형성에 인한 경화되는 정도를 말한다. 이 경화능은 ① 열처리합금조성, ② 냉각제의 종류, ③ 시편의 크기와 모양에 따라 결정된다. 이는 통상 재료의 경도와 다르면, 경화능은 시편의 마텐사이트 양을 수치적으로 나타낸 것이고, 높은 경화능 값을 갖는다는 것은 시편 전체에 마텐사이트 형성량이 많다는 것을 의미한다.

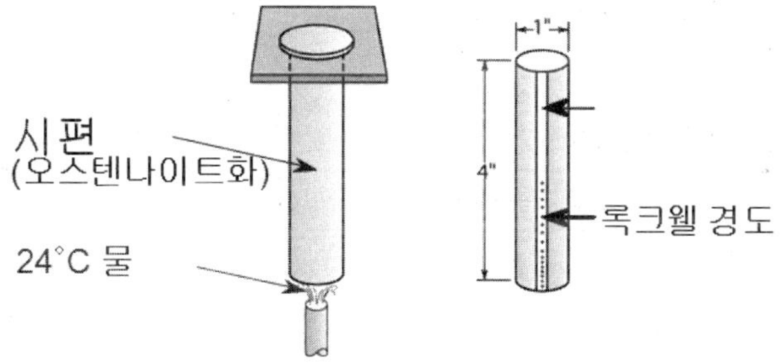

[그림 11.15] Jominy 경화능 급랭 시험 모식도

경화능을 정밀하게 표준화한 것이 Jominy 경화능 측정법(Jominy end-handness test)이다. 이 방법은 열처리 시편을 직경 2.54cm(1 inch), 길일 10cm(4 inch) 원통형 시편을 만든 후 이를 규정화된 온도와 시간에서 오스테나이트화 한 후 시편의 끝부분을 물로 급랭하여 경도를 측정하는 방법이다. 경도 측정은 로크웰 경도기로 측정하고 급랭된 시편 끝부분에서 깊이 방향으로 위치에 따른 경도값을 그려서 측정하는 방법이다. [그림 11.15]는 Jominy 경화능 측정방법을 모식적으로 보여준다.

[그림 11.16]는 경화능 시험한 시편의 전형적인 급냉부에서 내부로의 경도값 변화를 보여준다. 급냉 된 시편 끝부분의 경도값이 가장 높고 이 부분은 마텐사이트가 100%임을 예측할 수 있다. 끝부분에서 멀어질수록 경도값은 떨어지고 이는 낮은 냉각속도로 인하여 시편 내 탄소의 확산에 필요한 시간이 충분하여 내부에 펄라이트 형성이 이루어지기 때문이다. 경화능이 우수한 강은 상대적으로 냉각부 끝단에서 시편 내부 깊이까지 높은 경도값을 유지하는 것을 말한다. 이러한 마텐사이트 형성에 의한 우수한 경화능은 첨가된 니켈, 크롬, 몰리브덴에 의해 결정되며, 이 합금원소은 펄라이트 형성을 억제하는 역할을 한다.

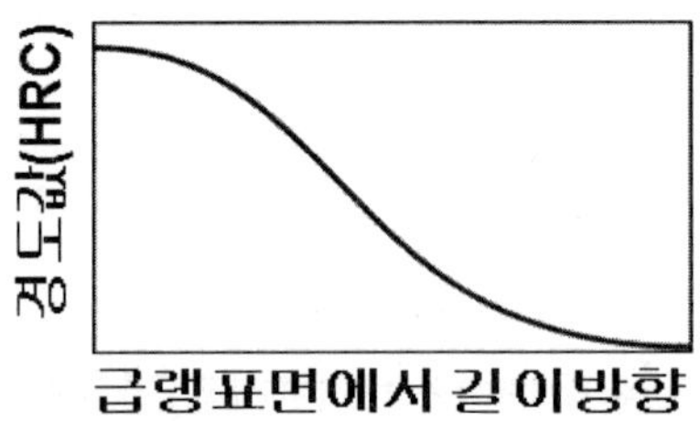

[그림 11.16] Jominy 급랭 시험 후 전형적인 경도값 변화

7) 최근 자동차용 철강 재료의 개발 동향

[표 11.3] 자동차강판에 대한 프로젝트 및 각종 규제에 따른 대응방향

인자	프로젝트 및 각종규제	정의 및 범위
경량화	• ULSAB(Ultra-light steel auto-body) • ULSAC(Ultra-light steel auto-closures) • ULSAS(Ultra-light steel auto-suspension) • ULSAB-AVC(Advanced vehicle concept)	• 고강도 강판 적용 - 연료효율 향상 - CO_2 방출 저감 • 신원료 사용 엔진 개발
내식성	"10-5"의 내식성(10년/5년 보증) LEV II(Low-emission vehicle)	• 내식성이 우수한 소재 개발
환경 친화	• Environment-burden materials - 납, 카드뮴, 수은, 6가 크롬 • Recycling • Life-cycle assessment (L.C.A)	• 환경규제 대체물질 개발 • 재활용이 가능한 제품 개발 • 생산/제품사용 시 에너지와 환경 비용 저감 제품 개발

최근 자동차용 철강 재료은 재료의 경량화와 고강도에 개발에 집중하고 있다. [표 11.3]는 자동차강판 재료의 개발 대응 방향을 보여준다. 자동차 경량화를 위한 고강도

열연 및 냉연강판, 내식성 향상을 위한 표면처리강판, 자체경량화와 고장도화를 위한 부품 설계 및 성형 기술 등을 중심으로 기술개발이 이루어지고 있다.

[표 11.4]는 최근 자동차용 강재수요 변화를 보여주고 있다. 2008년 전 세계 자동차 생산대수는 약 7,053만대 수준으로 승용 및 소형자도차가 5,246만대로 전체의 약 75%를 점하고 있다. 철강소재는 중량비로 환산할 경우 자동차 소재의 약 70%을 점유하는 핵심 소재이다. 최근의 자동차업체의 최대 현안이 연비절감, 환경규제 대응, 승객의 안전성확보 노력, 자동차 산업의 경재 심화로 원가절감의 압박이 높아지고 있다. 이에 대해여 철강업계는 강판의 고강도화를 통한 경량화, 신성형 기술 개발에 주력하고 있다. 향후에는 고강도강판(AHSS, advanced high strength steel)의 사용량이 증가할 것으로 예상된다.

[표 11.4] 자동차 강재 수요 변화

강재수요(백만톤)	2005	2008	2010	2015	증가량
세계	54.2	60.1	61.4	67.7	13.5
아시아	19.2	22.1	23.0	26.7	7.5

※ 자료 : POSRI, Global Insight Automotive World Car Industry Forecast Report, 2005

4. 비철 및 비철 합금 소재

강과 주철 등 철합금 소재는 우수한 강도, 적절한 가공성, 저렴한 가격 등으로 자동차 소재로 가장 널리 사용되고 있으나 철소재는 ① 상대적으로 높은 밀도, ② 낮은 전기전도도, ③ 분위기에 따른 내부식성이 약하다는 점들이 단점이다. 이러한 단점을 극복하기 위하여, 다른 비철계 금속 등이 다양하게 사용된다.

또한 최근의 자동차 소재의 최대 이슈는 기존 철강 소재의 우수성을 고려하더라도 무엇보다도 자체 구성재료의 변화를 통한 경량화와 신소재화이다. 이는 자동차의 개발이 사회적 규제와 수요자의 요구에 의해 이루어지기 때문이다. 최근의 사회적 규제는 자동차 안정성의 확대, 배기가스의 정화, 소음의 절감, 열료 소비율의 향상, 내구성의 향상 등이 강력하게 시행되고 있고, 소비자의 요구는 우수하고 좋은 디자인(외관), 승차감의 향상, IT 기술을 적용한 자동차의 고성능화 및 고기능화 등 이다.

자동차 경량화와 신소재의 적용기술은 앞서 기술한바와 같이 자동차의 구성 재료가 금속이 약 70% 이기 때문에 이들 금속소재에서의 신소재 개발이 핵심이 되며, 70%의 금속소재 중 비중이 무거운 철강 소재가 약 64%를 차지하기 때문에 이들 철강소재의 대체가 필수적이다. 철강소재의 대체나 신소재 적용에 있어 가장 중요한 것은 기존의 철강소재의 준하는 강도와 내구성을 가져야하고, 제품 생산성, 가공성, 가격경쟁력을 가져야 한다.

일반적으로 기존 부품의 재설계에 의한 자동차의 경량화는 한계가 있다. 따라서 기존 적용소재를 경량소재로 대체하는 방법이 가장 용이하다. 자동차에서 가장 적합한 경량소재는 알루미늄, 마그네슘, 플라스틱 등이다. [그림 11.17]는 자동차 경량소재의 요구조건을 다양한 관점에서 보여주고 있다.

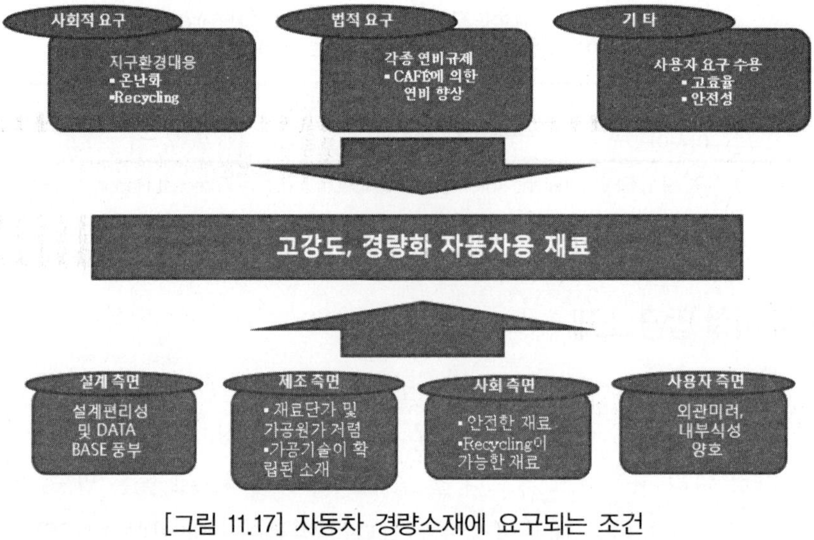

[그림 11.17] 자동차 경량소재에 요구되는 조건

[표 11.5]는 2007년에 보고된 자동차용 금속소재의 사용량 변화를 보여준다. 표에서 보는 바와 같이 기존의 철강소재의 사용량은 꾸준히 줄고 있으나, 자동차 경량화에 유리한 알루미늄, 마그네슘, 플라스틱/복합재료 등의 사용량은 꾸준히 증가하고 있음을 보여준다. 경량화이외에도 가장 많이 쓰이는 금속재료은 각종 전기 및 전자 부품에 사용되는 고전도성 구리이다.

본 장에서는 자동차에 가장 많이 쓰이는 철강소재 이외의 다양한 비철재료, 즉 알루미늄, 마그네슘, 구리, 구리, 티타늄 등에 대해서 설명하고자 한다.

[표 11.5] 자동차 소재 사용량 변화

(단위 : kg)

소재	1975	2005	2007	2015	증감
Mild Steel	991	796	795	597	394↓
HSS	64	147	152	143	80↑
AHSS	-	50	68	183	183↑
Other Steels	30	35	35	35	6↑
Iron	266	132	129	111	155↓
Aluminum	38	140	149	170	60↑
Magnesium	-	4	4	10	10↑
Other Metals	55	68	68	66	11↑
Plasrtic/Composites	82	152	155	165	84↑
Other Materials	248	286	288	295	47↑
Total	1,772	1,810	1,841	1,776	4↑

※ 자료 : Ducker Worldwide, 2007

1) 알루미늄과 알루미늄 합금

알루미늄은 공업적으로 다양한 분야에서 사용되고 있다. 특히 밀도가 2.7g/cm^{3}로 금속 중에서 매우 낮아 우수한 효율성을 가지는 운송장비 소재에 적합하다. 따라서 이들 재료는 전통적으로 항공기 소재 등에 많이 활용되어 왔다. 최근에는 자동차 소재의 경량화에 따라 알루미늄의 사용 빈도가 매우 증가하고 있다. 알루미늄은 주조/응고 시 산소와 반응하여 표면에 치밀한 Al_2O_3 산화 피막을 형성하여, 일반적으로 부식 환경에 우수한 특성을 보인다.

통상 알루미늄은 FCC 구조를 가지기 때문에 연성이 우수하여 성형가공이 매우 쉽다. 이러한 특성으로 순수 알루미늄은 압연하여 얇은 알루미늄 포일과 같은 박판으로 사용이 가능하다. 낮은 강도를 가지지만 Si, Mg, Cu, Mn 등의 합금화 처리 등으로 기계적 강도를 700MPa 까지 향상 시킬 수 있다. Al은 보크사이트라는 광물에서 추출하며, 무독성을 보이면, 우수한 전기 및 전도도를 보여 여러 전기 및 전자 산업용 소재로도 많이 사용된다. 용융점은 660℃로 상대적으로 낮아 주조가 용이하다.

알루미늄 부품은 주로 사형주조(sand casting) 및 금형 주조(mold casting), 다이캐스팅(Die casting)의 공법으로 제조된다. 사형주조는 복잡한 대형 주물과 구조용 주물에 적합하며, 금형주조는 사형주조보다 더 빠른 냉각속도를 가져 더 미세한 결정구조와 높은 강도를 가진다. 그러나 크기의 한계를 가지고 복잡한 부품을 제조하기에는 다소 어려움이 있다. 다이캐스팅은 빠른 생산속도를 이룰수 있으며, 치수정밀도가 높고, 매끄러운 표면을 가지며 자동화 공정이 가능하다.

자동차에 사용되는 알루미늄 합금은 주조재, 압연재, 압출재, 단조재 등 다양한 공정으로 중간재 형태 혹은 최종 제품으로 제조되어 진다. [그림 11.18]은 현재의 알루미늄 자동차 적용 부품의 제조 방법에 따른 가격과 무게 비교를 보여준다.

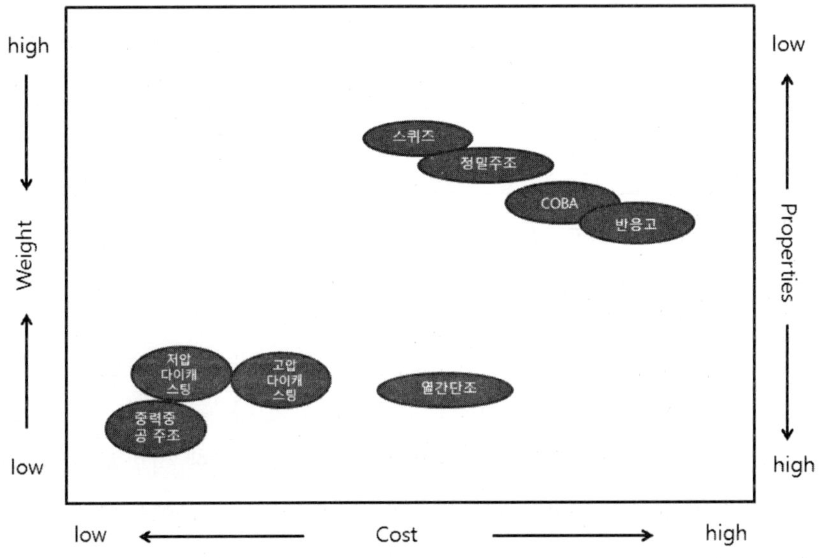

[그림 11.18] 현재 알루미늄 자동차 적용 부품의 제조공정과 가격

알루미늄의 자동차 적용 부품으로 적합한 것으로는 차체부품, 휠, 샤시부품, 엔진 블록, 피스톤, 다기관, 파워트레인 부품 등이 가능하며, 이는 철강소재의 밀도를 고려할 때, 경쟁 소재인 철강소재에 비해 무게를 50% 이상 감소시킬 수 있다.

유럽의 자동차 중 아우디 A8와 재규어 X1과 같은 자동차는 알루미늄 합금을 500kg 이상 상용하여 경량화를 이루고 있다. 유럽의 알루미늄의 자동차는 매연 증가하여 2010년에는 그 사용량이 약 157Kg에 이를 것이다.

알루미늄 판재의 차체 적용은 꾸준히 확대 될 예정이며, 이러한 판재 제작에 있어서 핵심은 제조 단가를 강판제조 수준으로 줄이는 것이고, 품질면에서는 가공성형성을 우수하게 하여 형상의 설계를 용이하게 하는 것이다. [그림 11.19]는 일본의 자동차 생산량과 자동차 알루미늄의 사용량 변화를 보여준다. 주조품이 가장 높은 비율을 차지하고, 전체적으로 그 사용량은 꾸준히 증가하고 있다. [표 11.6]는 자동차에 사용되는 알루미늄 소재에 대한 세계 및 국내 시장 규모를 보여준다. 미국의 자동차에는 알루미늄 합금이 1985년도에 약 60Kg에서 2010에는 약 160Kg이 사용되고 있다. 매년 연 평균 2.1% 이상이 성장하고 있다.

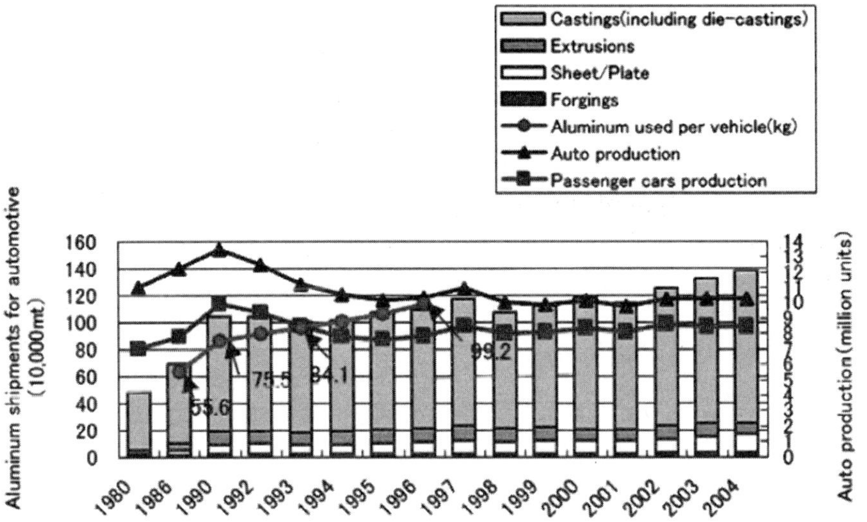

자료 : 일본 알루미늄 협회 (www.aluminum.or.jp)

[그림 11.19] 일본의 연도별 자동차 생산량과 알루미늄 소재의 사용량

[표 11.6] 국내외 자동차 알루미늄 소재의 시장 규모

구분	실적				전망		
	2006	2007	2008	2009	2010	2011	2012
세계시장규모 (조원)	55.6	57.8	59.8	54.5	62.7	64.3	65.5
국내시장규모 (조원)	1.6	1.7	1.7	1.8	1.9	2.0	2.1

※ 참고문헌 : KIMS 소재기술백서(2010)

2) 마그네슘과 마그네슘 합금

자동차 금속소재에서 가장 밀도가 낮은 금속은 마그네슘으로 약 1.7g/cm^{3}에 불가하기 때문에 알루미늄 합금과 경량소재로 경쟁하고 있다. 그러나 알루미늄에 비하여 가

격이 비싸기 때문에, 이 금속은 전통적으로 고가의 항공기 소재에 사용되어 왔다. 마그네슘은 HCP 구조를 비교적 연하고 낮은 단성계수를 가지고 있으나 상온에서는 소성변형이 어려워 대부분 가공은 주고 공정이나 200~350℃ 사이의 열간 가공으로 제품을 제조한다.

화학적으로는 마그네슘은 불안정하고 특히 해수 분위기에서의 부식은 매우 심한 편이나 합금 처리로 일반 대기에서의 내부식성과 내산화성을 향상시킬 수 있다. 마그네슘의 합금원소로는 주로 알루미늄과 아연이 사용된다.

마그네슘 분말은 대기 중에서 가열하며 쉽게 산화되어 발열하므로 사용 시 주의해야 한다. 이러한 문제점으로 마그네슘 주조시 연소를 방지할 수 있는 연소방지 가스(flux)을 사용하여야 하는 어려운 점이 있다. 마그네슘도 주로 주조공정과 단조공정으로 제품을 생산한다. 주조공정에 의해 제조되는 제품 비중이 약 95%를 차지하고 있고 이중 소형의 다이캐스팅 제품이 약 90% 이상 제조되고 있다. 향후 대형주조기술, 진공 다이캐스팅 기술 등의 개발이 필요하다.

[표 11.7] 국내외 자동차 마그네슘 소재의 시장 규모

구분	실적				전망		
	2006	2007	2008	2009	2010	2011	2012
세계시장규모 (조원)	3.3	3.6	3.3	2.8	3.1	3.4	3.8
국내시장규모 (억원)	685	719	650	770	914	1,083	1,284

※ 참고문헌 : KIMS 소재기술백서(2010)

마그네슘은 소형 전자제품, 즉 노트북 컴퓨터, 캠코더, TV, 핸드폰 케이스, 자동차의 핸들 조정대 지지축, 공구 등 소형 생활 용품 등에 주로 사용된다. 자동차용 마그네슘 소재의 국내외 시장 규모는 [표 11.7]와 같다. 국내의 대형 자동차에 사용되는 마그네슘의 사용은 약 9.8Kg, 이며, 2007년 자동차 1대당 유럽은 20Kg, 미국은 6Kg 정도가 사용되었다.

3) 구리과 구리 합금

구리와 구리합금은 철 다음으로 가장 널리 사용되는 공업용 소재이다. 구리는 합금

처리 없이도 우수한 전기 전도도, 열전도도, 상온 냉간 가공성, 적절한 인장강도, 용접 및 접합 특성이 있어 다양한 형태의 제품으로 사용되고 있다. 또한 해수, 화화물 등에 우수한 내부식성을 가지고 있다. 합금원소로는 일반적으로 아연(Zn)이 첨가된 황동(Brass)과 주석(Sn)이 첨가된 청동(Bronz)이 널리 사용된다. 황동은 자동차용 라디에이터, 악기, 동전 등에 사용되면 청동은 예술품 제작에 많이 사용된다. 최근에는 베릴늄(Be)를 첨가하여 높은 강도와 내부식서 내마모성올 필요로 하는 소재로 사용된다. 구리-베릴늄 합금은 주로 비행기 착륙기어 베어링, 부싱, 스프링, 수술 혹은 치과 소재로 사용된다. 구리는 선, 봉, 관, 스트립 형태로 다양하게 사용된다.

4) 그밖에 비철금속

티타늄은 낮은 밀도(4.5g/cm^3)과 높은 용융점(1,668)를 가지고 있고, 상온에서도 우수한 인장강도를 가지고 있어 고가의 비행기구조물, 우주선, 석유 및 화학 산업에 사용되고 있다.

고융점 금속인 텅스텐(W), 몰리브덴(Mo), 네오비늄(Nb), 탄탈늄(Ta) 등은 고융점 금속(refractory metals)라고 분류하고, 강한 원자간 결합으로 고온에서 안정하고, 높은 탄성계수와 높은 강도와 경도를 가지고 있다. 주로 탄탈과 몰리브덴은 스테인리스강에 첨가되어 내부식성 향상에 영향을 미치며, 텅스텐은 공구용소재, 전구필라멘트, 용접 전극 등에 사용된다. 이들 소재는 고융점 금속소재 이기 때문에 대부분 분말야금공정으로 제품을 생산한다.

5. 금속의 가공 기술

다양한 철 및 비철 금속의 특성을 바탕으로 실제 제품을 제조하는 데 있어 항상 고려해야 할 것은 원하는 모양으로 가공 용이성이다. 재료의 특성에 맞게 적절한 가공법을 선택하여 제품의 완성도를 높이고 제조비를 줄여야한다. [그림 11.20]은 여러 가지 금속 가공기술을 보여준다. 크게 금속가공기술은 판재나 봉재 등을 변형하여 제품을 제조하는 소성가공(forming operation)있고, 용탕으로부터 최종 제품이나 중간재를 제조하는 주조법(casting), 그리고 소형의 중간재를 용접하거나 금속분말을 소결하여 제품을 만드는 조이닝(joining) 공정이 있다.

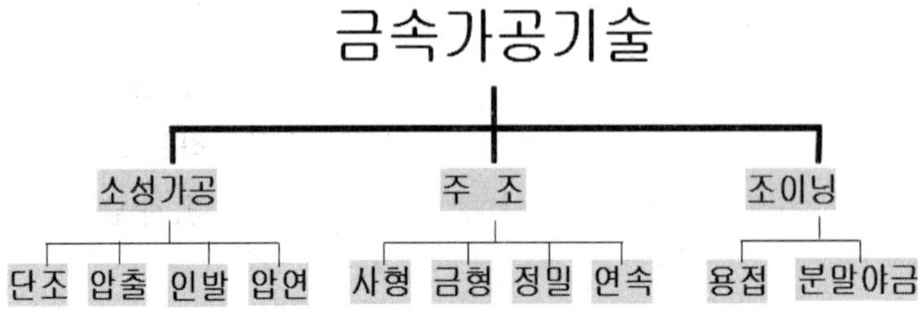

[그림 11.20] 금속가공기술의 분류

1) 소성가공

소성가공은 금속 판재나 봉재를 소성변형을 통하여 최종 제품이나 중간재를 만드는 공정이다. 일반적으로 단조(forging), 압출(extrusion), 인발(drawing), 압연(rolling) 등의 공정을 말하여 [그림 11.21]에서는 각각의 공정에 대한 개략도를 보여준다.

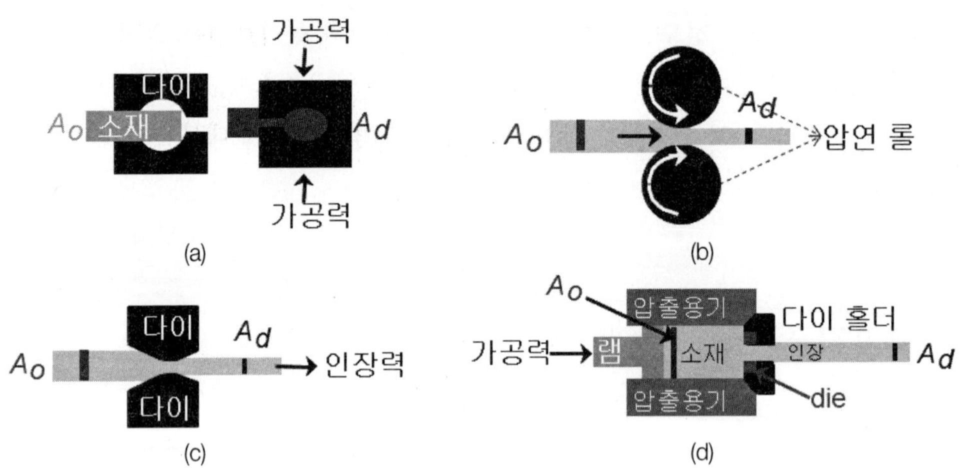

[그림 11.21] 금속소성가공공정 : (a) 단조, (b)압출, (d) 인발, (d) 압연

금속의 소성가공 공정에서 재료의 재결정 온도 이상에서 가공하는 공정을 열간가공(hot working)이라고 하고, 그보다 낮은 온도에서는 냉간가공(cold working) 이라고 말한다. 열간가공은 소성이 용이하나 표면에 산화물이 생성될 수 있다. 냉간가공은 변형 경

화에 의해 연성의 감소를 가져올 수 있다.

단조는 매우 전통적인 공정으로 금속 모재를 기계적인 압력으로 변형시켜 제품은 만드는 공정이다. 전통정인 햄머질이나 연속압착 등에 의해 이루어지며, 반복적 가공에 의해 우수한 결정립 구조와 기계적 특성을 가지고 있다. 자동차에서는 크랭크축과 커넥팅로드 제작에 사용되고 있다.

압출공정은 금속 모재를 일정한 모양의 다이에 피스톤으로 압력을 가하여 밀어내는 방식으로 다이 모양과 크기에 의해 원하는 형태로의 단면적의 감소를 가지게 된다. 압출재는 봉이나 관 형태로 제조되면, 알루미늄 창문 틀 등이 압출공정으로 제조되고 있다.

인발공정은 경사진 인발다이를 통해서 출구 쪽에서의 끌어당기는 인장력에 의해 봉재나 선재, 관등을 제조하는 공법이다. 크기가 줄어드는 여러 개의 인발 다이를 연속적으로 사용하여 작업이 이루어지며, 텅스텐 필라멘트도 연속 인발공정으로 제조된다.

압연공정은 금속판재 등의 중간재를 제조하는데 가장 널리 사용되는 공정으로 두 원통의 롤러에 금속모재를 장입하고 지나가게 하는 기술이다. 두 롤러의 간격에 의한 가공비가 결정되고, 냉간 압연재는 매끈한 표면을 가지게 된다. 판재, 띠, 박판 제조에 사용되고 기차레일등도 압연공정으로 제조 한다.

2) 주조

주조공정은 용융된 금속 용탕을 일정한 형상을 가지는 주형(mold)에 장입 후 냉각하여 제품을 생산하는 공정이다. 응고 시 제품의 수축을 고려해야하며, 다른 공정에 비하여 제조단가가 낮은 편이다. 주조공정에는 사형주조, 금형주조, 정밀(인베스먼트, investment)주조, 연속주조 공정 등이 있다. [그림 11.22]에서는 여러 주조 공정의 개략도를 보여준다.

사형주조는 가장 널리 사용되는 공정으로 주형을 모래로 다져 만든 후, 용탕을 주입구에 주입하여 제품을 만드는 공정이다. 대형 제품의 제조가 가능하고, 실린더 블록 등 제작에 이용된다. 주조 후 결합 발생을 최소화해야 한다.

다이주조는 액상의 금속은 금형 내에 빠른 속도로 가압하여 주입 후 압력이 가해진 상태에서 냉각시켜 제품을 만드는 공정이다. 사형주조와 달리 금속(강) 다이를 사용하여 수천 번의 작업을 실시할 수 있으며, 완전히 응고가 되면 다이를 열어 제품을 방출한다. 주조 속도가 빠르고 대량 생산에 용이하여 제품의 단가를 낮출 수 있다. 대부분

작은 제품과 주조 금속이 저융점인 알루미늄, 마그네슘 등의 제품 제작에 유리하다.

정밀주조는 인베스트먼드(investment) 주조 혹은 lost-wax 공법이라고 불리는 매우 전통적인 공정이다. 원하는 제품의 모양은 즉 주형은 왁스나 저융점의 플라스틱으로 만든 후 이 주형에 액상의 슬러리(slurry, 석고)등 사용하여 주형틀을 제작한다. 이후 안에 있는 왁스나 저융점 플라스틱을 녹여 내거나 태워 제거한 후 이 빈 공간에 금속용탕을 주입하여 제품을 만들게 된다. 이 공정은 정밀한 제품 제작에 용이하며, 소형의 제품 제작에 유리하다. 고려시대의 금속활자나 의료용 치과 제품 제작에 사용된다. 항공기 터빈 제작 시에도 활용된다.

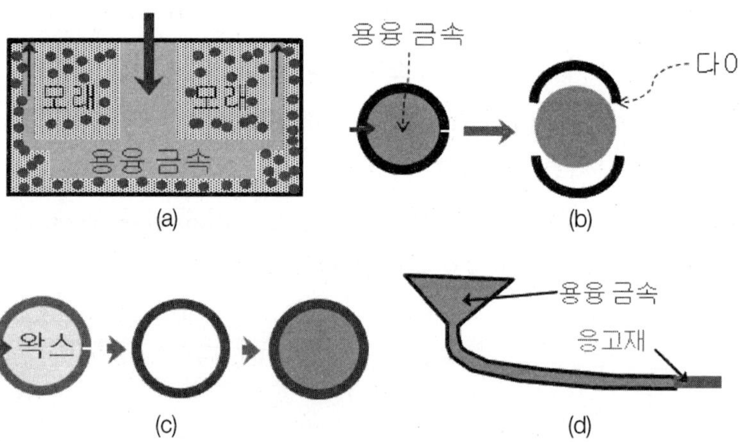

[그림 11.22] 여러 가지 주조공정: (a) 사형주조, (b) 다이주조, (d) 정밀주조, (d) 연속주조

연속주조는 용융금속을 큰 인곳 형태로 제작하면서 열간 압연공정을 적용하여 판재나 봉재를 제작하는 공정이다. 연속주조 제품은 기계적 성질이나 화학적 성질이 균일하며, 자동화에 매우 효율적이다.

3) 접합(joining) 공정

접합 공정은 리벳팅이나 용접과 같이 두 개 이상의 금속재를 서로 붙여서 최종 제품으로 제조하는 공정이다. 선박 건조나 자동차 제조 시 큰 부품의 조립과 연결에는 일반적으로 용접공정이 사용되고 있으며, 매우 미세한 금속분말을 가열하여 제품을 만드는 분말야금 공정이 있다. [그림 11.23]은 용점 공정과 분말야금공정의 개략도를 보여준다.

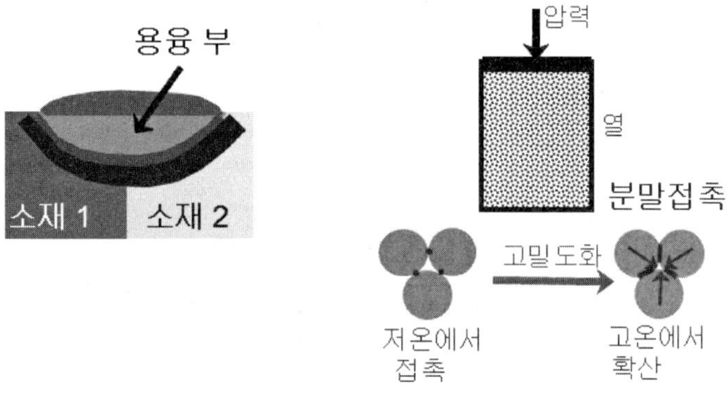

(a) (b)

[그림 11.23] (a) 용접 및 (b) 분말야금공정에 의한 제품 제조 공정

(1) 용접

용접은 최종 제품을 주조나 소성가공 공정으로 한 번에 제조할 수 없을 때 제품의 각 부분을 제조하고 이를 조립할 때 사용하는 공정이다. 일반적으로 선박건조과 자동차 제조, 건축이나 공장 건설 등 큰 제품 제작 및 각 부품을 조립하는 데 이 공정을 적용한다. 용접은 리벳이나 볼트 등을 사용하여 단순히 기계적으로 연결하는 것이 아니고, 각 부품은 국부적으로 용융시켜 금속학적으로 균일한 조직을 만들어 연결하는 공정이다. 아크 혹은 가스 용접, 땝질(brazing), 납땝(soldering) 등 여러 가지 용접법이 있다. 일반적인 아크 혹은 가스 용접에서는 용접봉을 사용하여 매우 높은 온도로 용접재와 용접봉을 녹여 서로 접합한다. 고온의 용융 상태가 되므로 용접부는 미세구조의 변화를 일으킬 수 있다. 대표적으로 스테인리스강의 용접 시에는 용접 인근 부분에서 탄소의 빠른 확산으로 크롬탄화물을 형성하면서 부식특성을 저하시키는 열영향부(HAZ, heat affected zone)을 만든다. 최근에는 강한 레이저빔을 사용하는 레이저 용접기술이 개발되어 고품질과 고속의 용접이 필요한 자동차 및 전자산업에 응용 되고 있다.

(2) 분말소재기술

분말소재기술은 금속분말 또는 세라믹 분말을 성형(compaction)하여 최종제품의 형상을 만들고 이후 고온에서 가열하여 더욱 밀도가 높은 제품을 만드는 공정이다. [그림 11.24]는 분말소재기술의 공정 흐름을 보여 준다.

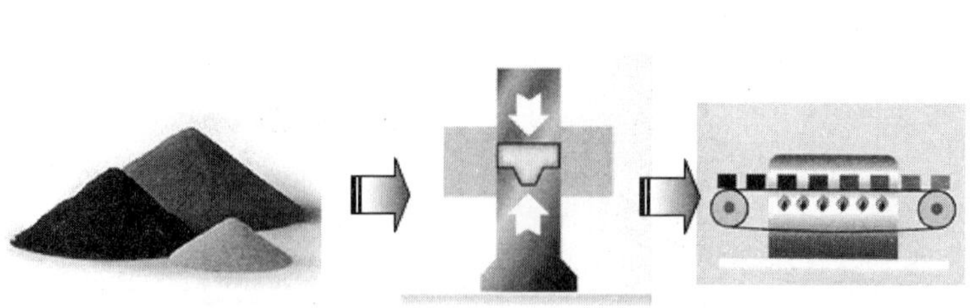

[그림 11.24] 분말야금공정의 기본 과정

성형 시 제품의 밀도를 균일하게 만들어야 하면, 고온에서 노출 시 분말들 사이에서는 접촉점에서 확산이 발생하여 균일한 미세구조를 가지게 되며 일을 소결(sintering) 이라고 한다. 소결과정은 분말들이 미소 용접(micro welding)되는 것으로 이 단계에서 내부 기공(pore)들이 제거되어 높은 밀도의 균일한 제품이 제조된다. 분말소재기술의 장점은

- 고융점 금속제품 즉 주조공정이나 소성가공을 할 수 없는 텅스텐, 몰리브덴 등의 제품 제작에 매우 유용
- 필터 등의 다공체 제품 제조용이
- 금속/세라믹 복합재 등의 제조하는 유용
- 대형의 제품 보다는 소형 제품의 정밀 제작에 용이
- 자동화 공정으로 제품의 대량 생산이 가능

반면에 분말소재기술의 단점으로는

- 분말의 형상, 입도 및 입도분포 제어의 어려움-분말고가
- 주조에 비해 소결로 등의 많은 장비가 필요
- 복잡한 형상 성형 어려움, 기공 문제(분말들 사이의 기공)
- 크기가 작은 분말의 경우 저장과 취급에 어려움(Nano 분말-폭발성, Mg, Al 분말-로켓추진체)

통상 분말소재기술 제품으로는 텅스텐 계열의 초경공구와 철계 자동차 부품 제조에 활용이 가장 많으며, 자동차에서는 현재 약 20Kg의 분말제품이 사용된다. 자동차 응용제품으로는 각종 기어, 커넥팅로드 및 캠샤프트, 베어링, 모터용 부품, 엔진밸프 그 응용범위가 매우 넓다. 표 8는 자동차에 응용되는 분말소재기술 제품과 철계, 비철계 부품을 보여준다.

[표 11.8] 자동차 응용 분말제품과 종류

Automotive	
ABS ring	Ferrous
Air conditioning compressor cylinder and rotor	Aluminium / Stainless Steel
Axle holder	Ferrous / Copper
Balance shaft mechanism	Bronze
Bearing cap	Ferrous
Brake ABS sensor ring	Ferrous
Camshaft (with PM lobes)	Ferrous
Camshaft double chain sprocket	Ferrous
Camshaft gear	Ferrous
Camshaft pulleys	Ferrous
Camshaft sprockets	Ferrous
Clutch hub	Ferrous
Clutch hub (automatic)	Ferrous
Clutch Segment	Bronze
Connecting rod (fracture split)	Ferrous
Control valve	Ferrous
Core	Ferrous
Distributer parts	Ferrous
Electronic management (camshaft sensor ring)	Ferrous
Engine management rotor	Ferrous / Bronze
Engine valve	Ferrous
Gear Assembly	Ferrous
Gear lever	Ferrous
Gear Parking Lock	Ferrous
Injection Pump Sprocket	Copper / Stainless Steel
Inner hub of pulley for compressor	Ferrous
Light weight campmaster cover with camshaft bearing	Ferrous
Manual Transmission Parts	Ferrous
MIM parts for automotive transmission	Ferrous
Nickel Silver Based Bearing for a Fuel Pump	Copper
Output Shaft Hub	Ferrous
Piston cooling nozzle	Ferrous
Planet carrier	Ferrous
Planetary Gear Set	Ferrous
Powder Forged Connecting Rods	Ferrous

Automotive	
Pressure plate	Ferrous
Pump rotor for power steering	Ferrous
Rain sensor ring	Ferrous
Rear view mirror button	Ferrous
Reverse gear Synchronizer	Ferrous
Rocker arms	Ferrous
Rod Piston	Ferrous
Roof clip for a convertible	Ferrous
Rotational speed sensor for electronic ignition	Ferrous
Seat adjustment gears and levers	Ferrous
Shifter Weight	Copper / Stainless Steel
Shock absorber piston	Ferrous
Shock absorber rod guide	Ferrous
Shock absorber valve seat	Ferrous
Side view mirror mechanism parts	Ferrous
Spacer	Ferrous
Sprocket ring for seat belt	Ferrous
Sprocket Wheel	Ferrous
Starter motor gear	Ferrous
Steering lever	Ferrous
Sunroof hinge bracket	Stainless Steel
Sunroof mechanism (Electric)	Ferrous
Synchronization system	Ferrous
Synchronizer hub	Ferrous
Synchronizer hub	Ferrous
Synchronizer hubs	Ferrous
Transfer pump gears	Ferrous
Vacuum pump rotor	Ferrous
Valve Guides	Ferrous
Vave Seat Insert	Ferrous
Window winder gear	Ferrous
Window winder gear (electric)	Ferrous

자동차에 사용되는 분말부품에는 기술한바와 같이 철분말소재가 가장 많이 사용되고, 스테인레스, 알루미늄, 세라믹 분말이 부분적으로 사용된다. [그림 11.25]는 다양한 분말소재를 이용한 자동차용 부품을 보여주고, [표 11.9]는 이들을 각 소재별로 정리하

여 나타낸 표이다.

(a) 엔진부품

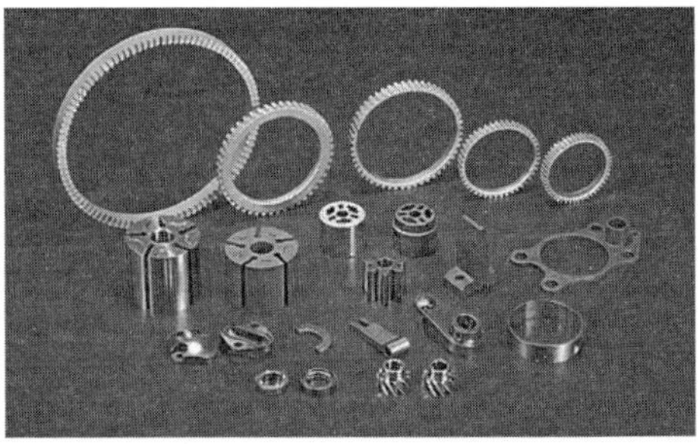

(b) 바디/샤시부품

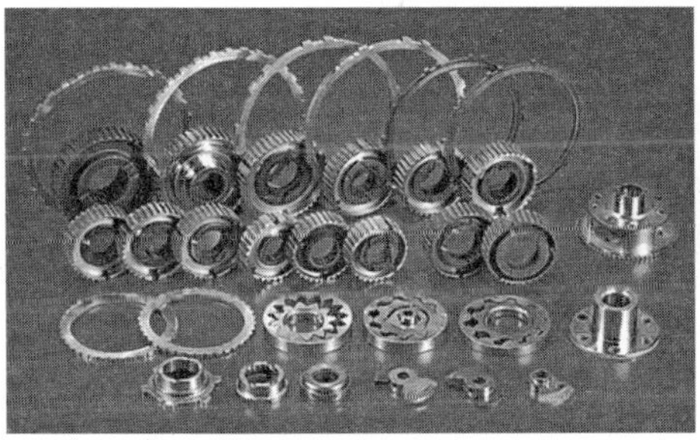

(c) 트랜스미션 부품

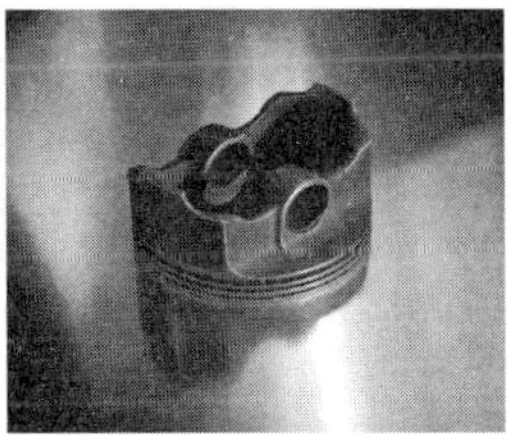

(d) 피스톤헤드

(f) 자동차 기어류

[그림 11.25] 자동차용 분말제품 및 기어 : (a), (b), (c) "(주)대한소결금속" 제품,
(d), (e) 독일 Peak사 제품

[표 11.9] 분말 소재별 자동차 응용 부품

대분류	세분류	적용 범위
철분말소재	엔진용 소재	로터, 스프로켓, 밸브, 풀리 등
	트랜스미션 소재	클러치, 오일펌프, 피니온 기어 등
	몸체 및 샤시용 소재	에어콘부품, 시트부품, 각종 도어부품
스테인리스분말소재	센서용 소재	각종센서, ABS 링등
	고온배기용 소재	배기부품, 밸브시트
알루미늄분말소재	엔진용 소재	실린더라이너, 피스톤링, 캠켓 등
	샤시용 소재	에어콘용 부품, 베인, 로터 등
세라믹분말소재	필터용 소재	배기가스 정화용 소재 DPF 필터

※ 참고문헌 : KIMS 소재기술백서(2010)

철분말소재 기술은 고온, 내마모성이 요구되는 제품에 많이 적용된다. 열간단조 및

가공에 의한 커넥팅 로드는 그 적용 범위가 확대되고 있으며, 캠샤프트는 중공형 파이프와 분말소결공정을 적용하여 제조된다. [그림 11.26] 스테인리스 분말제품으로는 ABS링 센서부품, 고온내식용 배기 부품등에 응용되고 있고, 이외에 각종 모터에도 철 분말소재가 사용되고 있다.

[그림 11.26] 자동차 커넥팅로드(독일 Peak 사 제품)

최근 환경오염과 자동차 경량화에 적합한 알루미늄 분말소재 제품은 그 응용이 점차 확대되고 있으며, 캠샤프트 베어링 캡, 디젤엔진 피스톤, 실린더라이너, 블레이크 부품 등 꾸준히 확대 되고 있다. [그림 11.27]은 상용화된 알루미늄 분말제품을 보여준다.

[그림 11.27] 자동차용 알루미늄 분말소재 부품(독일 Peak 사 제품)

자동차용 세라믹 분말소재로는 알루미나, 질화규소, 탄화규소, 산화지르코늄이 주로 사용되며, 이들은 철계보다 경량이며, 화학적, 열적 안정성이 뛰어나다. 하지만 세라믹의 고유 특성으로 취성파괴로 인해 충격력에 매우 취약하여 자동차 부품으로는 제한적으로 사용된다. 고온안정성으로 인하여 세라믹분말로 제조된 배기가스여과장치의 필터로 활용되고 있다. [그림 11.28]은 디젤자동차 배기가스 정화용 필터를 보여주고 있다.

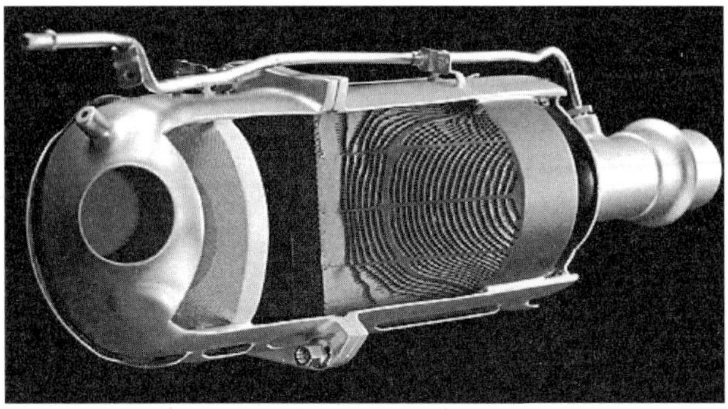

[그림 11.28] 디젤자동차용 세라믹 배기가스 필터

분말야금공정은 금속분말의 성형 및 소결로 진행하기 때문에 재료의 재활용도도 95% 이상 매우 높고, 같은 무게의 제품 제조에 소요되는 에너지 소비량도 가장 낮다. [그림 11.29]는 분말야금공정과 주조, 가공공정, 기계가공 공정 등 다양한 금속소재 가공법에 따른 원재료 사용율과 에너지 소비량을 비교하여 나타낸 것을 보여준다.

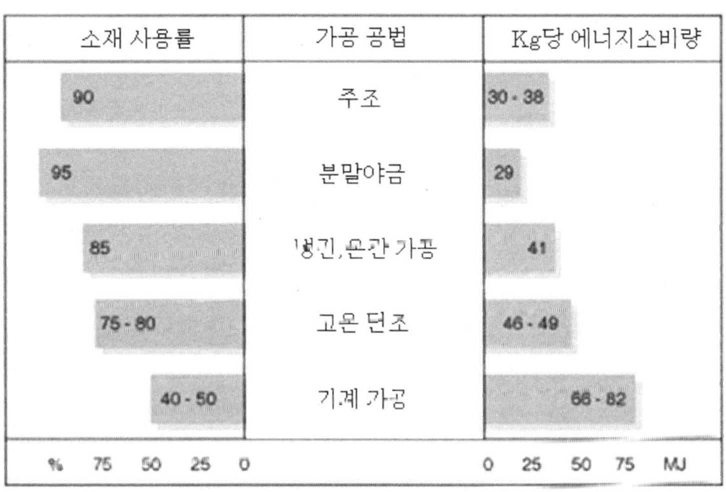

Raw material utilisation and energy requirements of various manufacturing processes

[그림 11.29] 다양한 금속가공 공정의 재료 사용률과 에너지 사용량 비교 (참고 : www.epma.com)

연습문제

1. 자동차 응용 소재에서 요구되는 재료적 특성은?

2. FCC, BCC, HCP 구조를 그리고, 이들 구조를 가지는 금속재료를 나열해 보시오.

3. 강과 주철을 탄소함량에 따라 구분해 보시오.

4. 주철을 탄소함량, 첨가원소, 미세구조에 따라 구분해 보고, 각 주철 종류가 자동차에 어떤 부분에 활용되는지 나열해 보시오.

5. HAZ 현상은 왜 나오는지? 그리고 어떤 소재에서 나오는지 설명하시오.

6. Fe-Fe_3C 상태도를 그리고 각 부분에서의 상을 구분해 보시오.

7. 펄라이트 구조를 설명하고, 이 미세구조를 제어하는 방법을 설명하시오.

8. 마텐사이트 구조를 설명하고 그의 특징을 말해보시오.

9. 자동차에 적용 가능한 경량금속 소재를 비교해 보시오.

10. 정밀주조법과 다이주조에 대해 설명하시오.

11. 분말야금 공정을 간단히 설명하고 왜 이 공정을 사용하는지 이유를 말해보고 자동차에 응용된 분말제품을 나열해 보시오

제 12 장

자동차 응용 재료 : 세라믹 및 복합소재

1. 서론

자동차에 사용되는 재료는 금속재료, 고분자 재료, 세라믹 재료와 이들의 복합소재이다. 통상 철 및 철합금 소재, 비철 소재 등 금속소재가 약 70%이상 차지고, 플라스틱 소재 및 고분자 소재는 약 15%, 세라믹 소재는 약 2.5% 정도를 차지한다. 세라믹 소재는 그 사용은 미미하지만 중요한 부분에서 큰 역할을 한다. 예로 자동차에 전면, 후면의 창문은 투명성을 확보하고 운전자를 외부환경에서 보호해야하는데 이러한 점에서 강화유리만큼 우수한 소재를 없으며, 열과 전기 절연체로도 세라믹소재 만큼 안정적이 소재는 없다.

또한 최근의 제품의 특성은 단일 성분의 소재로 사용되는 것 보다는 여러 소재가 합쳐 복합화 되어 성능을 발휘한다. 최근에 초고속 고성능 자동차는 탄소복합소재로 이루어져 있다.

본 장에서는 세라믹소재의 특성과 제조공정, 그리고 복합소재의 기본 특성과 제조법에 대해 간단히 설명하고자 한다.

2. 세라믹(Ceramics)

세라믹은 일반적으로 금속원소와 비금속원소가 결합한 무기물 재료로 공유결합과 이온결합을 하고 있다. 세라믹의 어원은 고대 그리스의 Keramikos에서 시작되었는데 이는 구운 것 즉 소성(firing)이라는 고온 열처리를 뜻한다. 실제로 세라믹은 무기물 세라믹 분말을 성형하여 고온에서 소성 즉 소결하는 과정을 거쳐 제조 한다.

세라믹은 일반적으로 전통 세라믹 소재와 공업용 세라믹 소재로 구분한다. 통상 점토를 주원료로 도자기, 타일, 벽돌 등을 만드는 전통 세라믹 제품은 실생활에 응용되어 그 활용도가 매우 높다. 그러나 최근 세라믹 소재는 단순한 생활용품이 아니라 그들의 특성을 완전히 이해하여 다양한 구조용 소재 및 기능성 소재로 활용하고 있다. 이를 공업용 세라믹소재라 하고 전자, 컴퓨터, 통신, 우주항공, 자동차등에 핵심적으로 사용하고 있다. 공업용 세라믹소재는 알루미나(산화알루미늄, Al_2O_3), 지르코니아(ZrO_2), 실리콘카바이드(SiC), 질화규소(Si_3N_4)등이 있다.

세라믹 소재는 낮은 인성과 연성을 가지고 있어 단단하면 잘 깨지는 성질을 가지고 있다. 일반적으로 전기전도율과 열전도율이 낮아 전기 및 열 절연체로 사용 된다. 세라믹은 금속과 비금속이 이온 혹은 공유결합 함으로써 환경적으로 화학적으로 안정적이며, 융점이 높아 고온에서도 안정적인 소재이다.

1) 세라믹의 결정구조

세라믹은 금속과 비금속이 2개 이상 결합하여 결정구조를 이루기 때문에 통상 금속재료보다 복잡한 결정구조를 가지고 있다. [표 12.1]은 많이 알려진 세라믹 소재의 화학식과 융점을 보여 준다.

[표 12.1] 세라믹 재료의 화학식과 융점 비교

세라믹 화합물	화학물식	융점(℃)	세라믹 화합물	화학물식	융점(℃)
티타늄탄화물	TiC	3120	보론탄화물	B_4C_3	2450
텅스텐탄화물	WC	2850	산화알루미늄	Al_2O_3	2050
산화마그네슘	MgO	2798	이산화규소	SiO_2	1715
이산화지르콘	ZrO_2	2750	질화규소	Si_3N_4	1700
탄화규소	SiC	2500	이산화티타늄	TiO_2	1605

세라믹은 금속과 비금속원자이 적절한 결정 모양을 이루고 있으며 전기적으로 중성을 띠고 있다. 금속원자는 전자를 비금속에 공여하는 금속이온으로 되어 양이온(anion) 상태가 되고 비금속은 공여된 전자를 받아 음이온(cation) 상태가 된다. 따라서 통상적으로 전자를 준 금속이온, 양이온의 크기는 작고, 전자를 받은 음이온의 크기는 크다.

세라믹은 전자를 준 양이온과 전자를 받은 음이온이 전체적으로는 동일한 수가 되어 중성적 특성을 가져야하기 때문에 화학식은 양이온과 음이온의 비율을 나타내고, 모든 양이온, 음이온의 전하량은 동이하려 전기적 중성을 가진다. 이러한 이유로 통상 세라믹의 화학식은 AmBXp 의 형태를 가지게 된다.

예를 들면 CaF_2는 Ca가 +2가의 전하를 가지고 F는 -1을 가지므로 전기적 중성을 가지기 위에서는 F가 2개 필요하게 된다. 즉 아래와 같은 두 이온의 결합이 발생한다. [그림 12.1]은 CaF_2의 결합 모식도를 보여준다.

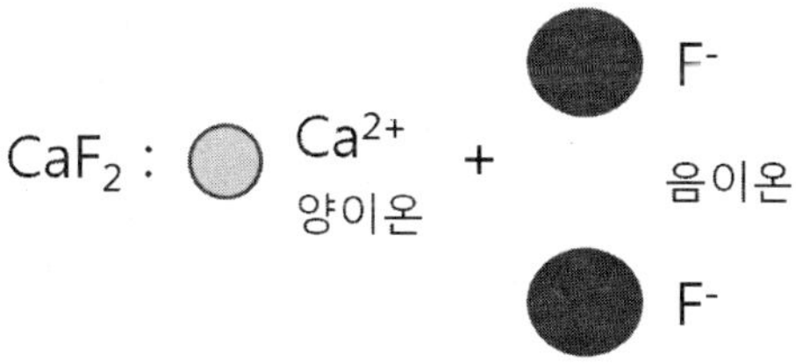

[그림 12.1] 양이온과 음이온의 결합하여 전기적 중성을 가짐

또한 세라믹의 결정구조는 상대적인 양이온과 음이온의 크기에 의해 결정된다. 즉 상대적으로 큰 양이온과 상대적으로 작은 음이온의 크기가 일정한 범위를 가질 때 결정구조가 결정된다. 이는 조밀한 구조를 하고 있는 양이온들 사이에 음이온이 위치하기 때문에 양이온의 기학학적 모양에 따라 들어갈 수 있는 음이온의 크기가 결정되기 때문이다. 예을 들어 산소가 조밀한 FCC 구조를 하고 있는 경우 음이온은 이들 FCC 구조의 양이온들 사에 공극이 음이온들이 들어갈 수 있는 위치가 된다.

따라서 통상 세라믹의 결정구조를 알아볼 때 양이온의 크기에 대한 음이온의 크기 비율, 즉 반경비, γ cation/γ anion 를 계산하고 이로부터 결정구조를 유추할 수 있다. 또한 이로부터 양이온을 중심으로 이와 접촉하고 있는 음이온의 수, 배위수(coordination number : CN)가 결정되고 이로부터 결정구조를 유추할 수 있나.

[그림 12.2]은 2차원적 구조를 하고 있는 양이온 사이에 음이온이 위치하여 양이온에

서로접촉하고 있는 상태에서 음이온의 배열을 보여 준다. 양이온과 음이온이 접촉되어 있어야 하므로 접촉이 안 되는 아주 작은 음이온이 있는 경우에는 불안정하여 화합물을 생성할 수 없게 된다.

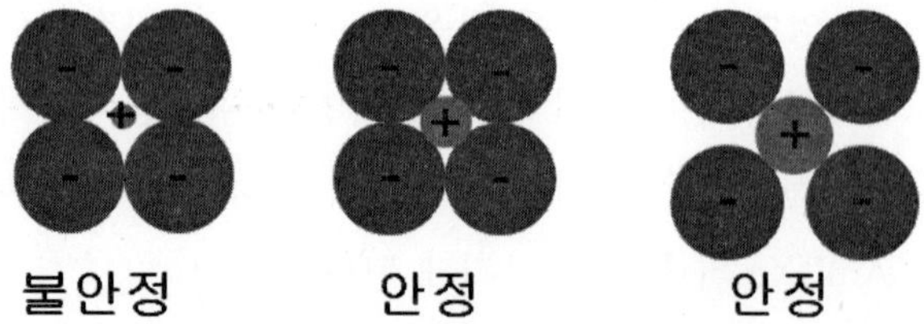

[그림 12.2] 불안정하고 안정한 양이온와 음이온의 배치

이러한 기본 규칙에 의해 양이온들의 기본 구조가 형성되면 이에 따른 음이온의 크기가 정해진다. [그림 12.3]은 양이온이 2개로 구성되어 직선구조를 가지는 평면적 배열에서 가능한 음이온의 크기비를 보여준다. 통상 2개의 양이온이 직선적으로 배열할 때 이 사이에 위치할 수 있는 음이온의 크기는 즉 rC/rA의 값이 0.155 보다 작을 때 형성된다고 한다. 0.155은 배위수가 3인 정삼각형 모양일 때를 의미한다.

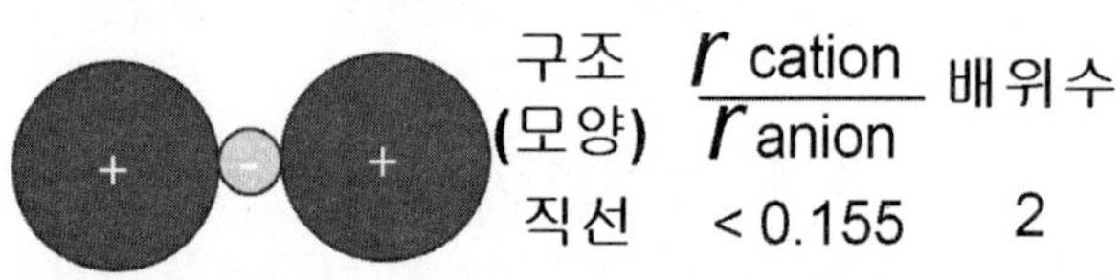

[그림 12.3] 양이온과 음이온이 직선 모양을 가질 때 크기 비율과 배위수

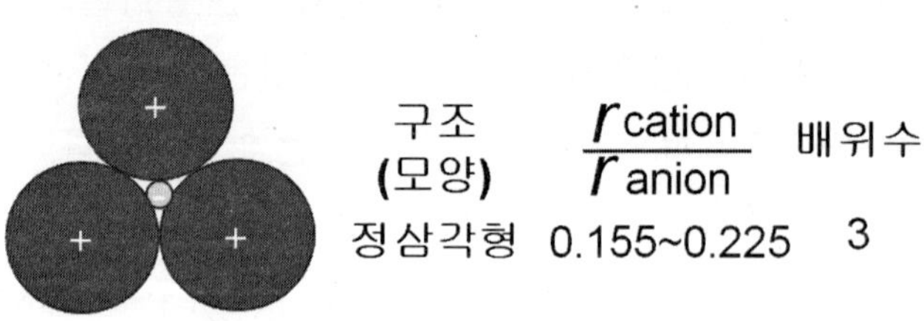

[그림 12.4] 양이온이 정삼각형의 모양을 가질 때 공극의 크기 및 배위수 최대 0.155 ~ 0.225의 크기 범위를 가짐

양이온의 수가 하나 더 증가하여 3개의 양이온이 조밀한 접촉이 일어나면, 즉 음이온에 대한 양이온의 배우수가 3인 경우에는 양이온의 모양이 정삼각형의 꼭지점에 위치하게 되고 이때 이들 양이온들 정 가운데에 들어갈 수 있는 음이온의 최소 크기는 rAC/rCA\는 0.155가 된다. [그림 12.4]의 3개의 양이온이 만드는 공극을 보여준다. 배위수 3은 이 크기부터 양이온이 하나 더 증가하여 [그림 12.5]와 같은 즉 배위수 4를 갖는 사면체를 형성하는 모앙의 공극의 크기인 0.414 보다 작은 값을 가지게 된다.

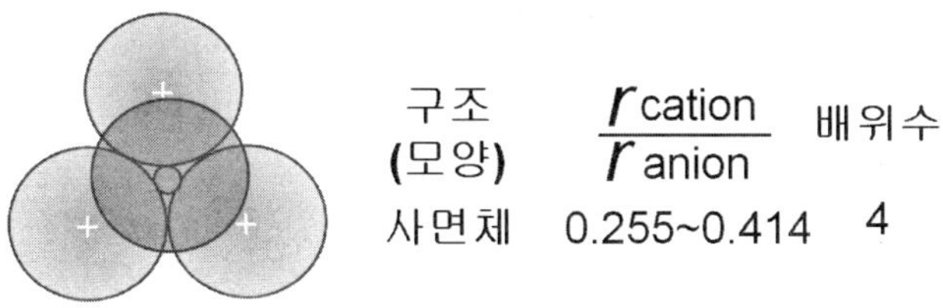

[그림 12.5] 양이온 4개로 구성되는 사면체의 공극크기 비와 모양

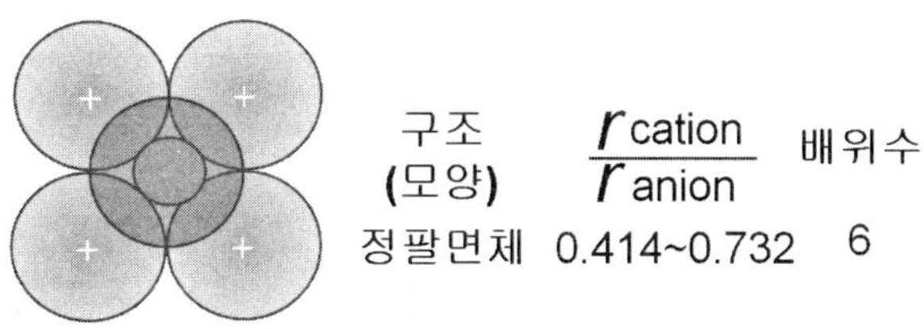

[그림 12.6] 양이온 6개로 구성된 8면체의 공극 크기비와 모양

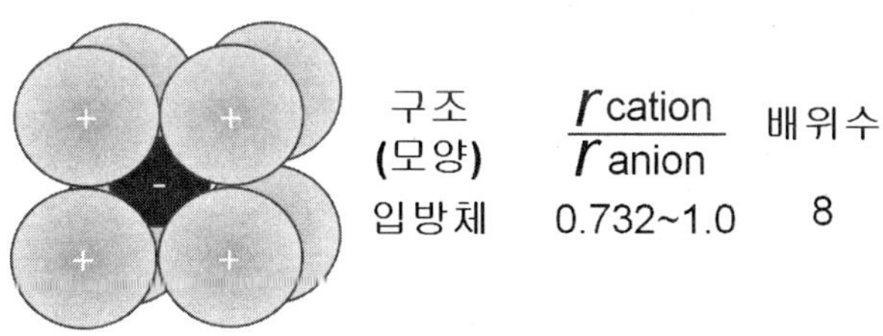

[그림 12.7] 양이온 8개로 구성된 입방체의 공극 크기비와 무양

양이온 4개가 형성되어 이루어지는 공극체는 [그림 12.5]와 같으며, 이때 최소 크기는 0.414의 비를 가진다. 음이온에 대한 배위수는 4개이다. 이후 양이온이 증가하며, 평면적으로 조밀하게 접촉되면 정4각형을 이루면, 이 평면 위쪽과 아래쪽에 양이온이 위치하여 공극의 모양은 팔면체가 되고 이때 공극내 존재하는 음이온의 크기 비는 0.732가 된다. 이때 배위수는 [그림 12.6]과 같이 6개가 된다. 이후 공극의 모양은 양이온이 8

개가 모여 형성되는 [그림 12.7]과 같은 입방체가 되고, 이때 가능한 공극의 크기는 최대 1이 된다.

(1) AX형 결정구조

세라믹은 양이온과 음이온이 항상 전기적으로 동일한 수를 가지고 있어, 중성적 성질을 가져야 한다. 가장 간단한 중성적 성질은 동일한 수 즉 AX형의 화합물를 가지는 것이다. 그러나 이들에서 양이온과 음이온의 크기 차이에 의하여 결정구조는 ZnS형, NaCl형, CaCl형으로 나눈다. 즉 rC/rA의 비율이 0.732 ~ 1.0의 비율을 가지면 CaCl형의 결정구조를 가지고, 0.414 ~ 0.732를 가지면 NaCl형 결정구조, 0.225 ~ 0.414의 범위를 가지면 ZnS 형의 결정구조를 가진다. 이를 위해서 기본적으로 각 원소의 양이온, 음이온의 크기를 알아야한다.

① ZnS 결정구조

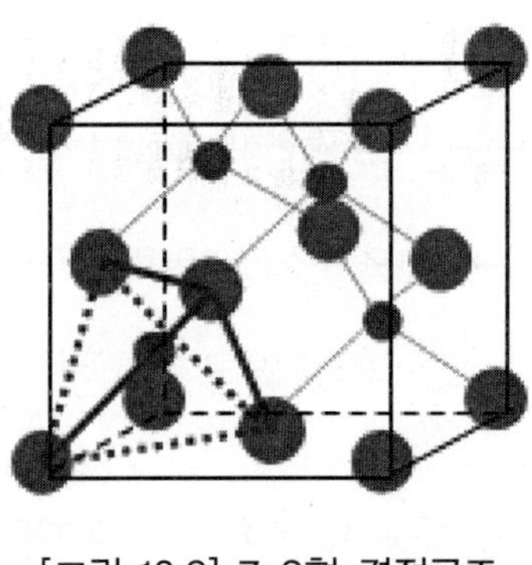

[그림 12.8] ZnS형 결정구조

[그림 12.5]와 같은 결정구조는 사면체로 이루어진 공극이 형성되고 이런 결정구조를 가지는 세라믹 재료는 황화아연(ZnS)이다. [그림 12.8]에서는 황화아연의 모양을 보여주고 있는데 크기가 큰 황 음이온이 FCC구조를 이루고, 크기가 작은 아연 양이온이 FCC의 사면체 공극에 위치하고 있은 모습을 보여준다. 배위수는 4이다. 이 결정구조에서 아연, 황 각 이온의 수는 각각 4개를 가지므로 전기적으로 중성을 가지고 있다. ZnS, ZnO, ZnTe, SiC 등이 이런 결정구조를 가진다.

ZnO의 결정구조를 살며보면, O^{2-}의 크기는 0.14nm, Zn^2+의 크기는 0.074nm 이다. 즉

이를 이용하여 rC/rA을 계산하면 아래와 같다. 이 값의 비는 0.529를 가져 예상되는 공극의 모양은 배위수 6의 팔면체이나 실제로는 배위수는 4이므로 ZnS형을 가짐을 알 수 있다.

$$\frac{r_C}{r_A} = \frac{r_{Zn^{2+}}}{r_{O^{2-}}} = \frac{0.074}{0.140} = 0.529$$

② NaCl 형 결정구조

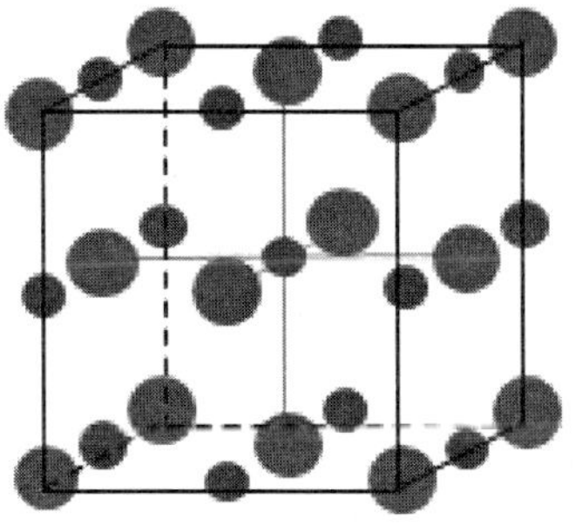

[그림 12.9] NaCl형 결정구조

[그림 12.6]과 같은 결정구조를 가지는 대표적 화합물은 염화나트륨(NaCl)이다. 그림 9에서는 NaCl의 결정구조를 보여준다. Cl 음이온이 FCC 구조를 이루고 Na 양이온이 음이온들 사이의 8면체 공극에 위치하여 전체적으로 전기적 중성을 가지는 결정구조이다. 배위수는 6이다. 각각의 이온수는 마찬가지로 4개이다. NaCl, MgO, MnS, LiF, FeO등이 이런 구조를 가진다.

MgO의 결정구조를 살펴보면, O^-의 크기는 0.14nm, Mg^+의 크기는 0.72nm 이다. 즉 이를 이용하여 rC/rA을 계산하면 아래와 같다. 이 값의 비는 0.514를 가져 예상되는 공극의 모양은 배위수 6의 팔면체이다. 실제로는 배위수는 6이므로 NaCl형을 가짐을 알 수 있다.

$$\frac{r_C}{r_A} = \frac{r_{Mg^+}}{r_{O^-}} = \frac{0.072}{0.140} = 0.514$$

③ CaCl 형 결정구조

[그림 12.10]은 CaCl형 즉 염화세슘의 결정 구조를 보여준다. 그림에서 Cl은 입방정체를 이루고 가운데에 Ca 이온이 위치하여 전기적으로 중성을 이루고 있다. 이때 Cl의 BCC가 아니고, 단순입방정체를 가지고 있다.

CaCl의 결정구조를 살펴보면, C의 Γ 크기는 0.181nm, Ca^{+}의 크기는 0.170nm 이다. 즉 이를 이용하여 rC/rA을 계산하면 아래와 같다. 이 값의 비는 0.939를 가져 예상되는 공극의 모양은 배위수 8의 입방체이다. 실제로 배위수는 8이므로 CaCl형을 가짐을 알 수 있다.

$$\frac{r_C}{r_A} = \frac{r_{Ca^+}}{r_{Cl^-}} = \frac{0.170}{0.181} = 0.939$$

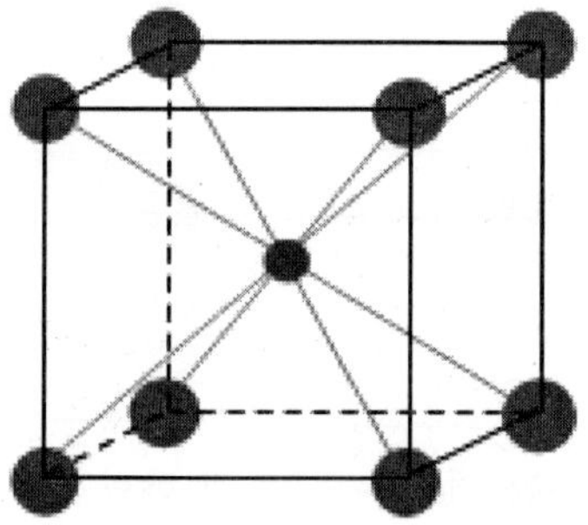

[그림 12.10] CaCl형 결정구조

(2) AmXp형 결정구조

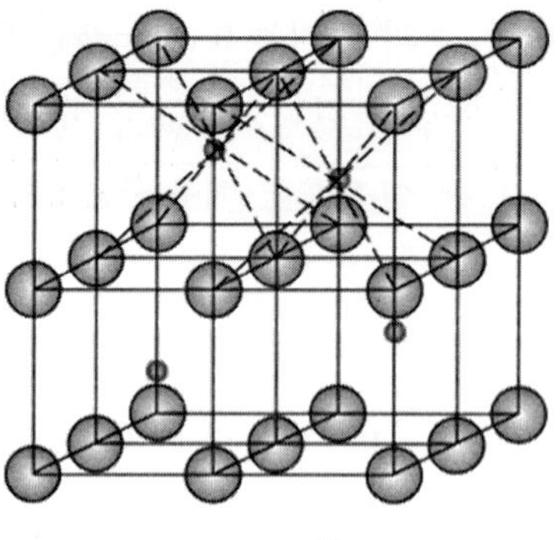

[그림 12.11] AX2형 결정구조의 CaF_2

세라믹에서 양이온과 음이온의 수가 동일하게 전기적 중성을 가지는 방법은 양이온이 2^+를 가질 경우에 음이온 1^-가 2개이면 된다. 이런 관계에 의한 화합물로는 CaF2이다. Ca는 2^+를 가지며 F 는 1^-를 가지어 결국 전기적 중성은 CaF2만이 가능하다. 즉 AX2의 화학식을 가지면 결정구조는 [그림 12.11]과 같다. 이러한 결정구조를 가지는 화합물로는 ZrO_2, UO_2, PuO_2, ThO_2등이 있다.

(3) $A_mB_nX_p$형 결정구조

세라믹은 두 개 이상의 양이온 혹은 음이온으로도 전기적 중성을 이룰수 있다. 이 경우 화합물은 $A_mB_nX_p$형으로 나타낼 수 있다. 대표적으로 티타늄산바륨으로 $BaTiO_3$으로 표시한다. 이 재료는 페로브스카이트 결정구조(Perovskite crystal structure)라 하는데 그 특성이 매우 독특하여 다양한 분야에서 응용되고 있다. [그림 12.12]는 페로브스카이트 $BaTiO_3$ 결정 구조를 보여준다.

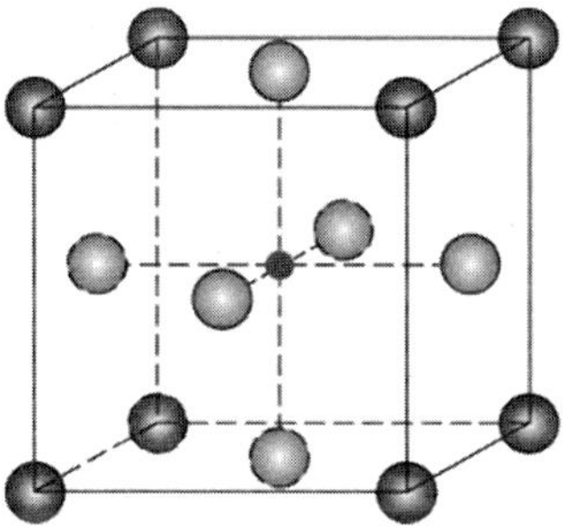

[그림 12.12] 페로브스카이트 결정구조의 $BaTiO_3$

2) 대표적 세라믹

세라믹은 기본적으로 금속이온과 비금속 이온이 전기적 중성을 띠고 있는 모든 무기물을 발한다. 다양한 세라믹이 있으나 본 장에서는 현재 가장 많이 쓰고 있는 대표적 세라믹인 규산염(Silicate)와 완전히 세라믹에는 포함되지 않지만 일부 결정구조와 특성이 세라믹 재료와 유사한 탄소소재에 대해 설명하고자 한다.

(1) 규산염 세라믹

지구상에 가장 많이 존재하는 원소는 규소와 산소인데 이 두 원소로 구성되어 있는 규산염은 다양한 구조를 가지고 있다. 규산염은 SiO_4^{4-}가 가장 기본적인 단위 구조이고 이들의 배열에 의해 다양한 구조의 규산염 세라믹이 만들어진다. Si-O의 결합은 강한 공유결합이고 방향성을 가지고 있다. 대표적 규산염 세라믹에는 실리카와 실리카 유리가 있다.

① 규석(실리카, Silica)

화학적으로 가장 안정하고 간단한 규산염 재료는 규석 즉 이산화규소, SiO_2 로 실리카이다. 구조적으로는 사면체 꼭지점에 있는 산소 음이온과 이들의 공극에 있는 Si 양이온이 화학비율 1:2로 구성되어 전체적으로 중성을 가지는 재료이다. 석영(quartz)이 대표적 실리카이며, 밀도가 상대적으로 낮아 약 2.65g/cm³이다. 그러나 결합은 매우 강해 용융점이 1710℃에 이른다. 이외에도 크리스토발라이트, 트리디마이트 등의 동질이상을 가지고 있다. [그림 12.13]는 크리스토발라이트의 구조를 보여준다.

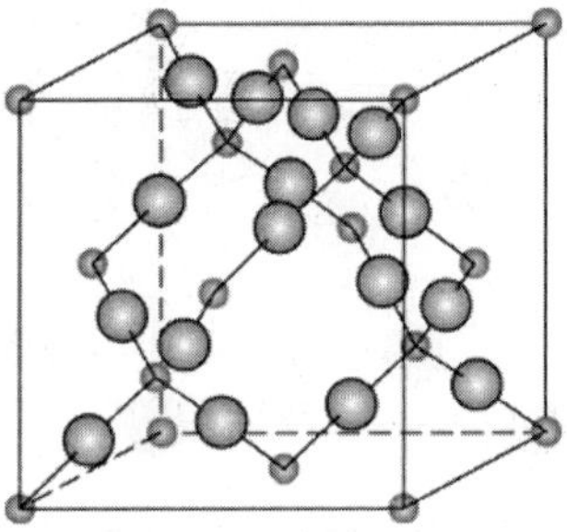

[그림 12.13] 규석의 하나인 크리스토발라이트의 결정구조

② 실리카 유리

실리카 유리는 SiO_4^{4-} 기본 단위가 상온에서 매우 무질서한 비정질 구조를 가지는 규산염 세라믹이다. 액상에서 응고되면서 이러한 비정질 구조가 나오며, [그림 12.14]에서 와 같이 SiO_2의 네트워크 구조를 보인다. 통상 이런 비정질의 실리카를 유리라고 한다. 실리카 유리는 저온에서 쉽게 용융되어 가공이 용이하다.

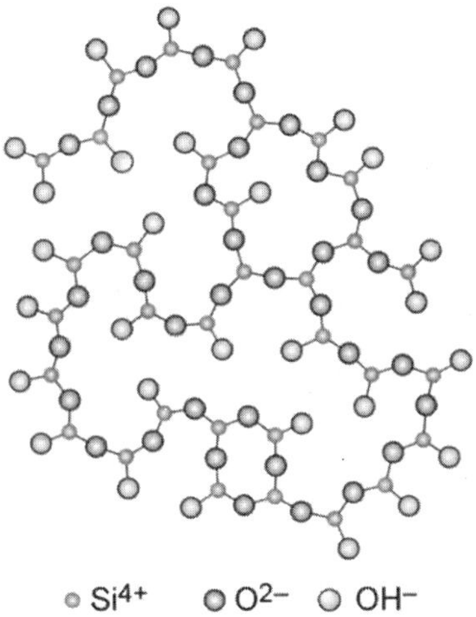

[그림 12.14] 실리카 유리의 네트워크 비정질 구조

(2) 탄소와 탄소동소체

탄소는 유기물의 기본 성분으로 탄소만으로 구성될 경우에는 다양한 결정구조의 동질이상을 가진다. 일반적으로 탄소는 자연상에서 유기물이 완전 연소되어 끄름이 되었을 때 발생하는 탄소덩어리, 이때의 탄소는 비정질 구조를 가지고 이를 카본블랙(carbon black)이 있다. 또한 망사구조의 층상의 흑연과 다이아몬드 구조를 하고 있는 다이아몬드가 있다. 그러나 최근에는 새로운 결정구조의 탄소결합체가 발견되었는데 즉 탄소 60개 모인 플러렌(fullerene), 플러렌이 여러 개 직선적으로 연결된 탄소나노튜브(carbon nanotube)와 흑연의 1~2층만으로 이루어진 그래핀(graphene)이 있다. 총 6개의 동질이상을 가지고 있는 독특한 소재이며 그 활용이 매우 넓은 소재이다.

탄소는 기본적으로 주로 공유결합을 하고 있어 탄소끼리의 결합의 매우 강한 결합을 가지고 있다. 자연 상의 탄소 동소체인 카본블랙과 흑연은 세라믹 소재에 해당되질 않지만 다이아몬드는 ZnS와 같은 결정구조를 지고 있어 세라믹에서 주로 다룬다.

① 카본블랙

카본블랙은 비정질 결정구조를 가지고 있고 끄름과 같이 매우 자고 가볍기 때문에 다양한 고분자 재료의 복합재료로 사용되고 있다. [그림 12.14] 비정질 탄소의 결정구조를 보여주고 있고, 또한 타이어 제조에 사용 시 폴리머에 첨가되어진 폴리머 탄소복합재를 보여준다.

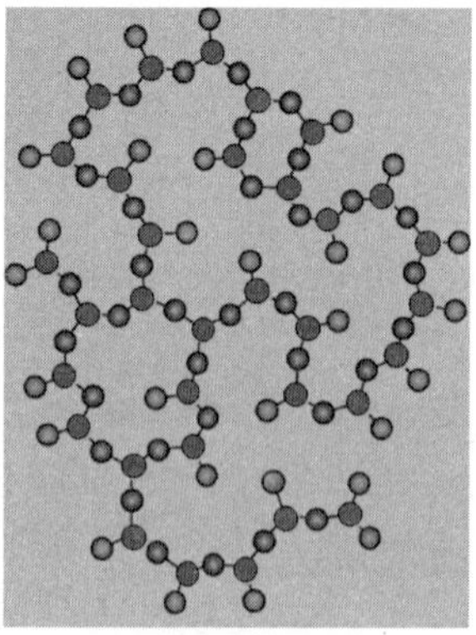

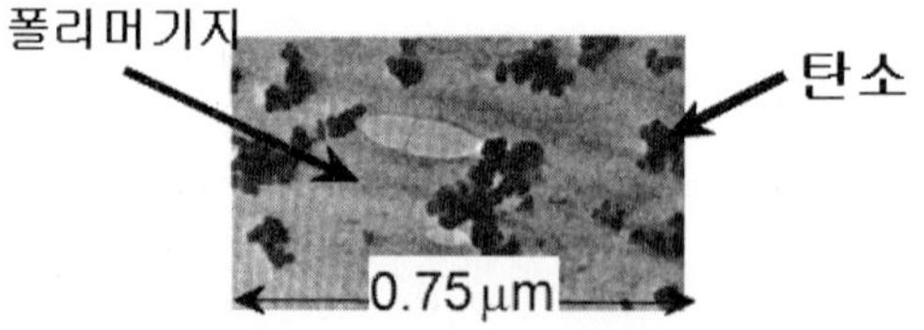

[그림 12.14] 비정질 탄소 결정구조와 타이어의 탄소 첨가재

② 흑연

흑연(graphite) 6각형의 탄소들이 망상구조를 이루면서 판상의 층상구조를 하고 있다. 탄소들의 결합은 각 120°를 이루면 육각형을 가지고 서로는 매우 강한 공유결합을 하고 있다. 흑연인 상온상압에서 안정적이면 자연상에서 발견되는 탄소결정체이다. [그림 12.15]는 흑연의 결정 구조와 이들을 이용한 연필심을 보여준다. 강한 공유결합하는 육각형의 탄소층과 이웃하는 탄소층간의 결합은 상대적으로 약결합에 해당하는 반데르발스(wan der Waals) 결합을 하고 있어 층간 미끄러짐이 용이하다. 이러한 층간 미끄러짐으로 인하여 연필로 글씨를 쓰게되면 종이에 탄소 층이 남아서 글씨 흔적이 남게 되는 것이다. 또한 이러한 용이한 미끄러짐은 흑연의 우수한 고체 윤활 특성을 가지게 한다. 탄소층의 전기 전도율은 매우 높고, 고온에서도 안정하여 고온 전극봉으로 사용된다.

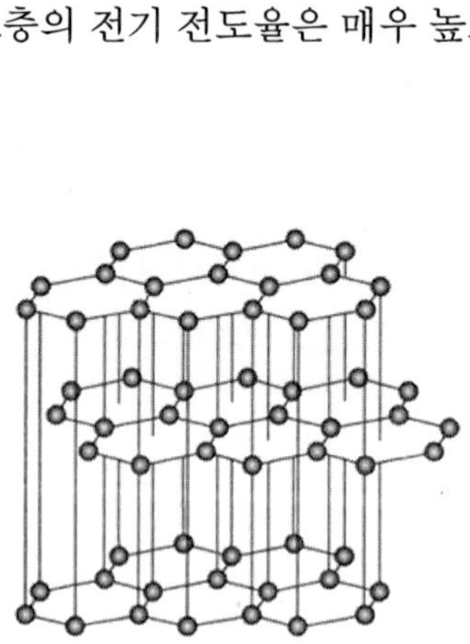

[그림 12.15] 흑연의 결정구조와 연필심

흑연은 고온 비산화성에서는 우수한 강도와 안정한 화학적특성, 우수한 열전도율, 낮은 열팽창계수, 높은 열충격성, 안정한 가스흡착률, 우수한 기계가공성 등을 가지고 있어, 전기로의 발열체, 아크 용접봉, 고온 도가니, 주조용 주형(mold), 고온 절연체 및 내화물, 로켓노즐, 화학반응로, 전기접점재, 저항체, 건전지 및 자동차 배터리 전극, 공기정화 장치 등에 사용 된다. 탄소는 고온에서 산화되어 일산화탄소(CO) 가스로 되기 때문에 반드시 비산화성 분위기에서 사용되어야 한다. 이러한 반응은 강한 발열 반응이 되기 때문에 철광석 용융시 코우크스를 넣어 고온 발열원으로 사용되기도 한다.

③ 다이아몬드

다이아몬드는 자연상에서 가장 경도가 높은 소재이다. 즉 모스경도계에서 10에 해당되는 고경도 소재이다. 이런 높은 경도값을 가지는 이유는 탄소끼리 높은 결합에너지의 공유결합을 하고, 결정학 적으로는 매우 안정적인 섬광아연과 같은 구조를 하기 때문이다. 이런 구조를 다이아몬드 입방정(diamond cubic) 구조라고 하는데 사면체 안에 있는 탄소는 4개의 탄소와 공유결합 함으로써 매우 강한 특성을 보이는 것이다 [그림 12.16]은 다이아몬드 입방정 구조와 보석인 천연다이아몬드를 보여준다.

다이아몬드의 이용은 천연상태에서는 값비싼 보석으로 거래된다. 경도가 매우 우수하고, 열전도 및 전기전도율이 매우 뛰어나다. 공업적으로는 고온, 고압 하에서 제조된 공업용 다이아몬드가 다이아몬드 절삭공구로 개발되어 사용된다.

최근의 박막기술은 다결정 형태의 다이아몬드 코팅이 가능하게 하여, 일반적인 공구 표면 등에 코팅함으로써 고경도 소재를 개발할 수 있다. 드릴, 다이, 베어링, 칼등의 공구 표면에 다이아몬드 코팅을 입혀 표면 경도를 올리고, 렌즈 등에도 코팅하여 고특성을 얻는다.

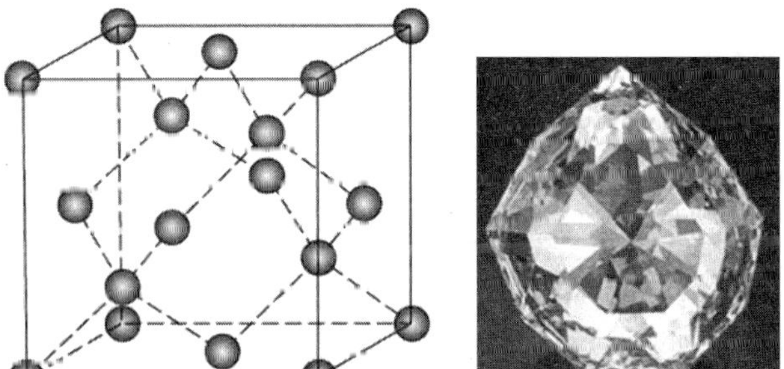

[그림 12.16] 다이아몬드 입방정과 천연 다이아몬드 보석

④ 플러렌(Fullerene)

인류는 수천 년 동안 탄소의 동질이상은 비정질탄소, 흑연, 다이아몬드로 만 존재하는 것으로 알고 있었다. 그러나 1985년에 새로운 결정구조의 탄소결정체가 발견되었다. 이는 탄소 60개로 구성되어 있으며 20개의 육각형과, 12개의 오각형으로 이루어진 C60, 플러렌이라는 나노크기 구형입자이다. [그림 12.17]에서는 탄소 60개로 이루어진 플러렌의 결정구조를 보여준다. 이 구조는 전형적인 축구공모양을 하고 있으며, 각 탄소는 서로 공유결합을 하고 있다. 이 구조는 통상 버크민스터플런렌(Buckminsterfullerene)이라고 하는 데, 이런 구조의 지붕(돔, dome)의 설계한 R. Buckminster Fuller의 이름에서 기원한다. 통상 버키볼(buckyball)이라고도 말한다. C60는 탄소의 개수에 의해 C70, C120 [그림 12.18] 등 다양한 구조가 될 수 있다.

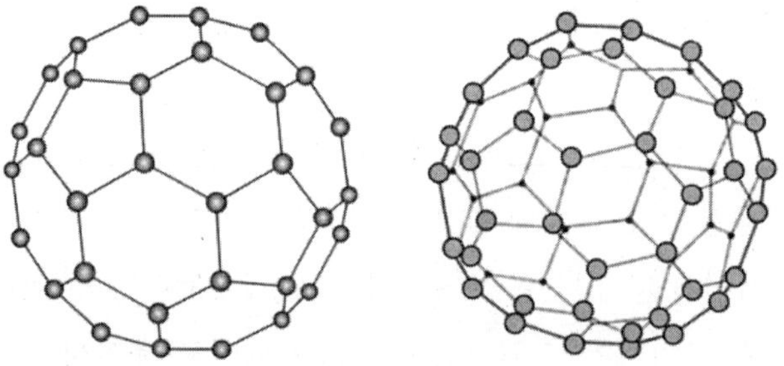

[그림 12.17] 탄소 60개로 구성된 플러렌 결정구조와 C70

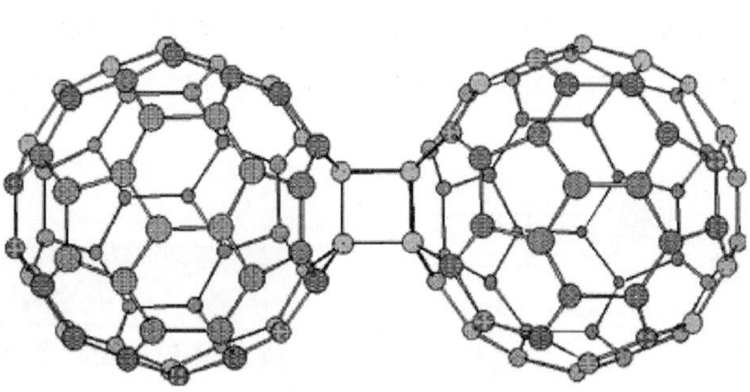

[그림 12.18] C120의 탄소 플러렌 구조체

통상 흑연과 다이아몬드는 탄소가 6각형을 이루는 네크워크 구조이나 플러렌은 가운데가 비어 있는 축구공 모양을 하고 있어 지구상에서 존재하는 가장 작은 용기라 할 수 있다. 그 크기는 약 2-3nm에 불구하다. 플러렌은 통산 부도체이나 불순물에 첨가 유무에 따라 반도체가 되기도 한다.

⑤ 탄소나노튜브(carbon nanotube)

1985년 플러렌의 발견은 나노구조 탄소에 대한 연구의 시발점이되어 많은 연구자가 연구를 진행하였다. 이런 가운데 1991년 새로운 탄소결정구조가 발견되었다. 이는 플러렌이 여러 개 연결되어 하나의 튜브형상으로 이루어지는 탄소나노튜브였다. 이것은 다른 방법으로 흑연 1개 층이 말려서 튜브형상을 가지는 구조이다. 탄소나노튜브이 직경은 수 nm에서 수백 nm 가 되고 길이는 수 ㎛이상 된다. [그림 12.19]는 탄소나노튜브의 결정구조를 보여준다. 여기에서도 탄소끼리는 강한 공유결합을 하고 있다. 튜브의 끝단은 플러렌의 반쪽이 덮여져 있는 구조이다.

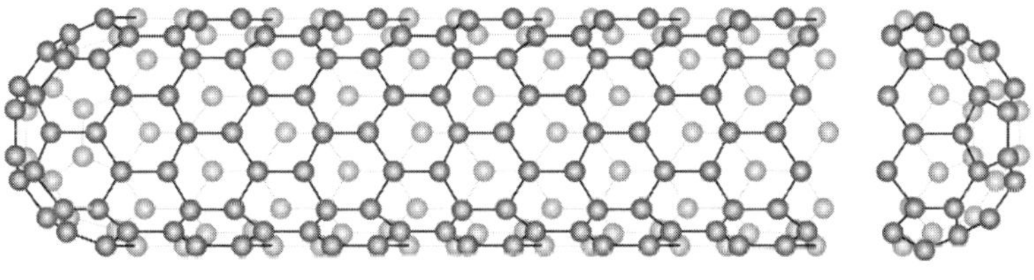

[그림 12.19] 탄소나노튜브 결정구조

탄소나노튜브는 다음과 같은 특징을 가진다.

- 크기(직경) : 1-20nm
- 원자적으로 완전한 결합체
- 화학적으로 안정한 물질
- 강철보다 100배 강한 강도와 탄력성
- 매우 높은 녹는점
- 무독성
- 상대적으로 낮은 밀도

탄소나노튜브는 탄소의 구조와 내부의 불순물 첨가로 도체, 반도체, 부도체로 제어할 수 있어 새로운 반도체 소재와 매우 강도를 가지고 있기 때문에 새로운 나노섬유로 사용이 가능하다.

⑥ 그래핀(Graphene)

플러렌과 탄소나노튜브의 발견이 후 새로운 탄소결정체는 2004년 발견되었다. 이는 기존의 층상의 흑연 결정체에서 가장 얇게 한 층을 떼어낸 것이다. 즉 탄소 원자 한 층으로 되어 있는, 두께 0.35nm의 2차원 평면 형태의 얇은 막 구조이다. 이러한 얇은 막 구조 때문에 3차원 구조인 흑연과는 다른 물리적 성질을 갖게 된다. 그래핀은 현재 세상에서 가장 얇은 물질로 알려 져 있다. [그림 12.20]은 그래핀의 결정구조를 보여준다.

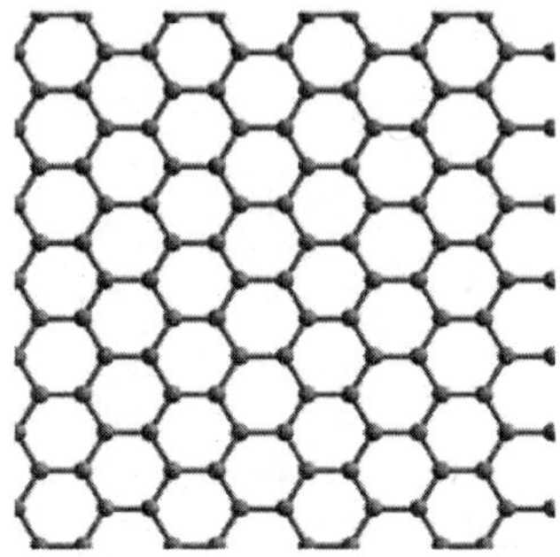

[그림 12.20] 그래핀 탄소결정구조

그래핀은 2004년 상온에서 스카치테이프의 접착력을 이용해 매우 간단하게 제도되었는데 스카치테이프를 붙였다 떼면 얇은 단원자 층의 탄소 덩어리가 떨어져 나오는데 이것이 바로 그래핀이다. 이러한 약한 스카치테이프만의 결합력으로 탄소층이 떨어져 나오는 이유는 흑연의 탄소층 사이의 결합이 반데르발스결합으로 약결합을 하고 있기 때문이다.

그래핀 한층 한층이 쌓이면 흑연이 되고, 한층이 둥글게 말리면 탄소나노튜브가 된다. 그래핀은 일단 얇은 막으로 투명하고, 탄소나노튜브보다 균일한 금속성을 갖고 있어 산업적 응용 가능성이 더 크다. 투명성으로 반도체나 디스플레이를 만드는 데 쓰이는 산화인듐주석(ITO)을 대치할 수 있다. 그래핀은 탄성이 좋아서 20% 이상 면적을 늘리거나 완전히 접어도 자신이 갖고 있는 성질을 그대로 유지한다. 우수한 전기전도성을 가지는 유연한 소재이다. 그래핀은 다음과 같은 특징을 가진다.

- 상온에서 구리보다 100 우수한 전기전도도
- 강철보다 100배 우수한 강도
- 투명한 특성, 우수한 신축성
- 투명 전극 소재- Touch screen
- 반도체 고특성/고효율 전극 소재

3) 세라믹의 결함

기술한바와 같이 세라믹의 기본 구성은 크기가 작은 양이온과 크기가 큰 음이온으로 구성되어 있다. 또한 동일한수의 양이온과 음이온이 있어 전기적으로 중성을 띄게 된다. 이러한 세라믹의 구조에서 양이온 혹은 음이온이 빠져 나가게 되면 점결함의 형태가 되어 이것이 세라믹의 중요한 결함이 된다.

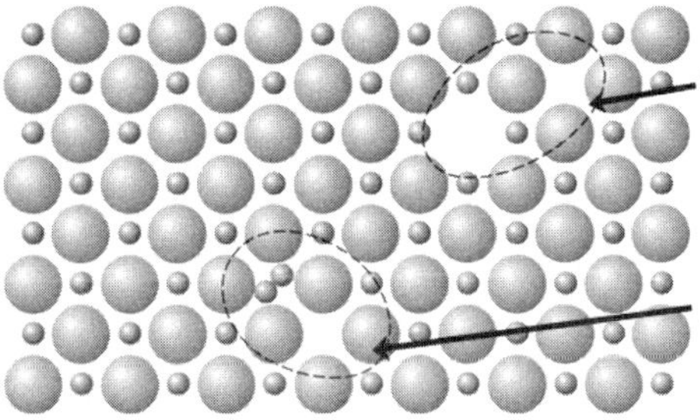

[그림 12.21] 세라믹 쇼트기 결함 및 프레켈 결함

[그림 12.21]에서는 세라믹의 이온 결합에 따른 점결함을 보여주고 있다. 세라믹은 항상 전기적 중성을 띄어야 하기 때문에 결함도 항상 음이온과 양이온이 동일한 수로 빠져 나가야 한다. 이러한 양이온과 음이온의 동수 점결함을 쇼트키 결함(Schottky defect)라고 한다.

또한 전기적 중성을 유지하면서 점결함이 생기려면 음이온이 정해진 위치에서 따른 위치로 침입형(interstitial)하게 위치하면 된다. 이러한 결함을 프렌켈 결함(Frenkel defect)이라고 한다.

[그림 12.22] 치환형 및 침입형 세라믹 결함

세라믹도 금속과 마찬가지로 기지 재료 내에 불순물 원자를 고용시켜 다양한 특성을 구현할 수 있다. 이러한 불순물은 침입형 형태로 고용되거나 치환형 형태로 고용될 수 있다. 금속과 마찬가지로 침입형 불순물은 불순물 원소의 크기가 작아야 하며, 치환형인 경우에도 동일한 종류의 이온이 치환되어야 한다. 이러한 결합도 전기중성도를 만족시켜야 한다. [그림 12.22]은 치환형 혹은 침입형 세라믹 결합을 보여준다.

4) 세라믹의 파괴

세라믹은 기본적으로 상온에서 높은 응력 하에서 소성변형 없이 취성파괴가 발생한다. 이는 강한 이온결합과 공유결합으로 금속 변형에서 나타나는 전위의 생성과 움직임이 없기 때문이다. 세라믹의 파괴는 대부분 입계 파괴와 벽계면 파괴가 일어난다. [그림 12.23]은 전형적인 세라믹 판재와 용기의 파괴 양상을 보여준다. 세라믹에서는 응력이 집중되는 곳에서 파괴가 시작되면 특정면을 따라 파괴가 발생하는 것이 아니고 모든 방향으로 결합이 전파된다.

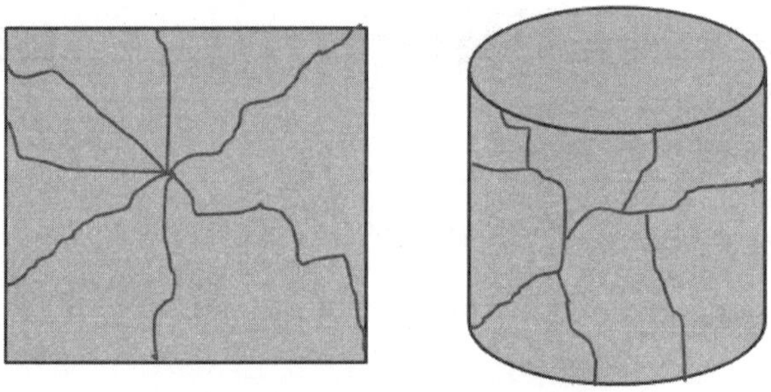

[그림 12.23] 세라믹의 파괴거동

세라믹의 파괴도 통상 이론적인 파괴 응력보다 낮은 값에서 발생하는데 이는 제조 중에 발생하는 다양함 결함, 즉 미세균열, 내부 기공, 개재물, 조대결정립 등이 존재하기 때문이다.

[그림 12.24]는 전형적인 세라믹의 응력-변형률 곡선으로 소성변형없이 파괴가 일어남을 보여준다. 기울기는 재료의 탄성계수이다.

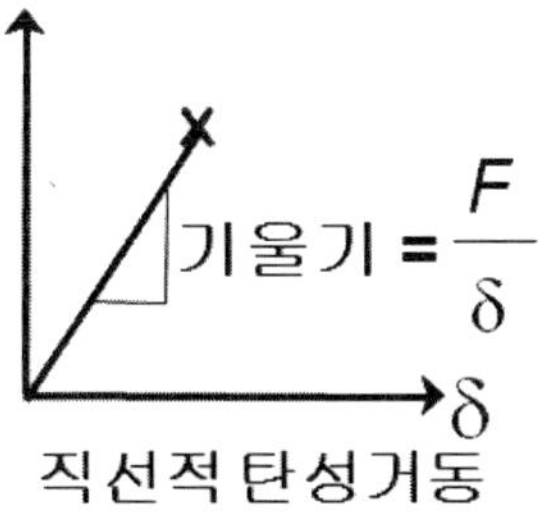

[그림 12.24] 세라믹의 응력-변형률 곡선

5) 세라믹제품의 제조방법

세라믹은 제품 제조하는 것이 가장 큰 문제점이다. 세라믹은 금속소재와 같이 상온에서 변형이 거의 발생하지 않기 때문에 소성변형으로 제품을 만들 수가 없고, 또한 대부분의 용융점이 고온이기 때문에 주조방법으로도 제조하기 힘들기 때문이다. 따라서 대부분의 세라믹은 분말형태로 원료를 만든 후 분말 공정의 성형, 소성(소결)하여 제조한다. 따라서 세라믹을 제조하는 기본 공정은 ① 원료세라믹의 준비, ② 성형 또는 원하는 모양으로의 슬러리 캐스팅, ③ 건조, ④ 세라믹 입자들의 충분한 결합을 위한 높은 온도에서의 가열, 즉 소성이 필요하다. 이러한 공정은 전형적인 분말 성형 공정이다. 그러나 융점이 낮은 유리질 세라믹은 고온에서 유동성을 확보한 후 부품형태로 성형한다. [그림 12.24]은 세라믹의 두 가지 제조 방법을 보여준다.

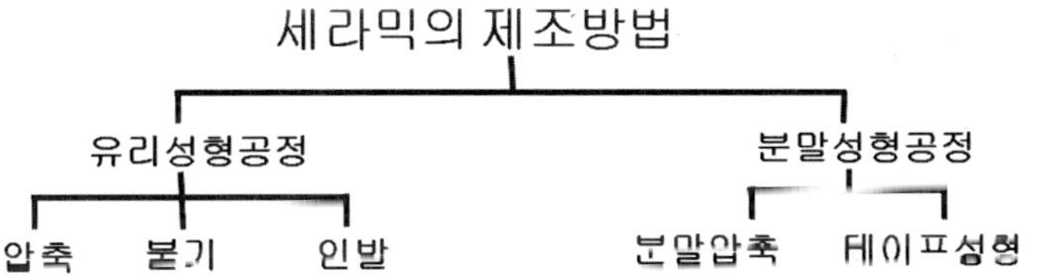

[그림 12.24] 세라믹의 제조 방법

① 유리성형공정

상업용 유리는 실리카-소다-석회의 결합체로 비정질 즉 유리질 결정구조를 가지고 있기 때문에 결정질 재료와는 다른 응고과정을 거치게 된다. 결정질 고체는 냉각 시 결정화 과정을 거친 후 액상에서 고상으로 상변태가 발생한다. 그러나 비정질 유리 재료는 액상에서 결정화 과정을 거치지 않고 연속적으로 응고되어 비정질 혹은 유리질 재료가 되는 것이다.

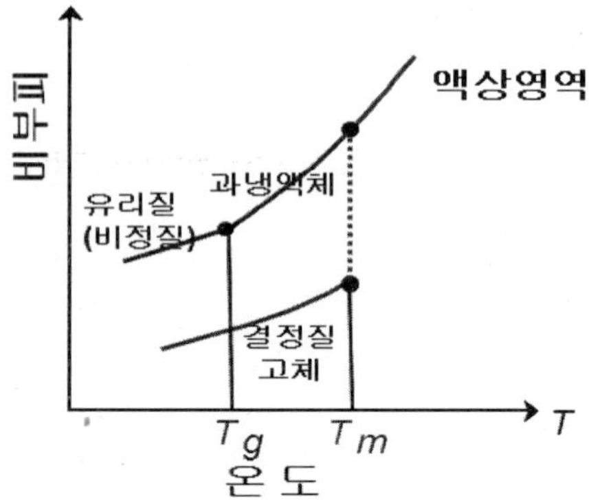

[그림 12.25] 결정질 재료와 비정질 재료의 응고시 부피 변화

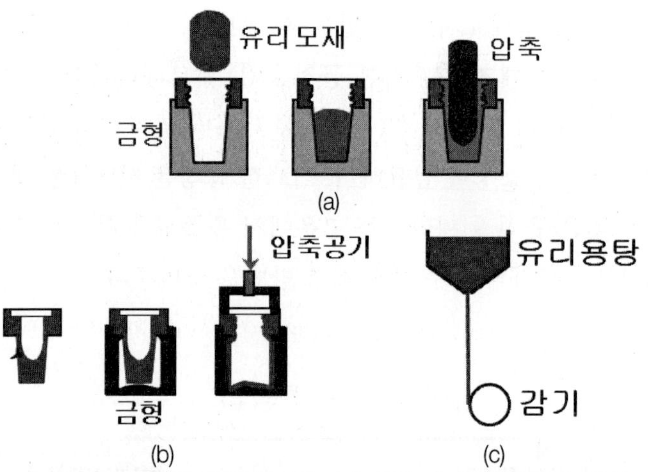

[그림 12.26] 유리성형 공정 : (a) 압축, (b) 불기, (c) 인발

이를 응고 시 부피 변화로 나타내면 [그림 12.25]와 같다. 즉 통상 금속의 응고와 같이 결정재료는 응고 시 T_m(용융점)에서 부피의 감소가 발생한다. 그러나 비정질 재료는 이러한 T_m에서의 불연속적인 부피 변화가 일어나지 않고 연속적으로 부피가 감소하다가 용융점보다 매우 낮은 온도에서 부피 변화 기울기가 변화한다. 이때 부피 변화가 일어나는 온도를 유리천이온도 T_g라고 말한다.

T_g이하에서는 고체의 유리질 재료이고, T_g와 T_m 사이는 과냉각된 액체 상태이므로

이온도에서는 유동성이 매우 좋게 된다. 따라서 유리성형은 유동성이 좋은 이 온도구간에서 이루어지고 유동성이 좋기 때문에 압축(press), 불기(blowing), 인발(drawing)과 같은 공정으로 제품을 제조하게 된다. [그림 12.26]는 이들 공정의 개략도를 보여준다.

② 분말성형공정

세라믹 분말성형공정은 기본적으로 앞서서 배운 금속분말 공정과 동일하다. 기본적으로 세라믹 분말을 원하는 모양으로 성형하고 고온에서 열처리하는 소결과정을 통하여 분말들 사이에 기공을 제거하여 제품을 제조하게 된다.

분말의 압축방법에는 단축압축, 양단압축, 등방향 압축, 고온 압축법등이 있으며, 단순한 형태의 제품을 제조할 때에는 일반적으로 양단압축이 가장 많이 사용 된다. [그림 12.28]에서는 양단 압축 성형 공정을 보여준다.

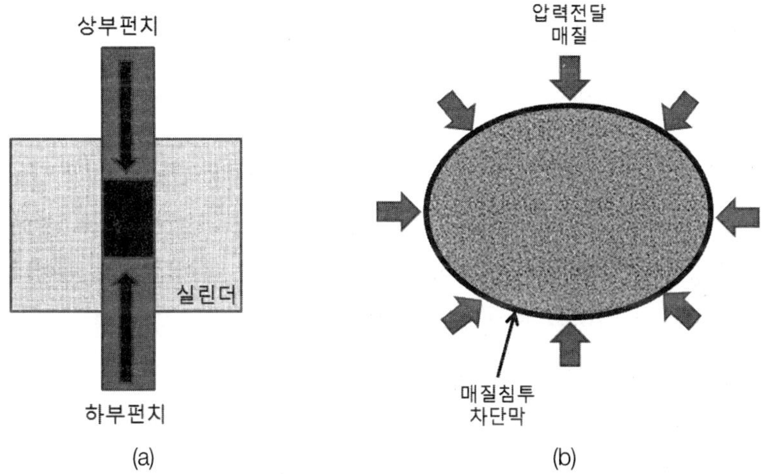

[그림 12.27] 분말의 (a) 양단압축 성형과 (b)등방향 압축 성형

성형된 분말 성형체는 고온에서 열을 가하여 분말들 사이에 화학적 결합을 일으키고 기공을 제거하는 소결과정을 거치게 된다. [그림 12.29]은 소결온도에서 소결 시간에 따른 분말의 소결과정을 보여 준다. 소결의 구동력은 총 입자의 비표면적을 줄이려는 힘이다. 통상 세라믹은 용융온도 이하의 고상온도 영역에서 고상입자들의 원자 확산만을 이용하는 고상소결이 많이 이루어진다. 이러한 소결과정에서는 가장 큰 문제점은 비표면적 감소에 의한 결정입계의 성장이다. 따라서 소결 시 가장 고려해야할 점은 입자성장 없이 기공이 없는 고밀도를 얻는 것이다.

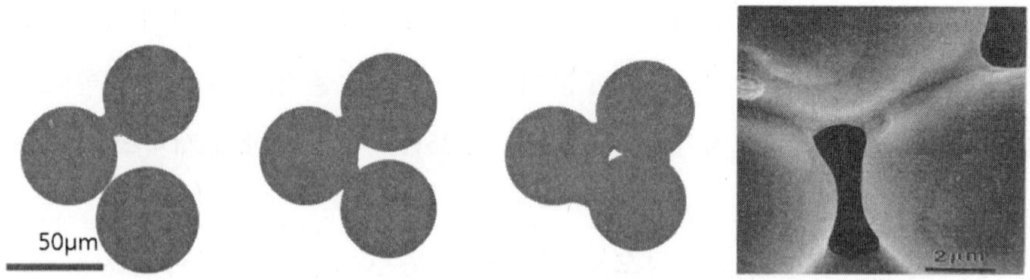

[그림 12.28] 소결시 분말입자의 배열 변화와 실제 분말의 소결 사진

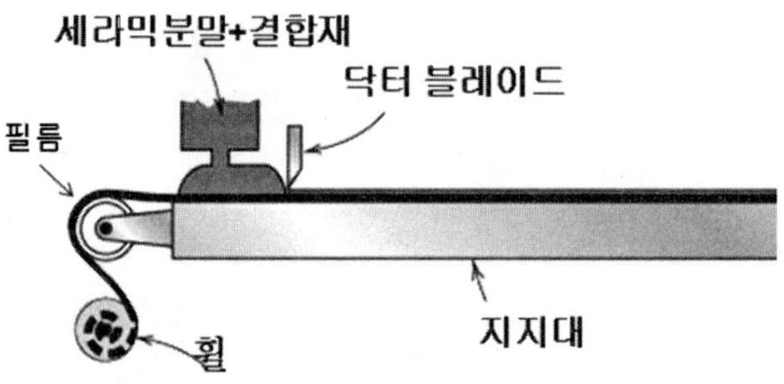

[그림 12.29] 테이프 캐스팅 제조 공정 개략도

테이프 캐스팅은 세라믹 분말에 바인더, 가소제 들을 섞어서 슬러리 캐스팅처럼 유동성이 좋은 슬러리를 만든 후 이를 [그림 12.30]과 같은 닥터블레이드라는 높이가 일정하게 유지된 장치를 이용하는 공정이다. 닥터블레이드에서 세라믹 분말이 일정하게 필름재위에 코팅 혹은 테이프 형태로 도포된다. 이 도포된 제품을 유연성이 있은 테이프 형태가 되고 따라서 최종제품의 모양으로 절단 혹은 천공한 후 고온에서 소결하면 최종 제품의 형상을 가지게 된다. 도포하기 위한 필름재로는 얇은 스테인리스호일, 유리, 폴리머 필름, 종이 등이 가능하다. 최근 개발되었으며 다층 커패시터 기판용 세라믹 제품을 만드는 데 많이 적용되고 있다.

6) 공업용 세라믹과 첨단세라믹

주로 일반적인 세라믹으로는 주로 산화물, 질화물, 탄화물이 많이 응용된다. 주요한 공업용 세라믹으로는 알루미나(Al_2O_3), 질화규소(Si_3N_4), 탄화규소(SiC), 탄화티탄(TiC), 마그네시아(MgO), 실리카(SiO_2), 지르코니아(ZrO_2)가 많이 사용된다. [표 12.1]은 주요한 세라믹 소재의 밀도와 녹는점을 보여준다. 알루미나는 고온도 내화벽돌, 점화플러그 절연재, 질화규소는 고급자동차 엔진 부품, 탄화규소는 연마용 소재, 복합소재 강화재, 지르코니아는 내마모 용기, 고온용 내화벽돌에 활용된다.

[표 12.2] 사용 중인 공업용 세라믹의 종류와 주요 특성

세라믹 종류	녹는점(℃)	밀도(g/cm^3)
Alumina (Al_2O_3)	2050	3.8
SiC	2830 (decomposition)	3.1
AlN	2400	3.3
TiC	3140	4.7
SiO_2	1710	2.2
MgO	2800	3.56

첨단세라믹 소재로는 광섬유로 사용되는 고순도 실리카(SiO_2)가 있다. 광섬유는 전기신호를 매우 정밀하고 빠르게 전달하여 현대광통신시스템에 가장 중요한 소재이다. 질화규소(Si_3N_4)는 첨단베어링소재로 활용가능하다. 기존 강철베이링보다 내부식싱이 우수하다. 압전세라믹 소재(Piezoelectric Materials)로 사용되는 세라믹으로는 티타산바륨($BaTiO_3$), 티탄산납($PbTiO_3$),수정(Quartz)등이 있다. 압전 세라믹은 전기를 가하면 기계적 변형을 일으키며, 반대로 기계적 응력을 가하면 전기장이 형성되는 소재로 다양한 센서재료, 마이크로폰, 스피커소재, 축음기 카트리지, 초음파 영상기, 초음파 진동자, 자동차 충돌방지 센서 등에 핵심소재로 사용된다. [그림 12.31]은 압전세라믹의 작동원리를 보여준다.

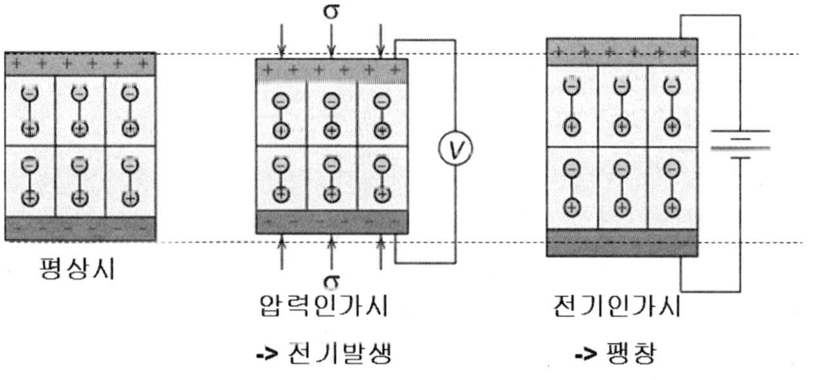

[그림 12.30] 압전세라믹의 작동원리

7) 자동차 응용 세라믹

세라믹은 기술한바와 같이 충격력에 매우 약한 약적을 가지고 있어 자동차와 같이 충돌이 발생하는 제품의 구조용 소재로는 활용에 한계가 있다. 그러나 세라믹은 철계보다 경량이며, 화학적, 열적 안정성이 뛰어나고, 내마모성이 뛰어나서 자동차의 특수부위에 제한적으로 적용가능하다. 고온안정성으로 인하여 세라믹분말로 제조된 배기가스여과장치의 필터로 활용되고 있다. 세라믹 필터는 디젤엔진의 환경오염 물질인 탄소입자를 80%이상 저감시킬 수 있다. 질화규소는 터보차저로터 및 점화플러그 등에 사용가능하다. 산화지르코늄 세라믹 분말소재는 엔진연소 중 산소와 연료비율을 최적화하는 전자제어 시스템의 산소센서로 사용이 되고 있다.

3. 복합소재

최근 자동차나 전자기기, 항공기, 선박은 최첨단 재료로 고특성과 다양한 기능을 가지고 있다. 이러한 첨단 수송기계나 IT 제품은 단일 성분의 금속, 세라믹, 폴리머 등으로 제조되지 않고 이들 소재의 다양한 복합화로 제조된다. 예을들면 최신 항공기는 경량, 고강도, 고내식성, 내충격성 특성이 복합적으로 필요하며, 최근의 친환경 경량자동차를 위해서는 가볍고 고강도 특성이 요구된다. 이러한 이유로 최근에 고성능 자동차는 탄소복합재의 응용이 활발하다.

금속소재에서도 다양한 복합소재가 있다. 대표적으로 철강소재에서 펄라이트는 상대적으로 연질의 α-철에 딱딱하고 취성이 강한 Fe_3C 세라믹이 층상으로 복합화 되어 있다. 이러한 복합화로 층상의 펄라이트는 각각의 성분소재보다도 더 우수한 기계적 성질을 가지고 있다. 자연 상에서도 목재는 상대적으로 연질은 셀룰로우즈 섬유와 이를 감싸고 있는 강질은 리그린의 복합소재이며, 뼈도 연한 콜라겐과 취성이 강한 인회석(apatite)로 구성되어 있는 복합소재이다.

복합재료는 두 개의 성분 이상으로 되어 있으며, 통상 주된 상을 차지하는 기지(matrix)와 이 기지 상에 분포하는 분산상(dispersed phase)으로 나눈다. 기지 상에 분산되어 있는 분산상은 그들의 모양과 배열 따라 그 특징이 달라지고 따라서 복합재료의 구분은 분산상의 형성과 배열에 따라 구분 짓는다. [그림 12.32]에서와 같이 분산상의 모양과 구조에 따라 입자강화, 섬유강화 및 구조 복합재료로 구분한다. 또한 통상 기지상의 성분에 따라 금속기지복합재(metal matrix composite), 세라믹기지복합재(ceramic matrix composite), 폴리머기지복합재(polymer matrix composite)로 구분한다.

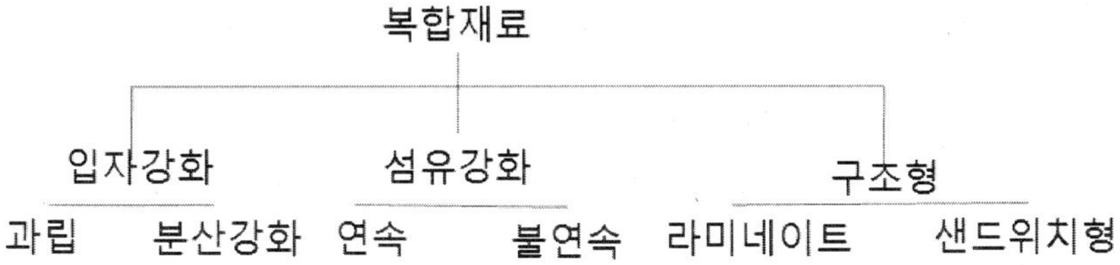

[그림 12.32] 복합재료의 구분

금속기지로는 초합금, 알루미늄, 마그네슘, 티탄 및 구리 합금 등이 사용되고 있으며, 이때 강화상은 대개 10～60%를 첨가한다. 연속섬유로는 탄소, 규소카바이드, 보론, 알루미나, 내화금속 등이 사용되고, 불연속 강화상으로는 규소카바이드 휘스커, 짧은 알루미나와 탄소 파이버, 규소카바이드와 알루미나 입자들이 사용된다. 서멧(cermet)는 금속기지 복합재료의 한 예이다. 폴리머기지로 가장 많이 사용되는 것은 폴리에스터와 비닐에스터이고 강화상으로는 유리섬유가 사용된다.

1) 입자강화 복합재료

[그림 12.32]에서 보는 바와 같이 입자강화 복합재료는 기지상내에 분산상이 비교적 큰 입자로 분포하는 과립형(large particle)과, 작은 입자가 고르게 분산되어 있는 분산강화(dispersion strengthened) 복합재료로 구분한다.

분산강화에 사용되는 강화입자의 크기는 통상 0.01-0.1㎛ 범위이며, 이는 기지 상에 석출물이 생기는 강화현상과 비슷하다. 분산강화형 복합재료는 15～30 vol% 정도의 카본블랙 분산입자가 폴리머 기지 내에 분포하고 있는 타이어가 대표적이다.

과립형 입자강화 복합재료는 WC-Co 초경합금과 같이 고상의 큰 입자가 기지 내에 분포하는 형상을 말한다. 이는 콘크리트에서 시멘트 기지 내에 자갈이 복합화 되어 있는 미세구조와 비슷하다.

(a)

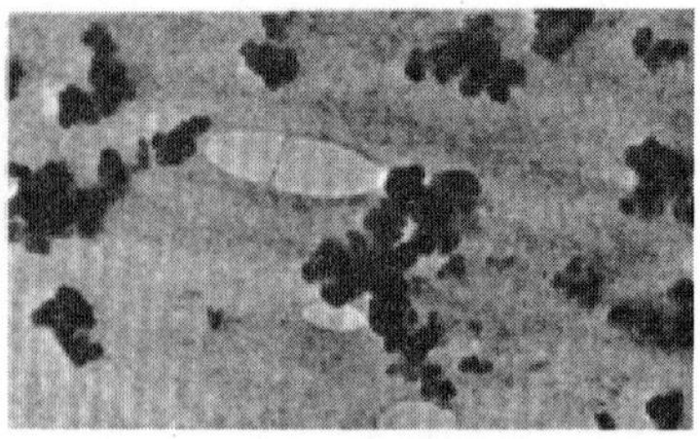

(b)

[그림 12.33] 과립형 입자강화 복합재료(a)와 분산형 입자강화 복합재료(b)

2) 섬유상강화 복합재료

분산상의 형상이 입자가 아니고 기다란 막대형이거나 연속적인 섬유질 형상을 가진 재료를 섬유상강화(fiber reinforced composite) 복합재료라 한다. 섬유상복합재료는 섬유상의 길이와 분포형태에 따라 구분한다. 통한 섬유길이가 임계길이 보다 15배 이상이면 연속섬유상강화 복합재라고 하고, 임계 길이보다 작으면 불연속 섬유상강화 복합재료라 한다. 통상 연속섬유상 강화 복합재가 불연소 섬유상강화 복합재료보다 강도라 더 우수하다. [그림 12.34]는 불연속 섬유상강화 복합재료와 연속섬유상강화 복합재료를 보여준다.

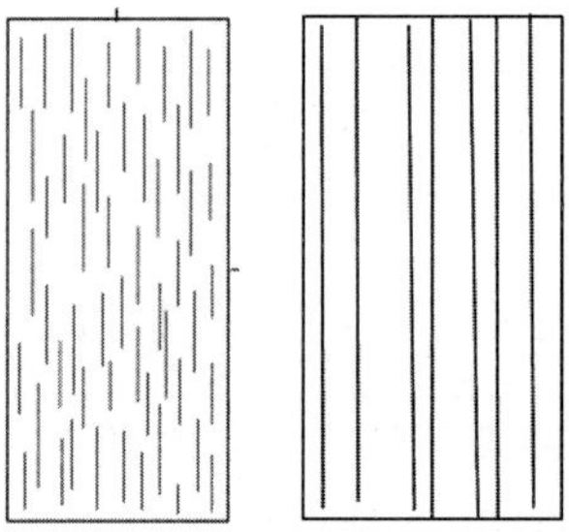

[그림 12.34] 불연속 섬유상과 연속 섬유상강화 복합재료

섬유상은 통상 길이나 재료, 모양에 따라 휘스커(whisker), 섬유(fiber), 선(wire)로 구분한다. 휘스커는 직경이 작은 단결정으로 결정성이 완벽하고 결함이 없다. 강도가 높고 우수한 특서을 보이고 있으나 가격이 비싸다는 단점이 있다. 휘스커로는 흑연, 탄화규소, 질화규소, 알루미나 등이 있다. 섬유는 대부분 폴리머나 세라믹이며 길이가 길며, 다결정이거나 비정질이다. 섬유의 재질은 폴리아라미드, 유리, 탄소, 보론, 산화알

루미늄, 탄화규소 등이다. 선재로는 주로 철강, 몰리브덴, 텅스텐 등이며 자동차 타이어는 이러한 강선이 폴리머 기지 내에 분산되어 있다.

3) 구조형 복합재료

구조형 복합재료는 앞서 입자강화과 섬유강화 복합재료의 미세구조에 의한 구분과 달리 복합재료의 구조부품의 기하학적인 설계에 의한 복합재료화 방식이다. [그림 12.35]는 구조형 복합재료 2가지를 보여준다.

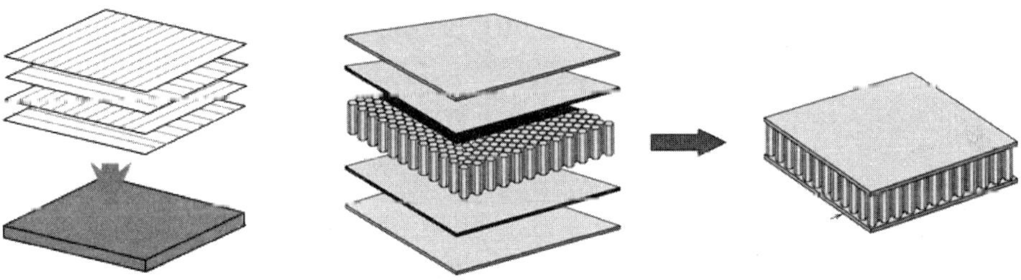

(a) (b)

[그림 12.35] (a)라미네이트형과 (b)허니컴형 구조용 복합재료

2차원적 판상이나 패널 형상의 구조부품이 층층이 쌓여있는 형상을 라미네이트 복합재료(층상, laminate composite)라고 한다. 일반적으로 목재판재로 많이 쓰이는 베니어 합판이 이와 같은 구조이다. 스키플레이트도 층상형 복합재료이다. 또 하나의 구조형 복합재료는 샌드위치형 복합재료로 이는 두 개의 판상의 패널 사이에 상대적으로 강도가 떨어지는 중간재를 장입한 형태이다. 장입하는 중간재의 형상을 육각형의 벌집모양으로 만들어 외피의 판재에 수직한 방향으로 장입하게 되면 이를 "허니컴(honeycomb)" 구조형 복합재료라 한다. 외부의 판재로는 알루미늄합금, 섬유강화플라스틱, 철강 등이 사용가능하고 내부의 중간재로는 폴리머, 인조고무 등이 가능하다. 구조형 복합재료는 여러 건축물의 벽체와 비행기 날개, 동체, 꼬리 날개 등에 사용되고 있다

4) 복합재료의 특성

복합재료는 단상의 재료가 아니고 2상의 재료가 함께 구조화되어 특성을 발현한다.

통상 금속재료에서 원자가 결합에 의한 합금화(전율고용체)에 의한 재료의 기계적 특성은 통산 합금원소 50% 정도에서 가장 우수한 기계적 특성을 보인다. 합금화 처리는 순수 두성분의 기계적 특성보다 더 우수하다. [그림 12.36]은 통상적인 합금의 인장강도를 성분원소의 비에 따라 나타내었다. 이러한 강도의 향상을 고용강화 효과라 한다.

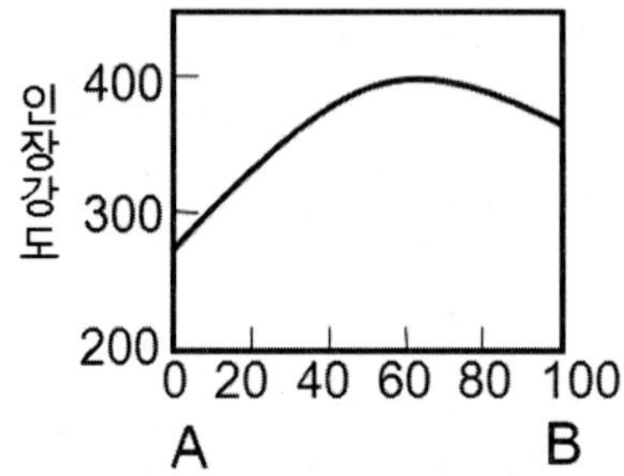

[그림 12.36] 합금화에 의한 전율고용체의 기계적 특성

그러나 복합재료에서는 원자간 결합이 아닌 두 성분의 물리적 복합화기 때문에 두 성분의 물리적 특성이 혼합적으로 나타나서 최종 복합재의 특성을 나타낸다. 즉 두성분의 평균적인 값을 가지게 된다. [그림 12.37]에서는 (a)에서는 기지상과 섬유상 각각의 응력-변형률 변화를 보여준다. 기지상은 상대적으로 연성의 성질를 가지고 있으며, 섬유상은 강하고 취한 특성을 보여준다. 이러한 기지상과 섬유상을 복합화 하면 (b)와 같이 각각의 특성의 중첩적(평균적인) 값을 가지게 되어 기지상과 섬유상 사이에 복합재료의 응력-변형률 곡선이 나타나게 된다.

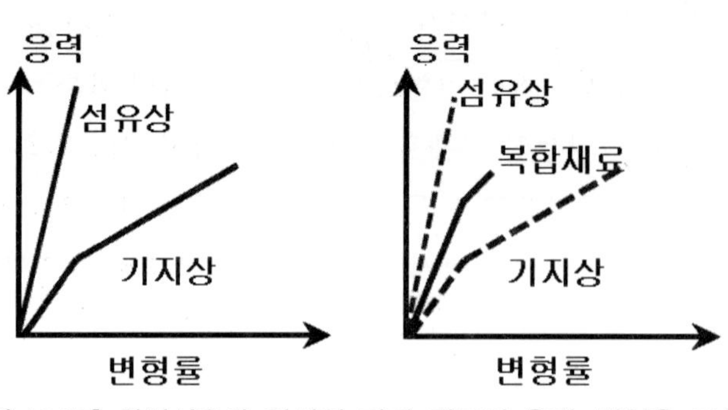

[그림 12.37] 취성섬유와 연성의 기지 재료의 응력-변형율 곡선과 이들의 복합재의 변형율 곡선

이러한 가정 하에 두성분의 복합화를 기하학적으로 가장 간단한 상황으로 나타내면, 두 성분이 판상의 형상으로 층층이 존재하는 것과, 서로 수직적으로 존재하는 두 가지의 경우가 있다. [그림 12.38]는 이러한 두 가지의 경우의 미세구조를 보여 준다. 이러한 복합재료의 분산 상태를 극단적으로 기지상과 복합상을 분리하여 나타내면 각각의 성분에 의한 2상 결합체가 된다.

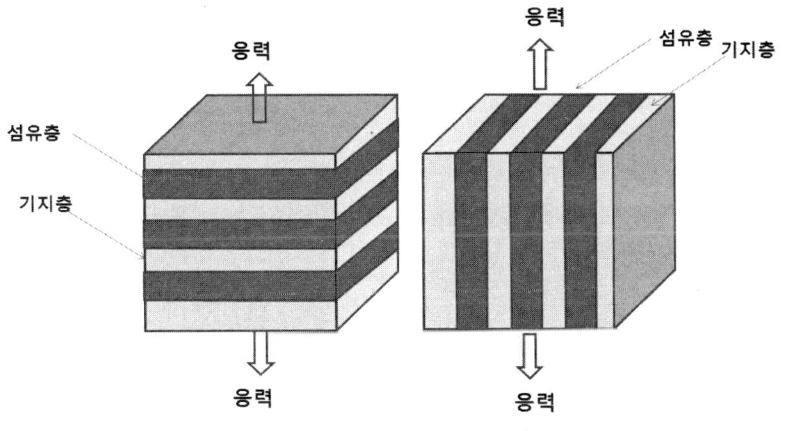

[그림 12.38] 복합재료의 두 가지 배열 방법 : (a) 등변형율 조건과 (b) 등응력조건

① 등응력조건(Isostress condition)

[그림 12.37]의 (a)와 같이 판상의 복합재가 층층이 쌓이 경우는 두 재료가 수직한 방향으로 동일한 면적에서 동일한 압력이나 인장을 받기 때문에 등응력 조건이 된다. 이 조건에서 F의 힘을 가하게 되면, 복합재(c)의 응력은 기지상(m)과 복합상(f)과 동일하여 다음과 같이 표현된다.

$$\sigma_c = F_c/A_c,\ \sigma m = F_m/A_m,\ \sigma_f = F_f/A_f$$

가 되고 여기서 각 동일한 면적에서 동일한 힘을 받기 때문에

$$\sigma_c = \sigma_m = \sigma_f$$

이 된다.

이 상태에서 응력방향으로 총 변형률은 각각 기지상과 복합상의 변형량의 합이 된다. 즉

$$\varepsilon_c = \varepsilon_m + \varepsilon_f$$

응력을 가한 복합재가 단위길이라고하면, 전체 변형량은 각각의 부피 분율의 곱으로 나타나므로

$$\varepsilon_c = \varepsilon_m V_m + \varepsilon_f V_f$$

가된다. 여기서 V_m은 기지상의 부피분율, V_f는 복합상의 부피 분율이고, 항상 $V_m + V_f = 1$이 된다.

여기서 후크의 법칙, 즉 $\sigma = E\varepsilon$ 에 따라 $\varepsilon = \sigma/E$가 되므로

$$\frac{\sigma_c}{E_c} = \frac{\sigma_m}{E_m} V_m + \frac{\sigma_f}{E_f} V_f$$

가 된다. 여기서 $\sigma_c = \sigma_m = \sigma_f$이므로

$$\frac{1}{E_c} = \frac{1}{E_m} V_m + \frac{1}{E_f} V_f$$

가 된다.

이 식에 $Vm + Vf = 1$의 관계식을 이용하면 최종적으로 아래와 같이 된다.

$$E_c = \frac{E_m E_f}{V_m E_f + V_f E_m} = \frac{E_m E_f}{(1 - V_{f)} E_f + V_f E_m}$$

이 식인 [그림 12.38]의 복합재료의 하한값이 된다.

② 등변형율 조건(Isostrain condition)

[그림 12.37]의 (b)와 같이 판상의 복합재가 세로로 평행하게 배열되어 두 재료가 접촉부에서 결합이 발생하지 않는 다면 같은 방향으로 압력이나 인장의 힘을 받게 되면 등변형률 조건이 된다. 이 조건에서 F의 힘을 가하게 되면, 복합재(c)의 받는 힘은 기지상(m)과 복합상(f)의 합에 의하여 다음과 같이 표현된다.

$$F_c = F_m + F_f$$

여기서 $\sigma = F/A$ 이므로 $F = A\sigma$ 가 된다. 따라서 이 식을 이용하면

$$\sigma_c A_c = \sigma_f A_f + \sigma_m A_m$$

이 된다. 여기서 각각의 성분을 전체 단면적 A_c로 나누면

$$\sigma_c = \sigma_m \frac{A_m}{A_c} + \sigma_f \frac{A_f}{A_c}$$

가 된다. 여기서 A_m/A_c와 A_f/A_c는 각각 기지 상에 면적 분율과 섬유상의 면적 분율이다. 만약에 복합재료와 기지, 섬유상의 길이가 모두 동일하다면 A_m/A_c는 기지의 부피 분율 V_m과 동일하고, $V_f = A_f/A_c$의 관계가 성립한다. 따라서 위의 식은

$$\sigma_c = \sigma_f V_f + \sigma_m V_m$$

여기서 우리는 변형률이 동일하다고 가정하였기 때문에

$$\varepsilon_c = \varepsilon_m = \varepsilon_f$$

이고 이를 각각의 변형률로 나누면, 즉

$$\frac{\sigma_c}{\epsilon_f} = \frac{\sigma_m}{\epsilon_m} V_m + \frac{\sigma_f}{\epsilon_f} V_f$$

여기서 후크의 법칙을 사용하면, 탄성거동을 한다고 가정한다면, 즉 $E_c = \sigma_c / \varepsilon_c$, $E_f = \sigma_f / \varepsilon_f$, $E_m = \sigma_m / \varepsilon_m$
이므로, 이를 최종적으로 적용하면

$$E_C = E_m V_m + E_f V_f$$

가 된다. 또한 $V_m + V_f = 1$ 이므로

$$E_c = E_m(1 - V_f) + E_f V_f$$

가 된다. 이는 기지상과 분산상의 부피분율에 의한 평균값을 의미하므로 부피 분율에 따라 직선적으로 변화하고 [그림 12.38]의 상한 직선이 된다. 이를 통상 복합재료의 혼합법칙(rule of mixture) 혹은 Vegard 법칙이라고 한다.

이러한 복합재료의 체적 분율과 분산상의 배열에 따른 탄성계수 값의 변화는 복합 재료의 모든 특성에 적용 가능하다. 예를 들면 복합재료의 전기전도도는 E_c, E_m, E_f 대신 σ_c, σ_m, σ_f로 대치하여 사용하면 되고, 열전도도는 K_c, K_m, K_f로 대치하여 사용하면 된다.

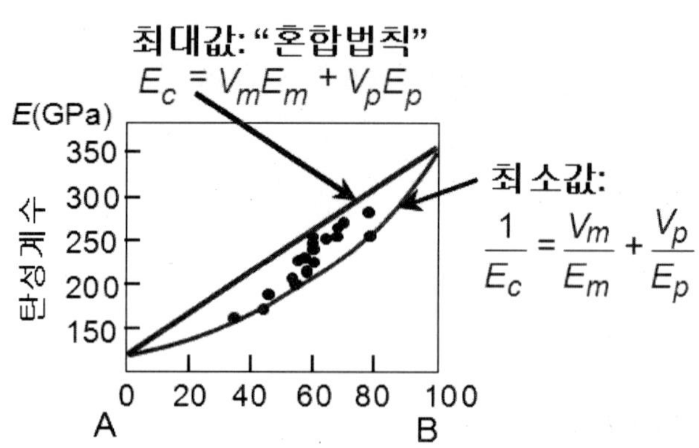

[그림 12.38] 분산상의 체적 분율에 따른 복합재료의 등변형율과 등응력 조건하에서의 상한 값과 하한 값

5) 복합재료의 자동차 응용

최근 자동차 소재의 최대 이슈는 연비향상과 경량화이다. 이를 위해 다양한 경량화 소재, 즉 알루미늄합금, 마그네슘 합금 등의 비철금속류가 있으나 고분자 재료와 특히 적절히 강도가 보강된 고분자 기지 복합재료도 많이 활용되고 있다. 핸들, 탱크, 각종 보드, 각종 연료 및 가스 흡배기 호스, 시트, 트렁크 내장재, 천장재 등 내·외장재에 플라스틱을 바탕으로 하는 고분자와 이들의 복합재료 사용되고, 특히 후드, 문내부, 트렁크 내부 등의 차체 외판에 많이 사용된다. 이 밖에도 범퍼, 엽상 스프링 및 도어의 임팩트 빔 같은 승용차의 하중지지 부 재를 비강도 및 충격에너지 특성이 좋은 유리섬유 복합재료로 제조하려는 시도가 진행되고 있는 중이다. 1) 고분자 복합재료는 앞으로도 계속 응용범위가 증가될 주요 자동차 소재이며, 국내의 경우 차량 생산 규모와 역사에 비해 채용 비율은 극히 초보적인 단계로 향후 성장잠재력이 매우 큰 분야 중 하나이다. [그림 12.39]는 자동차에 적용될 수 있는 다양한 복합재료의 가격 대비 성능을 보여주고 있다.

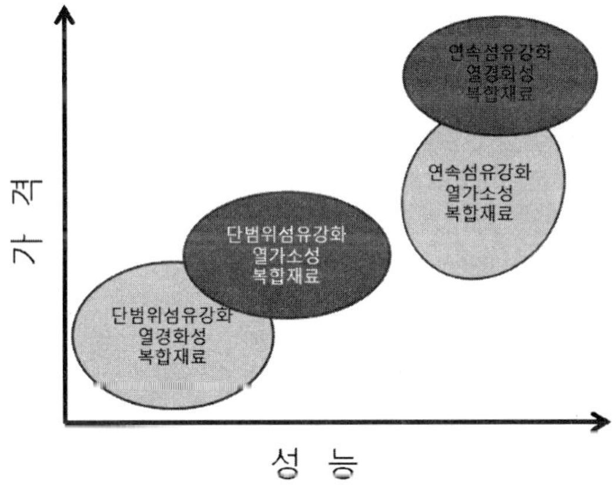

[그림 12.39] 자동차용 복합재료의 성능대비 가격비교

자동차용 복합재료에 사용되는 고분자 기지재료는 주로 Nylon, ABS, Polypropylene과 같은 열가소성 (Thermoplastic)재료, 혹은 불포화 (Unsaturated) Polyester, Vinylester, Polyurethane 등의 열경화성 (Thermoset) 재료가 주로 사용 된다.

자동차용 복합재료는 고분자 섬유기지에 유리섬유 혹은 탄소섬유와 같은 강화섬유

(Reinforcement Fiber) 가 보강된 것이 주로 사용되어 왔다. 이중에서 무작위 상태의 유리 단섬유로 보강된 고분자 복합재료 (Randomly Oriented Chopped E-glass Fiber Reinforced Polymeric Matrix Composites) 는 가격이 저렴하여 하중을 지지하지 않는 자동차의 부품에 널리 사용되어지고 있다. [그림 12.40]는 유리섬유가 강화된 도어 모듈 플레이트를 보여준다.

[그림 12.40] 도어모듈 플레이트(평화정공(주))

연습문제

1. 세라믹은 왜 소성변형이 일어나지 않은가?

2. 플러렌에 대해 설명해보시오.

3. 세라믹재료의 결함에 대해 설명해 보시오?

4. 세라믹 제품의 만드는 방법으로 분말공정을 설명하시오.

5. 유리제조시 비정질화 과정을 설명해 보시오.

6. 압전세라믹은 무엇인가요?

7. 세라믹으로 제조되는 자동차 부품을 나열해 보고, 이들의 장점은?

8. 고용체와 복합재의 차이를 정확하게 설명해 보시오.

9. 휘스커와 화이버를 비교해 보시오.

10. 복합재의 기계적 특성을 기지상과 섬유상과 함께 비교해보시오.

11. 샌드위치형 복합재를 설명해 보고, 응용분야는?

12. 혼합법칙을 유도해보시오.

13. 복합재료의 자동차 부품 응용의 장점과 응용 제품을 나열해 보시오.

찾아보기

(ㅋ)

(ㅌ)